调度自动化岗位培训教材

浙江省电力公司　组编

内 容 提 要

本书系统介绍了调度自动化岗位主要涉及的专业技术知识，内容包括调度自动化系统概述、电力系统基础知识、厂站自动化系统、计算机基础、传输通道与通信规约、电力调度数据网络、电力二次系统安全防护及等级保护、能量管理系统应用程序接口、能量管理系统平台、电网高级应用软件、AGC和AVC、调度员培训仿真系统、电能量采集系统、辅助系统。全书力求结合生产实际与岗位需求，并充分反映电力系统最新发展成果。

本书可作为电网调度自动化运行维护人员、调试检修人员的岗位培训及专业培训用书，也可作为相关专业人员及大中专学生的参考用书。

图书在版编目（CIP）数据

调度自动化岗位培训教材/浙江省电力公司组编. —北京：中国电力出版社，2013.3（2018.6重印）

ISBN 978-7-5123-4121-0

Ⅰ.①调… Ⅱ.①浙… Ⅲ.①电力系统调度—调度自动化系统—岗位培训—教材 Ⅳ.①TM734

中国版本图书馆CIP数据核字（2013）第043240号

中国电力出版社出版、发行

（北京市东城区北京站西街19号 100005 http://www.cepp.sgcc.com.cn）

航远印刷有限公司印刷

各地新华书店经售

*

2013年6月第一版 2018年6月北京第三次印刷

787毫米×1092毫米 16开本 24.25印张 575千字

印数3501—4500册 定价 **75.00**元

本书编委会

序

调度自动化是一个涉及多学科的综合领域，它和电力系统的运行与控制密切相关，又紧跟计算机技术、信息技术和通信技术的最新发展。近年来坚强智能电网建设的快速推进，又为调度自动化系统应用和专业的发展开辟了广阔的前景。

浙江省电力公司一直十分重视自动化专业人员的技术技能培训，而今，在多年的生产实践及教学培训工作的基础上，组织编写了《调度自动化岗位培训教材》一书。该书理论联系实际，内容具体、通俗易懂，是规范深化自动化岗位培训工作的有益尝试。

希望该书的出版能进一步满足调度自动化专业人才队伍培养的需要，为各级调度自动化专业人员提供积极有益的帮助，从而提高电网调度自动化的整体水平。

前 言

为提高调度自动化专业技术人员业务素质，更好地保证调度自动化系统安全、可靠运行，特编写《调度自动化岗位培训教材》一书。本书从电网调度自动化系统的发展、功能、结构出发，紧密结合现场应用，对电网调度自动化各个领域进行了系统介绍，以帮助一线人员，尤其是新入职员工学习和掌握必要的专业技术知识。

本书共分十四章，第一章介绍调度自动化系统结构功能及发展；第二章介绍电力系统基础知识；第三章介绍厂站自动化系统知识；第四、五章介绍计算机基础、传输通道与通信规约；第六、七章介绍电力调度数据网络和电力二次系统安全防护及等级保护；第八～十一章介绍能量管理系统相关知识；第十二章介绍调度员培训仿真系统；第十三章介绍电能量采集系统；第十四章介绍时间同步、大屏幕等相关辅助系统。

本书由具有丰富现场运行经验的技术人员及丰富教学培训经验的专业培训师编写，其中第一章由浙江省电力公司蒋正威、王文廷编写，第二章由浙江省电力公司陈于佶、严红滨、方磊编写，第三章由浙江省电力公司叶海明、张永军、汪红利编写，第四章由浙江省电力公司张锋明、余立人编写，第五章由浙江省电力公司熊佩华、叶海明编写，第六章由浙江省电力公司程平、斯艳编写，第七章由浙江省电力公司徐红泉编写，第八章由浙江大学王康元编写，第九章由浙江省电力公司吕育青、徐红泉编写，第十章由浙江大学郭瑞鹏编写，第十一章由浙江省电力公司魏路平、张永军编写，第十二章由浙江省电力公司徐奇锋编写，第十三章由浙江省电力公司戚军编写，第十四章由浙江省电力公司洪道鉴编写。全书由浙江省电力公司蒋正威、王文廷、斯艳、李伟统稿。

本书在编写过程中，得到了公司系统相关单位及人员的大力支持，浙江大学郭创新、南瑞科技公司高宗和对本书部分章节进行了审阅并提出了重要的修改意见，在此一并致以衷心的感谢！

由于新技术不断发展，加之编写人员水平有限，书中错误和不足之处在所难免，恳请专家和读者批评指正。

编 者

2013 年 4 月

目　　录

Contents

第一章

调度自动化系统概述

【内容概述】 调度自动化系统是电力系统的重要组成部分，是确保电力系统安全、优质、经济运行的基础设施，是提高电力系统运行水平的重要技术手段。本章主要介绍调度自动化与电力系统的关系，调度自动化系统的形成和发展过程，调度自动化系统的基本结构和功能。同时对新一代智能电网调度技术支持系统也做了简要介绍。

第一节 电力系统与调度自动化

一、电力系统的运行状态

电力系统是由发电、变电、输电、配电和用电等环节组成的电能生产、传输、分配和消费的复杂系统。经过一百多年的发展，电力系统的容量和规模逐渐扩大，已发展成特高压、超高压、大容量、区域电网互联的超大规模系统。2009 年，1000kV 晋东南—南阳—荆门特高压交流投入运行，2010 年向家坝—上海±800kV 特高压直流投运，标志着我国全面进入特高压交直流电网时代。

大规模复杂电力系统的形成，一方面提高了系统的运行效率，增强了大范围资源优化配置的能力；另一方面也增加了系统的不确定性，如发用电平衡破坏、设备故障、局部事故处理不当等情况，都可能引发全局性问题。

电力系统各类故障（大扰动）发生的概率不同，产生的后果也不同。《电力系统安全稳定导则》按严重程度和出现概率，将故障分为三类：第Ⅰ类，单一故障（出现概率较高的故障）；第Ⅱ类，单一严重故障（出现概率较低的故障）；第Ⅲ类，多重严重故障（出现概率很低的故障）。

根据长期运行的经验和多次事故的教训，DL 755—2001《电力系统安全稳定导则》和 DL/T 723—2000《电力系统安全稳定控制技术导则》明确指出，电力系统应根据故障的严重程度和可能发生的概率，合理设置三道防线来分别满足电力系统承受三类大扰动的安全要求。第一道防线为保证电力系统正常运行状态及承受第Ⅰ类大扰动时的安全要求，由一次系统设施、继电保护装置、安全稳定预防性控制措施等，迅速切除故障，保持电力系统稳定运行和电网的正常供电；第二道防线为保证电力系统承受第Ⅱ类大扰动时的安全要求，由防止稳定破坏和参数严重越限的紧急控制保持电力系统稳定运行，相关措施包括切除发电机、汽轮机快速控制汽门、发电机励磁紧急控制、动态电阻制动、串联或并联电容强行补偿、HVDC 功率紧急调制和集中切负荷等；第三道防线为保证电力系统承受第Ⅲ类大扰动时的安全要求，由防止事故扩大避免系统崩溃的紧急控制措施，防止系统全部崩溃，同时避免线路和机组保护在系统振荡时误动作，防止线路及机组连锁跳闸。

为更好地对电力系统进行分析、控制，我国电力工作者提出了将电力系统运行状态分为正常状态、警戒状态、紧急状态、极端紧急状态、崩溃和恢复过程等，系统状态变化和安全稳定控制的作用及目标如图1-1所示。

一般情况下，在电力系统处于正常运行、警戒状态和紧急状态等情况时，调度员可根据调度自动化系统随时监测电力系统运行状态信息，并应用其网络分析、自动发电控制等软件，及时采取相关的预防控制和紧急控制策略，保证系统正常运行。当然，在电力系统进入极端紧急状态或系统崩溃后，调度员还可利用调度自动化系统采取各种措施，逐步恢复对用户供电，恢复机组运行，并使系统恢复到正常状态。

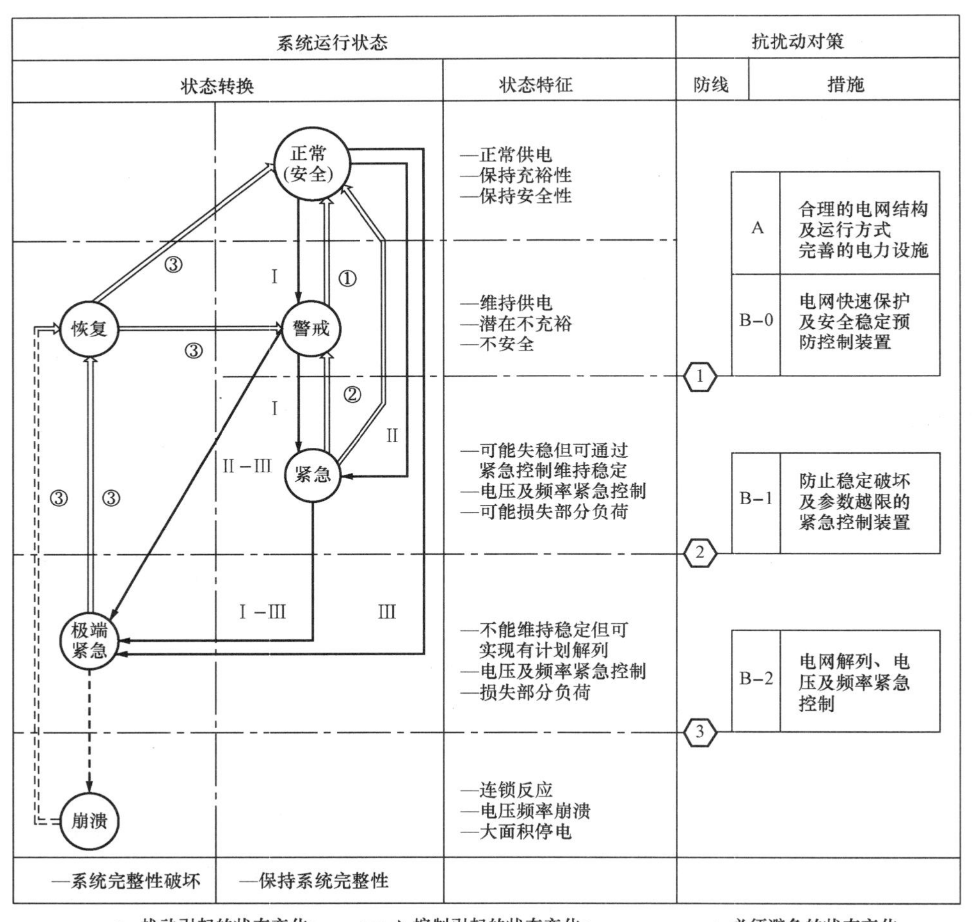

图1-1 系统状态变化和安全稳定控制的作用及目标

二、调度自动化系统在电力系统运行中的作用

电力系统运行的基本要求为：保证可靠地持续供电、保证良好的电能质量、保证系统运

行的经济性。调度自动化系统为此提供了核心的技术保障。

1. 保证可靠地持续供电

电力中断将使生产停顿、生活混乱，甚至危及人身和设备安全。因此，首先要保障电力系统安全、稳定、正常运行并连续地为电力用户供电。但电力负荷是随时变动的，电力设备的投入/退出均在瞬间完成，电力设备故障、供需平衡破坏、人为错误、恶劣气候和环境条件影响都可能会引起电力系统的扰动或故障。由于电力系统运行方式不同，调度水平不同，系统承受事故冲击的能力也不同，这些扰动或故障差异很大，将可能造成电力系统简单的单一元件故障甚至发生大面积停电事故。

为了保证电力系统安全运行，各种继电保护和安全自动装置组成了就地处理的系统，对电力系统发生的故障做出快速反应。但这种处理通常都是根据局部的、“事后”的信息来处理电力系统的故障，必然有其局限性。通过调度自动化系统，调度部门可以实时监测发电厂、变电站的运行工况和电网安全水平，迅速处理时刻变化的大量运行信息，根据实时的负荷水平优化电网的运行方式，提高电力系统的安全裕度，做到“事前”决策，防患于未然。遇到严重事故时，为保证主网安全和大多数用户的正常供电，调度部门将通过调度自动化系统，根据具体情况采取紧急措施，改变发输电系统的运行方式，必要时临时中断对部分用户的供电，并在故障消除后，迅速、有序地采取措施，尽快恢复供电，减少用户停电时间。

调度自动化水平的高低及其系统运行的可靠性与电力系统运行的可靠性有着密切的联系。例如：在2003年美加“8·14”大停电过程中，调度自动化系统存在的缺陷在大停电发生与扩大过程中起到了推波助澜的作用。在大停电的第一阶段中，由于美国中西部独立电网运营机构（Midwest Independent transmission System Operator，MISO）的数据采集与监视控制系统（Supervisory Control And Data Acquisition，SCADA）缺陷，使得MISO的实时事故分析程序完全失去了作用，失去了采取补救措施让系统重新回到满足N-1要求状况的宝贵时间，进而拉开了整个大停电的序幕。而在大停电的第二阶段，第一能源公司（First Energy Company）系统控制中心由于部分远动装置死机及主备用服务器全停，失去了区域控制误差（Area Control Error，ACE）数据，导致自动发电控制（Automatic Generation Control，AGC）功能失效且电网间联络线负荷失控。在2003年8月28日伦敦南部大停电事故中，由于SCADA系统的告警信号合并不科学，导致调度人员过高地估计了故障的严重性而采取了切除故障变压器的措施，倒闸操作引起的潮流转移触发了继电保护装置中存在的隐性故障最终导致了大停电的发生。而2003年9月28日的意大利大停电事故则是由于各个调度控制中心缺乏数据的实时交互，致使调度人员失去了宝贵的采取预防措施的时间，直接导致了大停电的发生。

2. 保证良好的电能质量

衡量电能质量的主要指标为电压、频率和波形。电能质量指标超出允许偏差，不仅影响用户，导致产生废品、损坏设备，还可能进而威胁电力系统本身的安全稳定运行，甚至引发大面积停电。因此，在电力系统运行过程中要保持频率、电压变动和波形畸变在允许偏差之内。

保证频率质量的关键是保持电力系统有功功率的实时平衡，保证电压质量的关键是保持电力系统无功功率的实时平衡。在实际运行过程中，调度部门依靠先进的调度自动化系统，通过AGC、负荷预测等功能实时调整发电出力，满足用电需求，进而实现有功平衡和频率控制；通过自动电压控制（Automatic Voltage Control，AVC）功能实时调整发电机无功、投切电容器电抗器、调节变压器分接头挡位，实现无功平衡和电压控制。

3. 保证系统运行的经济性

电能生产需消耗大量的一次能源，并且在输、变、配等环节的电能损耗也相当可观，因此降低单位发电成本和网损具有重要的意义。为提高系统运行的经济性，调度部门通过调度自动化系统进行机组负荷优化分配，实现节能发电调度，使水电机组充分利用水能、火电机组降低煤耗；通过调度自动化系统合理安排检修和系统运行方式，充分降低电能在输、变、配等环节的损耗；通过调度自动化系统进行无功优化，实现无功的就地平衡，有效降低网损。

此外，随着环境保护理念的逐步深入，也可将环境保护的各项指标引入调度自动化系统，如在发电任务的分配上向水电厂倾斜，向烟气脱硫脱硝效率高、煤耗小的火电机组倾斜，以实现绿色调度。

由此可见，电力系统的监测和控制越来越依赖于调度自动化系统的可靠运行，调度自动化系统已高度融入电力系统，已成为保证电力系统安全、优质、经济运行的必要手段。

第二节　调度自动化系统的发展

在电力系统发展的初期，调度控制中心的信息来源主要是电话，调度人员需要花很长的时间才能掌握有限的信息，无法全面了解各厂站、线路的运行工况。即使在发生事故时，也只能通过电话了解断路器跳闸、线路停运状况，然后结合预先确定的运行方式，凭个人的经验做出判断决策，再用电话通知各厂站值班人员进行调整控制。由于实时性差，掌握的信息有限，故障很可能得不到及时处理，导致故障范围扩大，造成更大的经济损失。显然，这种电话调度的方式无法满足电力系统发展的需要，必须采用先进的自动化系统协助进行电力系统运行控制。

一、调度自动化系统的雏形

20世纪40年代，采用电子管和继电器逻辑的远动技术得到了应用。安装于厂站的远动装置可以实时监测发电机出力、线路潮流、母线电压及各断路器位置等关键数据的实时遥信。此后，随着电子元器件技术的发展，晶体管技术、集成电路技术逐步在远动装置上得到应用。采用了模数转换、多路复用、抗干扰编码等技术后，远动装置的测量精度和信息传输的可靠性有了大幅提高，使电力系统的实时信息进入调度控制中心并通过模拟盘进行集中展示。调度员可以随时看到这些运行参数、系统运行方式和断路器跳闸等事故信息，可根据这些信息迅速掌握电力系统的运行状态。同时，调度员也可通过远动技术，直接遥控某些断路器，及时处理事故。这就奠定了调度自动化的基础，形成了调度自动化系统的雏形。

二、调度自动化系统的起步

20世纪60年代开始，计算机技术在电力系统调度中得以应用，自动化程度达到了一个新的水平。这一阶段，部署在调度控制中心的计算机与厂站端的远动终端单元（Remote Terminal Unit，RTU），完成了电力系统运行状态的监视、断路器的远方操作和信息统计等功能，出现了数据采集与监视控制（SCADA）系统。

20 世纪 60 年代中期，美国、加拿大和其他一些国家的电力系统相继发生了大面积停电事故，特别是 1965 年纽约大停电，在全世界引起很大震动，迫使电力公司重新考虑电网运行的可靠性问题。1967 年，美国 Dy-Liacco 博士提出了电网安全控制框架，强调除了要解决电网结构、保护和安全自动装置等问题外，还需要加强对电网的分析、计算和模拟。1970 年，美国 Schweppe 教授提出了电力系统实时状态估计理论并得到了应用。为了培训电网调度员，20 世纪 70 年代末调度员培训仿真系统（Dispatcher Training Simulator，DTS）开始应用，电网调度自动化系统步入了能量管理系统（Energy Management System，EMS）阶段，调度员开始从“经验型”向“分析型”转变。

这一时期，调度自动化系统一般为集中式结构，采用专用的硬件、专用的软件。以浙江电网为例，1979 年浙江省调采用美国引进的 CROMEMCO SYSTEM Ⅲ微型计算机和自主研发的 SCADA 系统，以及后来引进的美国 CDC-EMPROS 公司 SCADA 系统都可作为该阶段的代表。

三、调度自动化系统的快速发展

20 世纪 80 年代，随着管理技术和微机技术的发展，管理信息系统开始逐步应用。20 世纪 90 年代，电力市场技术支持系统、电能量采集系统等相继出现。1996 年 7 月和 8 月，美国西部接连发生两次大停电事故，切断了西部 11 个州超过 400 万人口的电力供应，这次大停电直接刺激了人们对负荷模型的重视，也促使了应用全球定位系统（Global Positioning System，GPS）的相量测量装置（Phasor Measurement Unit，PMU）的使用。2003 年 8 月 14 日发生的美加大停电事故，使人们重新反思电网运行的可靠性问题。人们认识到，传统的能量管理系统需要进一步发展，提出了广域全景、实时闭环、综合决策的电网安全预警和决策支持系统。同时期，雷电定位系统、水调自动化系统、脱硫监测系统、发电厂考核系统等也相继出现。

这一时期，随着计算机技术的发展，调度自动化系统逐步转向有限开放式结构，其功能和硬件配置是分布式的，可兼容不同制造厂家的硬件，采用不同的数据库、操作系统，它实质上是一种复杂的“客户机——服务器”结构。这种结构对电力系统公用信息的描述还是“私有”的，是一种有限开放式结构。国内企业通过引进 ABB、西门子等公司产品，开发了 OPEN2000、DF8002、IEC500 等具有自主知识产权的产品，这些系统在调度控制中心投入运行，取得了良好的效果。

四、调度自动化系统的成熟

随着电力系统和计算机技术、通信技术、控制技术的进一步发展，电力调度控制中心需要同时运行多个应用系统，例如能量管理系统、电能量采集系统、调度员培训仿真系统、调度生产管理系统、发电厂考核系统、水调自动化系统、报表系统等。这些系统之间需要互相交换数据、共享信息、实现不同系统间的互操作。因此，从 1996 年开始，国际电工委员会 IEC TC57 的 WG13 工作组开始结合面向对象技术编制能量管理系统应用程序接口标准（Energy Management System Application Program Interface，EMS-API），即 IEC 61970 系列标准。2003 年，标准的 301 部分——公共信息模型（Common Information Model，CIM）基础正式发布。该标准的实施，对于实现异构环境下软件产品的即插即用，使 EMS 与其他系统能互联、互通、互操作有很好的作用。

这一时期，国内厂家紧跟国际步伐，推出了 OPEN 3000、CC2000、DF8003、IEC600 等符合 IEC 61970 标准的调度自动化系统。至此，国内自主知识产权的调度自动化系统已经成熟，大多数调度控制中心都采用了国内自主开发的调度自动化系统。

第三节　调度自动化系统的基本结构和功能

调度自动化系统是计算机技术、远动技术、控制技术、网络技术、信息通信技术在电力系统中的综合应用，贯穿了发、输、变、配、用等电力系统各个环节，其总体结构如图 1-2 所示。按功能，自动化系统可分为数据采集和命令执行子系统、数据传输子系统、数据处理和分析控制子系统、人机联系子系统四个子系统。

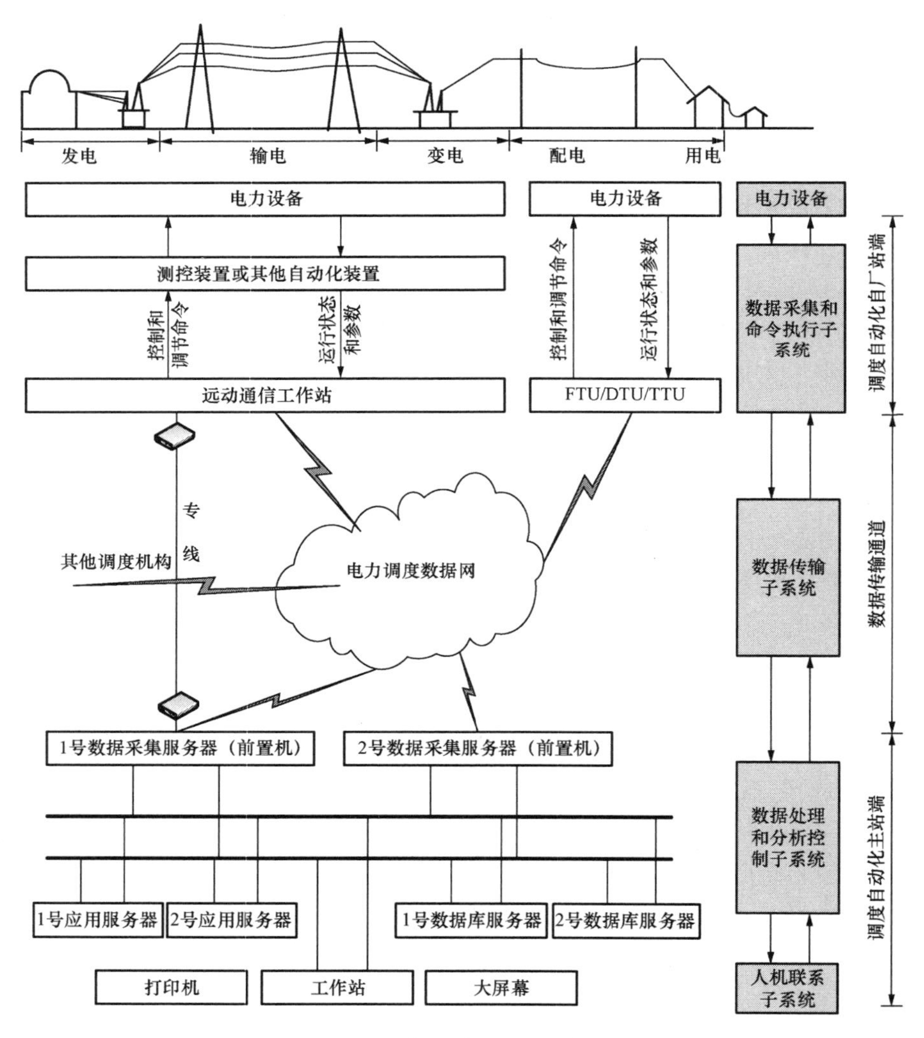

图 1-2　调度自动化系统总体结构

一、数据采集和命令执行子系统

信息采集和命令执行子系统是调度自动化系统的基础，属于自动化厂站端设备，相当于

人类的眼耳和手足，是调度自动化系统可靠运行并发挥其功能的保证。

该子系统主要负责采集电力系统运行的实时数据，并根据需要向调度控制中心转发各种监视、分析和控制所需的信息。采集的数据包括发电机功率、母线电压、线路潮流等遥测量，设备状态、告警信息、继电保护的动作信号等遥信量，以及电度量、水库水位、气象信息等；同时接受上级调度控制中心发出的控制和调节命令，完成对断路器的分合闸操作、变压器分接头位置切换操作、发电机功率调整甚至继电保护的软压板投退、定值区切换等。

二、数据传输子系统

数据传输子系统也是调度自动化系统的一项基础设施，属于数据传输通道部分，相当于人类的神经系统，负责把数据采集和命令执行子系统采集的遥测、遥信信息及时、准确地传送给调度控制中心，同时将调度控制中心的遥控、遥调命令可靠地发送给厂站端。数据传输通道一般可分为专用远动通道（专线）和电力调度数据网络两种方式。

三、数据处理和分析控制子系统

数据处理和分析控制子系统是调度自动化系统的核心，属于调度自动化系统主站端设备，相当于人类的大脑，是电网安全、经济运行的神经中枢和调度指挥的司令部。在保证电力系统可靠持续供电方面，它通过收集分散在各个发电厂和变电站的实时信息，对这些信息进行分析和处理，并将分析和处理的结果，显示给调度员或形成输出命令对系统进行控制；同时其还具备安全分析功能，通过预想事故分析，观测在预想事故下电力系统是否仍能处于安全运行状态，如果出现不安全运行状态，则给出校正控制对策。在保证电能质量和运行经济性方面，有自动发电控制、自动电压控制等功能，以维持系统频率在额定值附近、联络线交换功率在预定范围之内、系统电压水平在允许的范围之内，同时结合数据统计分析、调度计划安排和网损约束、煤耗约束等功能，确保整个系统运行的经济性。

四、人机联系子系统

人机联系子系统将采集的数据、分析的结果通过大屏幕、显示器、音响报警等方便有效的形式展示给调度员，可为调度员提供完整的电力系统实时状态信息。通过它，调度员可及时掌握系统运行情况、做出判断，并通过鼠标、键盘等十分方便的方式下达决策命令，实现对电力系统的实时控制。通过人机联系子系统，调度人员与调度自动化系统构成一个整体，使调度人员在利用现代化监控手段的基础上，充分发挥对电力系统的调度和控制作用。

第四节 调度自动化主要设备及应用系统

通常，把数据处理和分析控制及人机联系子系统称为主站系统，而把数据采集和控制执行子系统称为厂站端系统。依此，调度自动化又可分为主站端、厂站端及数据传输通道等三部分。由于主站系统的数据处理和分析控制的核心地位，有时也将调度自动化主站系统称为调度自动化系统。需要强调的是，在实际运行中，主站端、厂站端及数据传输通道三部分相辅相成，缺一不可。

一、主站端

为保证电力系统的安全、经济运行，电网调度控制中心需要许多应用系统，辅助进行电网调度运行和决策指挥。例如，为了培训电网调度人员，需要调度员培训仿真系统；为了进行水电系统的优化调度，需要水调自动化系统；为了做好事故分析和处理工作，需要继电保护信息管理系统；为了实施电力系统的全局动态分析和紧急控制，需要采用相量测量装置提供功角测量的广域相量测量系统；为了更好地了解影响电网运行安全的全局因素，需要安装雷电定位系统；为了对电厂的运行管理开展考核管理、辅助服务提供技术手段，需要发电厂并网运行及辅助服务管理考核系统；为了加强网损管理，对营销、电力交易、三公调度提供电能量基础信息，需要电能量采集系统；为了支持电力市场运营，需要电力市场决策支持系统；为了进行调度控制中心相关的生产管理，需要调度生产管理系统；对于地区电网下属的城市配电网和县级供电企业，还需配电自动化功能。主站端最核心的系统还是能量管理系统。

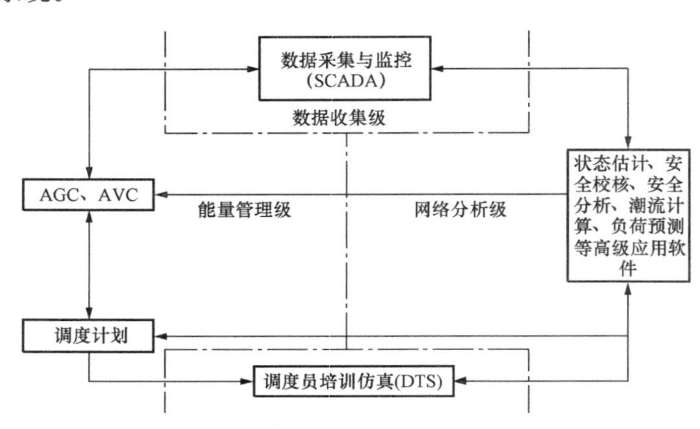

图 1-3　能量管理系统主要功能模块关系

能量管理系统是调度各系统电力系统实时数据的主要来源，也是控制命令下达的主要渠道，其包括的应用软件内容十分庞杂，可分为数据收集级、能量管理级、网络分析级等三类，如图 1-3 所示。

1. 数据收集级

数据收集级是所有应用的数据源，也提供电力系统控制命令的下发渠道。这一级的任务是实时收集电力系统数据并监视其状态，形成正确表征电网当前运行情况的实时数据库，确定电网的运行状态，对超越运行允许限值的实时信息给出报警信息，提醒调度员注意。数据收集级是能量管理系统与电力系统联系的总接口，它向能量管理级和网络分析级提供实时数据；能量管理系统通过它向电力系统发送控制信号；网络分析可以向它返回量测质量信息。通常所称的数据采集与监控系统（SCADA）就是数据收集级的代表，其主要功能包括数据采集、数据处理、数据计算和统计、人工数据输入、历史数据保存、事件顺序记录、断面监视、备用监视、设备负载率监视、事故追忆和反演、事件和报警处理、遥控和遥调、动态着色、图形显示、趋势曲线、防误操作闭锁等功能。

2. 能量管理级

能量管理级的特点是利用电力系统总体信息进行调度决策，主要目标是提高控制质量和改善运行的经济性。能量管理级的主要应用软件是自动发电控制、自动电压控制及调度计划。AGC 系统将系统频率维持在额定值，将联络线功率维持在预定范围之内；AVC 系统保证系统电压水平在允许的范围之内，同时减小系统网损；调度计划应用软件分为短期和中长期两类，内容包括负荷、机组、发电、交换、燃料、水库、检修等方面的预测和计划。

能量管理级从数据收集级取频率、时间、机组出力和联络线功率等实时数据，向数据收集级送机组等的控制信息，向网络分析级送系统负荷和发电计划，取回机组和联络线交接功率点的网损修正系数及考虑线路功率约束的机组安全限制值。

3. 网络分析级

网络分析级的特点是利用电力系统全面信息（母线电压和角度）进行分析与决策，主要目标是提高运行的安全性，这一级应用软件使EMS的决策能做到安全性与经济性的统一。网络分析软件主要包括状态估计、潮流计算、短路电流计算、静态安全分析、稳定分析等。同时，随着技术的发展，加入该一级的软件还会不断发展。网络分析级从数据收集级取实时量测值和开关状态信息，向数据收集级送量测质量信息，向能量管理级送网络修正系数和机组安全限制值，并取回发电计划值。

4. 调度员培训仿真

调度员培训仿真以研究方式或实时方式数据为出发点，按照规定的教案（事件序列）培训调度员。它是在已有的数据收集、发电控制和潮流应用软件基础上增加动态模拟和教案系统而形成的，除培训外，也可作为分析工具使用。调度员培训仿真有时也被认为属于网络分析级应用软件。

二、厂站端

厂站端系统的主要功能是获得遥测和遥信量，执行遥控和遥调功能，以实现调度自动化系统对电网的监视控制。厂站端设备主要包括：远动终端设备（RTU）的主机、远动通信工作站；配电网自动化系统远方终端；与远动信息采集有关的变送器、交流采样测控单元（包括站控层及间隔层设备）、功率总加器及相应的二次测量回路；接入电能量计量系统的关口计量表计及专用计量屏（柜）、电能量远方终端；相量测量装置（PMU）；水情测报设备及其相关接口；专用的GPS卫星授时装置；与保护设备、变电站计算机监控系统、电厂监控或分散控制系统（Distributed Control System，DCS）、通信系统等的接口设备。

三、数据传输通道

调度控制中心主站系统和厂站端系统的连通，依靠良好的数据传输通道支持。调度自动化系统的数据传输通道是在通信网络基础上建立的，可分为专用远动通道（专线）和电力调度数据网络两种方式。

专线通道按信道制式不同，又可分为模拟通道和数字通道两部分。对于模拟通道，自动化系统输出的信号必须经调制（如采用调制解调器）后才能传输；对于数字通道，自动化系统输出的信号必须经数字复接（如采用数字透传设备）后传输。

电力调度数据网络以通信传输网络为基础，采用IP over SDH技术体制，通过路由和交换设备，实现网络的互联互通。调度数据网作为实时和非实时数据交换的专用网络，与管理信息网络实现物理隔离，并根据需要划分为实时、非实时及应急虚拟专用网（Virtual Private Network，VPN）。其中，远动、相量测量等实时信息将通过实时VPN传输，电能量、故障录波等非实时信息将通过非实时VPN传输。调度数据网络具有带宽大、安全、可靠、灵活等特点，今后将逐步代替传统专线方式，成为调度自动化系统数据传输的主要载体。

四、电力二次系统安全防护

为保证调度自动化系统功能的正常发挥，进而保证电力系统的运行安全，电力二次系统必须要有完备的安全防护措施，否则，将可能引发各类电网事故。例如：2000年10月13日，四川二滩水电厂受不明信号影响导致机组异常停机，7s甩出力89万kW，川渝电网几乎瓦解；2001年10月1日，全国147座厂站故障录波器出现时间逻辑炸弹，同时死机；

2003年12月30日，龙泉、政平、鹅城换流站控制系统发现病毒；2010年9月，伊朗布舍尔核电站，遭“震网”病毒侵袭，铀浓缩离心机停工等。

目前，从技术上来说，电力二次系统主要是根据“安全分区、网络专用、横向隔离、纵向认证”的二次系统安全防护总体原则和信息系统等级保护相关要求进行防护。

第五节　新一代智能电网调度技术支持系统

目前主要应用的各调度自动化系统，大多是针对不同调度业务要求，单独进行设计和定制开发的，系统的整体性比较差、结构不尽合理、运行维护相对困难、安全防护和数据共享能力较弱，难以扩充和升级。

新一代智能电网调度技术支持系统则以“横向集成、纵向贯通”为目标，采用国、网、省、地、县（配）等多级调度系统统一设计的思路。省、地、县三级调度智能电网调度技术支持系统总体结构如图1-4所示。横向上，该系统实现了实时监控与预警、安全校核、调度计划和调度管理四类应用的一体化运行以及与电网公司信息系统的交互，实现了主、备调间各应用功能的协调运行以及主、备调系统维护与数据的同步；纵向上，该系统通过基础平台实现各级调度技术支持系统间的一体化运行和模型、数据、画面的源端维护与系统共享，通过调度数据网双平面实现厂站与调度中心之间、各调度中心之间的数据采集和交换。

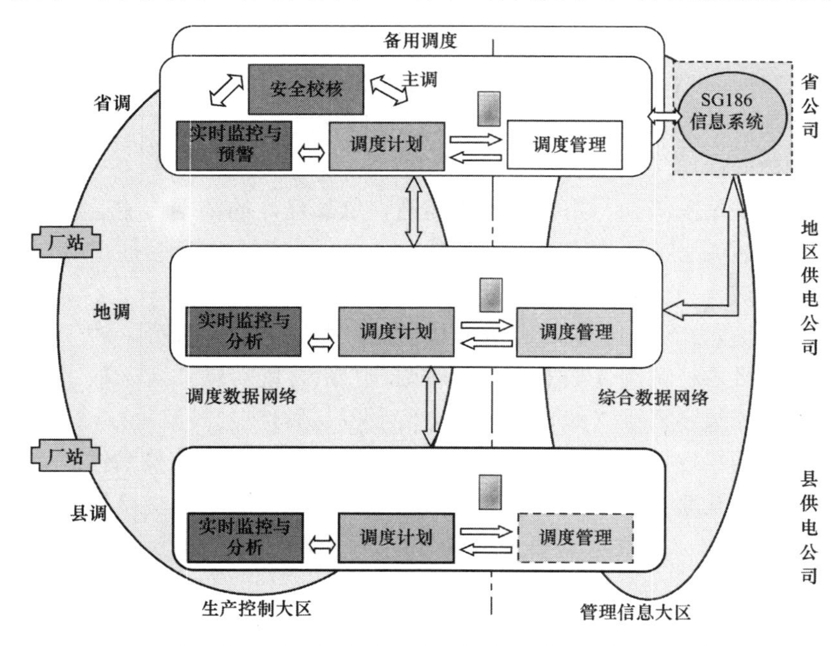

图1-4　省、地、县三级调度智能电网调度技术支持系统总体结构

考虑到业务的相近性，国、网、省三级电网调度技术支持系统采用完全相同的体系结构。同时，相应备调系统的结构和主要功能与主调系统相同，形成互为备用的体系。地、县调在业务上有其相似之处，其技术支持系统的体系结构总体上与省级以上调度相似，但在功能上比省级以上调度简单，其综合考虑了变电站运行集中监控、配电自动化等方面功能的需求。地、县两级调度技术支持系统可采用一体化模式建设。

智能电网调度分为基础平台和实时监控与预警、安全校核、调度计划和调度管理四类应用，相互间逻辑关系如图 1－5 所示。可见，智能电网调度技术支持系统通过统一的基础平台实现了传统调度控制中心能量管理系统、广域相量测量系统、电能量采集系统、故障信息系统、雷电定位系统、气象信息系统、水调自动化系统、调度计划系统、调度生产管理系统、发电厂考核系统等应用的集成。

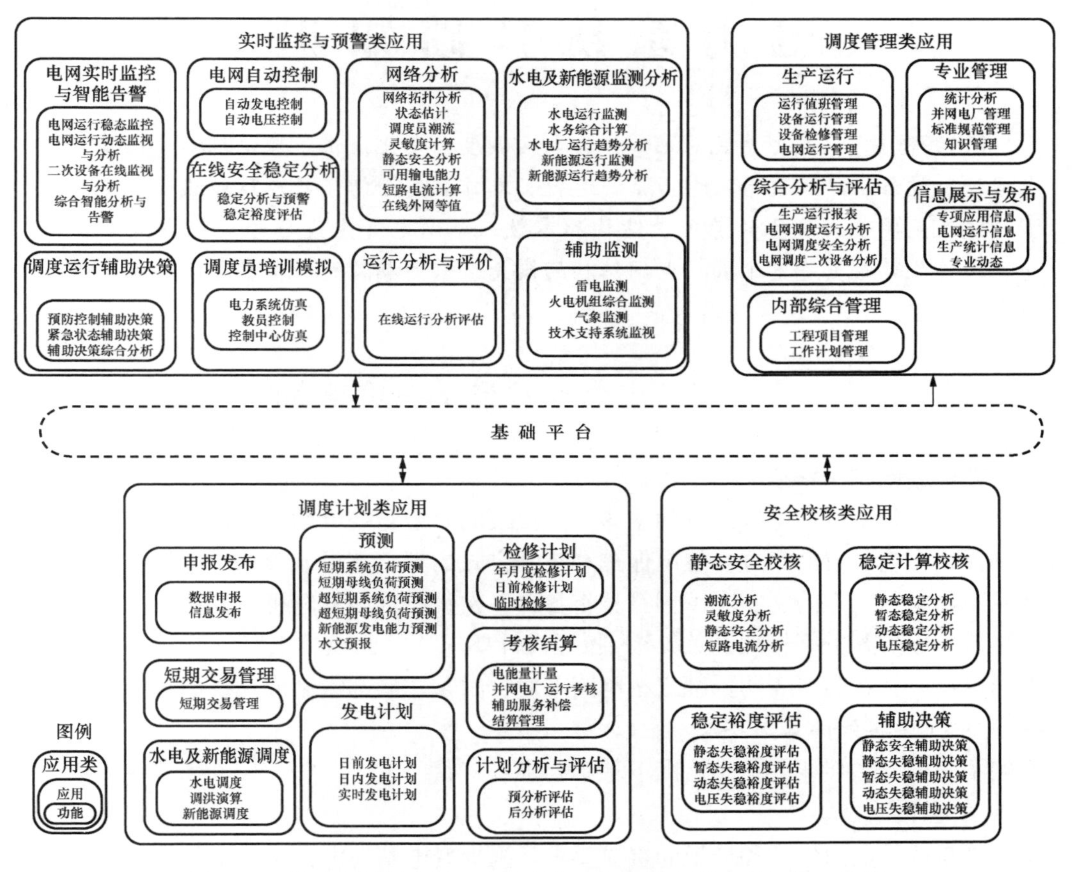

图 1－5　智能电网调度技术支持系统应用与基础平台的逻辑关系图

第二章

电力系统基础知识

【内容概述】 电力系统基础知识为电网调度自动化提供了理论基础，内容涉及电网一次设备、二次设备及电力系统运行。本章主要介绍了各电压等级变电站的典型接线及主要一次设备的原理、结构和参数；电网电气主设备继电保护的基本概念、工作原理及其基本配置；电网结构的概念、电网潮流的分析及电网的频率调整和电压调整。

第一节　变电站接线及一次设备

一、变电站电气主接线

电气主接线是变电站电气部分的主体，主接线的确定与变电站的运行密切相关，对电气设备的选择、配电装置的布置、继电保护和控制方式的拟定有很大影响。电气主接线图也称一次接线图，是用规定的文字和图形符号将各种一次设备（如发电机、变压器、母线、互感器、断路器、隔离开关、接地开关等[1]）按照设计要求连接而成的电路。电气主接线一般以单线图表示，只有在需要表明局部三相电路不对称时，才局部绘制成三线图。

（一）电气主接线的基本要求

变电站的电气主接线必须满足以下基本要求：

1. 可靠性

供电可靠性是电力生产和分配的首要要求，根据变电站在电力系统中的地位，选择合适的主接线型式。因设备检修或事故被迫中断的机会越少，影响范围越小，停电时间越短，表明主接线的可靠性越高。主接线可靠性的具体要求包括：断路器检修时，不宜影响对系统的供电；断路器或母线故障、母线或母线隔离开关检修时，尽量减少停运出线的回路数和停电时间，并保证对一、二类负荷的供电；尽量避免变电站全部停运的可能性；大容量超高压应满足可靠性的特殊要求。

2. 灵活性

调度时，能根据调度的要求灵活地投入和切除发电机、变压器和线路，合理地调配电源和负荷，满足系统各种运行方式的要求；检修时，可以方便地停运断路器、母线及继电保护装置，进行安全检修而不至于影响供电；扩建时，可以很容易地从初期接线过渡到最终接线，对原有工程干扰小，改建工作量少。

---

[1] 断路器，俗称开关；隔离开关，俗称刀闸或闸刀；接地开关，俗称接地刀闸或接地闸刀。

3. 经济性

对电气主接线经济性的要求包括以下三个方面：

(1) 投资少。主接线简单，使用的一次设备少；继电保护和二次部分不过于复杂，节约二次设备和控制电缆；能限制短路电流，以便采用价廉的轻型电器；在满足可靠性要求时，终端变压器可以采用简易电器。

(2) 减少占地面积。主接线设计要为配电装置提供条件，尽量减少占地面积。

(3) 减少电能损失。合理选择变压器容量、台数、型式，避免两次变压增加电能损耗。

(二) 变电站各电压等级典型接线方式及设备编号

1. 10～35kV 电压等级典型接线

10～35kV 电压等级较多采用单母线分段接线，如图 2-1 所示，分段断路器（DQF）将母线分段，电源和负荷均衡分配在两段母线上。

主接线中每一支路均装有断路器（如 QF_2）。断路器在正常情况下用来接通和断开电路，故障时自动切断电路。断路器两侧装有隔离开关，以便在检修时形成明显断口隔离电源。靠近母线侧的为母线侧隔离开关（如 QS_1），靠近线路侧的为线路侧隔离开关（如 QS_3）。

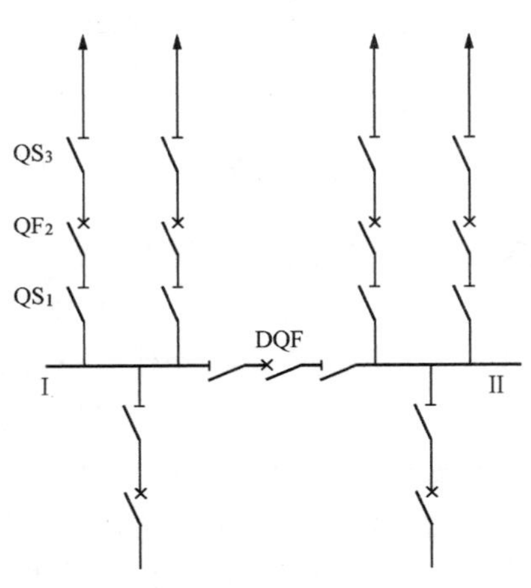

图 2-1　单母线分段接线

变电站的电气设备分为运行、热备用、冷备用和检修四种状态。将设备由一种状态变为另一种状态所进行的操作称为倒闸操作。倒闸操作中，线路停、送电的操作顺序为：送电时，先合母线侧隔离开关，再合线路侧隔离开关，最后合断路器；停电时，先拉开断路器，再拉开线路侧隔离开关，最后拉开母线侧隔离开关。在断路器未断开的情况下拉开或合上隔离开关，是一种误操作，叫做带负荷拉合闸，会引起严重事故，必须禁止。可加装防误闭锁装置，如电磁锁、程序锁等防止误操作。

正常情况下，单母线分段接线有两种运行方式：

(1) 母分断路器闭合、两段母线并列运行。当任一段电源发生故障时，继电保护动作，跳开故障电源断路器；另一电源则通过母分断路器对该母线上的负荷继续供电。两段母线并列运行供电可靠性较高。

(2) 母分断路器断开、两段母线分列运行。每个电源只向本段母线上的引出线供电，为提高供电可靠性，可加装备用电源自动投入装置。当任一电源断路器跳开之后，分段断路器自动合上，由一个电源向两段母线供电。两段母线分列运行的一大优点是可以限制短路电流。

单母线分段的主要优点是对重要用户，可从不同段母线分别引出两路线，保证不间断供电；当母线发生故障或检修时，仅该母线段停电，另一段母线仍继续工作，减小了停电范围。其缺点是：增加了分段设备投资和占地面积；当母线和母线隔离开关故障或检修时，该段母线仍有停电问题；断路器检修时，该回路必须停电；扩建时需向两端均衡扩建。

2. 110～220kV 电压等级典型接线

(1) 双母线接线。

110～220kV 电压等级常采用双母线接线，如图 2-2 所示。它具有两组母线。每回线路都经一组断路器和两组隔离开关分别与两组母线相连，母线与母线之间用母线联络断路器（CQF）连接。有两组母线后，使运行可靠性和灵活性大为提高。其特点如下：

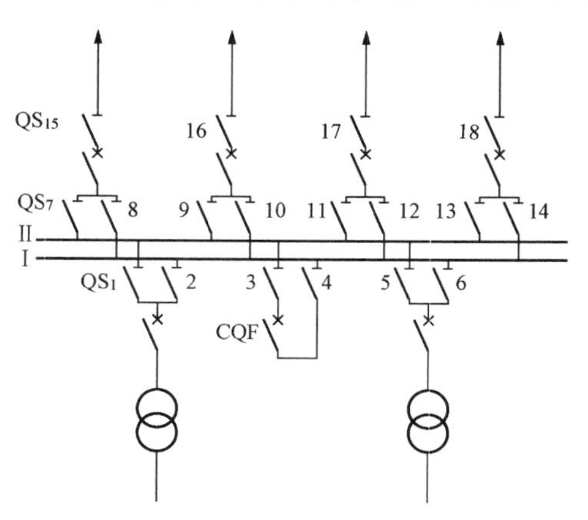

图 2-2　双母线接线

1）供电可靠。通过两组母线隔离开关的倒换操作，可以轮流检修一组母线而不致使供电中断；一组母线故障后，可将该母线上的进出线倒换到正常母线，能迅速恢复供电；检修任一回路母线隔离开关，只需停该回路及与该隔离开关相连的母线。

2）调度灵活。各个电源和各回路负荷可以任意分配在某一组母线上，能灵活地适应电力系统中各种运行方式调度和潮流变化的需要。通过倒闸操作可以组成各种运行方式。

3）扩建方便。可向母线的任一端扩建，均不会影响两组母线的电源和负荷的组合分配。

可完成一些特殊功能。如与系统进行同期或解列操作，可以对某个回路单独进行试验，可用备用母线作为线路融冰时的母线等。

这种接线存在的缺点是使用设备较多，导致投资增加，配电装置较复杂；隔离开关作为操作电器，容易引起误操作；母线故障时会引起短时停电；断路器检修时，该回路停电。

当变电站容量较大或变电站扩建时，进出线回路往往较多，为进一步提高供电可靠性可将双母线进一步分段，在分段处加设断路器，形成双母分段接线。断路器经过长期运行和切断数次短路电流后都需要检修，为保证线路断路器检修时该出线不停电，双母线还可增设旁路设施，形成双母带旁路接线，近年来由于开关设备的不断完善，双母带旁路接线的应用逐渐减少。

（2）桥形接线。

当变电站只有两台变压器和高压侧只有两回线路时，可采用桥形接线，使断路器数目最少，如图 2-3 所示。按照桥断路器 QF_3 的位置，桥形接线可分为内桥接线和外桥接线。

内桥接线如图 2-3（a）所示，其桥断路器 QF_3 设置在变压器侧。与单母线分段接线相比较，省掉了两台主变压器侧断路器，较为经济。但因为变压器侧没有断路器，所以投切变压器的操作较复杂。内桥接线一般用于变压器不经常切换的终端变电站和地区变电站。

外桥接线如图 2-3（b）所示，其桥断路器 QF_3 设置在线路侧。与单母线分段接线相比较，同样省掉了两台线路侧断路器，较为经济。但因为线路侧没有断路器，所以投切线路的操作较复杂。当线路较短，且变压器随经济运行的需求需要经常切换，或者系统有穿越功率流经本变电站（如双回出线均接入环形电网）时，采用外桥接线就更为适宜。因为穿越功率只流经一个断路器（桥断路器 QF_3），被截断的可能性比流经 3 个断路器（内桥接线要流经 QF_1、QF_2、QF_3）的要小。

为了检修桥断路器时不致引起系统开环运行，可增设旁路隔离开关 QS_7 和 QS_8。

桥形接线采用设备少、接线简单，造价低，但可靠性不高，适用于小容量变电站，或作为最终发展为单母线分段或双母线的初期接线方式。若有发展和扩建需要，则应在布置时预

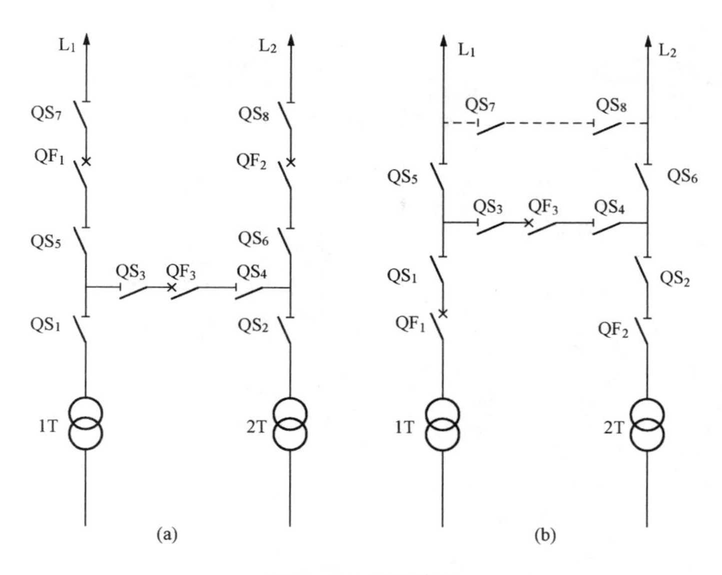

图 2-3　桥形接线

(a) 内桥接线；(b) 外桥接线

留设备位置。

3. 330～500kV 电压等级典型接线

一个半断路器又称 3/2 接线，如图 2-4 所示，每两条回路共用三台断路器（每条回路用一台半断路器）。每串中间的断路器为联络断路器。正常运行时，两组母线均投入工作，形成多环状供电。其特点为：

(1) 运行灵活、可靠。任意断路器检修不致停电；除了联络断路器内部故障与其相连的两回路短时停电外，联络断路器外部故障及其他断路器故障时，最多停一个回路；任意一组母线发生故障时，只是与故障母线相连的断路器自动分闸，任何回路均不会停电；甚至在一组母线检修，一组母线故障的情况下，仍能继续输送功率。

(2) 操作方便。隔离开关只起隔离电压作用，任何一台断路器检修或任何一组母线检修时，只需拉开对应的断路器及隔离开关，不影响各支路运行，不需要切换任何回路，避免了利用隔离开关进行倒闸操作。

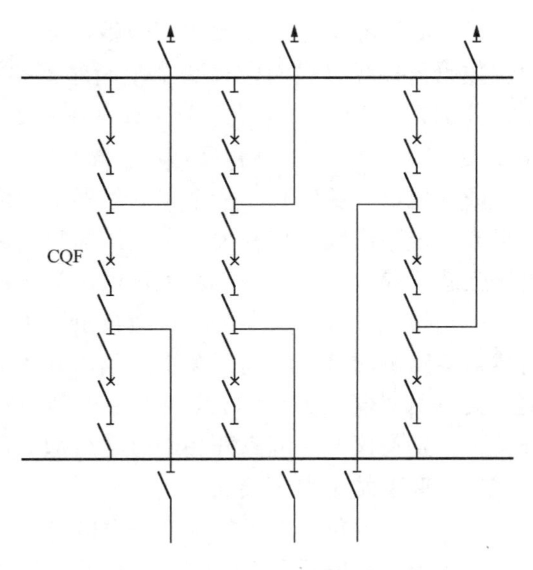

图 2-4　一个半断路器接线

一个半断路器接线投资较大，二次接线和继电保护比较复杂。为减少供电损失，应尽可能将同名元件布置在不同串上，避免当联络断路器故障时，同时切除两个电源。为进一步提高供电可靠性，还可将同名元件交叉布置，但这样会增加配电装置的占地面积。

这种接线目前广泛用于大型变电站 330～500kV 的配电装置中。

4. 主接线中的设备编号

为适应电网的发展和大电网间的互联，提高电力系统调度运行管理水平，输变电设备实行统一编号。以500kV一个半断路器接线为例，如图2-5所示。

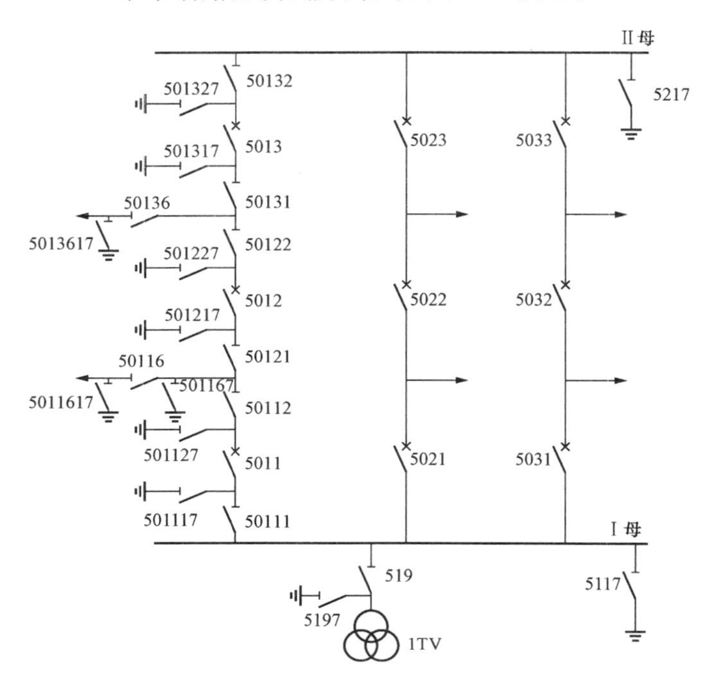

图2-5　交流500kV一个半断路器接线设备编号

（1）断路器编号。一般用四位数字表示，前两位数码“50”代表500kV电压等级，后两位数码依接线方式而定，一个半断路器接线设备按矩阵排列编号，如第一串的三个断路器，分别为5011（靠Ⅰ母）、5012（中间）、5013（靠Ⅱ母），第二串为5021（靠Ⅰ母）、5022（中间）、5023（靠Ⅱ母）。

（2）隔离开关编号。一个半断路器串内隔离开关编号，用断路器号和所向母线号五位数字组成；线路出线隔离开关、主变压器的隔离开关编号，用断路器号和“6”五位数字组成；电压互感器隔离开关编号，由表示电压等级的“5”、母线号和“9”三位数字组成。

（3）接地隔离开关编号。一般按隶属关系，由“隔离开关号＋7”组成。特殊的如线路出线上线路侧的接地隔离开关由“隔离开关号＋隔离开关组别＋7”组成；母线上的接地隔离开关，由“电压级5＋母线编号＋组别＋7”四位数组成。电压互感器等元件的接地隔离开关，分别在该元件隔离开关编号之后加“7”表示。

二、变电站站用电接线

变电站内的负荷主要有主变压器的冷却设备、硅整流电源、蓄电池充电设备、采暖、通风及照明等，一般只需380/220V电压供电，实行动力、照明混合共用一个电源。变电站的站用电母线一般采用单母线接线方式。如果有两台站用变压器，则采用单母分段接线。对于容量不大的变电站，有时为了节省投资，高压侧常采用高压熔断器代替高压断路器。

中小型变电站站用电接线一般采用两台工作变压器，不设备用变压器，实行暗备用运行方式。为了提高站用电的可靠性，一般要求装设备用电源自动投入装置，如图2-6所示。

对于枢纽变电站及容量较大的变电站，一般装有水冷却或强迫油循环冷却的主变压器和调相机。此时应装设两台工作变压器和一台备用变压器来保证其供电可靠性。为了提高供电可靠性，备用变压器一般从变电站外部电源引接，如图 2-7 所示。

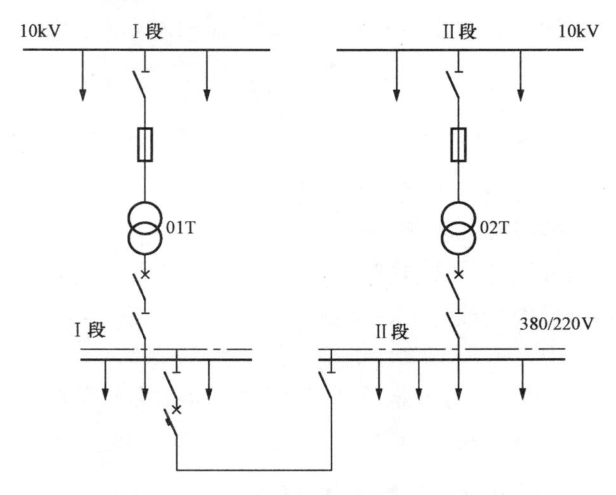

图 2-6 变电站站用电接线示例

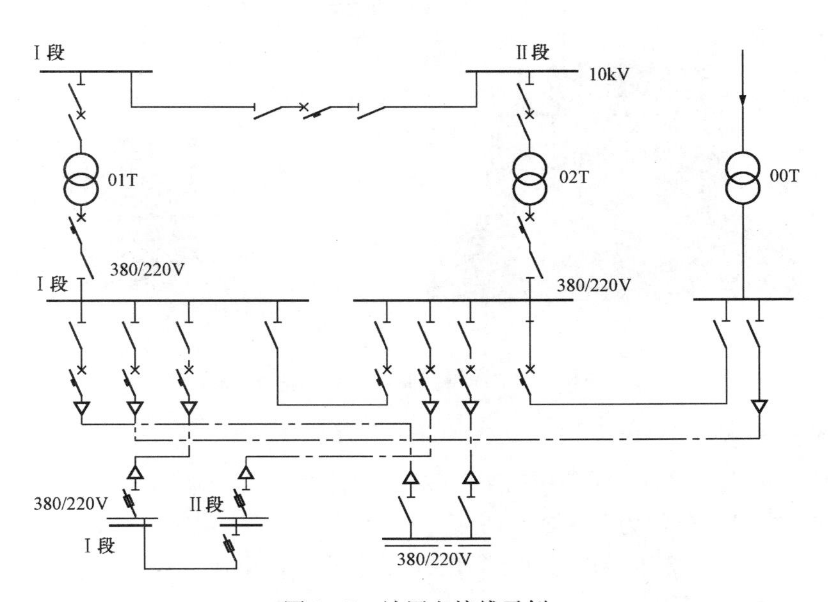

图 2-7 站用电接线示例

三、变电站一次设备

（一）变压器

1. 变压器原理

变压器是一种静止的电气设备。在电力系统中的主要作用是变换电压，以利于功率传输。电压经升压变压器升压后，可以减少线路损耗，达到远距离送电的目的，提高送电的经济性。而降压变压器则把高电压降为用户需要的各级电压，满足用户的需要。

变压器是利用电磁感应原理工作的。在闭合铁芯回路的芯柱上绕有两个互相绝缘的绕组。与电源相连接的绕组称为一次侧绕组，其匝数为 N_1；与负荷相连接的绕组称为二次侧绕组，其匝数为 N_2。当一次绕组加上电压，流过交流电流时，在铁芯中就产生交变的磁通，在磁通的作用下，两侧绕组分别产生感应电动势，电动势的大小与绕组的匝数成正比。改变一、二侧绕组的匝数可改变二次侧输出的电压，变压器由此起到变压的作用，通过电磁感应实现能量传递。

2. 变压器结构

变压器的组成部分主要有：

（1）芯体：包括铁芯、绕组、引线和绝缘等。

（2）冷却装置：散热器或冷却器等。

（3）调压装置：无载分接开关或有载分接开关。

（4）保护装置：测温元件、油位表、释放阀、呼吸器、净油器、气体继电器等。

（5）出线装置：高、中、低压套管，电缆出线等。

图 2-8 所示是常用的油浸式变压器总体结构。对油浸式变压器，变压器的外壳即是油箱，在油箱内以盛装器身（包括铁芯和绕组）和变压器油，变压器油起着绝缘和散热作用。

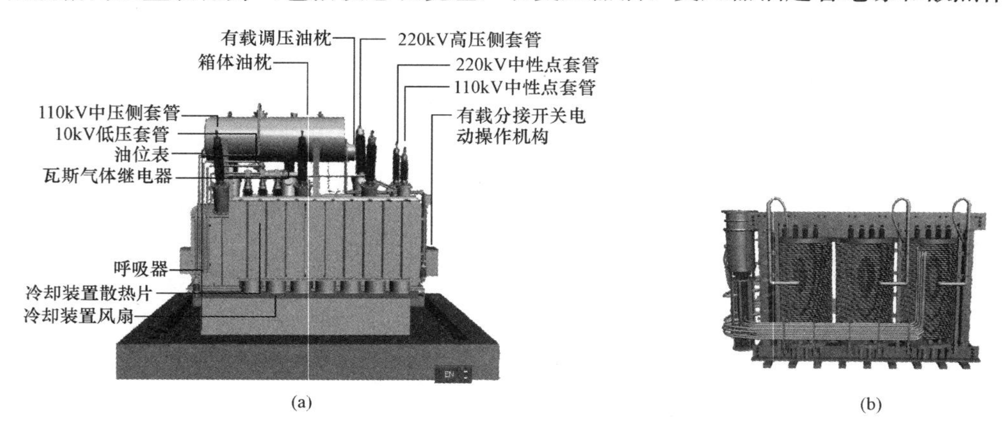

图 2-8 油浸式变压器总体结构

3. 变压器的主要参数

（1）额定容量 S_N：变压器在额定工况下连续运行时二次侧输出视在功率。对三相变压器是指三相的总容量，单位为 VA 或 kVA。

（2）额定电压 U_N：变压器长时间运行时所规定的工作电压。对于三相变压器，额定电压是指线电压，单位为 V 或 kV。

（3）额定电流 I_N：变压器在额定容量下长期允许通过的工作电流。对于三相变压器，额定电流指的是线电流，单位为 A 或 kA。

（4）短路损耗 P_k：变压器一、二次侧绕组流过额定电流时，在绕组电阻上消耗的功率，又称铜损耗，单位为 W 或 kW。

（5）阻抗电压 U_k：也叫短路电压，是指当变压器一、二次的电流均为额定电流时，两侧绕组漏阻抗产生的电压降占额定电压的百分数。

（6）空载损耗 P_0：变压器在额定电压下，二次侧空载时，一次侧测得的功率。空载损耗又称铁损耗，包括铁芯的磁滞损耗和涡流损耗，单位为 W 或 kW。

(7) 空载电流 I_0：当变压器二次侧空载时，在一次侧加额定电压所测得的电流，以与额定电流的百分数表示。

(8) 接线组别：表明三相变压器两侧绕组连接方式及对应线电压相位关系的标志。三相变压器绕组的连接方式一般有星形［用 Y（y）表示］和三角形［用 D（d）表示］两种，两侧三相绕组采用不同的连接方式，将使两侧对应线电压具有不同的接线组别相位关系。

4. 变压器的型号

变压器型号由字母和数字组合而成，代表变压器的产品分类、结构特征、用途和各种数据等。一般第一位字母表示变压器的相数；第二位字母表示冷却方式；第三位字母表示绕组的材料；第四位脚注数字表示设计序号；在横短线后面依次表示变压器的容量（kVA）、高压绕组额定电压等级（kV）、防护代号等。变压器型号表示方法如图 2-9 所示。

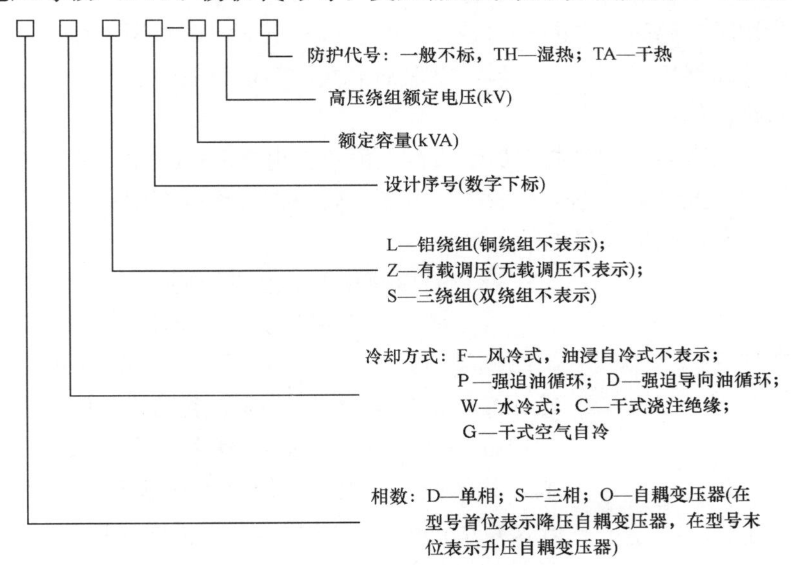

图 2-9　变压器型号表示方法

5. 变压器并列运行

变电站有多台变压器时，常采用并列运行的方式。其优点有：提高供电可靠性，当部分变压器发生故障或需停电检修，其余变压器可以对重要用户继续供电。提高运行经济性，根据负荷大小可随时调整投入并列运行的变压器台数，提高变压器的负荷系数，从而减少空载损耗，提高效率和改善电网的功率因数。减少一次性投资，减少总备用容量，并能随用电负荷的增加而分批安装新变压器，即分期投资。

并列运行的变压器应满足以下 3 个条件：

(1) 变压比相等。相差不应超过±0.5%。

(2) 阻抗电压百分值相等。相差不应超过±10%。

(3) 接线组别相同。

6. 变压器过负荷运行

正常运行时，变压器负荷一般不应超过其额定容量。但特殊情况下也可在规定范围内过负荷运行。过负荷运行包括正常过负荷和事故过负荷两种。

（1）正常过负荷。实际运行中，变压器的负荷是经常变化的。轻负荷时，绝缘材料老化减缓，使用寿命延长；过负荷时，绝缘材料老化就会加速，使用寿命缩短。变压器正常过负荷运行就是根据变压器绝缘等值老化原则，允许在一段时间里适当过负荷运行，在另一时间段里欠负荷运行，彼此补偿，可不至于影响变压器的使用寿命。

（2）事故过负荷。并列运行的变压器，如果其中一台发生故障必须退出运行，而又无备用变压器时，其余各台变压器允许在短时间内较大程度地过负荷。这种在发生事故情况下承担的过负荷运行称为事故过负荷。在事故过负荷状态下，绝缘将加速老化，减少变压器寿命，但这种损失要比对用户停电的损失小，在经济上依然是合理的。

（二）开关电器

1. 高压断路器

当开关电器切断电路时，在断开的触头间就会形成电弧，电弧温度极高，对电气设备有很大危害。高压断路器应迅速熄灭电弧，以保证电气设备运行安全。

（1）高压断路器的作用。

高压断路器在正常运行时接通或切断负荷电流；在电力系统发生短路故障或严重过负荷时，借助继电保护装置自动、迅速切断故障电流，防止扩大事故范围；同时高压断路器又能完成自动重合闸任务，以提高供电的可靠性。

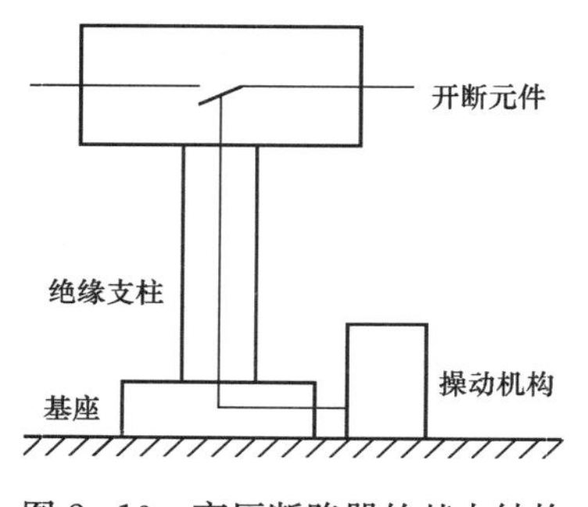

图 2-10　高压断路器的基本结构

（2）高压断路器的基本结构。

高压断路器有多种类型，具体结构也不相同，但其基本结构类似。如图 2-10 所示，主要由开断元件、绝缘支柱、操动机构和基座 4 部分组成。开断元件是关键部件，承担着接通和断开电路的任务，它由接线端子、导电杆、触头及灭弧室等组成；绝缘支柱起着固定开断元件的作用并使带电部分与地绝缘；操动机构起控制开断元件的作用，当操动机构接到合闸或分闸命令时经中间传动机构驱动断路器动触头，实现合闸或分闸。

（3）高压断路器的主要参数。

1）额定电压：导电和载流部分长期工作允许承受的（线）电压等级。

2）额定电流：在规定的环境温度下，断路器的绝缘和载流部分不超过长期工作的最高允许温度时，断路器允许通过的最大电流值。

3）额定开断电流：断路器在额定电压下所能开断的最大短路电流的有效值（也可用额定开断容量表示，即额定电压与额定开断电流的乘积）。

4）额定关合电流：断路器在额定电压下所能可靠闭合的最大短路电流峰值。

5）热稳定电流（额定短时耐受电流）：表明断路器在规定的时间内，通过短路电流时承受短时发热的能力。

6）动稳定电流（额定峰值耐受电流）：表明断路器的机械结构能承受短路电流电动力冲击的能力，即断路器在闭合状态下时能通过的保证机械部分不变形及损坏的最大短路电流（峰值）。

7）分闸时间：从断路器跳闸控制回路接受分闸信号瞬间起，到断路器各极触头间的电

弧完全熄灭为止所经过的时间，它包括固有分闸时间和燃弧时间。

8）合闸时间：从断路器的合闸控制回路接受合闸信号到主触头全部接通电路所经过的时间。

（4）SF_6 断路器及全封闭组合电器 GIS。

SF_6 气体为无色、无味、无毒、非燃烧性、不助燃的非金属化合物。常温常压下，密度为空气的 5 倍，化学性能非常稳定，有很好的绝缘特性，有很强的灭弧性能。现代高压和超高压断路器广泛采用 SF_6 气体作为灭弧介质和绝缘介质。

SF_6 断路器按总体结构可分为瓷柱式和落地罐式。瓷柱式结构：系列性强，可采用积木式结构，可用多个相同的单元灭弧室和支柱瓷套组成不同电压等级的断路器，外形有“Y”型、“I”型、“T”型。图 2-11 所示为“I”型瓷柱式 SF_6 断路器。而图 2-12 所示的为落地罐式结构，将断路器与互感器装在一起，具有结构紧凑、抗地震和防污能力强、可靠性高、检修周期长等特点。

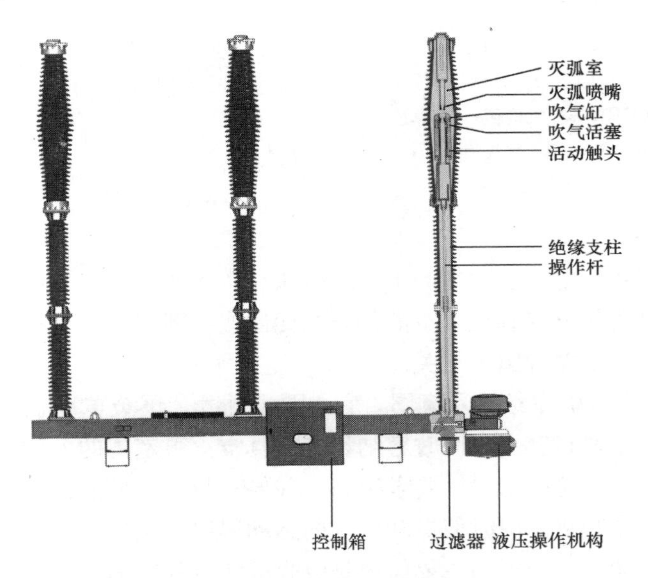

图 2-11　瓷柱式 SF_6 断路器

SF_6 断路器特点是：可靠性较高，检修周期较长；开断能力强，断口电压做得较高；体积小，占地面积省；品种多，系列性好等优点。但 SF_6 断路器结构复杂，要求密封良好，加工工艺要求较高；分解的有毒气体需用净化装置吸收；SF_6 比空气比重大，发生泄漏时会聚积在电缆沟内，工作人员可能发生缺氧，甚至窒息。

SF_6 全封闭组合电器（GIS），如图 2-13 所示，是以 SF_6 气体作为绝缘介质和灭弧介质，根据不同形式主接线的要求，将母线、断路器、隔离开关、互感器、避雷器等设备制成不同形式的标准独立结构，组成成套配电装置。与常规配电装置比，导电部分与接地外壳间绝缘距离大大缩小，可紧凑布置，大量节省占地面积和空间；全部电气元件被封闭在接地金属壳内，带电体不暴露在空气中，运行不受自然条件影响，可靠性高、安全性好；主要组装调试工作在制造厂内完成，现场安装调试工作量小、安装周期短；维护方便，检修周期长。但 GIS 设备结构比较复杂，在设计、制造、安装、调试等各方面要求较高，而且价格贵，变电站一次性投资较大。

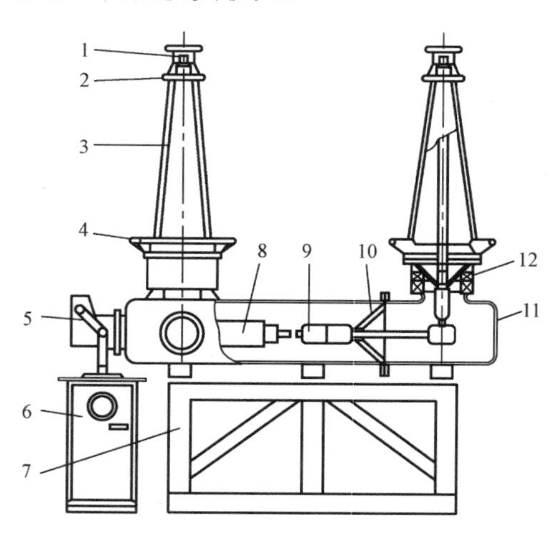

图 2-12　落地罐式 SF_6 断路器

1—接线端子；2—上均压环；3—出线瓷套管；4—下均压管；5—拐臂箱；6—机构箱；7—基座；8—灭弧室；9—静触头；10—盆式绝缘子；11—壳体；12—电流互感器

图 2-13　SF_6 全封闭组合电器

（5）真空断路器。

真空断路器是利用真空（真空度为 10^{-4}mm 汞柱以下）具有良好的绝缘性能和灭弧性能等特点，将断路器触头部分安装在真空的外壳内而制成的断路器。其灭弧性能与真空度、触头材料、触头表面的光洁度等因素有关。

图 2-14 所示真空灭弧室结构示意图，它主要由外壳、屏蔽罩和触头三部分组成。外壳的作用是构成一个真空密封容器，同时容纳和支持真空灭弧室内的各种零件。为保证真空灭弧室工作的可靠性，对外壳的密封性要求很高，并要求具有足够的机械强度。波纹管的功能是用来保证灭弧室完全密封，同时使操动机构的运动得以传到动触头上，通常波纹管的质量决定灭弧室的机械寿命。屏蔽罩的主要作用是吸收灭弧过程中的金属蒸汽微粒，以免喷溅到绝缘外壳的内壁上引起绝缘强度降低，同时吸收部分电弧能量促进电弧熄灭。触头是真空断

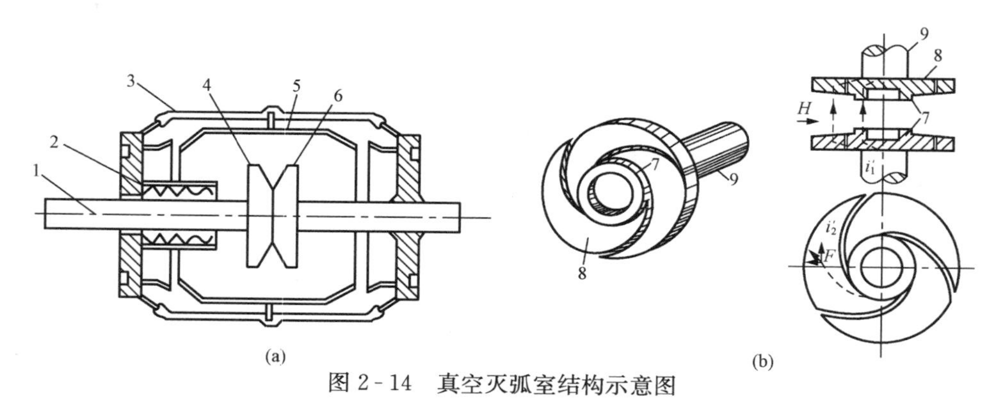

图 2-14　真空灭弧室结构示意图

（a）真空灭弧室的原理结构；（b）螺旋槽触头的外形和工作原理

1—动触杆；2—波纹管；3—外壳；4—动触头；5—屏蔽罩；6—静触头；7—接触面；8—跑弧面；9—导电杆

路器最重要的部件，真空灭弧室的开断能力和电气寿命主要由触头状况来决定，目前真空断路器的触头的接触方式，都是对接式的。

真空断路器具有可靠性高，检修周期长，触头开距短，体积小，质量轻，动作迅速，燃弧时间短，噪声小，易安装，维护方便等优点。真空断路器尤其适用于频繁操作的电路中。

（6）断路器的操动机构。

操动机构是断路器的重要组成部分，主要由储能单元、分合闸控制及保护单元、机械传动和机械连锁功能单元所组成，实现对电路的开断和关合、控制和保护功能。

对操动机构有以下要求：

1）合闸。操动机构要有足够的合闸能量，使断路器可靠关合。

2）合闸保持。必须有保持机构使断路器保持合闸状态，保证断路器合闸后处于合闸运行位置。

3）分闸。操动机构分闸出力特性必须与灭弧室负载特性匹配，应满足断路器分闸时间和速度的要求。

4）操动机构还应具有自由脱扣、防跳跃、防失压慢分、连锁、计数、状态指示等要求。

操动机构有多种形式，按合闸能源不同可分为电磁式、弹簧式、气动式、液压式。电磁式操动机构结构简单、维护方便，但需大功率直流电源。气动操动机构所需电源容量小，失去电源可操作一次；但需要空压机，结构较笨重。弹簧操动机构不需大功率储能电源，可交直流两用，暂时失去电源也能操作，紧急情况还可手动储能，但结构较复杂、工艺要求高。液压操动机构，不需大功率直流电源，输出功率大、动作快、操作平稳，暂时失去电源也能操作一次；但组件质量要求高，整机价格贵。

操动机构的主要技术参数。储能元件应包括：输出功率、额定电压、额定电流、工作电压范围、储能时间等。分合闸单元应包括：电源/气源/油源的额定值、额定功率、线圈电阻值，工作电压范围等。机械传动单元包括：合闸功率、输出角度、行程、分合闸电磁铁间隙、脱扣擎子间隙等。还有其他参数要求，包括气/油压降、频繁启动次数、泄漏率等。

2. 隔离开关

隔离开关没有专门的灭弧装置，不能接通或断开负荷电流和短路电流，否则，将产生强烈的电弧，会造成人身伤亡，设备损坏或引起相间短路故障。

（1）隔离开关的作用。

1）隔离电源。在检修电气设备时，需要用隔离开关将停电检修的设备与带电部分相互隔离，形成明显可见的断口。

2）倒闸操作。在双母线接线方式中，隔离开关在等电位的条件下分闸、合闸，将进出线从一组母线切换到另一组母线上，从而改变运行方式。

3）接通和断开小电流电路。可用来分、合电容电流不超过 5A 的空载母线、空载线路；分、合励磁电流不超过 2A 的空载变压器；分、合电压互感器、避雷器和消弧线圈等回路。

（2）对隔离开关的要求。

1）应有明显可见的断口，使运行人员清楚地观察其分、合状态。

2）断点要有可靠绝缘，即要求隔离开关断点间有足够的距离，以保证在恶劣的条件下也能可靠地工作，并在过电压及相间闪络的情况下，不至于击穿。

3）隔离开关在运行过程中，会遇到短路电流热效应和电动力的作用，要求其应具有足够的热稳定性和动稳定性。

4）要求结构简单，动作方便、可靠。

5）带接地开关（地刀）的隔离开关要有联锁装置，以保证断开隔离开关后才能合接地开关，或断开接地开关后方能合上隔离开关。

（三）互感器

互感器包括电压互感器和电流互感器，其主要作用是：将一次回路的高电压和大电流变为二次回路标准的低电压（100V 或 $100/\sqrt{3}$V）和小电流（5A 或 1A），为测量和保护提供电压源和电流源，使测量仪表和保护装置标准化、小型化，结构轻巧、价格便宜，并便于屏内安装。同时使二次设备与高电压部分隔离，且互感器二次侧均接地，从而保证了设备和人身的安全。

1. 电流互感器

（1）电流互感器的工作原理和特点。

电力系统广泛采用电磁型电流互感器，它的工作原理与变压器相似，如图 2 - 15 所示，其一、二次额定电流的比值，称为电流互感器的额定互感比 k_i，近似与一、二次绕组的匝数成反比。

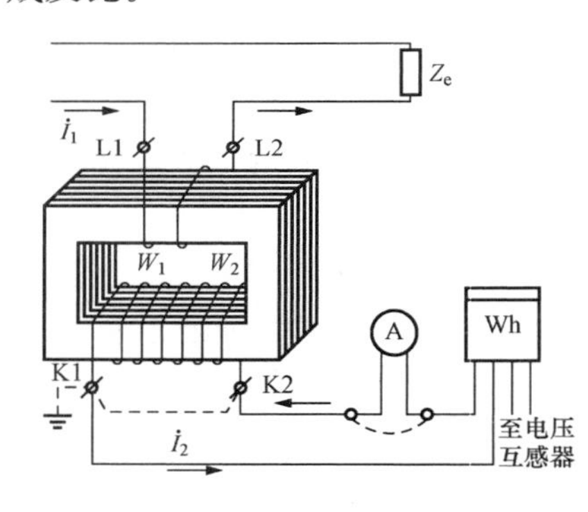

图 2 - 15　电流互感器原理接线图

电流互感器的一次绕组匝数很少（一匝或几匝），并且串联在被测电路中。一次绕组的电流完全取决于被测电路的负荷电流，而与二次电流无关。而电流互感器二次绕组中所串接的二次负荷阻抗都很小，正常运行中，电流互感器二次侧接近于短路状态。

电流互感器在工作中，二次侧不准开路。当电流互感器正常工作时，二次绕组磁动势对一次绕组磁动势具有去磁作用，铁芯中的合成磁动势较小，二次绕组感应电动势不大，一般只有几十伏。开路后，一次绕组磁动势全部用来激磁，铁芯严重饱和，在二次绕组中感应产生很高的尖顶波电动势，其峰值可达几千伏甚至上万伏，严重威胁工作人员和二次回路中设备的安全。同时，由于铁芯磁感应强度剧增，将使铁芯过热，损坏绕组的绝缘。此外，铁芯中还有剩磁，使电流互感器特性变坏，误差增大。为了防止二次侧开路，规定电流互感器二次侧不准装熔断器。在运行中，若需拆除仪表或继电器时，则必须先用导线或短路连接将二次回路短接，以防开路。

（2）电流互感器的误差和准确级。

由于励磁电流的存在，使得乘以互感比的二次电流不仅在数值上与一次电流不等，在相位上也存在差异，即产生了误差。误差有两种——电流误差和相位误差。

电流误差又称比值差，是指二次电流的测量值乘以额定互感比后所得的一次电流近似值 k_1I_2 与一次电流 I_1 之差，并以后者的百分数来表示。

相位误差又称角误差，为旋转 180°的二次电流相量与一次电流相量之间的夹角，并规定二次电流相量超前一次电流相量时，相位误差为正值，反之为负值。

电流互感器误差的大小可以由准确级来表示。电流互感器的准确级是指在规定的二次负荷范围内、一次电流为额定值时的最大电流误差。我国测量用电流互感器准确级为0.2、0.5、1、3、10级，稳态保护用电流互感器准确级为5P、10P两种，暂态保护级分为TPS、TPX、TPY、TPZ 4种，采用较多的是TPY级。高压电流互感器常采用共用同一个一次绕组，由多个独立铁芯和二次绕组组成的结构，满足同一回路测量和保护的需要。

因为电流互感器的误差和二次负荷有关，所以同一台电流互感器使用在不同准确级时，会有不同的额定容量。电流互感器的额定容量是指电流互感器在额定二次电流和额定二次阻抗下运行时，二次绕组输出的容量。$S_{2N}=I_{2N}^2Z_{2N}$。由于电流互感器的二次电流为标准值（5A或1A），故其容量也常用额定二次阻抗来表示。例如，LDC-10-600/5-0.5型电流互感器在0.5级下工作时，额定二次阻抗为0.8Ω，在1级工作时，额定二次阻抗为2Ω。

（3）电流互感器接线。

电流互感器通常有单相接线、星形接线、不完全星形接线3种接线形式，如图2-16所示。单相接线测量一相电流，一般用于对称三相负荷。星形接线，可测量三相负荷电流，监视负荷电流不对称情况。不完全星形接线用于三相二元件功率表或电能表。

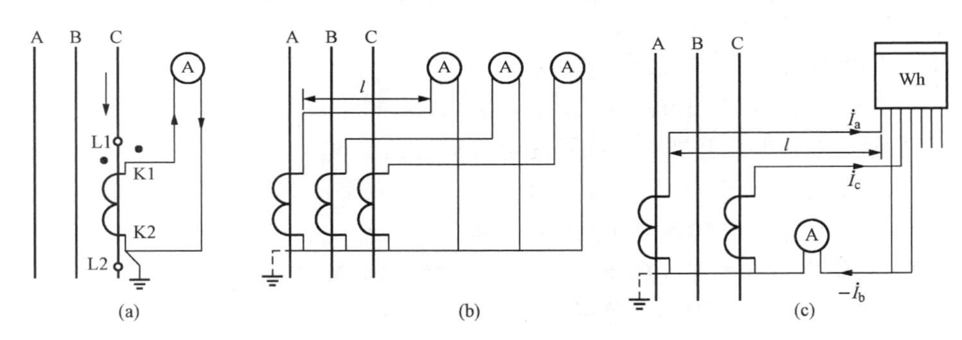

图2-16　电流互感器接线图

（a）单相接线；（b）星形接线；（c）不完全星形接线

2. 电压互感器

电力系统广泛使用的电压互感器，按原理可分为电磁式电压互感器和电容式电压互感器。

（1）电磁式电压互感器。

1）电磁式电压互感器的工作原理及特点：

电磁式电压互感器主要由一次绕组、二次绕组、铁芯、接线端子和绝缘部分等组成。它的工作原理与变压器相似，如图2-17所示，其一、二次额定电压的比值，称为电压互感器的额定互感比k_u，与一、二次绕组的匝数成正比。

电压互感器一次侧并联在被测回路中，绕组匝数很多，阻抗很大，一次电压即电网电压。二次绕组所接的测量表计和继电器的电压线圈并联在二次回路中，阻抗很大，在正常运行时近于空载状态。电压互

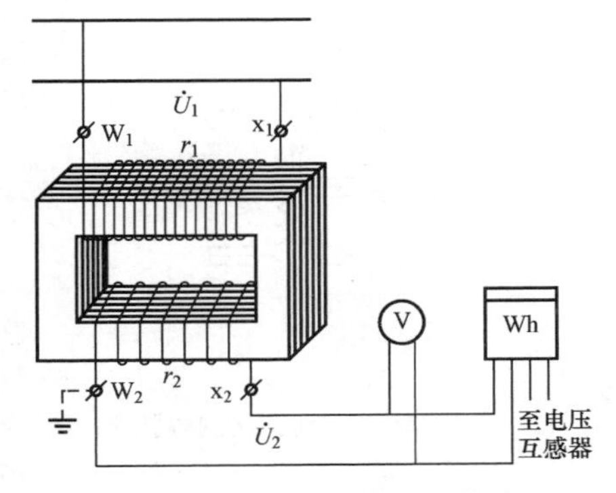

图2-17　电压互感器原理接线图

感器二次侧不允许短路运行，二次侧短路时，将产生很大的短路电流，使二次绕组烧毁。为防止二次侧短路，通常在二次侧装熔断器或自动空气开关。

2）电压互感器的误差和准确级。

由于电压互感器本身存在励磁电流和内阻抗，使得二次电压测量值与实际一次电压不完全相等，即存在误差。误差有两种，即电压误差和相位误差。

电压误差又称比值差 f_u，是指二次电压的测量值乘以额定互感比后所得的一次电压近似值 k_uU_2 与实际一次电压 U_1 之差，并以与后者的百分数来表示。

相位误差又称角误差，为旋转180°的二次电压相量与一次电压相量之间的夹角，并规定二次电压相量超前一次电压相量时，相位误差为正值，反之为负值。

电压互感器误差的大小可由准确级来表示。电压互感器的准确级是指在规定的一次电压和二次负荷范围内、负荷功率因数为额定值时，电压误差的最大值。同一电压互感器可以用在不同的准确级，超过该准确级规定的容量，准确级相应降低。电压互感器的额定容量是指对应于最高准确级的容量。电压互感器还规定了最大容量。最大容量是按最高工作电压下长期工作允许发热条件来规定的极限容量，以不烧坏为最大极限。只有供给误差无严格要求的仪表或信号灯之类的负荷，才允许运行在最大容量下。

3）电压互感器的接线。

图 2-18（a）是一台单相电压互感器接线，用来测量某一相对地电压和相间电压。图 2-18（b）是两台单相电压互感器接成不完全星形（也称 V-V 型接线），用来测量相间电压，但不能测量相对地电压。它广泛应用在 20kV 以下中性点不接地或经消弧线圈接地的电网中。图 2-18（c）是三台单相三绕组电压互感器构成的 $Y_0/y_0/d$ 接线，它广泛用于 3～220kV 系统，用来测量相间电压和相对地电压，辅助二次绕组接成开口三角形。其输出电压为三相感应电压之和，供接入交流电网绝缘监视仪表和继电器用。正常运行时输出电压为 0V，当一次系统中发生单相接地故障时，输出电压为 100V。三相五柱式电压互感器只用于 3～15kV 系统，其接线与图 2-18（c）基本相同。图 2-18（d）所示为电容式电压互感器接线。

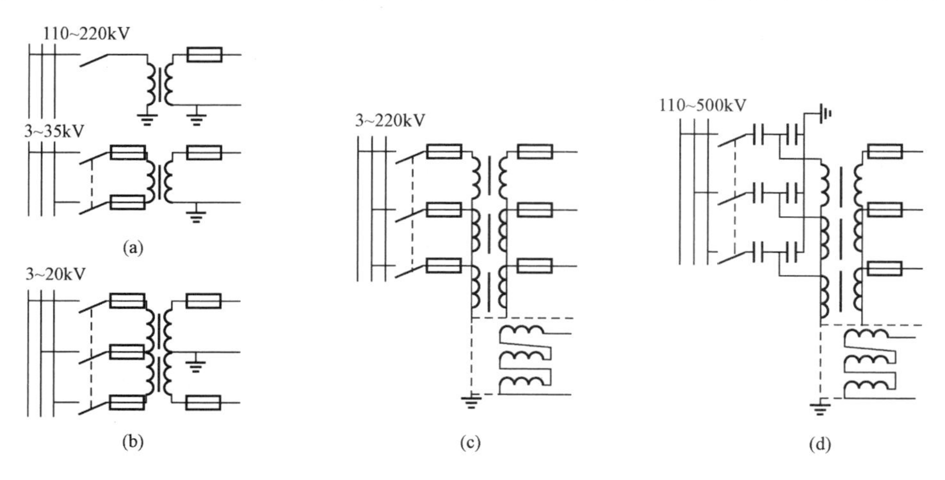

图 2-18　电压互感器接线图

（a）一台电压互感器接线；（b）不完全星形接线；（c）三台单相三绕组电压互感器接线；（d）电容式电压互感器接线

(2) 电容式电压互感器。

随着电力系统输电电压的增高，电磁式电压互感器的体积和质量越来越大，成本也随之增加。电容式电压互感器与电磁式电压互感器相比，具有结构简单、体积小、质量轻、占地少、成本低的优点，且电压越高效果越显著。电容式电压互感器的运行维护也较方便，且其中的分压电容还可兼作为载波通信的耦合电容，因此广泛用于110～500kV中性点直接接地系统中。

电容式电压互感器原理很简单，如图2-19所示，实际上是一个单相电容分压器，由若干相同的电容器串联组成，接在相线与地之间，它是利用电容器分压的原理来按比例获取电网电压的。输出电压信号用于测量、控制和继电保护，此外电容分压器还可以作为电力载波接收的耦合电容器。图2-19中L是串联补偿电抗，用于减小或消除电容输出的内阻抗，从而减小误差。TV是中间变压器，实际上是一台电磁式电压互感器，用于将较高的电压 U_{C2}（通常为13kV）变换为额定二次电压，二次绕组为 $100/\sqrt{3}$ V，辅助二次绕组为100V，供给测量仪表和继电器使用。阻尼绕组 r_d 用来消除可能产生的铁磁谐振过电压。F1是放电间隙，当分压电容 C_2 上出现异常过电压时，F1先击穿，以保护补偿电抗器、分压电容器和中间变压器。补偿电容 C_b 可以补偿中间变压器的激磁电流和负荷电流中的电感分量，提高二次侧负荷的功率因数，从而减小测量误差。

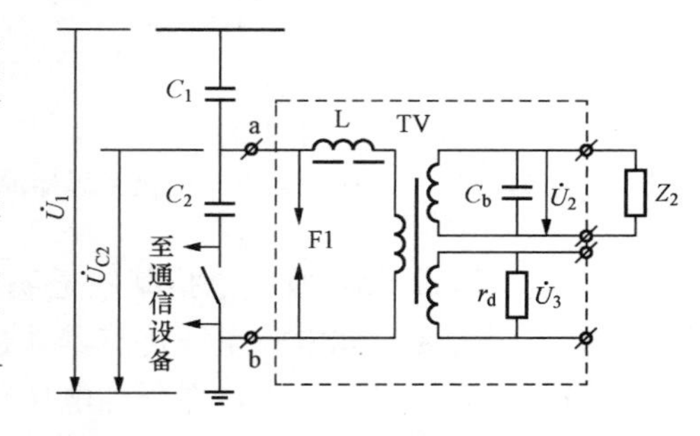

图2-19　电容式电压互感器原理接线图

电容式电压互感器的主要缺点是输出容量较小，影响误差的因素较多，误差特性比电磁式电压互感器差。

3. 电子式互感器

随着传统变电站向数字化变电站的转变，作为数字化变电站技术体系中重要的一个环节，电子式互感器在实际工程中也具有越来越多的应用需求。与传统互感器相比，电子式互感器具有绝缘性能优良，不含铁芯，无铁磁谐振、磁饱和现象，动态范围大、频率响应宽、故障响应快，抗电磁干扰能力强，体积小、质量轻、经济性好，适应计量与保护数字化发展等优点。

根据构成原理的不同，电子式互感器可分为有源式和无源式两种。有源式互感器高压平台的传感头部分需要供电电源，无源式互感器高压平台的传感头部分不需要供电电源。由于无源式互感器结构较为简单，故近年来成为国内外研制的主要传感方式。

图2-20所示为基于法拉第（Faraday）效应原理的无源型光电式电流互感器原理图。

Faraday磁光效应是指在光学各向同性的透明介质中，外加磁场可以使在介质中沿磁场方向传播的平面偏振光的偏振面发生旋转。利用Faraday磁光效应测量电流的原理如下：LED（发光二极管）发出的光经起偏器后为一线偏振光，这束线偏振光在磁光材料（如重火石玻璃）中绕载流导体一周后其偏振面将发生旋转。旋转角正比于磁场强度沿偏振光通过材料路径的线积分。据法拉第磁光效应及安培环路定律可知，线偏振光旋转的角度 θ 与载流导体中流过的被测电流 i 成正比，利用检偏器将角度 θ 的变化转换为输出光强的变化，经光电变换及相应的信号处理便可求得被测电流 i。

图 2-21 所示为基于普克尔（Pockels）效应原理的无源型光电式电压互感器原理图。

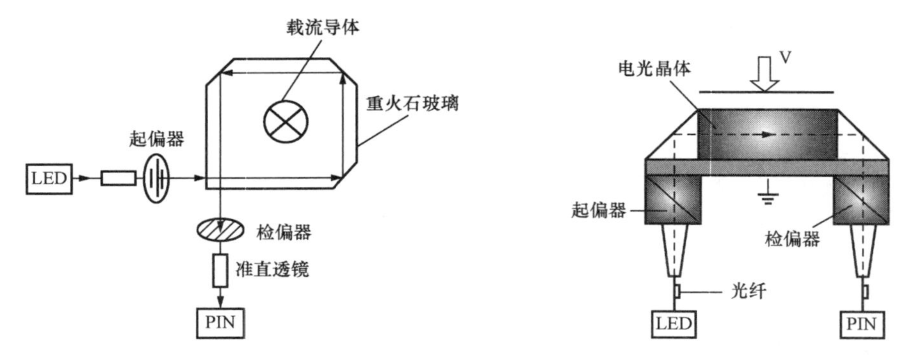

图 2-20　无源型光电式电流互感器原理图　　图 2-21　光电式电压互感器原理图

普克尔（Pockels）效应是指某些透明的光学介质在外电场的作用下，其折射率线性地随外加电场而改变。光电式电压传感器就是利用 Pockels 电光效应测量电压的。LED 发出的光经起偏器后为一线偏振光，在外加电压作用下，线偏振光经电光晶体（如 BGO 晶体）后发生双折射，双折射两光束的相位差与外加电压成正比，利用检偏器将相位差的变化转换为输出光强的变化，经光电变换及相应的信号处理便可求得被测电压。

第二节　继　电　保　护

一、继电保护概述

（一）电力系统继电保护的作用

1. 电力系统故障和异常运行

电力系统由发电机、变压器、母线、输配电线路及用电设备组成。各电气元件及系统整体通常处于正常运行状态，但也可能出现故障或异常运行状态。在三相交流系统中，最常见的，同时也是最危险的故障是各种形式的短路，直接连接（不考虑过渡电阻）的短路一般称为金属性短路。电力系统的正常工作遭到破坏，但未形成故障，称为异常工作状态。

短路产生很大的短路电流，同时使系统中电压大大降低、短路电流的热效应和机械效应会直接损坏电气设备。电压下降影响用户的正常工作，影响产品质量。短路更严重的后果是因电压下降可能导致电力系统发电厂之间并列运行的稳定性遭受破坏，引起系统振荡，直至使整个系统瓦解。

最常见的异常运行状态是电气元件的电流超过其额定值，即过负荷状态。长时间的过负荷会使电气元件的载流部分和绝缘材料的温度过高，从而加速设备的绝缘化，或者损坏设备，甚至发展成事故。此外，由于电力系统出现功率缺额而引起的频率降低、水轮发电机组突然甩负荷引起的过电压及电力系统振荡，都属于异常运行状态。

故障和异常运行状态都可能发展成系统中的事故。事故是指整个系统或其中一部分的正常工作遭到破坏，以致造成对用户少送电、停止送电或电能质量降低到不能允许的地步，甚至造成设备损坏和人身伤亡。在电力系统中，为了提高供电可靠性，防止造成上述严重后

果，要对电气设备进行正确地设计、制造、安装、维护和检修。对异常运行状态必须及时发现，并采取措施予以消除。一旦发生故障，必须迅速并有选择性地切除故障元件。

2. 继电保护的任务

继电保护装置是一种能反映电力系统中电气元件发生的故障或异常运行状态，并动作于断路器跳闸或发出信号的一种自动装置。它的基本任务是：当电力系统的被保护元件发生故障时，继电保护装置应能自动、迅速、有选择地将故障元件从电力系统中切除，并保证无故障部分迅速恢复正常运行；当电力系统被保护元件出现异常运行状态时，继电保护应能及时反应，并根据运行维护条件，动作于发出信号、减负荷或跳闸。此时一般不要求保护迅速动作，而是根据对电力系统及其元件的危害程度规定一定的延时，以免不必要动作和由于干扰而引起的误动作。

（二）对继电保护的基本要求

对于电力系统继电保护装置应满足可靠性、选择性、灵敏性和速动性的基本要求。这些要求之间，需要针对不同使用条件，分别地进行综合考虑。

1. 可靠性

保护装置的可靠性是指在规定的保护区内发生故障时，它不应该拒绝动作；而在正常运行或保护区外发生故障时，则不应该误动作。

可靠性简单来说就是要继电保护能够做到不误动、不拒动，但实现起来是非常复杂的。影响保护可靠性的因素很多，主要有保护的合理配置、保护装置的工作原理、保护装置本身的质量和运行维护水平等。不可靠的保护本身就成了事故的根源。因此，可靠性是对继电保护装置的最根本要求。

为保证可靠性，一般来说，宜选用尽可能简单的保护方式及有运行经验的微机保护产品。同时应采用由可靠的元件和简单的接线构成的性能良好的保护装置，并应采取必要的检测、闭锁和双重化等措施。当电力系统中发生故障而保护拒动时，靠后备保护的动作切除故障，有时不仅扩大了停电范围，而且拖延了切除故障的时间从而对电力系统的稳定运行带来很大危害。此外，保护装置应便于整定、调试和运行维护，对于保证其可靠性也具有重要的作用。

2. 选择性

保护装置的选择性是指保护装置动作时仅将故障元件从电力系统中切除，使停电范围尽量缩小，以保证电力系统中的无故障部分仍能继续安全运行。在图 2 - 22 所示网络中，当线路 L_4 上 K_2 点发生短路时保护 6 动作跳开断路器 QF_6，将 L_4 切除，继电保护的这种动作是有选择性的。K_2 点故障，若保护首先 5 动作于将 QF_5 跳断，则停电扩大，继电保护的这种动作是无选择性的。同样 K_1 故障时，保护 1 和保护 2 动作于断开 QF_1 和 QF_2，将故障线路 L_1 切除是有选择性的。

如果 K_2 点故障，保护 6 或断路器 QF_6 拒动，保护 5 动作将断路器 QF_5 断开，故障切除。这种情况虽然是越级跳闸，但却是尽量缩小了停电范围，限制了故障的发展，因而也认为是有选择性动作。运行经验表明，架空线路上发生的短路故障大多数是瞬时性的，线路上的电压消失后，短路会自行消除。因此，在某些条件下，为了加速切除短路，允许采用无选择性的保护，但必须采取相应措施，例如采用自动重合闸或备用电源自动投入装置予以补

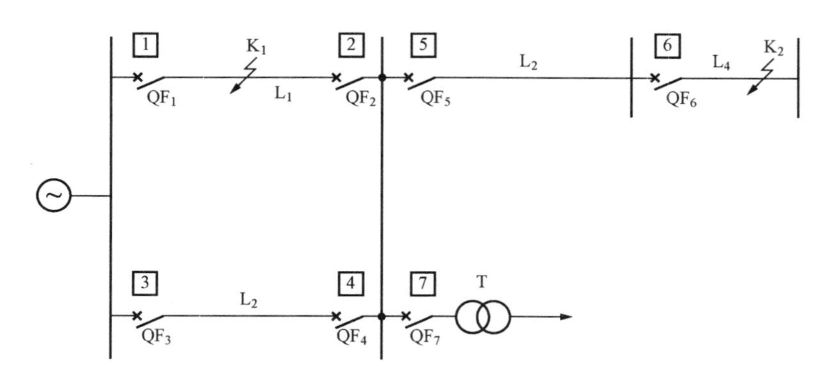

图 2-22　单侧电源网络中保护选择性动作说明图

救。为了保证选择性，对相邻元件有后备作用的保护装置，其灵敏性与动作时间必须与相邻元件的保护相配合。

3. 速动性

快速地切除故障可以提高电力系统并列运行的稳定性，减少用户在电压降低情况下的工作时间，限制故障元件的损坏程度，缩小故障的影响范围及提高自动重合闸装置和备用电源自动投入装置的动作成功率等。因此，在发生故障时，应力求保护装置能迅速动作切除故障。

4. 灵敏性

保护装置的灵敏性是指保护装置对其保护区内发生故障或异常运行状态的反应能力的高低。满足灵敏性要求的保护装置应该是在规定的保护区内短路时，不论短路点的位置、短路形式及系统的运行方式如何，都能灵敏反应。保护装置的灵敏性一般用灵敏系数 Ksen 来衡量。

由于短路情况是非金属性的，而且故障参数在计算时会有一定的误差，因此，要求灵敏度系数大于 1。

（三）继电保护的基本原理

继电保护的基本原理是利用被保护线路或设备故障前后某些突变的物理量为信息量。当突变量达到一定值时，起动逻辑控制环节，发出相应的跳闸脉冲或信号。

1. 利用基本电气参数量的区别

发生短路故障后，利用电流、电压、线路测量阻抗、电压电流间相位、负序和零序分量的出现等的变化，可构成过电流保护、低电压保护、距离（低阻抗）保护、功率方向保护、序分量保护等。

（1）过电流保护。反映电流增大而动作的保护称为过电流保护。

（2）低电压保护。反映电压降低而动作的保护称为低电压保护。

（3）距离保护。距离保护也称低阻抗保护，反映保护安装处到短路点之间的阻抗下降而动作的保护称为低阻抗保护。

2. 利用比较两侧的电流相位（或功率方向）

图 2-23 所示为双侧电源网络。若规定电流的正方向是从母线指向线路，正常运行时，线路 AB 两侧的电流大小相等相位差为 180°；当在线路 BC 的 K_1 点发生短路故障时，线路

AB两侧电流大小仍相等相位差仍为180°；当在线路AB内部的K_2点发生短路故障时，线路AB两侧短路电流大小一般不相等，相位相同（不计阻抗的电阻分量时）。从分析可知，若两侧电流相位（或功率方向）相同，则判为被保护线路内部故障；若两侧电流相位（或功率方向）相反，则判为区外短路故障，利用被保护线路两侧电流相位（或功率方向），可构成纵联差动保护、相差高频保护、方向保护等。

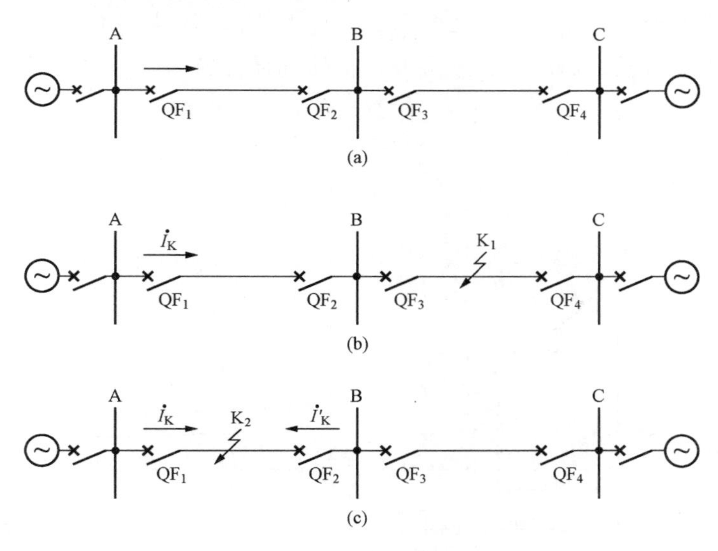

图2-23　双侧电源网络

(a) 正常运行；(b) 外部故障；(c) 内部故障

3. 反映序分量或突变量是否出现

电力系统在对称运行时，不存在负序、零序分量；当发生不对称短路时，将出现负序、零序分量。无论是对称短路，还是不对称短路，正序分量都将发生突变。因此，可以根据是否出现负序、零序分量构成负序保护和零序保护；根据正序分量是否突变构成对称短路、不对称短路保护。

4. 反映非电量保护

反映非电量保护包括反映变压器油箱内部故障时所产生的瓦斯气体而构成的气体（瓦斯）保护，反映绕组温度升高而构成的过负荷保护等。

二、线路保护

（一）电流保护

输电线路发生短路时，电流突然增大，电压降低。利用电流突然增大使保护动作而构成的保护装置，称为电流保护。电流保护在35kV及以下输电线路中被广泛采用。

1. 瞬时电流速断保护（电流Ⅰ段）

按保护快速性要求，输电线路发生故障时，希望继电保护动作越快越好。因为快速切除故障，可使非故障元件尽快恢复正常供电，从而提高供电的可靠性。

因此，按保护速动性要求，构建了电流速断保护。电流速断保护也称第Ⅰ段电流保护，它是在线路发生故障时，快速动作的保护，其动作时限为0s（实际上，考虑到出口中间继电器的动作时限，一般不超过0.1s）。

电流Ⅰ段保护突出保护的快速性，但是，必须保证选择性的要求。以下分析电流速断保护对选择性的考虑。在图 2 - 24 中，按照保护灵敏性的要求，保护 1 的理想保护范围应达到线路 AB 的末端 B 点。不论系统的运行方式如何，也不论故障类型如何，只要在 B 点发生相间故障，保护 1 都应该动作跳闸。但如果满足上述要求，就会造成在线路 BC 出口处及 K_2 点短路时，会造成保护 1 无选择性动作。在突出保护快速性的前提下，为了满足选择性的要求，保护 1 只能将保护范围缩短，丢掉 B 点。因此电流速断保护不能保护本线路的全长，这样做实际上是牺牲了保护的灵敏性，来换取保护的选择性。

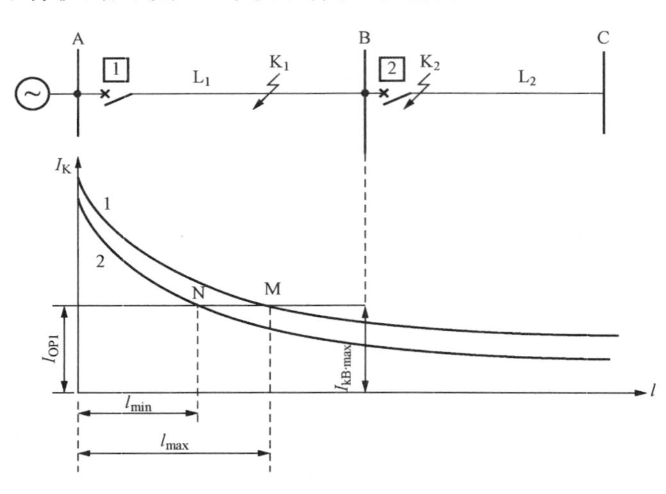

图 2 - 24　电流速断保护原理分析

那么，如何将电流速断保护的范围缩短呢，在图 2 - 24 中，有两条短路电流曲线 1 和曲线 2，分别是最大运行方式下的三相短路电流曲线和最小运行方式下的两相短路电流曲线。在本线路末端 B 点故障的最大短路电流为 $I_{kB.max}$，只要将保护 1 的动作电流整定得比 $I_{kB.max}$ 大，保护 1 的保护范围就被限制在本线路的内部。所以，通过以上分析可知，电流速断保护的选择性就是靠整定值将保护范围缩短来实现的。

电流速断保护的动作要保证选择性，即只有在本条线路内发生故障时，才应快速动作，而在相邻的下一条线路故障时，不应该动作，但是，在图 2 - 24 中，对于保护 1 而言，在本线路末端 B 点短路的短路电流和在相邻线路 BC 出口处 K_2 点的短路电流基本上相等。为满足选择性要求，电流速断保护的整定原则就是躲过本线路末端最大的短路电流。故保护 1 的动作电流就按照躲过 B 点的最大短路电流整定，并考虑一个可靠系数。保护 1 电流速断保护的整定值表达式为

$$I_{OP1}^{\mathrm{I}} = K_{rel} \cdot I_{kB.max} \tag{2 - 1}$$

式中　I_{OP1}^{I} ——保护 1 的电流速断保护动作电流，又称一次动作电流；

K_{rel} ——可靠系数，考虑继电器的整定误差，短路电流的计算误差以及非周期分量的影响等引入一个大于 1 的系数，一般取 1.2～1.3；

$I_{kB.max}$ ——线路 AB 末端短路时的最大短路电流。

2. 限时电流速断保护（电流Ⅱ段）

构成限时电流速断保护的出发点是为了满足保护的灵敏性要求。由于瞬时电流速断保护

不能保护线路全长，因此必须增加一段带时限的电流速断保护（又称Ⅱ段电流保护），用以保护电流速断保护保护不到的那段线路，因此，要求限时电流速断保护应能保护线路全长。

由于瞬时电流速断保护不能保护线路的全长，其保护范围以外的故障必须由其他的保护来切除。为了较快地切除其余部分的故障，可增设限时电流速断保护，它的保护范围应包括本线路全长，这样做的结果，其保护范围必然要延伸到相邻线路的一部分。为了获得保护的选择性，以便和相邻线路保护相配合，限时电流速断保护就必须带有一定的时限（动作时间），时限的大小与保护范围延伸的程度有关。为了尽量缩短保护的动作时限，通常是使限时电流速断保护的范围不超出相邻线路电流速断保护的范围，这样，它的动作时限只需比相邻线路瞬时电流速断保护的动作时限大 1 个时限级差 Δt。

限时电流速断保护的工作原理和整定原理可用图 2 - 25 说明。图 2 - 25 中线路 L_1 和 L_2 装设有电流速断保护和限时电流速断保护，线路 L_1 和 L_2 的保护分别为保护 1 和保护 2。为了区别起见，上标用Ⅰ、Ⅱ分别表示瞬时电流速断保护和限时电流速断保护。下面讨论保护 1 限时电流速断保护的整定计算原则。

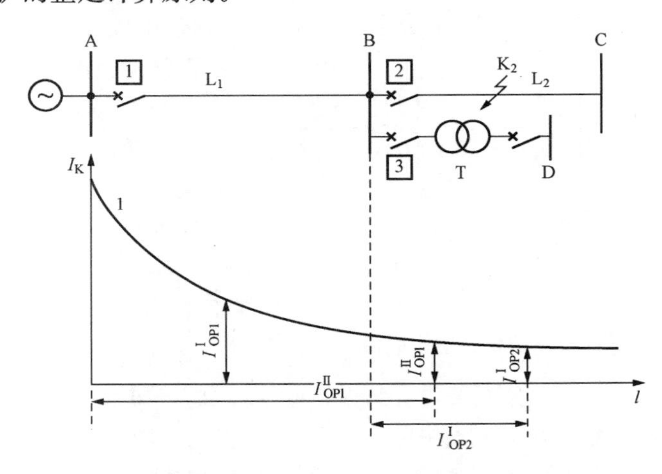

图 2 - 25　限时电流速断保护原理分析

为了使线路 L_1 的限时电流速断保护的保护范围不超出相邻线路 L_2 电流速断保护的保护范围，必须使保护 1 限时电流速断保护的动作电流 I_{OP1}^{II} 大于保护 2 的电流速断保护的动作电流 I_{OP2}^{I}，即

$$I_{OP1}^{\mathrm{II}} > I_{OP2}^{\mathrm{I}} \tag{2-2}$$

写成等式

$$I_{OP1}^{\mathrm{II}} = K_{rel}^{\mathrm{II}} I_{OP2}^{\mathrm{I}} \tag{2-3}$$

式中　K_{rel}^{II}——可靠系数，因考虑短路电流非周期分量已经衰减，一般取 1.1～1.2。

同时也必须把出相邻变压器速断保护区以外，即

$$I_{OP1}^{\mathrm{II}} = K_{co} I_{kD.max}^{\mathrm{I}} \tag{2-4}$$

式中　K_{co}——配合系数，取 1.3；

$I_{kD.max}^{\mathrm{I}}$——变压器低压母线 D 点发生短路故障时，流过保护安装处最大短路电流。

为了保证选择性，保护 1 的限时电流速断保护的动作时限 t_1^{II}，还要与保护 2 的瞬时电流速断保护、保护 3 的差动保护（或瞬时电流速断保护）动作时限 t_2^{I}、t_3^{I} 相配合，即

$$t_1^{\mathrm{II}} = t_2^{\mathrm{I}} + \Delta t \tag{2-5}$$

式中　Δt——时限级差。对于不同型式的断路器及保护装置，Δt 在 0.3～0.6s 范围内。

确定了保护的动作电流之后，还要进行灵敏系数校验，即在保护区内发生短路时，验算保护的灵敏系数是否满足要求。其灵敏系数计算公式为

$$K_{\mathrm{sen}}^{\mathrm{II}} = \frac{I_{\mathrm{k.min}}}{I_{\mathrm{OP}}^{\mathrm{II}}} \tag{2-6}$$

式中　$I_{\mathrm{k.min}}$——在被保护线路末端短路时，流过保护安装处的最小短路电流；

$I_{\mathrm{OP}}^{\mathrm{II}}$——被保护线路的限时电流速断保护的动作电流。

规程规定，$K_{\mathrm{sen}}^{\mathrm{II}} \geqslant 1.3 \sim 1.5$。

3. 定时限过电流保护（电流Ⅲ段）

定时限过电流保护又称过流保护或电流Ⅲ段。设置该保护的出发点是为了满足可靠性的要求，作为主保护的后备保护。要求作为本线路主保护的后备及相邻线路或元件的远后备。

前文已阐述瞬时电流速断保护和带时限电流速断保护的动作电流都是根据某点短路值整定的，而定时限过电流保护与上述两种保护不同，它的动作电流按躲过最大负荷电流整定。正常运行时它不应起动，而在发生短路时起动，并以时间来保证动作的选择性，保护动作于跳闸。这种保护不仅能够保护本线路的全长而且也能保护相邻线路的全长及相邻元件全部，可以起到远后备保护的作用。过电流保护的工作原理可用图 2-26 所示的单侧电源辐射电网来说明。过电流保护 1、2、3 分别装设在线路 L_1、L_2、L_3 靠电源的一端，当线路 L_3 上 K_1 点发生短路时，短路电流 I_k 将流过保护 1、2、3。一般 I_k 均大于保护装置 1、2、3 的动作电流，所以，保护 1、2、3 均将同时起动。但根据选择性的要求，应该由距离故障点最近的保护 3 动作，使断路器 QF_3 跳闸切除故障，而保护 1、2 则在故障切除后立即返回。显然要满足故障切除后，保护 1、2 立即返回的要求，必须依靠各保护装置具有不同的动作时限来保证。用 t_1，t_2，t_3 分别表示保护装置 1、2、3 的动作时限则有

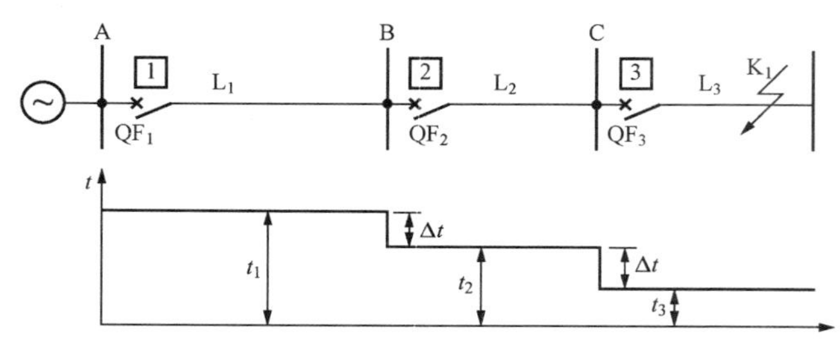

图 2-26　定时限过流保护工作原理

$$t_1 > t_2 > t_3 \tag{2-7}$$

写成等式

$$\begin{cases} t_1 = t_2 + \Delta t \\ t_2 = t_3 + \Delta t \end{cases} \tag{2-8}$$

保护动作时限如图 2-26 所示，可知，各保护装置动作时限的大小是从用户到电源逐级增加的，越靠近电源，过电流保护动作时限越长，其形状好比一个阶梯，故称为阶梯形时限特性。因为各保护装置动作时限都是分别固定的，而与短路电流的大小无关，所以这种保护称为定时限过电流保护。

定时限过电流保护动作电流整定一般应按以下两个原则来确定：

（1）在被保护线路通过最大正常负荷电流时，保护装置不应动作 即 $I_{\mathrm{OP}}^{\mathrm{III}} > I_{\mathrm{L.max}}$。

（2）为保证在相邻线路 L 的短路故障切除后，保护能可靠地返回，保护装置的返回电

流 I_{re}应大于外部短路故障切除后流过保护装置的最大自起动电流，即

$$I_{re} > I_{s.max} \tag{2-9}$$

根据第 2 条件，过电流保护的整定式为

$$I_{OP}^{Ⅲ} = \frac{K_{rel}^{Ⅲ} K_{ss}}{K_{re}} I_{L.max} \tag{2-10}$$

式中 $K_{rel}^{Ⅲ}$——可靠系数，取 1.15～1.25；

K_{ss}——自起动系数由电网电压及负荷性质所决定；

K_{re}——返回系数与保护类型有关；

$I_{L.max}$——最大负荷电流。

灵敏系数仍按公式 $K_{sen}^{Ⅲ} = \frac{I_{k.min}}{I_{OP}^{Ⅲ}}$进行灵敏系数的校验。做近后备时灵敏度系数≥1.3，远后备时≥1.2。

为了保证选择性，过电流保护的动作时限按阶梯原则进行整定，这个原则是从用户到电源的各保护装置的动作时限逐级增加一个 Δt。

从上面的分析可知，在一般情况下，对于线路 L_n 的定时限过电流保护动作时限整定的一般表达式为

$$t_n = t_{(n+1)max} + \Delta t \tag{2-11}$$

式中 t_n——线路 L_n 过电流保护的动作时间，s；

$t_{(n+1)max}$——由线路 L_n 供电的母线上所接的线路、变压器的过电流保护最长动作时间。

（二）距离保护基本概念

电流保护的主要优点是简单、经济及工作可靠。但是由于这种保护整定值的选择、保护范围及灵敏系数等方面都直接受电网接线方式及系统运行方式的影响。所以，在 110kV 及以上电压的复杂网络中，它们都很难满足选择性、灵敏性及快速切除故障的要求。因此，就必须采用性能更加完善的保护。距离保护就是适应这种要求的一种保护原理。

距离保护是反应故障点至保护安装地点之间的距离（或阻抗），并根据距离的远近而确定动作时间的一种保护装置。该装置的主要元件为距离（阻抗）继电器，它根据其端子上所加的电压和电流测得保护安装处至短路点间的阻抗值，此阻抗称为继电器的测量阻抗。当短路点距保护安装处近时，其测量阻抗小，动作时间短；当短路点距保护安装处远时，其测量阻抗增大，动作时间增长，这样就保证保护有选择性地切除故障线路。如图 2-27（a）所示，当 K 点短路时，保护 1 测量的阻抗是 Z_K，保护 2 测量的阻抗是 $Z_{AB}+Z_K$。由于保护 1 距短路点较近，保护 2 距短路点较远，所以保护 1 的动作时间可以做到比保护 2 的动作时间短。这样，故障将由保护 1 切除，而保护 2 不致误动作。这种选择性的配合是靠适当地选择各个保护的整定值和动作时限来完成的。

（三）高频保护基本概念

距离保护的主要优点是保护范围比电流保护长，但仍然不能满足全线速动的要求，因此，广泛采用高频保护作为高压和超高压输电线路的主保护。高频保护是以输电线载波作为通信通道的纵联保护，是比较成熟和完善的一种无时限快速纵联保护。

对双侧电源网络，利用方向阻抗元件或同时比较两端电流的相位或功率方向，能有效地区分保护范围内部和外部的故障。高频电流保护是将线路两端的电流相位（或功率方向）转

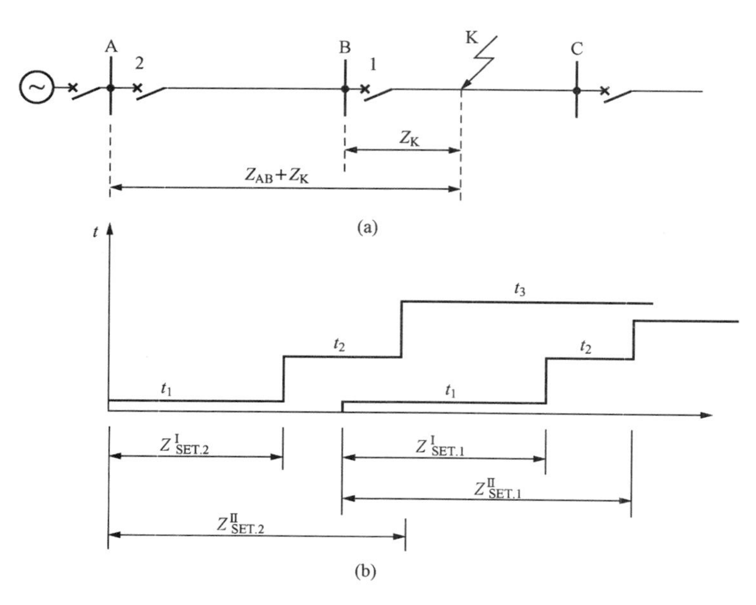

图 2-27 距离保护的原理

化为高频信号，然后利用输电线路本身构成高频（载波）电流的通道，将此信号送至对端，进行比较。因为它不反应被保护输电线范围以外的故障，在定值选择上也无需与相邻线路相配合，所以不带动作延时。

高频保护按工作原理的不同可以分为两大类，即方向高频保护和相差高频保护。方向高频保护的基本原理是比较被保护线路两端的功率方向，而相差高频保护的基本原理则是比较两端电流的相位。在实现以上两类保护的过程中，都需要解决一个如何将功率方向或电流相位转化为高频信号，以及如何进行比较的问题。

（四）光纤差动保护基本概念

只反应电流量的电流纵联差动保护简单可靠，广泛用于发电机、变压器、发电机变压器组等电气元件的主保护。对于输电线路，由于通信通道的原因，以前电流纵联差动保护只用于极短输电线路，随着远距离数字通信信道的成熟应用，这种保护在超高压远距离输电线路中得到大的发展。下面仍以机电式差动继电器的接线方式为例来说明电流纵联差动保护的原理。

如图 2-28 所示，在线路的 M 和 N 两端装设特性和变比完全相同的电流互感器，两侧电流互感器一次回路的正极性均置于靠近母线的一侧，二次回路的同极性端子相联接（标“.”号者为正极性），差动继电器则并联联接在电流互感器的二次端子上。

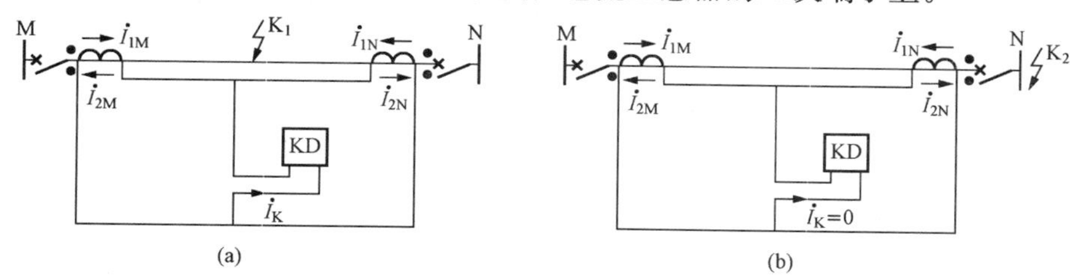

图 2-28 纵联差动保护的单相原理接线图

（a）内部故障情况；（b）正常运行及外部故障情况

在线路两端，规定一次侧电流（$\dot{I}_{1M}$和 $\dot{I}_{1N}$）的正方向为从母线流向被保护的线路，那么在电流互感器采用上述连接方式以后，流入继电器的电流即为各互感器二次电流的总和，即

$$\dot{I}_K = \dot{I}_{2M} + \dot{I}_{2N} = \frac{1}{n_{TA}}(\dot{I}_{1M} + \dot{I}_{1N}) \tag{2-12}$$

式中　n_{TA}——电流互感器的变比。

在正常运行及外部故障的情况下，如按规定的电流正方向看，如图 2-28（b）所示，$\dot{I}_{1M}=-\dot{I}_{1N}$。当不计电流互感器励磁电流的影响时，$\dot{I}_{2M}=-\dot{I}_{2N}$因此 $\dot{I}_K=0$，差动继电器不动。

保护范围内部（如 K_1 点）发生故障时，如为双侧电源供电，则两侧均有电流流向短路点，如图 2-28（a）所示，此时短路点的总电流为 $\dot{I}_K=\dot{I}_{1M}+\dot{I}_{1N}$，因此流入继电器回路，亦即差动回路的电流为 $\dot{I}_k=\frac{1}{n_{TA}}\dot{I}_K$，即等于短路点总电流归算到二次侧的数值。当 $\dot{I}_k \geqslant \dot{I}_{K.OP}$时，继电器即动作于跳闸。由此可见，在保护范围内部发生故障时，纵联差动保护反应于故障点的总电流而动作。而在理想情况下，外部故障或过负荷时，流过继电器的总电流为零，继电器不会动作。

由上述可知，纵联差动保护的基本工作原理就是电流平衡定律。

（五）线路保护的基本配置

输电线路在整个电网中分布最广，自然环境也比较恶劣，因此输电线路是电力系统中故障概率最高的元件。输电线路故障往往由雷击、雷雨、鸟害等自然因素引起。线路的故障类型主要是单相接地故障、两相接地故障、相间故障，三相故障。

不同电压等级的输电线路保护配置不同。35kV 及以下电压等级系统往往是不接地系统，线路保护要求配置阶段式过流保护。由于过流保护受系统运行方式比较大，为了保证保护的选择性，对一些短线路的保护也需要配置阶段式距离保护。

110kV 线路保护要求配置阶段式相过流保护和零序保护或阶段式相间和接地距离保护，并辅以一段反映电阻接地的零序保护。110kV 及以下线路的保护采用远后备的方式，当线路发生故障时，若本线路的瞬时段保护不能动作则由相邻线路的延时段来切除。根据系统稳定要求，有些 110kV 双侧电源线路也配置一套纵联保护（全线速动保护）。为了保证功能的独立性，110kV 线路保护装置和测控装置是完全独立的。

220kV 及以上线路保护采用近后备的方式，配置两套不同原理的纵联保护和完整的后备保护。全线速动保护主要指高频距离保护、高频零序保护、高频突变量方向保护和光纤差动保护。后备保护包括三段相间和接地距离、四段零序方向过流保护。此外 220kV 线路保护还要配置三相不一致保护。

三、主变保护

（一）主变保护基本概述

电力变压器是电力系统中使用相当普遍和十分重要的电器设备，它若发生故障将给供电和电力系统的运行带来严重的后果。为了保证变压器的安全运行，防止扩大事故，按照变压器可能发生的故障，装设灵敏、快速、可靠和选择性好的保护装置。

在电力变压器上应配置反应下列各种故障和不正常运行方式的保护：绕组内部和其引出

线上的相间短路，绕组内部的匝间短路，在中性点直接接地系统中的单相接地短路，外部短路引起的过电流，过负荷引起的过电流，大容量变压器的过励磁，油面降低。所以，变压器应配置必要的主保护和后备保护，以下分别予以介绍。

1. 变压器的主保护

（1）瓦斯保护。

瓦斯保护是变压器的本体保护之一，反映气流和油流的速度而动作。重瓦斯保护作为变压器的主保护，能灵敏地反应油箱内部的各种故障，特别是如铁芯过热烧伤、绕组发生少数线匝的匝间短路等故障。变压器的差动保护无法反应，但瓦斯保护却能灵敏地反映这些故障，所以变压器的瓦斯保护是其他保护无法替代的。重瓦斯保护动作于跳闸，轻瓦斯保护反映油面的降低，作用于信号。

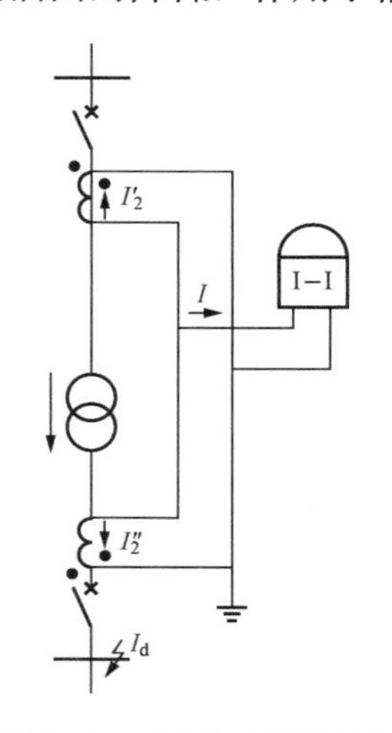

图 2-29　纵差动保护原理

（2）纵差动保护。

纵差动保护是变压器的主保护，反映变压器引出线和油箱内部的电气短路故障，动作于跳闸。差动保护继电器有电磁型、整流型、半导体型和微机型。纵差动保护适当选择变压器两侧电流互感器的变比，使其比值等于变压器的变比，从而使得在正常运行和外部故障时，两个二次电流相等；在内部故障时，产生较大的差流 I_d，从而使保护动作。纵差动保护原理如图 2-29 所示。

2. 变压器的后备保护

（1）相间故障的保护。

变压器相间故障的后备保护，是外部短路引起的过电流及变压器本身故障的后备保护，保护动作后以一定的逻辑跳主变压器开关。变压器相间故障的后备保护可采用带或不带低电压启动的过电流保护、复合电压启动的过电流保护、距离保护。其中带或不带低电压启动的过电流保护，一般用于降压变压器。复合电压启动的过电流保护，用于升压变压器和过电流保护灵敏度不符合要求的降压变压器。而阻抗保护则用于大容量的变压器。

（2）接地故障的保护。

中性点直接接地变压器的零序电流保护和零序电压保护，是整个电网接地保护组成的一部分，主要作为母线和相邻线路主保护的后备，同时也对变压器内部接地故障起后备作用。变压器接地故障根据不同情况采用不同后备保护针对中性点接地运行的情况，需要装设零序电流保护。针对中性点不接地运行的情况，为了防止单相接地并在电网中失去接地中性点时引起的过电压损伤变压器绝缘，还需要装设零序电压保护。

（3）故障的保护。

变压器运行过程中会出现的一些其他不正常运行状态、故障状态，可采用反应过电压或低频率等引起过励磁故障的过励磁保护，或反应负荷超过额定容量引起过载的过负荷保护。

（二）主变保护配置

不同电压等级和容量的变压器配置有所区别，电压等级越高，变电容量越大的变压器配置越复杂。对电压为 220kV 及以上大型变压器除非电量保护外，要求配置两套完全独立的差动保护和各侧后备保护。高压侧的后备保护包括零序方向过流（两段两时限）和不带方向

的零序过流、复合电压方向过流（一段两时限）和复合电压过流、间隙零序电流和电压保护。中压侧的后备保护包括：零序方向过流（两段两时限）和零序过流、复合电压方向过流（一段两时限）和复合电压过流、间隙零序电流和电压保护。低压侧的后备保护包括复合电压方向过流（一段三时限）。各侧装设过负荷保护、自耦变压器，还装设公共绕组过负荷保护。

四、母线保护

（一）母线保护基本概念

发电厂和变电站的母线是电力系统中的一个重要组成元件，与其他电气设备一样，母线及其绝缘子也存在着由于绝缘老化、污秽和雷击等引起的短路故障。此外，还可能发生由值班人员误操作而引起的人为故障。母线故障造成的后果是十分严重的。当母线上发生故障时，将使连接在故障母线上的所有元件被迫停电。此外，在电力系统中枢纽变电站的母线上故障时，还可能引起系统稳定的破坏。一般说来，不采用专门的母线保护，而利用供电元件的保护装置就可以把母线故障切除。当双母线同时运行或单母线分段时，供电元件的保护装置则不能保证有选择性地切除故障母线，因此在超高压电网中普遍地装设专门的母线保护装置。母差保护应能可靠、快速、有选择性地切除故障母线。

母线差动保护的动作原理是建立在基尔霍夫电流定律的基础之上的。把母线视为 1 个节点，在正常运行和外部短路时流入母线电流之和为零，在内部短路时则为总短路电流。

母线保护要求能适应母线的任一运行方式。当母线为双母线接线时在一条母线上发生短路时应有选择地仅切除故障母线，使健全母线继续运行。特别是在母线分列运行时仍应保持选择性。

（二）母线保护配置

母线保护的基本配置为：母线差动保护、母联充电保护、母联过流保护、母联失灵与母联死区保护、断路器失灵保护。例如：浙江省母联充电保护和母联过流解列保护是单独配置的，充电保护是相电流保护，母联过流解列保护需要相电流和零序过流保护。

第三节　电力系统运行

一、电网结构

（一）电网结构的概念

电网结构是指电力网内各发电厂、变电站和开关站的布局，以及连接它们的各电压等级电力线路的连接方式。电网结构的强弱关系到电力网运行的安全稳定、供电的质量和经济效益。

（二）电网的分层结构

现代大型电力网的电能输送采用交流输电和直流输电两种形式，存在多个电压等级。在我国，通常称交流 1kV 以下为低压，1～220kV 为高压，330、500、750kV 为超高压，1000kV 及以上为特高压；直流输电以±660kV 及以下为高压直流，±800kV 及以上为特高压直流。

一个大的电力网总是由许多子电力网发展、互联而成。采用分层结构，是多电压等级电力网的一大特点。电力网一般可分为输电网和配电网，原则上按其发展阶段的功能来划分，输电网为电能输送环节，即将大容量发电厂生产的电能输送至负荷中心；配电网为电能分配环节，即再将电能逐级分配至各用户。

输电网又分为一级输电网和二级输电网，一级输电网构成电力网主干网架，它连接大型发电厂、特大容量用户及相邻电网；二级输电网为区域性网络，连接区域性发电厂及大型用户。配电网则向中小型用户供电，按照电压等级分为高压配电网、中压配电网和低压配电网。

输电与配电的划分，主要是按照它们各自的性质，并依照它们在电力系统中某一发展阶段的作用和功能来区分。从电压等级上，也能够表示其输电与配电的功能和作用，220kV及以上的电网为输电网、110kV及以下的电网为配电网。高压配电网电压等级包括110、66、35kV，中压配电网电压等级为20、10kV，低压配电网电压为380/220V。

电网结构如图2-30所示。

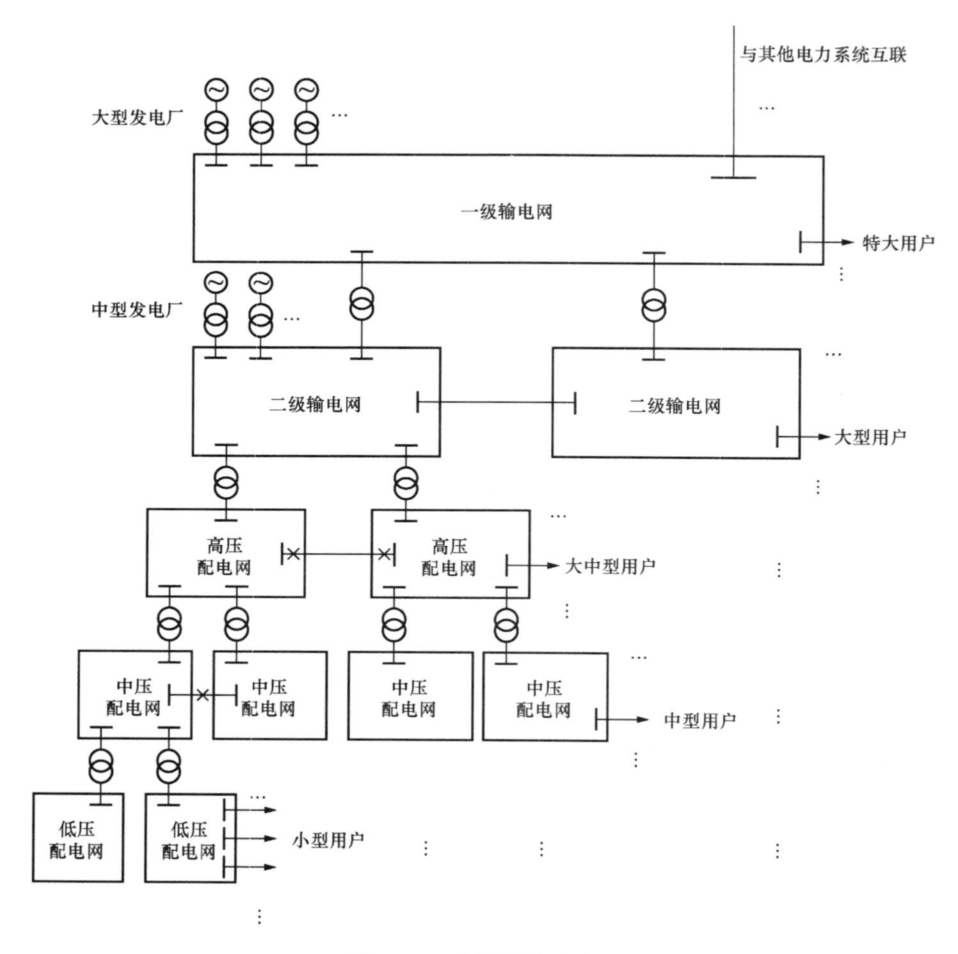

图2-30　电网结构示意图

（三）电磁环网

电磁环网是指不同电压等级运行的线路，通过变压器电磁回路的连接而构成的环网。

电磁环网对电网运行的安全不利，主要原因在于：当上级电网线路出现故障退出运行时，原本经上级电网输送的电能将改由下级电网输送，而上级电网的输送容量远远超过下级电网，有可能造成下级电网线路严重过载，危及电网安全。因此，为保证电网的安全运行应将电磁环网打开，即让下级电网间的联络线或联络开关在正常运行时处于备用状态。

当然，若出于电网运行的需要，需要结成电磁环网运行时（如目前存在的500/220kV电磁环网），则应装设高压线路因故障停运后联锁切机、切负荷等安全自动装置，来确保电网运行的安全。

（四）电网的合理分层分区

合理的电网结构是电力系统安全、稳定运行的基础。电网应按照电网电压等级和供电区域合理分层、分区。合理分层，即将不同规模的发电厂和负荷接到电压等级相适应的网络上；合理分区，即以受端系统为核心，将外部电源连接到受端系统，形成一个供需基本平衡的区域，并经联络线与相邻区域相连。

随着高一级电压电网的建设，下级电压电网逐步实现分区运行，相邻分区之间保持互为备用，其优点是：避免和消除了严重影响电网安全、稳定的不同电压等级的电磁环网；分区电网结构简化，有效地限制了短路电流，简化了继电保护的配置。

二、电力系统的潮流分布

（一）复功率的定义

电网电压、电流相量关系如图2-31所示。

根据国际电工学会推荐的约定，取复功率

$$\tilde{S} = \dot{U}\overset{*}{I} = P + jQ \tag{2-13}$$

即

$$\tilde{S} = \dot{U}\overset{*}{I} = UI\angle\varphi_u - \varphi_i = UI\angle\varphi = S\angle\varphi = S\cos\varphi + jS\sin\varphi = P + jQ \tag{2-14}$$

对于三相系统

$$\tilde{S} = S\cos\varphi + jS\sin\varphi = \sqrt{3}UI\cos\varphi + j\sqrt{3}UI\sin\varphi = P + jQ \tag{2-15}$$

式中 $\tilde{S}$——复功率；

φ——功率因数角（即电压相量与电流相量的相角差）；

S——视在功率。

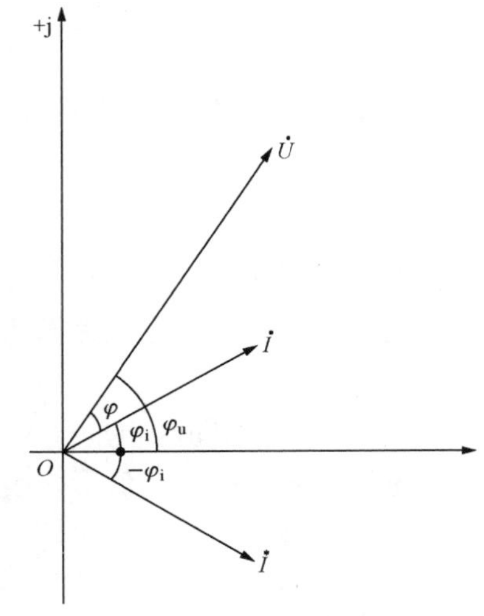

图2-31 电压、电流相量图

根据以上对复功率的约定，当负荷以滞后的功率因数运行时吸收的无功功率为正（即吸收感性无功功率），以超前的功率因数运行时吸收的无功功率为负（即吸收容性无功功率）；发电机以滞后的功率因数运行时发出的无功功率为正（即发出感性无功功率），以超前的功率因数运行时发出的无功功率为负（即发出容性无功功率或吸收感性无功功率）。

（二）电压降落、电压损耗、电压偏移

某电力网简化等值电路如图2-32所示，其中 $\dot{U}_1$、$\dot{U}_2$ 为首末两端的节点电压相量，$\tilde{S}_2$ 为末端负荷、$\tilde{S}_1$ 为首端功率。

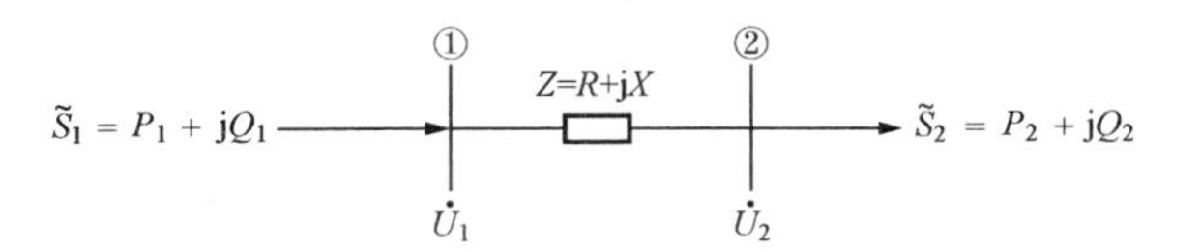

图 2-32　电力网简化等值电路

1. 电压降落

所谓电压降落是指电力网任意两点的电压的相量差。即

$$d\dot{U}=\dot{U}_1-\dot{U}_2 \tag{2-16}$$

若已知末端电压 $\dot{U}_2$ 和负荷功率 $\tilde{S}_2$，则

$$\begin{aligned}\dot{U}_1 &=\dot{U}_2+d\dot{U}=\dot{U}_2+\dot{I}Z=U_2+\frac{P_2-jQ_2}{U_2}(R+jX) \\ &=U_2+\frac{P_2R+Q_2X}{U_2}+j\,\frac{P_2X-Q_2R}{U_2} \\ &=U_2+\Delta U+j\delta U\end{aligned} \tag{2-17}$$

相量图如图 2-33 所示。

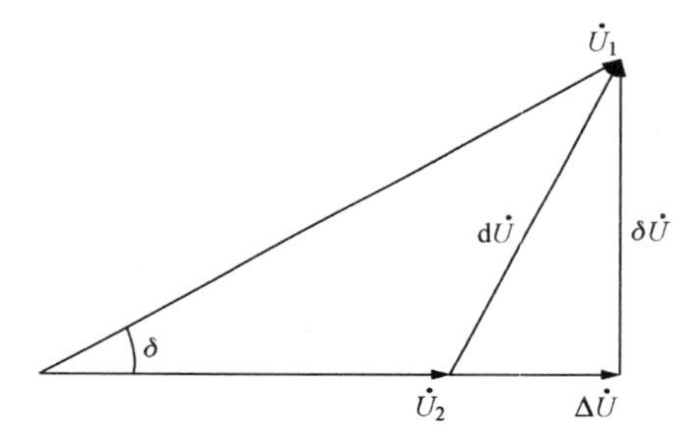

图 2-33　电压降落相量图

电压降落的纵分量

$$\Delta U=\frac{P_2R+Q_2X}{U_2} \tag{2-18}$$

电压降落的横分量

$$\delta U=\frac{P_2X-Q_2R}{U_2} \tag{2-19}$$

首端电压幅值

$$U_1=\sqrt{(U_2+\Delta U)^2+\delta U^2} \tag{2-20}$$

首末两端电压相角差

$$\delta=\arctan\frac{\delta U}{U_2+\Delta U} \tag{2-21}$$

2. 电压损耗

所谓电压损耗是指电力网两点间电压绝对值之差，用 ΔU 表示，即

$$\Delta U=U_1-U_2 \tag{2-22}$$

当 $\dot{U}_1$、$\dot{U}_2$ 之间的相角差 δ 不大时，可近似认为电压损耗等于电压降落的纵分量。

电压损耗常以百分值形式表示，即

$$\Delta U\%=\frac{U_1-U_2}{U_N}\times 100\% \tag{2-23}$$

3. 电压偏移

电压偏移是指电力网中某节点的实际电压与额定电压之差，用以衡量电能质量。一般电压偏移以百分值形式表示，即

$$\text{电压偏移}\,\%=\frac{U-U_N}{U_N}\times 100\% \tag{2-24}$$

4. 潮流方向分析

由电压降落公式可知，首末两端的电压幅值差主要由电压降落的纵分量来确定，而相角

差则由电压降落的横分量来确定。

对于 110kV 及以上的高压电网，电抗 X 远大于电阻 R，若令 $R=0$，则有

$$\Delta U=\frac{P_2R+Q_2X}{U_2}=\frac{Q_2X}{U_2},\quad \delta U=\frac{P_2X-Q_2R}{U_2}=\frac{P_2X}{U_2} \tag{2-25}$$

式（2-25）说明，在 110kV 及以上的高压电网中，电压降落的纵分量是因传送无功功率而产生，电压降落的横分量是因传送有功功率而产生，即节点间存在电压幅值差是传送无功功率的条件，而存在相角差则是传送有功功率的条件。

由图 2-34 可知

$$\sin\delta=\frac{P_2X}{U_1U_2},\quad 则\ P_2=\frac{U_1U_2}{X}\sin\delta$$

当 $\dot{U}_1$ 超前于 $\dot{U}_2$ 时，$\sin\delta>0$，则 $P_2>0$，即电力网中有功功率是从电压相位超前的一端流向电压相位落后的一端。

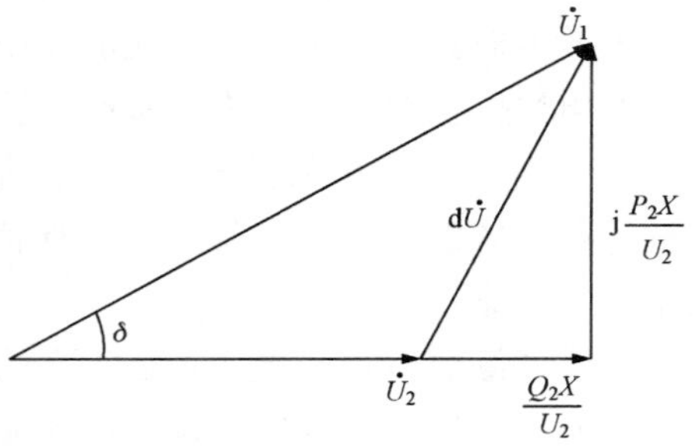

又有

$$\cos\delta=\frac{U_2^2+Q_2X}{U_1U_2},\quad 则\ Q_2=\frac{U_1U_2\cos\delta-U_2^2}{X}$$

图 2-34　忽略电阻 R 时的电压降落相量图

为满足电力系统稳定性的要求，δ 一般很小，即有 $\cos\delta\approx1$，则

$$Q_2\approx\frac{U_1U_2-U_2^2}{X}$$

当 $U_1>U_2$ 时，$Q_2>0$，即电力网中感性无功功率是从电压高的一端流向电压低的一端；反之容性无功功率是从电压低的一端流向电压高的一端。

（三）功率损耗

电力网由变压器和线路构成，当功率流经变压器和线路时就会产生功率损耗，它的存在会影响到电力系统运行的经济性。

电力网的功率损耗包括电流（或功率）通过变压器和线路的阻抗时产生的功率损耗和电压施加于变压器和线路的对地导纳时的功率损耗。

1. 阻抗中的功率损耗

变压器和线路阻抗中的功率损耗包括有功功率损耗及感性无功功率损耗，其值的大小与流过阻抗的电流（或功率）的平方成正比，随流过电流（或功率）的变化而变化，可表示为

$$\Delta\widetilde{S}_Z=3I^2Z=\frac{P^2+Q^2}{U^2}(R+\mathrm{j}X)=\Delta P_Z+\mathrm{j}\Delta Q_Z$$

2. 导纳中的功率损耗

变压器和线路导纳中的功率损耗与施加的电压平方成正比。当电压基本不变时，则基本为固定值。

线路导纳中的功率损耗为

$$\Delta\widetilde{S}_{Yl}=-\mathrm{j}U^2B=-\mathrm{j}\Delta Q_{Yl} \tag{2-26}$$

变压器导纳中的功率损耗为

$$\Delta\widetilde{S}_{YT}=U^2(G+\mathrm{j}B)=\Delta P_{YT}+\mathrm{j}\Delta Q_{YT} \tag{2-27}$$

由式（2-26）和式（2-27）可见，线路在施加电压后，其对地电纳将吸收容性无功功率，即发出感性无功功率，这部分功率损耗为线路的充电功率；而当变压器加压后，其对地导纳将吸收有功功率和感性无功功率。

（四）电力系统的潮流分布

电力系统的潮流分布是指电力系统在正常运行状况下的电压、电流、功率的分布。

通过对电力系统在给定运行方式下的节点电压和功率分布的分析计算，用以检查电力系统各元件是否过负荷、各点电压是否满足要求、功率的分布和分配是否合理及功率损耗等。

对于运行中的电力系统，通过潮流分析计算可以预知电网中各电源和负荷的变化、网络结构的改变时，网络中所有母线的电压是否能保持在允许范围内，各元件是否会出现过负荷而危及电网的安全，从而进一步研究和制订相应的改善措施。

对于规划中的电力系统，通过潮流分析计算，可以检验所提出的网络规划方案能否满足各种运行方式的要求，以便制定出既满足未来供电负荷增长的需求，又保证安全稳定运行的网络规划方案。

合理的潮流分布是电力系统运行的基本要求，具体表现为：

（1）运行中的各种电气设备所承受的电压应保持在允许范围内，各种元件所通过的电流应不超过其额定电流，以保证设备和元件的安全。

（2）应尽量使全网的损耗最小，达到经济运行的目的。

（3）正常运行的电力系统应满足静态稳定和暂态稳定的要求，并有一定的稳定储备，不发生异常振荡现象。

因此，要求电力系统运行调度人员随时密切监视并调整潮流分布。现代电力系统潮流分布的监视和调整是通过以在线计算机为中心的调度自动化系统来实现的。

三、电力系统的频率调整

（一）电力系统的有功功率平衡

电力系统运行的基本任务是将电能在电压、频率合格的前提下安全、可靠、经济地分配给各用户，为了完成这项任务，最基本的一点就是要做到有功功率平衡。

1. 电力系统的有功功率平衡

电力系统在稳态运行情况下，有功功率的平衡是指电源发出的有功功率应满足负荷消耗的有功功率和传输电功率时在网络中损耗的有功功率之和，即

$$\sum_{i=1}^{n} P_{Gi} = \sum_{i=1}^{n} P_{Li} + \Delta P_{\Sigma} \tag{2-28}$$

式中　$\sum_{i=1}^{n} P_{Gi}$——系统中所有电源发出的有功之和；

$\sum_{i=1}^{n} P_{Li}$——系统中所有负荷消耗的有功之和；

ΔP_{Σ}——全网络中有功功率损耗之和。

电力系统的电源所发出的有功功率，应能随负荷的增减、网络损耗的增减而相应调节变化，才可保证整个系统的有功功率平衡。

2. 有功功率备用容量

各类发电厂的发电机组成了电力系统的有功功率电源。电力系统中可投入的发电设备的

总容量称为电力系统的有功电源容量，应指出，系统的电源容量应不小于系统总的发电负荷，电源容量大于发电负荷的部分称为备用容量。为保证供电的可靠性和电能质量、有功功率的经济分配，发电厂必须有足够的备用容量。一般要求备用容量不低于最大发电负荷的20%。

（1）备用容量的分类。

备用容量按用途可分为：

1）负荷备用：为满足系统中短时的负荷波动和计划外的负荷增加而设置的备用容量。一般为最大发电负荷的2%～5%。

2）事故备用：当系统中的发电设备发生偶然事故时，为保证电网正常供电而设置的备用容量。一般为最大发电负荷的5%～10%，但不小于系统中一台最大机组的容量。

3）检修备用：为保证系统中的发电设备定期进行大修，而不影响系统正常供电而设置的备用容量。一般应当结合电网负荷特点，水、火电比例，设备质量，检修水平等情况确定，一般宜为最大发电负荷的8%～15%。

4）国民经济备用：考虑电力工业的超前性和负荷的超计划增长而设置的备用。国民经济备用的大小与国民经济发展状况有关，一般为最大发电负荷的3%～5%。

（2）备用容量的形式。

备用容量按存在形式可分为热备用和冷备用。

1）热备用又叫旋转备用，指所有运行中的发电机组最大可能出力与电网发电负荷之差。

2）冷备用指处于停机状态但可随时待命启动的发电机组可能发出的最大功率。

从保证可靠供电和良好电能质量来看，热备用越多越好，但热备用过大，机组的效率降低，经济性下降。一般热备用的大小以负荷备用加一部分事故备用为宜。

（二）频率调整

1. 频率质量

频率是电能质量最重要的指标之一。按照《电能质量 电力系统频率偏差》的规定：国家规定的标准频率为50Hz，电力系统正常运行条件下，对容量在3000MW及以上的系统，频率偏差允许值为（50±0.2）Hz。容量在3000MW以下的系统，频率偏差允许值为（50±0.5）Hz。

2. 频率调整

频率调整包括频率的一次调整、二次调整和三次调整。

频率的一次调整是指利用发电机组的调速器，对变动幅度小、变动周期短的频率偏差所做的调整。所有发电机组均装配调速器，当系统频率变化时，在发电机组技术条件允许范围内，自动地改变汽轮机的进汽量或水轮机的进水量，从而增减发电机的出力，使有功功率重新达到平衡，以保持系统频率的偏移在一定的范围内。

在电力系统负荷发生变化时，仅靠一次调整是不能恢复系统原来运行频率的，即一次调整是有差调整。

为了使系统频率维持不变，需要运行人员手动操作或调度自动化系统AGC自动地操作，增减发电机组的发电有功出力，进而使频率恢复目标值，这种调整叫二次调整。频率的二次调整是针对变动幅度较大、变动周期较长的频率偏差所做的调整。

频率的三次调整是按最优化准则分配有功功率负荷，从而在各发电厂或发电机组间实现有功功率负荷的经济分配。

四、电力系统的电压调整

（一）电力系统的无功功率平衡

电力系统无功功率平衡是使系统的无功电源所发出的无功功率与系统的无功负荷、无功损耗相平衡，以维持各种运行方式下电力网各点的电压水平。

无功平衡可表示为

$$\sum Q_{GC}=\sum Q_{L}+\Delta Q_{\Sigma} \tag{2-29}$$

式中 $\sum Q_{GC}$——系统中无功电源发出的无功功率之和；

$\sum Q_{L}$——系统中所有负荷消耗的无功功率之和；

ΔQ_{Σ}——全网络中无功功率损耗之和。

1. 无功功率电源

无功功率电源包括同步发电机及电容器、同步调相机、静止补偿器等无功补偿设备。

（1）同步发电机。

同步发电机不仅是电力系统中唯一一种有功电源，也是电力系统中最主要的无功电源。

同步发电机根据系统的需要，既能够发出感性无功，又能吸收感性无功，改变发电机的无功功率输出可以通过调节发电机转子回路的励磁电流来实现，可以实行连续、平滑地调节。

根据励磁电流的改变，同步发电机可以有以下几种运行方式：

1）同步发电机滞相运行，即以滞后功率因数运行，是指发电机过励磁运行，向电网发出感性无功功率。一般情况下，发电机以这种方式运行。

2）同步发电机进相运行，即以超前功率因数运行，是指发电机欠励磁运行，从电网中吸收感性无功功率。进相运行，要受到系统稳定性、发电机定子端部发热等因素的限制，故发电机如要进相运行，必须符合以下条件：具备进相运行能力的发电机在进行了进相运行试验后才可进相运行。《电力系统电压和无功技术导则》（试行）规定：新装机组均应具备在有功功率为额定值时，功率因数进相 0.95 的运行能力。

另外，同步发电机还有一种特殊运行方式。

同步发电机作调相机运行，是指发电机不发有功功率，专门发无功功率的状态。该方式，水电机组在枯水期时可以采用。

（2）无功补偿设备。

1）同步调相机。

同步调相机是一种专门设计的无功功率电源，相当于空载运行的同步电动机。同步调相机过励磁运行时发出感性无功功率，欠励磁运行时吸收感性无功功率。其优点在于，通过调节励磁电流可以方便地调节无功功率，实现双向连续平滑调节，调节范围大，调节性能好，对电网电压起到支撑作用。

但其单位容量投资大，作为旋转设备运行维护费用高，限制了同步调相机的广泛使用，一般宜将其集中安装于枢纽变电站中。另外，同步调相机的有功功率损耗较大，动态调节响应慢，还会增加电网的短路电流。目前已投运的同步调相机大多已退役，且不再新建。

2）并联电容器。

并联电容器消耗容性无功，相当于发出感性无功。

并联电容器的优越性在于其经济性。一是其投资少和运行费用便宜；二是采用并联电容无功补偿后，线路、变压器输送的无功功率减少，则线路、变压器绕组有功损耗减少，有利于减少网损。

但并联电容器只能单向调节，且根据负荷变化、电压波动实现分组投切，调节曲线成阶梯状，不能做到连续调节。

并联电容器的最大缺点来自其补偿机理，其无功输出与电压平方成正比。这样当系统无功不足导致电压偏低时，并联电容器补偿的无功反而随电压下降成平方倍下降。因此，并联电容器不能独立作为电网的电压支撑，为了提高系统的电压稳定性，需要有输出无功不随系统电压下降而减少的无功电源作为系统电压支撑。

3）并联电抗器。

并联电抗器可以吸收电网感性无功功率。

当超高压线路空载或者轻载运行时，线路的充电功率远大于线路阻抗上的无功损耗，造成线路的末端电压可能会高于始端电压，产生超高压线路的容升效应。

并联电抗器主要用于吸收空载或轻载线路过剩的感性无功功率，抑制电压过高。随着超高压（特高压）长距离线路及电缆线路的日益增多，线路的充电无功功率过剩的问题日益严重，并联电抗器在超高压（特高压）电网的应用越来越广泛。

4）静止无功补偿器（SVC）。

静止无功补偿器是由电容器、电抗器、晶闸管控制元件等组成，可双向连续调节，响应速度快，可实现动态补偿，是一种先进的无功补偿设备。静止无功补偿器应用于超高压、特高压输电网时，可大幅提高系统的稳定性。

5）静止同步补偿器（STATCOM 又称 SVG）。

静止同步补偿器实质上是一个电压源逆变器，有可关断晶闸管适当地通断，将电容上的直流电压转换成与电网同步的三相交流电压，再通过电抗器和变压器并联接入电网。适当控制逆变器的输出电压，就可以灵活地改变其运行工况，使其处于容性、感性或零负荷状态。与静止无功补偿器相比，静止同步补偿器响应速度更快，谐波电流更少，而且在系统电压较低时仍能向系统注入较大的无功。

2. 无功功率负荷与无功功率损耗

（1）无功功率负荷。

白炽灯和一些电热设备不消耗无功功率，同步电动机可以消耗也可以发出无功功率，而大部分工业、农业用电设备属异步电动机，大量消耗感性无功功率。

（2）无功功率损耗。

电力线路的无功损耗包括串联电抗和并联电纳中的无功损耗。串联电抗始终消耗感性无功，而并联电纳消耗容性无功，二者相互抵消，所以电力线路上的无功损耗总体不大。

变压器的无功损耗包括励磁支路和绕组漏抗中的无功损耗，二者均消耗感性无功，对一台变压器或一级变压网络来说，若变压器满载运行，其无功损耗约占百分之十几，但对于多电压网络来说，变压器的无功损耗则相当可观。

3. 无功平衡

所谓电力系统的无功平衡，即系统无功电源发出的无功功率应等于系统的无功负荷的功率加上系统无功损耗功率。

电力系统必须无功平衡。无功电力工作的基本内容就是使电力系统在任一时间和任一负荷时的无功（电力）总出力（含无功补偿）与无功总负荷（含无功总损耗）保持平衡，满足电压质量要求，并努力降低网损。

在系统无功平衡计算中，如无功功率始终无法平衡，则应考虑增设无功电源的方案。

电网无功补偿的原则是电网无功补偿应基本上按分层分区和就地平衡原则考虑，并应能随负荷或电压进行调整，保证系统各枢纽点的电压在正常和事故后均能满足规定的要求，避免经长距离线路或多级变压器传送无功功率。

（二）电压调整

1. 无功平衡与电压水平的关系

下面以一个最简单的网络说明无功与电压的关系。

隐极式发电机通过线路向一负荷供电，发电机提供的无功 Q 与电压 U 的关系如图 2-35 曲线 1 所示，为一条向下开口的抛物线。

电网无功负荷的主要成分为异步电动机，其无功电压特性如图 2-35 曲线 2 所示。

这两条曲线的交点 a 确定了负荷的电压 U_a，或者说，系统在电压 U_a 下达到了无功平衡。

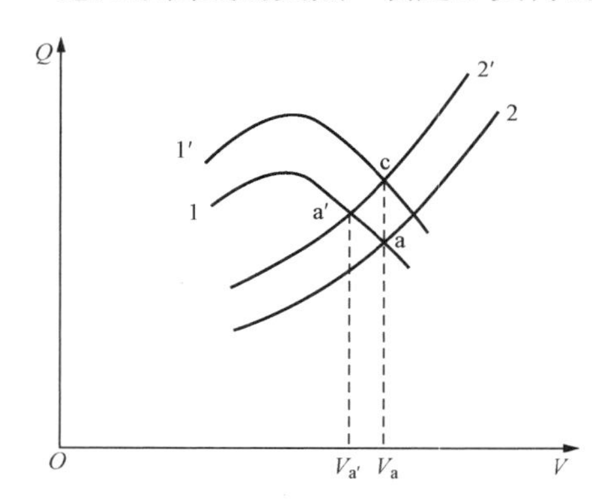

图 2-35　无功平衡与系统电压水平的关系

当负荷增加时，其无功电压曲线将上移至曲线 2′。如电源没有增加无功出力，则曲线 1 和曲线 2′的交点 a′点决定了系统新的无功平衡点，对应电压为 $U_{a'}$，可以说，由于无功出力没有增加，系统无法满足电压 U_a 下的无功平衡，只能降低电压以取得较低电压下的无功平衡。而这种情况下，如果电源增加无功出力，使曲线 1 上移，则可使电压上升，如图 2-35 所示的上升至曲线 1′时，则可恢复原有电压运行。

由此可见，为保证电网的电压质量，无功电源的容量中还应含有一定的备用。若无功备用充足，并能自动地增发无功，满足负荷在较高电压水平下的无功需要，系统电压就能维持在较高的运行水平。一般系统无功备用容量取最大无功负荷的 7%～8%。

2. 电压的允许范围

根据《电力系统电压和无功电力技术导则》（试行），正常情况下电压的允许范围：

（1）用户受电端供电电压允许偏差为：

1）35kV 及以上供电电压的正、负偏差的绝对值之和不超过额定电压的 10%。

2）10kV 三相供电电压允许偏差为额定电压的 ±7%。

3）380V 三相供电电压允许偏差为额定电压的 ±7%。

4）220V 单相供电电压允许偏差为额定电压的+5%、－10%。

5）特殊用户的电压允许偏差值，按供用电合同商定的数值确定。

（2）发电厂和变电站的母线电压允许偏差值：

1）500（330）kV及以上母线正常运行方式时，最高运行电压不得超过系统额定电压的+10%；最低运行电压不应影响电力系统同步稳定、电压稳定、厂用电的正常使用及下一级电压的调节。

2）发电厂220kV母线和500（330）kV及以上变电站的中压侧母线正常运行方式时，电压允许偏差为系统额定电压的0%～10%；事故运行方式时为系统额定电压的−5%～+10%。

3）发电厂和220kV变电站的110～35kV母线正常运行方式时，电压允许偏差为系统额定电压的−3%～+7%；事故运行方式时为系统额定电压的±10%。

4）带地区供电负荷的变电站和发电厂（直属）的10（6）kV母线正常运行方式下的电压允许偏差为系统额定电压的0%～7%。

5）特殊运行方式下的电压允许偏差值由调度部门确定。

3. 电压的管理

（1）电压中枢点。

电力系统是一个庞大的系统，负荷点多而且分散，难以做到对每一个负荷点的电压进行监视和调整。通常是选择一些关键性的节点进行监视、控制，通过控制这些节点的电压偏差在允许范围内，从而达到系统中其他节点的电压及负荷电压能基本满足要求。这些节点则称为电压中枢点。电压中枢点是电网中重要的电压支撑点，通常选择：

1）区域性发电厂的高压母线；

2）枢纽变电站的二次母线；

3）有大量地方负荷的发电机母线。

根据电网和负荷的性质，中枢点电压的控制方式有三种，即逆调压、顺调压和恒调压。

1）逆调压是指在最大负荷时，提高中枢点电压以补偿线路上增加的电压损失，最小负荷时降低中枢点电压以防止受端电压过高的电压调整方式。进行逆调压时，一般中枢点电压在最大负荷时比系统额定电压升高5%，在最小负荷时下降为系统额定电压。

2）顺调压是指在最大负荷时适当降低中枢点电压，最小负荷时适当加大中枢点电压的电压调整方式。进行顺调压时，一般要求最大负荷时中枢点电压不低于系统额定电压的102.5%，最小负荷时中枢点电压不高于系统额定电压的107.5%。

3）恒调压，又称常调压，是指无论负荷如何变动，中枢点电压基本保持不变的电压调整方式。进行恒调压时，一般保持中枢点电压在102%～105%的系统额定电压。

三种电压调整方式中，逆调压适合于出线线路较长，负荷变化规律大致相同，且负荷波动较大的中枢点，是一种要求较为严格的调压方式，要实现逆调压一般必须在中枢点装设特殊的调压设备，如调相机、有载调压变压器或静止补偿器等。为保证用户受电端电压质量和降低线损，220kV及以下电网的电压调整，宜实行逆调压方式；顺调压适合于出线线路不长、负荷变化不大的中枢点，是一种要求较低的调压方式，一般不需要装设特殊的调压设备就可满足调压要求。一般情况下，为保证用户电压质量，应尽量避免采用顺调压方式；恒调压的使用范围介于逆调压和顺调压之间。

（2）电压监测点。

电压监测点是指电网中可反映电压水平的主要负荷供电点及代表性的发电厂、变电站。

一般电压监测点的设置原则是：

1）与主网（220kV及以上电力系统）直接连接的发电厂高压母线；

2）各级调度“界面”处的330kV及以上变电站的一、二次母线，220kV变电站的二次母线或一次母线；

3）所有变电站的10kV母线；

4）具有一定代表性的用户电压监测点宜采用这样的选取原则：

①所有110kV及以上供电的用户；

②所有35kV专线供电的用户；

③其他35kV非专线供电用户和10kV用户中，每1万kW负荷至少设一个电压监测点，并应包括对电压有较高要求的重要用户和每个变电站10kV母线所带有代表性的线路末端用户；

④低压（380/220V）用户中，至少每百台配电变压器设2个电压监测点，并且应设在有代表性的低压配电网的首末两端和部分重要用户中。

4. 电压的调整措施

（1）发电机调压。

当以发电机母线作为电压中枢点时，在维持发电机额定输出功率的同时，可以通过调节其自动调节励磁装置使发电机输出电压在（95%～105%）额定电压范围内变动。这种调压方法不需附加投资，简便、经济，所以应当充分利用。但该调压手段只适用于发电机母线直馈负荷的情况，且多采用逆调压方式。

（2）改变变压器变比调压。

变压器的变比是变压器两侧绕组间匝数之比近似等于变压器两侧电压之比。改变变压器变比就是改变变压器绕组间匝数的比例关系，从而改变一侧的电压大小。

变压器分为无载调压变压器和有载调压变压器。无载调压变压器调压时需要停用变压器，不宜频繁操作，往往只作季节性操作。这种调压手段适合于出线线路不长、负荷变化不大的电压调整。对于出线线路长、负荷变化大的电压调整必须采用有载调压变压器。有载调压变压器又称带负荷调压变压器，它可以在带负荷情况下，根据负荷大小随时更改分接头。有载调压变压器的分接头数比较多、调压范围大，因此容易满足电压偏差的要求。目前，有载调压变压器已经在电力系统中得到广泛应用，成为保证电压质量的主要手段。

应当指出，当系统的无功功率电源不足时，系统的电压水平偏低，若采用有载调压变压器调压，虽然提高了变压器低压侧的电压，但用电设备从系统吸收的无功功率相应增加，同时加大了无功功率的不合理流动，使得系统的无功功率缺额进一步增加，从而导致全系统电压进一步下降，甚至引发电压崩溃的事故。因此利用采用有载调压变压器调压的前提是系统的无功功率电源必须充足。

（3）并联补偿无功设备调压。

当系统中无功电源不足时，不能靠改变变压器变比调压，必须采用增设无功电源的措施。一般在降压变电站低压母线或大负荷的中心变电站设置电容器、调相机、静止补偿器等无功电源装置，称并联补偿。并联补偿调压的实质就是改变系统中无功功率的分布，从而降低网络中的电压损耗以达到调整电压的目的。同时，并联补偿可降低网络中功率损耗、电能

损耗的作用。

（4）改善电力网参数调压。

改变电力网的参数可以改变电压损耗，从而达到调压的目的。其常用方法有改变电力网的接线和运行方式、电力网中串联电容器补偿等。

1）改变电力网的接线和运行方式可以改变阻抗，从而改变电压损耗、达到调压的目的。主要方法有：

①投入或切除双回线路中的一回线路；

②投入或切除多台并列运行的变压器的一台或数台；

③环形网或多电源网闭环或开环运行。

上述方法只能在不降低供电可靠性和不显著增加功率损耗的前提下，才可以作为辅助的调压措施。

2）串联电容补偿以容抗抵偿线路感抗，减小了线路参数，从而降低了线路电压损耗。串联电容补偿以调压为目的时，一般用在单端电源供电的 110kV 及以下电压等级的分支线上。

串联电容补偿线路参数与并联电容补偿负荷无功功率均可调整电压，但就调压效果而言，一般串联电容补偿优于并联电容补偿，若要求提高同样大小的电压值，所需串联电容器容量是并联电容器容量的 17%～25%。因此，在配电线路较长、负荷功率因数较低、负荷变动大且频繁引起电压波动的网络，宜采用串联电容器调压。

但是，因为串联电容器在运行中存在产生感应电动机在启动过程中的自励磁现象及线路的铁磁谐振现象的可能性，所以应选择合适的补偿度以避开谐振点。

在减少系统有功功率损耗方面，并联电容补偿的作用远优于串联电容补偿，也就是说并联电容补偿在减少线损、提高经济性方面作用显著，因此电力系统中在一般更主要选用并联电容补偿。

（5）其他方法。

系统严重故障导致电压剧烈下降前，切除低电压区域电网的部分负荷也是恢复电压的有效措施。

第三章

厂站自动化系统

【内容概述】 厂站自动化系统是电网调度自动化的重要组成部分，主要为调度提供厂站实时运行状态及数据，同时接收并处理调度下发的控制命令。厂站自动化系统通常由各种智能电子设备（Intelligent Electronic Device，IED）完成数据采集，由远动通信工作站完成数据的转发。厂站自动化系统包括变电站自动化系统及发电厂自动化系统。本章主要内容为变电站自动化系统概述，测控装置数据采集原理，远动通信工作站的数据采集及转发原理，PMU 装置原理及电能量采集装置原理，发电厂监控系统等。

第一节　变电站自动化系统

变电站自动化系统的基本任务是通过采集、处理、传输等技术手段，为调度、生产等主站系统提供完整、正确的电网运行信息和设备运行信息；为远程操作控制提供可靠的技术支撑；其人机界面与应用功能为变电站有人值班运行方式提供就地完备的监视、控制及运行管理等技术手段。

调度、生产等主站系统在变电站自动化系统提供的“信息与控制”基础上，通过数据交互、综合处理、智能分析、可视化展示等技术手段，为电力调度员、监控值班员提供全景式的电网、设备运行信息和可靠的远程控制手段；为电网运行与设备监控管理提供技术支持。

变电站自动化系统组成框架如图 3-1 所示，其中列出了常规变电站及智能变电站中自动化系统的组成框架。变电站自动化系统的功能是控制和监视，以及一次设备和电网的继电保护和监视。根据各装置在变电站内功能应用不同，将变电站自动化系统分为过程层、间隔层及站控层，一般通过网络实现各层设备之间的互联。过程层设备典型的为远方 I/O、智能传感器和执行器；间隔层设备由每个间隔的控制、保护或监视单元组成；站控层设备由数据处理服务器、操作员工作台、远方通信接口设备等组成。间隔层设备主要指各类智能电子设备（IED），通过电缆或者光纤完成对一次设备运行状态的采集和控制，也可以直接从过程层设备读取运行状态和数据，间隔层通过网络/现场总线实现与站控层设备之间的数据通信。站控层设备通过变电站内的数据交换网获得间隔层设备内的数据，并在操作员工作台上进行数据组合、整理，完成对一次设备的控制和监视；根据各级调度的不同要求通过远动通信工作站转发变电站内的一次及二次设备相关信息。图 3-1 中，其他 IED 设备包括 PMU、电能表、状态监测单元等。

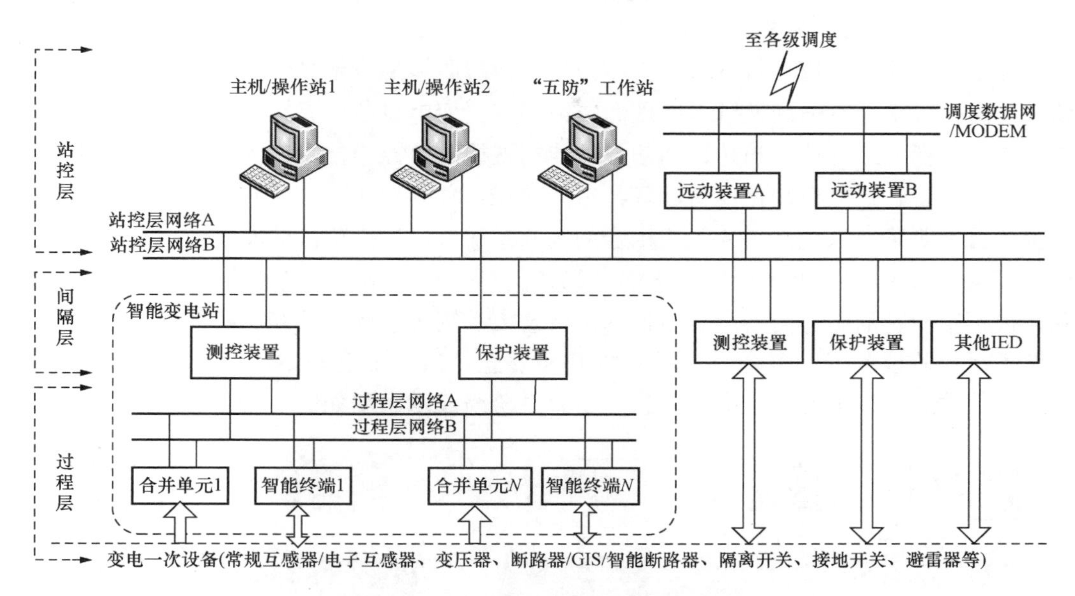

图 3-1　变电站自动化系统组成框架图

一、几种典型的变电站自动化系统

（一）常规变电站自动化系统

以变电站计算机监控系统为主体，通过测控装置、监控主机、远动装置等设备完成自动化信息的采集、处理与传输；就地监控与运行管理功能通过操作员工作站、“五防”工作站的人机界面实现。保护故障信息管理由保护信息子站、故障录波器及保护信息主站实现。常规变电站自动化系统的基本特征是：以电网运行监控为主，具备 SCADA、保护信息和电能量的采集与传输功能。常规变电站自动化系统组成示意图如图 3-2 所示。

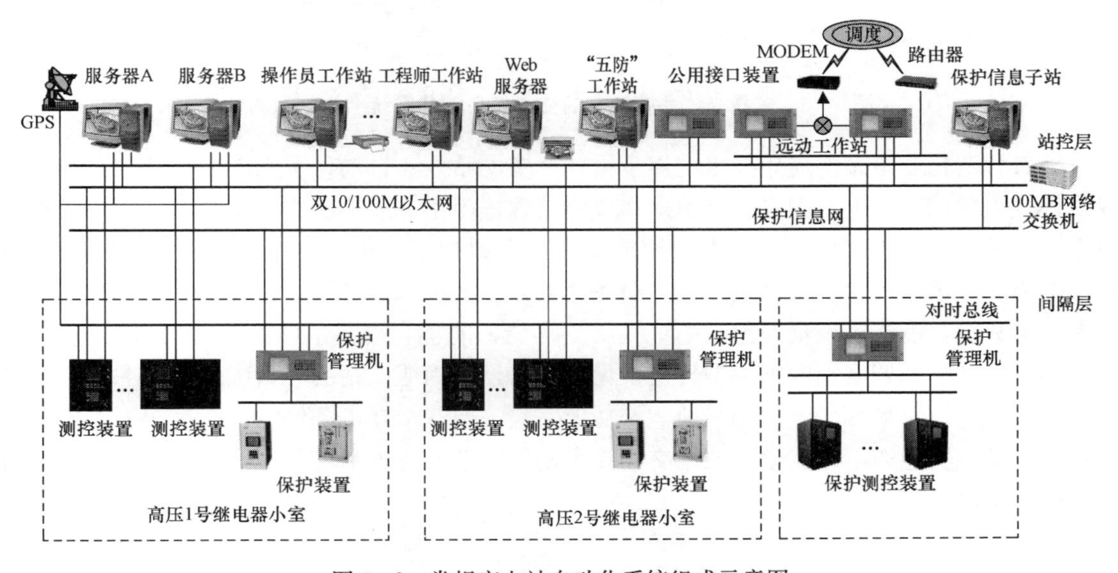

图 3-2　常规变电站自动化系统组成示意图

（二）多子系统组合的变电站自动化系统

随着变电站无人值班运行方式的推广，变电运行职能的设备管理部分对自动化手段的需要越来越高，设备全寿命周期管理的理念付诸实施；变电设备状态在线监测技术，一体化电源监控技术，变电站环境、消防、门禁及智能巡视视频监控等技术广泛应用。变电站新增了许多自动化设备，这些自动化设备具备特定的功能，独立构成系统，归属各自的职能部门管理，服务目标明确，系统之间处于松耦合的弱联系状态。这个阶段的变电站自动化系统由计算机监控系统、PMU、电能量采集终端、保护信息管理子站、变电设备在线监测，一体化电源、视频监控、消防、门禁及其他辅助设备监控系统等组成。其基本特征是：覆盖电网运行和设备运行监控范围；多个应用子系统互相独立，信息重复采集，不共享，孤岛特征明显；远动传输主要以电网监控实时信息为主。系统组成示意图如图 3-3 所示。

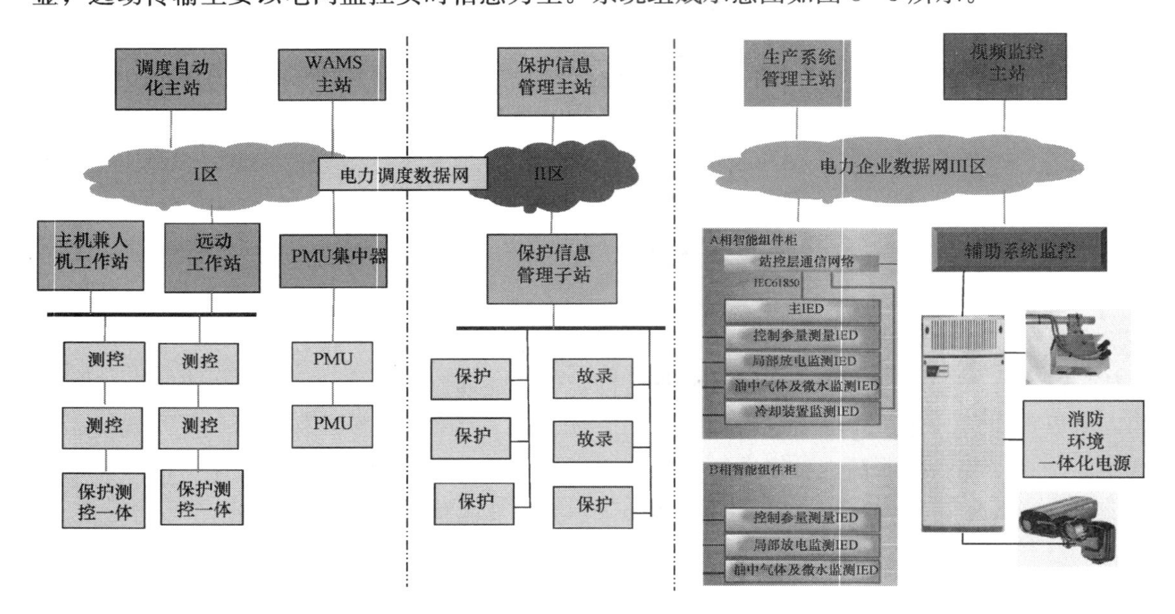

图 3-3 多独立子系统组合的变电站自动化系统组成示意图

随着智能化变电站的应用技术的逐步推广，变电站内各自动化子系统的信息需要通过集成发挥最大效用。变电站内自动化信息集成要求数据模型、通信服务、配置语言统一，实现数据统一采集、集中存储。在变电站智能化建设和改造试点项目中，推出“信息一体化平台”作为统一数据平台，提供统一基础服务的载体。其技术特征是：能够统一采集变电站内各专业的数据，能够实现重要数据的统一历史存储，能够实现变电站的统一操作维护平台，能够实现厂站端和调度端数据模型转换及无缝通信，作为变电站的数据统一出口平台。常规变电站信息一体化平台变电站侧当地监控功能完整，但基于技术条件约束，存在技术规范性不够、远动传输能力不足、远程数据交互受限制等问题。变电站信息一体化平台系统组成如图 3-4 所示。

（三）智能变电站一体化监控系统

智能变电站建设以来，自动化新技术被广泛采用。这推动了技术进步，但同时也引发了变电站自动化子系统繁多、调试复杂等情况。为实现变电站信息充分共享和功能应用高度集

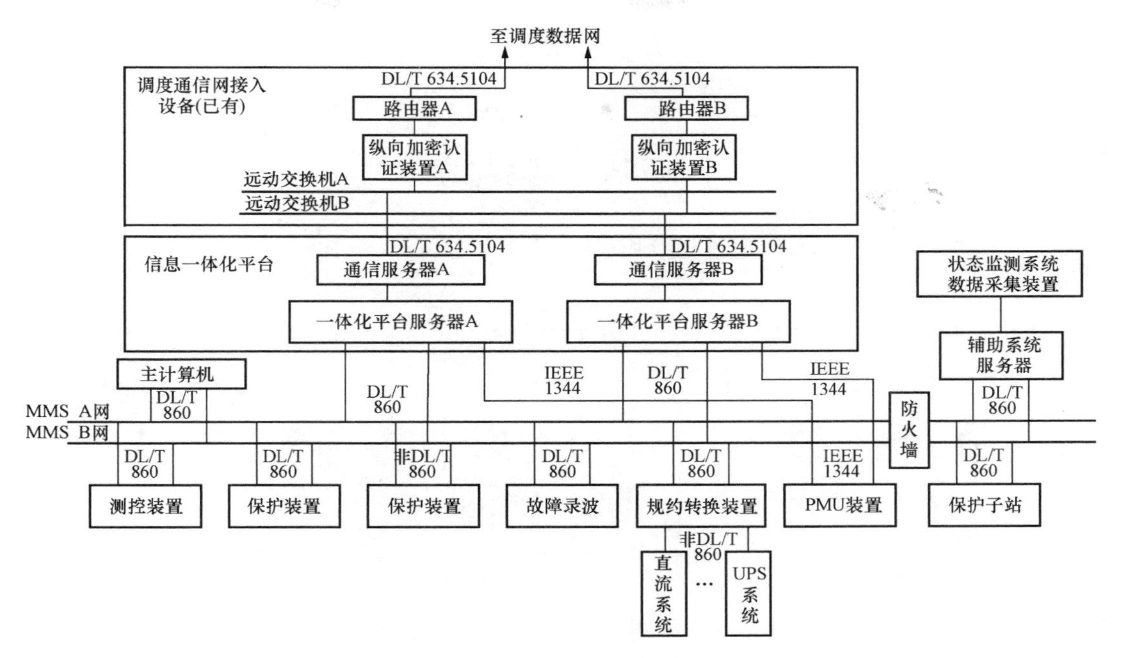

图 3-4 变电站信息一体化平台组成示意图

成的目标，国家电网公司提出了智能变电站一体化监控系统的建设思路。

智能变电站一体化监控系统按照全站信息数字化、通信平台网络化、信息共享标准化的基本要求，通过监控主机、数据服务器、数据通信网关机和综合应用服务器等设备实现全站信息的统一接入、统一存储和统一展示，实现系统运行监视、操作与控制、综合信息分析与智能告警、运行管理和辅助应用等功能。系统直接采集站内一次和二次设备运行状态数据；通过标准化接口与输变电在线监测、辅助应用和计量等设备进行信息交互，获取一次设备运行状态等数据；实现变电站全景数据采集、处理、监视、控制、运行管理等功能。智能变电站一体化监控系统不包含计量、辅助应用、输变电在线监测等设备，但可与其共同构建智能变电站自动化体系。

电网运行实时量测数据采集，主要通过测控、PMU 实现。监控主机、I 区数据通信网关机以 DL/T 860 标准接口传输测控装置数据。电网动态数据由 PMU 数据集中器与 PMU 装置完成数据交互，并直接上送至主站端。电网运行状态与事件信息采集，主要通过测控、保护和稳控装置等实现。监控主机融合原保护信息管理子站的功能，以 DL/T860 标准接口实现保护事件信息、管理信息和故障录波信息的采集。故障录波文件格式采用 GB/T 22386 标准。综合服务器以 DL/T 860 标准接口联接位于安全 II 区的智能装置（子系统），包括输变电设备在线监测、计量、电源、消防、安防和环境监测等的信息采集。智能变电站一体化监控系统组成如图 3-5 所示。

变电设备和二次设备的远程控制操作，由 I 区数据通信网关机以 DL/T 860 标准接口直接与测控、保护和稳控装置交互，完成控制过程。变电设备和二次设备的当地后台机控制操作，由监控主机以 DL/T 860 标准接口直接与测控、保护和稳控装置交互，完成控制过程。辅助设备的远程或当地后台机控制操作，需经由综合应用服务器联接辅助设备，

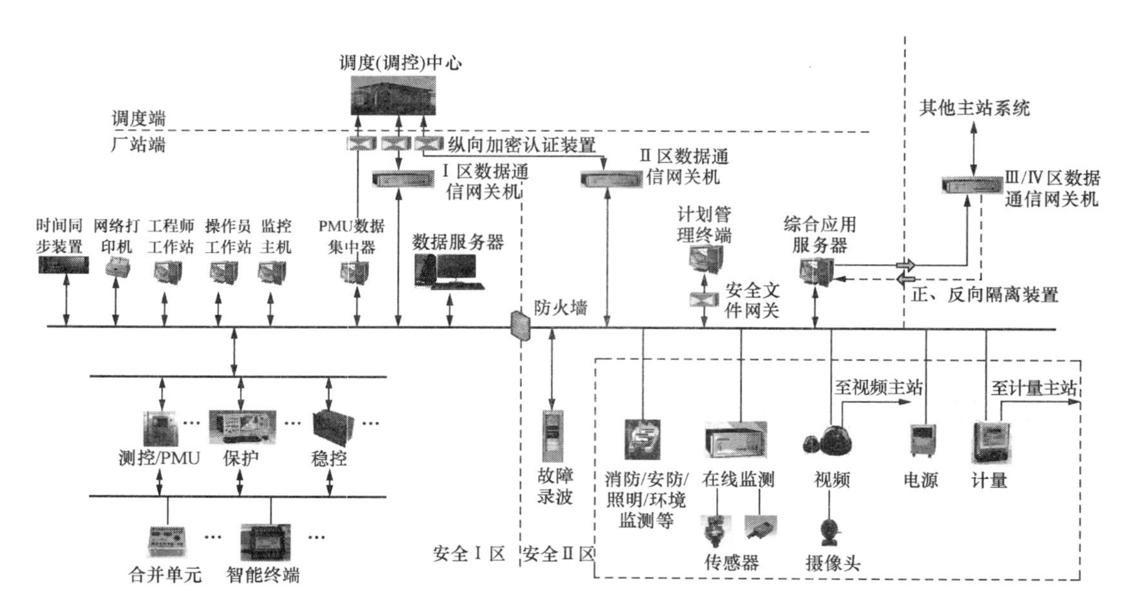

图 3-5　智能变电站一体化监控系统组成示意图

完成控制过程。

二、变电站自动化数据规划

变电站自动化数据的采集与传输应按全景信息的要求进行规划，满足智能电网调度技术支持系统及“调控一体化”大运行模式的要求。数据范围应包括：电网运行方式状态量，电网稳态、动态和暂态运行数据，电能量数据；变电站一、二次设备及辅助设备运行状况的在线监测、自检和告警信息；反映变电站运行异常的事故信息、预警信息、故障录波和综合分析结果；实现变电站设备操作控制和调节功能的遥控命令等。

（一）电网运行信息

1. 电网运行方式的状态量

反映电网运行方式的状态信号，一般采集为相互联动的双位置接点，主要包括：

（1）馈线、联络线、母联（分段）、变压器各侧断路器位置；

（2）电容器、电抗器、站（所）用变断路器位置；

（3）母线、馈线、联络线、主变压器隔离开关位置；

（4）接地开关（刀闸）位置；

（5）压变开关（刀闸）、母线地刀位置；

（6）主变分接头位置，中性点接地开关（刀闸）位置等。

状态量信息主要通过测控装置采集，信息源为一次设备辅助接点，通过电缆直接接入测控装置或智能终端。

2. 电网稳态运行数据

包括反映电网运行的潮流分布的遥测量数据及表征电网运行过程中的电能量数据，遥测量数据主要有：

（1）馈线、联络线、母联（分段）、变压器各侧电流、有功功率、无功功率、功率因数；

（2）母线电压、线路电压、零序电压、频率；

(3) 3/2 接线方式的断路器电流；
(4) 电容器、电抗器的无功、电流；
(5) 以遥测量表示的主变压器挡位；
遥测量通过测控装置采集，信息源为常规互感器或电子式互感器（经合并单元输出）。
电能量数据包括：
(1) 主变压器各侧有功/无功电量；
(2) 联络线和线路有功/无功电量；
(3) 旁路开关有功/无功电量；
(4) 馈线有功/无功电量；
(5) 并联补偿电容器电抗器无功电量；
(6) 站（所）用变有功/无功电量。
电能量数据来源于电能计量终端或电子式电能表。

3. 电网动态运行数据

以每秒 4800～10 000 次采集，以 10～20ms 刷新速率的电网运行数据，主要采集数据有：
(1) 三相电压、电流；
(2) 三相基波电压、电流；
(3) 正序基波电压相量、正序基波电流相量；
(4) 频率和频率变化率。
动态运行数据通过 PMU 装置采集，信息源为常规互感器或电子式互感器（经合并单元输出）。

4. 电网暂态运行数据

以毫秒级刷新速率的电网故障过程数据，主要有：
(1) 主变压器保护录波数据；
(2) 线路保护录波数据；
(3) 母线保护录波数据；
(4) 电容器/电抗器保护录波数据；
(5) 开关分/合闸录波数据；
(6) 量测量异常录波数据。
录波数据通过故障录波装置采集，信息源为常规互感器或电子式互感器（经合并单元输出）及相关的开关量。

（二）设备运行信息

1. 一次设备在线监测信息

(1) 变压器油箱油面温度、绕组热点温度、绕组变形量、油位；
(2) 变压器有载调压机构油箱油位；
(3) 变压器铁芯接地电流；
(4) 变压器油色谱各气体含量；
(5) GIS、断路器的 SF_6 气体密度（压力）；

（6）断路器行程—时间特性、分合闸线圈电流波形；

（7）断路器储能电机工作状态；

（8）局部放电数据；

（9）避雷器泄漏电流、阻性电流、动作次数；

（10）一次设备健康状况诊断结果及异常预警信号。

一次设备在线监测数据通过在线监测装置采集，信息源为电流、电压、温度、气体、油色谱、超声波、压力等传感器。

2. 二次设备运行状态信息

（1）装置运行工况信息；

（2）装置软压板投退信号；

（3）装置自检、闭锁、告警信号；

（4）装置 SV/GOOSE/MMS 链路异常告警信号；

（5）测控装置控制操作闭锁状态信号；

（6）保护装置保护定值、当前定值区号；

（7）网络通信设备运行状态及异常告警信号；

（8）二次设备健康状态诊断结果及异常预警信号。

二次设备运行状态信息主要由站控层设备、间隔层设备和过程层设备提供。

3. 辅助设备运行状态信息

（1）直流电源母线电压、充电机输入电压/电流、负载电流；

（2）逆变电源交、直流输入电压和交流输出电压；

（3）环境温度、湿度；

（4）开关室气体传感器氧气或 SF_6 浓度信息。

（5）交直流电源各进、出线开关位置；

（6）辅助设备运行工况、异常及失电告警信号；

（7）安防、消防、门禁告警信号；

（8）环境监测异常告警信号。

辅助设备量测数据由电源和环境监测装置提供，信息源为电压、电流、温度和气体传感器；状态量由电源、安防、消防、视频、门禁和环境监测等装置提供。

（三）变电站运行告警信息

（1）事故总信号；

（2）继电保护跳闸、重合闸动作信号；

（3）安全自动装置动作信号；

（4）综合分析结果报告：

（5）告警简报和故障分析报告。

变电站运行告警信息由保护装置、安全自动装置以及一体化监控系统提供。

（四）变电站操作控制命令

（1）操作前选择控制命令（SBO）；

（2）直接控制命令（DO）；

(3) 顺控操作命令;

(4) 单个/连续对象参数值设定命令;

(5) 调节主变压器分接头命令;

(6) 召唤、读文件、浏览命令;

(7) 时钟同步、远程复归、测试命令等。

变电站操作控制命令通常由站控层中的操作员工作站下发，或者由远动通信工作站转发调度下发的控制命令。

第二节　测　控　技　术

测控装置是完成采集变电站内各间隔一、二次设备运行状态量，量测值及实现对一次设备的控制功能。测控装置的硬件一般由CPU插件、电源插件、交流采样插件、直流采样插件、开入插件、开出插件、通信插件和人机界面等组成，这些插件通过底板总线排互相连接。测控装置一般按间隔配置，目前典型的通信方式为以太网通信方式，通信规约通常采用IEC 61850、IEC 60870-5-103或者厂家内部规约。按照信息类型的不同，测控装置主要实现遥信信息采集、遥测信息采集、遥控输出、同期监测及逻辑联闭锁等功能。

一、遥信信息

遥信信息包括：反映电网运行拓扑方式的位置信息；反映一、二次设备工作状况的运行信息；反映电网异常和一、二次设备异常的事故信息、预告信息。按信息源分，遥信信号可分为硬接点信号与软信号。硬接点信号指通过测控装置开入量接入的被监控设备运行状况信息，通常有断路器、隔离开关位置的辅助接点信号，继电保护装置的开出信号及其他非电气量的接点信号。开入的接点，一般有回路编号、接入测控保护屏端子号和装置遥信端子号。软信号主要有两类：一类是指通过通信方式获取的被监控设备运行状况信息，通常有各种IED设备的事件信息和自检信息等；另一类是指自动化系统嵌入的应用功能模块产生的运行信息，通常有VQC动作信息、CVT报警信息和五防闭锁提示信息等。

（一）遥信信息采集

外部遥信硬接点在接入时一般采用不带自保持的空接点，接点又分为常开接点（指继电器不带电时接点处于断开状态）及常闭接点（指继电器不带电时接点处于闭合状态）。通常，反映电网运行方式的断路器位置、隔离开关位置、地刀位置、联络开关（刀闸）位置、压变刀闸位置等应采用互为联动的双位置接点。双位置接点遥信是“动合”位置接点与“动分”位置接点的组合，当出现两副接点同时为0或1时，则表示设备位置异常。对于分相断路器，总的断路器合位通常采用3个分相开关合位接点的串联生成，断路器的分位采用3个分相开关分位接点的并联生成。对于异常告警中的控制回路断线信号（用于监视断路器控制回路的信号），为跳闸位置继电器（TWJ）的常闭接点和合闸位置继电器（HWJ）的常闭接点串联生成。对于事故总信号（表征保护装置动作跳开断路器），为合继电器（KKJ）的常开接点和跳闸位置继电器（TWJ）的常开节点串联生成。

遥信采集接点输入回路如图3-6所示。

遥信接入电源与内部工作电源是通过光电耦合器件隔离的，两个电源不共地，无电气连

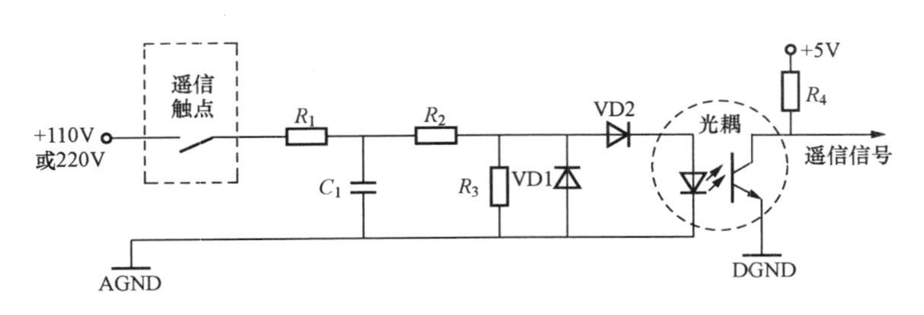

图 3 - 6　遥信采集接点输入回路示意图

接，消除了外部强干扰对遥信处理弱信号的影响。外部遥信接入回路电源由测控装置或外部电源提供，一般选取电压幅值较高的直流电源，目的是提高电压判别门槛值，增强抗干扰能力。RC 滤波电路消除瞬间干扰信号；限流电阻 R_2 的选择可以适应不同的遥信接入电源，限制光电管输入电流的范围。由于辅助接点的机械特性，接点联动会有先后，表现为接点抖动，一般采取延时措施进行处理。

遥信量采集主要采用软件定时扫描方式和硬件中断触发扫描方式。

定时扫描方式，遥信电路除了接点采集输入回路外，还包括多路选择开关和并行接口电路。遥信位置信号经光耦合器隔离后送至并行接口电路的三态门输入端，并行接口芯片的输出端直接与计算机数据总线相连。CPU 定时调用遥信扫描子程序，读入开关量状态，并与上一次保存的状态进行比对，两者一致则无变位，否则说明有变位，转入相应的遥信变位处理程序。考虑到遥信一般很少变化，定时扫查方式会定时进行扫查，占用了 CPU 资源，因此该方式欠合理。一般选择硬件中断与软件扫查相结合的方式，由硬件对遥信状态进行监视，有变位就中断申请，启动软件扫查。

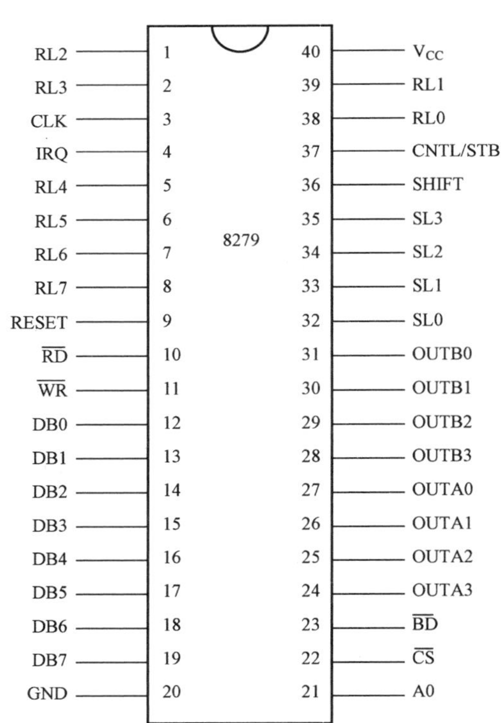

图 3 - 7　8279 芯片管脚分布图

硬件中断方式，遥信输入电路通常由三部分组成，即遥信输入矩阵电路、三八译码器和键盘/显示器接口芯片 8279。图 3 - 7 显示的为 8279 芯片各管脚分布情况，8279 采用单±5V 电源供电，共有 40 个管脚。DB0－DB7 为双向数据总线，用于传送 8279 与 CPU 之间的数据和命令；CLK 为时钟输入线，用于产生内部定时的时钟脉冲；CS 为片选输入线，低电平有效，当 CS 为低电平时可以对 8279 芯片进行读/写操作；IRQ 为中断请求输出线，在键盘工作方式下，当 FIFO/传感器 RAM 中有数据时，此中断线变为高电平，当数据读出后，该线电平就下降，若在 RAM 中仍有数据，则该电平又变为高电平。在传感器工作方式中，每当探测到传感器信号变化时，中断线就变位高电平。一般在使用中采用 8279 芯片的键盘检测功能，在遥信接入矩阵中有开关量变位，IRQ 就提出申请。CPU 响应这一中断后，从传感器 RAM

读取开关量状态数据，并与内存中遥信数据区所存的内容比较确定发生变位的开关量。实际应用中，常采用中断触发扫查方式的采集遥信状态，避免了二种电路方式的缺点，采用8279检测遥信变位，有变位时触发软件扫查读取遥信状态。

目前应用的测控装置由多CPU组成，遥信电路有专用CPU负责遥信输入信息采集、处理，CPU资源富裕，综合考虑遥信分辨率、实时性及电路实现的简便性，优先选择软件扫查方式。

遥信扫查发现有变位即记录遥信号、状态和动作时间，称立即记时法。发现有变位即记录遥信号、状态等全体扫查完再记录动作时间，称最终记时法。两种记时法所记录的变位时刻有差异，但他们的分辨率是一样的。分辨率即遥信变化先后辨别的准确度，与扫描周期密切相关，一般遥信变化先后时间在一个扫描周期时间内，就难以辨别先后，因此，往往将扫描周期作为遥信变化的分辨率。

变电站自动化系统的事件顺序记录（Sequence Of Event，SOE）是以带时标信息的方式记录重要状态信息的变化，为分析电网故障提供依据。当电网发生复杂故障和变电站设备发生异常时，会引起断路器多台或多次跳闸，产生大量的保护动作信息，如果不能掌握相关设备的动作顺序和次数，则往往因为故障的复杂性使原因分析面临很大的困难，有时甚至无法正确分析和判断。SOE记录了重要信息动作的变化时间，并按发生时间的先后进行排序，这样可以掌握相关设备的动作顺序和次数，有利于故障分析、排查原因和消除隐患。

SOE的内容包括遥信对象名称、状态变化和动作时间；表达了什么“对象”在什么“时间”发生了什么“变化”。变电站断路器、继电保护及自动装置的动作速度都非常快，通常均在毫秒级水平，所以要求SOE具有很高的时间分辨率，一般要求不大于2ms。SOE信息保存在站控层的主机，可随时调用和显示在计算机屏幕上或进行打印输出，为了方便快速查询SOE信息，一般在站控层主机中专门设立SOE信息区，以便与其他监视、告警信息分开。通过对SOE信息的查询，也可及时核对断路器、继电保护及安全自动装置的动作是否正确。

SOE时标是基于测控装置时间标记的。测控装置通常由变电站自动化系统的时钟同步装置完成时钟同步，可采用GPS对时系统或北斗对时系统。测控装置通常采用的时钟同步方式有脉冲对时、IRIG-B码对时及网络报文对时。

（二）遥信信息处理

遥信信息应用的关键要求是信息正确与报警合理。防止误遥信与报警信息分层分类工作一直是遥信信息处理的重要方面。

误遥信的原因主要有两个方面：一是硬接点因素与采集回路的干扰；二是数据传输时对信息品质描述的疏忽。断路器辅助触点的机械传动部分可能会出现间隙，开关动作时的振动有可能造成辅助触点不对位或接触不良，辅助触点表面氧化也会造成接触不良，这样在接触过程中可能时通时断，从而导致遥信误动、拒动或频繁抖动。继电器触点表面氧化或接触不良使得触点电阻增大，偏低的遥信电源不足以击穿氧化层，则无法反映遥信变位；遥信输入回路的元器件性能下降，或遥信户外端子受潮绝缘下降导致遥信输入电平降至门槛值附近，稍有波动即表现为遥信频繁变位。强电磁场的运行环境会干扰遥信回路，一旦干扰信号幅值大于遥信门槛电位，则容易产生误遥信。

遥信输入回路抗干扰措施一般有：

（1）防抖延时处理，采用施密特消抖电路或软件延时判别消抖；

（2）提高遥信输入回路的电压或限制遥信采集回路动作电压范围，缓减电磁干扰影响；

（3）工作电源稳定与接地措施。

遥信信息品质标识是描述遥信数据的重要内容，主要为应用端提供数据可信赖性的判断依据，以便做出相应处理。变电站远动装置重启或双机切换时，常会在主站端发生成批的误遥信，原因是远动信息在遥信数据未完成同步更新前就传输，部分遥信信息处于随机状态，主站端检测到不对应的遥信信息就误以为是遥信变位。数据传输规约要求传输的信息置上品质标志，品质标志主要有溢出、未更新、人工置数、闭锁等，用于标注遥信信息是可信还是可疑。实际运行中，自动化数据收发双方存在疏忽信息品质描述的情况，具体表现为信息源不置品质位或者接收方不检验品质位，这样在设备重启切换或信息初始化过程中难免产生误遥信。

根据信息表示的含义对电网直接影响的轻重缓急程度可将遥信信息分为事故信息、异常信息、变位信息、告知信息等类型。

事故信息是由于电网故障、设备故障等，引起开关跳闸、保护装置动作出口跳合闸的信号及影响全站安全运行的其他信号，是需实时监控、立即处理的重要信息。

异常信息是反映设备运行异常情况的报警信号，影响设备遥控操作的信号，直接威胁电网安全与设备运行，是需要实时监控、及时处理的重要信息。

变位信息特指开关类设备状态（分、合闸）改变的信息。该类信息直接反映电网运行方式的改变，是需要实时监控的重要信息。

告知信息是反映电网设备运行情况、状态监测的一般信息。主要包括隔离开关、接地闸刀位置信号、主变压器运行档位，以及设备正常操作时的伴生信号，如保护压板投/退，保护装置、故障录波器、收发信机的启动、异常消失信号，测控装置就地/远方等。

通过对遥信信息的分层分类可以更有效地处理变电站上送的遥信，使得监控中心值班人员更快捷、有效地分析设备异常状态和处理事故。

二、遥测数据与采集技术

遥测数据包括：反映电网运行潮流分布的稳态、动态电气量；反映一、二次设备工作状况、运行环境的电量和非电量。电网运行数据主要有：线路/主变压器电流、电压；有功功率、无功功率、功率因数；母线三相电压、零序电压、频率；挡位；PMU 数据；统计计算数据等。遥测数据主要通过直流采样、交流采样及分析计算获取。

（一）直流采样

直流采样电路的主要环节如图 3-8 所示。

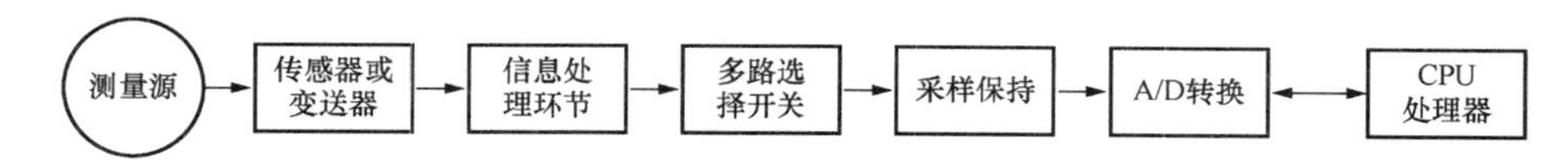

图 3-8 遥测直流采样电路主要环节示意图

测量源可分为电气量（交流电压、电流，直流电压）与非电气量（温度、湿度、压力等）。经过传感器或变送器后输出主要是 4～20mA 直流电流信号，也有 0～5V，±5V，0～

20mA 等直流信号。

信号处理环节如图 3-9 所示，主要完成电信号在进入 A/D 前的优化处理，A/D 输入端的电压幅值范围在±5V 或±10V 内，大信号要经过隔离变压器转换成小信号，若是电流信号则要经过电压形成电路转换成电压信号。RC 低通滤波器除去高频成分作信号的平滑处理，双向限幅电路为了保护 A/D 信息免受损坏。

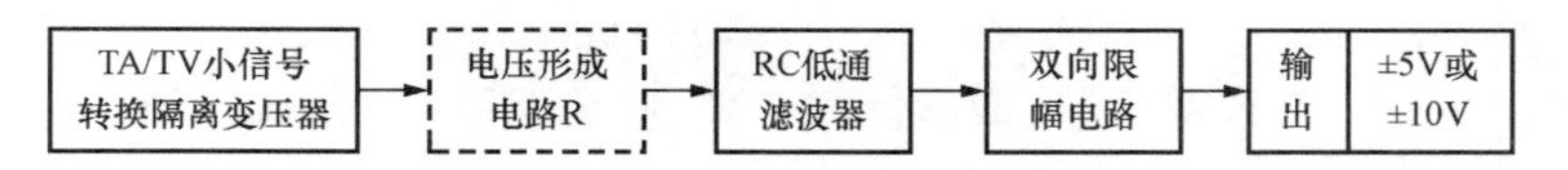

图 3-9　遥测直流采样电路信号处理环节示意图

为了解决多路模拟量输入共用一套模数转换器件的问题，通常都采用模拟量多路开关如图 3-10 所示。各路模拟量在多路开关的控制下分时地逐一经模数转换器转换成数字量再进入 CPU。模拟量多路开关是由三部分组成的：

（1）地址输入缓冲器和电平转换器；

（2）译码器与驱动器将地址译成通道号代码，控制相应的模拟量开关；

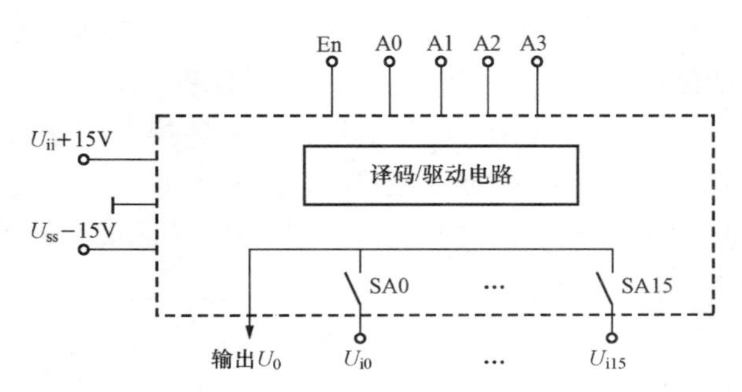

图 3-10　16 路转换开关芯片内部结构原理图

（3）模拟开关，在译码和驱动器的控制下使对应的模拟开关导通，将有关通道的输入模拟量电压引至公共输出端。

采样保持是把采样时刻得到的模拟量的瞬时幅度完整地记录下来，并在 A/D 转换期间保持输出不变，完成对模拟信号在时间上的离散化。采样保持电路如图 3-11 所示，由保持电容器 C 和输入/输出放大器 A1、A2 及控制开关 S 组成。当开关 S 闭合，电路处于采样状态，电容器 C 被迅速充电或放电到被采样信号在该时刻的电压值；当开关 S 断开，电容器 C 上保持住 S 断开瞬间的电压值，处于保持状态。在采样过程中，希望开关 S 的闭合时间越短越好，这样电容 C 上的电压值就越接近被采样时刻信号的瞬时值。电容器 C 的充放电是需要时间的，开关 S 必须要有一个足够的闭合时间，完成采样过程。保持过程希望 C 的电压保持时间越长越好，以减轻对 A/D 转换器转换速度的要求。为减少采样时间，提高保持能力，电路中使用阻抗变换器 A1、A2，它的输入阻抗很高，而输出阻抗很低，可增强带负载能力。

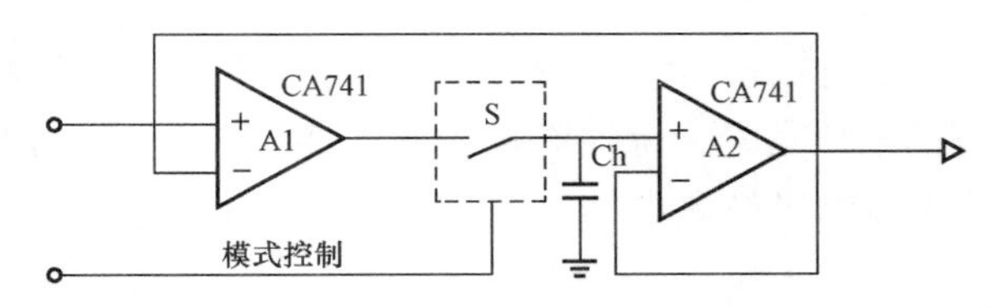

图 3-11　遥测直流采样保持电路示意图

模拟电压必须经过模/数转换器转换成数字量后才能进入计算机，A/D 转换的基本方法有积分法、逐次逼近法和并行转换法。积分法对输入信号进行积分，积分结果转换成计数值，积分法是取其平均值，瞬间干扰和高频噪声对转换结果影响小，但积分式的转换时间长，一般需几十毫秒。逐次逼近法的抗干扰能力不如积分法，但转换速度快，完成一次转换约 100μs，高速的小于 10μs。并行转换法是直接得出转换结果，但电路元件多。逐次逼近型 A/D 转换器逻辑电路原理框图如图 3-12（a）所示，主要有寄存器（State Register SAR）、D/A 转换器、比较器、时序逻辑控制等部分组成。常用的 A/D 574 芯片是 12 位逐次逼近型快速 A/D 转换器，速率 25μs，精度小于 0.05%。芯片内有三态输出缓冲器，可与 8、16 位微机的总线直接相连。

转换前先将 SAR 寄存器各位清零。转换开始时，控制逻辑电路先设定 SAR 寄存器的最高位为“1”，其余位为“0”。此试探值经 D/A 转换成电压 U_s，然后将 U_s 与模拟输入电压 U_X 比较。如果 $U_X>U_s$，说明 SAR 最高位的“1”应予保留；如果 $U_X<U_s$，说明 SAR 最高位应予清零。然后再对 SAR 寄存器的次高位置“1”，依上述方法进行 D/A 转换和比较。如此重复上述过程，直至确定 SAR 寄存器的最低位为止。过程结束后，状态线（End of Convert，EOC）改变状态，表明已完成一次转换。最后逐次逼近型寄存器 SAR 中的内容就是与输入模拟量 U_X 相对应的二进制数字量。

图 3-12（b）所示为四位 A/D 转换器的逐次逼近过程。图 3-12（b）中，实际模拟量输入值为 3.4V，通过逐次比较后得到的 A/D 转换结果为 1010。A/D 转换结果的准确度取决于 SAR 和 D/A 的位数，位数越多越能准确逼近模拟量，但转换所需时间也越长。

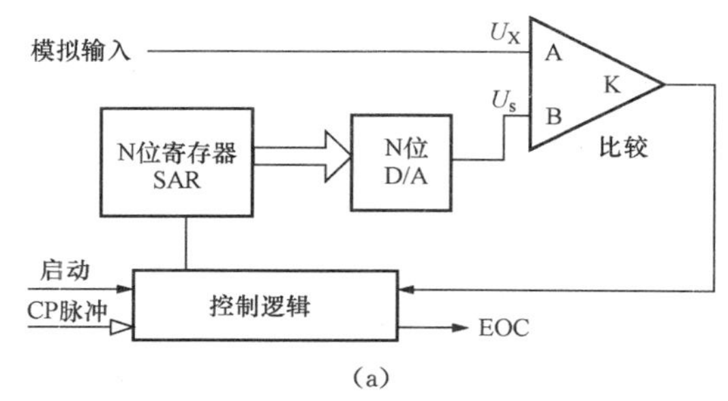

（a）

CP	$D_3D_2D_1D_0$	U_s	比较结果	处理
1	1000	2.5V	$U_X>U_s$	（D_3）1 保留
2	1100	3.75V	$U_X<U_s$	（D_2）1 不保留
3	1010	3.125V	$U_X>U_s$	（D_1）1 保留
4	1011	3.4375V	$U_X<U_s$	（D_0）1 不保留

（b）

图 3-12　逐次逼近型 A/D 转换器逻辑电路示意图

（a）原理框图；（b）逐次逼近过程

（二）交流采样

交流采样是直接采集同电网一次电流、电压同频率、大小成比例的交流电压、电流信号。电压、电流互感器二次侧的电压、电流经交流采样电路板的小信号变换器（电流须经电压形成电路）转变成适合 A/D 芯片输入范围的电压信号，直接输入至 A/D 转换器，按一定规律对被测信号的瞬时值进行采样，然后运算，求出被测电压、电流的有效值，根据 u、i 计算出有功功率、无功功率等其他量。交流采样与直流采样相比，不仅减少了变送器环节，而且能够获得反映交流信号原貌的变化波形。

交流采样计算的原理基于如下采样定理（香农定理）：如果随时间变化的模拟信号（包括噪声干扰在内）的最高频率为 f_{max}，只要按照采样频率 $f\geqslant 2f_{max}$进行采样，那么所给出的样品系列 $f_1(t)$、$f_2(t)$ …，就足以代表（或恢复）$f(t)$ 了。对于 50Hz 的正弦交流电压、电流来说，理论上只要每周波采样两个点就可以表示其波形的特点了。但为了保证计算准确度，需要有更高的采样频率。一般取每个周波12、16、20或24点的采样频率就足以保证计算电流、电压基波有效值的准确度了。为了分析谐波，例如考虑13次谐波，则需要采用每个周波采样32点。

交流采样典型应用是一套测控装置采集一个间隔的电压电流信号，一般是采集三相电压、三相电流，再加上零序电压、线路电压等，通过计算获得线电压、有功功率、无功功率、视在功率、功率因素、频率、角差、相差、频差等电气量。一个间隔交流采样电路组成如图3-13所示，每个回路的作用分别描述如下：

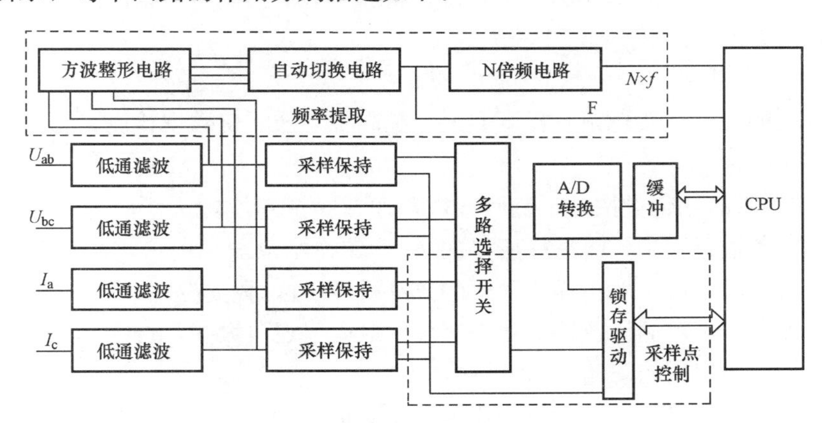

图3-13　交流采样电路组成示意图

（1）电压形成回路：电量变换，将一次设备TA、TV的二次回路与微机A/D转换系统隔离，提高抗干扰能力。

（2）模拟低通滤波：阻止高频进入A/D转换系统，防止信号混叠。

（3）采样保持器：在A/D进行采样期间，在一个极短时间内测量模拟信号在该时刻的瞬时值，每一路配置独立的采样保持器，以保证同一间隔的多路输入信号（如三相电流、电压）采样时刻的同步性；并在A/D转换器转换为数字量的过程内保持不变，以保证转换精度。

（4）多路转换开关：使多个模拟信号共用一个A/D转换器进行转换。

（5）A/D转换器：将模拟输入量转换成数字量。

交、直流采样电路与应用各有特点，直流采样对A/D转换器的转换速率要求不高，软件算法简单。只要将采样结果乘上相应的标度变换系数便可得到电流、电压的有效值，因此采样过程简单，软件的可靠性较好；直流采样因经过整流和滤波环节，转换成直流信号，因此抗干扰能力较强；输入回路往往采用RC滤波电路以滤去整流后的纹波，时间常数大（几十至几百毫秒），实时性较差。因为直流采样无法反映模拟量波形，不适用于微机保护与故障录波。交流采样则是直接对所测交流电流和电压的波形进行采样，然后通过一定的算法计算出其有效值。与直流采样相比较，交流采样具备以下优点：

（1）实时性好，它能避免直流采样中整流、滤波环节的时间常数大的影响，特别是在微机保护中必须采用；

（2）能反映原来电流、电压的实际波形，便于对所测量的结果进行波形分析，在需要谐波分析或故障录波的场合，必须采用交流采样；

(3) 有功、无功功率通过采样得到的 u、i 计算出来，因此可以省去有功、无功变送器，节约投资并减少量测设备占地；

(4) 对 A/D 转换器的转换速率和采样保持器要求较高，为了保证测量的精度，一个周期必须有足够的采样点数；

(5) 测量准确性不仅取决于模拟量输入通道的硬件，而且还取决于软件算法，因此采样和计算程序相对复杂。

以监测为目的的交流采样是为了获得高精度的有效值和有功、无功等，一般采用均方根算法；以保护为目的的交流采样是为了获得与基波有关的信息，对精度要求不高，一般采用全波或半波傅氏算法。

（三）遥测数据处理

对遥测数据的处理主要包括：标度变换、越限处理及不良数据检测。

1. 标度变换

将 A/D 转换后的数字量按一定比例系数还原成被测量实际大小，即乘系数的过程。在实际遥测数据的传输过程中，将采样所得的 A/D 转换结果与满码值相除再乘以系数后得到最后的实际数值。满码值一般指遥测采样的 A/D 转换时，数据位全“1”时所代表的实际遥测值，一般情况下，规定满码值比实际遥测量的最大值还要大些，否则容易发生溢出。通常计算实际遥测量值所使用的表达式为

$$Y = aX + b \tag{3-1}$$

式中 X——在通道中传输的值；

a——标度变换系数；

b——基值；

Y——实际遥测值。

在进行遥测量传输时通常采用以下三种格式：归一化值、浮点数及标度化值。

(1) 归一化值在处理时，系数在调度端进行设置，其系数应设置为满码值所对应的遥测值，归一化值格式的遥测数据表示范围较大，适合于变电站与调度之间的数据传输。

(2) 浮点数在处理时，调度端不需要进行系数处理，在传输时传输的实际遥测值，遥测的精度较高，可用于不同调度之间遥测数据传输，也可用于变电站与调度之间的数据传输。

(3) 标度化值在处理时，不需要调度进行系数转换，但是在表示实际值时应确定小数点的位数，由于遥测数据的表示范围较小，数据太大会影响遥测精度，因此一般不用于变电站与调度之间的数据传输。

2. 越限处理

越限处理是反映重要遥测量超出报警上下限区间的信息。重要遥测量主要有设备有功、无功、电流、电压、主变压器油温、断面潮流等，是需实时监控和及时处理的重要信息。有些遥测量受约束条件的限制，不能超过一定的限值。例如，线路电流、主变压器功率不能大于某一限值，母线电压不能太高也不能太低，这就需要规定上限值和下限值。系统应设置上下限值并及时检查遥测是否越限，如超越限值，就应告警。实际运行中，运行参数常常会在限值附近波动，这时候就会出现越限与复归不断交替，频繁告警。为了缓解这种情况可设置越限“死区”，即对各遥测参数规定一个“门槛值”，变化量超过这个“门槛”值时才触发相

应报警处理。

3. 不良数据监测

在实际运行中，由于量测量和量测通道的误差及可能受到的干扰，个别量测量可能出现较大的误差，产生不良数据。这些不良数据可能会影响调度员的决策，进而影响电力系统的安全运行，因此必须对实时量测数据进行不良数据的检测和辨识。传统的不良数据检测方法，大体上可分为两类，一类是量测量残差检测，这类方法计算简单、直观，但存在“残差污染”和“残差淹没”等问题，存在漏检（可靠数据检测位不良数据）和误检问题（有的不良数据未被检测出来）；另一类是量测量突变检测，这类方法的前提是相邻采样时刻电力网络结构不变，且前一时刻的量测数据可靠。此外，当系统中存在多种不良数据时，检测尤为困难，针对这一情况，近几年，模糊数学、数据挖掘等新理论开始逐步应用到不良数据辨识中，取得了一定成效。

三、遥控技术

变电站的主要控制对象是断路器、变压器有载调压开关、电动刀闸等。遥控的命令方式有操作前选择控制命令（Select Before Operation，SBO）、直接控制命令（Direct Operation，DO）、单个/连续对象参数值设定命令等。SBO 命令有三种：遥控选择、遥控执行、遥控撤销。遥控选择内容有两部分：遥控对象和操作性质。遥控对象码指定对哪一个对象进行操作，操作性质码指示是合闸还是分闸。遥控操作分两步完成：首先由调度端向厂站端发送遥控选择命令，指定遥控对象（开关号）和操作性质（合闸或分闸）；厂站端收到遥控选择命令经校验合格后并不立即执行遥控操作，而是将收到的选择命令返送给调度端进行校核。厂站端校核包括两个方面：一是校核遥控选择命令的正确性，即检查性质码是否正确，检查遥控对象号是否属于本站；二是检查遥控输出对象继电器和性质对象继电器能否正确动作。返送方式一般是将收到的遥控选择命令“镜像”返送给调度端，也有根据遥控对象继电器和遥控性质继电器动作情况，编码后返送给调度端。调度端收到返送的遥控信息后，经校核如与原来的遥控选择命令完全一致，就发遥控执行命令。厂站端只有收到遥控执行命令后才执行相应操作。调度端命令下发和执行的过程如图 3-14 所示。

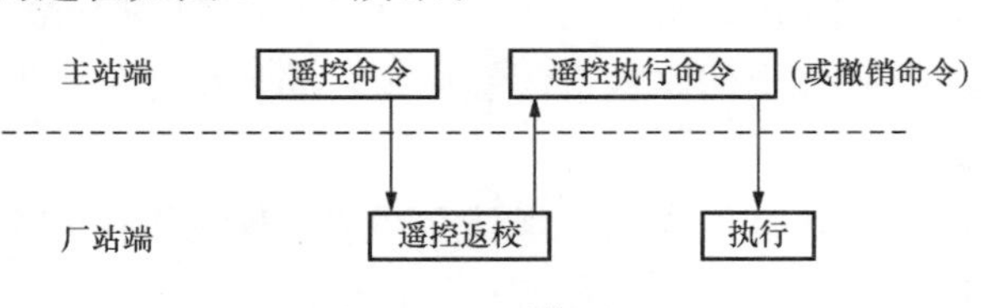

图 3-14　遥控过程

厂站端的远动通信工作站为调度遥控命令的接收端。远动通信工作站内应首先设置调度端的控制权限及遥控对照表，对无控制权限的调度端下发控制命令，应进行否定回答，同时远动通信工作站内应确保一个控制周期（指遥控权限开放至遥控执行完成的时间）内只接收一个调度端的控制命令。远动通信工作站收到遥控选择命令后，一般由两种处理方式，一种由远动通信工作站向间隔层测控装置进行转发后，由测控装置返回遥控返校命令；另一种是由远动通信工作站返回返校命令。厂站端的间隔层设备（主要指测控装置或保护测控一体化装置）为遥控命令的执行单元。间隔层设备收到远动通信工作站转发过来的遥控选择命令后，首先在装置内部进行判断，主要包括控制对象、控制性质的合理性检查，条件满足后向远动通信工作站回送返校命令并开放遥控，若不满足则返回否定返校命令。通常断路器、刀闸的遥控采用操作前选择的的控制方式（SBO）。调度端收到厂站端的返校命令后，向厂站端发送执行命令/撤销命令，远动通信工作站收到执行/撤销命令后，向间隔层设备进行转发，由间隔层设备驱动出口继电器完成对一次设备的控制。间隔层设备的控制出口继电器接在断路器/刀闸的操作回路中，当出口继电器接点闭合后，导通操作回路，完成对一次设备的控制。对于在站控层的后台操作工作站完成的遥控操作，整个过程与调度端下发的命令相似，只不过在遥控命令的发送环节中不需要经过远动通信工作站。

间隔层设备在执行遥控命令时，需要对外部的二次回路进行简单的判别，如二次回路中的“远方/就地”切换开关，间隔层设备本身的“远方/就地”开关（指由间隔层设备内部完成遥控命令或执行站控层设备的命令的控制开关）。在遥控的出口回路中通常还有断路器/刀闸操作的硬压板串联在整个遥控回路中。

遥控是直接的远距离操作，安全要求性高，监控系统控制的安全保障措施主要体现在：控制命令输出回路有“闭锁”措施，执行过程有“确认”环节。遥控输出回路闭锁措施如图 3-15 所示。

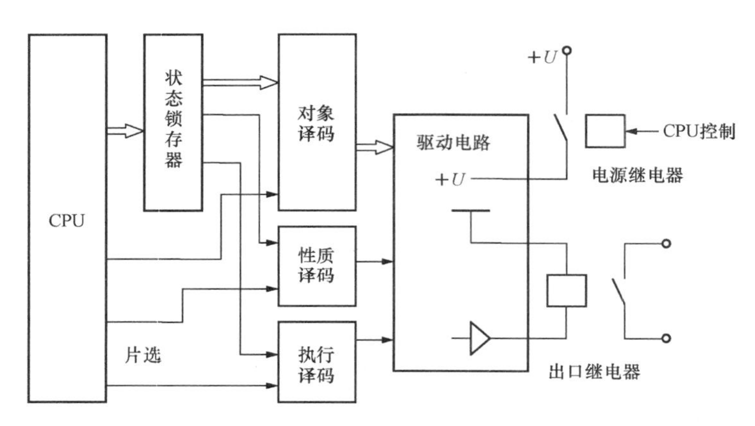

图 3-15　开关量输出电路组成示意图

遥控出口继电器动作线圈电源受 CPU 板控制，只有 CPU 进入遥控“选择—返校”环节，才控制电源继电器动作，使遥控出口继电器带电，目的是防止非遥控过程中出现误动作。遥控输出回路也有闭锁措施，满足操作的“五防”条件，接点接通，否则断开电气操作回路。

命令执行过程的“确认”环节，现场操作时主要表现在运行操作员、监护员就地执行命令的“唱票、复诵”环节；遥控操作主要表现在人机界面上操作员、监护员口令及设备代码确认，以及遥控命令的“选择—返校—执行”三个步骤。遥控命令的执行环节实际上就是“激活—确认”过程。

遥控命令的执行结果由遥信方式传送给调度端。调度端也可给厂站端下达遥控撤销命令，撤销原来发布的遥控命令。厂站端收到选择命令后，超过预定时间仍未收到执行命令，则自动撤销该遥控命令；主站端遥控选择命令后，超过预定时间仍未收到返校信息，则自动撤销该遥控命令。

遥调是调度端给厂站端发布的调节命令，实质上是给厂站端设备的自动调节器设置整定值，有时遥调也称设定命令。设定命令包括调节对象与设定数值。遥调可靠性不如遥控要求高，大多不进行返送校核。

四、测控装置高级功能

（一）断路器同期合闸

断路器同期合闸功能对于减小系统冲击、提高系统稳定性具有重要作用。断路器分、合闸是变电站监控系统最常见的一次设备遥控操作，其中对于断路器手动分闸命令，由于分闸前断路器两侧系统状态完全一致，测控装置一般不设出口限制条件；而对于断路器手动/遥控合闸命令，由于合闸前断路器两侧系统状态各不相同，需要测控装置实时采集断路器两侧电气量信息并进行计算和比较，以确定当前状态是否允许合闸及最佳合闸时刻。确保系统受到较小的冲击。一般而言，断路器合闸操作所需采集的电气量信息主要是断路器两侧的电压幅值、相角及频率。

断路器同期合闸方式一般分为三种：检无压合闸、检同期合闸和准同期合闸。

(1) 检无压方式：只要判断断路器两侧中至少有一侧无压即可合闸。

(2) 检同期合闸：也称合环，特点是断路器两端的系统频率是相同的。检同期合闸需要符合：断路器两侧的电压均在有压定值范围之内，断路器两侧电压的幅值差和角度差小于定值，在上述条件下，同期合闸出口触点闭合。

(3) 准同期合闸：也称捕捉同期或并列，一般用于两个不同系统之间的断路器同期合闸。判断条件为：断路器两侧的电压均在有压定值范围之内，两侧电压幅值差小于压差定值，频率差小于定值，滑差（频率变化率）小于定值，在满足上述条件后，装置根据合闸导前时间定值自动修正合闸角度，以保证断路器在0°时刻合闸，对系统产生的冲击最小。

（二）间隔层逻辑联闭锁

间隔层逻辑闭锁是测控装置的功能之一。逻辑闭锁功能是建立在一系列预先设置好的闭锁逻辑条件上，每个遥控对象对应一组闭锁逻辑条件。当闭锁逻辑条件满足时，间隔层闭锁节点才闭合，导通控制回路。否则除了解锁外，无法进行间隔层的操作。逻辑条件通常包括断路器、隔离开关、接地刀闸、压变（刀闸）、母线（地刀）及线路电压等。逻辑闭锁条件是通过特定程序下装在测控装置内部，与测控装置同步运行，并实时判断控制逻辑。当逻辑条件中的遥信发生变位时，与该条件相关的控制对象联闭锁接点发生变位，从而达到闭锁/解锁控制对象的要求。在新增一次设备时，应考虑到该设备对其他间隔的逻辑联闭锁条件的影响，并修改联闭锁条件及测试联闭锁条件的合理性、完整性。

逻辑联闭锁包括站控层逻辑联闭锁和间隔层逻辑联闭锁，站控层逻辑联闭锁由后台机或专用的“五防”机实现；间隔层逻辑联闭锁主要由测控装置实现，测控装置通过与相关测控之间交互信息，判断控制逻辑，由测控装置开出控制一副闭锁节点，将这副节点的输出串在闸刀/地刀的电机操作回路中，从而达到防误闭锁的功能。除了逻辑联闭锁功能外，闸刀的操作还包括机械闭锁和电气闭锁。机械闭锁主要为地刀与闸刀之间的机械合闸闭锁及开关柜内开关与闸刀之间的机械闭锁；电气闭锁主要位于电气操作回路中，利用断路器、闸刀及地刀之间的常开/常闭接点串入于电气操作回路中，只能实现单间隔或倒母时的闸刀/地刀操作。

第三节　远　动　技　术

一、远动装置的硬件组成和功能

远动装置主要用于完成变电站测控装置、微机保护及其他智能电子装置与调度自动化系统信息交互。远动装置通过与变电站内测控装置、保护测控一体化装置及其他智能电子设备（IED）的通信而获得数据，并对数据进行汇总和相应处理，通过一定的通信方式和通信规约实现与调度之间的通信，按照设定好的转发表完成变电站内的遥测、遥信数据转发及调度遥控命令的执行。

远动装置采集变电站内数据最初是通过后台机或前置机处理后的数据再转发，随着技术的发展目前主流的采集方式为直接采集各 IED 内数据，与后台机互相独立。远动装置本身不直接采集数据，数据采集主要由各测控装置、保护装置、通信管理机及其他智能设备完成。

远动装置与调度之间的通信方式主要有串口、网络等，典型的通信规约有部颁 CDT 循环远动规约，基于串口的 IEC 60870-5-101 规约及基于网络的 IEC 60870-5-104 规约。

1. 远动装置硬件的组成

远动装置硬件主要由 CPU 模块、人机对话模块、电源模块、GPS 对时模块和通信模块等组成。

（1）CPU 模块。应具备高性能的 MCU，大容量的存储空间，具有极强的数据处理及记录能力。实时多任务操作系统和高级语言程序，使程序具有很强的可靠性、可移植性和可维护性。为了与远方调度或其他监控系统通信，CPU 模块应可提供多个串行通信接口和以太网接口。

（2）人机对话 MMI 模块。主要功能是显示装置信息，扫描面板上的键盘状态并实时传送给 CPU，通过液晶显示器显示装置信息。人机对话应操作方便、简单。

（3）电源模块。为保证装置可靠供电，电源输入采用直流 220V 或 110V，经逆变输出装置所需的电源。

（4）GPS 对时模块。可以接入其他授时装置产生的对时脉冲信号（开入信号），或串行数字对时信号，同时也可以产生高精度的授时脉冲信号，用于整个变电站内的时钟同步。

（5）串行接口模块。完成与外部远传数字接口或当地智能设备通信时，将 CPU 内部的 TTL 电平转换成需要的 RS-232/422/485 等各种电平。

（6）远传 modem 模块。是实现与带有 modem 的远方主站通信的 FSK 调制解调器，应具备 300～9600 波特率可调，同、异步通信方式可选的功能。

2. 远动装置实现的主要功能

（1）采用现场规约服务模块，完成与现场装置通信。在各通信方式下，支持使用各种通用的通信协议，与站内各层的系统或装置进行数据通信。

（2）支持多调度主站和多种通信接口。可以同时支持与 2 个以上调度主站并行工作，上传到不同调度主站的信息根据需要可以不同，但为同一数据源。支持多个串口通信及网络通信。

（3）兼容多种远动通信规约。可满足调度自动化主站系统所需的各种远动通信规约，目前使用的有 CDT、101、104。

3. 远动装置内的数据处理功能

（1）变化的信号与事件顺序记录一般以数据队列的方式存储，等待传送至调度主站系统。

（2）当采集的信号与实际状态相反时，应具备将此信号取反功能。

（3）变化的遥测量，需要更新数据库内的相应数值，同时产生相应标记，便于传送至调

度主站系统。

（4）测量值应具备数据转换，设定死区值，限值处理的功能。数据转换主要是通过相应系数，将源码值转换为一次值或主站要求的特定值。设定死区值是当遥测量变化在设定范围内时，视为非变化的测量值，防止频繁变化的数值上送，阻塞其他数据及时上传。限值处理指当测量值超过一定限值时，可采用限值替换当前值，也可以选择使用当前值，并产生相应的状态品质指示位。

（5）接收、处理调度主站下发的遥控、遥调命令。接收远方主站的控制命令后，首先应该进行逻辑和规则上的判断，然后再下发至控制单元。一般的控制过程，应该有完整的验证步骤，比如先选择、返校、再执行或撤销；远传数据处理装置内部还应该有一定的容错能力，比如超时判断、错误的过程判断；对于错误的操作，应该产生相应错误原因的应答。

（6）具备基本的就地监控、调试和维护功能。可以监视实时的遥测数据、遥信状态和各通信口的实时报文；可以查阅一定时间范围内的若干条历史信息；可以方便地进行各种参数的编辑、修改及程序升级。

（7）提供全站的对时接口，使得全站系统时钟保持一致。

二、远动信息表的生成

远动信息表的生成主要通过相应的参数配置工具建立变电站 IED 装置与调度之间的通信联系，需要配置的内容主要包括变电站站内部的 IED 设备之间的通信参数配置、调度端相关通信参数设置、远动转发信息表与站内设备之间的对应关系。典型的远动参数配置工具包括南瑞继保的 RCS 9798 组态工具，国电南瑞的 NscAssist 组态软件，北京四方的 CSC 1326 远动配置工具。在进行远动参数配置之前，应根据现场实际进行硬件功能的规划，了解串口及网络通信参数。远动参数配置工具中需要配置的参数大致包括以下 6 个部分：

（1）基本参数配置。主要包括与内网通信的 IP 地址配置、与外网通信的 IP 地址配置、变电站名称配置、双机主备模式配置等。

（2）站内 IED 参数配置。主要配置站内 IED 设备所具备的功能，包括站内设备类型，站内设备 IP 地址（间隔号），IED 所具备的功能设置（遥测采集路数，遥信采集路数，遥控采集路数），通信介质等，如图 3 - 16 所示。

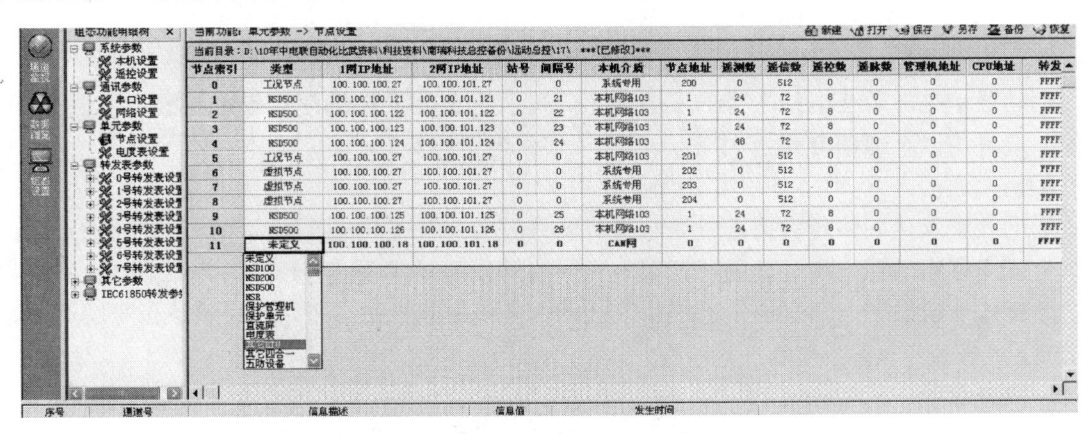

图 3 - 16　站内 IED 参数配置界面

（3）远动通信参数配置。串口通信参数配置（同步方式、波特率、数据位、停止位、校验方式）；网络通信参数配置（网关配置、静态路由设置）。

（4）规约参数设置。应根据具体的规约及现场实际需求设置规约参数，101 规约中需要设置的主要参数包括链路地址、ASDU 地址、遥测数据转发方式、遥测数据起始点号、遥信数据转发方式、遥信数据起始点号、遥控数据起始点号、传送原因占用字节数、是否使用背景扫描、信息体地址占用字节数等；104 规约中需要设置的主要参数包括允许连接的 IP 地址、端口号、ASDU 地址、K 值、W 值、遥测数据转发方式、遥测数据起始点号、遥信数据转发方式、遥信数据起始点号、遥控数据起始点号、传送原因占用字节数、信息体地址占用字节数、是否使用背景扫描等。

（5）生成转发表（见图 3-17）。根据下发的调度数据信号转发表生产转发数据与变电站内数据的对应关系对照表，可根据具体调度的转发要求不同，分别定义信号转发表。需要定义的内容包括遥测转发序号、本地装置的地址、遥测序号、遥测系数、遥测基数、最大值与最小值的处理等；遥信转发序号、IED 的遥信地址、遥信序号、是否取反、是否上送 SOE 等；遥控转发序号、IED 的地址、遥控序号、遥控方式等。

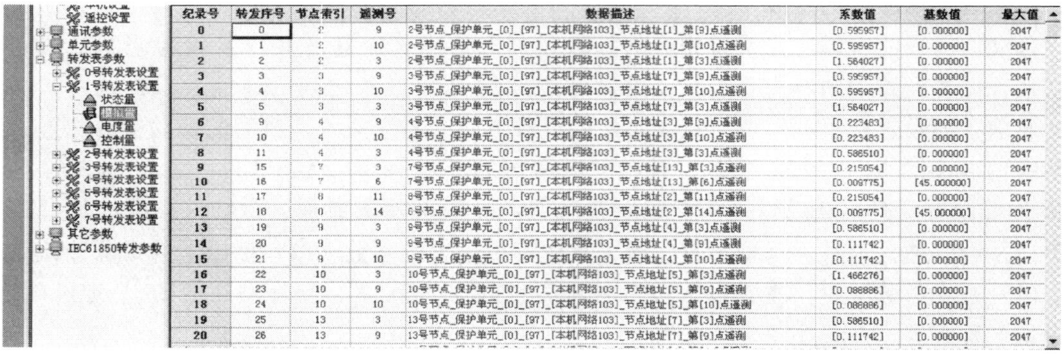

遥控设置
通讯参数
单元参数
转发表参数
0号转发表设置
1号转发表设置
状态量
电度量
控制量
2号转发表设置
3号转发表设置
4号转发表设置
5号转发表设置
6号转发表设置
7号转发表设置
其它参数
IEC61850转发参数

纪录号	转发序号	节点索引	遥测号	数据描述	系数值	基数值	最大值
0	0	2	9	2号节点_保护单元_[0]_[97]_[本机网络103]_节点地址[1]_第[9]点遥测	[0.595957]	[0.000000]	2047
1	1	2	10	2号节点_保护单元_[0]_[97]_[本机网络103]_节点地址[1]_第[10]点遥测	[0.595957]	[0.000000]	2047
2	2	2	3	2号节点_保护单元_[0]_[97]_[本机网络103]_节点地址[1]_第[3]点遥测	[1.564027]	[0.000000]	2047
3	3	3	9	3号节点_保护单元_[0]_[97]_[本机网络103]_节点地址[7]_第[9]点遥测	[0.595957]	[0.000000]	2047
4	4	3	10	3号节点_保护单元_[0]_[97]_[本机网络103]_节点地址[7]_第[10]点遥测	[0.595957]	[0.000000]	2047
5	5	3	3	3号节点_保护单元_[0]_[97]_[本机网络103]_节点地址[7]_第[3]点遥测	[1.564027]	[0.000000]	2047
6	9	4	9	4号节点_保护单元_[0]_[97]_[本机网络103]_节点地址[3]_第[9]点遥测	[0.223483]	[0.000000]	2047
7	10	4	10	4号节点_保护单元_[0]_[97]_[本机网络103]_节点地址[3]_第[10]点遥测	[0.223483]	[0.000000]	2047
8	11	4	3	4号节点_保护单元_[0]_[97]_[本机网络103]_节点地址[3]_第[3]点遥测	[0.586510]	[0.000000]	2047
9	15	7	3	7号节点_保护单元_[0]_[97]_[本机网络103]_节点地址[13]_第[3]点遥测	[0.215054]	[0.000000]	2047
10	16	7	6	7号节点_保护单元_[0]_[97]_[本机网络103]_节点地址[13]_第[6]点遥测	[0.009775]	[45.000000]	2047
11	17	8	11	8号节点_保护单元_[0]_[97]_[本机网络103]_节点地址[2]_第[11]点遥测	[0.215054]	[0.000000]	2047
12	18	8	14	8号节点_保护单元_[0]_[97]_[本机网络103]_节点地址[2]_第[14]点遥测	[0.009775]	[45.000000]	2047
13	19	9	3	9号节点_保护单元_[0]_[97]_[本机网络103]_节点地址[4]_第[3]点遥测	[0.586510]	[0.000000]	2047
14	20	9	9	9号节点_保护单元_[0]_[97]_[本机网络103]_节点地址[4]_第[9]点遥测	[0.111742]	[0.000000]	2047
15	21	9	10	9号节点_保护单元_[0]_[97]_[本机网络103]_节点地址[4]_第[10]点遥测	[0.111742]	[0.000000]	2047
16	22	10	3	10号节点_保护单元_[0]_[97]_[本机网络103]_节点地址[5]_第[3]点遥测	[1.466276]	[0.000000]	2047
17	23	10	9	10号节点_保护单元_[0]_[97]_[本机网络103]_节点地址[5]_第[9]点遥测	[0.088886]	[0.000000]	2047
18	24	10	10	10号节点_保护单元_[0]_[97]_[本机网络103]_节点地址[5]_第[10]点遥测	[0.088886]	[0.000000]	2047
19	25	13	3	13号节点_保护单元_[0]_[97]_[本机网络103]_节点地址[7]_第[3]点遥测	[0.586510]	[0.000000]	2047
20	26	13	9	13号节点_保护单元_[0]_[97]_[本机网络103]_节点地址[7]_第[9]点遥测	[0.111742]	[0.000000]	2047

图 3-17　转发表参数配置界面

（6）其他参数和功能。合并遥信（三相开关位置合成、事故总信号等），主变档位计算（遥信转遥测），虚拟遥信的处理。

三、远动通信

远动通信是随着变电站本身的发展和通信技术的发展而发展的，远动装置与主站之间的通信一般采用以下通信方式：

①模拟通信方式。

远动装置发送的串行数据通过调制解调器将数字信号调制成模拟信号。目前比较常用的调制方式为移频键控，将远动的“1”和“0”信号分别调制成特定频率的音频信号，然后将该信号接入通信设备，通过通信系统将该远动信号传送到主站，主站端再将该信号解调回数字信号。

②数字通信方式。

远动装置发送的串行数据直接接入通信设备，通信系统将该远动信号通过光端机传送至主站端，主站通信设备输出直接接入前置机，实现数据接收和处理。

③网络通信方式。

随着计算机网络技术的发展，变电站远动装置与主站之间通信通过电力数据网实现网络连接。远动装置远方网络接口接入数据网网络装置，采用 2M、100M 等方式接入光端机等通信系统，主站端网络系统同样通过数据网络装置接入通信系统，从而实现主站之间的网络互联。

远动装置与主站之间的通信规约主要有 CDT 规约、IEC 60870-5-101 规约及 IEC 60870-5-104 规约。

第四节　相量测量装置

一、电网实时动态监测技术

大电网运行加大了潮流分布的不确定性，影响电网稳定运行水平，对电力系统信息采集和运行状态的监视提出了更高的要求。传统能量管理系统侧重于监测电网稳态运行情况，测量周期通常是秒级，并且通常不带时标，不能做到全网的同步测量。故障录波数据的采样频率一般都在几千赫兹以上，并带有时标信息，但是只在发生故障时才采集故障点附近的数据，记录数据只是局部有效，并且持续时间较短，通常在数秒钟之内，难以用于对全电网动态行为的监视和分析，必须采用新的技术对电网进行实时动态监测。

相量测量装置（Phasor Measurement Unit，PMU）是用于进行同步相量的测量和输出及进行动态记录的装置，PMU 的出现和应用使得对于电力系统动态行为的掌握更为直接和深入。PMU 能够以上万次/秒的速率采集电流、电压信息，通过计算获得测点的功率、相位、功角等信息，并以每秒上百帧的频率向主站发送。利用标准时钟（例如 GPS 的授时信号）作为数据采样的基准时钟源，保证全网数据的同步性。可见，在当前技术条件下，采用基于标准时钟信号的同步相量测量技术和现代通信技术，对地域广阔的电力系统进行实时动态监测和分析，并采取新的稳定控制策略，是解决大电网稳定监控问题最为有效的途径。

二、PMU 装置的技术实现

PMU 的核心特征包括基于标准时钟信号的同步相量测量、失去标准时钟信号的守时能力、PMU 与主站之间能够实时通信并遵循有关通信协议。目前随着信息、通信等技术的发展，同步相量技术在国内得到了很大发展和广泛应用，逐渐形成了一个新的技术领域。

与远动终端单元、测控装置等传统测量设备相比，PMU 的关键在于相角和功角的测量，而有效值等量的测量则与之无异。这里的相角是指母线电压或线路电流相对于系统参考轴之间的夹角，某台发电机的功角是指该发电机内电势与机端正序电压相量的夹角。

1. 相角测量原理

相角测量原理基本可分为两大类：一类是过零检测法，另一类是离散 Fourier 变换法。

（1）过零检测法。

过零检测法用精确的计时器把被测工频信号的过零点和相邻的 50Hz 标准信号的过零点的时差记录下来并转化成角度，就得到相对于标准 50Hz 信号的相位。相当于由测量装置内部计时器建立周期为 20ms 的时间信号。测量角度时，时间上采用秒脉冲同步。

如图3-18所示，被测信号过零时刻分别为t_i和t_{i+1}，与t_i时刻相邻的50Hz标准信号为$20i$ms时刻。那么，被测信号t_i时刻相对于标准信号的角度为：

$$\theta_i=\frac{360}{t_{i+1}-t_i}(20i-t_i)$$

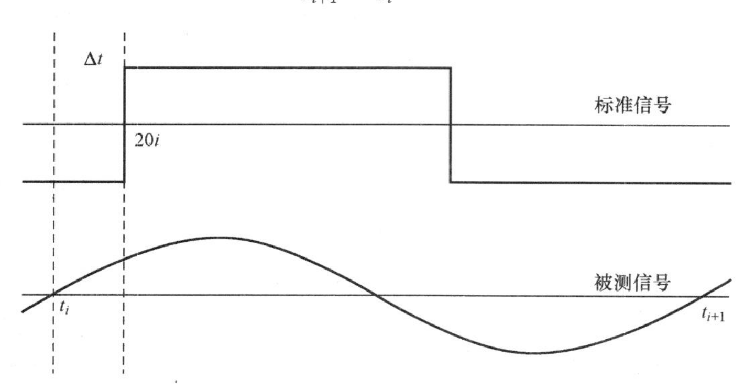

图3-18　相量测量的过零检测法原理图

过零检测法原理简单，软硬件实现容易，但此方法假定系统频率是稳定不变的，而实际系统中电压频率是波动的；并且由于电压过零点的谐波影响和过零检测电路的不一致性可能会引起测量误差。

(2) 离散Fourier变换法。

离散Fourier变换法可以在交流信号含有谐波的影响时把基波提取出来，它在每个周期（采样窗口）内对交流信号进行采样，计算出对应于当前采样窗口的基波相量，傅里叶变换后的各次谐波相量包含幅值和相位。节点交流信号经低通滤波器、模数（A/D）转换进入CPU，由A/D转换单元对三相电压、电流瞬时信号进行采样，设每个周期采样N点数据，得到采样值序列：$\{x_1, x_2, \cdots, x_N\}$，经离DFT变换得到三相的电压、电流相量值为

$$X=\frac{\sqrt{2}}{N}\sum_{k=1}^{N}x_n\mathrm{e}^{-\mathrm{j}\frac{2k\pi}{N}} \tag{3-2}$$

再将式（3-2）变换为零序、正序和负序相量（其中$\alpha=\mathrm{e}^{\mathrm{j}\frac{2\pi}{3}}$），即

$$\begin{bmatrix}X_0\\X_1\\X_2\end{bmatrix}=\frac{1}{3}\begin{bmatrix}1&1&1\\1&\alpha&\alpha^2\\1&\alpha^2&\alpha\end{bmatrix}\begin{bmatrix}X_a\\X_b\\X_c\end{bmatrix} \tag{3-3}$$

在应用DFT算法时，对于等时间间隔采样，当信号频率偏离额定频率时，由于采样频率与信号频率不同步，周期采样信号的相位在始端和终端不连续，会出现频率泄漏，将会产生计算误差。为避免采样频率与信号频率不同步造成的误差，应采用等角度采样原则，实时跟踪被测信号频率并动态地调整采样率，以确保DFT算法的每一个采样数据窗都能反映被测信号的一个完整周期。

2. 功角测量原理

发电机内电势和机端电压正序相量之间的夹角称为发电机功角，是表征电力系统安全、稳定运行的重要状态变量之一，是电网扰动、振荡和失稳轨迹的重要记录数据。功角测量原

理上也可分为两大类：一类是电气量估计法，另一类是直接测量法。

（1）电气量估计法。

根据发电机内电势和机端电压及阻抗关系，利用发电机参数（如 X_d，X'_d，X''_d 等）及测量的发电机机端电压、电流或功率等电气量，来估算发电机功角及发电机内电势。其最简化的情况就是基于稳态相量图的解析法，如图 3-19 所示，取 d、q 轴方向分别与实、虚轴一致，可得

$$\delta = \arctan\left(\frac{P}{\dfrac{U^2}{X_d}+Q}\right) \tag{3-4}$$

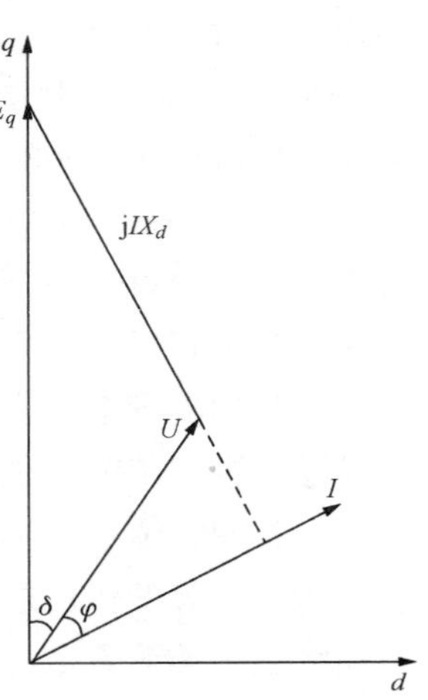

图 3-19　隐极式发电机稳态运行相量图

随着系统运行方式的变化，所采用的参数也会改变，并且在暂态过程中，机端电压、电流中包含大量的暂态分量，发电机与互感器可能会产生磁饱和，这些因素都会给计算结果带来很大的误差。因此该方法测量结果受机组参数影响，精度较低，只适宜稳态测量。

（2）直接测量法。

直接测量 E_q 的相位较困难，但由于转子位置与 E_q 存在着固定的相位关系，故可以采用转子位置代替 E_q。而发电机机端电压正序相量 U_G 可由相量测量装置测得，于是容易得到 E_q、U_G 间的夹角，即功角 δ。

直接测量法要求现场机组具备键相信号引出结点，键相信号以前主要用于对发电机转子轴振动进行监测，在发电机转子转到固定位置时，发出一定幅度的脉冲。通过测量该信号，结合发电机的转速，可以得到转子的实际位置。直接法优点是不受机组参数和暂态过程影响，内电势测量精度较高，但工程实施较为复杂。

3. 基本技术功能要求

PMU 能同步测量和连续记录安装点的三相基波电压、三相基波电流、电压电流的基波正序相量、频率和开关量信号；安装在发电厂时具有测量和连续记录发电机内电势和发电机功角的功能，还能够测量发电机的励磁电压、励磁电流和转速信号。

在实时监测方面，PMU 装置实时传送的动态数据的输出时延，即实时传送的动态数据时标与数据输出时刻之时间差，应不大于 30ms。装置动态数据的实时传送速率应可以整定，至少具有 25、50、100 次/s 的可选速率。

在动态数据记录方面，PMU 装置能按照《电力系统实时动态监测系统技术规范》的要求存储动态数据，保存时间应不少于 14 天。装置动态数据的最高记录速率不低于 100 次/s，并具有多种可选记录速率，并且记录速率是实时传送速率的整数倍。

在暂态数据记录方面，PMU 装置能按照 ANSI/IEEE C37.111—1999（COMTRADE）的格式要求记录暂态数据。

此外，当 PMU 装置监测到电力系统发生扰动时（如监测到电压、电流、频率、相角差越限，功率振荡，保护或安全自动装置动作等情况时），装置应能结合时标建立事件标识，并向主站发送实时记录告警信息，以方便用户获取事件。

三、PMU 数据通信

PMU 数据通信包括 PMU 装置与 PMU 子站之间的通信及 PMU 子站与调度主站之间的通信。PMU 子站与主站之间数据传输通道主要采用电力调度数据网络，若不具备网络通信条件，可采用专用通信通道，要求通信速率不低于 19.2kb/s。主站之间的通道带宽应不低于 2Mb/s。在进行数据传输时，PMU 装置应按照时间顺序逐次、均匀、实时传送动态数据，传送的动态数据中应包含整秒时刻的数据。动态数据的输出时延（实时传送的动态数据时标与数据输出时刻的时间差）应不大于 30ms。

PMU 子站与主站之间的通信定义了数据管道、管理管道、文件管道。数据流管道和管理管道的通信协议采用 TCP 协议。子站作为管理管道的服务器端，数据流管道的客户端；主站作为管理管道的客户端，数据流管道的服务器端。数据流管道和管理管道分别定义为：

（1）数据流管道：子站和主站之间，或者 PMU 装置和数据集中器之间实时同步数据的传输通道。数据传输为单向传输，只能是子站到主站，或者 PMU 装置到数据集中器；

（2）管理管道：子站和主站之间，或者 PMU 装置和数据集中器之间管理命令、记录数据和配置信息等的传输通道。数据传输为双向传输。

离线数据传输管道与管理管道和数据管道相分离，是独立的 TCP 连接。离线数据传输管道中传送的信息包括传输指令帧、事件标识帧和离线数据帧。主要用于获取动态数据记录文件、暂态数据记录文件和事件标识。

PMU 装置与当地监控系统的通信协议可采用 IEC 61850 系列标准或 IEC 60870-5-103 标准，与主站之间通信时，底层传输协议采用 TCP 协议，应用层协议采用 IEEE 1344 规约，主要采用以下帧定义格式：

PMU 子站与主站交换的信息类型包括数据帧、配置帧、头帧和命令帧。前三种帧由 PMU 发出，后一种帧支持 PMU 与主站之间进行双向的通信。数据帧是 PMU 的测量结果；配置帧描述 PMU 发出的数据及数据的单位，是可以被计算机读取的文件。头文件由使用者提供，仅供人工读取。命令帧是计算机读取的信息，它包括 PMU 的控制、配置信息。所有的帧都以 2 个字节的同步字开始，其后紧随 2 字节的帧长度字节和 4 字节的世纪秒时标。所有帧以 CRC16 的校验字结束。CRC16 采用的生成多项式为 $X^{16}+X^{12}+X^{5}+1$ 来计算，初始值建议为 0。所有帧的传输没有分界符。同步字首先传送，校验字最后传送。多字节字最高位首先传送。帧同步字第二个字节的 4～6 位标志帧类型（000 为数据帧，001 为头帧，010 为配置帧 1，011 为配置帧 2，100 为命令帧）。

（1）数据帧主要由 PMU 根据 CFG2 文件产生，内容包括数据时标、数据质量、相量、频率和功率。传送周期为 20ms，占用带宽为 200～500kb/s。

（2）头帧是 ASCII 码文件，包含了相量测量装置、数据源、数量级、变换器、算法、模拟滤波器等的相关信息。

（3）配置帧为 PMU 和实时数据提供信息及参数的配置信息，为机器可读的二进制文件。CFG-1 为系统配置文件（PMU 产生），包括 PMU 可以容纳的所有可能输入量，各相量数据的名称和转换系数，各模拟量的名称和转换系数，一个 PMU 装置只有 1 个 CFG-1 配置帧。CFG-2 为数据配置文件（推荐由主站产生），规定 PMU 实际传输的数据集合和传输速率，PMU 根据 CFG2 生成数据帧发送给主站。

(4) 命令帧，负责主站对子站的管理，为子站和主站获得对方发来的指令，并根据指令进行相应的操作。其命令信息包含在命令帧的CMD中，由最后四位来表示具体的定义。其包括关闭数据传输（0001）、开始数据传输（0010）、发送头文件（0011）、发送CFG1（0100）、发送CFG2（0101）、以数据帧格式接收参考相量（1000）等。

第五节　电能量采集装置

电能量采集装置主要采集电能表内的电量数据，并通过拨号、专线通道或数据网等方式实现电能量数据的转发。

一、电能计量装置

电能计量装置包括各种类型电能表、计量用电压/电流互感器二次回路、电能计量柜等。电能量计量表应采用结构模块化、测量组合化、高精度电子型电能计量表计。电能表按接入线路的方式可分为单相电能表、三相三线电能表和三相四线电能表，按准确度等级分可分有功多费率电能表有0.2S、0.2、0.5、0.5S、1.0、2.0，无功多费率电能表有2.0和3.0级，各准确度电能表对电流/电压互感器的准确度要求不同，互感器准确度应不低于电能表的准确度。电能表应能采集正/反向有功/无功电量，当前电压、电流、有功、无功及功率因数等潮流量，以及电能表最大需量、断相、失压等状态量。具备光接口、红外通信、射频通信、RS-485总线系统等其他数据通信接口实现与外界的数据通信，支持部颁规约及其他通信规约。电能表的工作原理图如图3-20所示。

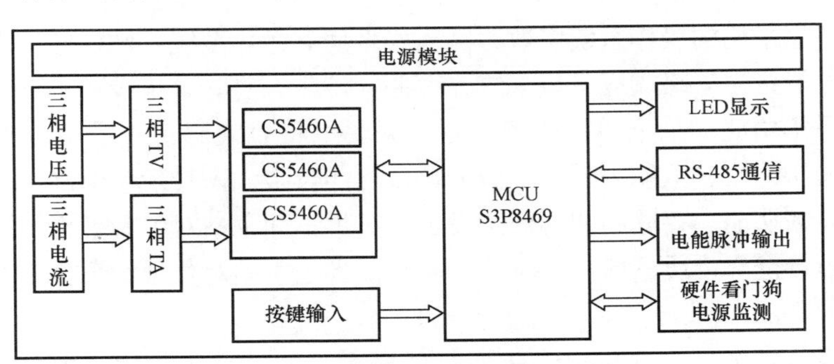

图3-20　电能表工作原理框图

在三相三线电路中，不论对称与否，可以使用两块功率表的方法测量三相功率（称为两表法）。两表法的一种接线方式可如图3-21所示。

总功率为两个功率表的和，对于对称三相负载而言，总功率可以用公式 $P=P_1+P_2=U_{ab}I_a\cos(30°+\phi)+U_{cb}I_c\cos(30°-\phi)$ 来进行计算。对三相四线制而言，通常采用三表法进行功率计算。

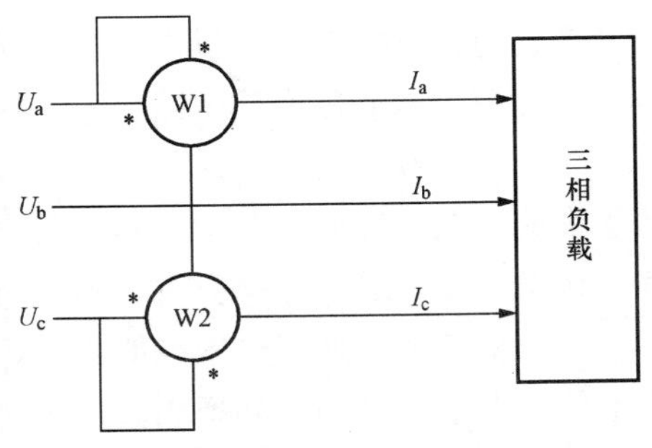

图3-21　功率的两表法接线方式

电能表作为电能交易的计量点，往往是很复杂的，有些用户只接受电网送过来的点，有的用户则可能反送电至电网，同时送入和送出的电价是不同的，这就需要多功能电能量计量单向或双向有功电

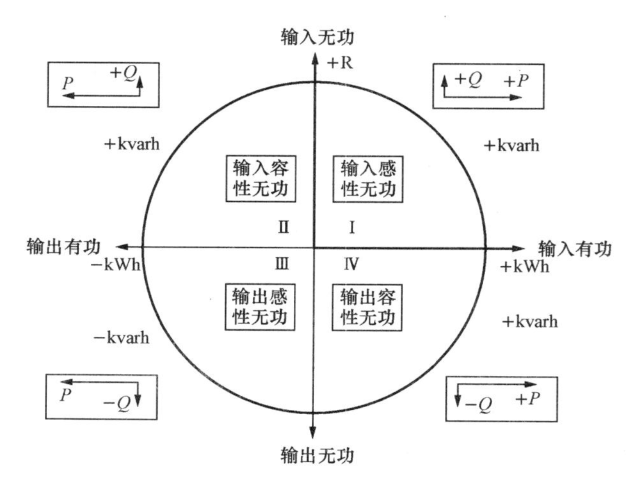

图 3-22　有功和无功功率的几何表示

能，相应的电网输送到用户的无功包含有感性无功和容性无功，用户反输送到电网的无功也包含有感性无功和容性无功。功率因数的考核是按潮流送进送出考核的，这就要求同一潮流的感性无功和容性无功应进行绝对值相加，所以要求多功能电能表能计量单向或四象限无功电能。四象限无功定义如图 3-22 所示。图 3-22 中，参考矢量是电流矢量（取向右为正方向），电压矢量 U 随相角 ϕ 改变方向，电压 U 和电流 I 间的相角 ϕ 在数学意义上取正（逆时针方向）。

需量是一种平均功率计量或是在选择的需量周期内的平均功率，最大需量是指在指定的时间间隔内需量的最大值。要求多功能电度表应能测量正向有功或正反向有功最大需量、各费率最大需量及其出现的日期和时间，并存储带有时标的数据。最大需量值应能由具备权限的人员手动清零。

二、电能量采集装置

电能量采集装置主要实现发电厂或变电站电能表数据采集，对电能表和有关设备的运行工况进行监测，并对采集的数据实现管理和远程传输。

电量采集终端采用的操作系统多数为嵌入式多任务操作系统，硬件设计上采用嵌入式主板或核心板。电能量采集终端应具有采集、存储、传输、对时、报警和事件记录等功能。

（1）数据采集功能。采集数据类型包括：采集电量总表码值、账单数据、各费率表码值、瞬时值、失压记录、电能表时间、最大需量功能及最大需量发生时间等各类信息。

（2）数据存储功能。存储周期可任意设定，满足不同主站对电量数据不同的积分周期的需求。数据采集量全部带质量标志及时标存储，以满足主站对数据的采集及对数据有效性的判断。

（3）数据通信功能。为适应电能表通信的要求，电量采集终端一般具有 RS-232/485/422、CS 电流环接口，一些终端还支持脉冲接口。与主站之间通信采用 IEC 60870-5-102 规约、DL/T 719 规约或其他规约。

（4）数据处理功能。终端具有电量预处理功能，能分时段对电量进行累计和存储，并根据电能表的运行状态对电量数据进行质量置位。终端具备自检功能，具有失电记录、报警功能，具有记录电能表通信中断、TV 失压等电能表异常故障信号。

（5）数据维护功能。采集终端可以在现场通过液晶屏或者维护软件进行维护，同时具有远程维护功能。在调度端通过电话拨号通道、网络通道对终端进行远程维护、各种数据查询、状态查看、通信原码查看、参数设定及软件升级等工作。

电量采集装置能够采集电能表的正向有功、反向有功、正向无功、反向无功电度量信息及电压、电流、功率、功率因数等实时信息。电能量采集装置采集到的电能表电能量值为二次值，表征实际电量值时需要在主站端进行倍率转换，倍率值为电压变比与电流变比的乘

积。电能量采集装置与主站的通信可通过以太网和拨号通道完成；采集器能同时与多个主站进行通信，每个通信连接可以配置不同的数据集和数据周期，互不干扰。

第六节　变电站自动化新技术

随着智能变电站的建设，许多新的技术已经应用在变电站自动化系统中，这些技术包括一次设备状态在线监测系统、智能组件、站用一体化电源系统等。本节主要针对这些新技术做整体介绍。

一、一次设备状态监测

电力设备的状态监测是指通过传感器、计算机、通信网络等技术，及时获得设备的各种特征参量并结合一定算法的专家系统软件进行分析处理，对设备的可靠性做出判断，对设备的剩余寿命做出预测，从而及早发现潜在的故障，提高供电可靠性。电力设备状态监测大大降低了维修周期内的设备故障率，为设备状态检修提供技术依据，并及时发现设备缺陷和异常征兆，确保设备安全运行，从而提高供电可靠性。

电气设备的状态通常可分为三种情况：正常状态、异常状态、故障状态。正常状态指设备的整体或局部没有缺陷，或虽有缺陷但不影响设备的正常运行。异常状态是指缺陷已有一定程度的扩展，使电气设备状态信号发生一定的变化，电气设备的性能已经劣化，但仍能维持工作，此时应注意设备性能的发展趋势，开始制订相关检修计划。故障状态则指设备的性能指标已有明显的下降，设备已经不能维持正常的工作，包括故障萌生并有近一步发展趋势的早期故障；程度尚不严重，电气设备仍可勉强“带病”运行的一般功能性故障；电气设备不能继续运行的严重故障及已经导致灾害事故的破坏性故障等。

电力设备状态监测系统一般需要经过三个步骤：①采集设备数据信号；②对数据进行传输；③分析处理数据及诊断。

为实现状态监测，状态监测系统应包含以下基本功能单元：

（1）信号变送。表示设备状态的特征信号多种多样，除了电信号以外，还有温度、压力、振动、介质成分等非电量信号。目前的监测和诊断系统最终处理的是电信号，因此必须对非电量信号或者不适合处理的电信号进行变换。信号的转换由相应的传感器来完成，传感器从电气设备上监测反映电气设备状态的物理量，并将其转换为合适的电信号，传送到后续单元。

（2）数据采集。数字化的测量或者微机处理系统，所处理的是数字信号，一般通过数据采集系统来完成 A/D 转换。

（3）信号传输。对于集成式的状态监测系统，数据处理单元通常远离现场，故需配置专门的信号传输单元。

（4）数据处理。在数据处理单元收到传输单元传来的表征状态量的数据后，根据不同的设备，选择不同的方式进行处理和分析。

（5）状态诊断。对处理后的实时数据和历史数据、判据及其他信息进行比较分析后，对设备的状态或故障部位做出诊断。必要时要采取进一步措施，如安排维修计划、退出运行等。

对一次设备（变压器、断路器、电流互感器、电压互感器及避雷器等）的状态监测参数大致包括：

（1）变压器：油的温度；铁芯接地电流；油中溶解气体及微水含量。

（2）避雷器：全电流、阻性电流。

（3）GIS：局部放电；气体压力；SF_6 气体密度、微水。

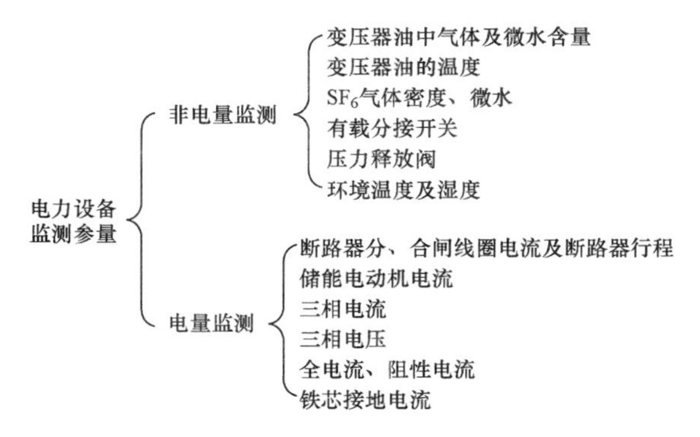

图 3-23　变电站电力设备状态监测参量图

（4）高压断路器：分、合闸线圈电流，开断次数。

根据上述状态监测参量，从信号性质可以分为非电气量监测和电量监测两大类，如图3-23所示。

变压器状态监测通过安装在变压器上的各种高性能传感器，连续的获取变压器的动态信息。状态监测装置通过智能软件系统和软件规划程序实现自动监测。状态监测的判定系统并非根据所测量的参数绝对值，而是根据测量参数随时间的变化趋势来进行判定。

避雷器状态监测方法主要有：泄漏全电流法、阻性电流谐波分析法、阻性电流三次谐波法、补偿法等。

二、智能组件

智能组件指以测量数字化、控制网络化、状态可视化、功能一体化、信息互动化为特征，具备测量、控制、保护、计量、检测中全部或部分功能的设备组件。智能组件包括测量单元、控制单元、保护单元、检测单元、计量单元及通信单元。智能组件的基本功能应满足以下要求：

（1）信号传变、数据采集宜完全数字化，且满足各种应用对数据采集精度、频率和故障暂态分量的要求。

（2）采集与控制系统宜就地设置，与高压设备一体化设计安装时应适应现场电磁、温度、湿度、沙尘和振动等恶劣运行环境。

（3）应具备异常时钟信息的识别防误功能，同时具备守时功能。

（4）应具备参量自检测、就地综合评估、实时状态预报、自诊断、自恢复功能，设备故障自动定位，相关信息能以网络方式输出。

（5）一台智能设备只对应一个状态检测单元智能组件；不同检测功能模块宜集成到一个统一的硬件平台上。

（6）宜将测量、控制、计量、保护和检测等功能进行一体化设计，但不同功能区应有足够绝缘强度的电气隔离功能。

（7）宜采用测控、保护一体化设备，装置可分散就地安装。

（8）应严格控制网络延时，不能影响智能组件功能及性能实现。

以 220kV 主变压器为例介绍智能变电站内智能组件的配置情况，如图 3-24 所示。主变压器电气量保护应按双重化配置，每套保护包括完整的主、后备保护功能；变压器各侧及公共绕组的合并单元按双重化配置，中性点电流、间隙电流并入对应侧的合并单元。变压器保护直接采样，直接跳各侧断路器；变压器保护跳母联、分段断路器及闭锁备自投、启动失灵等可采用 GOOSE 网络传输。变压器保护可通过 GOOSE 网络接收失灵保护跳闸命令，并实现失灵跳变压器各侧断路器。变压器非电量保护采用就地直接电缆跳闸，信息通过本体智能终端上送过程层 GOOSE 网。对于双重化配置保护使用的 GOOSE 网络或者 SV 网络应遵循相互独立的原则，当一个网络异常或退出时不应影响另一个网络的正常运行。双重化配置的合并单元与电子式互感器两套独立的采样系统一一对应。保护跳闸回路应分别与两个智能终端分别一一对应，每个智能终端应与断路器的跳闸线圈分别对应。双重化配置的智能组件电源应相对独立，并一一对应。

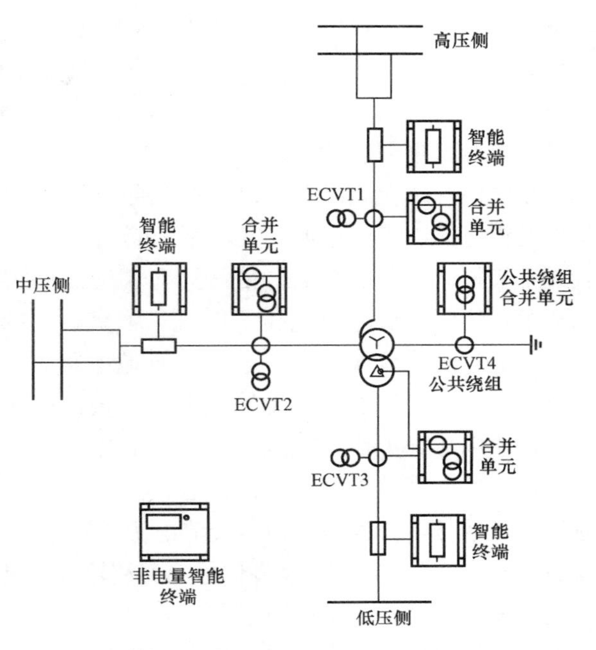

图 3-24　220kV 变压器智能组件配置示意图

三、站用一体化电源系统

站用交直流一体化系统由站用交流电源、直流电源、交流不间断电源（Uninterrupted Power Supply，UPS）、逆变电源（INV）、直流变换电源（DC/DC）等装置组成，并统一监视控制，共享直流电源的蓄电池组。系统结构图如图 3-25 所示，交直流一体化电源系统能监视交直流进线开关、交流电源母线分段开关、直流电源交流进线开关、充电装置输出开关、蓄电池组输出保护电器、直流母线分段开关、交流不间断电源输入开关、直流变换电源输入开关的状态，并能监视接入设备的运行参数。系统总监控装置通过以太网通信接口采用 IEC 61850 标准与变电站后台设备连接，实现对一体化电源系统的远程维护和管理。

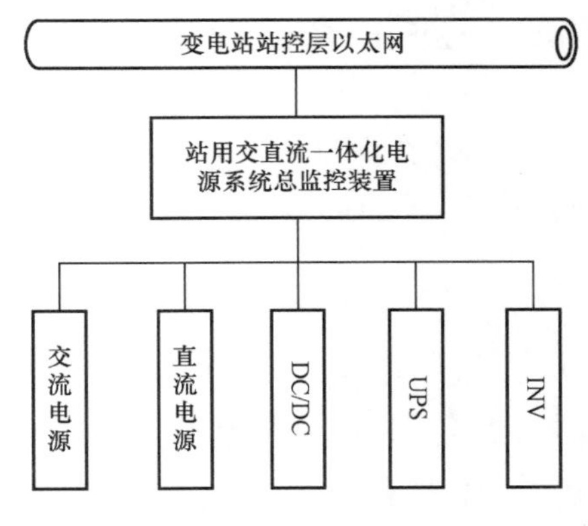

图 3-25　变电站站用交直流一体化电源系统结构图

直流电源由蓄电池组提供，由变电站内交流电源对蓄电池进行充电。蓄电池组正常情况下以浮充电方式运行，电池可以为铅酸蓄电池或镉镍碱性蓄电池，220kV 以上电压等级变电站通常设置 2 组蓄电池，110kV 变电站通常设置 1 组蓄电池。电池容量一般以 AH 来计算，指放电电流×放电时间。放电时间与实际的放电电流和电池运行环境有关。

直流电源的输出通常分成 2 段直流母线，各段母线上接出若干馈线开关，2 段母线之间通过分段开关进行互联，正常情况下不允许并联运行。对于双重化配置的控制和保护回路应从不同的直流母线段供电。当使用环形供电时，应从2段直流母线引出电源，2路电源正常运行时开环运行。直流负荷按功能分可以分为控制负荷（控制、信号、测量、保护和自动装置等）和动力负荷（各类直流电动机、断路器操作机构、事故照明电源等）；按性质分可分为经常负荷、事故负荷和冲击负荷。

变电站一体化电源系统总监控装置为一体化电源系统的集中监控管理单元，能同时监控站用交流电源、直流电源、交流不间断电源、逆变电源和直流变换电源等设备。一般采用嵌入式工控机。监视的参数包括：交流电源输入参数；蓄电池组充放电状态及充放电电流；蓄电池组环境温度、输出电压、电流；单只电池端电压、内阻；充电装置输入电压、输出电压、电流；直流母线电压、电流、对地电阻、对地电压；UPS装置输入电压、输出电压、电流、频率；逆变电源装置输入电压、输出电压、电流、频率；直流变换电源装置输入电压、输出电压、电流；交流电源供电状态；UPS电源装置供电方式；逆变电源装置供电方式；馈电屏断路器位置等工作状态。各电源装置异常告警时系统能进行实时监测，并发出对应的告警信号，告警信号包括交流电源告警信号（交流进线电源异常、电压异常、馈线断路器脱扣告警）；直流电源报警信号（交流输入异常、高频整流模块异常、直流母线电压异常、直流母线绝缘异常、蓄电池组电压异常等）；UPS电源报警信号；逆变电源报警信号；直流变换电源报警信号；设备通信异常及监控装置故障等信号。

变电站一体化电源系统应能接收IRIG-B码或IEC 61588时钟同步信号，同时具备软件对时功能，监控装置收到信号后，应能向所管理的各电源装置转发时钟同步信号。

第七节　发电厂监控系统

随着计算机技术的发展和应用，发电厂的监视操作已经逐渐由传统的就地控制屏发展成在计算机控制系统中进行。220kV及以上电压等级发电厂的高压设备由于其重要性及复杂性，一般都独立于机组电气设备单独控制，采用网络控制系统（Network Control System，NCS）。而发电厂其他设备监控一般采用分散控制系统（Distributed Control System，DCS）。

一、NCS系统

1. 系统配置

NCS系统各开发厂家尽管采用的硬件及软件有所不同，但基本的结构和原理相似。NCS监控系统的结构基于“分布式计算机环境”概念，采用网络结构。系统是开放的，硬件设备可以在不影响系统其余部分正常运行的情况下，采用简单方式进行替换、升级和扩充，而不需要对软件做任何修改。

NCS监控系统主要由站级与间隔级两个控制层构成。站级控制层是网络设备监视、测量、控制、管理的中心。间隔级控制层由发电厂设备状态采集及控制设备组成，主要包括测控装置、I/O设备及保护装置。系统的典型配置图如图3-26所示。

站级控制层一般包括主机、通信网关机、操作员站、工程师站、公用信息管理机（智能接口装置）、工业级以太网交换机等。公用信息管理机负责与220kV系统的UPS、直流系统、继电保护及故障信息管理子站等系统的通信管理。运行人员通过NCS操作员站对系统

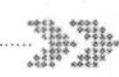

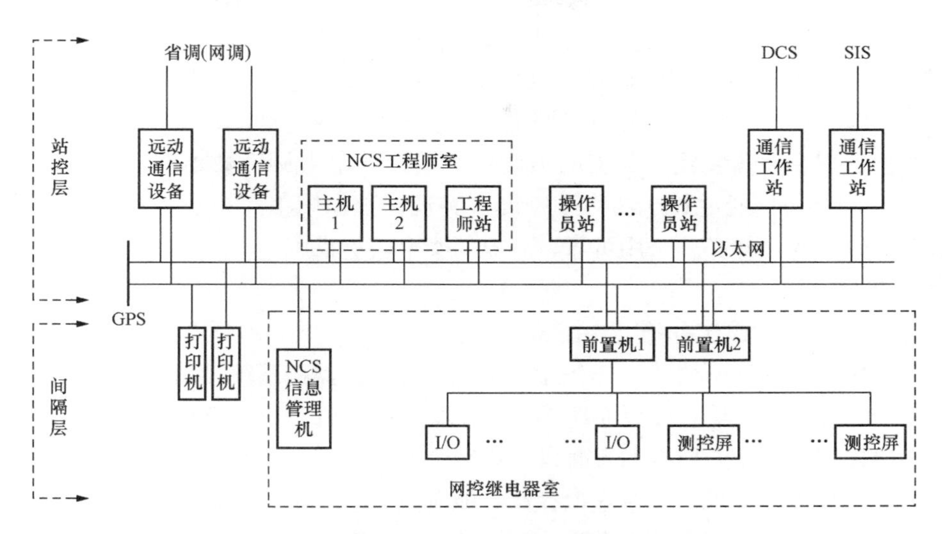

图 3-26　网络控制系统（NCS）典型配置图

全部一次设备及二次设备进行监视、测量、记录并处理各种信息，并对系统的主要电气设备实现远方控制。主机一般有两台，平行运行，互为热备用，所有的信息数据均存放在主机的数据库中，通过权限设置任一台计算机都可将采集来的实时数据进行分析运算、分类和处理，并可进行功能组态、软件设置及网络管理。间隔级控制层与站级控制层之间的通信均采用 I/O 测控单元直接连以太网方式或通过数据处理通信单元方式实现。站级控制层的各设备之间通过工业级以太网交换机进行通信，以太网采用冗余光纤双网结构。交换机应采用工业级光电交换机。

间隔级控制层由按电气单元组屏的测控部件组成，具有交流和直流采样测量、防误闭锁、同期检测、间隔层断路器紧急操作和主接线状态及测量数字显示等功能。每个 I/O 测控单元按双 CPU 热备用配置，与站级控制层之间通过光纤进行冗余通信。I/O 测控单元的部件可带电插拔，检修某一断路器电气单元的 I/O 测控部件，不影响相邻电气单元 I/O 测控部件的正常运行。I/O 测控单元采用双口冗余通信。

NCS 监控系统设置卫星时钟同步系统，接收全球卫星定位系统 GPS 的标准授时信号，对 NCS 和继电器保护装置等有关设备的时钟进行校正。同时 NCS 还具备声响报警装置，根据事故信号和预告信号发出声音不同的报警声响。

NCS 配有通信接口设备，用于与机组 DCS 和厂级计算机监控网络（SIS）连接，按 DCS 和 SIS 系统要求完成规约转换，并通过该通信接口向 DCS 和 SIS 传送信息。此外发电厂每台机组的遥测、遥信、遥调、AGC、AVC 组成一面 I/O 测控单元屏（按每台机组 1 面布置在每个单元机组继电器室），一般称之为机组 AGC、AVC I/O 测控单元屏。监控系统（NCS）与单元机组 DCS 之间硬接线接口，实现机组 AGC、AVC I/O 控制信号的传递。I/O 测控屏采用两路 110V DC 供电方式，要求无扰动切换。每个 I/O 测控单元配置独立的电源装置。

远动装置从机组测控单元采集发电厂发电机组的实时数据及相关参数上送至网（省）调主站系统，并通过远动装置接收网（省）调 AGC/AVC 主站系统下达的电厂机组负荷及母线电压目标值进行电厂的机组有功及高压侧母线电压控制，即调度中心直接通过计算机监控系统的远动装置和机组测控单元对发电机进行 AGC、AVC 调节控制（发调节控制命令至 DCS)。常规远动通信通过双数据处理及通信装置实现，双机热备用；采用 DL/T634.5.101.2002 规约分别与网调和省调进行通信；能支持与各级调度中心的数据网络通信，采用数据处理及通信装置经数据网络设备直接接入电力调度数据网，通信规约为 DL/T634.5.104。网络通信通过数据网络接口设备实现，数据网络接口设备配置 WAN 接口设备，接入电力数据网，并必须采用可靠、有效的安全防护措施。

2. 系统软件

NCS 系统软件包括操作系统、支撑软件、应用软件、通信接口软件等。

站控层采用成熟的、开放的多任务操作系统，它包括操作系统、编译系统、诊断系统及各种软件维护、开发工具等。编译系统易于与系统支撑软件和应用软件接口，支持多种编程语言。间隔层采用符合工业标准的实时操作系统。操作系统能防止数据文件丢失或损坏，支持系统生成及用户程序装入，支持虚拟存储，能有效管理多种外部设备。

支撑软件主要包括数据库软件和系统组态软件。

应用软件采用模块化结构，具有良好的实时响应速度和可扩充性，具有出错检测能力。当某个应用软件出错时，除有错误信息提示外，不允许影响其他软件的正常运行。应用程序和数据在结构上是互相独立的。

NCS 通信接口驱动软件主要有与微机保护装置的通信接口软件、与微机故障录波装置的通信接口软件、与调度中心的通信接口软件（即 RTU 软件）、与电能计量系统的通信接口软件、与安全自动装置的通信接口软件、与智能直流系统的通信接口软件、与 DCS 通信软件。

3. 系统功能

NCS 系统包括以下功能：

（1）实时数据采集。通过 I/O 数据采集单元实时采集机组相关运行工况，形成模拟量、数字量、脉冲量及温度量等输入量，并对所采集的输入量进行数字滤波、有效性检查、工程值转换、故障判断、信号触点抖动消除和刻度计算等。

（2）数据处理功能。包括开关量、模拟量、脉冲量等数据的报警、计算和统计等。

（3）画面显示。系统通过人机工作站实现画面显示功能，包括动态棒形图、动态曲线、历史曲线制作功能及表格显示、生成、编辑等功能。图形显示分为过程图形、趋势图形和表格等。

（4）记录和打印功能。用于实时打印事件、报警信号、事件顺序记录、状态变化记录、数据记录和事故追忆记录等。

（5）报警处理。报警处理分两种方式：一种是事故报警，另一种是预告报警。前者包括非操作引起的断路器跳闸和保护装置动作信号。后者包括一般设备变位、状态异常信息、模拟量或温度量越限、计算机监控系统的软、硬件的状态异常等。

（6）管理功能。管理功能主要指操作票和一些设备工况报告及设备档案的编制和调用。

（7）操作功能。具有操作预演功能、状态显示功能、操作权限配置、标牌功能、数据输入功能和操作记录功能。

（8）控制功能。控制功能分为调度中心远方控制功能、发电厂运行人员操作控制和后备

手动控制三种。调度中心远方控制命令通过计算机监控系统的数据处理及通信装置自动执行对设备的操作控制。运行人员操作控制指运行人员在控制室 NCS 操作员站上调出操作相关的设备一次接线图后，对需要控制的电气设备发出操作指令，实现对设备运行状态的变位控制。后备手动控制是为满足就地手动控制要求，每一间隔 I/O 单元屏设有远方和就地切换开关及跳合闸按钮，其软件也作相应的配置。

（9）同期检测及操作。

（10）断路器、隔离开关防误操作闭锁。操作闭锁的实现原则为：凡间隔层内部闭锁尽量在该间隔层内的 I/O 单元实现；而间隔层之间的闭锁在 I/O 测控屏之间或 NCS 上层系统和就地控制屏之间就地实现，以保证远方和就地操作都有闭锁。

（11）双重化。双重化回路是指同一个断路器的两套从电源到构成回路中的所有二次元件完全独立的分闸回路。其中两套完全独立的分闸回路的具体要求是：两套分闸回路具有完全独立的直流控制电源，该直流电源完全独立且分别引自不同的蓄电池组；回路中的所有二次元件包括继电保护元件和断路器的电量和非电量元件也应完全独立；双重化回路的逻辑出口，计算机监控系统出口分别动作同一个断路器的两个独立的跳闸线圈。

（12）时钟同步。主计算机和数据处理装置接受 GPS 标准授时信号，保证各工作站和 I/O 数据采集单元的时钟同步达到 0.1ms 精度要求，当时钟失去同步时应自动告警并记录事件。

（13）与保护设备的数字接口。继电保护装置数字保护其动作信号除了用硬接线送 I/O 柜外，其串行或网口信号接口接入继电保护及故障信息管理子站经规约转换接入站内监控系统，监控系统可对保护装置进行定值修改、投/退等控制。

（14）计算机通信网接口。网关与 DCS、SIS 之间通信通过局域网互联，实现信息交换，设置防火墙。

（15）维护功能。维护功能指负责管理计算机监控系统的工程师在工程师站通过主计算机对系统进行的诊断、管理、维护、扩充等工作。

（16）监控系统的自诊断和自恢复。计算机监控系统的人机工作站可并行运行并具有自监测、在线诊断系统软硬件及网络的运行情况等功能。

二、分散控制系统 DCS

容量 300MW 及以上发电机组，通常将一个单元的机、炉、电的所有设备和系统集中在一个单元控制室控制。大型电厂为了提高热效率，趋向采用超临界或超超临界机组，其热力系统和电气主接线都是单元制，各机组之间的横向联系较少，在启动、停机和进行事故处理时，单元机组内部的纵向联系较多，因而采用单元控制室，便于机、炉、电协调控制。我国容量 300MW 及以上机组大多采用了分散控制系统 DCS，对单元发电机组进行数据采集、协调控制、监视报警和联锁保护，在技术上和经济上都已取得良好的效果，使我国发电机组的自动控制和技术经济管理水平发展到了一个新的阶段。

DCS 主要由过程控制单元和人机接口设备两大部分组成，通过冗余的网络连成一体，实现 DCS 的数据共享。过程控制单元主要由冗余的控制器、冗余的电源和输入/输出模件组成，这些部件按过程控制的需要配置组装在机柜内，用于完成数据采集、逻辑控制和过程调节等功能。人机接口设备一般采用通用的小型机、工作站或 PC 机，一台大型燃煤发电机组通常配置4～6套人机接口。人机接口设备主要用于完成机组工况的显示和操作及制表和打印等功能。发电厂DCS的功能主要包括：数据采集、一次参数处理、事故报警分析、机组启停监视、二次参数及经济指标计算、直接数字控制和显示、打印等。此外，针对火电厂的特点和要求，还可实现设备的寿命管理、能量损耗分析和运行操作指导等高级处理功能。

通常燃煤发电厂DCS主要包括模拟量调节系统MCS、炉膛安全监控系统FSSS、顺序控制系统SCS、电气控制系统ECS、数字式电液控制系统DEH、数据采集系统DAS等功能。这些功能都由控制软件完成，DCS控制软件大量采用模块化、图形化设计，控制系统的功能设计、修改和调试方便直观。人机接口主要有以动态模拟图为基础的显示操作、实时和历史趋势显示、报警、操作记录、定期记录、事故追忆记录、事故顺序SOE记录和报警记录等。

目前发电厂使用的分散控制系统主要有：ABB公司的N-90、INFI-90、SYMPHONY，FOXBORO公司的I/A，EMERSON（原Westinghouse）公司的WDPF和OVATION，SIEMENS公司的TELEPERM-XP，日立公司的5000M，L&N公司的MA3-1000等。国产设备主要有新华控制工程有限公司的XDPS、和利时的HOLLIAS等。

在发电厂中，电气设备较多，各种信息也很多。通常将凡涉及发电机、主变压器、厂用变压器和厂用电的保护信号、断路器及隔离开关状态信号及电流、电压、有功/无功、有功电量、无功电量模拟量都送入机组DCS，实现事件记录、打印和画面显示，机组有关电气部分的参数及接线方式在单元控制室CRT上实现画面显示。而在网控屏上控制的与高压系统有关设备的开关量/模拟量显示并记录，则通过远动装置RTU来实现。DCS与RTU之间通过数据通道相连，交换信息。

第四章

计 算 机 基 础

【内容概述】 调度自动化系统的发展与计算机技术的应用密不可分，近年来服务器技术、数据库技术在调度自动化系统中的应用日益广泛，本章将对服务器技术、UNIX操作系统及数据库相关知识进行介绍。

第一节 服 务 器

本节将对服务器的基础知识进行介绍，重点包括服务器概念、分类及服务器重要技术。

一、服务器概述

服务器是一种在网络中为客户端提供不同服务的高性能计算机。它在操作系统的控制下，将与其相连的硬盘、磁带机、打印机、Modem及专用通信设备提供给网络上各个客户端共享，也能为网络用户提供集中计算、信息发布及数据管理等服务。

服务器在调度自动化系统中得到了广泛的应用，例如能量管理系统中的前置服务器、SCADA服务器和数据服务器等在硬件上均采用服务器设备。

二、服务器与PC的区别

总的来说，服务器与PC区别在于设计思想不同，服务器强调可靠性、可用性、可扩展性、易用性和可管理性；而PC强调性能与功能。

在不同的设计思想下就产生了不同设计上的差异。首先是服务器的各个子系统在设计上采用了不同于PC机的技术，如服务器的各个子系统分别采用了SMP、ECC、交叉存取、多段PCI、SCSI和RAID等技术，而PC一般不采用这些技术。其次，由于服务器的子系统在设计上采用了各种先进的技术，使得服务器的子系统硬件构成与PC机不同，服务器的子系统采用了不同于PC机的专用硬件，例如专用主板、专用电源、专用内存条等。

1. CPU处理能力方面

由于服务器要将其数据、硬件提供给网络共享，在运行网络应用程序时要处理大量的数据，因此要求CPU有很强的处理能力。大多数服务器采用多CPU对称处理技术，多个CPU共同进行数据运算，极大地提高了服务器的计算能力，使得服务器能够满足多方面的需求。而PC基本上配置的是单个CPU，所以PC在数据处理能力上比服务器差了许多。如果用PC充当服务器，经常会发生死机、停滞或启动很慢等现象。

2. I/O性能方面

由于在网络应用中经常是大量的用户同时访问服务器，网络上存在着大量多媒体信息的传输，要求服务器的I/O（输入/输出）性能强大。服务器上采用了SCSI卡、RAID卡和高速网卡等设备，大大提高了服务器的 I/O 能力。而 PC 是个人电脑，无需提供额外的网络服务，因此 PC 上很少使用高性能的 I/O 技术，与服务器相比，PC 的 I/O 性能差距很大。

3. 安全可靠性方面

由于服务器是网络中的核心设备，因此它必须具备高可靠性、安全性。服务器采用专用的 ECC 内存、RAID 技术、热插拔技术、冗余电源和冗余风扇等方法使服务器具备容错能力、安全保护能力，保证服务器长时间连续运行。而 PC 是针对个人用户而设计的，因此在安全、可靠性方面 PC 要远远低于服务器。

4. 扩展性方面

随着网络应用的不断成熟，必然会面临设备的扩充和升级问题。服务器具备较多的扩展插槽、较多的驱动器支架，特别是具备由硬件设计决定了的较大的硬盘、内存扩展能力，使得用户在网络扩充时，服务器能满足新的需求，保护了设备投资成本。服务器的扩充能力是 PC 无可比拟的。

5. 可管理性方面

从软、硬件的设计上，服务器具备较完善的管理能力。多数服务器在主板上集成了各种传感器，用于检测服务器上的各种硬件设备，同时配合相应管理软件，可以远程监测服务器，有的管理软件可以远程检服务器主板上的传感器记录的信号，对服务器进行远程的监测和资源分配，使网络管理员能够对服务器系统进行及时、有效的管理。而 PC 由于其应用环境较为简单，没有完善的硬件管理系统。

三、服务器的分类

（一）按照体系架构分类

根据体系结构不同，服务器可以分成两大重要的类别：IA 服务器和 RISC 架构服务器。这种分类标准的主要依据是两种服务器采用的处理器体系结构不同。

1. 精简指令集（Reduced Instruction Set Computer，RISC）计算机架构服务器（中高端服务器）

RISC 架构服务器采用所谓的精简指令集的处理器，使用 RISC 芯片并且采用 UNIX 操作系统。

精简指令集 CPU 的主要特点：一是采用定长指令；二是它的指令系统相对简单，只要求硬件执行很有限并且最常用的那部分，大部分复杂的操作则使用成熟的编译技术，由简单指令合成；三是使用流水线执行指令，这样一个指令的处理可以分成几个阶段，处理器设置不同的处理单元执行指令的不同阶段。这种指令的流水线处理方式使得 CPU 有并行处理指令的能力，使处理器能够在单位时间内执行更多的指令。

RISC 架构服务器采用的主要是封闭发展的策略，即由单个厂商提供垂直的解决方案，从服务器的系统硬件到系统软件都由这个厂商完成。

中档服务器基本上都采用共享存储 SMP 结构，处理器可达 24 个。8 个以下处理器的机型一般采用单一的总线结构，8 个以上的机型普遍采用纵横交叉开关。

小型机典型产品如 IBM Power 系列、英特尔安腾 9300 系列和曙光天演系列等。

2. IA 架构服务器（中低端服务器）

IA 架构服务器采用的 CPU 是复杂指令集（Complex Instruction Set Computer，CISC），

也就是通常所说的PC服务器。这种体系结构的特点是指令较长，指令的功能较强，单个指令可执行的功能较多，这样可以通过增加运算单元，使一个指令所执行的功能能够同时并行执行来提高运算能力。但是在CISC微处理器中，程序的各条指令是按顺序串行执行的，每条指令中的各个操作也是按顺序串行执行的。顺序执行的优点是控制简单，但计算机各部分的利用率不高，执行速度慢。

IA架构的服务器采用了开放体系结构，因而有大量的硬件和软件的支持者，在近年有了长足的发展，在这个阵营中主要的技术领头羊是最大的CPU制造商INTEL，国内主要的IA架构服务器的制造商有浪潮、联想等，国外著名的IA服务器制造商有IBM、HP等。

PC服务器典型产品如联想万全系列、浪潮网通系列和清华同方系列等。

（二）按规模分类

根据服务器的规模不同可以将服务器分成三种类型：工作组级服务器或称为入门级服务器、部门级服务器和企业级服务器。

1. 工作组级服务器或称为入门级服务器

入门级服务器通常只使用一块CPU，并根据需要配置相应的内存容量和大容量IDE硬盘，必要时也会采用IDE RAID进行数据保护。对于一个小部门的办公需要而言，服务器的主要作用是完成文件和打印服务，对硬件的要求较低，一般采用单个或双个CPU的入门级服务器即可。

2. 部门级服务器

部门级服务器通常可以支持2～4个处理器，具有较高的可靠性、可用性、可扩展性和可管理性，当用户在业务量迅速增大时能够及时在线升级系统，可保护用户的投资。目前，部门级服务器是企业网络中分散的各基层数据采集单位与最高层数据中心保持顺利联通的必要环节。

3. 企业级服务器

企业级服务器属于高档服务器，普遍支持4～8个处理器，拥有独立的双PCI通道和内存扩展板设计，具有高内存宽度、大容量支持热插拔硬盘和热插拔电源，具有超强的数据处理能力。目前，企业级服务器主要适用于需要处理大量数据、高处理速度和可靠性要求极高的大型企业和重要行业，如金融、证券、交通、通信等行业，可用于提供ERP（企业资源管理）、电子商务、OA（办公自动化）等服务。

四、服务器重要技术介绍

（一）小型计算机系统接口（SCSI）

SCSI是"Small Computer System Interface"（小型计算机系统接口）的英文缩写，它是专门用于服务器和高档工作站的数据传输接口技术。

小型计算机系统接口SCSI允许多种外部设备连接到一个主机上。SCSI允许同时或顺序访问多个硬盘驱动器、CD-ROM驱动器、扫描仪、打印机和其他外部输入/输出设备。SCSI是一个智能接口，因为它实际上是一个能独立处理I/O设备操作的芯片。当主机向设备写数据时，它告诉SCSI怎么做，SCSI处理写操作，主机继续处理其他的工作，当SCSI处理完后，告诉主机工作已完成。

（二）RAID技术

RAID是英文Redundant Array of Independent Disk的简称，可以翻译为独立磁盘冗余

阵列或廉价磁盘冗余阵列。实际上也是经常所说的“磁盘阵列”。这种技术可以让多个独立的硬盘通过不同方式组合成一个硬盘组，硬盘组的性能比单个硬盘在性能上有大幅度的提升，并且硬盘组里还提供数据恢复功能，当硬盘组内的某个硬盘出现故障时，其他硬盘会将这些数据进行恢复，极大保护了数据的安全。通过RAID技术实现的硬盘组可以将它看成一个硬盘，可以对它进行分区、格式化等操作。简而言之，RAID是一种把多块独立的硬盘按不同方式组合起来形成一个硬盘组，从而提供比单个硬盘更高的存储性能和提供数据冗余的技术。

RAID技术发展到今天，已经形成了多种磁盘整理方式。其中包括RAID0～RAID7，以及RAID0＋1等组合方式。其中比较常见的为RAID0、RAID1、RAID10（RAID0＋1）、RAID5、RAID6，其余几种方式在实际使用中并不多见。下面对这几种常见的磁盘组合方式来做一下简单介绍。

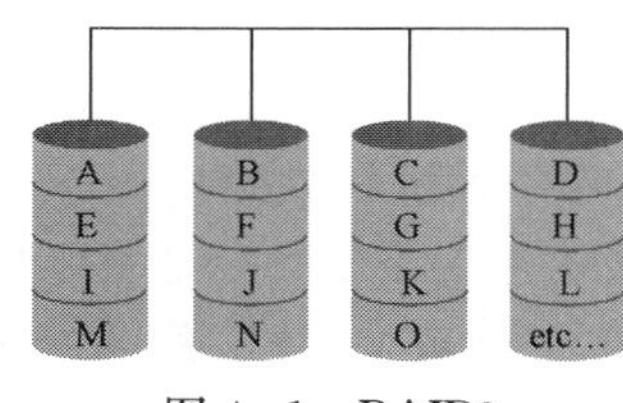

图4-1　RAID0

实现RAID0磁盘阵列需要至少两个硬盘，推荐等容量，也可以不等容量。工作原理是将硬盘并联在起，在存储数据的时候将数据分成容量相同的小数据块，然后并发地存储到磁盘阵列中的磁盘中。图4-1中，4个圆柱代表4个硬盘，在存储数据的时候，数据被分割成小数据块同时存储到4个硬盘中，这样一来比起传统的串行存储来说大大提升了存储的速度，速度可以提高50％以上。需要注意的是，RAID0模式不提供数据的冗余容错，因为数据是分散地存储到磁盘阵列中的所有硬盘上，一旦其中一块硬盘损坏，其他硬盘上的数据也将不能连贯，导致数据的全部报废。若组成RAID 0模式的硬盘容量不同，会造成存储空间的浪费。

RAID1磁盘阵列需要至少两个硬盘，彼此作为备份。在向磁盘阵列进行存储时，同时向磁盘阵列中的硬盘写入相同的数据。以两块硬盘做成的RAID1阵列举例，两块硬盘容量内容完全相同，如果其中一块硬盘数据出现问题，立刻可以利用第二块硬盘中的备份的数据进行恢复。RAID1阵列具备强大的冗余容错功能，是很安全的。这种磁盘阵列模式，而且可以显著提升磁盘子系统的读取速度。但是这种磁盘阵列模式也存在显著的缺陷，只能提供冗余而不能提升存储性能，而且需要一笔不小的开支来购买镜像硬盘来提供冗余。

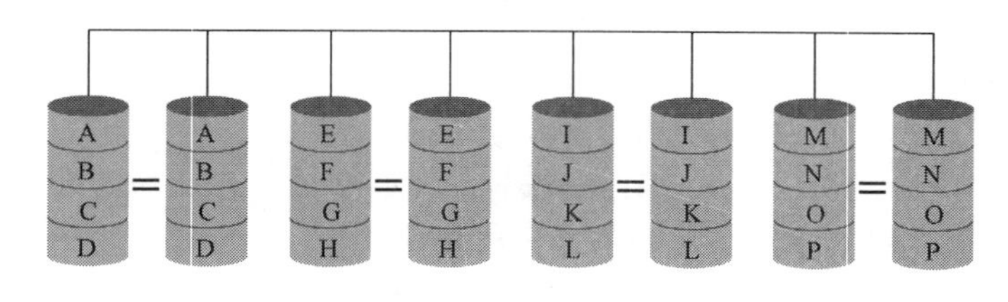

图4-2　RAID1

RAID5既可以极大地提高磁盘性能，还可以提供数据冗余平衡，因为不需要单独的硬盘来提供冗余，所以大大节省了冗余所付出的成本，但是RAID5模式设计复杂，需要计算校验值而占用系统的运算资源。

以图4-3 RAID5为例，每个圆柱代表一块硬盘，在存储数据时，类似于RAID0，数据被分割成小块同时存储到前四块硬盘上，而将综合前面四块数据得出的校验值存储在第五块

硬盘上。依此类推，由图4-3上可以看到，每次并发存储时，总有一块硬盘存储校验值，这些校验值存在于每一块硬盘上，所以如果其中一块硬盘损坏，可以通过其他四块硬盘上的数据和校验值计算出这块硬盘上的数据，使损坏的数据可以尽快恢复。

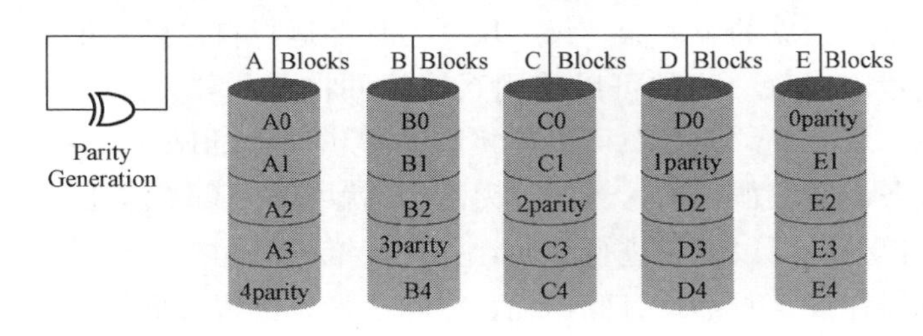

图4-3　RAID5

选择哪种RAID级别不只是成本问题，容错功能和读写性能的考虑，以及未来之可扩充性都应该符合应用的需求。表4-1所示是从容错性、磁盘利用率、读写性能等对各类RAID级别进行比较。

表4-1　RAID级别性能对比

RAID级别	RAID0	RAID1	RAID5	RAID6
容错性	没有	有	有	有
冗余类型	没有	复制	奇偶校验	双重奇偶校验
读性能	高	低	高	中间
写性能	高	低	低	低
最少磁盘数	2	2	3	4
可用容量	磁盘总容量	磁盘总容量的50%	磁盘总容量的 $N-1$（N为磁盘数）	磁盘总容量的 $N-2$（N为磁盘数）

（三）服务器集群

集群就是两台或多台计算机或节点，作为一整体提供比这些计算机单独工作时更高的可用性和可扩展性。集群中的每一个节点拥有自己的资源并为自己的用户提供服务。集群通过错误恢复功能提供了高可用性。当一个节点出错，它的应用将转移到集群中其他的一个或多个节点，一旦这个节点恢复，以前在它上面运行的应用可以手工或自动地换过来。可扩展性是通过在不中断业务的情况下在线添加处理能力或硬盘容量来实现的。实际上，升级可以通过上面提及的将一台服务器上的应用转移到集群中的其他机器上来实现。先将应用从这台机器上转移到其他机器，对这台机器添加部件进行升级，然后重新启动这台机器，再把应用从其他机器上切换过来。

集群中的每一个节点必须运行集群软件，该软件提供错误侦测功能、恢复功能和设法将多台服务器集成为一台的功能。集群内的每个节点必须清楚其余节点的状态，是通过使用专一网络接口卡来保证节点间通信来完成的，该网络接口卡来传播系统间的“心跳”信号，如果一个节点坏掉后就没有心跳信号，错误接管进程开始运行。实际上，同时使用多种不同通信连接方式进行心跳侦测冗余，能最大限度地保证由通信错误引起的错误接管不会发生。

（四）刀片式服务器

所谓刀片服务器是指在标准高度的机架式机箱内可插装多个卡式的服务器单元，实现高可用和高密度。每一块“刀片”实际上就是一块系统主板，通过“板载”硬盘启动自己的操作系统，类似于一个个独立的服务器，每一块“刀片”运行自己的系统，服务器指定的不同用户群，相互之间没有关联。当然可以使用系统软件将这些“刀片”集合成一个服务器集群，在集群模式下，所有的“刀片”可以连接起来提供高速的网络环境，并同时共享资源，为相同的用户群服务，在集群中插入新的“刀片”，就可以提高整体性能。由于每块“刀片”都是热插拔的，所以系统可以轻松进行替换，并且将维护时间减少到最小。

这些刀片服务器在设计时都具有低功耗、空间小、单机售价低等特点，同时还继承发扬了传统服务器的一些技术特性，如把热插拔和冗余运用到刀片服务器中，这些设计满足了密集计算环境对服务器性能的需求。有的还通过内置的负载均衡技术，有效地提高了服务器的稳定性和核心服务性能。从外表看，与传统的机架/塔式服务器相比，刀片服务器能够最大限度地节约服务器的使用空间和费用，并为用户提供灵活、便捷的扩展升级手段。

图 4 - 4　刀片服务器

刀片服务器有两个特点：一是克服了芯片服务器集群的缺点，被称为集群的终结者；另一个是实现了机柜优化。刀片服务器的使用范围相当广泛，如网站 Web 服务器、中小企业网络服务器等。

第二节　Unix 操作系统

本节将对 Unix 操作系统的基本概念、使用方式做一个简要的阐述，本节所涉及命令均以 IBM 公司的 AIX 操作系统为例说明。

一、Unix 操作系统概述

Unix 是一个强大的多用户、多任务操作系统，支持多种处理器结构，最早由 Ken Thompson、Dennis Ritchie 和 Douglas McElroy 于 1969 年在 AT&T 的贝尔实验室开发。经过长期的发展和完善，目前已成长为一种主流的操作系统技术和基于这种技术的产品大家族。由于 Unix 具有技术成熟、可靠性高、网络和数据库功能强、伸缩性突出和开放性好等特点，可满足各行各业的实际需要，特别能满足企业重要业务的需要，已经成为主要的工作站平台和重要的企业操作平台。

（一）Unix 操作系统的特点

1. 可靠性高

实践表明，Unix 是达到高可靠性要求的少数操作系统之一，许多 Unix 主机和服务器在大中型企业中每天 24h，每年 365 天不间断地运行。

2. 伸缩性强

Unix 系统是世界上唯一能在笔记本电脑、PC、直到巨型机上运行的操作系统。此外，由于采用 SMP、MPP 和 Cluster 等技术，使得商品化 Unix 系统支持 CPU 数达到了 128 个，

这就进一步提高了 Unix 平台的扩充能力。

3. 开放性好

开放系统最本质的特征应该是其所用技术的规格说明是可以公开得到并免费使用的，而且是不受一家具体厂商所垄断和控制。Unix 是最能充分体现这一本质特征的开放系统。

4. 网络功能强

几乎所有 Unix 系统都包括对 TCP/IP 的支持。因此，在 Internet 网络服务器中，Unix 服务器占 80%以上，占绝对优势。此外，Unix 支持所有最通用的网络通信协议。

5. 强大的数据库支持功能

由于 Unix 系统对各种数据库，特别是关系型数据库管理系统提供了强大的支持能力，因此主要的数据库厂家都将 Unix 作为优选的运行平台，而且创造出极高的性能价格比。

（二）Unix 的标准及各种平台上版本

随着 Unix 被越来越多的商业部门和政府所采用，人们要求对 Unix 系统制定统一的标准，这不仅可以方便 Unix 用户和开发者的使用，同时也利于 Unix 系统的开放式发展。电子电器工程师协会（Institute of Electrical and Electronic Engineers，IEEE）为制定“基于 Unix 操作系统的工业使用的操作系统接口标准”建立了相应系列的标准委员会。而在欧洲，X/Open 组织将各种 Unix 标准汇集到一起，包括新近研究的通用开放系统环境。X/Open 公布的一系列规范总称为 X/Open Portability，MOTIF 用户界面是其中被广泛使用的标准之一。

一些大型主机和工作站的生产厂家专门为它们的机器做了 Unix 版本，如 Sun 公司的 Solaris 系统、IBM 公司的 AIX 和惠普的 HP-UX。

（三）Linux 简介

Linux 操作系统是 Unix 操作系统的一种克隆系统。它诞生于 1991 年的 10 月 5 日（这是第一次正式向外公布的时间）。以后借助于 Internet 网络，并经过全世界各地计算机爱好者的共同努力下，现已成为今天世界上使用最多的一种 Unix 类操作系统，并且使用人数还在迅猛增长。

Linux 的流行是因为它具有许多诱人之处：

1. 完全免费

Linux 是一款免费的操作系统，用户可以通过网络或其他途径免费获得，并可以任意修改其源代码。这是其他的操作系统所做不到的。正是由于这一点，来自全世界的无数程序员参与了 Linux 的修改、编写工作，程序员可以根据自己的兴趣和灵感对其进行改变。这让 Linux 吸收了无数程序员的精华，不断壮大。

2. 完全兼容 POSIX 1.0 标准

这使得在 Linux 下通过相应的模拟器运行常见的 DOS、Windows 的程序。这为用户从 Windows 转到 Linux 奠定了基础。许多用户在考虑使用 Linux 时，就想到以前在 Windows 下常见的程序是否能正常运行，这一点就消除了他们的疑虑。

3. 多用户、多任务

Linux 支持多用户，各个用户对于自己的文件设备有自己特殊的权利，保证了各用户之

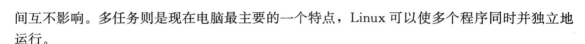

间互不影响。多任务则是现在电脑最主要的一个特点，Linux 可以使多个程序同时并独立地运行。

4. 良好的界面

Linux 同时具有字符界面和图形界面。在字符界面用户可以通过键盘输入相应的指令来进行操作。它同时也提供了类似 Windows 图形界面的 X-Window 系统，用户可以使用鼠标对其进行操作。在 X-Window 环境中就和在 Windows 中相似，可以说是一个 Linux 版的 Windows。

5. 丰富的网络功能

Unix 是在互联网的基础上繁荣起来的，Linux 的网络功能当然不会逊色。它的网络功能和其内核紧密相连，在这方面 Linux 要优于其他操作系统。在 Linux 中，用户可以轻松实现网页浏览、文件传输、远程登陆等网络工作，并且可以作为服务器提供 WWW、FTP、E-mail 等服务。

6. 可靠的安全、稳定性能

Linux 采取了许多安全技术措施，其中有对读、写进行权限控制、审计跟踪、核心授权等技术，这些都为安全提供了保障。Linux 由于需要应用到网络服务器，这对稳定性也有比较高的要求，实际上 Linux 在这方面也十分出色。

7. 支持多种平台

Linux 可以运行在多种硬件平台上，如具有 x86、680x0、SPARC、Alpha 等处理器的平台。此外 Linux 还是一种嵌入式操作系统，可以运行在掌上电脑、机顶盒或游戏机上。2001 年 1 月发布的 Linux 2.4 版内核已经能够完全支持 Intel 64 位芯片架构。同时 Linux 也支持多处理器技术。多个处理器同时工作，使系统性能大大提高。

Linux 发行版指的就是通常所说的“Linux 操作系统”，它可能是由一个组织、公司或者个人发行的。Linux 主要作为 Linux 发行版（通常被称为“distro”）的一部分而使用。通常来讲，一个 Linux 发行版包括 Linux 内核，将整个软件安装到电脑上的一套安装工具，各种 GNU 软件，其他的一些自由软件，在一些特定的 Linux 发行版中也有一些专有软件。发行版为许多不同的目的而制作，包括对不同计算机结构的支持，对一个具体区域或语言的本地化，实时应用，和嵌入式系统。目前，超过 300 个发行版被积极的开发，最普遍被使用的发行版约有 12 个。

一个典型的 Linux 发行版包括：Linux 核心，一些 GNU 库和工具，命令行 shell，图形界面的 X 窗口系统和相应的桌面环境，如 KDE 或 GNOME，并包含数千种从办公包、编译器、文本编辑器到科学工具的应用软件。主流的 Linux 发行版 Ubuntu，DebianGNU/Linux，Fedora，openSUSE，ArchLinux，CentOS，Red Hat 等。

国家电网公司为了响应国家提倡的自主创新策略、支持我国自主品牌软硬件产品的发展、提升 D5000 系统的安全性能，最终确定使用国产的操作系统，这些国产的操作系统就是经过改装的 Linux 操作系统。

二、常用 Unix 基本命令

Unix 操作系统结构有 Kernel（内核）Shell（外壳）、工具及应用程序三大部分组成。Unix Kernel（Unix 内核）是 Unix 操作系统的核心，指挥调度 Unix 机器的运行，直接控制

计算机的资源，保护用户程序不受错综复杂的硬件事件细节的影响；Unix Shell（Unix 外壳）是一个 Unix 的特殊程序，是 Unix 内核和用户的接口，是 Unix 的命令解释器。

Unix 的命令集非常庞大，在表 4 - 2Unix 常用命令一览中列出 Unix 常用的一些命令的使用方法及与 Linux/DOS 命令的对应关系；另外，可使用系统联机帮助命令 man 进行命令使用方法的查询，这里不再赘述。

表 4 - 2　　Unix 常用命令一览

Unix 命令	Linux 命令	DOS 命令	含义	Unix 命令	Linux 命令	DOS 命令	含义
pwd	pwd	cd	列出当前工作目录	exit	exit	exit	关闭窗口
ls	ls	dir	列目录内容	date	date	date	日期的显示或设置
cd	cd	cd	切换到特定文件夹	mkdir	mkdir	md	新建文件夹
cd. .	cd. .	cd. .	到上一层文件夹	rm	rm	rd	删除文件夹
cat	cat	type	显示文件内容	vi	vi	edit	使用编辑器
mv	mv	move	移动文件	newfs	mke2fs	format	将磁盘格式化
mv	mv	rename	更改文件名	ifconfig	ifconfig	ipconfig	显示 IP 地址信息
cp	cp	copy	复制文件	ping	ping	ping	测试 IP 连接
rm	rm	del	删除文件	netstat	netstat	netstat	显示网络状态
diff	diff	fc	比较文件	traceroute	traceroute	tracert	追踪到目的地的路由
grep	grep	find	查找文件中的字符	route	route	route	路由列表
clear	clear	cls	清空屏幕				

三、Unix 文件系统

Unix 文件系统是构成 Unix 系统的一个基石，它负责组织和存储信息。采用不同的形式可以构成不同种类的文件，这些不同种类的文件内部结构千差万别，用户可以按照自己的需要对它们进行解释。对 Unix 系统而言，所有的文件都是字节流，文件中任何两个字节之间都是完全独立的。

（一）Unix 文件系统的结构

为了有效地使用 Unix 文件，必须熟悉它的结构。文件系统由一组普通文件、特别文件、符号链接和目录所组成，这些成分提供了一种组织、检索和管理信息的方法。其中：普通文件是存储在磁盘上的字符组合，它可以是某个文档的正文或程序的源代码，也可以是可执行文件；特别文件代表物理设备，如终端或磁盘设备；符号链接是指向另一个文件的文件；目录中包含了若干文件和其他的子目录。

1. 样本文件系统简图

所有的目录和文件组织成一个树状结构，如图 4 - 5 所示是一个样本文件系统，图 4 - 5 中显示了一个以根（/）目录开始的样本文件系统，从根向下分支是一些主要的系统目录，再从这里向下进行分支延伸就可以到达文件系统

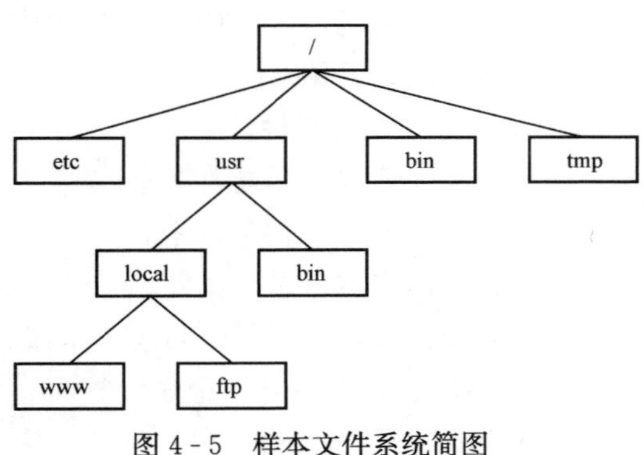

图 4 - 5　样本文件系统简图

中的所有目录和文件。因此，能够以各种各样的方式来组织文件。

2. 起始目录、当前目录

当成功地完成登录过程后，Unix 系统将用户安排在其文件系统结构的一个特定点上，即用户的登录目录或起始目录。这个起始目录通常在建立 Unix 系统登录名时分配给用户，每个合法的用户在文件系统中都有一个唯一的起始目录。

在起始目录内，用户可以建立文件和添加目录，也可以移动或删除文件及目录，还可以修改对它们的访问权限。在起始目录中建立的每一样东西的属主都是用户自己的。起始目录是一个关键点，沿着它可以考察它所含有的全部文件和目录，同时可以考察文件系统的其他部分，直至根目录。

3. 全路径、相对路径

全路径名（也称绝对路径名）给出了一个向导，它的导向是从根目录出发经过唯一的一系列路径到达某个目录或文件，可以使用全路径到达 Unix 系统的任一文件和目录。全路径名总是开始于文件系统的根，即总是以"/"开头，其中的最后一个名字可以是一个文件名，也可以是一个目录名，路径中间的其他所有名字必须是目录名。

相对路径名给出一个向导，它的导向是从用户的当前工作目录出发，引导用户向上或向下通过一系列路径到达某一文件或目录。从用户的当前目录向下移动，可以访问其拥有的文件和目录；向上移动，通过父目录层，可以到达所有系统目录的祖先——根。由此，就可以移动到文件系统的任何地方。

（二）目录和文件的命名

可以给目录和文件取任何名字，但是必须遵循下列规则：

（1）除/外，所有的字符都合法。

（2）有些字符最好不用，如空格符、制表符、退格符，如果在目录或文件名中使用了空格符或制表符，那么必须在命令执行中把这个名字括在引号中。

（3）避免使用＋、－或·，来作为文件名中的第一个字符。

（4）对于 Unix 系统，大小写字符是截然不同的。如一个名为 document 的目录（或文件）与一个名为 DOCUMENT 的目录（或文件）是完全不同的。

（三）重要目录

Unix 文件系统的重要目录包括：

/.：文件系统的根目录；

/stand：Unix 引导时使用的标准程序和数据文件；

/sbin：Unix 引导时使用的程序；

/dev：特殊设备文件；

/etc：系统管理及配置数据库；

/opt：附加应用软件包的根；

/home：用户主目录和文件；

/var：统用文件、目录、日志、记账、邮件、假脱机；

/var/adm：系统日志、记账；

/var/mail：用户邮件文件；

/var/news：新闻目录；

/var/opt：附加应用程序子目录；

/var/tmp：临时文件；

/var/spool：假脱机文件；

/usr：其他用户可访问的根；

/usr/bin：新的可执行程序命令；

/usr/sbin：新的系统命令，可执行程序；

/usr/include：头文件；

/usr/examples：例子文件；

/usr/share/man：联机手册。

（四）文件的属性

UNIX 文件系统的属性如下：

```
$ ls -l
总计：353397
-rw-r--r--   1 bin      bin          2326  8月 26日 2009   GENERIC
drwxr-xr-x   2 root     system       8192 10月 14日 2009   TT _ DB
lrwxr-xr-x   1 root     system       7 10月 14日 2009   bin->usr/bin
drwxr-xr-x   5 root     system       8192 10月 26日 2009   cluster
------
------
drwxr-xr-x   3 root     system       8192 10月 14日 2009   sys
drwxr-xr-x   5 root     system       8192 10月 14日 2009   tcb
```

使用 ls -l 命令显示文件的全部属性。其中：

第一个域反映文件的类型和访问属性：第 1 列“—”表示为普通文件，“d”表示为目录文件，“l”表示为链接文件；第 2、3、4 列为文件属主读、写、执行的访问标识，如第 2 列为“—”则不可读，为“r”则表示可读；第 5、6、7 列为文件属组用户的读、写、执行的访问标识；第 8、9、10 列为其他组用户的读、写、执行的访问标识。

第 2 个域为该文件的连接数，某目录文件的连接数越大，其子目录数就越多。

第 3 个域为该文件的属主。

第 4 个域为该文件的属组。

第 5 个域为该文件的大小。

第 6 个域为该文件的创建时间。

第 7 个域为该文件的文件名。

第 8 个域如果不为空的话，则为该文件所链接文件路径。

（五）Unix 文件系统的操作

Unix 系统中带有很多操作文件系统的命令和工具，从简单的列文件命令到复杂的比较文件命令 diff 和字符串搜索命令 grep 等。本节中将采用举例的方式对一些常用命令进行介绍。

1. ls（列出当前目录下的文件）

命令行：ls -al /bin。

执行结果：以长列表的形式列出目录/bin 下的所有文件，包括隐藏文件。

2. cat（显示指定文件内容）

命令行：cat file。

执行结果：在终端显示文件 file 内容。

3. diff（比较两个文本文件，将不同的行列出来）

命令行：diff file1 file2。

执行结果：列出文件 file1 和文件 file2 不同的行。

4. grep（在指定文件中搜索包含某些字符的行）

命令行：grep good mytext。

执行结果：列出在文件 mytext 中包含字符‘good’的行。

5. mkdir（在当前目录下建立子目录）

命令行：mkdir tmp。

执行结果：在当前目录下建立子目录 tmp。

6. mv（将文件改名）

命令行：mv file1 file2。

执行结果：将文件 file1 改名为 file2。

7. mv（将文件移动至目标文件夹）

命令行：mv file1 file2/tmp。

执行结果：将文件 file1 和文件 file2 移动到目录/tmp 下。

8. rm（删除文件）

命令行：rm file1。

执行结果：删除文件 file1。

9. rm（删除目录）

命令行：rm -r /mytmp。

执行结果：递归地删除目录/mytmp。

10. cp（拷贝文件）

命令行：cp file1 file2。

执行结果：将文件 file1 拷贝到文件 file2。

11. cp（拷贝目录）

命令行：cp -r /tmp /mytmp。

执行结果：将目录/tmp 下所有文件及其子目录拷贝至目录/mytmp。

12. chmod（改变文件的存取模式）

命令行：chmod u+x file1。

执行结果：对文件 file 1 增加文件主可执行权限。

也可用如下命令，即

命令行：chmod 777 file2。

执行结果：将文件 file2 存取权限置为所有用户可读可写可执行。

四、Unix 进程控制

进程（process）是正在执行的程序。Unix 允许多个进程同时存在，每个进程都有唯一代号称为进程标识符（pid—process id）。前台进程（foreground process）可以和用户直接进行人机交互的进程。前台进程可以接收键盘输入并将结果显示在显示器上。缺省状态下用户启动的 UNIX 程序运行在前台。后台进程（background process）不直接和用户进行交互的进程。用户一般是感觉不到后台进程程序的运行。Unix 有很多系统进程在后台执行。

（一）Unix 进程控制命令典型用法

1. 显示进程信息

命令行：ps -ef。

执行结果：显示正在运行的所有进程的详细信息。

2. 显示某用户的进程

命令行：ps -u root。

执行结果：显示用户 root 的进程。

3. 删除指定进程号的进程

命令行：kill 444。

执行结果：删除进程号为 444 的进程。

4. 强制删除指定进程号的进程

命令行：kill -9 444。

执行结果：强制删除进程号为 444 的进程。

5. 在后台执行程序

命令行：find. -name abc-print&。

执行结果：在后台运行 find 命令，在当前目录及其子目录下查找文件名为 abc 的文件。

6. at 命令用于在指定时间执行一次性作业

命令行：at now +2 mins banner hello。

执行结果：2 分钟后发个大字体的 hello 的字符。

7. crontab 文件用于在指定日期和时间周期性地执行作业

crontab 格式：

分钟	小时	日	月份	星期	命令
(0—59)	(0—23)	(1—31)	(1—12)	(0—6，0 为周日)	

星号 * 表示任意时间；逗号表示分别在什么时候。

示例 1：

0　0　*　*　1—5　backup-0-u-f/dev/rmt0

周一至周五的，每天 24：00 整执行 backup-0-u-f/dev/rmt0 命令

示例 2：

0，15，30，45　8—17　*　*　1—5　/tmp/script1

周一至周五的，每天早上 8 点至 17 点，每个 15 分钟执行/tmp/script1 命令

（二）典型应用举例，停止失控进程步骤。

1. 在未锁死的终端以 root 登录

2. 用“ps -ef | grep 关键字”命令找到失控进程 pid 号

3. kill pid 号，若杀不掉，再运行“kill -9 pid 号”

五、文本编辑器 VI

文本编辑器是所有计算机系统中最常用的一种工具。无论是编写程序还是书写文档，都离不开编辑器。Unix 下的编辑器有 ex、sed 和 vi 等，其中，使用最为广泛的是 vi。下面只介绍 vi 的一些最常用命令。

vi 有两种状态，编辑状态和命令状态。编辑状态可以执行文本的输入，命令状态可以执行插入、删除、查找定位、拷贝复制、存盘等操作。在编辑状态下用 Esc 健或 F11 进入命令状态。

（一）vi 常用的编辑命令

1. 打开文件

vi file [-r]：-r——只读。

2. 移动光标

k、j、h、l：上、下、左、右光标移动命令。

nG：跳转命令，n 为行数，该命令立即使光标跳到指定行。

Ctrl G：光标所在位置的行数和列数报告。

w、b：使光标向前或向后跳过一个单词。

0：使光标移至行首。

Shift+0：使光标移至行尾。

G：光标移至文件最后一行。

3. 编辑命令（均需要在命令状态下按 Esc 键或 F11 键执行）

i、a、r：在光标的前、后以及所在处插入字符（i=insert、a=append、r=replace）。

cw、dw：改变（置换）/删除光标所在处的单词的命令（c=change、d=delete）。

x、d$/（n）dd：删除一个字符、删除光标所在处到行尾的所有字符以及删除整行或 n 行的命令。

o、O：在当前行下一行、上一行插入空白行。

nyy：在命令方式下，在光标所在行敲 yy 或 nyy，复制一行或 n 行，到需要的复制的地方后，执行 p 进行复制。

4. 查找命令

/string：从光标所在处向后查找相应的字符串的命令。

? string：从光标所在处向前查找相应的字符串的命令。

N：继续向前或先后查找字符串。

5. 替换字符串

命令格式：fromline，toline s/string1/string2/g。

Fromline 为起始行号，toline 为终止行号（如果为最后一行，用 $ 表示），s 为命令，string1 为老字符串，string2 为新字符串，即从 fromline 到 toline 将字符串 string1 替换为

string2。

6. 存盘退出命令

：q、：q!、：w、：wq 退出文件、强制退出、写文件、存盘退出。

（二）常见问题及应用技巧

1. 在一个新文件中读/etc/passwd 中的内容，取出用户名部分

＃vi file

：r/etc/passwd 在打开的文件 file 中光标所在处读入/etc/passwd

：%s/：. * //g 删除/etc/passwd 中用户名后面的从冒号开始直到行尾的所有部分。也可以在指定的行号后读入文件内容，例如使用命令“：3r/etc/passwd”从新文件的第 3 行开始读入/etc/passwd 的所有内容。

2. 在打开一个文件编辑后才知道登录的用户对该文件没有写的权限，不能存盘，需要将所做修改存入临时文件

＃vi file

：w/tmp/1 保存所做的所有修改，也可以将其中的某一部分修改保存到临时文件，例如仅仅把第 20～59 行之间的内容存盘成文件/tmp/1，我们可以键入如下命令。

＃vi file

：20，59w/tmp/1

3. 用 VI 编辑一个文件，但需要删除大段的内容

首先利用编辑命令“vi file”打开文件，然后将光标移到需要删除的行处按 Ctrl＋G 显示行号，再到结尾处再按 Ctrl＋G，显示文件结尾的行号。

：23，1045d 假定 2 次得到的行号为 23 和 1045，则把这期间的内容全删除，也可以在要删除的开始行和结束行中用 ma、mb 命令标记，然后利用“：a，b　d”命令删除。

4. 在整个文件的各行或某几行的行首或行尾加一些字符串

＃vi file

：3，＄s/^/some string/ 在文件的第一行至最后一行的行首插入“some string”。

：%s/＄/some string/g 在整个文件每一行的行尾添加“some string”。

：%s/string1/string2/g 在整个文件中替换“string1”成“string2”。

：3，7s/string1/string2/ 仅替换文件中的第 3 行到第 7 行中的“string1”成“string2”。

注意：其中 s 为 substitute，%表示所有行，g 表示 global。

5. 同时编辑 2 个文件，拷贝一个文件中的文本并粘贴到另一个文件中

＃ vi file1 file2

yy 在文件 1 的光标处拷贝所在行

：n 切换到文件 2（n＝next）

p 在文件 2 的光标所在处粘贴所拷贝的行

：n 切换回文件 1

6. 替换文件中的路径

使用命令“：%s＃/usr/bin＃/bin＃g”可以把文件中所有路径/usr/bin 换成/bin。也可

以使用命令“:%s/\/usr\/bin/\/bin/g”实现，其中“\”是转义字符，表明其后的“/”字符是具有实际意义的字符，不是分隔符。

六、Unix 网络通信

（一）telnet

telnet 是通过网络远程登录 Unix 的软件，其功能是在用户使用的本地计算机上通过计算机网络登录到远程 Unix 主机上，把本地计算机当成远程 Unix 主机的一个仿真终端。当用户利用 telnet 完成与远程 Unix 主机的登录后，自己的计算机似乎已经消失，完全成为对方主机的一个远程仿真终端用户，就像在 Unix 主机终端上操作一样。此时用户所能够使用的功能和资源以及整个工作方式完全取决于对方的系统和登录账号的权限。

telnet 的一般运行格式为：telnet IP 地址或域名。

【例 1】 在 Windows XP 上运行 telnet，远程登录 Unix，假设 Unix 主机的 IP 地址为 129.6.114.201。

telnet 软件是 Windows XP 自带的软件，只要设置好 TCP/IP 协议后就可运行 telnet。telnet 的运行过程如下：点击 Windows XP 上的“开始”按钮，再选则“运行”菜单，出现运行框，输入：

telnet 129.6.114.201

点击运行框上的“确定”按钮，出现 telnet 框，提示输入 UNIX 用户名：

login：

以后的操作就像在 Unix 主机终端上操作一样。

【例 2】 在 Unix 主机上运行 telnet，检测变电站侧远动机 104 监听端口是否打开，假设远动机的 IP 地址为 192.168.1.112，104 监听端口为 2404。输入：

telnet 192.168.1.112 2404

出现以下提示，说明远动机监听端口已开。

正在尝试…

连接到 192.168.1.112

换码字符为’^]’

（二）ftp

ftp 是 File Transfer Protocal 的缩写，意为文件传输协议，它可以将远程 Unix 系统上的一个或多个文件拷贝到本地计算机，也可以将本地计算机上的一个或多个文件拷贝到远程 Unix 系统上。

1. 基本文件类型

当使用 ftp 时，可简单地把文件分为两大类：文本文件和二进制文件。文本文件也称为 ASCII 文件，其文件内容遵循 ASCII 的定义，二进制文件（Binary File）是指除 ASCII 文件以外的所有文件格式。可惜的是，不同操作系统的 ASCII 文件格式一般是不兼容的，ftp 在不同的操作系统之间进行 ASCII 文件的传输时，自动进行了格式转换，而对于二进制文件来说，ftp 不进行任何转换。

【注意事项】

(1) 可以将 ASCII 文件按二进制方式传输，但绝不能将二进制文件按 ASCII 方式传输，否则二进制文件的内容会遭到破坏而无法使用。

（2）可以用 cuteftp、WS_ftp 等软件进行 ftp，这些 ftp 软件为图形界面，操作方便，易学易用，应掌握。在这些 ftp 软件中有 auto 模式，传输时自动识别二进制和文本文件。

2. ftp 的使用

ftp 的一般运行格式如下：

ftp IP 地址或域名

以上的 IP 地址或域名是指远程 Unix 主机的 IP 地址和域名。在本地计算机屏幕上就会出现信息，提示用户输入 Unix 的用户名和口令，最后出现 ftp 提示符：

ftp>以后就可以在此提示符下输入 ftp 命令。

【注意事项】

在运行 ftp 之前必须保证本地计算机和远程主机间的 TCP/IP 协议已经连通。

3. ftp 实例

假设远程主机的 IP 地址为 129.6.114.201，操作系统为 Unix，本地计算机为 PC 机，操作系统为 DOS，且当前目录在 C:\FTP 目录下。

【例 1】 将本地计算机 C:\FTP 目录下的 file1.zip 拷贝到远程主机的/usr/abc 目录下，将远程主机的/usr/abc 目录下的 file2 文本文件拷贝到本地计算机。命令如下：

```
c:
cd \FTP
C:\FTP>ftp 129.6.114.201
输入用户名和口令
ftp>binary
ftp>cd/usr/abc
ftp>put file1.zip
ftp>get file2
ftp>bye
```

（三）网络和路由参数设置

在进行网络（主机）地址设置时一般用到/etc 目录下个文本文件：hosts，存放主机列表。在 AIX 中可以用 SMIT 命令，进入菜单模式：对网络属性进行配置。在 HPUX 中可以用 sam 命令，进入菜单模式：对网络属性进行配置。

1. /etc/hosts 文件

/etc/hosts 文件存放主机列表，一般把所用到的主机名都放到此表，该主机可以不在同一个网络上。

/etc/hosts 内容举例：

```
127.0.0.1       localhost
129.6.114.201   xyw01.zhejiang.com.cn       xyw01 intes114
129.6.114.202   xyw02.zhejiang.com.cn       xyw02 intess112
129.6.0.1       px_hw_r                     #Router to zhejiang
129.7.10.21     lihong                      #Li Hong
129.9.6.218     www.zhejiang.com.cn
```

其中，第一列，“127.0.0.1”、“129.6.114.201”等是IP地址；第二列，“localhost”、“xyw01.zhejiang.com.cn”、“xyw02.zhejiang.com.cn”等是主机名称；其他，“xyw01”、“intess114”、“xyw02”、“intess114”是别名，“#Router”是注释。

2. 用命令行手工配置TCP/IP网络

为了手工配置网络，需要熟悉配置命令，使用命令的好处是无须重新启动机器。

【例1】 要赋给eth0接口IP地址208.164.186.2

使用命令：#ifconfig eth0 208.164.186.2 netmask 255.255.255.0

【例2】 要列出所有的网络接口

使用命令：# ifconfig -a

【例3】 增加指向网络192.100.201.0的静态路由，网关192.100.13.7

使用命令：# route add -net 192.100.201.0 192.100.13.7

【例4】 跟踪当前主机到目标主机192.168.1.1的路由

使用命令：#traceroute 192.168.1.1

【例5】 查看主机路由表

使用命令：# netstat -rn

【例6】 快速检查接口状态信息

使用命令：# netstat -i

七、Unix的用户管理

本节简单介绍用户和用户组的管理，主要说明增加和删除用户的过程。Unix用户管理常见命令如下：

增加用户：useradd。

删除用户：userdel。

修改用户：usermod。

显示用户和系统登录信息：userls。

修改用户口令：passwd。

增加用户组：groupadd。

删除用户组：groupdel。

修改用户组：groupmod。

显示用户组的属性：groupls。

只有root用户和授权用户才能对用户和用户组进行增加、修改、删除操作。

（一）增加新用户

1. 创建用户

要在Unix系统中增加新用户，可采用useradd命令。

【例1】 要创建一个名为devos的用户，其他默认，创建命令如下：

```
useradd - m devos
```

若directory不出现，则自动创建缺省HOME目录，如/home/devos，缺省shell为B Shell。

【例2】 要创建一个名为ncp的用户，shell为ksh，其他默认，创建命令如下：

```
useradd-m-s/bin/ksh ncp
```

【例 3】 下面的命令：

```
useradd -c "Test User"-m-d/test/test02-g xyw-s/bin/ksh test02
```

表示要创建一个名为 test02 的用户，属于 xyw 用户组，HOME 目录为/test/test02（自动创建）。"Test User" 表示注释。

2. 设密码

对用户 devos 建立密码的命令为：

```
passwd devos
```

（二）删除用户

删除用户的命令常用格式为：

```
/etc/userdel username
```

有的 Unix 系统可能不允许彻底删除该用户，userdel 只能回收该用户的使用权。

（三）增加新用户组

要在 Unix 系统中增加新用户组 xyw，命令如下：

```
/etc/groupadd xyw
```

命令执行完后就增加了一个名为 xyw 的用户组。

（四）删除用户组

要将在 Unix 系统中用户组 gp11 删除，命令如下：

```
/etc/groupdel gp11
```

命令执行完后就将 gp11 用户组删除了。

八、Unix 的 Shell

Shell 意指外壳，在 Unix 系统里指一个供使用者使用的环境。在每一个使用者登录后，系统都会提供使用者一个登录 Shell，使用期间使用者也可自行开启其他的 Shell，用以执行 Shell 程序或是另外建立一个使用环境。Unix 的 Shell 使用程序的一切交互都通过这个外壳进行。因此熟悉这个外壳的特性及其使用方法，是用好及管好 Unix 系统的关键。

（一）Unix 的 Shell 概述

Unix 系统的用户通过 Shell 与核心交互。这个 Shell 有很多种，包含了 B Shell、K Shell、C Shell 和 tcsh，其中使用最为广泛的，而且在所有的 Unix 系统中都存在的 Shell 当数 B Shell，以下介绍的 Shell 均是指 B Shell。

在系统登录成功后，系统将为登录的用户生成 sh 进程，并在屏幕上显示 Shell 提示符，如"$"、"#"等。sh 其实就是一个普通的应用程序，与平常运行的 ls 和 ps 命令没有什么差别，可以在/bin 目录下找到名为 sh 的可执行文件，这就是 Unix 的 B Shell。所不同的只是 sh 进程的功能有它的特殊性。借助于 Shell 进程，可以：

（1）将若干命令组合成一个新的命令。

（2）给命令传递一些参数。

(3) 在后台执行命令。

(4) 循环地执行某些命令。

(5) 根据条件的不同分别执行不同的命令。

(6) 改变命令的输入源文件或输出目的文件。

在执行一个命令时，Shell 的做法是首先生成一个子进程，然后用指定命令文件的代码和数据去重新生成子进程的上下文，以执行指定命令代码。

在 Shell 执行用户命令时，它有自己的一些执行方式和环境。用户可以修改这些环境以适合自己的偏好、习惯。事实上，当系统生成 sh 进程时会根据一个文件中的内容来设置该 Shell 进程的环境，之后用户可对此进行修改和进行其他设置。

出于安全的目的，用户在完成工作之后一般应退出 Unix 系统。

(二) Shell 的环境

Shell 作为一个命令解释程序，用户可以对其操作方式进行若干的配置，使之与自己的工作习惯相符合。Shell 的环境变量是在进行这种配置时，所涉及的一个重要的概念。Shell 的环境变量实际上就是具有某个特定值的一个名称。这个名称中除了不包含 $ 和空格之外，可以包含其他任何字符，如 PATH、MAIL、EDITER 和 Test 等。环境变量的值可以是任何一个字符串。环境变量的定义方法如下：

＜环境变量名＞=＜任意字符串＞

当等号右边的字符串包含空格时，应该用引号将它括起来。例如，定义一个名为 Hello 的环境变量如下：

```
$ Hello = "Hello world"
```

此时 Shell 将记下此环境变量的定义及与之相关的值，在这之后就可以在许多场合引用这个值了，引用的方法是在变量名称之前加上一个“$”即可。例如：

```
$ echo $Hello
Hello world
```

除了用户在命令中定义自己的环境变量之外，Shell 进程在启动时就已经预先定义了若干个环境变量。这些变量一般是系统默认地设置的。它们所设置的主要有：用户登录到系统中时的初始目录（HOME 变量）、用户所用终端类型（TERM）、用户所用的 Shell 的类型（SHELL）和搜索命令文件时的目录顺序（PATH）等。对这些变量的设置，用户也可以自行进行修改，如同修改自己定义的环境变量的值那样。

可使用 env 命令清楚地了解系统中定义了哪些环境变量及各个变量的值是什么。在用户实际使用中，env 的输出可能会随 Unix 系统的不同和用户设置的不同等原因而会有比较大的差异。Shell 进程在这些环境变量建立之初一般都会建立十几个到几十个不同的环境变量。这些变量有些是供 Shell 自己使用的，有些则是供某些特定的应用程序使用。

在用户的 $HOME 目录下，有一个名为 .profile 的文件。当用户登录到系统中时，Shell 进程都将自动读取用户 $HOME 目录下的那个 .profile 文件，然后根据其中的内容设置相应的环境变量。利用上述特性，用户可以把常见的环境变量设置加入到此文件中。这样，每当登录到系统时 Shell 将自动设置好这些变量。

可利用 vi 工具对 .profile 文件进行修改。由于 Shell 是在启动时，根据 .profile 文件中内容对变量进行初始化的，所以对 .profile 进行修改之后，所做的修改并不能立即反映出来。为了反映这种修改，可以先退出当前的 Shell，然后重新登录；也可以采用另外一种方法，这就是利用 Shell 提供的“.”命令。如：

```
$. $HOME/.profile
```

用户可用 env 命令看一下其输出与上一条 env 的输出有何不同。

（三）Shell 的编程

Shell 本身是一种命令解释器，它提供了一种供用户对 Unix 系统下达指令的程序设计语言。下面将介绍 Shell 编程的基础知识及日常应用的重点，对于较复杂的编程过程，如循环和判断结构，这里将不再涉及。

Shell 命令文件实际上是使用 Shell 程序设计语言编写的一个程序，是一个可执行的脚本。在 Shell 的命令提示符之后可输入的任何命令，同样也可以放到 Shell 命令文件之中。当 Shell 去执行这个文件时，它会从这个文件中取出命令，然后去完成相应的操作。

建立命令文件的方法一般是分两步。首先用一个文本编辑器编辑一个文本文件，并存盘退出，然后用 chmod 命令将这个文件改为“可执行”。如下所示：

```
$vi test.sh
$chmod a+x test.sh
```

接下来，就可以运行这个 Shell 程序了，如下所示：

```
$./test.sh
```

还可以用另外一种方法来运行 Shell 程序，如下所示：

```
$sh test.sh
```

其执行效果是完全一样的。

当用户执行一个 Shell 命令时，Shell 将创建 10 个位置参数，分别用 $0，$1，$2，…，$9 表示。其中 $0 表示的是所执行的 Shell 命令文件本身，而 $1，$2，…，$9 则依次表示第 1 个，第 2 个，…，第 9 个命令行参数。

Shell 用“>”和“≫”进行输出重定向，前者执行完毕之后，输出文件中原有的内容将全部丢失，取而代之的将是命令中所输出的内容；后者执行完毕之后，输出文件中原有的内容保持不变，命令中所输出的内容将附加到原有内容之后。

例如输入：$ls >temp.txt

Shell 可以将多个命令组合起来，形成一个能完成比较复杂的、任务的新命令。而 UNIX 的管道，为两个命令之间进行信息的传递提供了强有力的手段。管道就是将某个命令的输出数据发送给另一个命令，作为后一个命令的输入数据的通道。

例如，假定想知道文件 note 和 readme.txt 一共有多少行。可以使用下述命令序列：

```
$cat note readme.txt >tempfile
$wc-l tempfile
500
```

```
$ rm tempfile
$
```

在这里用到了一个中间文件 tempfile。它的作用只是临时的，用完之后就没有任何用处。如果使用管道，可以用更简洁的方式完成上述任务：

```
$ cat note readme.txt | wc-l
500
$
```

这里的“|”表示管道符。Shell 将同时生成两个子进程去执行“|”前后的两个命令。其中“|”前的那个命令子进程将把它的输出数据写到管道中；而后一进程则将从管道中读得这些输出数据。用管道连接得命令并不限于两条。实际上可用管道将任意多命令连接起来，只要合乎逻辑就行。

第三节 数　据　库

本节对关系数据库基本概念进行了简要阐述，对 SQL 语言的使用方法做了详细的说明，并对商业数据库 ORACLE 及实时数据库做了介绍。

一、关系数据库基本概念

数据库应用系统简称数据库系统（DataBase System，DBS），是一个计算机应用系统。它由计算机硬件、数据库管理系统、数据库、应用程序和用户等部分组成。

（一）计算机硬件

它是数据库系统的物质基础，是存储数据库及运行数据库管理系统 DBMS 的硬件资源，主要包括主机、存储设备、I/O 通道等，以及计算机网络环境。

（二）数据库管理系统（DateBase Manager System，DBMS）

负责数据库存取、维护和管理的系统软件。DBMS 提供对数据库中数据资源进行统一管理和控制的功能，将用户、应用程序与数据库数据相互隔离，是数据库系统的核心，其功能的强弱是衡量数据库系统性能优劣的主要指标。DBMS 必须运行在相应的系统平台上，有操作系统和相关系统软件的支持。

（三）数据库

数据库（Date Base，DB）是指数据库系统中以一定组织方式将相关数据组织在一起，存储在外部存储设备上所形成的、能为多个用户共享的、与应用程序相互独立的相关数据集合。数据库中的数据由 DBMS 进行统一管理和控制，用户对数据库进行的各种操作都是 DBMS 实现的。

（四）应用程序

应用程序是在 DBMS 的基础上，由用户根据应用的实际需要开发的、处理特定业务的应用程序。

（五）数据库用户

用户是指管理、开发、使用数据库系统的所有人员，通常包括数据库管理员、应用程序员和终端用户。数据库管理员（Data Base Administrator，DBA）负责管理、监督、维护数

据库系统的正常运行；应用程序员负责分析、设计、开发、维护数据库系统中运行的各类应用程序；终端用户是在 DBMS 与应用程序支持下，操作使用数据库系统的普通用户。

综上所述，数据库中包含的数据是存储在存储介质上的数据文件的集合；每个用户均可使用其中的部分数据，不同用户使用的数据可以重叠，同一组数据可以为多个用户共享；DBMS 为用户提供对数据的存储组织、操作管理功能；用户通过 DBMS 和应用程序实现数据库系统的操作与应用。

用关系表示的数据模型称为关系模型。在数据库理论中，关系是指由行与列构成的二维表。在关系模型中，实体和实体间的联系都是用关系表示的。也就是说，二维表格中既存放着实体本身的数据，又存放着实体间的联系。关系不但可以表示实体间一对多的联系，通过建立关系间的关联，也可以表示多对多的联系。

关系模型是建立在关系代数基础上的，具有坚实的理论基础。与层次模型和网状模型相比，具有数据结构单一、理论严密、使用方便、易学易用的特点。目前，绝大多数数据库系统的数据模型均采用关系模型。

二、SQL 语言

SQL 是 Structured Query Language（结构化查询语言）的缩写，它的前身是 SQUARE 语言。SQL 语言结构简洁、功能强大、简单易学。自 IBM 公司 1981 年推出以来，SQL 语言得到了广泛的应用。如今像 Oracle、Sybase、Informix、SQL Server、DB2、MySQL 这些大型的数据库管理系统，以及像 Visual FoxPro、PowerBuilder 这些微机上常用的数据库开发系统，都支持 SQL 语言作为查询语言。

（一）SQL 的组成

SQL 包含 3 个部分：

(1) 数据操作语言 DML（Data Manipulation Language），例如：SELECT、INSERT、UPDATE、DELETE。

(2) 数据定义语言 DDL（Data Definition Language），例如：CREATE、ALTER、DROP。

(3) 数据控制语言 DCL（Data Control Language），例如：COMMIT WORK、ROLL-BACK WORK。

SQL 广泛地被采用正说明了它的优点。它使全部用户，包括应用程序员、DBA 管理员和终端用户受益匪浅。

（二）SQL 的优点

(1) 非过程化语言。SQL 是一种非过程化的语言，一次处理一条记录，对数据提供自动导航。SQL 允许用户在高层的数据结构上工作，不仅对单个记录进行操作，还可操作记录集。所有 SQL 语句接受集合作为输入，返回集合作为输出。SQL 的集合特性允许一条 SQL 语句的结果作为另一条 SQL 语句的输入，不要求用户指定对数据的存放方法。所有 SQL 语句使用查询优化器，它是关系型数据库管理系统（relational database management system，RDBMS）的一部分，由它决定对指定数据存取的最快速度的技术手段。查询优化器知道存在哪些索引，哪儿使用合适，用户不需知道表是否存在索引，表有什么类型的索引。

（2）统一的语言。SQL 可用于所有用户的 DB 活动模型，包括系统管理员、数据库管理员、应用程序员、决策支持系统人员及许多其他类型的终端用户。SQL 为许多任务提供了命令，包括：查询数据，在表中插入、修改和删除记录，建立、修改和删除数据对象，控制对数据和数据对象的存取，保证数据库一致性和完整性。SQL 将全部任务统一在一种语言中。

（3）所有关系数据库的公共语言。主要的关系数据库管理系统都支持 SQL 语言，用户可将使用 SQL 的技能从一个 RDBMS 转到另一个。所有用 SQL 编写的程序都可移植。

（三）数据查询语言

SQL 是一种查询功能很强的语言，只要是数据库存在的数据，总能通过适当的方法将它从数据库中查找出来。SQL 中的查询语句只有一个：SELECT，它可与其他语句配合完成所有的查询功能。SELECT 语句的完整语法，可以有 6 个子句。完整的语法如下：

SELECT　目标表的列名或列表达式集合

FROM 基本表或（和）视图集合

[WHERE 条件表达式]

[GROUP BY 列名集合]

[HAVING 组条件表达式]

[ORDER BY 列名 [集合] …]

整个语句的语义如下：从 FROM 子句中列出的表中，选择满足 WHERE 子句中给出的条件表达式的元组，然后按 GROUPBY 子句（分组子句）中指定列的值分组，再提取满足 HAVING 子句中组条件表达式的那些组，按 SELECT 子句给出的列名或列表达式求值输出。ORDER 子句（排序子句）是对输出的目标表进行重新排序，并可附加说明 ASC（升序）或 DESC（降序）排列。

1. 简单查询

如表 4-3 所示，厂站参数表包含 4 个列：序号，名称，编码，责任区。该表包含 8 行，每个厂站一行。

表 4-3　　厂站参数表

序号	名称	编码	责任区	序号	名称	编码	责任区
1	滨海变电站	BH	1	5	渡东变电站	DD	3
2	桑港变电站	SG	1	6	九里变电站	JL	3
3	齐贤变电站	QX	2	7	柯岩变电站	KY	4
4	中纺变电站	ZF	2	8	虎象变电站	HX	4

显示厂站参数表的所有列和所有行，SQL 语句如下：

select 序号，名称，编码，责任区 from 厂站参数表；

或者 select * from 厂站参数表；

也可指定想要的列，其顺序在输出中呈现。

从左到右显示序号和名称，则用如下语句：

select 序号，名称 from 厂站参数表；

2. 约束和排序

（1）WHERE 子句。从数据库取回数据时，SELECT 语句中的 WHERE 可选子句来规定哪些数据值或哪些行将被作为查询结果返回或显示。一个 WHERE 子句包含一个必要条件，WHERE 子句紧跟着 FROM 子句。如条件是 true，则返回满足条件的行。

在 WHERE 子句中的条件表达式中可出现下列操作符和运算函数：

算术比较运算符：＜，＜＝，＞，＞＝，＝，＜＞。

逻辑运算符：AND，OR，NOT。

集合运算符：UNION（并），INTERSECT（交），EXCEPT（差）。

集合成员资格运算符：IN，NOT　IN

谓词：EXISTS（存在量词），ALL，SOME，UNIQUE。

聚合函数：AVG（平均值），MIN（最小值），MAX（最大值），SUM（和），COUNT（计数）。

条件表达式中运算对象还可以是另一个 SELECT 语句，即 SELECT 语句可以嵌套。

另外，LIKE 运算符在 WHERE 条件从句中也非常重要。通过使用 LIKE 运算符可以设定只选择与用户规定相同的记录。此外，还可使用通配符“%”用来代替任何字符串。

显示所有责任区 1 厂站的记录，SQL 语句如下：

select * from 厂站参数表 where 责任区＝1；

显示名称以“中”开头的厂站的责任区和序号，SQL 语句如下：

select 责任区，序号 from 厂站参数表 where 名称 like‘中%’；

显示序号等于 8 或在 2～5 之间的厂站的名称，SQL 语句如下：

select 名称 from 厂站参数表 where 序号＝8 or（序号＞2 and 序号＜5)；

（2）ORDER BY 子句。为了将由 SELECT 语句选取的表的内容进行由小到大（ascending）或由大到小（descending）的有序显示，可用 ORDER BY 指令。WHERE 子句为可选项，WHERE 子句必须在 ORDER BY 子句之前；ASC 按升序列出结果，DESC 按降序列出结果，未说明则默认用 ASC。

显示厂站的序号和名称，按序号由小到大排列，SQL 语句如下：

select 序号，名称 from 厂站参数表 order by 序号 asc；

3. 高级查询

（1）GROUP BY 子句与 HAVING 子句。利用这两个语句可以实现一些复杂的统计功能，在使用时要注意以下几点：

1）如果选择列表中包含有列、表达式或者分组函数，那么这些列或者表达式必须出现在 group by 子句中，否则数据库会提示相关的错误信息。分组函数不用出现在 group by 子句中。

2）如果在一个查询语句中，同时含有 group by、having、order by 3 个子句的话，则需要注意有一定的书写顺序。通常情况下 order by 子句必须放置在最后。

3）group by 子句与 where 子句是不兼容的。也就是说，在使用普通的 select 语句（不含有 group by 子句）时可以利用 where 子句来过滤显示的结果，但在使用 group by 子句时，要使用 having 子句来过滤显示结果。

如表 4-4 RTU 参数表所示，RTU 参数表包含 5 个列：描述、代码、信息点个数、责任区、厂站编码。该表包含 8 行，每个 RTU 一行。

表 4-4　　RTU 参数表

描述	代码	信息点个数	责任区	厂站编码	描述	代码	信息点个数	责任区	厂站编码
滨海变电站 RTU	BH _ RTU	1597	1	BH	渡东变电站 RTU	DD _ RTU	1376	3	DD
桑港变电站 RTU	SG _ RTU	1446	1	SG	九里变电站 RTU	JL _ RTU	1592	3	JL
齐贤变电站 RTU	QX _ RTU	1874	2	QX	柯岩变电站 RTU	KY _ RTU	1704	4	KY
中纺变电站 RTU	ZF _ RTU	1763	2	ZF	虎象变电站 RTU	HX _ RTU	1824	4	HX

显示每一责任区 RTU 的平均信息点个数，SQL 语句如下：

select 责任区，avg（信息点个数）from RTU 参数表 group by 责任区；

显示平均信息点个数高于 1600 的责任区及平均信息点个数，SQL 语句如下：

select 责任区，avg（信息点个数）from RTU 参数表 group by 责任区 having avg（信息点个数）＞1600；

（2）关联查询。

显示属于责任区 1 的厂站的名称、序号及对应 RTU 的信息点个数，SQL 语句如下：

select a. 名称，a. 序号，b. 信息点个数 from 厂站参数表 a，RTU 参数表 b where a. 编码＝b. 厂站编码 and a. 责任区＝1；

（3）嵌套查询

显示信息点个数大于 1500 的 RTU 对应厂站的名称，SQL 语句如下：

select 名称 from 厂站参数表 where 编码 in（select 厂站编码 from RTU 参数表 where 信息点个数＞1500）；

（四）数据操作语言

数据操作语言（Data manipulation language，DML）语句的作用是操作已有方案对象内的数据。利用 DML 语句可向表或视图加入新数据行（INSERT）；修改表或视图中已有数据行的列值（UPDATE）；从表或视图中删除数据行（DELETE）。

1. INSERT 语句

（1）一次插入一条记录。语法是：

insert into "表名"（"列 1"，"列 2"，…）values（"值 1"，"值 2"，…）；

如在表 score 中插入记录 04，s03，90，SQL 语句如下：

insert into score（st _ no，su _ no，sc _ score）values（'04'，'s03'，90）；

（2）一次插入多条记录。语法是：

insert into "表 1"（"列 1"，"列 2"，…）select "列 3"，"列 4"，…from "表 2"；

2. UPDATE 语句

修改表或视图中已有数据行的列值。其语法是：

update "表格" set "列 1" ＝ [新值] where {条件}；

3. DELETE 语句

删除数据库中一些记录，由 DELETE FROM 指令完成。其语法是：

delete from "表格名" WHERE {条件}；

（五）数据定义语言

数据定义语言（Data Definition Language，DDL）语句的作用是定义或修改方案对象（schema object）的结构，以及移除方案对象。DDL语句可完成创建、修改、移除对象及其他数据库结构，包括数据库自身及数据库用户（CREATE，ALTER，DROP）；修改方案对象名称（RENAME）；删除方案对象的所有数据，但不移除对象结构（TRUNCATE）。

1. CREATE TABLE 语句

CREATE TABLE 的语法是：

CREATE TABLE “表名”

（“列1”“列1域类型”，

“列2”“列2域类型”，

……）

2. CONSTRAINT

限制一些可存入表中的数据。在表初创时由CREATE TABLE语句来指定，或由ALTER TABLE语句来指定。常见的限制有：

（1）NOT NULL UNIQUE CHECK。

（2）主键（Primary Key）。

（3）外健（Foreign Key）。

3. CREATE VIEW

视图（view）被当作是虚拟表，是建立在表之上的一个架构，它本身并不实际储存资料。建立视图的语法如下：

CREATE VIEW “VIEW _ NAME” AS “SQL 语句”；

“SQL 语句”是指模块中提到SQL。

也可用视图来连接两个表，用户直接从视图中找出所要的信息，不需要由两个不同的表去做一次连接的动作。

4. CREATE INDEX

索引（index）可从表中快速地找到需要的资料。在表上建立索引有利于提高查询效率。一个索引可以涵盖一或多列。建立索引的语法如下：

CARETE INDEX “INDEX _ NAME” ON “TABLE _ NAME” (COLUMN _ NAME)；

索引的命名并没有固定的方式。通常在名称前加一个字首，例如“IDX”来避免与数据库中的其他对象混淆。

5. ALTER TABLE

在数据库中建立表后，经常需要改变表的结构。常见的改变包括加一个列、删去一个列、改变列名称、改变列的属性等。ALTER TABLE可被用来作其他的改变（如改变主键定义）。改变表结构的语法如下：

ALTER TABLE “table _ name”

【改变方式】

根据［改变方式］不同达到不同的目标，如：

加一个列：ADD “列1” “列1域类型”

改变列的类型：MODIFY“列 1”“列 1 域类型”

删去一个列：DROP“列 1”

6. DROP TABLE

DROP TABLE 的语句提供从数据库中清除一个表的功能。DROP TABLE 的语法是：

DROP TABLE“表名”；

7. TRUNCATE TABLE

要清除一个表中的所有记录，用 DROP TABLE 指令整个表被清除，无法再使用。另一种比较有用的方式，就是用 TRUNCATE TABLE 的指令。这个指令执行后，表中的记录会完全删除但表结构继续存在。TRUNCATE TABLE 的语法为：

TRUNCATE TABLE“表名”；

三、常用商业数据库 ORACLE 概述

ORACLE 数据库是一种大型数据库系统，一般应用于商业、政府部门，它的功能很强大，能够处理大批量的数据，在网络方面也用得非常多。

（一）Oracle 数据库简介

Oracle 简称甲骨文，是仅次于微软公司的世界第二大软件公司，该公司名称就叫 Oracle。该公司成立于 1979 年，是加利福尼亚州的第一家在世界上推出以关系型数据管理系统（RDBMS）为中心的一家软件公司。

Oracle 不仅在全球最先推出了 RDBMS，并且事实上掌握着这个市场的大部分份额。现在，他们的 RDBMS 被广泛应用于各种操作环境：Windows NT、基于 Unix 系统的小型机、IBM 大型机及一些专用硬件操作系统平台。

事实上，Oracle 已经成为世界上最大的 RDBMS 供应商，并且是世界上最主要的信息处理软件供应商。由于 Oracle 公司的 RDBMS 都以 Oracle 为名，所以，在某种程度上 Oracle 已经成为了 RDBMS 的代名词。

Oracle 数据库管理系统是一个以关系型和面向对象为中心管理数据的数据库管理软件系统，其在管理信息系统、企业数据处理、因特网及电子商务等领域有着非常广泛的应用。因其在数据安全性与数据完整性控制方面的优越性能，以及跨操作系统、跨硬件平台的数据互操作能力，使得越来越多的用户将 Oracle 作为其应用数据的处理系统。

Oracle 数据库是基于“客户端/服务器”模式结构。客户端应用程序执行与用户进行交互的活动。其接收用户信息，并向“服务器端”发送请求。服务器系统负责管理数据信息和各种操作数据的活动。

（二）Oracle 数据库服务器

1. Oracle 数据库包括 Oracle 数据库服务器和客户端

Oracle Server 是一个对象一关系数据库管理系统。它提供开放的、全面的和集成的信息管理方法。每个 Server 由一个 Oracle DB 和一个 Oracle Server 实例组成。每个 Oracle 数据库对应唯一的一个实例名 SID，Oracle 数据库服务器启动后，一般至少有以下几个用户：Internal，它不是一个真实的用户名，而是具有 SYSDBA 优先级的 Sys 用户的别名，它由 DBA 用户使用来完成数据库的管理任务，包括启动和关闭数据库；Sys，它是一个 DBA 用户名，具有最大的数据库操作权限；System，它也是一个 DBA 用户名，权限仅次于 Sys 用户。

2. 客户端

为数据库用户操作端，由应用、工具、SQL * NET组成，用户操作数据库时，必须连接到远程数据库，用户要存取远程DB上的数据时，必须建立数据库链接。

Oracle数据库的体系结构包括物理存储结构和逻辑存储结构。因为它们是相分离的，所以在管理数据的物理存储结构时并不会影响对逻辑存储结构的存取。

3. 逻辑存储结构

它由至少一个表空间和数据库模式对象组成。这里，模式是对象的集合，而模式对象是直接引用数据库数据的逻辑结构。模式对象包括这样一些结构：表、视图、序列、存储过程、同义词、索引、簇和数据库链等。逻辑存储结构包括表空间、段和范围，用于描述怎样使用数据库的物理空间。其中的模式对象和关系形成了数据库的关系设计。

（1）数据块（Block）。

数据库进行IO操作的最小单位，它与操作系统的块不是一个概念。Oracle数据库不是以操作系统的块为单位来请求数据，而是以多个Oracle数据库块为单位。

（2）段（Segment）。

表空间中一个指定类型的逻辑存储结构，它由一个或多个范围组成，段将占用并增长存储空间。

其中包括：

1）数据段：用来存放表数据。

2）索引段：用来存放表索引。

3）临时段：用来存放中间结果。

4）滚段：用于出现异常时，恢复事务。

5）范围（Extent）：数据库存储空间分配的逻辑单位，一个范围由许多连续的数据块组成，范围是由段依此分配的，分配的第一个范围称为初始范围，以后分配的范围称为增量范围。

（三）Oracle数据库的优缺点

Oracle数据库的优点如下：

（1）Oracle的稳定性要比Sql server好。

（2）Oracle在导数据工具sqlload.exe功能比Sqlserver的Bcp功能强大，Oracle可以按照条件把文本文件数据导入。

（3）Oracle的安全机制比Sql server好。

（4）在处理大数据方面Oracle会更稳定一些。

（5）在数据导出方面功能更强一些。

（6）处理速度方面比Sql server快一些，和两者的协议有关。

Oracle数据库的缺点如下：

（1）价格昂贵。

（2）Sql server的易用性和友好性方面要比Oracle好。

四、国产数据库简介

达梦数据库是武汉华工达梦数据库有限公司推出的具有完全自主知识产权的高性能数据

库产品。它采用“三权分立”的安全管理机制，安全级别达到B1级，并在大数据量存储管理、并发控制、数据查询优化处理、事务处理、备份与恢复和支持SMP系统等诸多方面都有突破性进展和提高。主要特点如下：

（一）高安全性

1. 完全自主知识产权

达梦数据库是具有完全自主知识产权的国产大型数据库管理系统，达梦公司拥有产品的全部源代码和完全的自主版权。在杜绝继承开源系统导致版权纠纷的同时，也从根本上保证了系统的安全性，有利于与其他应用系统集成，并可以根据具体需求定制和提供及时有效的服务。

2. B1级的安全性

DM采用基于角色与权限的管理方法来实现基本安全功能，并根据三权分立的安全机制，将审计和数据库管理分别处理，同时增加了强制访问控制的功能。另外，还实现了包括通信加密、存储加密及资源限制等辅助安全功能，使得达梦数据库安全级别达到B1级。

（二）可扩展性

1. 64位运算支持

64位处理器和操作系统的推出扩大了对64位数据库产品的需求，达梦数据库能够支持目前市场上各种流行的64位操作系统和处理器，能够充分支持64位内存寻址能力和TB级的海量数据管理，可以为企业提供高性能的数据管理解决方案。

2. SMP支持

DM使用一种被称为“对称服务器构架”的单进程、多线程的结构，在有效地利用了系统资源的同时，又提供了较高的可伸缩性能。服务器在运行时由各种内存数据结构和一系列的线程组成，线程分为多种类型，不同类型的线程完成不同的任务。线程通过一定的同步机制对数据结构进行并发访问和处理，以完成客户提交的各种任务。系统的工作线程在单/多CPU和SMP机器上，都能很好地并发或并行操作，系统自动协调工作线程对内存、系统缓冲区等物理资源的共享，能够充分利用多个CPU提高系统性能。

（三）高性能

1. 高效的并发控制机制

DM采用封锁机制来解决并发问题，系统提供了多种锁：表锁、行锁和键范围锁，在缺省情况下为行级锁。封锁的实施有自动和手动两种，即隐式上锁和显式上锁。隐式封锁根据事务的隔离级有所不同，由DM自动执行。同时，DM提供给用户多种手动上锁语句，用以适应用户定义的应用系统，进一步提高系统的并发性和性能。

2. 查询优化

DM在原有的以基于规则为主的查询优化方案上，一方面进一步完善了基于规则的优化手段，选择索引时将更为准确；另一方面成功地融入了基于成本的优化手段，系统在计算最优的查询计划时充分利用数据库内的统计信息，从而令查询处理的效率得以更进一步的提高。

（四）高可靠性

1. 备份与恢复

达梦数据库可以同时管理多个数据库，物理备份与还原都是以数据库为单位，即备份时

需要指定数据库，还原时也只能根据备份的信息还原对应的数据库。达梦数据库支持完全备份/恢复、增量备份/恢复，同时提供了在线和离线进行备份和恢复的功能。

2. 支持各种主流 HA 服务器环境

达梦数据库能够支持各种主流 HA 软件，如 RoseHA 双机软件、LifeKeeper 集群软件、PlusWell 双机软件及 NEC ExpressCluster 等。以上 HA 软件均能够自动检测服务器节点和服务器进程错误或者失效，并且在发生这种情况时，自动适当地重新配置系统，使得其他节点能够自动承担这些服务，以实现服务不中断。达梦数据库支持采用这些 HA 软件进行主从热备、双机互备以及多点互备等。

目前，国产达梦、金仓数据库已在智能电网调度技术系统中得到广泛应用。

五、实时数据库简介

数据库的应用正从传统领域向新的领域扩展，如工业控制、CIMS、数据通信、电力调度、交通控制、武器制导等。这些应用与传统应用不同，一方面，要维护大量共享数据和控制数据；另一方面，其应用活动（任务或事务）有很强的时间性，要求在规定的时刻和（或）一定的时间内完成其处理。同时，所处理的数据也往往是“短暂”的，即有一定的有效时间，过时则有新的数据产生，而当前的决策或推导变成无效。因此，这种应用对数据库和实时处理两者的功能及特性均有需求，既需要数据库来支持大量数据的共享，维护其数据的一致性，又需要实时处理来支持其任务（事务）与数据的定时限制。综上所述，需要引入实时数据库来完成上面的目的。

实时数据库是在内存缓冲区保存电力系统运行的实时数据，以提高系统的响应速度和处理能力，在各应用服务器（逻辑）下装实体，为其他客户端提供数据访问服务。

实时数据库的功能如下：

（1）数据存储。为了提高系统的响应速度和处理效率，要在实时数据库的内存缓冲区保存系统的基本数据和实时数据。基本数据是电力系统运行中基本不变或缓慢变化的数据，例如：发电、变电、输电及其控制与量测配置设备和参数，一般也称为电网模型数据。实时数据是自动量测的数据，包括遥信、遥测和电量。

（2）数据定义。电网模型数据包含的设备信息和参数基本是由用户人工输入与修改的，必须给用户提供定义和修改这些数据的操作界面。在某些特定时刻，电力系统高级软件的设计人员可能需要修改电网模型的定义，以从不同的视野和角度描述电网模型。因而，必须提供用户输入、修改数据的界面。

（3）数据验证。对用户定义的电网模型数据，能够检查数据结构和参数错误，建立互相之间的关联。

（4）模型同步。能够根据用户提供的电网模型生成一致的模型数据；当模型变化时，能够保持模型数据的同步更改和维护完整性、一致性。

（5）数据浏览。提供实时数据浏览的途径和方法，能够让用户方便地观察本机或其他节点的任意实时数据库中的各种数据。

数据访问，提供一致的访问接口，让各种应用能够方便地实现对实时数据库的操作，包括查询、增加、删除、修改；并且提供按应用名（号）、表名（号）形式的访问接口，以及 SQL 形式的访问接口。

第五章

传输通道与通信规约

【内容概述】 本章重点介绍了变电站与调度主站系统之间的两种数据通信方式，即专线通道和电力调度数据网，采用高速、高效的双网双平面是调度数据传输的发展方向。专线通道一般采用 DL/T 634.5101—2002 通信规约，数据网通道采用 DL/T 634.5104—2002 通信规约。

第一节 传 输 介 质

一、光纤的性能

目前电力干线通信使用的是光纤通道，高速路由器之间互联也会使用光纤。

（一）性能

光纤结构如图 5-1 所示，包含核心层、包层、保护层。核心层 Core 携带光信号，单模光纤核心层直径为 8～10μm，多模光纤芯径有两种标准规格，芯径分别为 62.5μm（美国标准）和 50 μm（欧洲标准）。包层 Cladding 直径约为 125μm，包层和核心层对光信号的折射率不同，使得光信号在核心层中传送。保护层 Coating 保护玻璃材料，直径约为 250μm。光通信用的是红外光。

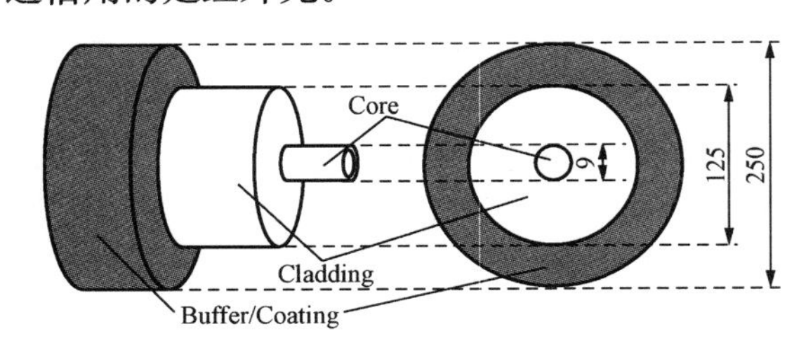

图 5-1 光纤结构

光纤按传输模式分成单模光纤 SMF（Single Mode Fiber）和多模光纤 MMF（Multi Mode Fiber）。单模光纤中只传输基模光信号。光沿内芯轴线传输，避免了模式射散，因此单模光纤的传输频带很宽，适用于高速、长距离传输。多模光纤中有多个模式，存在色散，传输频带窄、传输速率较小、距离较短的特点。

光纤有 3 个典型的低损耗窗口，其中，850nm 波长窗口用于多模光纤，1310nm 波长窗口用于单模，C-band（1550nm）波长窗口、L-band（1625nm）波长窗口用单模用于波分系统。光在光纤中传输特性如图 5-2 所示。

（二）影响光纤性能的主要因素

影响光纤性能的主要因素有光纤损耗（衰减）、光纤色散、光纤非线性。总体性能指标用光信噪比描述。

（1）衰减（Loss）是随着光的传输，信号强度降低，一般用损耗系数描述。光纤的损耗主要有吸收损耗、散射损耗。光在光纤中的传输特性，如图 5-2 所示。

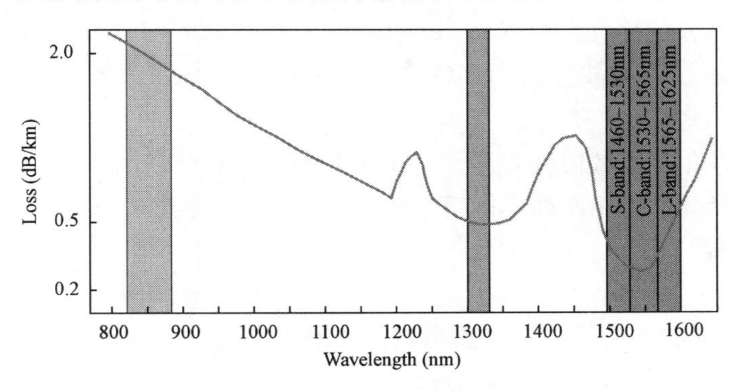

图 5-2 光在光纤中的传输特性

（2）色散（Chromatic Dispersion ）是指光通过密度或折射率等不均匀的物质时，除了在光的传播方向以外，在其他方向也可以看到光，光束产生畸变、相移，其单位为每千米每纳米窗口光秒脉冲展宽的宽度描述，即 ps/nm·km。光纤色散有三种类型：模式色散、色度色散、偏振模色散。色散限制了光纤的带宽与距离乘积值。色散越大，光纤中的带宽、距离乘积越小，在传输距离一定（距离由光纤衰减确定）时，带宽就越小，带宽的大小决定传输信息容量的大小。色散是限制光纤通信系统速率的主要因素之一。

（3）非线性效应。光纤的非线性特性主要包括受激拉曼散射（SRS）、受激布里渊散射（SBS）、自相位调制（SPM）、交叉相位调制（XPM）、四波混频（FWM）等。非线性效应造成光信号非线性衰减、非线性相移、出现带内扰频。

（4）光信噪比 ONSR（Optical Signal to Noise Ratio）。OSNR 是指噪声在信号中所占有的比例，是描述系统低误码运行的主要参数，当系统总长度一定时，低增益多级数比高增益、少级数方案有高的 OSNR。光纤通道数据传输率每提高 4 倍，对光信噪比的要求提高 6 倍。

（三）光纤类型

按照 ITU-T 建议规范，光纤分类有 G. 651、G. 652、G. 653、G. 654、G. 655、G. 656、G. 657。

G. 651：短波长多模光纤（ITU-T G. 651）50/125μm 梯度多模光纤工业标准。主要应用于局域网，不适用于长距离传输。

G. 652：常规单模光纤（色散非位移单模光纤），截止波长最短，既可用于 1550nm，又可用于 1310nm。在 1310nm 附近时的色散为零，1550nm 波长时损耗最小，但色散最大（1310nm 窗口的衰减在 0. 3～0. 4dB/km，色散系数在 0～3. 5ps/nm. km。1550nm 窗口的衰减在 0. 19～0. 25dB/km，色散系数在 15～18ps/nm. km）。主要缺点是在 1550 波段色散系数较大，不适于 2. 5Gb/s 以上的长距离应用。G. 652A/B 是基本的单模光纤，G. 652C/D 是低水峰单模光纤。

G. 653：色散位移单模光纤。在 1550nm 波长左右的色散降至最低，从而使光损失降至最低。

G. 654：截止波长位移光纤。1550nm 下衰耗系数最低，主要应用于海底或地面长距离传输。

G.655：非零色散位移光纤（Non zero-Dispersion-Shifted Fiber，NZ-DSF）。有集中的或正或负的色散，减少密集波分复用（DWDM）系统中与相邻波长相互干扰的非线性现象的不良影响。

G.656：低斜率非零色散位移光纤。对于色散的速度有严格的要求。

G.657：耐弯光纤，也叫弯曲不敏感单模光纤，弯曲半径最小可达5～10mm。

二、光模块性能

（一）光模块分类

SDH传输设备具有光模块，快速路由器、交换机也具有光模块。光模块典型的分类有：

（1）按照以太网应用速率分：100Base（FE百兆）、1000Base（GE千兆）、10GE。

（2）按照SDH性能分：单波长的SDH光接口可用代码形式表示，即W-Y.Z。

1）W表示应用场合。字母I表示局内通信，如2km左右；字母S表示短距离的局间通信，如15km左右；字母L表示长距离的局间通信，如80km左右；字母V表示甚长距离的局间通信，如120km左右；字母U表示超长距离的局间通信，如160km左右。

2）Y表示STM的等级。“1”表示系统的传输速率为STM-1，即155Mb/s；“4”表示系统的传输速率为STM-4，即622Mb/s；“16”表示系统的传输速率为STM-16，即2.5Gb/s；“64”表示系统的传输速率为STM-64，即10Gb/s。

3）Z表示所用光纤类型和工作波长。“1”表示所用光纤为G.652光纤，工作窗口为1310nm；“2”表示所用光纤为G.652光纤，工作窗口为1550nm；“3”表示所用光纤为G.653光纤，工作窗口为1550nm；“4”表示所用光纤为G.654光纤，工作窗口为1550nm；“5”表示所用光纤为G.655光纤，工作窗口为1550nm。例如L-4.1，表示长距，622Mb/s速率，1310nm光纤。

（3）按照封装（见图5-3），分：1×9、SFF、SFP、GBIC、XENPAK、XFP。

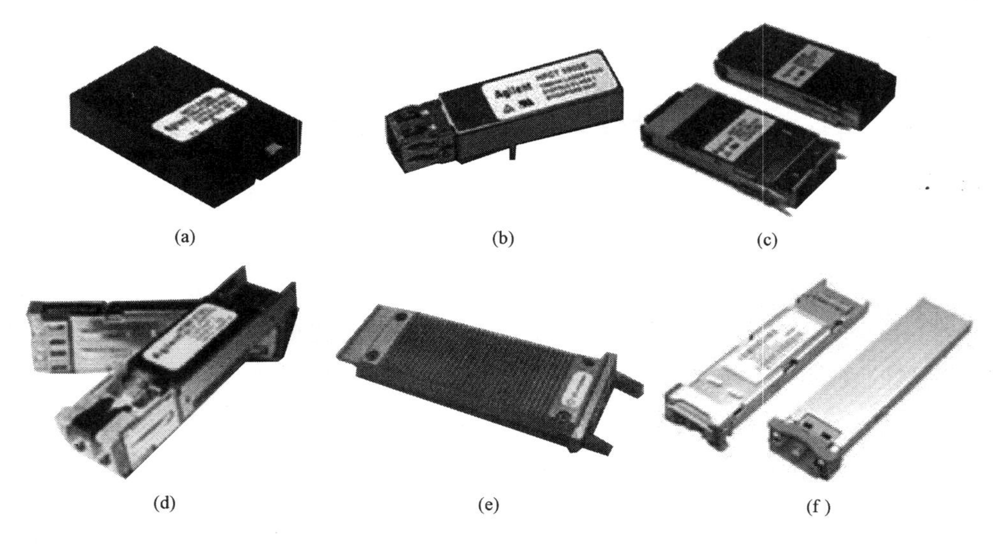

图5-3 光模块封装方式

(a) 1×9封装；(b) SFF封装；(c) GBIC封装；(d) SFP封装；(e) XENPAK封装；(f) XFP封装

1）1×9 封装，焊接型光模块，一般速率不高于千兆，多采用 SC 接口。

2）SFF（Small Form Factor Tranceiver）封装，焊接小封装光模块，一般速率不高于千兆，多采用 LC 接口。

3）GBIC（GigaBit Interface Converter）封装，热插拔千兆接口光模块，采用 SC 接口。

4）SFP（Small Form-factor Pluggable transceiver）封装，热插拔小封装模块，目前最高速率可达 4G，多采用 LC 接口。

5）XENPAK（10 Gigabit EtherNet Transceiver Package）封装，应用在万兆以太网，采用 SC 接口。

6）XFP（small Form-factor Pluggable transceiver）封装，10G 光模块，可用在万兆以太网，SONET 等多种系统，多采用 LC 接口。

（4）按照激光类型分：LED、VCSEL、FPLD、DFBL。

（5）按照发射波长分：850、1310、1550nm 等。

（6）按照使用方式分：非热插拔（1×9、SFF），可热插拔（GBIC、SFP、XENPAK、XFP）。

（二）光模块光纤连接器的分类和主要规格参数

光纤连接器是在一段光纤的两头都安装上连接头，光纤连接器的性能有光学性能、互换性、重复性、抗拉强度、温度和插拔次数等。光学性能主要是插入损耗和回波损耗这两个最基本的参数。插入损耗，是指因连接器的导入而引起的链路有效光功率的损耗。插入损耗越小越好，一般要求应不大于 0.5dB。回波损耗是指连接器对链路光功率反射的抑制能力，其典型值应不小于 25dB。实际应用的连接器，插针表面经过了专门的抛光处理，可以使回波损耗更大，一般不低于 45dB。互换性、重复性是指光纤连接器是通用的无源器件，对于同一类型的光纤连接器，一般都可以任意组合使用、并可以重复多次使用，由此而导入的附加损耗一般都在小于 0.2dB 的范围内。光纤连接器抗拉强度一般要求应不低于 90N。一般要求光纤连接器必须在－40～＋70℃的温度下能够正常使用。目前使用的光纤连接器一般都可以插拔 1000 次以上。

光纤连接器分类如下所述。

（1）按照光纤的类型分：单模光纤连接器（一般为 G.652：光纤内径 9μm，外径 125μm）和多模光纤连接器。

（2）按连接器结构形式可分为：FC、SC、ST、LC、D4、DIN、MU、MT 型等，如图 5-4 所示。

1）FC（Ferrule Connector）型连接器：最早由日本 NTT 研制。外部加强件采用金属套，紧固方式为螺丝扣。测试设备选用该种接头较多。一般在光纤配线架侧采用。

2）SC（Square Connector）型连接器：连接 GBIC 光模块的连接器，外壳呈矩形，插针的端面多采用 PC 或 APC 型研磨方式，紧固方式是采用插拔销闩式，不需旋转。此类连接器插拔操作方便、介入损耗波动小、抗压强度较高、安装密度高。路由器交换机上用得最多。

3）ST（Stab and Twist）型连接器：常用于光纤配线架，外壳呈圆形，紧固方式为卡式，插入后旋转半周，有卡口固定。对于 10Base-F 连接来说，连接器通常是 ST 类型，常

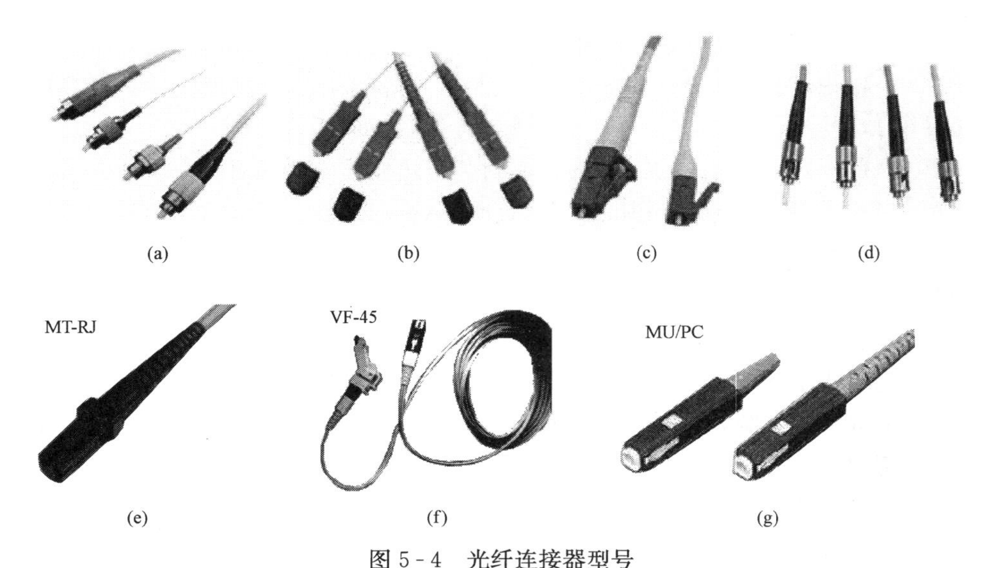

(a) (b) (c) (d)

(e) (f) (g)

图 5-4 光纤连接器型号

(a) FC 光纤连接器；(b) SC 光纤连接器；(c) LC 光纤连接器；(d) ST 光纤连接器；(e) MT-RJ 连接器；(f) VF-45 连接器；(g) MU/PC 连接器

用于光纤配线架。

4) BC (Bionics Connector) 双锥型连接器：由两个经精密模压成形的端头呈截头圆锥形的圆筒插头和一个内部装有双锥形塑料套筒的耦合组件组成，连接器的机械精度较高，因而介入损耗值较小。

5) MT-RJ (Mechanical Transfer Registered Jack) 型连接器——收发一体的方形光纤连接器：由两个高精度塑胶成型的连接器和光缆组成。连接器外部件为精密塑胶件，包含推拉式插拔卡紧机构。适于在电信和数据网络系统中的室内应用。

6) LC (Lucent Connector) 型连接器：采用操作方便的模块化插孔 (RJ) 闩锁机理制成，连接 SFP 模块的连接器。其所采用的插针和套筒的尺寸是普通 SC、FC 等所用尺寸的一半，为 1.25mm。这样可以提高光纤配线架中光纤连接器的密度。路由器常用该型连接器。

7) MU (Miniature Unit Coupling) 型连接器：采用 1.25mm 直径的套管和自保持机构，是最小的单芯光纤连接器，其优势在于实现高密度安装。

(3) 按照光纤连接器连接头内插针端面分：PC (Physical Contact)，SPC (Small Physical Contact)，UPC (Ultra Physical Contact)，APC (Angle Physical Contact)。其中，PC、SPC、UPC 采用微球面研磨抛光工艺，APC 采用呈 8°角并做微球面研磨抛光工艺。

(4) 按照光纤连接器的直径分：$\phi3$，$\phi2$，$\phi0.9$。

(5) 按光纤芯数划分：单芯和多芯 (如 MT-RJ)。

在表示尾纤接头的标注中，常能见到“FC/PC”、“SC/PC”等，其含义如下：“/”前面部分表示尾纤的连接器型号，说明见前述。“/”后面表示光纤接头截面工艺，即研磨方式。

(三) 光模块性能参数

(1) 光模块传输速率。目前，路由器交换机常用的光接口速率有百兆 FE、千兆 GE、10GE 三种类型。光纤千兆速率以太网包括 1000Base-SX、1000Base-LX、1000Base-LH 和 1000Base-ZX 4 个标准。其中，SX 为短距离接口，LX 为长距离接口，LH 和 ZX 为超长距

离接口。1000Base-SX 和 1000Base-LX 既可使用单模光纤，也可使用多模光纤；而 1000Base-LH 和 1000Base-ZX 则只能使用单模光纤。

（2）光模块发射光功率和接收灵敏度。发射光功率是指发射端的光强，接收灵敏度是指可以探测到的最低光强度。两者都以 dBm 为单位，是影响传输距离的重要参数。光模块可传输的距离主要受到损耗和色散两方面的限制。损耗限制的估算公式为

损耗受限距离＝(发射光功率－接收灵敏度)/光纤衰减量

光纤衰减量和实际选用的光纤相关。目前一般的 G. 652 光纤可以做到 1310nm 波段 0. 5dB/km、1550nm 波段 0. 3dB/km，甚至更佳。50μm 多模光纤在 850nm 波段 4dB/km，1310nm 波段 2dB/km。对于百兆、千兆的光模块色散受限远大于损耗受限，可以不作考虑。

（3）10GE 光模块遵循 802. 3ae 的标准，传输的距离和选用光纤类型、光模块光性能相关。

（4）饱和光功率值是指光模块接收端最大可以探测到的光功率，一般为－3dBm。当接收光功率大于饱和光功率的时候同样会导致误码产生。因此对于发射光功率大的光模块不加衰减回环测试会出现误码现象。

（四）光模块举例

（1）SFP-GE-T SFP 电口模块（1. 25Gb/s-100M-RJ45）。

（2）SFP-GE-SX-MM850-A SFP H3C 光模块（850nm-1. 25Gb/s-550M-LC）。

（3）SFP-GE-LX-SM1310-A SFP 单模光模块（1310nm-1. 25Gb/s-10KM-LC）。

（4）SFP-GE-LH40-SM1310 SFP H3C 光模块（1310nm-1. 25Gb/s-40KM-LC）。

（5）SFP-GE-LH40-SM1550 SFP 单模光模块（1550nm-1. 25Gb/s-40KM-LC）。

（6）SFP-GE-LH70-SM1550 SFP 单模光模块（1550nm-1. 25Gb/s-70KM-LC）。

（7）SFP-GE-LX-SM1310-BIDI-SFP 单模光模块（TX1310/RX1490nm-1. 25Gb/s-10KM-单LC）。

（8）SFP-GE-LX-SM1490-BIDI-SFP 单模光模块（TX1490/RX1310nm-1. 25Gb/s-10KM-单LC）。

（9）SFP-FE-SX-MM1310-A SFP H3C 光模块（1310nm-125Mb/s-2KM-LC）。

（10）SFP-FE-LX-SM1310-A SFP 单模光模块（1310nm-125Mb/s-10KM-LC）。

（11）SFP-FE-LH40-SM1310 SFP 单模光模块（1310nm-125Mb/s-40KM-LC）。

（12）SFP-FE-LH80-SM1550 SFP 单模光模块（1550nm-125Mb/s-80KM-LC）。

（13）GBIC-GE-SX-MM850-A GBIC H3C 光模块（850nm-1. 25Gb/s-550M-SC）。

（14）GBIC-GE-LX-SM1310-A GBIC 单模光模块（1310nm-1. 25Gb/s-10KM-SC）。

（15）GBIC-GE-LH40-SM1550A GBIC 单模光模块（1550nm-1. 25Gb/s-40KM-SC）。

（16）GBIC-GE-LH70-SM1550-A GBIC 单模光模块（1550nm-1. 25Gb/s-80KM-SC）。

（17）GBIC-GE-T GBIC 电口模块（1. 25Gb/s-100M-RJ45）。

（五）光路不通的原因

（1）光模块污染。光模块光口暴露在环境中，光口有灰尘进入而污染；使用的光纤连接器端面已经污染，光模块光口二次污染。

（2）尾纤的光接头端面使用不当，端面划伤等；使用劣质的光纤连接器。

（3）光纤型号与光模块不匹配；光模块功率太强；光模块功率太小，光纤线路太长。

（4）网络设备与 SDH 设备之间时隙不对应。

（5）网络设备与 MSTP 设备的以太网端口配置错误。

（6）ODF 跳线错误。

（7）ESD（ElectroStatic Discharge），即“静电放电”损伤。

三、光通道传输容限

光纤线路的容量必须考虑最大衰耗容限和最大色散容限两种方式，选择其中性能差的作为设计依据。

（一）损耗预算

对光缆工程而言应首先计算光纤的最大衰减，根据图 5 - 5 所示的长度中继段内系统光链路连接情况，光纤的衰减常数与光纤的实际长度之积、熔接损耗（平均每个熔接点的损耗与熔接点数量之积）、ODF 连接损耗（制造商提供的 FC/PC 连接器标称连接损耗×2）、S 点及 R 点连接损耗、光纤衰减裕度（不同的特种光缆结构取值不同，例如层绞式 OPGW 光单元结构取 5dB/100km 比较合适）。

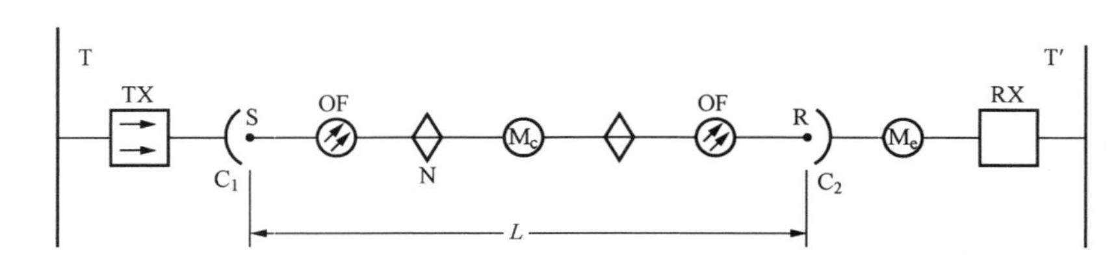

图 5 - 5　长途中继段内系统图

T′、T—符合 ITU-T 建议的光端机和数字复用设备的接口；TX—光端机或光中继器的光发射机；RX—光端机或光中继器的光接收机；S—紧靠在 TX 上光连接器 C_1 后面的光纤点；R—紧靠在 RX 上光连接器 C_2 前面的光纤点；OF—光缆线路；C_1、C_2'—光连接器

光通道余量计算式为

$$A_M = A_f \times L + A_{s'} \times N + A_d \times 2 + A_c \times 2 + M_c \tag{5 - 1}$$

式中　A_M——光通道余量；

A_f——光纤衰减系数；

L——中继距离；

$A_{s'}$——光纤固定接头损耗；

N——固定接头个数；

A_d——光端机与光纤连接的活动接头损耗；

A_c——光缆线路两侧余量损耗；

M_c——光缆线路富余度。

由于电力特种光缆主要是架设在电力输电线路杆塔上，工程要求在地面完成光纤的接续，在光纤中间接续盒处要留有在地面 5m 的接续长度，因此光中继段的光缆长度是输电线路长度与接续长度、进站光缆长度之和，而光纤长度是光缆长度与光纤余长之和。

（二）色散预算

光缆线路的最大色散 D_M 为

$$D_M = D \times L \tag{5-2}$$

式中　D——色散系数；

　　　L——光缆长度。

若实际系统中的参数值未超过式（5-2）所算出的数值，即可通过色散预算。

注意，只有同时通过损耗和色散两种预算，系统设计才算合格。如果此时仍要确定出系统是何种因素的限制系统，则可先不管实际的中继距离是多少，只要算出并比较即可知道。

四、电力典型光缆

（一）光纤复合架空地线（OPGW）

OPGW（见图5-6）包含有金属地线，光纤一般位于结构的中央，起到通信光缆及输电线路地线的双重作用。

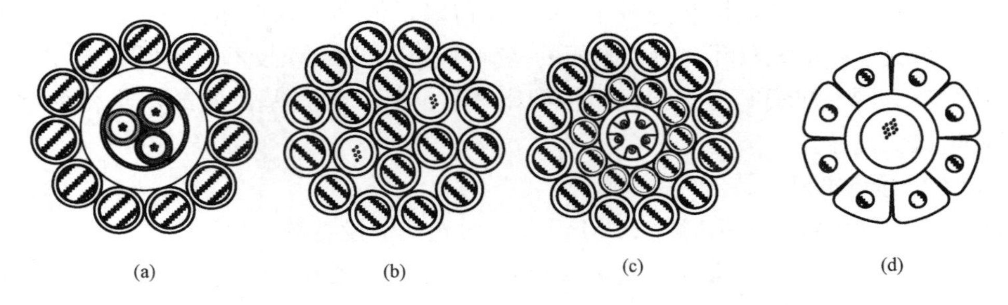

图5-6　OPGW光缆

（a）中心管式；（b）层绞式；（c）中心加强骨架式；（d）护层加强中心束管式

（二）相线复合光缆（OPPC）

OPPC光缆的结构（见图5-7）类似于OPGW，起到通信光缆及输电线路相线的双重作用。最适用于10～35kV没有地线的架空输电线路。对光纤长期运行和短期故障电流引起的温度特性要求比OPGW高。因为在接续点要完成相线和光纤的接续，所以接续装置成本较高。OPPC是发展前景看好的电力通信特种光缆，在很多场合不像ADSS有较多的架设条件限制。工程设计简单，只要结构与材料选择合理使用寿命可以达到30年。

（三）全介质自承式光缆（ADSS）

ADSS光缆完全是一种非金属光缆（见图5-8），通常独立于导线之外，位于杆塔的中部或下部。

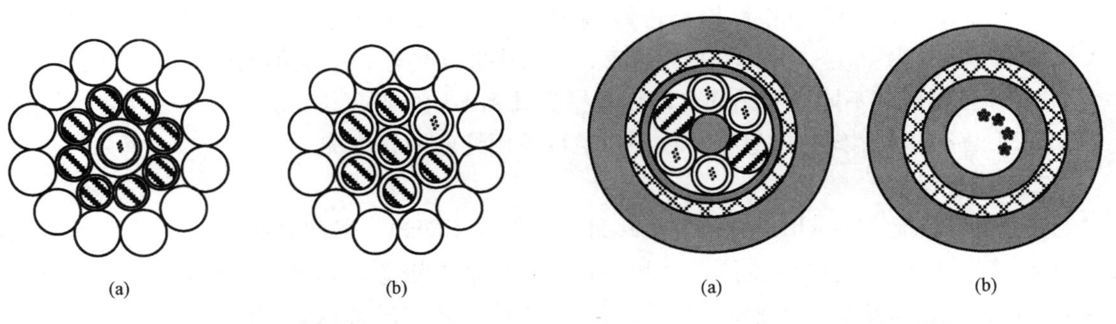

图5-7　OPPC光缆

（a）中心管式；（b）层绞式

图5-8　ADSS光缆

（a）层绞式；（b）中心管式

ADSS具有高抗电痕性能。ADSS光缆加挂于电力线路杆塔上，虽具有很多优势，但也受到很多条件的制约，特别是输电线路周围的强电场会使ADSS光缆的外护套在高于一定的电场强度下产生“干带电弧”而损坏，因此ADSS必须具备一定的抗电痕能力。

（四）金属铠装自承式光缆（MASS）

MASS结构与OPGW相似，但分量较轻，安装位置类似于ADSS。尽管不需要具备OPGW的防雷性能，但需要分担故障电流。

第二节 传输设备

调度数据网业务基于电力通信传输网，电力通信基础网在“十二五”规划中正在进行格局大调整，第一平面的传输网普遍基于SDH光传输，依靠OPGW光缆把全省的220kV及以上电压等级变电站形成双环，第二平面的基础网基于DWDM技术和MSTP技术，智能的ROADM为核心网、MSTP为骨干网，构架南环、北环。通信基础网的双重化为调度数据网的双重化提供支撑。

一、PCM设备介绍

调度数据网的模拟通道是通过PCM设备接入光传输设备的，PCM（Pulse Code Modulation）即脉冲编码调制器，最开始是处理语音信号数字化传输而诞生的。PCM设备具有丰富的接口，可供给继电保护通道数据、远动数据、语音信号接入使用。

我国的PCM采用PCM30/32。其信号处理过程是这样的：语音信号的上限频率为4kHz，取样频率为8kHz，每个取样值非均匀量化为8bit，则一路语音信号数字化处理后，其信息率为8kHz×8bit=64kbit/s，称为一个时隙。采用TDM时间分割多路复用技术，PCM30/32共有32个时隙，出口速率为64kbit/s×32=2048bit/s。即E1接口，俗称为2M口。

PCM设备接口类型有很多，比较常用的有：环路中继接口（FXO接交换机用户线）；用户线接口（FXS直接接电话机）；二线音频接口；四线音频接口；二线E&M接口（Signaling Converter Earth and Minus）；四线E&M接口，远动数据的模拟通道是通过该接口接入；异步RS-232/V.24接口；同步RS-232/RS-422/RS-485接口；V.35接口（1～30×64K带宽）；10Base_T接口（1～30×64K带宽）；G.703同向数据接口，符合G.703规约的64kb/s数据流可通过该接口接入PCM。

PCM设备分为终端型和汇聚型，终端型的PCM设备只有一个中继方向，汇聚型的PCM设备以n×64kbit/s（$n \leqslant 32$）为速率，进行多方向传输，一般不大于16个方向，汇聚型PCM设备可以把不同变电站的自动化数据交叉到不同的调度中心。

PCM设备可采用统一网管平台维护，也可采用终端网管维护。

二、SDH设备

同步数字系统（Synchronous Digital Hierarchy，SDH），采用独特方式封装数据成帧，具有全球统一接口，它以同步传送模块STM-N为基本概念，其模块由信息净负荷（payload）、段开销（SOH）、管理单元指针（AU）构成，其突出特点是利用虚容器方式兼容各种PDH体系。SDH传输网具有智能化的路由配置能力、上下电路方便、维护监控管理能力强、光接口标准统一等优点。

（一）SDH的基本传输原理

SDH采用的信息结构等级称为同步传送模块STM-N（Synchronous Transport Mode，N=1、4、16、64），最基本的模块为STM-1，四个STM-1同步复用构成STM-4，16个STM-1或四个STM-4同步复用构成STM-16；SDH采用块状的帧结构来承载信息，见图5-9每帧由纵向9行和横向270×N列字节组成，每个字节含8bit，整个帧结构分成段开销（Section Overhead）区、STM-N净负荷区（payload）和管理单元指针（AU PTR）区三个区域，其中段开销区主要用于网络的运行、管理、维护及指配以保证信息能够正常灵活地传送，它又分为再生段开销（Regenerator Section Overhead，RSOH）和复用段开销（Multiplex Section Overhead，MSOH）；净负荷区用于存放真正用于信息业务的比特和少量的用于通道维护管理的通道开销字节；管理单元指针用来指示净负荷区内的信息首字节在STM-N帧内的准确位置以便接收时能正确分离净负荷。SDH的帧传输时按由左到右、由上到下的顺序排成串型码流依次传输，每帧传输时间为125μs，每秒传输1/125×1 000 000帧，对STM-1而言每帧字节为8bit×(9×270×1)=19 440bit，则STM-1的传输速率为19 440×8000=155.520Mbit/s；而STM-4的传输速率为4×155.520Mbit/s=622.080Mbit/s；STM-16的传输速率为16×155.520（或4×622.080）=2488.320Mbit/s。

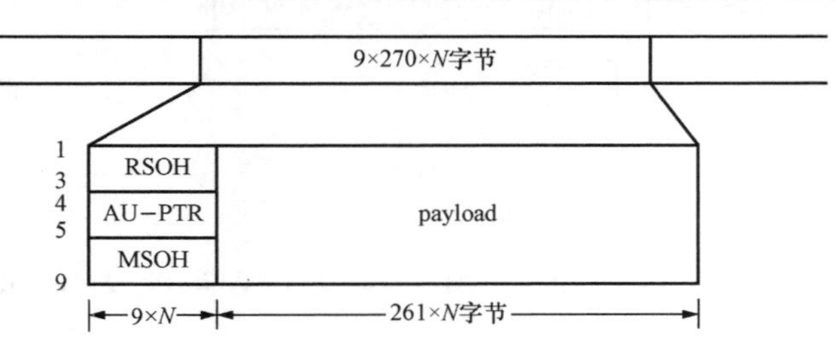

图5-9　STM-N帧结构

SDH传输业务信号时各种业务信号要进入SDH的帧都要经过映射、定位和复用三个步骤：映射是将各种速率的信号先经过码速调整装入相应的标准容器（C），再加入通道开销（POH）形成虚容器（VC）的过程，帧相位发生偏差称为帧偏移；定位即是将帧偏移信息收进支路单元（TU）或管理单元（AU）的过程，它通过支路单元指针（TU PTR）或管理单元指针（AU PTR）的功能来实现；复用则是将多个低价通道层信号通过码速调整使之进入高价通道或将多个高价通道层信号通过码速调整使之进入复用层的过程。

（二）SDH的特点

在国际上有统一的帧结构、数字传输标准速率和标准的光路接口，兼容PDH，形成了全球统一的数字传输体制标准；采用了较先进的分插复用器（ADM），直接分插出低速支路信号；网络具有自愈功能和重组功能；网管功能强大，网络拓扑结构非常灵活；有传输和交换的性能；严格同步，网络稳定可靠、误码少，且便于复用和调整。

（三）与调度自动化数据设备的接口

调度自动化数据的模拟通道和数字通道均采用E1接口与SDH设备互联；数据网的路由器在变电站采用E1接口与SDH设备互联，调度端主站的路由器采用POS口（packet over SDH）与SDH设备互联。

图5-10所示为ITU-T G.703建议的SDH复用映射结构，一个155M中包含63个2M，2M俗称为SDH的一个时隙。2M接入到STM-1方式中，3-7-3复用结构较广泛，即3个2M复用成TUG-2，7个TUG-2复用成TUG-3，3个TUG-3复用成1个VC-4，VC-4加

上开销成为 STM-1。一般采用 3-7-3 复用结构，其虚容器 Y-Z-W 与时隙 N 之间的对应关系可由公式 $N=Y+(Z-1)\times3+(W-1)\times21;Y\leqslant3;Z\leqslant7;W\leqslant3$ 计算，例如：1-2-1 时隙 N 为 4。

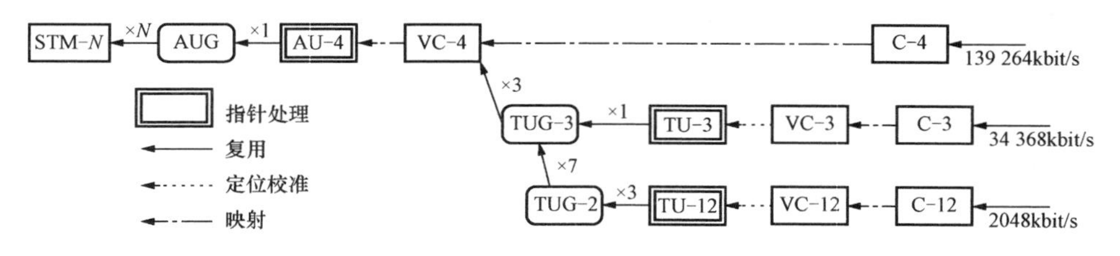

图 5-10　ITU-T G. 703 建议的 SDH 复用映射结构

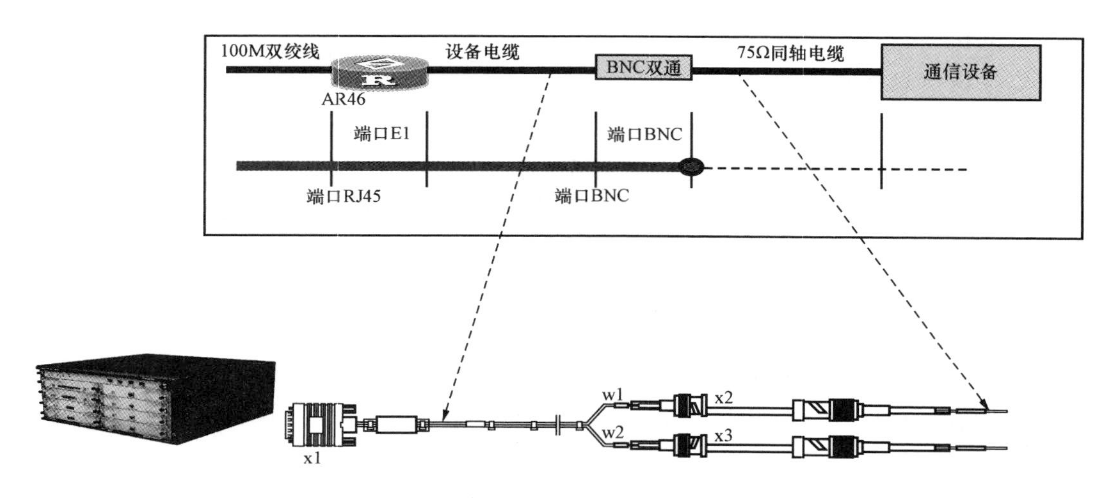

图 5-11　BNC 双通

数据网的路由器在变电站采用 E1 接口与 SDH 设备互联，物理上，变电站路由器采用 BNC 双通电缆与对应 SDH 设备分配时隙的 2M 接口的收/发进行连接，BNC 接口是指同轴电缆接口，BNC 接口用于 75Ω 同轴电缆连接用，提供收（RX）、发（TX）两个通道，它用于非平衡信号的连接，如图 5-11 所示。配置上，路由器的串行接口启用 PPP 协议，分配时隙，IP 地址协商解决。以下为 H3C 的 MSR30～40 的配置。(interface Serial 6/1；link-protocol ppp；fe1 timeslot-list 1-31；ip address ppp-negotiate)。

调度端主站的路由器采用 POS 口与 SDH 设备互联，路由器需配置 POS 接口，负责把 IP 的 Packet 数据包封装到 STM-1 格式，采用光接口 SFP 通过光纤与 SDH 的 155M 光接口互联。

三、MSTP 设备

MSTP（Multi-Service Transport Platform）是指基于 SDH 平台，实现 TDM 业务、ATM 业务、以太网等业务的接入、处理和传送，并提供统一网管的多业务传送节点。MSTP 平台示意图见图 5-13。

（一）EOS 技术

MSTP 的 EOS（Ethernet Over SDH/SONET）关键技术为调度数据网的数据业务接入

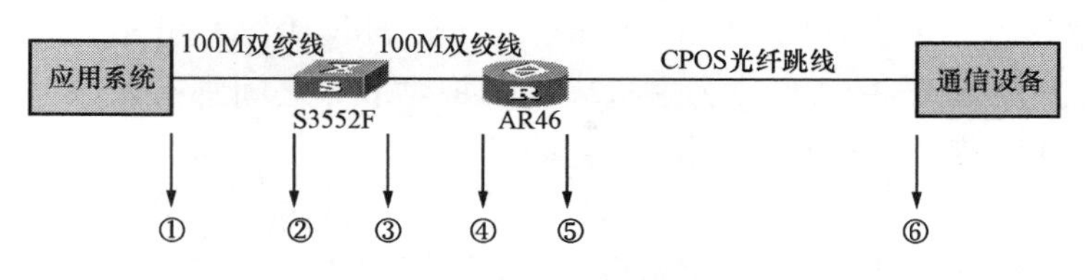

图 5-12　POS 模式

①、②、③、④—FE 接口；⑤—CPOS 接口；⑥—SDH 155Mbit/s 光接口

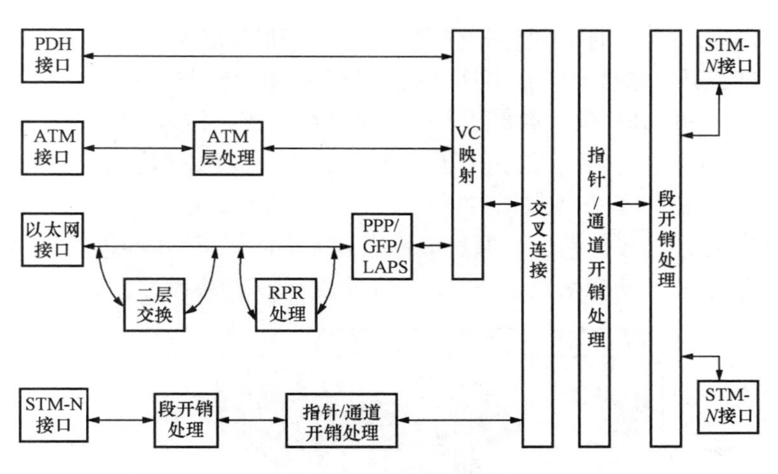

图 5-13　MSTP 平台

提供了友善的平台，如图 5-14 所示。以太网业务通过接入、封装、映射等步骤处理，采用的关键技术有虚级联 VCAT（Virtual Contatenation）、LCAS（Link Capacity adjustment scheme）等，在 SDH/SONET 网络上传输，如图 5-14 所示。

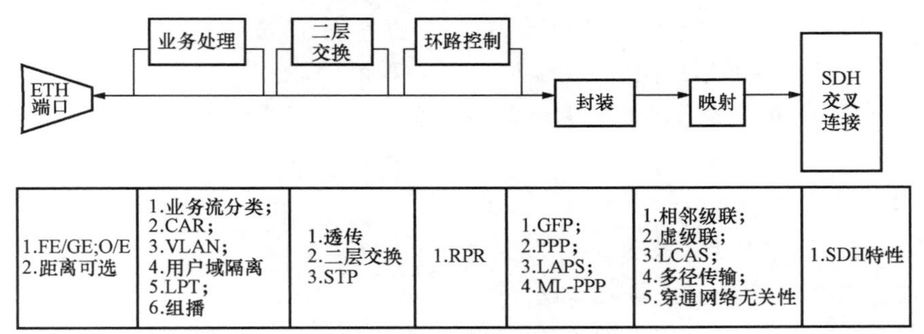

图 5-14　EOS 关键技术

1. 业务接入

MSTP 的以太网接口板分成一层、两层或带有部分路由功能的两层半以太板，在物理上分成电口、光口，速率 FE/GE 可选。

透传业务直接将数据包封装到 SDH 的 VC 中；两层业务利用 IEEE802.1D 透明网桥算法，根据数据包的 MAC 地址，实现以太网接口侧不同以太网端口与系统侧不同 VC 之间的包交换，也可根据 802.1Q 的 VLAN TAG 对数据包交换，提供业务层上的多用户隔离和 VLAN 划分；同时可利用生成树协议 STP 对以太网业务实现二层保护，一些还提供基于

802.1p 的优先级转发。RPR（Resilient Packet Ring）环网为弹性分组环，采用双环（内环和外环）结构，利用 SDH 的 VC 作为虚拟环路，每对节点之间都有两条路径，保证了高可用性，实现所有环路节点带宽动态分配、共享。

2. 数据封装

以太网业务封装到 SDH 帧的方式有 GFP、HDLC、PPP、ML-PPP、LAPS 等方式，其中 GFP（Generic Framing Procedure）通用成帧规程使用较广。

3. 映射

数据帧的映射采用 VC 通道的相邻级联/虚级联来保证数据帧在传输过程中的完整性，VCAT 技术可以使 GFP 帧被分装在不连续的几个 VC 中独立传输，到达接收端后再将数据组合起来恢复成原有的 GFP 帧，类似于 VC 的中继线通道，称为 VC-TRUNK，例如某 VC-TRUNK 绑定 3 个 VC-3，实际上是提供了一条带宽为 3 个 VC-3 容量的虚拟通道，不同 VC 组成的 VC-TRUNK 提供了一条虚拟的通道，用户可利用此通道透明地传送数据，而不必关心分片后的数据经过的具体路径。通过虚级联复帧中的保留字段可实现在某一 VC 通道出现故障时能够自动恢复，动态增删业务时能保证业务无损，映射过程见图 5-15。

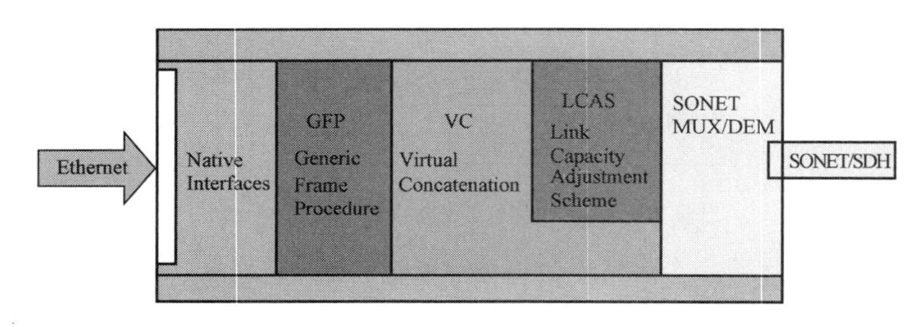

图 5-15 映射过程

比较常用捆绑速率是与 10M/100M/1000M 速率对应的，5 个 VC-12（2M）捆绑成 10Mbit/s，3 个 VC-3（34M）捆绑成 100Mbit/s，7 个 VC-4（155M）捆绑成 1000Mbit/s。

LCAS 可以不中断业务自动调整虚级联组的大小，可以克服 SDH 固定带宽的缺点，实现动态带宽调整。

4. SDH 的交叉连接

完成 VC 之间速率和方向交叉。

（二）与调度自动化数据设备的接口

显然，MSTP 丰富的一层以太网业务板可提供数据网的点对点的业务；两层以太网业务板可以提供点对多点业务，具有部分汇聚功能，特别是针对 LAN 和 VLAN 业务，提供不带 TAG 标记的 ACCESS 接入方式，带 TAG 标记的 TRUNKING 方式，可以带 TAG 标记也可不带 TAG 标记的混合模式，以及 VLAN 的 TAG 标记嵌套的 QinQ 模式；针对电力数据网的 VPN 业务，二层半以太网业务板的 MPLS 功能实现 MPLS VPN 功能，实现端到端的服务。

第三节 远 动 通 道

调度自动化数据传送通道有专线通道和电力调度数据网网络通道两种方式，专线通道分

成模拟通道和数字通道，专线通道因为带宽窄将逐步被淘汰，数据网通道的大带宽、双重化配置是调度数据传输的发展方向，国家已经出台电网调度数据网第二平面项目规划，各省也出台了相应的初步设计。一般而言，专线通道使用 CDT 规约、IEC60870-5-101 规约，数据网通道使用 IEC60870-5-104 规约。

一、模拟通道

模拟通道是借用调度电话的语音通道传输自动化数据。其接口联系图见图 5-16。

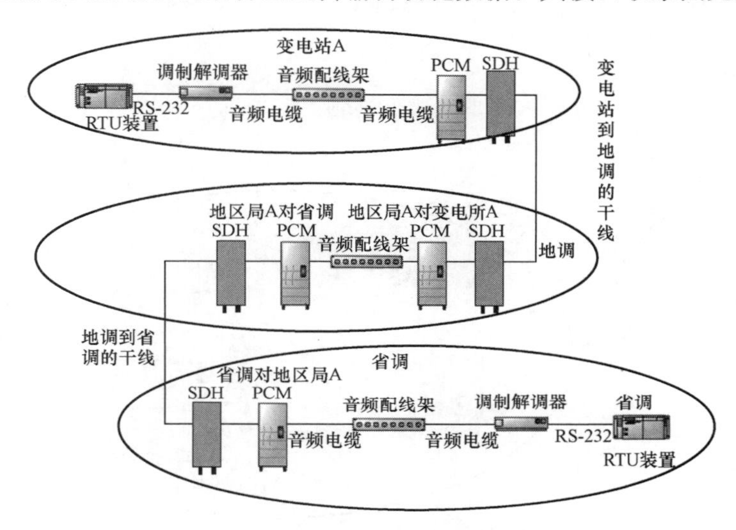

图 5-16　调度自动化数据传送的模拟通道

自动化数据通过远动主机以 RS-232 接口接入 MODEM，MODEM 目前普遍采用的是 2FSK 方式，中心频率为 1700Hz，频率偏移为±400Hz（500Hz），其作用是把远动主机的“1”和“0”分别转为 1700＋400Hz（500Hz）和 1700－400Hz（500Hz）的模拟音频信号后，再通过 4 线音频电缆进入音频配线架 VDF，VDF 的作用是配线，VDF 配线架输出端与 PCM 的某个通道固定连接，其进入 PCM 的接口为 4 线 E&M 接口，速率一般为 1200bit/s，PCM 再把自动化数据域其他的数据流合路成 G. 703 的 2Mbit/s，接入到 SDH 光端机，通过光缆传输到对侧。实际应用中，模拟通道的 MODEM 板后集成了线路加密装置，满足了Ⅰ、Ⅱ区业务与本区业务之间纵向加密的电力二次安全防护的要求。

模拟通道是固定电路连接，通道结构复杂，存在多次 A/D 转换，到省调业务需要通过地区的 PCM 转接，进入 PCM 需进过 VDF，故障点比较多，速率不高，使用高速 MODEM，信号不稳定，容易丢包。因此，模拟通道将逐步被淘汰。

二、数字通道

数字通道使用的是数字数据网 DDN（Digit Data Network），其通道接入如图 5-17 所示。远动主机通过 RJ45 接口以网络的方式接入数字传输设备，浙江省使用的是数字透传设备。各子站端 RTU 终端服务器 RS-232 出口连接当地子站端数据透传时隙复用设备，转换成 2Mbit/s 信号中的对应时隙，该 2Mbit/s 信号通过地区传输网传送到地调机房，直接接入当地 DDN 设备，经过 DDN 网络 64kbit/s 交叉，连接到省调 DDN 3645 设备某一 E1 端口中的某一时隙，通过省调端数据透传时隙复用设备统一送给省调 RTU 装置的 RS-232 接口。

数字透传设备用于将 RS-232 等低速信号映射到 E1 信号的 64kbit/s 时隙中，从而完成数据透明传递。数字通道在本区业务之间加装纵向加密装置，符合二次系统安全防护要求。

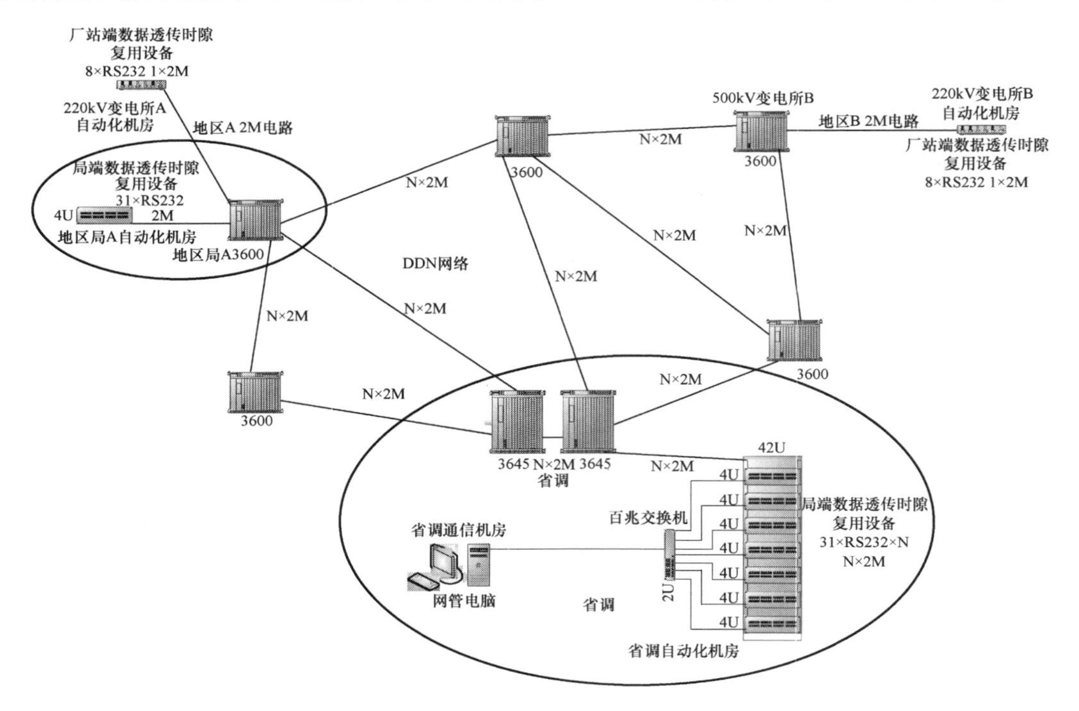

图 5-17 调度自动化数据传送的数字通道

数字通道的承载网 DDN 网络可以提供点对点、点对多点业务，电路可以是永久型虚电路 PVC 或交换型虚电路 SPVC，该网络具有自愈功能。因此，数字通道减少模拟通道多次 A/D 转换及 PCM 转接而引起的通道异常，电路全程数字化、时隙化，无 A/D 转换过程，提供了稳定、可靠、实时、高 QOS 的电信级服务，克服了原有 PCM 专线方式的众多问题。数字通道使用 PVC 通道，仍然属于专用通道，只有当通道故障，依靠 DDN 网络的自愈特性可以进行路由重新分配，一旦占领路由，有无数据，通道都不释放。数字通道将作为数据网通道的主要备份通道。

三、网络通道

数据网通道符合 TCP/IP 协议，子站到主站的数据在电力实时数据网的三层和四层上互联，不需要转发，采用 TCP 协议，面向连接，业务可靠，动态分布带宽。但是第一平面的数据网在运行中也暴露出一些缺点：骨干网 2×2Mb/s 的带宽已不能满足调度业务持续增长和带宽要求较高的新业务的需求；原有设备及板卡已停止生产，系统更新难以实施；系统冗余度不高；调度数据网络除部分核心节点实现双机，其余节点以单机为主，冗余度不满足 N-1 稳定运行要求；第一平面核心骨干节点运行稳定性有待加强；现有调度数据网络核心骨干节点还负责直调厂站接入，随着直调厂站不断增加，新增厂站和通道不断接入，对调度数据网络骨干网安全稳定运行造成不利的影响；单一网络平面增加升级、检修等系统工作的难度；第一平面在网络设备升级改造或检修时，将会影响各类实时在线网络业务的运行。“十二五”规划中，数据网将建设第二平面，取消模拟通道、数字通道，即数据网的双平面将是

调度自动化业务的主要通道。

调度自动化数据网第二平面的网络采用骨干网、接入网两层的扁平化结构，骨干网核心层为国调、网调，骨干层为省调、省调备调节点，省调及省调备调节点为本省到骨干网核心层的出口，接入层为地调。厂站由各级调度机构的接入网接入，接入网再与骨干网互联。每个接入网与骨干网中对应节点采用单归方式背对背互联。为了提高厂站接入的可靠性，每个厂站同时接入两个不同调度级别的接入网，按照地调—省调—网调—国调的顺序将厂站的第二台设备接入其他级别调度接入网，两台设备分别属于不同自治域AS。国调、网调、省调、地调及各级备调节点全部配置单机。骨干网与接入网仍然采用MPLS VPN跨域的方式进行互访，根据业务建设三个VPN，即实时VPN、非实时VPN、新增加应急VPN，跨域技术采用MP-eBGP方式。

第四节　通　信　规　约

一、调度自动化系统涉及的通信规约简介

DL/T 634.5101—2002是国内等同采用国际电工委员会TC-57技术委员会制定的IEC60870-5-101基本远动任务配套标准，DL/T 719—2000是基于IEC60870-5-102的电力系统电能量计量配套标准，DL/T 667—1999是基于IEC60870-5-103继电保护信息接口配套标准，DL/T 634.5104—2002是基于IEC60870-5-104的标准传输协议子集的IEC60870-5-101网络访问，它规定了DL/T634.5101—2002的应用层与TCP/IP提供的传输功能的结合。

二、IEC60870-5-101规约介绍

IEC101规约属于问答式通信规约，符合ISO协议的三层结构的简洁通信机制，包含应用层、链路层和物理层，适用于变电站与控制中心之间串行数据通信，一般采用非平衡方式、异步通信、线路空闲状态为二进制1、两帧之间的线路空闲间隔最少需33位、适用波特率300～9600b/s。共有三种帧格式见图5-18。①单个字节帧，通常用来确认链路服务的数据及用户数据；②固定长帧，通常用于链路层的服务；③可变长帧，通常用于控制站与被控站的用户数据的数据交换。数据校验方式有字节偶校验及帧校验和两种方式，数据传输的内容包含上行的遥测、遥信、电度量、COS、SOE报文，下行的遥控、遥调控制命令，以及一些特殊功能，如对时、传送计划值、参数下载、文件传输、监视设备运行状态等。数据

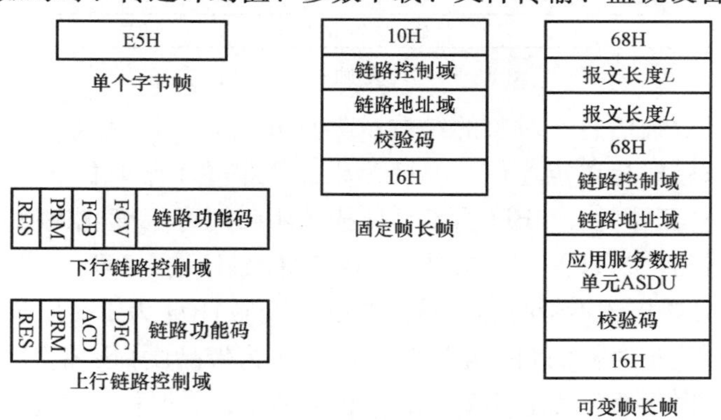

图5-18　三种帧格式及链路控制域格式

分为1级数据和2级数据。通常1级数据包含自发数据，优先级较高；2级数据包含循环、背景扫描数据，优先级低于1级用户数据。当变电站有突发事件时，即使控制站询问2级数据，被控站也可以用1级数据取代2级数据进行回答。

1. 帧结构介绍

如图5-18所示，68H、10H分别为可变帧、固定帧的帧头，用于帧同步。可变帧的报文长度L为ASDU+链路控制域、链路地址域的长度，实际帧长为$L+6$。

链路控制域的结构如图5-18所示，RES=0，为保留位，PRM=1为启动报文，PRM=0，为从动报文；当FCV=1，帧计数器位有效，FCB帧计数器比特位计数有效，传输数据时，该比特呈现交替变化，防止丢帧；当FCV=0，FCB位无效；ACD访问要求位，ACD=1，有1级数据要送，ACD=0，反之。DFC数据流控制位，DFC=0表示可以接收更多后续报文，DFC=1表示更多的后续报文将引起数据溢出。功能码上下行各16种，分别表示不同用途。

链路地址域可以是一个字节或两个字节。华东101细则规定链路地址长度采用一个字节。

校验码CS为“ASDU+链路控制域+链路地址域”的二进制码和校验，属于应用层校验。

ASDU为应用服务数据单元，不同的应用有不同的ASDU。可变帧长的帧结构如图5-19所示。

<table>
<tr><td rowspan="4">固定长报文头</td><td colspan="4">启动字符(68H)</td></tr>
<tr><td colspan="4">L</td></tr>
<tr><td colspan="4">L</td></tr>
<tr><td colspan="4">启动字符(68H)</td></tr>
<tr><td rowspan="9">L个字节长</td><td colspan="4">控制域(C)</td></tr>
<tr><td colspan="4">链路地址域(A)</td></tr>
<tr><td rowspan="7">ASDU</td><td rowspan="4">数据单元标识</td><td rowspan="2">数据单元类型</td><td>类型标识</td></tr>
<tr><td>可变结构限定词</td></tr>
<tr><td colspan="2">传送原因</td></tr>
<tr><td colspan="2">公共地址</td></tr>
<tr><td rowspan="3">信息体</td><td colspan="2">信息体地址</td></tr>
<tr><td colspan="2">信息体元素</td></tr>
<tr><td colspan="2">信息体时标</td></tr>
<tr><td colspan="5">帧校验和(CS)</td></tr>
<tr><td colspan="5">结束字符(16H)</td></tr>
</table>

图5-19　可变帧长的帧结构

类型标识定义了后续信息，对象的结构、类型和格式，详见规约。例如，比较典型的01H为带品质描述不带时标单点遥信；03H为带品质描述不带时标双位遥信，09H为带品质描述不带时标归一化遥测值；0BH为带品质描述不带时标标度化遥测，0DH为带品质描述不带时标短浮点遥测，0FH为带品质描述不带时标累计量，14H为带品质描述不带时标成组遥信，1E为带品质描述不带时标的单位遥信SOE，1FH为带品质描述带时标的双位遥信，22H为带品质描述带时标的归一化遥测值，23H为带品质描述带时标的标度化遥测值，24H为带品质描述带时标短浮点遥测值，25H带品质描述带时标累计量。

可变结构限定词字节见图5-20，SQ=0由信息对象地址寻址单个信息元素或信息元素

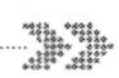

的组合。应用服务数据单元可以由一个或者多个同类的信息对象所组成。数目 N 是一个二进制码，它定义了信息对象的数目。SQ＝1 同类的信息元素序列（即同一种格式测量值）由信息对象地址来寻址。信息对象地址指定了信息元素序列的第一个信息元素的地址。后续信息元素的地址是从这首地址起不断加 1 作偏置而被识别。数目 N 是一个二进制码，它定义了单个信息对象/信息对象组合的数目。在单个信息元素/信息对象组合的序列情况下，每个应用服务数据单元（ASDU）仅安排一种信息对象。

传送原因字节如图 5-21 所示。T 试验位，T＝1，表示试验；P/N 位用于肯定或者否定确认，P/N＝1，表示否定，如遥控返校失败时置 1；其余 6 个比特表示原因。例如：03H 突发，06H 激活，07H 激活确认。

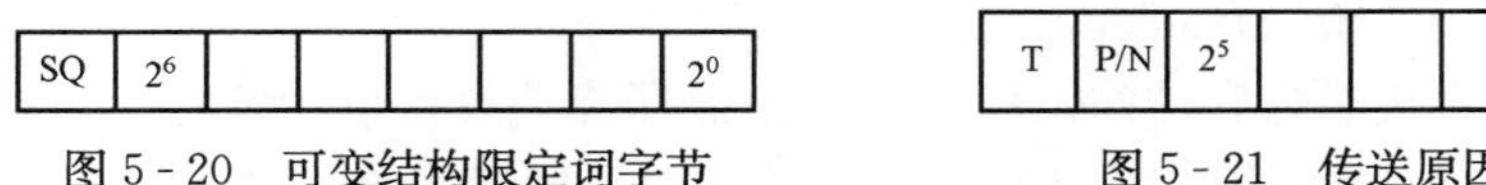

图 5-20　可变结构限定词字节　　　图 5-21　传送原因字节

公共地址是和一个应用服务数据单元内的全部对象联系在一起，一般用于区分变电站。华东 101 规约为 1 个字节。

信息对象地址，即信息体的地址，华东 101 规约为 2 个字节。用于表示不同信息对象的存储空间地址。以下为 IEC101 信息体分布，遥信信息 1H～1000H，4096 个；继电保护信息 1001H～4000H，12288 个；遥测信息 4001H～5000H，4096 个；遥测参数信息 5001H～6000H，4096 个；遥控信息 6001H～6200H，512 个；设定信息 6201H～6400H，512 个；累计量信息，6401H～6600H，512 个；分接头位置信息 6601H～6700H，256 个。注意，华东 101 规约的遥信起始地址为 21H。ASDU 的结构中字节分布见图 5-22。

应用服务数据单元(ASDU)
数据单元标识＋信息体

数据单元标识	类型标识	一个字节
	可变结构限定词	一个字节
	传送原因	一个字节
	公共地址	一个字节
信息体	信息体地址	二个字节
	信息体元素	元素定义
	信息体时标	3个或7个字节
	……	……
	信息体地址n	二个字节
	信息体元素n	元素定义
	信息体时标n	3个或7个字节

图 5-22　ASDU 的结构中字节分布

2. 典型报文介绍

IEC101 规约的第 7 个字节表示帧类别，第 8 个字节表示信息个数，这两个字节比较关键。

例如 101 报文：68 1A 1A68　08 01　1E　02 03 01 0900 00 963732 10 03 03 04　5B00 00 9E 37 32　10 03 03 04 CB 16 为例，进行解读如下：

68 1A 1A 68（帧头，L26 为个字节），08（链路控制域）01（链路地址域）1E（类别标示<30>为单点变位遥信）02（信息数目 2 个遥信对象变位）03（传输原因为：突发）01

（为公共地址）0900（高字节为00H，低字节为09H，0009H=9，即点号或遥信偏移地址为9的开关）00（00H的$b_0=0$，表示分闸），随后为7字节时标，其中，9637（14230ms）32（50分）10（16点）03（3日）03（3月）04（2004年）5B00（高字节为00H，低字节为5BH，005BH=91，即点号或遥信偏移地址为91的开关）00（分闸）9E37（14238ms）32（50分）10（16点）03（3日）03（3月）04（04年）CB（校验码）16（帧尾）

例如101报文：68090968533C 2D 01 063C 026081 E216，其解释如下：

68090968533C 2D（单点遥控）01（一个信息对象）06（传输原因：激活）3C（公共地址）0260（信息对象点号6002H=24578）81（$b_7=1$表示遥控选择，$b_0=1$表示为合闸）E2 16

三、IEC60870-5-102规约介绍

非平衡传输规则主站端为启动站，而电能计量数据终端设备位于计数站，始终为从动站，主站对各终端执行主从问答方式通信。数据传输时采用的帧格式为FT1.2异步字节传输格式。分为固定长帧，可变长帧。可变长帧用于主站向子站传输数据，或子站向主站传输数据。固定长帧用于主站向子站询问数据报文，或子站向主站回答的确认报文。主站查询（或设置）终端各项参数时也通过将参数作为信息对象包含在一帧中来实现。帧结构见图5-23。

固定长帧
10H
控制域
地址
地址
校验和
16H

可变长帧	
68H	
长度*L*低	
长度*L*高	
68H	
控制域	
地址	
地址	
应用服务数据单元	类别标识
	可变结构限定词
	传送原因
	数据终端设备地址
	记录地址
	信息对象1
	……
	信息对象*n*
校验和	
16H	

图5-23　帧结构

1. 帧格式介绍

控制域。43H主站设置终端的参数；45H主站复位终端；46H主站设置终端系统时钟；48H主站召唤终端系统时钟；49H重复上一帧；4AH续传；4BH主站召唤数据；4CH主站查询终端的参数；4DH主站查询终端系统信息；4EH校对密码；80H终端肯定式确认；85H校验不对，终端否定式确认；88H终端带数据的肯定式确认；89H终端无数据响应；8AH所查询的表计不存在；8BH设置参数成功；8CH忙；8DH返回时钟信息；8EH返回终端参数；8FH电表无数据。

链路地址域。不管是由主站发往终端或由终端发往主站，都是指的终端地址(0-255)，其中255为广播地址，即向所有子站发送报文。FFH为专线modem或广播命令。

类别标示符。48H终端返回主站的当前系统时钟；61H读取终端地址；63H读取脉冲

总加；62H 主站读取脉冲/转，转/度；64H 主站读取终端系统参数；65H 读取 TA，TV 变比；66H 主站读取某一选定时间范围内带时标的单点信息；67H 主站设置终端系统参数；69H 校对密码；81H 终端返回给主站的系统参数；86H 设置脉冲总加；87H 设置脉冲/转，转/度；88H 设置 TA，TV 变比；89H 主站设置终端密码；8AH 主站设置终端地址。

ASDU 长度（1 字节）。*n* 单个信息对象的长度。

传送原因（1 字节）：05H 请求或被请求；71H 系统正忙，稍候；72H 要查询的表（表号）不存在。

数据终端设备地址。此项为 2 个字节，是一种出厂标识。

记录地址 1 字节。10H 终端总电量数据库（15min 周期），最多四种；11H 终端分时电量数据库（1h 周期，最多二十种）；12H 终端需量数据库（15min 周期，最多二十种）；13H 终端瞬时量数据库（1h 周期，遥测）；14H 终端报警数据库（1h 周期）；16H 终端失压记录数据库（1h 周期）；70H 密码；71H 校时；74H 终端地址；75H TA，TV 变比；76H 转/度，脉冲/转；78H 脉冲总加。

信息对象描述主站召唤的子站不同类型数据，例如：类型 1 用于对终端存储数据召唤时的响应；类型 2 用于主站召唤终端的电能量数据或终端的事件记录；类型 3 用于主站设置终端时间或终端返回的系统时间 BCD 码；类型 4 用于校对密码以及终端转发表计数据；类型 7 用于终端返回给主站的事件记录，时间为 BCD 码；类型 8 查询或设置抄表方案中某项目的起始和间隔时间，BCD 码；类型 9 查询或设置电量的抄存项目；类型 10 终端返回的表计档案或主站设置终端的表计档案；类型 11 查询或设置分时电量或需量的抄存时刻。

2. 典型报文介绍

例如：召唤数据。

下行报文：

68h，len，len，68h，4bh，ffh，66h，01h，05h，88h，88h，recordaddr，表地址，year，month，day，hour，minute，cs，16h

上行报文：

有数据：68h，len，len，68h，88h，ffh，01h，asdu，01h，05h，88h，88h，recordaddr，数据质量标志，表地址，表地址，year，month，day，hour，minute，second，data……cs，16h

终端无数据：10h，89h，88h，88h，cs，16h

表不存在：10h，8ah，88h，88h，cs，16h

忙：10h，8ch，88h，88h，cs，16h

表无数据：10h，8fh，88h，88h，cs，16h

四、IEC60870-5-104 规约介绍

IEC60870-5-104 规约是被称为 101 规约的网络版本，符合 TCP/IP 四层结构，传输层采用面向连接的 TCP 协议。TCP 的 Port Number 是 2404。增加应用规约控制信息（APCI），采用启/停的传输控制。采用的是平衡式的通信方式，传输启动后，主站和子站都能主动发送信息。选取 IEC101 中定义的 ASDU 并新增了 ASDU 类型。采用 TCP/IP 协议的 Client/Server 结构调度中心主站是 Client 端，RTU 等子站是 Server 端。IEC60870-5-104 工作分层及接口图见 5-24。

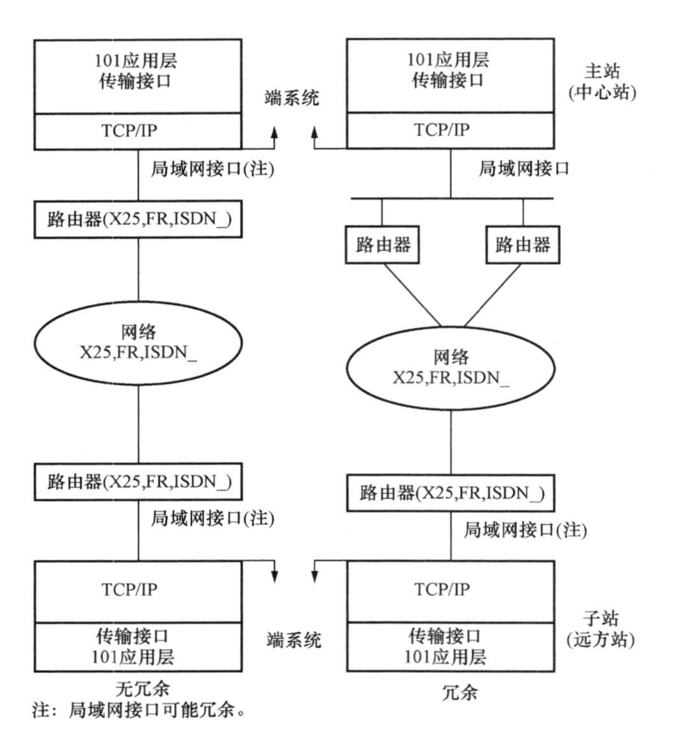

图 5 - 24　IEC 60870-5-104 工作分层及接口

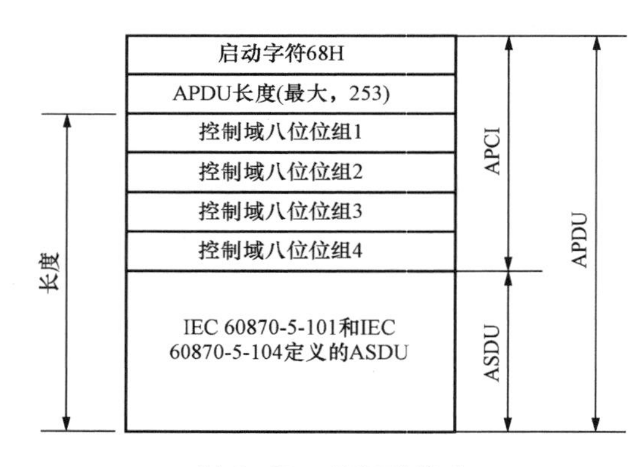

图 5 - 25　APDU 格式

1. 报文类别介绍

报文开始 6 个字节是 APCI（应用规约控制信息）。一帧报文要么不带数据，只有 6 个字节（只有 APCI 部分）：68 04 07 00 00 00。要么带数据，一定大于 6 个字节（APCI＋ASDU）：68 xx 02 00 00 00 xx　xx ⋯ ⋯。

报文开始的第 3，4，5，6 字节是控制域，定义了三种控制域格式。I 格式：控制域第 1 字节的 Bit0＝0，用于传输数据（ASDU）。S 格式：控制域第 1 字节的 Bit1Bit0＝01，用于确认接收的 I 格式数据。U 格式：控制域第 1 字节的 Bit1Bit0＝11，用于控制启动/停止/测试。

控制域 I 格式：I 格式的报文（见图 5 - 26）总是包含数据（ASDU），用于数据传输。一帧报文的长度总是大于 6 个字节。例如：68 10 2C 02 16 00　<u>09 01 03 00 01 00 02 40 00 61 2C 00</u>。

控制域-S 格式：S 格式的报文（见图 5 - 27）只包含 6 字节的头部（APCI），不带数据，用于报文的确认（ACK）。例如：68 04 01 00 2E 02。

控制域-U 格式：U 格式的报文（见图 5 - 28）只包含 6 字节头部，不带数据。一帧报文只有 6 个字节。用于控制，包含 TESTFR，STOPDT 和 STARTDT 三种功能，同时只能激活其中的一种功能。启动（STARTDT）和停止（STOPDT）的控制都由主站发起，先由主站发送生效报文，子站随后确认。测试（TESTFR）报文主站和子站都可以自主发送，由另一方确认。

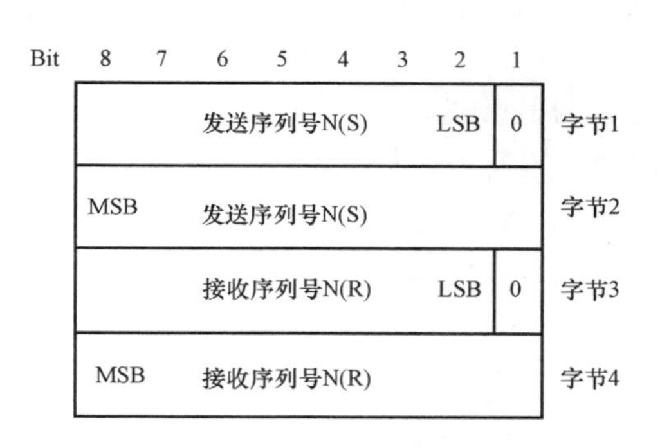

图 5-26　I 格式报文

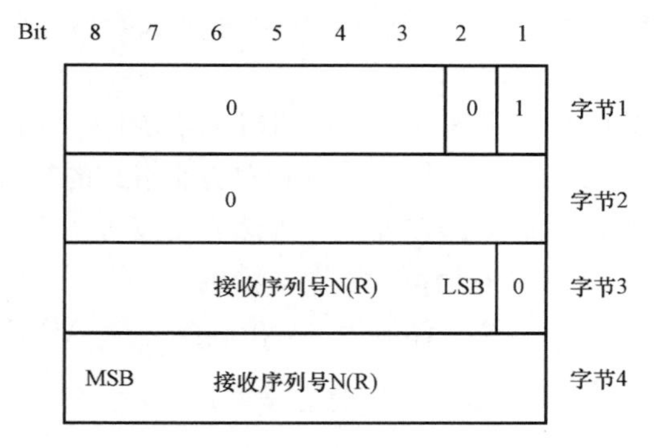

图 5-27　S 格式报文

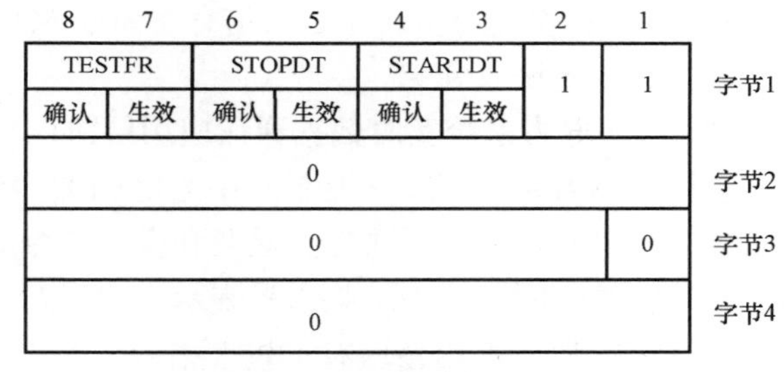

图 5-28　U 格式报文

STARTDT：68 04 07 00 00 00（生效）；68 04 0B 00 00 00（确认）

STOPDT：68 04 13 00 00 00（生效）；68 04 23 00 00 00（确认）

TESTFR：68 04 43 00 00 00（生效）；68 04 83 00 00 00（确认）

2. 报文传输安全控制机制

（1）防止报文丢失和报文重复传送过程（I 帧和 S 帧的应用）。

使用发送序列号和接收序列号。发送序列号 N（S）和接收序列号 N（R）都从 0 起始，此后按顺序加 1。每新建一次 TCP 连接，发送和接收序列号都被设置成 0。发送方增加发送序列号而接收方增加接收序列号。接收方返回的接收序列号表明对收到的所有发送序列号小于该号的报文的有效确认，期待收到下一个以本序列号作为发送序列号的报文。如只在一个方向进行较长的数据传输，就得在另一个方向发送 S 格式认可这些报文。

（2）测试过程（U 帧，TESTFR 的应用）。

未使用但已建立的连接会通过发送测试 APDU（TESTFR＝激活）并得到接收站发回的 TESTFR＝激活确认，在两个方向上进行周期测试。同样，发送数据后，在某个具体时间内没有数据传输，也会启动测试过程，以确保通道畅通。

（3）采用启/停的传输控制过程（U 帧，STARTDT 和 STOPDT 的应用）。

控制站采用 STARTAT 和 STOP 来控制被控站的数据传输，可以保障站间多个连接可使用时，只有一个连接可以用于数据传输，通过 STOP 可中断连接，通过 STARTAT 启用连接，实现不同连接的切换。

（4）端口号。

每个 TCP 地址由一个 IP 地址和一个端口号组成。每个连接到 TCP-LAN 上的设备都有自己特定的 IP 地址，而为整个系统定义的端口号却是一样的。标准要求，端口号 2404 由

IANA（互联网数字授权）唯一定义和确认。

（5）I格式报文的发送方保存和接收方确认机制。

K表示在某一特定时间内未被DTE确认的连续编号的I格式APDU的最大数目。每一I格式帧都按顺序编号，从0到模数 n-1，则 k 值永远不会超过 n-1。

特别规定：

（1）当未确认I格式APDU达到 k 个时，发送方停止传送。

（2）w 是接收方接收到对方I格式的报文未被确认的报文最大数量。一般收到 w 个I报文就必须给发送方确认。当然还要遵守 t_1 和 t_2 的超时限制。

（3）k 的推荐值为12，精确到一个APDU。

（4）w 的推荐值为8，精确到一个APDU。

（5）$w<k$，一般取 $w=\frac{2}{3}k$。

3. 报文举例

104规约如下：680E10080012　2D（单点遥控）01（一个信息对象）0600（传输原因：激活）0100（公共地址）016000（信息对象006001H）00　81（选择合闸）

五、DL476协议介绍

DL476《电力系统实时数据通信应用层协议》（以下简称476协议）第一版起草于1992年，适用于电力系统调度（控制）中心之间的实时数据通信。2011年重新修订，增加了控制命令数据单元，细化了遥控、遥调和设点命令的数据块格式；调整了数据块类型编码；增加了原因码的说明；改进了状态量表示方式；对通信端口号及连接方式做了更具体的说明。目前，DL476协议应用领域有了较大拓展，基于DL476协议可以完成CIM/G图形文件传输与数据刷新，实现调控中心远程浏览变电站监控系统图形界面功能；变电站监控系统告警直传功能，也可以通过DL476协议完成告警文本报文的传输。

DL476协议文本主要描述了通信报文及数据格式、控制序列及服务原语。规定了协议控制、基本数据、扩充数据三种类型报文的帧结构及其用途。把只实现前两种类型的称为0型规程，三种类型全部实现的称为1型规程。

1. 协议控制类型报文结构

协议控制报文用于双方通信进程之间联系的建立、释放、放弃或复位。协议控制AP-DU（应用规约数据单元）报文帧由“报文头+参数表”两部分组成，报文头固定6个字节。协议控制APDU帧报文头格式如图5-29所示，参数表字节长度由报文头的“参数域长度”决定，若参数域长度为零，则协议控制报文帧只有6个字节。

第一字节控制域由“地址扩展+APDU编码”组成，低7位编码规定了该帧报文的功能及其用途，控制域格式及协议控制APDU编码含义说明如图5-30所示。

控制域字节的最高位是地址扩展位，0表示在与A-ASSOCIATE相关的APDU里无地址参数字段，1表示在与A-ASSOCIATE相关的APDU里有地址参数字段。

第二字节“运行模式”主要用于确定遥测、遥信的传送方式，该字节的各位表示的含义如图5-31所示。

位置	8	7	6	5	4	3	2	1
第 1 个八位位组	控制域							
第 2 个八位位组	运行模式							
第 3 个八位位组	状态标识							
第 4 个八位位组	原因码							
第 5 个八位位组	参数域长度（低）							
第 6 个八位位组	参数域长度（高）							

图 5-29　协议控制 APDU 帧报文头格式

Bit 位置	8	7	6	5	4	3	2	1
控制域格式	地址扩展	协议控制的 APDU 编码						

协议控制的 APDU 编码	协议控制的 APDU 名称	协议控制的 APDU 功能
0000001	A-ASSOCIATE	联系
0000010	A-ASSOCIATE-ACK	联系确认
0000011	A-ASSOCIATE-NAK	联系否认
0000100	A-RELEASE	释放
0000101	A-RELEASE-ACK	释放确认
0000110	A-RELEASE-NAK	释放否认
0000111	A-ABORT	放弃
0001000	A-RESET	复位
0001001	A-RESET-ACK	复位确认

图 5-30　控制域格式及协议控制 APDU 编码

位置	8	7	6	5	4	3	2	1
运行模式格式	规格类型				测量量方式		状态量方式	

编码	测量量传送方式定义	状态量传送方式定义
00	暂无定义	暂无定义
01	测量量变化幅度超过规定范围，单个传送	状态量变位，单个传送
10	测量量变化幅度超过规定范围，成组传送	状态量变位，成组传送
11	暂无定义	暂无定义

图 5-31　控制域格式及协议控制 APDU 编码

第三字节“状态标识”只用最高位。0：本机不在线；1：本机在线。

第四字节“原因码”描述数据交互控制过程出现的状况。原因二进制编码与含义对照关系如图5－32所示。

原因编码	定义	备注
00000001	确认操作成功	
00000010	受权码错，无权操作	
00000011	请求运行模式错	
00000100	本节点非主机	
00000101	源节点名错或源进程名错	
00000110	目的节点名错或目的进程名错	
00000111	对方节点层次低	
00001000	双方运行模式不兼容	
00001001	数据库与数据索引表版本不一致	
00001010	双方数据索引表版本不一致	
00001011	接收到不可识别的 APDU	
00001100	接收到不可识别的数据块	
00001101	双方协议版本不一致	
00010001	控制操作激活	
00010010	控制操作激活确认	
00010011	控制操作停止激活	
00010100	控制操作停止激活确认	
00010101	控制操作结束	
00010110	控制操作类型错误	
00010111	控制操作原因码错误	
00011000	控制操作序号错误	
其他编码	暂无定义	

图 5－32　原因二进制编码与含义对照关系

第五、六字节描述“参数域”长度，用 16 位表示参数部分的八位位组总数。对于与建立联系无关的 APDU（A-RELEASE APDU，A-RELEASE-ACK APDU，A-RELEASE-NAK APDU，A-ABORT APDU，A-RESET APDU，A-RESET-ACK APDU），其参数域长度必须为 0。对于与建立联系有关的 APDU（A-ASSOCIATE APDU，A-ASSOCIATE-ACK APDU，A-ASSOCIATE-NAK APDU），若参数域长度不为 0，则表示该 APDU 带有参数；若参数域长度为 0，则表示该 APDU 不带参数。

参数格式：适应于与建立联系有关的 APDU，其中地址参数的有无，取决于地址扩展位，其位置及长度是固定的。若用户需扩充参数，可将新参数序列放在固定部分之后，用报头中参数域长度字段统一计数，但参数的意义需由双方人员协商确定。参数编码与定义对照关系如图 5 - 33 所示。

参数编码	定义	备注
4 个八位位组	授权码	确定参数 建立联系时， 双方协商。
2 个八位位组	缓冲区长度	
1 个八位位组	窗口尺寸	
1 个八位位组	扩充用	
2 个八位位组	协议版本号	
4 个八位位组	目的节点	地址参数（可选）
4 个八位位组	源节点	
6 个八位位组	目的进程	
6 个八位位组	源进程	
n 个八位位组	扩充参数	扩充参数

图 5 - 33　参数编码与定义对照关系

授权码占 4 个八位位组，表示通信双方预先约定的保护密码、访问特权等信息。

缓冲区长度、窗口尺寸和协议版本号，建立联系时由双方协商确定。

目的节点、源节点、目的进程和源进程域：是可选参数，地址格式取决于具体系统，可由双方有关人员协商确定。

2. 基本数据类型报文结构

(1) 报文头结构。

基本数据报文用于数据的接收、发送及应答控制。基本数据 APDU 帧由“报头＋数据域”组成，报文头 6 个字节，基本数据应答 APDU 只有报文头四个字节。其格式如图 5 - 34 所示。

基本数据 APDU 报文头	8	7	6	5	4	3	2	1
第 1 个八位位组	控制域							
第 2 个八位位组	接收序号（NR）							
第 3 个八位位组	发送序号（NS）							
第 4 个八位位组	优先级							
第 5 个八位位组	长度域（低）							
第 6 个八位位组	长度域（高）							

基本数据应答 APDU 报文头	8	7	6	5	4	3	2	1
第 1 个八位位组	控制域							
第 2 个八位位组	接收序号（NR）							
第 3 个八位位组	扩充用							
第 4 个八位位组	原因码							

图 5 - 34　基本数据及其应答报文头格式

控制数据 APDU 报头格式及控制数据应答 APDU 报头都是 6 个字节，格式如基本数据报头。各个字节的含义说明如下：

第一个字节是控制域，最高位表示数据报文是否传输完整，0 表示该 APDU 为最后一个 APDU，1 表示该 APDU 还有后继 APDU。控制域低 7 位编码表示该报文的基本作用，含义如图 5-35 所示。

基本数据的 APDU 编码	基本数据的 APDU 名称	基本数据的 APDU 功能
0001010	A-DATA	数据
0001011	A-DATA-ACK	数据确认
0001100	A-DATA-NAK	数据否认
0010100	A-CTRL	控制
0010101	A-CTRL-ACK	控制确认
0010110	A-CTRL-NAK	控制否认

图 5-35　控制域低 7 位编码及其含义

第二个字节是接收序号（NR），以 256 为模。在基本数据、控制数据、扩充数据 APDU 中表示已正确收到 NR-1 号及以前所有数据，期望接收 NR 号指向的数据，因而接收序号（NR）也称期望序号；在 A-DATA- NAK　APDU 中强调未正确收到 NR 号及以后所有 A-DATA　APDU，请求重发。

第三个字节是发送序号（NS），以 256 为模。在 A-DATA APDU 中为该 APDU 的发送顺序号；在 A-DATA-ACK　APDU 或 A-DATA-NAK　APDU 中无意义。

第四个字节是优先级，取值为 0～255。当优先级为 255 时，表示紧急 APDU，优先传送；取值非 255 时，如何处理由双方人员协商。

第五、六个字节是长度域。APDU 长度是指数据 APDU 中数据部分的八位位组总数。

基本数据应答 APDU 报文头的第四字节是原因码，用于 A-DATA-ACK　APDU 和 A-DATA-NAK　APDU、A-CTRL　APDU、A-CTRL-ACK　APDU、A-CTRL-NAK　APDU，其编码及含义见图 5-32 所示。

（2）数据域格式。

在数据 APDU、探询数据 APDU 的数据域中可含有 1 个或多个数据块。在控制 APDU 的数据域中只能含有 1 个数据块。每个数据块的格式如图 5-36 所示。

	位置	8	7	6	5	4	3	2	1
块标	第 1 个八位位组	数据块类型（BID）							
	第 2 个八位位组	数据索引表号							
	第 3 个八位位组	数据块长度（低）							
	第 4 个八位位组	数据块长度（高）							
数据块	第 5-n 个八位位组	数据项							

图 5-36　数据块格式

第一个字节是数据块类型，用不同的编码来区别不同的数据表示格式。数据块类型编码及含义如图 5－37 所示。

数据块类型编码（BID）									数据块类型名称
二进制								十进制	
8	7	6	5	4	3	2	1		
00000001								1	全测量量整型块
00000010								2	全测量量实型块
00000011								3	全状态量块
00000100								4	成组测量量整型块
00000101								5	成组测量量实型块
00000110								6	成组状态量块
00000111								7	变化测量量整型块
00001000								8	变化测量量实型块
00001001								9	变化状态量块
00001010								10	时标测量量整型块
00001011								11	时标测量量实型块
00001100								12	时标状态量块
00001101								13	时标成组测量量整型块
00001110								14	时标成组测量量实型块
00001111								15	时标成组状态量块
00010000								16	时标电能量整型块
00010001								17	时标电能量实型块
00010010								18	时标双精度电能量整型块
00010011								19	时标双精度电能量实型块
00010100								20	压缩型成组状态量块
00010101								21	设定点命令整型块
00010110								22	设定点命令实型块
00010111								23	设定点命令时标整型块
00011000								24	设定点命令时标实型块
00011001								25	单点开关命令块
00011010								26	单点开关命令时标块
00011011								27	双点开关命令块
00011100								28	双点开关命令时标块
00011101								29	升降命令块
00011110								30	升降命令时标块
00011111								31	画存码块
00100000								32	1 个八位位组整型块
00100001								33	2 个八位位组整型块
00100010								34	4 个八位位组整型块
00100011								35	4 个八位位组整型块
00100100								36	8 个八位位组整型块
00100101								37	8 个八位位组整型块
00100110								38	时间块
00100111								39	ASCII 码块
00101000								40	BCD 码块
00101001								41	汉字码块

图 5－37　数据块类型编码及含义

第二个字节是数据索引表号，指双方约定的数据索引表的编号。

第三、四个字节是数据块长度指数据项部分的八位位组总数。

第五字节开始是具体的数据项内容。

3. 典型数据块类型报文结构

(1) 全测量量整型块（BID 为 1）。

每个整型测量量占 3 个八位位组，整型测量值用整数补码形式表示。各测量量从起始测量量序号开始按数据索引表规定的顺序排放。格式如图 5-38 所示。

	位置	8	7	6	5	4	3	2	1
块标	第 1 个八位位组	数据块类型（BID=1）							
	第 2 个八位位组	数据索引表号							
	第 3 个八位位组	数据块长度（低）							
	第 4 个八位位组	数据块长度（高）							
数据起始序号	第 5 个八位位组	起始测量量序号（低）							
	第 6 个八位位组	起始测量量序号（高）							
测量量 1	第 7 个八位位组	整型测量量 1（低）							
	第 8 个八位位组	整型测量量 1（高）							
	第 9 个八位位组	整型测量量 1 质量码							
……	……	……							
测量量 n	第 $3n+4$ 个八位位组	整型测量量 n（低）							
	第 $3n+5$ 个八位位组	整型测量量 n（高）							
	第 $3n+6$ 个八位位组	整型测量量 n 质量码							

图 5-38　全测量量整型块格式

整型测量量质量码描述该数值实时属性，应用程序可根据品质码决定取舍。质量码具体定义如图 5-39 所示。

8	7		6		5		4		3		2	1
备用	更新位		无效位		告警位		人工位		估计位		不用	不用
	0	1	0	1	0	1	0	1	0	1		
	数据未停止更新	数据停止更新	数据有效	数据无效	数据未引起告警	数据引起告警	数据是自动采集的	数据是人工置入的	数据不是状态估计导出的	数据是状态估计导出的		

图 5-39　质量码定义

(2) 全测量量实型块（BID 为 2）。

每个实型测量量占 5 个八位位组，实型测量值用浮点数表示，具体格式双方协商确定。质量码的定义见图 5-39，各测量量从起始测量量序号开始按数据索引表规定的顺序排放。格式如图 5-40 所示。

（3）全状态量块（BID 为 3）。

每个状态量占 1 个八位位组，状态值用 1 个比特或 2 个比特表示。当用 1 个比特表示时，状态值是最低位（bit1），0 表示断开状态或异常状态、1 表示闭合状态或正常状态。当用 2 个比特表示时，状态值是最低两位（bit2、1），00 表示异常状态、01 表示断开状态或异常状态、10 表示闭合状态或正常状态、11 表示异常状态。质量码定义见图 5-39。状态量从起始状态量序号开始按数据索引表规定的顺序排放。格式见图 5-41。

	位置	8	7	6	5	4	3	2	1
块标	第 1 个八位位组	数据块类型（BID=2）							
	第 2 个八位位组	数据索引表号							
	第 3 个八位位组	数据块长度（低）							
	第 4 个八位位组	数据块长度（高）							
数据起始序号	第 5 个八位位组	起始测量量序号（低）							
	第 6 个八位位组	起始测量量序号（高）							
测量量 1	第 7 个八位位组	实型测量量 1（低）							
	第 8 个八位位组	实型测量量 1							
	第 9 个八位位组	实型测量量 1（高）							
	第 10 个八位位组	实型测量量 1							
	第 11 个八位位组	实型测量量 1 质量码							
……	……	……							
测量量 n	第 $3n+4$ 个八位位组	实型测量量 n（低）							
	第 $3n+5$ 个八位位组	实型测量量 n							
	第 $3n+6$ 个八位位组	实型测量量 n（高）							
	第 $3n+7$ 个八位位组	实型测量量 n							
	第 $3n+8$ 个八位位组	实型测量量 n 质量码							

图 5-40　全测量量实型块格式

	位置	8	7	6	5	4	3	2	1
块标	第 1 个八位位组	数据块类型（BID=3）							
	第 2 个八位位组	数据索引表号							
	第 3 个八位位组	数据块长度（低）							
	第 4 个八位位组	数据块长度（高）							
数据起始序号	第 5 个八位位组	起始测量量序号（低）							
	第 6 个八位位组	起始测量量序号（高）							
		8	7	6	5	4	3	2	1
一个比特表示		质量码						0	值
二个比特表示		质量码						值	
状态量	第 7 个八位位组	状态量 1							
	第 8 个八位位组	状态量 2							
	……	……							
	第 $n+6$ 个八位位组	状态量 n							

图 5-41　全状态量块格式

(4) 变化测量量整型块(BID 为 7)和变化测量量实型块(BID 为 8)。

变化测量量整型块和变化测量量实型块，主要用于传输变化幅度超过规定范围的单个测量量。测量量序号是双方预先约定的，应与数据索引表一致。质量码定义见图 5-39。变化测量量整型块格式见图 5-42，变化测量量实型块见图 5-43。

	位置	8	7	6	5	4	3	2	1
块标	第 1 个八位位组	数据块类型(BID=7)							
	第 2 个八位位组	数据索引表号							
	第 3 个八位位组	数据块长度(低)							
	第 4 个八位位组	数据块长度(高)							
测量量 1	第 5 个八位位组	整型测量量 1 组序号(低)							
	第 6 个八位位组	整型测量量 1 组序号(高)							
	第 7 个八位位组	整型测量量 1(低)							
	第 8 个八位位组	整型测量量 1(高)							
	第 9 个八位位组	整型测量量 1 质量码							
……	……	……							
测量量 n	第 $5n$ 个八位位组	整型测量量 n 组序号(低)							
	第 $5n+1$ 个八位位组	整型测量量 n 组序号(高)							
	第 $5n+2$ 个八位位组	整型测量量 n(低)							
	第 $5n+3$ 个八位位组	整型测量量 n(高)							
	第 $5n+4$ 个八位位组	整型测量量 n 质量码							

图 5-42　变化测量量整型块格式

	位置	8	7	6	5	4	3	2	1
块标	第 1 个八位位组	数据块类型(BID=8)							
	第 2 个八位位组	数据索引表号							
	第 3 个八位位组	数据块长度(低)							
	第 4 个八位位组	数据块长度(高)							
测量量 1	第 5 个八位位组	实型测量量 1 组序号(低)							
	第 6 个八位位组	实型测量量 1 组序号(高)							
	第 7 个八位位组	实型测量量 1(低)							
	第 8 个八位位组	实型测量量 1							
	第 9 个八位位组	实型测量量 1(高)							
	第 10 个八位位组	实型测量量 1							
	第 11 个八位位组	实型测量量 1 质量码							
……	……	……							
测量量 n	第 $7n$-2 个八位位组	实型测量量 n 组序号(低)							
	第 $7n$-1 个八位位组	实型测量量 n 组序号(高)							
	第 $7n$ 个八位位组	实型测量量 n(低)							
	第 $7n+1$ 个八位位组	实型测量量 n							
	第 $7n+2$ 个八位位组	实型测量量 n(高)							
	第 $7n+3$ 个八位位组	实型测量量 n							
	第 $7n+4$ 个八位位组	实型测量量 n 质量码							

图 5-43　变化测量量实型块格式

4. 476协议报文解析

利用已掌握的报文结构知识，解析476协议原始报文是自动化专业技术人员的基本技能之一。获取一段476协议原始报文实例如图5-44所示，逐个字节分析，解析报文含义。

0a af 37 00 a8 01 08 00 a4 01 03 00 9b 0a f4 c3 00 05 00 48 d9 63 43 00 06 00 cb b7 65 43 00 07 00 47 b8 63 43 00 22 00 06 bc 35 c3 00 24 00 29 d9 14 40 00 2a 00 a8 0c 48 42 00 2c 00 18 06 48 42 00 2e 00 d8 13 48 42 00 30 00 a8 0c 48 42 00 …… 2b 05 33 72 1d 42 00 30 05 f0 ff 47 42 00。

图5-44　DL476协议原始报文实例

476协议报文由“报文头+数据域”构成，首先看报文头第一字节的低七位编码，实例中是0a，查表可知是基本数据APDU类型的“数据”，即实例是一帧数据帧。由基本数据类型可知，报文头长度为6字节，即：0a af 37 00 a8 01；数据块为08 00 a4 01 03 00 9b 0a f4 c3 00 05 00 48 d9 63 43 00 06 00 cb b7 65 43 00 07 00 47 b8 63 43 00 22 00 06 bc 35 c3 00 24 00 29 d9 14 40 00 2a 00 a8 0c 48 42 00 2c 00 18 06 48 42 00 2e 00 d8 13 48 42 00 30 00 a8 0c 48 42 00 … 2b 05 33 72 1d 42 00 30 05 f0 ff 47 42 00。

分析6字节报文头，第一字节控制域0a，最高位表示数据报文是否传输完整，0表示该APDU为最后一个APDU；低7位编码0001010表示该APDU为A-DATA，即数据功能帧。第二字节接收序号af（十进制175），表示前174帧都已接受正确，期望对方传送175帧。第三字节是发送序号37（十进制55），表示本发送帧为第55帧。第四字节为优先级00，表示该帧是非优先传送的普通帧。第五、六字节长度域（先低后高），实际长度01a8（十进制424），表示该帧数据域长度424字节。

数据域部分由“块标+数据块”组成。块标4字节08 00 a4 01，第一字节数据块类型08，是变化测量量实型块；第二字节数据索引表号00，双方约定的信息表对应关系；第三、四字节数据块长度（先低后高），实际长度01a4（十进制420），表示该数据块长度420字节。

数据块描述数据内容，根据变化测量量实型块定义，每个实型测量值由“2字节地址+4字节浮点数+1字节质量码”组成，按照该规则将报文解析如图5-45所示。

序号	原始编码	组序号	浮点数编码	浮点数值	质量码
1	03 00 9b 0a f4 c3 00	03 00	9b 0a f4 c3	-488.083	00
2	05 00 48 d9 63 43 00	05 00	48 d9 63 43	227.849	00
3	06 00 cb b7 65 43 00	06 00	cb b7 65 43	229.718	00
4	07 00 47 b8 63 43 00	07 00	47 b8 63 43	227.720	00
5	22 00 06 bc 35 c3 00	22 00	06 bc 35 c3	−181.734	00
6	24 00 29 d9 14 40 00	24 00	29 d9 14 40	2.326	00
7	2a 00 a8 0c 48 42 00	2a 00	a8 0c 48 42	50.012	00
8	2c 00 18 06 48 42 00	2c 00	18 06 48 42	50.006	00
9	2e 00 d8 13 48 42 00	2e 00	d8 13 48 42	50.019	00
10	30 00 a8 0c 48 42 00	30 00	a8 0c 48 42	50.012	00
…	…	…	…	…	…
59	2b 05 33 72 1d 42 00	2b 05	33 72 1d 42	39.362	00
60	30 05 f0 ff 47 42 00	30 05	f0 ff 47 42	49.999	00

图5-45　报文解析

第六章

电力调度数据网络

【内容概述】 电力调度数据网是厂站与主站的主要通信方式之一，并且在各种通信方式中占有越来越重要的地位。本章首先介绍了计算机网络、交换技术以及路由技术方面的基础知识。同时，对自动化数据网所涉及的技术，包括OSPF路由协议、BGP路由协议、VPN以及MPLS的基本概念进行了介绍。

第一节　数据网络基础

一、网络体系结构与网络协议

（一）网络协议

网络中的计算机与终端间要想正确地传送信息和数据，必须在数据传输的顺序、数据的格式及内容等方面有一个约定或规则，这种约定或规则称作协议。网络协议主要由语义、语法、时序三个组成部分。

1. 语义

对协议元素的含义进行解释，不同类型的协议元素所规定的语义是不同的。例如需要发出何种控制信息、完成何种动作及得到的响应等。

2. 语法

将若干个协议元素和数据组合在一起用来表达一个完整的内容所应遵循的格式，也就是对信息的数据结构做一种规定。例如用户数据与控制信息的结构与格式等。

3. 时序

对事件实现顺序的详细说明。例如在双方进行通信时，发送点发出一个数据报文，如果目标正确收到，则回答源点接收正确；若接收到错误的信息，则要求源点重发一次。

由此可以看出，协议（Protocol）实质上是网络通信时所使用的一种语言。

（二）网络体系结构

网络体系结构定义计算机设备和其他设备如何连接在一起以形成一个允许用户共享信息和资源的通信系统。网络体系结构在层中定义，如果这个标准是开放的，它就向厂商们提供了设计与其他厂商产品具有协作能力的软件和硬件的途径。然而，考虑到大量的现存事实上的标准，许多厂商只能简单地决定提供支持许多在工业界使用的不同协议，而不是仅仅接受一个标准。

OSI模型是国际标准化组织创建的一种标准，它为开放式系统环境定义了一种分层模型。如果两个系统采用了相同的OSI层通信协议，在一台计算机上运行的一个进程就可以和另一台计算机上的类似进程通信。OSI 模型的设计是为了帮助开发人员创造可以与多厂商产品系列兼容的应用程序，以及增进开放和互操作的联网系统。虽然 OSI 还没有摆脱只是一种计划的局面，但是它的模型仍然被用于描述和定义不同厂商的产品如何通信。在 OSI 模型中，每层完成一定的功能，每层都直接为其上层提供服务，并且所有层次都互相支持。第四～七层主要负责互操作性，而第一～三层则用于创造两个网络设备间的物理连接。

第一层：物理层（Physical Layer）对应于基本网络硬件。例如，IEEE 802.3ab 规范属于第一层，给出了在双绞线上传输千兆以太网硬件的详细规范。

第二层：数据链路层（Data Link Layer）协议规定怎样把数据组织成帧（frame）及怎样在网络中传输帧。

第三层：网络层（Network Layer）协议规定怎样分配地址，怎样把包从网络一端转发到另一端。

第四层：传输层（Transport Layer）协议规定怎样处理可靠传输的细节，是最复杂的协议之一。

第五层：会话层（Session Layer）协议规定怎样与远程系统建立一个通信会话，还规范了安全细节，例如，通过口令获得授权。

第六层：表示层（Presentation Layer）协议规定了怎样表示数据。需要这层协议是因为不同的操作系统对整数和字符使用不同的内部表示。因此，需要第六层协议把在一台计算机上的表示翻译成在另外一台计算机上的表示。

第七层：应用层（Application Layer）协议规定了一个特定的应用程序怎样使用网络。

为了更好地记忆七层结构，可以参照一句英文：All People Seem To Need Data Process.

当网络中的某台计算机访问另外一台计算机的时候，每个层的模块只与它紧邻的上层或下层通信。OSI 模型如图 6-1 所示。

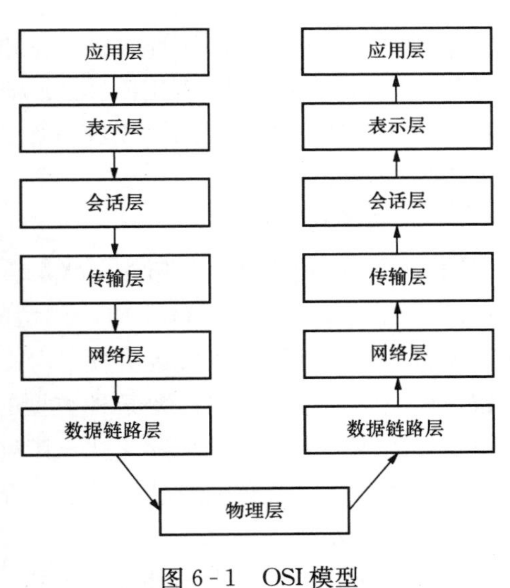

图 6-1　OSI 模型

（三）TCP/IP 结构模型

TCP/IP 结构并不严格遵守 OSI 模型，OSI 模型不能精确映射到 TCP/IP 模型。TCP/IP 结构中忽略了 OSI 模型中的一些特征，只是综合了部分相邻 OSI 层的特征并分离其他各层。特定网络类型专用的一些协议应该运行在网络层上，但是运行在基本的硬件帧交换上。类似协议的例子有地址解析协议（Address Resolution Protocol，ARP）、生成树协议（Spanning Tree Protocol，STP）。

TCP/IP 4 层模型以及每层主要功能描述如下：

第一层：网络访问层（Network Access Layer）

在 TCP/IP 结构中，网络访问层由数据链路层和物理层合并而成。TCP/IP 网络访问层

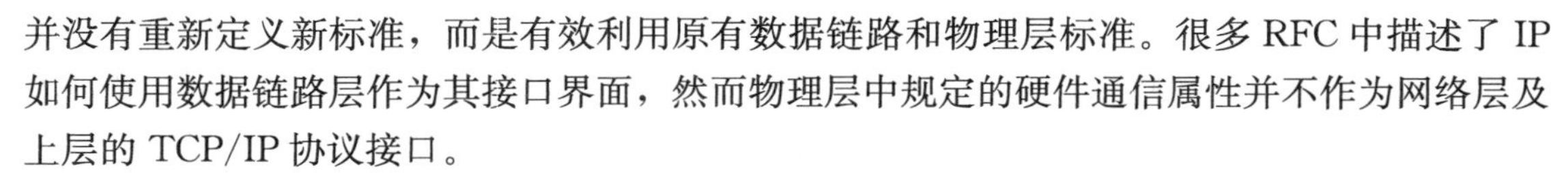

并没有重新定义新标准，而是有效利用原有数据链路和物理层标准。很多 RFC 中描述了 IP 如何使用数据链路层作为其接口界面，然而物理层中规定的硬件通信属性并不作为网络层及上层的 TCP/IP 协议接口。

第二层：网络层（Network Layer）

TCP/IP 网络层中的主要协议是网际协议（Internet Protocol，IP）。所有网络层以下或以上的各层通信在跨越 TCP/IP 协议栈时，都必须通过 IP 完成。另外，网络层还包含部分支持性协议，如 ICMP、ARP 等。

第三层：传输层（Transport Layer）

TCP/IP 结构中包含两种传输层协议。传输控制协议（Transmission Control Protocol，TCP）和用户数据报协议（User Datagram Protocol，UDP）。其中，TCP 面向连接，确保信息传输过程的可靠性；UDP 面向无连接，不保证传输可靠性，数据传输时不需要预先建立连接，直接传输数据。

第四层：应用层（Application Layer）

应用层综合了 OSI 模型中的应用层、表示层和会话层的功能。因此，在 TCP/IP 结构中，传输层以上的任何过程都称为应用。在 TCP/IP 中，使用套接字（Socket）和端口描述应用程序通信路径。大多数应用层协议与端口是映射关系。

二、局域网技术与网络拓扑

（一）概述

局域网技术被设计用于共享，允许多台终端直接连接单个共享网络。早期的局域网网络技术都是由不同的厂家所专有，互不兼容。后来，IEEE（Institute of Electrical and Electronics Engineers）推动局域网技术标准化，产生了 IEEE802 系列标准，定义了传输媒介、编码和介质访问底层（对应 OSI 模型中的一、二层）功能。这一系列标准覆盖了双绞线、同轴电缆、光纤和无线等多种传输媒介和组网方式，并包括网络测试、管理和安全的内容。本节将主要讨论以太网（IEEE 802.3 标准），其他类型局域网，如令牌环（Token Ring，IEEE 802.5 标准）和 FDDI（光纤分布式数字接口，IEEE 802.8）将不会介绍。传输媒介将着重讨论双绞线和光纤。

（二）网络拓扑结构

历史上，两种最常见的拓扑形状是总线形和环形。在总线拓扑中（Bus Topology），单条通信线路代表了基本传输介质，典型的是一根同轴电缆或光纤，称为网段（Segment）。任何设备想要向其他设备发送信息，均要通过网段才能完成。然而，在一个时刻只能有一个设备可以发送消息，所以需要某种类型的竞争协议。在环形拓扑（Ring Topology）中，所有设备排列成一个环，每个设备只与其两个邻居直接相连。若一个设备想向另一个设备发送一个信息帧，该设备必须经过它们之间所有的设备（优弧或劣弧），有点类似一个邻居传到另一个邻居的谣言。

其他拓扑结构有星形拓扑和全连接拓扑。在星形拓扑（Star Topology）中，有一个设备相对于其他设备来说是逻辑的通信中心。任意两个设备间的通信必定要经过它。全连接拓扑结构（Fully Connected Topology）是将所有设备两两直接相连。连接数量与节点数的关系式为

$$c=\frac{n(n-1)}{2} \tag{6-1}$$

式中：n 为节点数；c 为连接数量。

（三）以太网技术类型

以太网技术主要可以按照速率分为10M、100M、1G、10G、40/100G以太网，早期的以太网技术，如施乐以太网和粗缆以太网（同轴电缆作为介质）已经淘汰。以下主要介绍应用比较广泛的100M、1G和10G以太网技术。

1. 100M以太网也称快速以太网，主要包含3种技术类型

（1）100BASE-TX：一种使用5类数据级无屏蔽双绞线或屏蔽双绞线的快速以太网技术。它使用两对双绞线，一对用于发送，一对用于接收数据。在传输中使用4B/5B编码方式，信号频率为125MHz。符合EIA586的5类布线标准和IBM的SPT 1类布线标准，使用与10BASE-T相同的RJ-45连接器，它的最大网段长度为100m。它支持全双工的数据传输。

（2）100BASE-FX：一种使用光缆的快速以太网技术，可使用单模和多模光纤（62.5μm和125μm）。多模光纤连接的最大距离为2km。单模光纤连接的最大距离为40km。在传输中使用4B/5B编码方式，信号频率为125MHz。它使用MIC/FDDI连接器、ST连接器或SC连接器。100BASE-FX特别适合于有电气干扰的环境、较大距离连接、或高保密环境等情况下的适用。

（3）100BASE-T4：一种可使用3、4、5类无屏蔽双绞线或屏蔽双绞线的快速以太网技术。100Base-T4使用4对双绞线，其中的三对用于在33MHz的频率上传输数据，每一对均工作于半双工模式。第四对用于CSMA/CD冲突检测。在传输中使用8B/6T编码方式，信号频率为25MHz，符合EIA586结构化布线标准。它使用与10BASE-T相同的RJ-45连接器，最大网段长度为100m。

2. 1G以太网也称千兆以太网主要包含的两种标准

（1）IEEE 802.3z。

IEEE 802.3z工作组负责制定光纤（单模或多模）和同轴电缆的全双工链路标准。IEEE 802.3z定义了基于光纤和短距离铜缆的1000Base-X，采用8B/10B编码技术，信道传输速率为1.25Gbit/s，去耦后实现1000Mbit/s传输速率。IEEE 802.3z具有下列千兆以太网标准：

1000Base-SX只支持多模光纤，可以采用直径为62.5μm或50μm的多模光纤，工作波长为770～860nm，传输距离为220～550m。

1000Base-LX单模光纤：可以支持直径为9μm或10μm的单模光纤，工作波长范围为1270～1355nm，传输距离为5km左右。

1000Base-CX采用150Ω屏蔽双绞线（STP），传输距离为25m。

（2）IEEE 802.3ab。

IEEE 802.3ab工作组负责制定基于UTP的半双工链路的千兆以太网标准，产生IEEE 802.3ab标准及协议。IEEE 802.3ab定义基于5类UTP的1000Base-T标准，其目的是在5类UTP上以1000Mbit/s速率传输100m。IEEE 802.3ab标准的意义主要有两点：

1）保护用户在5类UTP布线系统上的投资。

2）1000Base-T是100Base-T的自然扩展，与10Base-T、100Base-T完全兼容。在5类UTP上达到1000Mbit/s的传输速率需要解决5类UTP的串扰和衰减问题。因此，

IEEE802.3ab 工作组的开发任务要比 IEEE802.3z 复杂些。

3. 10G 以太网（也称万兆以太网）包含的 7 种不同的技术类型

其 7 种不同的技术类型分别适用于局域网、城域网和广域网：

(1) 10GBASE-CX4——短距离铜缆方案用于 InfiniBand 4x 连接器和 CX4 电缆，最大长度 15m。

(2) 10GBASE-SR——用于短距离多模光纤，根据电缆类型能达到 26～82m，使用新型 2GHz 多模光纤可以达到 300m。

(3) 10GBASE-LX4——使用波分复用支持多模光纤 240～300m，单模光纤超过 10km。

(4) 10GBASE-LR 和 10GBASE-ER——通过单模光纤分别支持 10km 和 40km。

(5) 10GBASE-SW、10GBASE-LW、10GBASE-EW，用于广域网 PHY，OC-192/STM-64 同步光纤网/SDH 设备。物理层分别对应 10GBASE-SR、10GBASE-LR 和 10GBASE-ER，因此使用相同光纤支持距离也一致（无广域网 PHY 标准）。

(6) 10GBASE-T——使用屏蔽或非屏蔽双绞线，使用 CAT-6A 类线至少支持 100m 传输。CAT-6 类线也在较短的距离上支持 10GBASE-T。

（四）CSMA/CD

带冲突检测的载波侦听多路访问（CSMA/CD）技术规定了多台电脑共享一个信道的方法。这项技术最早出现在 20 世纪 60 年代由夏威夷大学开发的 ALOHAnet，它使用无线电波为载体。这个方法要比令牌环网或者主控制网要简单。当某台电脑要发送信息时，必须遵守以下规则：

(1) 开始。如果线路空闲，则启动传输，否则转到 (4)。

(2) 发送。如果检测到冲突，继续发送数据直到达到最小报文时间（保证所有其他转发器和终端检测到冲突），再转到 (4)。

(3) 成功传输。向更高层的网络协议报告发送成功，退出传输模式。

(4) 线路忙。等待，直到线路空闲。

(5) 线路进入空闲状态。等待一个随机的时间，转到 (1)，除非超过最大尝试次数。

(6) 超过最大尝试传输次数。向更高层的网络协议报告发送失败，退出传输模式。

就像在没有主持人的座谈会中，所有的参加者都通过一个共同的媒介（空气）来相互交谈。每个参加者在讲话前，都礼貌地等待别人把话讲完。如果两个客人同时开始讲话，那么他们都停下来，分别随机等待一段时间再开始讲话。这时，如果两个参加者等待的时间不同，冲突就不会出现。如果传输失败超过一次，将采用退避指数增长时间的方法［退避的时间通过截断二进制指数退避算法（Truncated Binary Exponential Backoff）来实现］。

最初的以太网是采用同轴电缆来连接各个设备的。电脑通过一个叫做附加单元接口（Attachment Unit Interface，AUI）的收发器连接到电缆上。一根简单网线对于一个小型网络来说还是很可靠的。对于大型网络来说，某处线路的故障或某个连接器的故障，都会造成以太网某个或多个网段的不稳定。

因为所有的通信信号都在共用线路上传输，即使信息只是发给其中的一个终端（Destination），某台电脑发送的消息都将被所有其他电脑接收。在正常情况下，网络接口卡会滤掉不是发送给自己的信息，接收目标地址是自己的信息时才会向 CPU 发出中断请求，除非

网卡处于混杂模式（Promiscuous Mode）。这种“一个说，大家听”的特质是共享介质以太网在安全上的弱点，因为以太网上的一个节点可以选择是否监听线路上传输的所有信息。共享电缆也意味着共享带宽，所以在某些情况下以太网的速度可能会非常慢，比如当所有的网络终端都重新启动时。

CSMA/CD 技术已不存在 10G 及以上速率的以太网技术中。

三、IP 网络与网段划分

（一）IP 网络

所谓 IP 网络是指所有基于 TCP/IP 协议互联的网络，这里的 TCP/IP 协议是指网络层和传输层的协议，不包括应用层协议。现在调度数据网使用的是第四版协议，也称 IPv4。

IPv4 地址长度是 32bit，包括两个标识码（简称 ID），即网络 ID 和主机 ID。每个 IP 地址由四个 8 位位组组成（即 4 个字节），每个 8 位位组之间用“·”点隔开，表示为 0～255 之间的十进制数。

Internet 委员会定义了五类地址，即 A、B、C、D、E 类地址。

（1）A 类：1～126，第一位是 0。

（2）B 类：128～191，前两位是 10。

（3）C 类：192～223，前三位是 110。

（4）D 类：224～239，前四位是 1110，组播地址。

（5）E 类：240～247，前五位为 11110，保留地址。

（6）回环地址：127.0.0.0-127.255.255.255。

（7）私网 A 类地址：10.0.0.0-10.255.255.255，一个 A 类。

（8）私网 B 类地址：172.16.0.0-172.31.255.255，16 个连续 B 类。

（9）私网 C 类地址：192.168.0.0-192.168.255.255，256 个连续 C 类。

（二）子网掩码

子网掩码（Subnet Mask）又叫网络掩码，它是一种用来指明一个 IP 地址的哪些位标识的是主机所在的子网及哪些位标识的是主机的位掩码。子网掩码只有一个作用，就是将某个 IP 地址划分成网络地址和主机地址两部分。

子网掩码的设定必须遵循一定的规则。与 IP 地址相同，子网掩码的长度也是 32 位，左边是网络位，用连续的二进制数字“1”表示；右边是主机位，用连续的二进制数字“0”表示。只有通过子网掩码，才能表明一台主机所在的子网与其他子网的关系，使网络正常工作。

例如：211.195.8.0/22 网段的分解，如表 6-1 所示。

表 6-1　　211.195.8.0/22 网段的分解

地址	211	195	8～11	0～255
网段	11010011	11000011	000010xx	xxxxxxxx
掩码	11111111	11111111	11111100	00000000
网络号	11010011	11010011	00001000	00000000

（三）无类别域间路由

无类别域间路由（Classless Interdomain Routing，CIDR），它是于 1993 年 IETF 制定

的。CIDR打破了IP地址类别的限制，对原来用于分配A类、B类和C类地址的有类别路由选择进程进行了重新构建。IPv4的CIDR地址块的表示方法和IPv4地址的表示方法相似：由四部分点分十进制地址组成，后跟一个斜杠，最后是范围在0～32之间的一个数字，如A.B.C.D/N。点分十进制的部分和IPv4地址一样是一个被分成四个八位位组的32位二进制数。斜杠后面的数字是前缀长度，也就是从左到右，被地址块里的地址所共享的位的数目。

CIDR地址中包含标准的32位IP地址和有关网络前缀位数的信息。以CIDR地址222.80.18.18/25为例，其中“/25”表示其前面地址中的前25位代表网络部分，其余位代表主机部分。

（四）VLSM（Variable Length Subnet Mask：可变长子网掩码）

为了有效地使用无类别域间路由（CIDR）和路由汇总来控制路由表的大小，网络管理员使用先进的IP寻址技术，VLSM就是其中的常用方式。

VLSM可以对子网进行层次化编址，这种高级的IP寻址技术允许网络管理员对已有子网进行划分，以便最有效的利用现有的地址空间。这是一种产生不同大小子网的网络分配机制，指一个网络可以配置不同的掩码。开发可变长度子网掩码的想法就是在每个子网上保留足够的主机数的同时，把一个子网进一步分成多个小子网时有更大的灵活性。如果没有VLSM，一个子网掩码只能提供给一个网络。这样就限制了要求的子网数上的主机数。VLSM是基于比特位的，而类网络是基于8位组的。

第二节　多层交换网络

一、交换机硬件结构

以太网层交换机属于数据链路层设备，根据MAC地址进行转发。交换机有多个端口，各个端口能独立进行数据传递而不受其他设备影响，在用户看来，各个端口是有独立、固定的带宽。由于交换机对多个端口的数据进行同时交换，这就要求具有很宽的交换总线带宽，如果二层交换机有N个端口，每个端口的带宽是M，交换机总线带宽超过$N \times M$，那么这交换机就可以实现线速交换。

交换机有存储转发和直通转发等转发方式，目前常用的交换机一般都是基于ASIC架构的，由硬件来建立和维护MAC地址表。由于各个厂商的ASIC设计不同，ASIC直接影响了交换机的性能。

三层交换机是相对于传统二层交换机的概念提出的。二层交换机虽然转发速率高，但是没有路由能力；三层交换机结合了路由器与交换的优点，在网络层实现了数据报文的高速转发。而根据三层查找的方式不同也有专用硬件即ASIC芯片和软件查找两类。硬件查找能像二层交换机一样有很高的吞吐率。

三层交换机使得应用专用集成电路（Application-Specific Integrated Circuit，ASIC）能够对被路由的数据报文执行第二层重写操作。第二层重写包括重写源和目标MAC地址及写入重新计算得到的循环冗余校验（Cyclic Redundancy Check，CRC）。ASIC完成主要的二、三层转发功能，内部包含用于二层转发的地址表及用于IP转发的三层转发表。ASIC的硬件

表项来源于 CPU 维护的软件表项。

二、企业级交换网络

1. 第二层交换

第二层交换严格集中在数据链路层，第二层交换机只根据 MAC 地址对数据帧进行交换。第二层交换机能够方便地增加网络带宽和端口密度。目前，几乎所有的企业级第二层交换机都支持 VLAN。VLAN 将通信流量分段为单独的广播域，也就是划分为单独的子网。采用 VLAN 技术可以克服基于第二次交换的部分限制，例如老式第二层交换机中的全部网络设备都必须属于同一个子网。

2. 第三层交换

第三层交换包括了第三层路由选择功能。很多的第三层交换机都可以使用多种路由协议来制定最好的转发决策，例如 BGP、RIP、OSPF 和 IS-IS 等。第三层交换机还能使用热备路由器协议（Hot Standby Router Protocol，HSRP）或虚拟路由器冗余协议（Virtual Router Redundancy Protocol，VRRP）获得冗余。

3. 第四层交换

第四层交换拥有第三层交换的所有功能外，还包括了根据协议会话进行交换。在交换的决策中，第四层交换不仅仅使用源 IP 地址和目标 IP 地址，而且还要使用数据包中 TCP 和用户数据报协议（User Datagram Protocol，UDP）部分所含的 IP 会话信息。

4. 企业级交换网络

企业级交换网络一般符合层次设计模型，将网络分为接入层、分布层和核心层。接入层为用户提供网络接入，在企业交换网中，接入层通常包括与主机互联的第二层交换机。分布层使用第二层和第三层交换进行工作组分段、实施安全策略、限制带宽和隔离网络故障等。这些措施能够防止分布层和接入层的异常事件影响核心层。核心层被描述为高速主干，核心层主要完成数据的高速转发，尽快完成数据交换。因为核心层是连通的关键环节，所以它提供了高可靠性，并且能够快速地适应路由选择和拓扑变更。

三、VLAN

（一）VLAN 概述

传统以太网是广播型网络，网络中的所有主机通过 HUB 或交换机相连，同处在一个广播域中。这样的网络存在大量广播帧和未知单播帧，浪费网络资源，网络中的主机也会收到大量的以其他主机为目的地址的帧。为了解决以太网交换机在局域网中无法限制广播问题，VLAN 技术应运而生。

VLAN 把一个物理上的 LAN 划分成多个逻辑上的 LAN，每个 VLAN 是一个广播域。VLAN 内的主机间通过传统以太网方式进行帧交互，而处在不同 VLAN 间如果需要通信，则必须通过路由器或三层交换机等网络层设备才能够实现。

（二）VLAN 原理

VLAN，遵循 IEEE 802.1Q 标准，它在原来的以太网帧源 MAC 字段后面加入了 4 字节的 VLAN Tag，这 4 字节的结构如图 6 - 2 所示。

VLAN Tag 中各字段的含义如下：

（1）Type：取固定值 0x8100，用于标志 VLAN Tag。

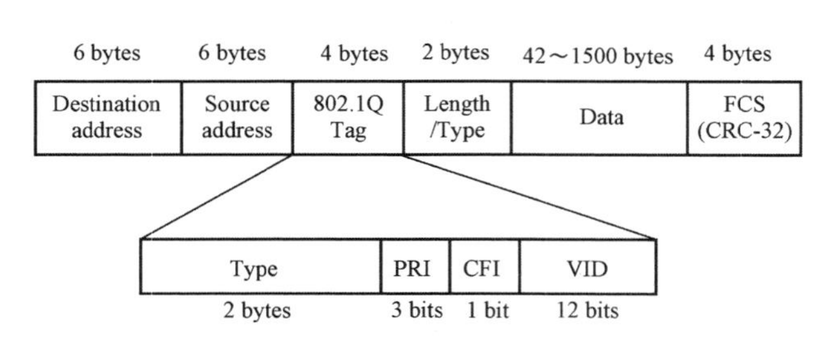

图 6-2 VLAN 的帧结构

（2）User Priority：用户优先等级（3bit）。

（3）Flag：以太网中固定取 0（1bit）。

（4）Vlan-id：取值 0～4095，用于标志不同 VLAN（12bit）。

通常情况下主机发出的报文是不带 VLAN Tag 的（称为 Untagged 报文），可以将不同主机的报文划分到不同的 VLAN 中去，VLAN 的划分方法有多种，包括基于端口划分、基于 MAC 划分、基于 IP 划分、基于协议划分等。目前，基于端口来划分 VLAN 是使用最为广泛的。当 Untagged 报文进入交换机内部以后，会根据 VLAN 划分加上 VLAN Tag，然后进行后续转发处理。

四、生成树

生成树协议是一种二层管理协议，它通过选择性地阻塞网络中的冗余链路来消除二层环路，同时还具备链路备份的功能。

与众多协议的发展过程一样，生成树协议也是随着网络的发展而不断更新的，从最初的生成树协议（Spanning Tree Protocol，STP）到快速生成树协议（Rapid Spanning Tree Protocol，RSTP），再到最新的多生成树协议（Multiple Spanning Tree Protocol，MSTP）。

（一）STP 简介

STP 是根据 IEEE 协会制定的 802.1D 标准建立的，用于在局域网中消除数据链路层物理环路的协议。运行该协议的设备通过彼此交互报文发现网络中的环路，并有选择地对某些端口进行阻塞，最终将环路网络结构修剪成无环路的树型网络结构，从而防止报文在环路网络中不断增生和无限循环，避免主机由于重复接收相同的报文造成的报文处理能力下降的问题发生。

STP 包含了两个含义，狭义的 STP 是指 IEEE 802.1D 中定义的 STP 协议，广义的 STP 是指包括 IEEE 802.1D 定义的 STP 协议及各种在它的基础上经过改进的生成树协议。

（二）RSTP 简介

RSTP 是由 IEEE 制定的 802.1w 标准定义，它在 STP 基础上进行了改进，实现了网络拓扑的快速收敛。其“快速”体现在，当一个端口被选为根端口和指定端口后，其进入转发状态的延时在某种条件下大大缩短，从而缩短了网络最终达到拓扑稳定所需要的时间。

（三）MSTP 简介

MSTP 产生的背景：

（1）STP、RSTP 存在的不足。

1）STP 不能快速迁移，即使是在点对点链路或边缘端口（边缘端口指的是该端口直接与用户终端相连，而没有连接到其他设备或共享网段上），也必须等待 2 倍的 Forward Delay

的时间延迟，端口才能迁移到转发状态。

2）RSTP 可以快速收敛，但是和 STP 一样存在以下缺陷：局域网内所有网桥共享一棵生成树，不能按 VLAN 阻塞冗余链路，所有 VLAN 的报文都沿着一棵生成树进行转发。

（2）MSTP 的特点。

多生成树协议（Multiple Spanning Tree Protocol，MSTP）可以弥补 STP 和 RSTP 的缺陷，它既可以快速收敛，也能使不同 VLAN 的流量沿各自的路径转发，从而为冗余链路提供了更好的负载分担机制。

MSTP 的特点如下：

1）MSTP 设置 VLAN 映射表（即 VLAN 和生成树的对应关系表），把 VLAN 和生成树联系起来。通过增加“实例”（将多个 VLAN 整合到一个集合中）这个概念，将多个 VLAN 捆绑到一个实例中，以节省通信开销和资源占用率。

2）MSTP 把一个交换网络划分成多个域，每个域内形成多棵生成树，生成树之间彼此独立。

3）MSTP 将环路网络修剪成为一个无环的树型网络，避免报文在环路网络中的增生和无限循环，同时还提供了数据转发的多个冗余路径，在数据转发过程中实现 VLAN 数据的负载分担。

4）MSTP 兼容 STP 和 RSTP。

五、链路聚合

（一）链路聚合简介

链路聚合是将多个物理以太网端口聚合在一起形成一个逻辑上的聚合组，使用链路聚合服务的上层实体把同一聚合组内的多条物理链路视为一条逻辑链路。链路聚合可以实现数据流量在聚合组中各个成员端口之间分担，以增加带宽。同时，同一聚合组的各个成员端口之间彼此动态备份，提高了连接可靠性。

名词解释：

（1）聚合接口：聚合接口是一个逻辑接口。

（2）聚合组：聚合组是一组以太网接口的集合。

（3）聚合成员端口的状态：

1）Selected 状态：处于此状态的接口可以参与转发用户数据。

2）Unselected 状态：处于此状态的接口不能转发用户数据。

（4）LACP 协议：链路聚合控制协议（Link Aggregation Control Protocol，LACP）是一种基于 IEEE802.3ad 标准的协议。

（二）链路聚合的模式

按照聚合方式的不同，链路聚合的模式可分为静态和动态两种，它们各自的特点如下：

（1）静态聚合模式比较稳定，一旦配置好后，端口选中状态就不会受对端的影响，但不能根据对端的状态灵活调整端口选中状态，因此不够灵活。

（2）动态聚合模式能够根据对端和本端信息灵活调整端口选中状态，但端口选中状态容易受到网络环境的影响，因此不够稳定。

六、虚拟路由器冗余协议（Virtual Router Redundancy Protocol，VRRP）

VRRP 将可以承担网关功能的路由器加入到备份组中，形成一台虚拟路由器，由 VRRP

的选举机制决定哪台路由器承担转发任务，局域网内的主机只需将虚拟路由器配置为缺省网关。

VRRP是一种容错协议，在提高可靠性的同时，简化了主机的配置。在具有多播或广播能力的局域网（如以太网）中，借助VRRP能在某台路由器出现故障时仍然提供高可靠的缺省链路，有效避免单一链路发生故障后网络中断的问题，而无需修改动态路由协议、路由发现协议等配置信息。

第三节　路　由　网　络

一、路由器硬件结构

路由器的硬件结构一般由路由器在网络中扮演的角色决定，分为接入层、汇聚层和核心层路由器。

（一）接入层路由器

接入层路由器一般和PC机的架构差不多，其实选用合适的操作系统、外加几块网卡PC机也可以变成一台功能相对简单的路由器。接入层路由器与PC不同的地方主要是对接口硬件上做了强化、将硬盘替换成FLASH和NVRAM及专用的操作系统。

（二）汇聚层与核心层路由器

汇聚层路由器与核心层路由器一般差别并不是很大，但是对于汇聚层路由器来说一般是要兼顾价格和性能，而核心层路由器主要考虑性能。从汇聚层路由器开始，路由器的硬件架构就开始和传统PC开始不一样了，比较明显的就是单CPU的集中转发转换到NP+CPU+ASIC的分布式转发。ASIC芯片在交换机章节内已经做了相应的介绍，NP又是什么呢？网络处理器（Network Processor，NP）相对与ASIC芯片来说就是增强了软件可编程功能，但又保留ASIC的强大的转发性能。

高性能NP模块通过先进的系统架构和微引擎设计两个层面来保障高性能。系统架构方面主要有以下3个方面的关键特性：

（1）数据转发和控制管理分离，就是CPU负责控制，NP负责转发；

（2）采用两种软件架构，串行与并行同时运行；

（3）I/O优化，NP引入了经过优化的存储器接口和一些DMA单元。

（三）路由器接口类型

在调度数据网内常用的接口类型主要有4种，分别是E1、POS、CPOS、以太网。E1是通过一对同轴电缆来传输2M数字信号的接口，POS是与SDH设备直接连接的广域网接口，CPOS是通道化的POS接口，可以将SDH解封装为多个低速率通道。

二、路由协议基础

（一）路由概述

在因特网中进行路由选择和报文转发要使用路由器，路由器根据所收到的报文的目的地址选择一条合适的路径，并将报文传送到下一个路由器。路径中最后的路由器负责将报文送交目的主机。路由指的就是上面的路径信息，用来指导报文转发。

路由器决策路由的关键是路由表，转发报文的关键是FIB（Forwarding Information

Base）表。每个路由器中都至少保存着一张路由表和一张 FIB 表。路由表中保存了各种路由协议发现的路由，根据来源不同，通常分为以下三类：链路层协议发现的路由、网络管理员手工配置的静态路由和动态路由协议发现的路由。FIB 表中每条转发项都指明了要到达某子网或某主机的分组应通过路由器的哪个物理接口发送，就可到达该路径的下一个路由器，或者不需再经过别的路由器便可传送到直接相连的网络中的目的主机。

（二）路由表

每台路由器中都保存着一张本地管理路由表，同时各个路由协议也维护着自己的一张路由表。协议路由表存放着该协议发现的路由，路由协议可以引入并发布其他协议生成的路由。路由器使用本地管理路由表来保存协议路由和决策优选路由，并负责把优选路由下发到 FIB 表中，FIB 指导报文进行转发。这张路由表依据各种路由协议的优先级和度量值来选取路由。

路由表中包含了下列关键项：

（1）目的地址：用来标识 IP 数据报的目的地址或目的网络。

（2）网络掩码：与目的地址一起来标识目的主机或路由器所在的网段的地址。将目的地址和网络掩码“逻辑与”后可得到目的主机或路由器所在网段的地址。

（3）出接口：指明 IP 报文将从该路由器哪个接口转发。

（4）下一跳 IP 地址：更接近目的网络的下一个路由器地址。如果只配置了出接口，下一跳 IP 地址是出接口的地址。

（5）本条路由加入 IP 路由表的优先级：对于同一目的地，可能存在若干条不同下一跳的路由，这些不同的路由可能是由不同的路由协议发现的，也可能是手工配置的静态路由。优先级高（数值小）的路由将成为当前的最优路由。

为了不使路由表过于庞大，可以配置一条缺省路由。如果报文查找路由表失败，则根据缺省路由进行转发。

（三）静态路由

静态路由是一种特殊的路由，由管理员手工配置。在组网结构比较简单的网络中，只需配置静态路由就可以实现网络互通。恰当地设置和使用静态路由可以改善网络的性能，并可为重要的网络应用保证带宽。

静态路由的缺点在于：不能自动适应网络拓扑结构的变化，当网络发生故障或者拓扑发生变化后，可能会出现路由不可达，导致网络中断，此时必须由网络管理员手工修改静态路由的配置。

在 Windows 系统中的网关设置其实就是一条目的网络 0.0.0.0 掩码 0.0.0.0 的静态路由设置。

（四）动态路由协议分类

动态路由协议按照不同的标准会有不同的分类：

1. 根据作用范围

（1）内部网关协议（Interior Gateway Protocol，IGP）：在一个自治系统内部运行，常见的 IGP 协议包括 RIP、OSPF 和 IS-IS。

（2）外部网关协议（Exterior Gateway Protocol，EGP）：运行于不同自治系统之间，

BGP 是目前最常用的 EGP。

2. 根据使用算法

(1) 距离矢量协议（Distance-Vector）：包括 RIP 和 BGP。其中，BGP 也被称为路径矢量协议（Path-Vector）。

(2) 链路状态协议（Link-State）：包括 OSPF 和 IS-IS。

(五) 路由优先级

对于相同的目的地，不同的路由协议（包括静态路由）可能会发现不同的路由，但这些路由并不都是最优的。事实上，在某一时刻，到某一目的地的当前路由仅能由唯一的路由协议来决定。为了判断最优路由，各路由协议（包括静态路由）都被赋予了一个优先级，当存在多个路由信息源时，具有较高优先级的路由协议发现的路由将成为当前路由。

(六) 路由迭代

对于 BGP 路由（直连 EBGP 路由除外）和静态路由（配置了下一跳）及多跳 RIP 路由而言，其所携带的下一跳信息可能并不是直接可达，从指导转发的角度而言，它需要找到到达下一跳的直连出接口。路由迭代的过程就是通过路由的下一跳信息来找到直连出接口的过程。

三、开放最短路径优先（Open Shortest Path First，OSPF）

(一) 简介

OSPF 是 IETF 组织开发的一个基于链路状态的内部网关协议。目前针对 IPv4 协议使用的是 OSPF Version 2（RFC 2328）。

OSPF 具有如下特点：

(1) 适应范围广：支持各种规模的网络，最多可支持几百台路由器。

(2) 快速收敛：在网络的拓扑结构发生变化后立即发送更新报文，使这一变化在自治系统中同步。

(3) 无自环：由于 OSPF 根据收集到的链路状态用最短路径树算法计算路由，从算法本身保证了不会生成自环路由。

(4) 区域划分：允许自治系统的网络被划分成区域来管理，区域间传送的路由信息被进一步抽象，从而减少了占用的网络带宽。

(5) 等价路由：支持到同一目的地址的多条等价路由。

(6) 路由分级：使用 4 类不同的路由，按优先顺序来说分别是区域内路由、区域间路由、第一类外部路由、第二类外部路由。

(7) 支持验证：支持基于接口的报文验证，以保证报文交互和路由计算的安全性。

(8) 组播发送：在某些类型的链路上以组播地址发送协议报文，减少对其他设备的干扰。

(二) OSPF 的基本概念

自治系统（Autonomous System，AS）：一组使用相同路由协议交换路由信息的路由器。

1. OSPF 协议路由的计算过程

OSPF 协议路由的计算过程可简单描述如下：

（1）每台OSPF路由器根据自己周围的网络拓扑结构生成链路状态通告（Link State Advertisement，LSA），并通过更新报文将LSA发送给网络中的其他OSPF路由器。

（2）每台OSPF路由器都会收集其他路由器通告的LSA，所有的LSA放在一起便组成了链路状态数据库（Link State Database，LSDB）。LSA是对路由器周围网络拓扑结构的描述，LSDB则是对整个自治系统的网络拓扑结构的描述。

（3）OSPF路由器将LSDB转换成一张带权的有向图，这张图便是对整个网络拓扑结构的真实反映。各个路由器得到的有向图是完全相同的。

（4）每台路由器根据有向图，使用SPF算法计算出一棵以自己为根的最短路径树，这棵树给出了到自治系统中各节点的路由。

2. OSPF的5种协议报文

一台路由器如果要运行OSPF协议，则必须存在Router ID（路由器ID）。Router ID是一个32比特无符号整数，可以在一个自治系统中唯一的标识一台路由器。

OSPF有五种类型的协议报文：

（1）Hello报文：周期性发送，用来发现和维持OSPF邻居关系。内容包括一些定时器的数值、指定路由器（Designated Router，DR）、备份指定路由器（Backup Designated Router，BDR）及自己已知的邻居。

（2）数据库描述（Database Description，DD）报文：描述了本地LSDB中每一条LSA的摘要信息，用于两台路由器进行数据库同步。

（3）链路状态请求（Link State Request，LSR）报文：向对方请求所需的LSA。两台路由器互相交换DD报文之后，得知对端的路由器有哪些LSA是本地的LSDB所缺少的，这时需要发送LSR报文向对方请求所需的LSA。内容包括所需要的LSA的摘要。

（4）链路状态更新（Link State Update，LSU）报文：向对方发送其所需要的LSA。

（5）链路状态确认（Link State Acknowledgment，LSAck）报文：用来对收到的LSA进行确认。内容是需要确认的LSA的Header（一个报文可对多个LSA进行确认）。

3. 常用类型的LSA

OSPF中对链路状态信息的描述都是封装在LSA中发布出去，常用的LSA有以下几种类型：

（1）Router LSA（Type1）：由每个路由器产生，描述路由器的链路状态和开销，在其始发的区域内传播。

（2）Network LSA（Type2）：由DR产生，描述本网段所有路由器的链路状态，在其始发的区域内传播。

（3）Network Summary LSA（Type3）：由ABR（Area Border Router，区域边界路由器）产生，描述区域内某个网段的路由，并通告给其他区域。

（4）ASBR Summary LSA（Type4）：由ABR产生，描述到自治系统边界路由器（Autonomous System Boundary Router，ASBR）的路由，通告给相关区域。

（5）AS External LSA（Type5）：由ASBR产生，描述到自治系统（Autonomous System，AS）外部的路由，通告到所有的区域（除了Stub区域和NSSA区域）。

（6）NSSA External LSA（Type7）：由NSSA（Not-So-Stubby Area）区域内的ASBR

产生，描述到AS外部的路由，仅在NSSA区域内传播。

（7）Opaque LSA：一个被提议的LSA类别，由标准的LSA头部后面跟随特殊应用的信息组成，可以直接由OSPF协议使用，或者由其他应用分发信息到整个OSPF域间接使用。Opaque LSA分为Type 9、Type10、Type11三种类型，泛洪区域不同；其中，Type 9的Opaque LSA仅在本地链路范围进行泛洪，Type 10的Opaque LSA仅在本地区域范围进行泛洪，Type 11的LSA可以在一个自治系统范围进行泛洪。

在OSPF中，邻居（Neighbor）和邻接（Adjacency）是两个不同的概念。OSPF路由器启动后，便会通过OSPF接口向外发送Hello报文。收到Hello报文的OSPF路由器会检查报文中所定义的参数，如果双方一致就会形成邻居关系。形成邻居关系的双方不一定都能形成邻接关系，这要根据网络类型而定。只有当双方成功交换DD报文，交换LSA并达到LSDB的同步之后，才形成真正意义上的邻接关系。

（三）OSPF区域

随着网络规模日益扩大，当一个大型网络中的路由器都运行OSPF路由协议时，路由器数量的增多会导致LSDB非常庞大，占用大量的存储空间，并使得运行SPF算法的复杂度增加，导致CPU负担很重。

在网络规模增大之后，拓扑结构发生变化的概率也增大，网络会经常处于“振荡”之中，造成网络中会有大量的OSPF协议报文在传递，降低了网络的带宽利用率。更为严重的是，每一次变化都会导致网络中所有的路由器重新进行路由计算。

OSPF协议通过将自治系统划分成不同的区域（Area）来解决上述问题。区域是从逻辑上将路由器划分为不同的组，每个组用区域号（Area ID）来标识，如图6-3所示。

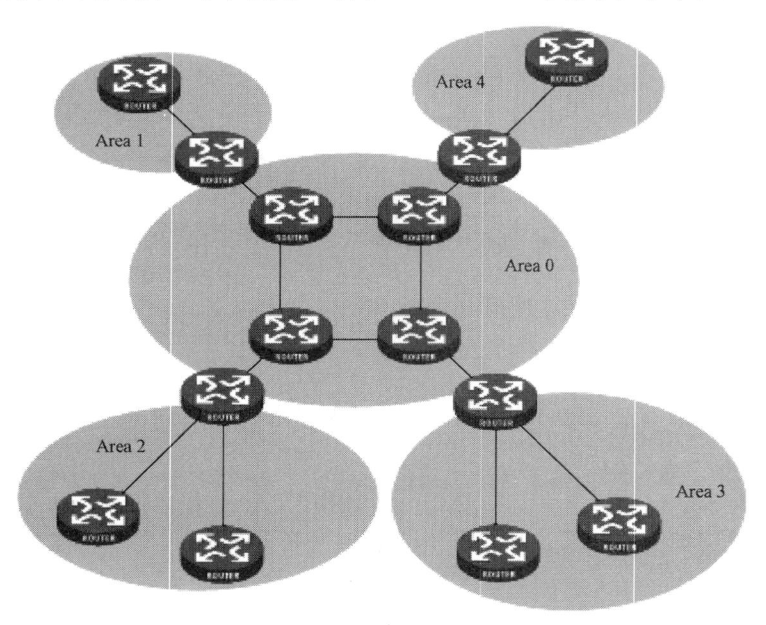

图6-3　OSPF区域划分

区域的边界是路由器，而不是链路。一个路由器可以属于不同的区域，但是一个网段（链路）只能属于一个区域，或者说每个运行OSPF的接口必须指明属于哪一个区域。划分

区域后，可以在区域边界路由器上进行路由聚合，以减少通告到其他区域的 LSA 数量，还可以将网络拓扑变化带来的影响最小化。

1. 骨干区域（Backbone Area）

OSPF 划分区域之后，并非所有的区域都是平等的关系。其中有一个区域是与众不同的，它的区域号（Area ID）是 0，通常被称为骨干区域。骨干区域负责区域之间的路由，非骨干区域之间的路由信息必须通过骨干区域来转发。对此，OSPF 有两个规定：

（1）所有非骨干区域必须与骨干区域保持连通；

（2）骨干区域自身也必须保持连通。

但在实际应用中，可能会因为受各方面条件的限制，无法满足这个要求。

2. Stub 区域

Stub 区域是一些特定的区域，Stub 区域的 ABR 不允许注入 Type5 LSA，在这些区域中路由器的路由表规模及路由信息传递的数量都会大大减少。

为了进一步减少 Stub 区域中路由器的路由表规模及路由信息传递的数量，可以将该区域配置为 Totally Stub（完全 Stub）区域，该区域的 ABR 不会将区域间的路由信息和外部路由信息传递到本区域。

（Totally）Stub 区域是一种可选的配置属性，但并不是每个区域都符合配置的条件。通常来说，（Totally）Stub 区域位于自治系统的边界。

为保证到本自治系统的其他区域或者自治系统外的路由依旧可达，该区域的 ABR 将生成一条缺省路由，并发布给本区域中的其他非 ABR 路由器。

3. NSSA 区域

NSSA（Not-So-Stubby Area）区域是 Stub 区域的变形，与 Stub 区域有许多相似的地方。NSSA 区域也不允许 Type5 LSA 注入，但可以允许 Type7 LSA 注入。Type7 LSA 由 NSSA 区域的 ASBR 产生，在 NSSA 区域内传播。当 Type7 LSA 到达 NSSA 的 ABR 时，由 ABR 将 Type7 LSA 转换成 Type5 LSA，传播到其他区域。

如图 6-4 所示，运行 OSPF 协议的自治系统包括 3 个区域：区域 1、区域 2 和区域 0，另外两个自治系统运行 RIP 协议。区域 1 被定义为 NSSA 区域，区域 1 接收的 RIP 路由传播到 NSSA ASBR 后，由 NSSA ASBR 产生 Type7 LSA 在区域 1 内传播，当 Type7 LSA 到达 NSSA ABR 后，转换成 Type5 LSA 传播到区域 0 和区域 2。

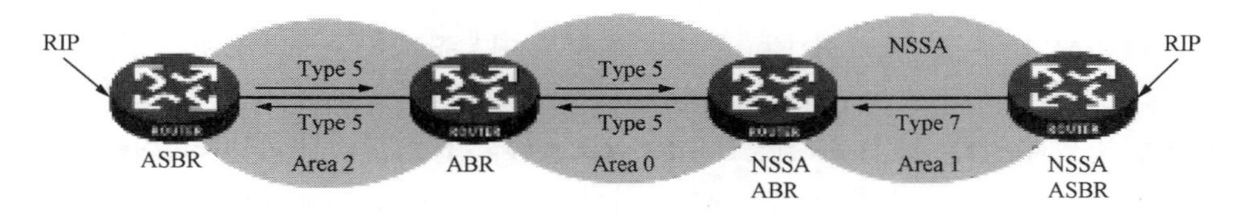

图 6-4　NSSA 区域

另一方面，运行 RIP 的自治系统的 RIP 路由通过区域 2 的 ASBR 产生 Type5 LSA 在 OSPF 自治系统中传播。但因为区域 1 是 NSSA 区域，所以 Type5 LSA 不会到达区域 1。

与 Stub 区域一样，虚连接也不能穿过 NSSA 区域。

4. 各区域特性

（1）Totally Stub 区域：允许 ABR 发布的 Type3 缺省路由，不允许自治系统外部路由和区域间的路由。

（2）Stub 区域：和 Totally Stub 区域不同的是该区域允许区域间路由。

（3）NSSA 区域：和 Stub 区域不同的是该区域允许自治系统外部路由的引入，由 ASBR 发布 Type7 LSA 通告给本区域。

（4）Totally NSSA 区域：和 NSSA 区域不同的是该区域不允许区域间路由。

（四）OSPF 路由器类型

OSPF 路由器根据在 AS 中的不同位置，可以分为以下四类，如图 6-5 所示。

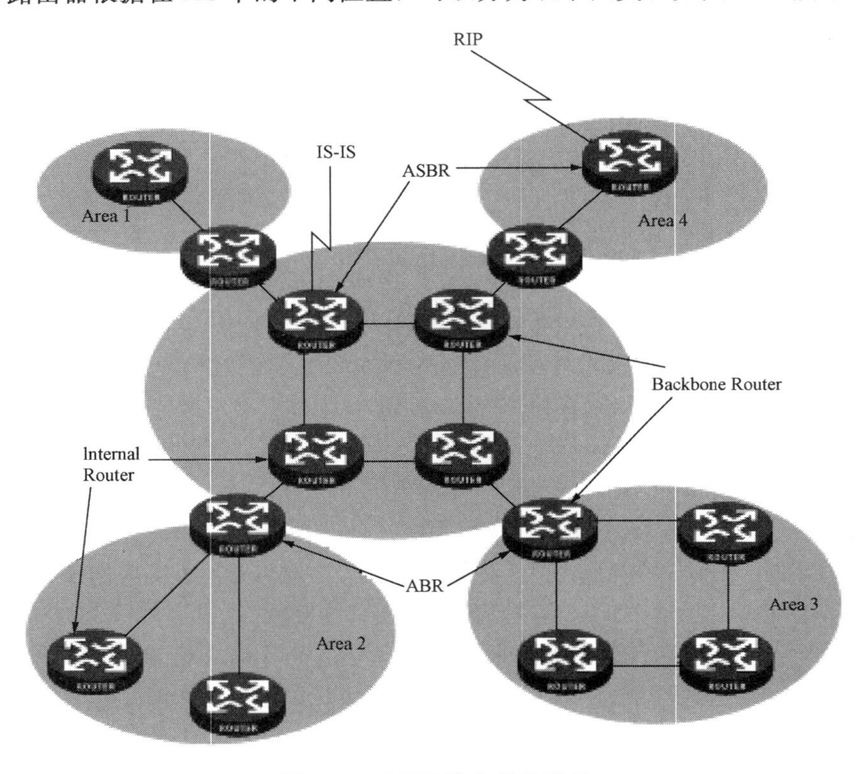

图 6-5　OSPF 路由器的类型

（1）区域内路由器（Internal Router），该类路由器的所有接口都属于同一个 OSPF 区域。

（2）区域边界路由器 ABR（Area Border Router），该类路由器可以同时属于两个以上的区域，但其中一个必须是骨干区域。ABR 用来连接骨干区域和非骨干区域，它与骨干区域之间既可以是物理连接，也可以是逻辑上的连接。

（3）骨干路由器（Backbone Router），该类路由器至少有一个接口属于骨干区域。因此，所有的 ABR 和位于 Area0 的内部路由器都是骨干路由器。

（4）自治系统边界路由器 ASBR，与其他 AS 交换路由信息的路由器称为 ASBR。ASBR并不一定位于 AS 的边界，它有可能是区域内路由器，也有可能是 ABR。只要一台 OSPF路由器引入了外部路由的信息，它就成为 ASBR。

OSPF 将路由分为四类，按照优先级从高到低的顺序依次为：区域内路由（Intra Area）、区域间路由（Inter Area）、第一类外部路由（Type1 External）、第二类外部路由（Type2 External）。

区域内和区域间路由描述的是 AS 内部的网络结构，外部路由则描述了应该如何选择到 AS 以外目的地址的路由。OSPF 将引入的 AS 外部路由分为两类：Type1 和 Type2。

第一类外部路由是指接收的是内部网关协议（Interior Gateway Protocol，IGP）路由（例如静态路由和 RIP 路由）。因为这类路由的可信程度较高，并且和 OSPF 自身路由的开销具有可比性，所以到第一类外部路由的开销等于本路由器到相应的 ASBR 的开销与 ASBR 到该路由目的地址的开销之和。

第二类外部路由是指接收的是外部网关协议（Exterior Gateway Protocol，EGP）路由。因为这类路由的可信度比较低，所以 OSPF 协议认为从 ASBR 到自治系统之外的开销远远大于在自治系统之内到达 ASBR 的开销。因此计算路由开销时将主要考虑前者，即到第二类外部路由的开销等于 ASBR 到该路由目的地址的开销。如果计算出开销值相等的两条路由，再考虑本路由器到相应的 ASBR 的开销。

（五）OSPF 的网络类型

OSPF 根据链路层协议类型将网络分为下列四种类型：

（1）广播（Broadcast）类型：在该类型的网络中，通常以组播形式（224.0.0.5：含义是 OSPF 路由器的预留 IP 组播地址；224.0.0.6：含义是 OSPF DR 的预留 IP 组播地址）发送 Hello 报文、LSU 报文和 LSAck 报文；以单播形式发送 DD 报文和 LSR 报文。

（2）NBMA（Non-Broadcast Multi-Access，非广播多点可达网络）类型：在该类型的网络中，以单播形式发送协议报文。

（3）P2MP（Point-to-MultiPoint，点到多点）类型：没有一种链路层协议会被缺省的认为是 P2MP 类型，点到多点必须是由其他的网络类型强制更改的，常用做法是将 NBMA 改为点到多点的网络。在该类型的网络中，缺省情况下，以组播形式（224.0.0.5）发送协议报文。可以根据用户需要，以单播形式发送协议报文。

（4）P2P（Point-to-Point，点到点）类型：在该类型的网络中，以组播形式（224.0.0.5）发送协议报文。

NBMA 网络是指非广播、多点可达的网络，比较典型的有 ATM 和帧中继网络。对于接口的网络类型为 NBMA 的网络需要进行一些特殊的配置。由于无法通过广播 Hello 报文的形式发现相邻路由器，必须手工为该接口指定相邻路由器的 IP 地址，以及该相邻路由器是否有 DR 选举权等。

NBMA 网络必须是全连通的，即网络中任意两台路由器之间都必须有一条虚电路直接可达。如果部分路由器之间没有直接可达的链路时，应将接口配置成 P2MP 类型。如果路由器在 NBMA 网络中只有一个对端，也可将接口类型配置为 P2P 类型。

NBMA 与 P2MP 网络之间的区别如下：

（1）NBMA 网络是指那些全连通的、非广播、多点可达网络；而 P2MP 网络，则并不需要一定是全连通的。

（2）在 NBMA 网络中需要选举 DR 与 BDR，而在 P2MP 网络中没有 DR 与 BDR。

（3）NBMA 是一种缺省的网络类型，而 P2MP 网络必须是由其他的网络强制更改的。最常见的做法是将 NBMA 网络改为 P2MP 网络。

（4）NBMA 网络采用单播发送报文，需要手工配置邻居，P2MP 网络采用组播方式发送报文。

（六）DR/BDR

在广播网和 NBMA 网络中，任意两台路由器之间都要交换路由信息。如果网络中有 n 台路由器，则需要建立 $n(n-1)/2$ 个邻接关系。这使得任何一台路由器的路由变化都会导致多次传递，浪费了带宽资源。为解决这一问题，OSPF 协议定义了指定路由器 DR（Designated Router），所有路由器都只将信息发送给 DR，由 DR 将网络链路状态发送出去。

如果 DR 由于某种故障而失效，则网络中的路由器必须重新选举 DR，再与新的 DR 同步。这需要较长的时间，在这段时间内，路由的计算是不正确的。为了能够缩短这个过程，OSPF 提出了备份指定路由器（Backup Designated Router，BDR）的概念。

BDR 实际上是对 DR 的一个备份，在选举 DR 的同时也选举出 BDR，BDR 也和本网段内的所有路由器建立邻接关系并交换路由信息。当 DR 失效后，BDR 会立即成为 DR。因为不需要重新选举，并且邻接关系事先已建立，所以这个过程是非常短暂的。当然这时还需要再重新选举出一个新的 BDR，虽然一样需要较长的时间，但并不会影响路由的计算。运行 OSPF 进程的网络中，既不是 DR 也不是 BDR 的路由器为 DR Other。DR Other 仅与 DR 和 BDR 之间建立邻接关系，DR Other 之间不交换任何路由信息。这样就减少了广播网和 NBMA 网络上各路由器之间邻接关系的数量，同时减少网络流量，节约了带宽资源。

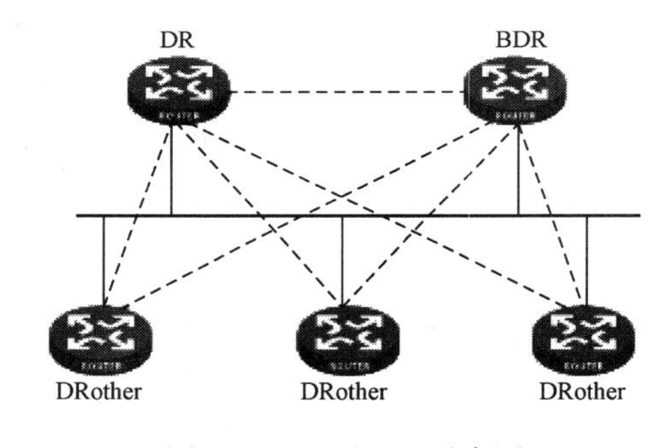

图 6-6　DR/BDR 示意图

如图 6-6 所示，用实线代表以太网物理连接，虚线代表建立的邻接关系。可以看到，采用 DR/BDR 机制后，5 台路由器之间只需要建立 7 个邻接关系就可以了。

DR 和 BDR 是由同一网段中所有的路由器根据路由器优先级、Router ID 通过 Hello 报文选举出来的，只有优先级大于 0 的路由器才具有选举资格。

进行 DR/BDR 选举时每台路由器将自己选出的 DR 写入 Hello 报文中，发给网段上的每台运行 OSPF 协议的路由器。当处于同一网段的两台路由器同时宣布自己是 DR 时，路由器优先级高者胜出。如果优先级相等，则 Router ID 大者胜出。如果一台路由器的优先级为 0，则它不会被选举为 DR 或 BDR。

需要注意的是：

（1）只有在广播或 NBMA 类型接口才会选举 DR，在点到点或点到多点类型的接口上不需要选举 DR。

（2）DR 是某个网段中的概念，是针对路由器的接口而言的。某台路由器在一个接口上可能是 DR，在另一个接口上有可能是 BDR，或者是 DR Other。

（3）路由器的优先级可以影响 DR/BDR 的选举过程，但是当 DR/BDR 已经选举完毕，就算一台具有更高优先级的路由器变为有效，也不会替换该网段中已经存在的DR/BDR成为新的DR/BDR。

（4）DR并不一定就是路由器优先级最高的路由器接口；同理，BDR也并不一定就是路由器优先级次高的路由器接口。

四、边界网关协议（Border Gateway Protocol，BGP）

（一）BGP概述

BGP是一种用于自治系统（Autonomous System，AS）之间的动态路由协议。AS是拥有同一选路策略，在同一技术管理部门下运行的一组路由器。

1. BGP特性描述

（1）BGP是一种外部网关协议（Exterior Gateway Protocol，EGP），与OSPF、RIP等内部网关协议（Interior Gateway Protocol，IGP）不同，其着眼点不在于发现和计算路由，而在于控制路由的传播和选择最佳路由。

（2）BGP使用TCP作为其传输层协议（端口号179），提高了协议的可靠性。

（3）BGP支持无类别域间路由（Classless Inter-Domain Routing，CIDR）。

（4）路由更新时，BGP只发送更新的路由，大大减少了BGP传播路由所占用的带宽，适用于在Internet上传播大量的路由信息。

（5）BGP路由通过携带AS路径信息彻底解决路由环路问题。

（6）BGP提供了丰富的路由策略，能够对路由实现灵活的过滤和选择。

（7）BGP易于扩展，能够适应网络新的发展。

发送BGP消息的路由器称为BGP发言者（BGP Speaker），它接收或产生新的路由信息，并发布（Advertise）给其他BGP发言者。当BGP发言者收到来自其他自治系统的新路由时，如果该路由比当前已知路由更优、或者当前还没有该路由，它就把这条路由发布给自治系统内所有其他BGP发言者。

相互交换消息的BGP发言者之间互称对等体，若干相关的对等体可以构成对等体组（Peer group）。

2. BGP在路由器上的两种运行方式

（1）IBGP（Internal BGP）：当BGP运行于同一自治系统内部时，被称为IBGP。

（2）EBGP（External BGP）：当BGP运行于不同自治系统之间时，称为EBGP。

（二）BGP消息类型

BGP总共有四种消息类型，分别为Open、Keepalive、Update和Notification。

（1）Open消息：为初始建立连接使用，BGP是基于TCP的179端口，最重要的两个字段hold time和Router ID。对方以Keepalive作为回应。

（2）Keepalive消息：对Open消息进行回应，一段时间内BGP周期性地发送Keepalive消息，以表明存在。

（3）Update消息：发送一条路径的更新信息，包括路径的属性。

（4）Notification消息：BGP一方发现错误发送该消息给对端，对端收到后会关闭BGP连接，即其是发现错误/关闭连接的机制。

（三）BGP路由属性

BGP路由属性是跟随路由一起发送出去的一组参数，封装在Update报文的Path attributes 字段中。它对特定的路由进行了进一步的描述，使得路由接收者能够根据路由属性值对路由进行过滤和选择。

1. 所有的 BGP 路由属性都可以分为以下四类：

(1) 公认必须遵循（Well-known mandatory)：所有 BGP 路由器都必须能够识别这种属性，且必须存在于 Update 消息中。如果缺少这种属性，路由信息就会出错。

(2) 公认可选（Well-known discretionary)：所有 BGP 路由器都可以识别，但不要求必须存在于 Update 消息中，可以根据具体情况来选择。

(3) 可选过渡（Optional transitive)：在 AS 之间具有可传递性的属性。BGP 路由器可以不支持此属性，但它仍然会接收带有此属性的路由，并通告给其他对等体。

(4) 可选非过渡（Optional non-transitive)：如果 BGP 路由器不支持此属性，该属性被忽略，且不会通告给其他对等体。

BGP 路由几种基本属性和对应的类别如表 6-2 所示。

表 6-2　　BGP 路由基本属性

ORIGIN	公认必须遵循	AGGREGATOR	可选过渡
AS _ PATH	公认必须遵循	COMMUNITY	可选过渡
NEXT _ HOP	公认必须遵循	MULTI _ EXIT _ DISC (MED)	可选非过渡
LOCAL _ PREF	公认可选	ORIGINATOR _ ID	可选非过渡
ATOMIC _ AGGREGATE	公认可选	CLUSTER _ LIST	可选非过渡

2. 几种主要的路由属性

(1) 源（ORIGIN）属性。

ORIGIN 属性定义路由信息的来源，标记一条路由是怎么成为 BGP 路由的。它有以下三种类型：

1) IGP：优先级最高，说明路由产生于本 AS 内。

2) EGP：优先级次之，说明路由通过 EGP 学到。

3) incomplete：优先级最低，它并不是说明路由不可达，而是表示路由的来源无法确定。例如，引入的其他路由协议的路由信息。

(2) AS 路径（AS _ PATH）属性。

AS _ PATH 属性按一定次序记录了某条路由从本地到目的地址所要经过的所有 AS 号。当 BGP 将一条路由通告到其他 AS 时，便会把本地 AS 号添加在 AS _ PATH 列表的最前面。收到此路由的 BGP 路由器，根据 AS _ PATH 属性就可以知道去目的地址所要经过的 AS。离本地 AS 最近的相邻 AS 号排在前面，其他 AS 号按顺序依次排列。

通常情况下，BGP 不会接受 AS _ PATH 中已包含本地 AS 号的路由，从而避免了形成路由环路的可能。同时，AS _ PATH 属性也可用于路由的选择和过滤。在其他因素相同的情况下，BGP 会优先选择路径较短的路由。在某些应用中，可以使用路由策略来人为地增加 AS 路径的长度，以便更为灵活地控制 BGP 路径的选择。通过配置 AS 路径过滤列表，还可以针对 AS _ PATH 属性中所包含的 AS 号来对路由进行过滤。

（3）下一跳（NEXT _ HOP）属性。

BGP 的下一跳属性和 IGP 的有所不同，不一定就是邻居路由器的 IP 地址。

下一跳属性取值情况分为三种：

1）BGP 发言者把自己产生的路由发给所有邻居时，将把该路由信息的下一跳属性设置为自己与对端连接的接口地址；

2）BGP 发言者把接收到的路由发送给 EBGP 对等体时，将把该路由信息的下一跳属性设置为本地与对端连接的接口地址；

3）BGP 发言者把从 EBGP 邻居得到的路由发给 IBGP 邻居时，并不改变该路由信息的下一跳属性。

（4）MED（Multi-Exit Discriminators）属性。

MED 属性仅在相邻两个 AS 之间交换，收到此属性的 AS 一方不会再将其通告给任何其他第三方 AS。

MED 属性相当于 IGP 使用的度量值（Metrics），它用于判断流量进入 AS 时的最佳路由。当一个运行 BGP 的路由器通过不同的 EBGP 对等体得到目的地址相同但下一跳不同的多条路由时，在其他条件相同的情况下，将优先选择 MED 值较小者作为最佳路由。

（5）本地优先（Local Preference）属性。

LOCAL _ PREF 属性仅在 IBGP 对等体之间交换，不通告给其他 AS。它表明 BGP 路由器的优先级。

LOCAL _ PREF 属性用于判断流量离开 AS 时的最佳路由。当 BGP 的路由器通过不同的 IBGP 对等体得到目的地址相同但下一跳不同的多条路由时，将优先选择 LOCAL _ PREF 属性值较高的路由。

（6）团体（Community）属性。

团体属性也是跟随路由一起发送出去的一组特殊数据。根据需要，一条路由可以携带一个或多个团体属性值（每个团体属性值用一个四字节的整数表示）。接收到该路由的路由器就可以根据团体属性值对路由作出适当的处理（比如决定是否发布该路由、在什么范围发布等），从而能够简化路由策略的应用和降低维护管理的难度。

公认的团体属性有：

1）INTERNET：缺省情况下，所有的路由都属于 INTERNET 团体。具有此属性的路由可以被通告给所有的 BGP 对等体。

2）NO _ EXPORT：具有此属性的路由在收到后，不能被发布到本地 AS 之外。如果使用了联盟，则不能被发布到联盟之外，但可以发布给联盟中的其他子 AS。

3）NO _ ADVERTISE：具有此属性的路由被接收后，不能被通告给任何其他的 BGP 对等体。

4）NO _ EXPORT _ SUBCONFED：具有此属性的路由被接收后，不能被发布到本地 AS 之外，也不能发布到联盟中的其他子 AS。

（四）BGP 的选路规则

1. BGP 选择路由的策略

在目前的实现中，BGP 选择路由时采取如下策略：

(1) 丢弃下一跳(NEXT _ HOP)不可达的路由。

(2) 优选 Preferred-value 值最大的路由。

(3) 优选本地优先级(LOCAL _ PREF)最高的路由。

(4) 优选聚合路由。

(5) 优选 AS 路径(AS _ PATH)最短的路由。

(6) 依次选择 ORIGIN 类型为 IGP、EGP、Incomplete 的路由。

(7) 优选 MED 值最低的路由。

(8) 依次选择从 EBGP、联盟、IBGP 学来的路由。

(9) 优选下一跳 Cost 值最低的路由。

(10) 优选 CLUSTER _ LIST 长度最短的路由。

(11) 优选 ORIGINATOR _ ID 最小的路由。

(12) 优选 Router ID 最小的路由器发布的路由。

(13) 优选地址最小的对等体发布的路由。

2. BGP 发布路由时采用的策略

在目前的实现中,BGP 发布路由时采用如下策略:

(1) 存在多条有效路由时,BGP 发言者只将最优路由发布给对等体。

(2) BGP 发言者只把自己使用的路由发布给对等体。

(3) BGP 发言者从 EBGP 获得的路由会向它所有 BGP 对等体发布(包括 EBGP 对等体和 IBGP 对等体)。

(4) BGP 发言者从 IBGP 获得的路由不向它的 IBGP 对等体发布。

(5) BGP 发言者从 IBGP 获得的路由发布给它的 EBGP 对等体(关闭 BGP 与 IGP 同步的情况下,IBGP 路由被直接发布;开启 BGP 与 IGP 同步的情况下,该 IBGP 路由只有在 IGP 也发布了这条路由时才会被同步并发布给 EBGP 对等体)。

(6) 连接一旦建立,BGP 发言者将把自己所有的 BGP 路由发布给新对等体。

(五) IBGP 和 IGP 同步

同步是指 IBGP 和 IGP 之间的同步,其目的是为了避免出现误导外部 AS 路由器的现象发生。如果一个 AS 中有非 BGP 路由器提供转发服务,经该 AS 转发的 IP 报文将可能因为目的地址不可达而被丢弃。

如果设置了同步特性,在 IBGP 路由加入路由表并发布给 EBGP 对等体之前,会先检查 IGP 路由表。只有在 IGP 也知道这条 IBGP 路由时,它才会被发布给 EBGP 对等体。

在下面的情况中,可以关闭同步特性。

(1) 本 AS 不是过渡 AS。

(2) 本 AS 内所有路由器建立 IBGP 全连接。

(六) 大规模 BGP 网络所遇到的问题

1. 路由聚合

在大规模的网络中,BGP 路由表十分庞大,使用路由聚合(Routes Aggregation)可以大大减小路由表的规模。

路由聚合实际上是将多条路由合并的过程。这样 BGP 在向对等体通告路由时,可以只

通告聚合后的路由，而不是将所有的具体路由都通告出去。

目前，系统支持自动聚合和手动聚合方式。使用后者还可以控制聚合路由的属性，以及决定是否发布具体路由。

2. 对等体组

对等体组（Peer Group）是一些具有某些相同属性的对等体的集合。当一个对等体加入对等体组中时，此对等体将获得与所在对等体组相同的配置。当对等体组的配置改变时，组内成员的配置也相应改变。

在大型BGP网络中，对等体的数量会很多，其中很多对等体具有相同的策略，在配置时会重复使用一些命令，利用对等体组在很多情况下可以简化配置。

将对等体加入对等体组中，对等体与对等体组具有相同的路由更新策略，提高了路由发布效率。

3. 团体

对等体组可以使一组对等体共享相同的策略，而利用团体可以使多个AS中的一组BGP路由器共享相同的策略。团体是一个路由属性，在BGP对等体之间传播，它并不受到AS范围的限制。

BGP路由器在将带有团体属性的路由发布给其他对等体之前，可以改变此路由原有的团体属性。

除了使用公认的团体属性外，用户还可以使用团体属性列表自定义扩展团体属性，以便更为灵活地控制路由策略。

4. 路由反射器

为保证IBGP对等体之间的连通性，需要在IBGP对等体之间建立全连接关系。假设在一个AS内部有n台路由器，那么应该建立的IBGP连接数就为$c=\frac{n(n-1)}{2}$。当IBGP对等体数目很多时，对网络资源和CPU资源的消耗都很大。

利用路由反射可以解决这一问题。在一个AS内，其中一台路由器作为路由反射器RR（Route Reflector），其他路由器作为客户机（Client）与路由反射器之间建立IBGP连接。路由反射器在客户机之间传递（反射）路由信息，而客户机之间不需要建立BGP连接。

既不是反射器也不是客户机的BGP路由器被称为非客户机（Non-Client）。非客户机与路由反射器之间，以及所有的非客户机之间仍然必须建立全连接关系。

路由反射器和它的客户机组成了一个集群（Cluster）。某些情况下，为了增加网络的可靠性和防止单点故障，可以在一个集群中配置一个以上的路由反射器。这时，位于相同集群中的每个路由反射器都要配置相同的Cluster _ ID，以避免路由循环。

在某些网络中，路由反射器的客户机之间已经建立了全连接，它们可以直接交换路由信息，此时客户机到客户机之间的路由反射是没有必要的，而且还占用带宽资源。目前，系统支持配置相关命令来禁止在客户机之间反射路由。

（七）MP-BGP

传统的BGP-4只能管理IPv4单播的路由信息，对于使用其他网络层协议（如IPv6等）的应用，在跨自治系统传播时就受到一定限制。

为了提供对多种网络层协议的支持，IETF对BGP-4进行了扩展，形成MP-BGP，目前的 MP-BGP 标准是 RFC 4760（Multiprotocol Extensions for BGP-4，BGP-4 的多协议扩展）。支持 BGP 扩展的路由器与不支持 BGP 扩展的路由器可以互通。

BGP-4 使用的报文中，与 IPv4 地址格式相关的三条信息都由 Update 报文携带，这三条信息分别是：NLRI、路径属性中的 NEXT _ HOP、路径属性中的 AGGREGATOR（该属性中包含形成聚合路由的 BGP 发言者的 IP 地址）。

为实现对多种网络层协议的支持，BGP-4 需要将网络层协议的信息反映到 NLRI 及 NEXT _ HOP。MP-BGP 中引入了两个新的路径属性：

（1）MP _ REACH _ NLRI：Multiprotocol Reachable NLRI，多协议可达 NLRI。用于发布可达路由及下一跳信息。

（2）MP _ UNREACH _ NLRI：Multiprotocol Unreachable NLRI，多协议不可达 NLRI。用于撤销不可达路由。

这两种属性都是可选非过渡（Optional non-transitive）的，因此，不提供多协议能力的 BGP 发言者将忽略这两个属性的信息，不把它们传递给其他邻居。

MP-BGP 采用地址族（Address Family）来区分不同的网络层协议，关于地址族的一些取值可以参考 RFC 1700（Assigned Numbers）。目前，系统实现了多种 MP-BGP 扩展应用，包括对 VPN 的扩展、对 IPv6 的扩展等，不同的扩展应用在各自的地址族视图下配置。

第四节　MPLS VPN 体系结构

一、MPLS 体系结构

（一）MPLS 基本概念

1. 转发等价类

MPLS 作为一种分类转发技术，将具有相同转发处理方式的分组归为一类，称为转发等价类（Forwarding Equivalence Class，FEC）。相同 FEC 的分组在 MPLS 网络中将获得完全相同的处理。

FEC 的划分方式非常灵活，可以是以源地址、目的地址、源端口、目的端口、协议类型或 VPN 等为划分依据的任意组合。例如，在传统的采用最长匹配算法的 IP 转发中，到同一个目的地址的所有报文就是一个 FEC。

2. 标签

标签是一个长度固定、只具有本地意义的短标识符，用于唯一标识一个分组所属的 FEC，一个标签只能代表一个 FEC。

标签由报文的头部所携带，不包含拓扑信息，只具有局部意义。标签的长度为 4 字节（32bits），其封装结构如图 6 - 7 所示。

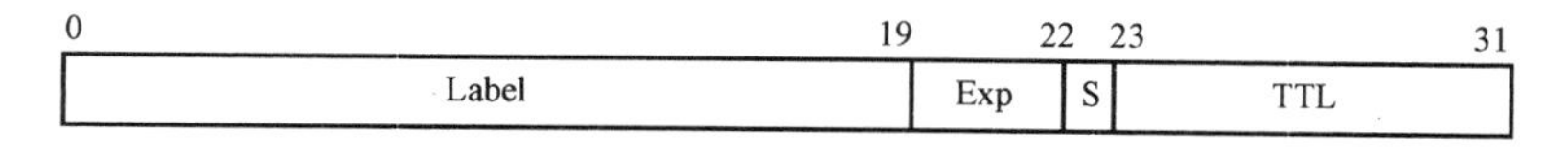

图 6 - 7　标签的封装结构

标签共有 4 个域：

（1）Label：标签值字段，长度为 20bits，用来标识一个 FEC。

（2）Exp：3bits，保留，协议中没有明确规定，通常用作 QoS。

（3）S：1bit，MPLS 支持多重标签。值为 1 时表示为最底层标签。

（4）TTL：8bits，和 IP 分组中的 TTL 意义相同，可以用来防止环路。

如图 6-8 所示，如果链路层协议具有标签域，如 ATM 的 VPI/VCI，则标签封装在这些域中；否则，标签封装在链路层头和网络层数据之间的一个垫层中。这样，任意链路层都能够支持标签。

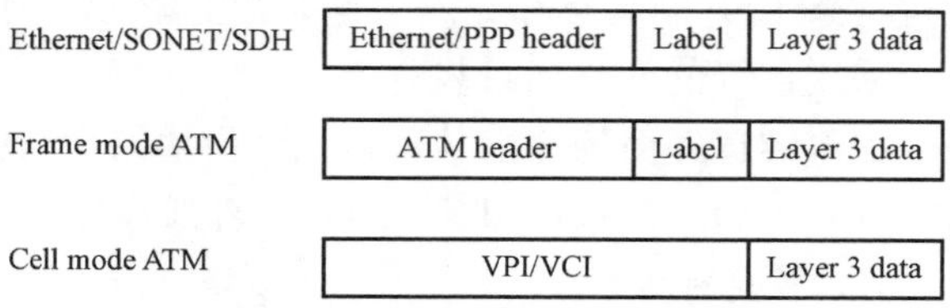

Ethernet/SONET/SDH	Ethernet/PPP header	Label	Layer 3 data
Frame mode ATM	ATM header	Label	Layer 3 data
Cell mode ATM	VPI/VCI		Layer 3 data

图 6-8　标签在分组中的封装位置

3. 标签交换路由器

标签交换路由器（Label Switching Router，LSR）是 MPLS 网络中的基本元素，所有 LSR 都支持 MPLS 技术。

4. 标签边缘路由器

位于 MPLS 网络边缘、连接其他网络的 LSR 称为标签边缘路由器（Label Edge Router，LER）。

5. 标签交换路径

属于同一个 FEC 的报文在 MPLS 网络中经过的路径称为标签交换路径（Label Switched Path，LSP）。

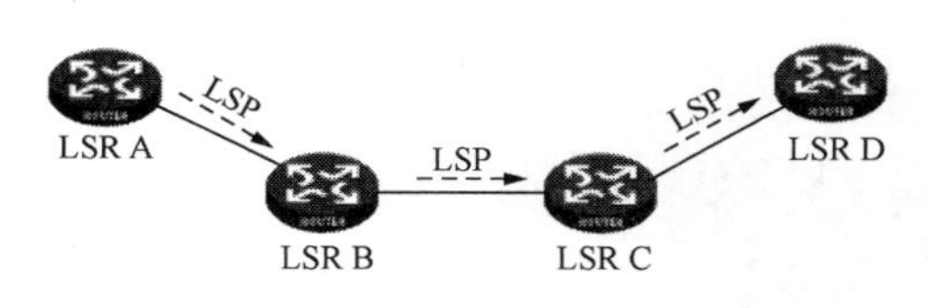

图 6-9　标签交换路径

LSP 是从 MPLS 网络的入口到出口的一条单向路径。在一条 LSP 上，沿数据传送的方向，相邻的 LSR 分别称为上游 LSR 和下游 LSR。如图 6-9所示，LSR B 为 LSR A 的下游 LSR，相应的，LSR A 为 LSR B 的上游 LSR。

6. 标签转发表

与 IP 网络中的转发信息表（Forwarding Information Base，FIB）类似，在 MPLS 网络中，报文通过查找标签转发表确定转发路径。

7. 控制平面和转发平面

MPLS 节点由两部分组成：

（1）控制平面（Control Plane）：负责标签的分配、路由的选择、标签转发表的建立、标签交换路径的建立、拆除等工作。

（2）转发平面（Forwarding Plane）：依据标签转发表对收到的分组进行转发。

8. 标签分发协议

标签分发协议（Label Distribution Protocol，LDP）是 MPLS 的控制协议，它相当于传统网络中的信令协议，负责 FEC 的分类、标签的分配及 LSP 的建立和维护等一系列操作。

MPLS 可以使用多种标签发布协议，包括专为标签发布而制定的协议，例如：LDP、基于约束路由的 LDP（Constraint-Based Routing using LDP，CR-LDP）；也包括现有协议扩展后支持标签发布的，例如：边界网关协议（Border Gateway Protocol，BGP）、资源预留协议（Resource Reservation Protocol，RSVP）。同时，还可以手工配置静态 LSP。

9. LSP 隧道技术

MPLS 支持 LSP 隧道技术。

一条 LSP 的上游 LSR 和下游 LSR，尽管它们之间的路径可能并不在路由协议所提供的路径上，但是 MPLS 允许在它们之间建立一条新的 LSP，这样，上游 LSR 和下游 LSR 分别就是这条 LSP 的起点和终点。这时，上游 LSR 和下游 LSR 间的 LSP 就是 LSP 隧道，它避免了采用传统的网络层封装隧道。

如果隧道经由的路由与逐跳从路由协议中取得的路由一致，这种隧道就称为逐跳路由隧道（Hop-by-Hop Routed Tunnel）；否则称为显式路由隧道（Explicitly Routed Tunnel）。

10. 多层标签栈

如果分组在超过一层的 LSP 隧道中传送，就会有多层标签，形成标签栈（Label Stack）。在每一隧道的入口和出口处，进行标签的入栈（PUSH）和出栈（POP）操作。

标签栈按照“后进先出（Last-In-First-Out）”方式组织标签，MPLS 从栈顶开始处理标签。

MPLS 对标签栈的深度没有限制。若一个分组的标签栈深度为 m，则位于栈底的标签为 1 级标签，位于栈顶的标签为 m 级标签。未压入标签的分组可看作标签栈为空（即标签栈深度为零）的分组。

（二）MPLS 网络结构

如图 6-10 所示，MPLS 网络的基本构成单元是 LSR，由 LSR 构成的网络称为 MPLS 域。MPLS 网络包括以下几个组成部分：

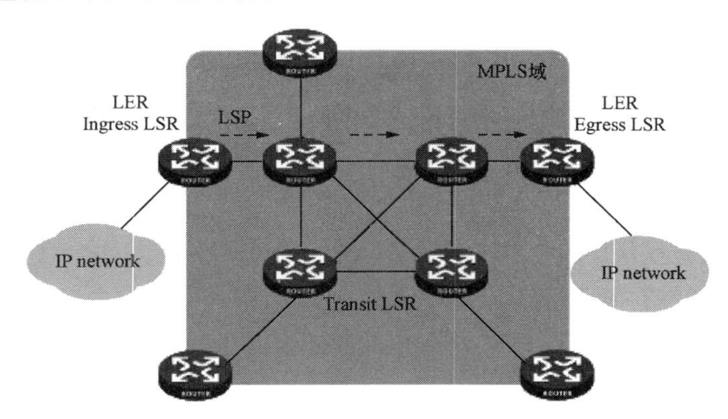

图 6-10　MPLS 网络结构

（1）入节点（Ingress）：报文的入口 LER，负责为进入 MPLS 域的报文添加标签。

（2）中间节点（Transit）：MPLS 域内部的 LSR，根据标签沿着由一系列 LSR 构成的 LSP 将报文传送给出口 LER。

（3）出节点（Egress）：报文的出口 LER，负责剥离报文中的标签，并转发给目的网络。

Transit 根据报文上附加的标签进行 MPLS 转发，Ingress 和 Egress 负责 MPLS 与 IP 技术的转换。

（三）LSP 建立与标签的发布和管理

1. LSP 建立

LSP 的建立过程实际就是将 FEC 和标签进行绑定，并将这种绑定通告相邻 LSR，以便在 LSR 上建立标签转发表的过程。LSP 既可以通过手工配置的方式静态建立，也可以利用标签分发协议动态建立。

标签发布协议是 MPLS 的信令协议，负责划分 FEC、发布标签、建立维护 LSP 等。标签发布协议的种类较多，有专为标签发布而制定的协议，如标签分发协议（Label Distribution Protocol，LDP）；也有扩展后支持标签发布的协议，如 BGP、RSVP-TE。本书只介绍 LDP 协议。

2. 标签的发布和管理

标签发布就是将为 FEC 分配的标签通告给其他 LSR。根据标签发布条件、标签发布顺序的不同，LSR 通告标签的方式分为下游自主方式（Downstream Unsolicited，DU）和下游按需方式（Downstream on Demand，DoD）、独立标签控制方式（Independent）和有序标签控制方式（Ordered）几种。

标签管理，即标签保持方式，是指 LSR 对收到的，但目前暂时用不到的 FEC 和标签绑定的处理方式，分为自由标签保持方式（Liberal）和保守标签保持方式（Conservative）两种。

（四）LDP

LDP 是标签发布协议的一种，用来动态建立 LSP。通过 LDP、LSR 可以把网络层的路由信息映射到数据链路层的交换路径上。

1. LDP 基本概念

（1）LDP 会话。

LDP 会话建立在 TCP 连接之上，用于在 LSR 之间交换标签映射、标签释放、差错通知等消息。

（2）LDP 对等体。

LDP 对等体是指相互之间存在 LDP 会话，并通过 LDP 会话交换标签—FEC 映射关系的两个 LSR。

2. LDP 消息类型

LDP 协议主要使用四类消息：

（1）发现（Discovery）消息：用于通告和维护网络中 LSR 的存在。

（2）会话（Session）消息：用于建立、维护和终止 LDP 对等体之间的会话。

（3）通告（Advertisement）消息：用于创建、改变和删除“标签—FEC”映射关系。

（4）通知（Notification）消息：用于提供建议性的消息和差错通知。

为保证 LDP 消息的可靠发送，除了发现消息使用 UDP 传输外，LDP 的会话消息、通告消息和通知消息都使用 TCP 传输。

3. LDP 工作过程

LDP 主要包括以下四个阶段：

（1）发现阶段。

（2）会话建立与维护。

（3）LSP 建立与维护。

（4）会话撤销。

二、虚拟专网（Virtual Private Network，VPN）

（一）VPN 概念介绍

VPN 被定义为通过一个公用网络建立一个临时的、安全的连接，是一条穿过混乱的公共网络的安全、稳定的隧道。现有 VPN 技术主要分为二层和三层，主要协议有 PPTP、L2TP、IPSec、GRE 和 BGP MPLS VPN。现在电力系统内广泛使用的 BGP MPLS VPN 技术是属于三层的 VPN 技术。

（二）BGP MPLS VPN

BGP MPLS VPN 是一种基于 PE 的 L3VPN 技术，它使用了 MP-BGP 协议作为 VPN 发布路由的协议，同时使用 MPLS 标签作为区分不同 VPN 数据报文的标记，报文传输过程中依赖于 MPLS 协议。

BGP MPLS VPN 组网方式灵活、可扩展性好，并能够方便地支持 MPLS QoS 和 MPLS TE，因此得到越来越多的应用。

MPLS L3VPN 模型由三部分组成：CE、PE 和 P。

（1）CE（Customer Edge）设备：用户网络边缘设备，有接口直接与服务提供商（Service Provider，SP）相连。CE 可以是路由器或交换机，也可以是一台主机。CE“感知”不到 VPN 的存在，也不需要必须支持 MPLS。

（2）PE（Provider Edge）路由器：服务提供商边缘路由器，是服务提供商网络的边缘设备，与用户的 CE 直接相连。在 MPLS 网络中，对 VPN 的所有处理都发生在 PE 上。

（3）P（Provider）路由器：服务提供商网络中的骨干路由器，不与 CE 直接相连。P 设备只需要具备基本 MPLS 转发能力。

CE 和 PE 的划分主要是根据服务提供商与用户的管理范围，CE 和 PE 是两者管理范围的边界。

CE 设备通常是一台路由器，当 CE 与直接相连的 PE 建立邻接关系后，CE 把本站点的 VPN 路由发布给 PE，并从 PE 学到远端 VPN 的路由。CE 与 PE 之间使用 BGP/IGP 交换路由信息，也可以使用静态路由。

PE 从 CE 学到 CE 本地的 VPN 路由信息后，通过 BGP 与其他 PE 交换 VPN 路由信息。PE 路由器只维护与它直接相连的 VPN 的路由信息，不维护服务提供商网络中的所有 VPN 路由。

P 路由器只维护到 PE 的路由，不需要了解任何 VPN 路由信息。

当在 MPLS 骨干网上传输 VPN 流量时，入口 PE 作为标签交换路由器（Ingress Label Switch Router，Ingress LSR），出口 PE 作为 Egress LSR，P 路由器则作为 Transit LSR。

（三）BGP MPLS VPN 的基本概念

1. Site

在介绍 VPN 时经常会提到“Site”，Site（站点）的含义可以从下述几个方面理解：

（1）Site 是指相互之间具备 IP 连通性的一组 IP 系统，并且，这组 IP 系统的 IP 连通性不需通过服务提供商网络实现。

（2）Site的划分是根据设备的拓扑关系，而不是地理位置，尽管在大多数情况下一个Site中的设备地理位置相邻。

（3）一个Site中的设备可以属于多个VPN，换言之，一个Site可以属于多个VPN。

（4）Site通过CE连接到服务提供商网络，一个Site可以包含多个CE，但一个CE只属于一个Site。

（5）对于多个连接到同一服务提供商网络的Sites，通过制定策略，可以将它们划分为不同的集合（set），只有属于相同集合的Sites之间才能通过服务提供商网络互访，这种集合就是VPN。

2. 地址空间重叠

VPN是一种私有网络，不同的VPN独立管理自己使用的地址范围，也称为地址空间（Address Space）。

不同VPN的地址空间可能会在一定范围内重合，比如，VPN1和VPN2都使用了10.110.10.0/24网段的地址，这就发生了地址空间重叠（Overlapping Address Spaces）。

3. VPN实例

在MPLS VPN中，不同VPN之间的路由隔离通过VPN实例（VPN-instance）实现。

PE为每个直接相连的Site建立并维护专门的VPN实例。VPN实例中包含对应Site的VPN成员关系和路由规则。如果一个Site中的用户同时属于多个VPN，则该Site的VPN实例中将包括所有这些VPN的信息。

为保证VPN数据的独立性和安全性，PE上每个VPN实例都有相对独立的路由表和标签转发表（Label Forwarding Information Base，LFIB）。

具体来说，VPN实例中的信息包括：标签转发表、IP路由表、与VPN实例绑定的接口及VPN实例的管理信息。VPN实例的管理信息包括路由标识符（Route Distinguisher，RD）、路由过滤策略、成员接口列表等。

4. VPN-IPv4地址

传统BGP无法正确处理地址空间重叠的VPN的路由。假设VPN1和VPN2都使用了10.110.10.0/24网段的地址，并各自发布了一条去往此网段的路由，BGP将只会选择其中一条路由，从而导致去往另一个VPN的路由丢失。

PE路由器之间使用MP-BGP来发布VPN路由，并使用VPN-IPv4地址族来解决上述问题。

VPN-IPv4地址共有12个字节，包括8字节的RD和4字节的IPv4地址前缀，如图6-11所示。

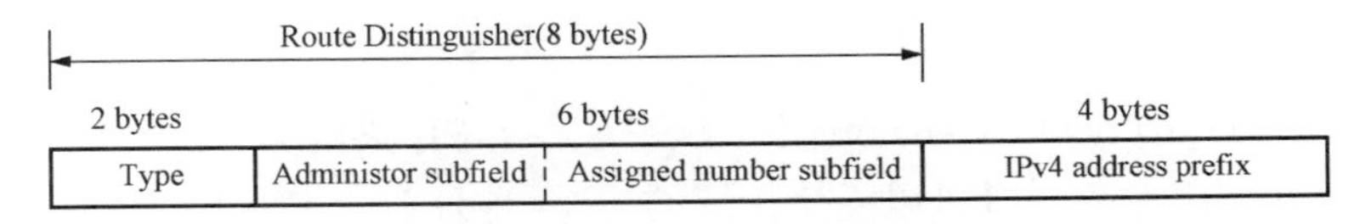

图6-11　VPN-IPv4地址结构

PE从CE接收到普通IPv4路由后，需要将这些私网VPN路由发布给对端PE。私网路由的独立性是通过为这些路由附加RD实现的。

SP可以独立地分配RD，但必须保证RD的全局唯一性。这样，即使来自不同服务提供商的VPN使用了同样的IPv4地址空间，PE路由器也可以向各VPN发布不同的路由。

建议为PE上每个VPN实例配置专门的RD，以保证到达同一CE的路由都使用相同的RD。RD为0的VPN-IPv4地址相当于全局唯一的IPv4地址。

RD的作用是添加到一个特定的IPv4前缀，使之成为全局唯一的VPN IPv4前缀。RD或者是与自治系统号（ASN）相关的，在这种情况下，RD是由一个自治系统号和一个任意的数组成；或者是与IP地址相关的，在这种情况下，RD是由一个IP地址和一个任意的数组成。

RD有三种格式，通过2字节的Type字段区分：

（1）Type为0时，Administrator子字段占2字节，Assigned number子字段占4字节，格式为：16bits自治系统号：32bits用户自定义数字。例如：100：1。

（2）Type为1时，Administrator子字段占4字节，Assigned number子字段占2字节，格式为：32bitsIPv4地址：16bits用户自定义数字。例如：172.1.1.1：1。

（3）Type为2时，Administrator子字段占4字节，Assigned number子字段占2字节，格式为：32bits自治系统号：16bits用户自定义数字，其中的自治系统号最小值为65536。例如：65536：1。

为保证RD的全局唯一性，建议不要将Administrator子字段的值设置为私有AS号或私有IP地址。

5. VPN Target属性

MPLS L3VPN使用BGP扩展团体属性——VPN Target（也称为Route Target）来控制VPN路由信息的发布。

PE路由器上的VPN实例有两类VPN Target属性：

（1）Export Target属性：在本地PE将从与自己直接相连的Site学到的VPN-IPv4路由发布给其他PE之前，为这些路由设置Export Target属性。

（2）Import Target属性：PE在接收到其他PE路由器发布的VPN-IPv4路由时，检查其Export Target属性，只有当此属性与PE上VPN实例的Import Target属性匹配时，才把路由加入到相应的VPN路由表中。

也就是说，VPN Target属性定义了一条VPN-IPv4路由可以为哪些Site所接收，PE路由器可以接收哪些Site发送来的路由。与RD类似，VPN Target也有三种格式：

（1）16bits自治系统号：32bits用户自定义数字，例如：100：1。

（2）32bits IPv4地址：16bits用户自定义数字，例如：172.1.1.1：1。

（3）32bits自治系统号：16bits用户自定义数字，其中的自治系统号最小值为65536。例如：65536：1。

6. MP-BGP

MP-BGP（Multiprotocol extensions for BGP-4）在PE路由器之间传播VPN组成信息和路由。MP-BGP向下兼容，既可以支持传统的IPv4地址族，又可以支持其他地址族（比如VPN-IPv4地址族）。使用MP-BGP既确保VPN的私网路由只在VPN内发布，又实现了MPLS VPN成员间的通信。

7. 路由策略（Routing Policy）

在通过入口、出口扩展团体来控制VPN路由发布的基础上，如果需要更精确地控制

VPN 路由的引入和发布，可以使用入方向或出方向路由策略。

入方向路由策略根据路由的 VPN Target 属性进一步过滤可引入到 VPN 实例的路由，它可以拒绝接收引入列表中的团体选定的路由，而出方向路由策略则可以拒绝发布输出列表中的团体选定的路由。

VPN 实例创建完成后，可以选择是否需要配置入方向或出方向路由策略。

8. 隧道策略（Tunneling Policy）

隧道策略用于选择给特定 VPN 实例的报文使用的隧道。

隧道策略是可选配的，VPN 实例创建完成后，就可以配置隧道策略。缺省情况下，选择标签交换路径（Label Switched Path，LSP）作为隧道，不进行负载分担（负载分担条数为 1）。另外，隧道策略只在同一 AS 域内生效。

（四）MPLS L3VPN 的报文转发

在基本 MPLS L3VPN 应用中（不包括跨域的情况），VPN 报文转发采用两层标签方式。第一层（外层）标签在骨干网内部进行交换，指示从 PE 到对端 PE 的一条 LSP。VPN 报文利用这层标签，可以沿 LSP 到达对端 PE。第二层（内层）标签在从对端 PE 到达 CE 时使用，指示报文应被送到哪个 Site，或者更具体一些，到达哪一个 CE。这样，对端 PE 根据内层标签可以找到转发报文的接口。

特殊情况下，属于同一个 VPN 的两个 Site 连接到同一个 PE，这种情况下只需要知道如何到达对端 CE。VPN 报文的转发过程如图 6 - 12 所示。

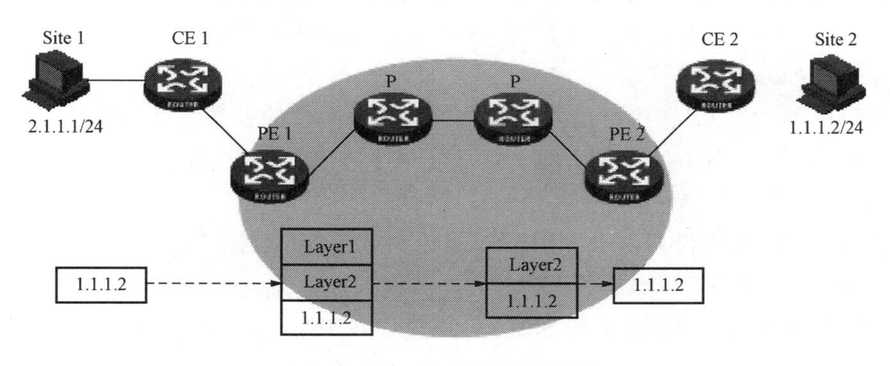

图 6 - 12　VPN 报文转发过程

（1）Site 1 发出一个目的地址为 1.1.1.2 的 IP 报文，由 CE 1 将报文发送至 PE 1。

（2）PE 1 根据报文到达的接口及目的地址查找 VPN 实例路由表，匹配后将报文转发出去，同时打上内层和外层两个标签。

（3）MPLS 网络利用报文的外层标签，将报文传送到 PE 2（报文在到达 PE 2 前一跳时已经被剥离外层标签，仅含内层标签）。

（4）PE 2 根据内层标签和目的地址查找 VPN 实例路由表，确定报文的出接口，将报文转发至 CE 2。

（5）CE 2 根据正常的 IP 转发过程将报文传送到目的地。

（五）BGP MPLS VPN 的网络架构

在 BGP MPLS VPN 网络中，通过 VPN Target 属性来控制 VPN 路由信息在各 Site 之

间的发布和接收。VPN Export Target 和 Import Target 的设置相互独立，并且都可以设置多个值，能够实现灵活的 VPN 访问控制，从而实现多种 VPN 组网方案。

1. 基本的 VPN 组网方案

最简单的情况下，一个 VPN 中的所有用户形成闭合用户群，相互之间能够进行流量转发，VPN 中的用户不能与任何本 VPN 以外的用户通信，如图 6 - 13 所示。

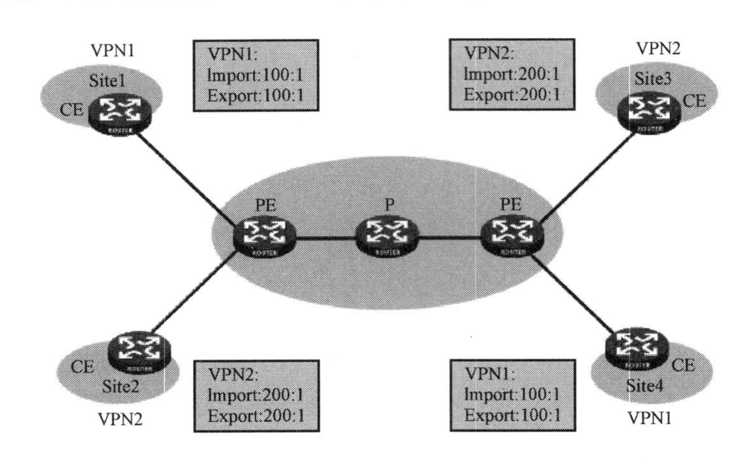

图 6 - 13　基本的 VPN 组网方案

对于这种组网，需要为每个 VPN 分配一个 VPN Target，作为该 VPN 的 Export Target 和 Import Target，并且，此 VPN Target 不能被其他 VPN 使用。

2. Hub&Spoke 组网方案

如果希望在 VPN 中设置中心访问控制设备，其他用户的互访都通过中心访问控制设备进行，可以使用 Hub&Spoke 组网方案，从而实现中心设备对两端设备之间的互访进行监控和过滤等功能。

对于这种组网，需要设置两个 VPN Target，一个表示“Hub”，另一个表示“Spoke”。

各 Site 在 PE 上的 VPN 实例的 VPN Target 设置规则为：

（1）连接 Spoke 站点（Site 1 和 Site 2）的 Spoke-PE：Export Target 为“Spoke”，Import Target 为“Hub”。

（2）连接 Hub 站点（Site 3）的 Hub-PE：Hub-PE 上需要使用两个接口或子接口，一个用于接收 Spoke-PE 发来的路由，其 VPN 实例的 Import Target 为“Spoke”；另一个用于向 Spoke-PE 发布路由，其 VPN 实例的 Export Target 为“Hub”。

如图 6 - 14 所示，Spoke 站点之间的通信通过 Hub 站点进行（图 6 - 14 中所示的箭头为 Site 2 的路由向 Site 1 的发布过程）：

（1）Hub-PE 能够接收所有 Spoke-PE 发布的 VPN-IPv4 路由。

（2）Hub-PE 发布的 VPN-IPv4 路由能够为所有 Spoke-PE 接收。

（3）Hub-PE 将从 Spoke-PE 学到的路由发布给其他 Spoke-PE，因此，Spoke 站点之间可以通过 Hub 站点互访。

（4）任意 Spoke-PE 的 Import Target 属性不与其他 Spoke-PE 的 Export Target 属性相同。因此，任意两个 Spoke-PE 之间不直接发布 VPN-IPv4 路由，Spoke 站点之间不能直接互访。

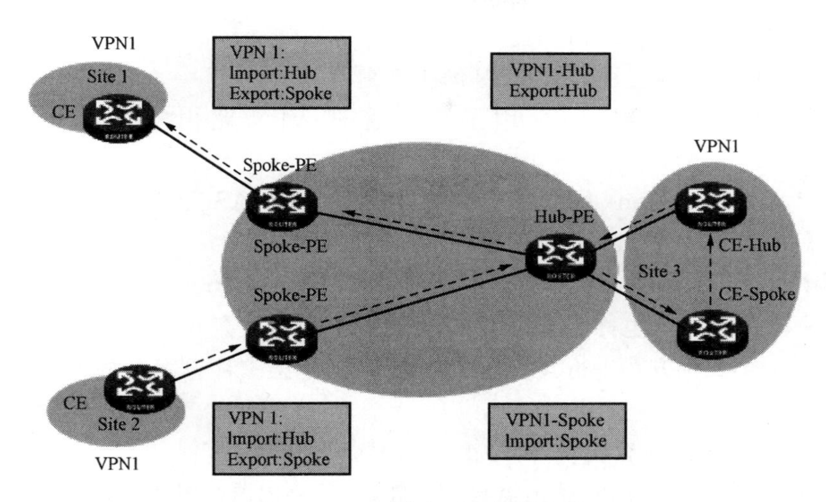

图 6-14　Hub&Spoke 组网方案

（六）BGP MPLS VPN 的路由信息发布

在基本 BGP MPLS VPN 组网中，VPN 路由信息的发布涉及 CE 和 PE，P 路由器只维护骨干网的路由，不需要了解任何 VPN 路由信息。PE 路由器也只维护与它直接相连的 VPN 的路由信息，不维护所有 VPN 路由。因此，BGP MPLS VPN 网络具有良好的可扩展性。

VPN 路由信息的发布过程包括三部分：本地 CE 到入口 PE、入口 PE 到出口 PE、出口 PE 到远端 CE。完成这三部分后，本地 CE 与远端 CE 之间将建立可达路由，VPN 私网路由信息能够在骨干网上发布。

下面分别对这三部分进行介绍。

1. 本地 CE 到入口 PE 的路由信息交换

CE 与直接相连的 PE 建立邻接关系后，把本站点的 VPN 路由发布给 PE。

CE 与 PE 之间可以使用静态路由、RIP、OSPF、IS-IS、EBGP 或 IBGP。无论使用哪种路由协议，CE 发布给 PE 的都是标准的 IPv4 路由。

2. 入口 PE 到出口 PE 的路由信息交换

PE 从 CE 学到 VPN 路由信息后，为这些标准 IPv4 路由增加 RD 和 VPN Target 属性，形成 VPN-IPv4 路由，存放到为 CE 创建的 VPN 实例中。

入口 PE 通过 MP-BGP 把 VPN-IPv4 路由发布给出口 PE。出口 PE 根据 VPN-IPv4 路由的 Export Target 属性与自己维护的 VPN 实例的 Import Target 属性，决定是否将该路由加入到 VPN 实例的路由表。

PE 之间通过 IGP 来保证内部的连通性。

3. 出口 PE 到远端 CE 的路由信息交换

远端 CE 有多种方式可以从出口 PE 学习 VPN 路由，包括静态路由、RIP、OSPF、IS-IS、EBGP 或 IBGP，与本地 CE 到入口 PE 的路由信息交换相同。

（七）跨域 VPN

实际组网应用中，某用户一个 VPN 的多个 Site 可能会连接到使用不同 AS 号的多个服务提供商，或者连接到一个服务提供商的多个 AS。这种 VPN 跨越多个自治系统的应用方式被称为跨域 VPN（Multi-AS VPN）。

RFC 2547bis 中提出了三种跨域 VPN 解决方案，分别是：

（1）VRF-to-VRF：ASBR 间使用子接口管理 VPN 路由，也称为 Inter-Provider Option A。

（2）EBGP Redistribution of labeled VPN-IPv4 routes：ASBR 间通过 MP-EBGP 发布标签 VPN-IPv4 路由，也称为 Inter-Provider Option B。

（3）Multihop EBGP redistribution of labeled VPN-IPv4 routes：PE 间通过 MP-EBGP 发布标签 VPN-IPv4 路由，也称为 Inter-Provider Option C。

下面对第一与第二种方案进行介绍（案例介绍用），第三种方案在电力系统内没有应用不作介绍。

1. ASBR 间使用子接口管理 VPN 路由

这种方式下，两个 AS 的 PE 路由器直接相连，PE 路由器同时也是各自所在自治系统的边界路由器 ASBR。

作为 ASBR 的 PE 之间通过多个子接口相连，两个 PE 都把对方作为自己的 CE 设备对待，使用传统的 EBGP 方式向对端发布 IPv4 路由。报文在 AS 内部作为 VPN 报文，采用两层标签转发方式；在 ASBR 之间则采用普通 IP 转发方式。

理想情况下，每个跨域的 VPN 都有一对子接口与之对应，用来交换 VPN 路由信息，如图 6-15 所示。

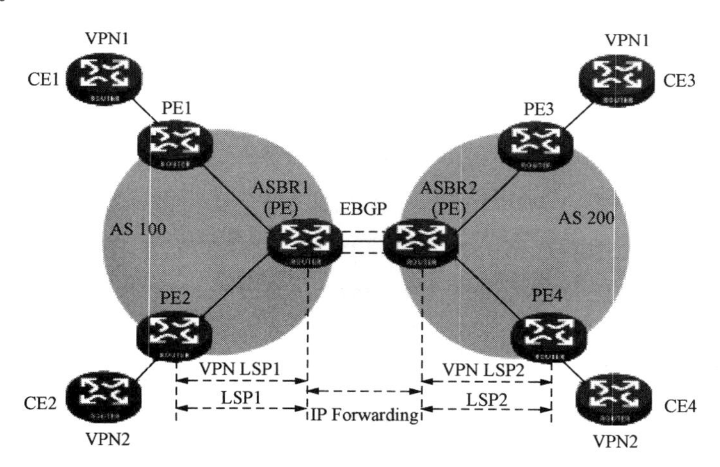

图 6-15　ASBR 间使用子接口管理 VPN 路由组网图

使用子接口实现跨域 VPN 的优点是实现简单：两个作为 ASBR 的 PE 之间不需要为跨域进行特殊配置。

缺点是可扩展性差：作为 ASBR 的 PE 需要管理所有 VPN 路由，为每个 VPN 创建 VPN 实例，这将导致 PE 上的 VPN-IPv4 路由数量过于庞大；并且，为每个 VPN 单独创建子接口也提高了对 PE 设备的要求。

2. ASBR 间通过 MP-EBGP 发布标签 VPN-IPv4 路由

这种方式下，两个 ASBR 通过 MP-EBGP 交换它们从各自 AS 的 PE 路由器接收的标签 VPN-IPv4 路由。

路由发布过程可分为以下步骤：

（1）AS 100 内的 PE 先通过 MP-IBGP 方式把标签 VPN-IPv4 路由发布给 AS 100 的边界路由器 PE，或发布给为 ASBR PE 反射路由的路由反射器。

（2）作为 ASBR 的 PE 通过 MP-EBGP 方式把标签 VPN-IPv4 路由发布给 AS 200 的 PE（也是 AS 200 的边界路由器）。

（3）AS 200 的 ASBR PE 再通过 MP-IBGP 方式把标签 VPN-IPv4 路由发布给 AS 200 内的 PE，或发布给为 PE 反射路由的路由反射器。

这种方式的 ASBR 需要对标签 VPN-IPv4 路由进行特殊处理，因此也称为 ASBR 扩展方式，如图 6-16 所示。

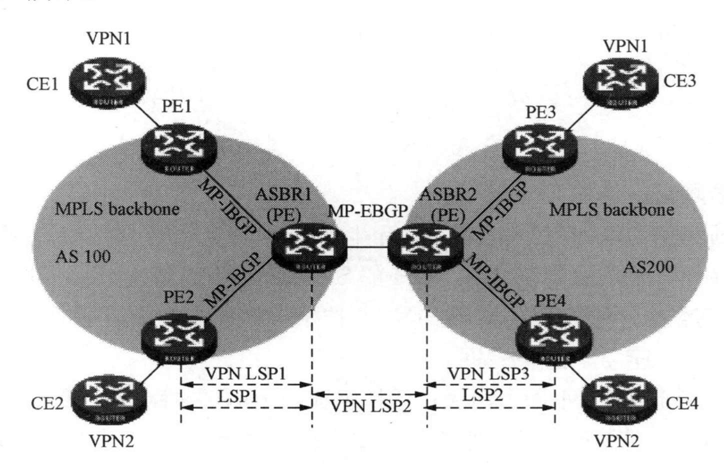

图 6-16　ASBR 间通过 MP-EBGP 发布标签 VPN-IPv4 路由组网

在可扩展性方面，通过 MP-EBGP 发布标签 VPN-IPv4 路由优于 ASBR 间通过子接口管理 VPN。

采用 MP-EBGP 方式时，需要注意：

（1）ASBR 之间不对接收的 VPN-IPv4 路由进行 VPN Target 过滤，因此，交换 VPN-IPv4 路由的各 AS 服务提供商之间需要就这种路由交换达成信任协议。

（2）VPN-IPv4 路由交换仅发生在私网对等点之间，不能与公网交换 VPN-IPv4 路由，也不能与没有达成信任协议的 MP-EBGP 对等体交换 VPN-IPv4 路由。

三、MPLS 服务质量

（一）服务质量简介

服务质量（QoS）在过去一段时间内变得非常流行。QoS 提供了一种区分不重要流量与重要流量的手段。因特网工程任务小组（IETF）提供了两种在 IP 网络中实施 QoS 的方法：综合服务（IntServ）和区分服务（DiffServ）。IntServ 使用信令协议资源预留协议（RS-VP）。网络中相互通信的主机通过 RSVP 来通告发送的数据流所需要的 QoS。DiffServ 使用位于 IP 头部的 DiffServ 比特来为 IP 报文指定一个特定的 QoS。路由器通过查看这些比特来进行标记、排队、整形，以及设置报文的丢弃优先等级。相对于 IntServ 而言，DiffServ 最大的优势在于 DiffServ 不需要信令协议。

（二）MPLS服务质量简介

在MPLS标签中有3个bit的EXP位，或者说是试验bit。虽然被称为试验用，但是实际上它只是用于QoS。因此，基于MPLS的QoS可以由IP包头的3个优先级bit的同样方式使用这3个bit。标签交换路由器将使用EXP bit来分配报文，并决定丢弃的优先级别。

（三）调度数据网的QoS策略

调度数据网QoS采用DiffServ机制，在PE路由器完成信息分类、流量控制和MPLS EXP标记，在主干网络实现队列调度和拥塞控制。网络业务分类按VPN划分，确保安全I区中的业务优先传输，优先级标识明显设置，在PE路由器设DSCP标记如下：实时业务设为AF4，保证60%接口带宽；非实时业务设为AF3，保证30%接口带宽；应急业务设为AF2，当其他流量中断时，可使用网络所有带宽。

第五节　电力调度数据网

一、调度数据网组织结构

电力调度数据网是为电力系统电力调度和生产服务的专用数据网络，网络采用IP交换技术体制，核心层、骨干汇聚层构建在SDH的STM-1专用通道上，接入层与汇聚层之间采用$n\times$E1专用通道连接。网络采用MPLS VPN技术，构建电力调度数据网络的3个相对独立的（实时、非实时、应急）逻辑专网。

国家电网调度数据网第二平面由两级自治域组成，由国调、网调、省调、地调节点组成骨干网（骨干自治域），由各级调度厂站组成相应接入网（自治域），其中县调（区调）纳入地调接入网。各接入网应通过两点分别接入骨干网双平面。调度数据网结构如图6-17所示。

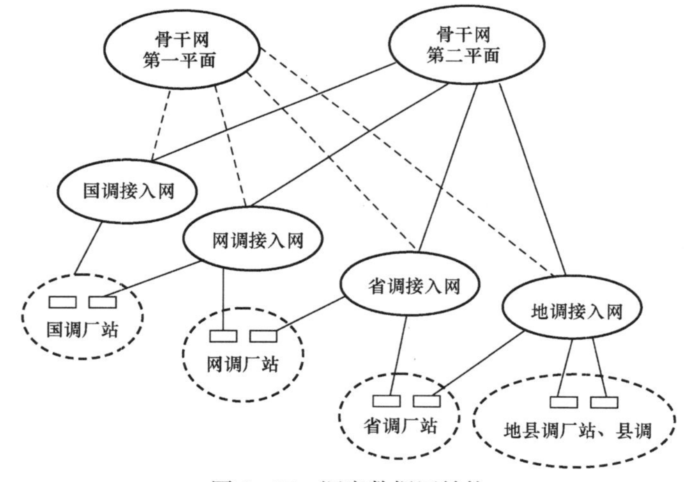

图6-17　调度数据网结构

二、调度数据网的路由协议

（一）域间路由协议

骨干网、省调接入网、地调接入网之间考虑采用策略化的边界路由协议BGP-4作为域间的路由协议。各接入网间不设置直接互联路由，若有业务需求，则通过骨干网连接。

（二）域内路由协议

骨干网、接入网内部均采用 OSPF 作为 IGP，骨干自治域内国调、网调、省调节点构成 0 区，省调与地调节点构成省网子区。省调接入网选取处于通信枢纽节点的 500kV 或 220kV 变电站节点与省调节点一起作为 0 区，各地区处于 0 区的变电站节点与剩下的 220kV 及以上变电站节点构成地区子区。地调接入网一般选取地调节点与部分县局节点作为 0 区，该地区的 220kV 及以下变电站接入邻近汇聚节点。

三、调度数据网的 VPN 配置

调度数据网采用 MPLS VPN 技术将调度数据网所承载的多种业务进行逻辑隔离，划分相对独立的逻辑专网，实现业务的安全接入。根据调度业务特点，划分为实时 VPN、非实时 VPN 和应急 VPN。

自治域内采用 MP-IBGP 协议实现 VPN 内部路由信息传递，自治域间采用 MP-EBGP 第二种方案实现跨域互联。其中，域内 IBGP 互联采用路由反射器实现。

第六节 典型配置案例

因为调度数据网中使用华为、华三厂商提供的设备较多，所以配置案例将使用华为/华三的配置命令做展示。

接入网核心典型配置

```
#
sysname ***************
#
#系统名称
#
router id 192.168.0.8
#
#router-id
#
mpls lsr-id 192.168.0.8
#
ip vpn-instance vpn-rt
route-distinguisher 300:1
vpn-target 300:100 export-extcommunity
vpn-target 300:100 import-extcommunity
#
ip vpn-instance vpn-nrt
route-distinguisher 300:2
vpn-target 300:200 export-extcommunity
vpn-target 300:200 import-extcommunity
#
#定义 VPN RD RT
```

```
#
mpls
#
mpls ldp
#
#开启 mpls、ldp 协议
#
interface Ethernet0/1/0
port link-mode route
description To * * * * * * * * * * * * *
qos max-bandwidth 34000
ip address 192. 168. 0. 18 255. 255. 255. 252
ospf cost 10
ospf authentication-mode md5 1 cipher * * * * * * * * * * * * * * * * * *
qos apply policy mpls-qos outbound
mpls
mpls ldp
#
#接口配置地址 mpls、ldp、配置 ospf 认证 qos
#
#
interface Ethernet9/1/7
port link-mode route
description To * * * * * * * * * * * * * *
ip binding vpn-instance vpn-rt
ip address 192. 167. 44. 126 255. 255. 255. 128
qos apply policy nrt inbound
#
#VPN 接入端口
#
bgp 300
undo synchronization
peer 192. 166. 100. 1 as-number 200
peer 192. 166. 100. 1 route-policy pub-to20000 export
peer 192. 166. 100. 1 route-policy pub-from20000 import
peer 192. 166. 100. 1 password cipher * * * * * * * * * * * * * * * * * *
# bgp 关闭同步,配置 EBGP 邻居,应用 route-policy
group 100 internal
peer 100 password cipher * * * * * * * * * * * * * * * * * * * *
peer 100 next-hop-local
peer 100 connect-interface LoopBack0
peer 192. 168. 0. 1 group 100
```

```
peer 192.168.0.2 group 100
#
#定义 ibgp 组,配置邻居,邻居为 RR
#
#
ipv4-family vpn-instance vpn-rt
import-route direct
#
ipv4-family vpn-instance vpn-nrt
import-route direct
#
#引入 VPN 的直连路由
#
ipv4-family vpnv4
peer 192.166.100.1 enable
peer 192.166.100.1 route-policy vpn-to20000 export
peer 192.166.100.1 route-policy vpn-from20000 import
peer 192.166.100.1 advertise-community
peer 100 enable
peer 100 next-hop-local
peer 100 advertise-community
peer 192.168.0.1 enable
peer 192.168.0.1 group 100
peer 192.168.0.2 enable
peer 192.168.0.2 group 100
#
#配置 vpnv4,配置下一跳本地(路由递归)
#
ospf 1
bandwidth-reference 1000
area 0.0.0.0
authentication-mode md5
network 33.2.0.0 0.0.0.15
network 33.3.0.0 0.0.0.255
#
#配置 ospf 0 区网段,配置认证模式和带宽参照
```

接入路由器典型配置

```
sysname * * * * * * * * * * * * * * *
#
#系统名称
#
router id 192.168.0.8
```

```
#
#router-id
#
mpls lsr-id 192.168.0.8
#
ip vpn-instance vpn-rt
route-distinguisher 300:1
vpn-target 300:100 export-extcommunity
vpn-target 300:100 import-extcommunity
#
ip vpn-instance vpn-nrt
route-distinguisher 300:2
vpn-target 300:200 export-extcommunity
vpn-target 300:200 import-extcommunity
#
#定义 VPN RD RT
#
mpls
#
mpls ldp
#
#开启 mpls、ldp 协议
#
interface Serial1/0
fe1 unframed
link-protocol ppp
ppp mp Mp-group 0
#
interface Serial3/0
fe1 unframed
link-protocol ppp
ppp mp Mp-group 0
#
interface Mp-group0
ip address 192.163.1.66 255.255.255.252
ospf authentication-mode md5 1 cipher * * * * * * * * * * * * * * * * * *
qos apply policy mpls-qos outbound
mpls
mpls ldp
#
#接入站采用捆绑的 E1 链路接口
#
```

```
#
interface Ethernet9/1/7
port link-mode route
description To * * * * * * * * * * * * * *
ip binding vpn-instance vpn-rt
ip address 192.167.44.126 255.255.255.128
qos apply policy nrt inbound
#
#VPN 接入端口
#
bgp 300
undo synchronization
group 101 internal
peer 101 password cipher * * * * * * * * * * * * * * * * * *
peer 101 connect-interface LoopBack0
peer 192.168.0.8 group 101
#
#配置 ibgp 邻居,邻居为 RR
#
ipv4-family vpn-instance vpn-rt
import-route direct
#
ipv4-family vpn-instance vpn-nrt
import-route direct
#
#配置 VPN
#
ipv4-family vpnv4
peer 101 enable
peer 101 advertise-community
peer 192.168.0.8 enable
peer 192.168.0.8 group 101
#
#配置 vpnv4
#
ospf 1
bandwidth-reference 1000
area 0.0.0.19
authentication-mode md5
network 192.167.3.0 0.0.0.15
network 192.165.0.0 0.0.0.255
#
#配置 ospf 0 区网段,配置认证模式和带宽参照
```

第七章

电力二次系统安全防护及等级保护

【内容概述】 本章主要介绍了电力二次系统安全防护体系架构及信息安全等级保护相关内容。首先分析了二次系统面临的风险，阐述了建立二次系统安全防护体系的必要性。重点介绍了二次系统安全防护的总体架构及相关的技术和装置，如何开展安全评估及主机加固工作。最后介绍了信息安全等级保护基本概念，电力二次系统如何开展等级保护工作。

第一节　电力二次系统安全防护方案

电力二次系统是对电网进行监测、控制、保护的装置与系统的总称，同时也包括支撑这些系统运行的通信及调度数据网络。二次系统的安全运行直接影响到电网的安全运行，一方面近年来网络化应用的增多，二次系统面临的黑客入侵及恶意代码攻击等威胁大增；另外一方面电网对二次系统依赖性逐年增大，二次系统的故障对电网的危害也越来越大，严重的甚至会导致大面积电网事故。为了保护电力二次系统不受黑客和恶意代码攻击，提高系统安全性，电监会于 2005 年 2 月 1 日发布了《电力二次系统安全防护规定》，即 5 号令，规定中明确了电力二次系统安全防护总体要求及原则性规定。此外，2006 年 12 月 10 日，电监会下发了 34 号文，包括《电力二次系统安全防护总体方案》及省级以上调度、地县级调度、变电站、发电厂、配电等系统的详细防护方案。总体防护方案是对 5 号令的细化，明确了具体的技术措施及各应用系统的具体防护方案。

一、二次系统安全风险分析

根据信息安全评估的原理，信息系统的安全风险主要取决于信息系统的资产、威胁、脆弱性三个要素，计算式为

$$R=A\cdot T\cdot V=E\cdot D$$

式中 A——评估后的资产值，资产价值指信息资产对信息系统的重要程度，以及对信息系统为完成组织使命的重要程度；

T——评估后的威胁值，威胁指信息资产可能受到的来自内部和来自外部的安全侵害；

V——评估后的脆弱性赋值，脆弱性指信息资产及其防护措施在安全方面的不足，通常也称为漏洞，脆弱性可能被威胁利用，并对信息资产造成损害。

根据以上信息安全评估的原理，可以针对电力二次系统的特点，进行具体分析，了解电力二次系统的安全风险。

（1）资产价值。电力二次系统是对电网进行监视、控制及保护等相关的信息系统。

1）二次系统本身规模庞大，软硬件资产价值较高。

2）电网的安全运行对于二次系统有较大的依赖性，二次系统的故障，会对电网的安全造成重大影响。最严重的是直接导致电网一次系统事故，如保护误动拒动、自动控制系统误控（如AVC、AGC）、远方遥控误控等，包括局部的电网事故，也可能发生大面积电网事故。

另外，二次系统不能正常运行导致的功能缺失或数据问题也会影响电网安全生产，或导致间接的一次系统事故。因为近年来，调度自动化发展迅猛，新系统、新应用不断投运，涵盖了电网调度监控的各个环节，电网调度、监控或其他生产管理部门对自动化系统的依赖性逐年递增，系统的异常必然会影响正常的生产运行。

（2）随着网络技术的发展及应用深入，电力二次系统面临的威胁也逐年增加，主要包括来自外部和内部的威胁。外部的威胁主要包括黑客攻击及恶意代码，黑客可以利用二次系统的漏洞，采用专用工具攻击二次系统，导致系统瘫痪；恶意代码包括计算机病毒、木马等，传播速度快，危害较大，将导致影响系统性能或导致大面积系统瘫痪。另外，二次系统也面临来自内部的威胁，如员工的随意操作、非法操作等，也会给系统带来不同程度的影响。

（3）系统总是存在漏洞的，因为二次系统建设周期较长，无论在系统规划设计、开发建设阶段，还是系统运行阶段，都存在人为或技术的原因导致系统存在各种漏洞。这些漏洞包括系统平台，如操作系统、数据库、中间件等，同时也包括应用系统本身的漏洞。各种威胁就可能利用系统的漏洞发动攻击，最终给电力二次系统带来极大的安全风险。表7-1列出了电力二次系统主要的安全风险。

表7-1　　电力二次系统面临的主要安全风险

分类	风　险	说　明
恶意代码	计算机病毒、木马	具有自我复制、自我传播能力，对信息系统构成破坏的程序代码。感染主机系统导致系统性能下降及异常，若在调度数据网中快速传播，可能导致网络阻塞等大面积系统异常
外部攻击	旁路控制	入侵者对发电厂、变电站发送非法控制命令，导致电力系统事故，甚至系统瓦解
	完整性破坏	非授权修改电力控制系统配置、程序、控制命令；非授权修改电力交易中的敏感数据
	拦截/篡改	拦截或篡改调度数据网中传输的数据
	欺骗	WEB服务欺骗攻击；IP欺骗攻击
	伪装	入侵者伪装合法身份，进入电力监控系统
	拒绝服务	向电力调度数据网络或通信网关发送大量雪崩数据，造成网络或监控系统瘫痪
	窃听	黑客在调度数据网或专线信道上窃听明文传输的敏感信息，为后续攻击做准备
内部威胁	违反授权	电力控制系统工作人员利用授权身份或设备，执行非授权的操作
	工作人员的随意行为	电力控制系统工作人员无意识地泄漏口令等敏感信息，或不谨慎地配置访问控制规则等
	信息泄露	口令、证书等敏感信息泄密

二、二次安防总体要求

（一）防护目标

为了防范黑客及恶意代码等对电力二次系统的攻击侵害及由此引发电力系统事故，建立电力二次系统安全防护体系，保障电力系统的安全、稳定运行。

（二）防护对象

电力二次系统安全防护对象主要是电力监控系统和调度数据网络。电力监控系统，是指用于监视和控制电网及电厂生产运行过程的、基于计算机及网络技术的业务处理系统及智能设备等。电力调度数据网络，是指各级电力调度专用广域数据网络、电力生产专用拨号网络等。

（三）总体策略

电力二次系统安全防护工作应当坚持“安全分区、网络专用、横向隔离、纵向认证”的原则，重点强化边界防护，提高内部安全防护能力，保证电力生产控制系统及重要数据的安全。

（四）总体框架

二次系统安全防护体系主要包括技术措施和管理措施。技术上要求按照总体原则，有效分区，部署安全产品，采取相应技术措施，使二次系统达到总体原则要求。管理上主要按照“谁主管、谁负责”的原则，建立二次系统安全防护管理体系，明确职责，在系统生命周期全过程贯彻二次安防要求。另外，还需建立常态化的评估机制，建立联合防护及演练制度，完善二次系统安全防护体系。

三、二次安防总体方案

（一）安全分区

安全分区是二次安防体系的基础，二次应用系统原则上划分为生产控制大区和管理信息大区，生产控制大区进一步划分为控制区（Ⅰ区）和非控制区（Ⅱ区）。其中，控制区中的业务系统或其功能模块（或子系统）的典型特征为：电力生产的重要环节，直接实现对电力一次系统的实时监控，纵向使用电力调度数据网络或专用通道，安全防护的重点与核心。非控制区中的业务系统或其功能模块的典型特征为：电力生产的必要环节，在线运行但不具备控制功能，使用电力调度数据网络，与控制区中的业务系统或其功能模块联系紧密。具体的业务系统，可根据各模块或子系统的特征，将它们部署在相应的安全分区，如 EMS 系统的 SCADA 子系统部署在控制区，WEB 子系统部署在管理信息大区。生产控制大区内部应禁用常用的网络服务，各业务系统应部署在不同的 VLAN 上，此外还应根据要求部署 IDS、防火墙、恶意代码防范等安全装置。

电力二次系统安全区连接的拓扑结构有链式、三角和星形结构三种。链式结构中的控制区具有较高的累积安全强度，但总体层次较多；三角结构各区可直接相连，效率较高，但所用隔离设备较多；星形结构所用设备较少、易于实施，但中心点故障影响范围大。

（二）网络专用

调度数据网是专为电力生产控制系统服务的，只承载与电力调度、电网监控有关的业务系统。电力调度数据网应当在专用通道上使用独立的网络设备组网，采用基于 SDH/PDH 不同通道、不同光波长、不同纤芯等方式，在物理层面上实现与电力企业其他数据网及外部

公共信息网的安全隔离。调度数据网可采用MPLS-VPN技术、安全隧道技术、PVC技术、静态路由等构造子网，实现实时网（Ⅰ区）、非实时网（Ⅱ区）的逻辑隔离。调度数据网还应采取路由防护、网络边界防护、分层分区、安全配置等技术措施，以更好地实现网络逻辑隔离。

（三）横向隔离

在生产控制大区与管理信息大区之间部署经国家指定部门检测认证的电力专用横向单向安全隔离装置，隔离强度应接近或达到物理隔离。生产控制大区内部的安全区之间应当采用具有访问控制功能的网络设备、防火墙或者相当功能的设施，实现逻辑隔离。横向隔离装置分为正向型和反向型，只允许纯数据单向传输，不允许常见的WEB、FTP、TELNET等服务穿越隔离装置，严禁内外网间建立直接TCP链接。

（四）纵向认证

纵向加密认证是电力二次系统安全防护体系的纵向防线。采用认证、加密、访问控制等技术措施实现数据的远方安全传输及纵向边界的安全防护。一般调度端及重要厂站侧的控制区部署纵向加密认证装置，用于实时数据的加密传输，同时还可实现数据包过滤功能。

四、调度中心二次系统安全防护

调度中心运行了大量与电网调度控制相关的自动化系统，如EMS系统、电能量系统、电网动态监测系统、水调系统、调度员培训系统等。省调、地调及县调运行的二次系统不尽相同，上级调度中心运行的系统数量多、规模大，但各调度中心都应根据二次安防总体原则，建立二次系统安全防护体系，部署相关安全装置，落实相应安全措施，实现安全分区、网络专用、横向隔离、纵向认证。各自动化系统应根据自身业务特点，参照相关要求，将各应用模块部署到相应区域。省级以上调度中心应建立电力调度数字证书系统，负责下级所辖调度机构的电力调度数字证书的颁发、维护和管理，EMS系统、电力市场营销系统应逐步采用电力调度数字证书进行身份认证。

第二节　安全防护措施及设备

一、横向隔离装置

横向隔离是电力二次系统安全防护体系的横向防线，在生产控制大区与管理信息大区之间必须部署经国家指定部门检测认证的电力专用横向单向安全隔离装置，隔离强度应接近或达到物理隔离。电力专用横向安全隔离装置作为生产控制大区与管理信息大区之间的必备边界防护措施，是横向防护的关键设备，分为正向型和反向型两种。正向型横向隔离装置用于内网到外网的数据单向传输，反向型隔离装置用于外网到内网的数据单向传输。

（一）技术原理

图7-1所示为隔离装置结构示意图。没有连接时内外网的应用状况，从连接特征可以看出这样的结构从物理上完全分离。图7-2所示为隔离装置数据传输原理图。

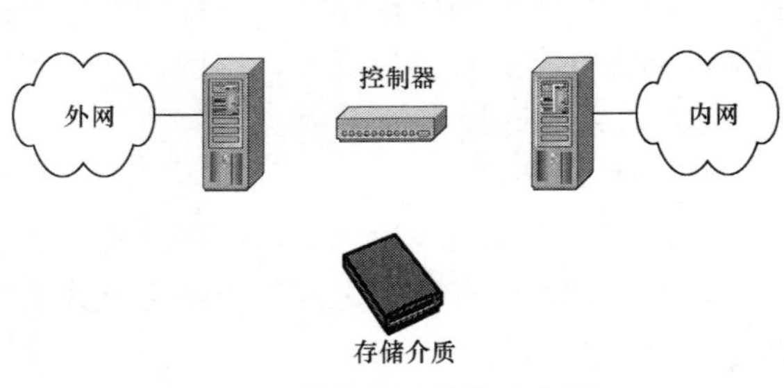

图7-1　隔离装置结构示意图

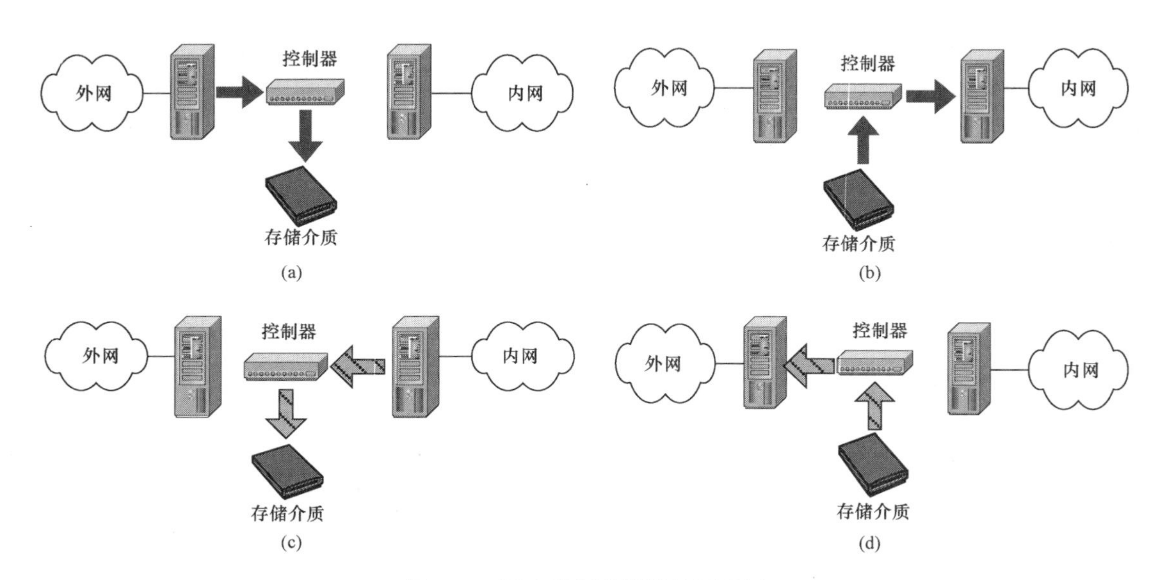

图 7-2 隔离装置数据传输原理图

当外网需要有数据到达内网的时候，以电子邮件为例，外部的服务器立即发起对隔离设备的非 TCP/IP 协议的数据连接，隔离设备将所有的协议剥离，将原始的数据写入存储介质。

一旦数据完全写入隔离设备的存储介质，隔离设备立即中断与外网的连接。转而发起对内网的非 TCP/IP 协议的数据连接。隔离设备将存储介质内的数据推向内网。内网收到数据后，立即进行 TCP/IP 的封装和应用协议的封装，并交给应用系统。在控制台收到完整的交换信号之后，隔离设备立即切断隔离设备与内网的直接连接。

内网有电子邮件要发出，隔离设备收到内网建立连接的请求之后，建立与内网之间的非 TCP/IP 协议的数据连接。隔离设备剥离所有的 TCP/IP 协议和应用协议，得到原始的数据，将数据写入隔离设备的存储介质。

一旦数据完全写入隔离设备的存储介质，隔离设备立即中断与内网的连接。转而发起对外网的非 TCP/IP 协议的数据连接。隔离设备将存储介质内的数据推向外网。外网收到数据后，立即进行 TCP/IP 的封装和应用协议的封装，并交给系统。

每一次数据交换，隔离设备经历了数据的接收、存储和转发三个过程。由于这些规则都是在内存和内核中完成的，因此速度上有保证，可以达到 100%的总线处理能力。物理隔离的一个特征，就是内网与外网永不连接，内网和外网在同一时间最多只有一个同隔离设备建立非 TCP/IP 协议的数据连接。其数据传输机制是存储和转发。物理隔离的好处是明显的，即使外网在处在最坏的情况下，内网也不会有任何破坏，修复外网系统也非常容易。

（二）功能要求

1. 正向型功能要求

正向型横向隔离装置用于内网到外网的数据单向传输，要求如下：

（1）实现两个安全区之间的非网络方式的安全的数据交换，并且保证安全隔离装置内外两个处理系统不同时连通。

（2）透明工作方式：虚拟主机 IP 地址、隐藏 MAC 地址。

（3）基于 MAC、IP、传输协议、传输端口及通信方向的综合报文过滤与访问控制。

（4）支持 NAT。

（5）防止穿透性 TCP 联接：禁止两个应用网关之间直接建立 TCP 联接，应将内外两个应用网关之间的 TCP 联接分解成内外两个应用网关分别到隔离装置内外两个网卡的两个 TCP 虚拟联接。隔离装置内外两个网卡在装置内部是非网络连接，且只允许数据单向传输。

（6）安全、方便的维护管理方式：基于证书的管理人员认证，图形化的管理界面。

2. 反向型功能要求

反向型横向隔离装置用于外网到内网的数据单向传输，要求如下：

（1）具有应用网关功能，实现应用数据的接收与转发。

（2）具有应用数据内容有效性检查功能。

（3）具有基于数字证书的数据签名/解签名功能。

（4）实现两个安全区之间非网络方式的安全数据传递。

（5）支持透明工作方式：虚拟主机 IP 地址、隐藏 MAC 地址。

（6）基于 MAC、IP、传输协议、传输端口及通信方向的综合报文过滤与访问控制。

（三）典型应用环境配置

1. 主机-主机环境配置

如图 7-3 和图 7-4 所示内网主机为客户端，IP 地址为 192.168.0.1，虚拟 IP 为 10.144.0.2，MAC 地址为 00：E0：4C：E3：97：92；外网主机为服务端，IP 地址为 10.144.0.1，虚拟 IP 为 192.168.0.2，MAC 地址为 00：E0：4C：5F：92：93，假设 Server 程序数据接收端口为 1111，隔离装置内外网卡都使用 eth0。因为二层交换机不会修改经它转发出去的数据报文的源 MAC 地址，所以配置规则时可以选择绑定内外网主机 MAC 地址或不绑定。

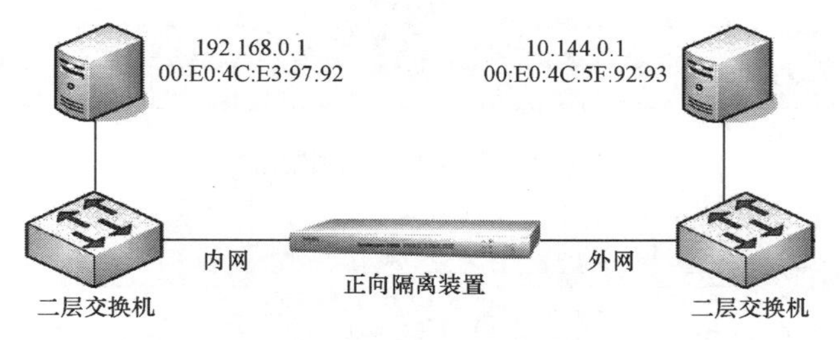

图 7-3　主机-主机环境

基本信息

规则名称	TCP	协议类型	TCP

内网配置		外网配置	
IP地址	192.168.0.1	IP地址	10.144.0.1
端口	0	端口	1111
MAC	000000000000	MAC	000000000000
虚拟IP	10.144.0.2	虚拟IP	192.168.0.2
是否绑定	否	是否绑定	否
网　卡	eth0	网　卡	eth0

图 7-4　主机-主机配置

2. 路由环境配置

由于隔离装置两端三层交换机路由功能的存在会修改经它转发出去的数据报文的源MAC地址，修改为三层交换机本身的MAC地址，同时内网三层交换机需要和外网主机的虚拟IP之间交换ARP报文，外网三层交换机需要和内网主机的虚拟IP之间交换ARP报文，如图7-5所示。因此在规则设置时，需要设置三条规则：一条规则为内网主机与外网主机实际通信的规则，如图7-6所示绑定相应接口的交换机/路由器MAC地址；另外两条规则为与隔离装置内网口连接的交换机与外网主机的虚拟IP之间交换ARP报文的规则，如图7-7和图7-8所示。

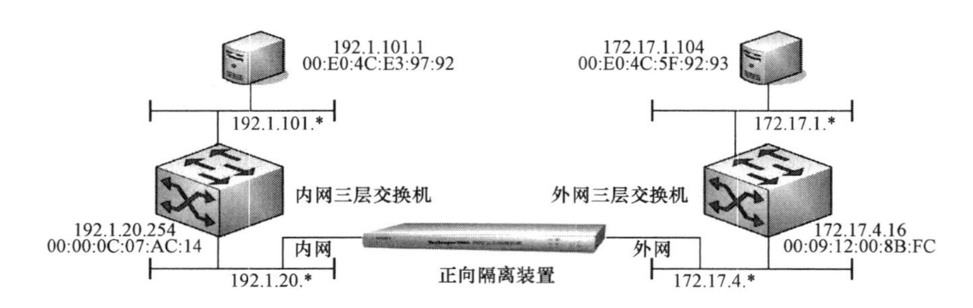

图7-5　路由环境

基本信息			
规则名称	tcp_switch	协议类型	TCP
内网配置		**外网配置**	
IP地址	192.1.101.1	IP地址	172.17.1.104
端口	0	端口	1111
MAC	00000C07AC14	MAC	000912008BFC
虚拟IP	172.17.4.31	虚拟IP	192.1.20.31
是否绑定	是	是否绑定	是
网　卡	eth0	网　卡	eth0

图7-6　实际通信规则配置

基本信息			
规则名称	arp_switch-1	协议类型	TCP
内网配置		**外网配置**	
IP地址	192.1.20.254	IP地址	192.1.20.31
端口	0	端口	1111
MAC	00000C07AC14	MAC	000912008BFC
虚拟IP	192.1.20.254	虚拟IP	192.1.20.31
是否绑定	是	是否绑定	是
网　卡	eth0	网　卡	eth0

图7-7　ARP报文规则1配置

二、纵向加密认证装置

部署纵向加密认证装置是构建电力二次系统安全防护的重要环节，可以有效保证电力调度数据网络和信息安全，防止由此导致一次系统事故或大面积停电事故。纵向加密认证装置部署在电力控制系统的内部局域网与电力调度数据网络之间，用来保障电力调度系统纵向

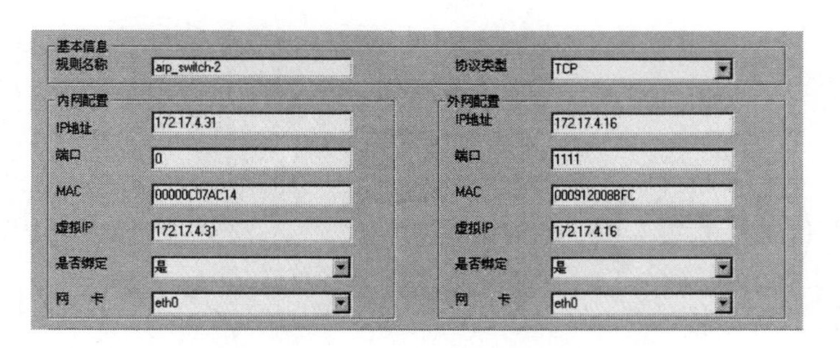

图 7 - 8　ARP 报文规则 2 配置

数据传输过程中的数据机密性、完整性和真实性。

（一）硬件结构

加密认证网关的硬件结构框图如图 7 - 9 所示，硬件系统基于 RISC 体系结构的嵌入式微处理器（Motorola PowerPC），嵌入式主板集成四个以太网接口，分别是内网口、外网口、双机热备接口、日志告警接口；配置串口用于对加密认证网关进行监控管理，支持采用专用智能 IC 卡接口进行身份验证，保证配置管理的安全性；电力专用密码卡单元（内嵌电力专用密码算法和 RSA 公私密钥算法）对网络通信数据进行加密与认证；双机接口支持加密认证网关的双机热备和链路冗余备份，避免重要数据的丢失；硬件看门狗时刻监控系统状态，保证加密认证网关稳定、可靠运行。

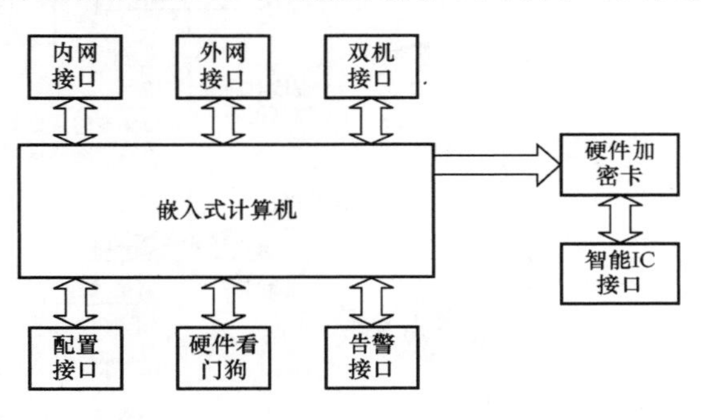

图 7 - 9　加密认证网关硬件结构

（二）产品主要功能

1. 通信认证

数据通信两侧的加密认证装置根据配置好的数字证书进行通信认证，利用简化的密钥协商协议，大大提高协商效率和装置的存储负担，通过添加随机序列号，防止重放攻击，如图 7 - 10 所示。

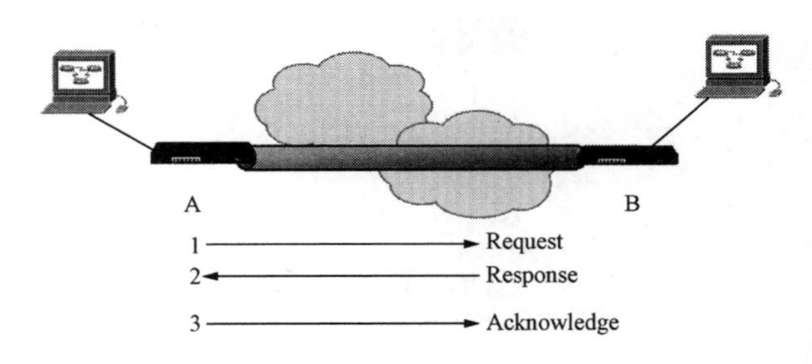

图 7 - 10　加密认证装置通信认证

2. 数据加密

设备内嵌专用密码处理单元，结合隧道技术，实现电力应用多协议的封装，保证实时数据的机密性和完整性。加密认证装置在数据传输前，根据隧道配置已建立了相应的加密传输隧道，数据再以加密方式传输，防止非法窃听，如图 7 - 11 所示。

3. 数据过滤

加密认证装置可配置控制策略，对进出的数据包进行过滤，可对 IP 地址及端口进行过滤，只有符合条件的数据包才可通过，达到防火墙的效果，如图 7 - 12 所示。

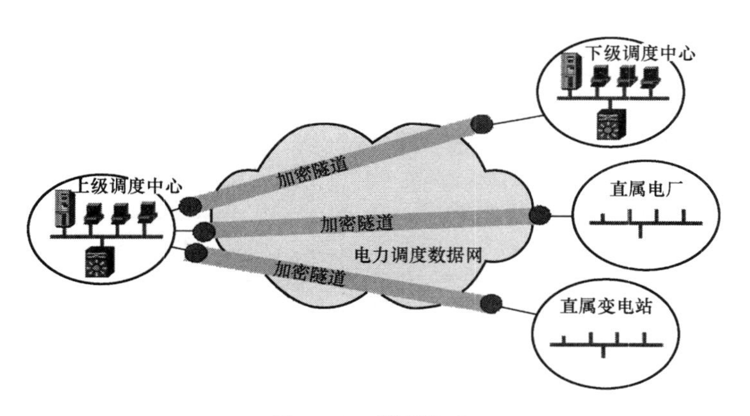

图 7-11　数据加密

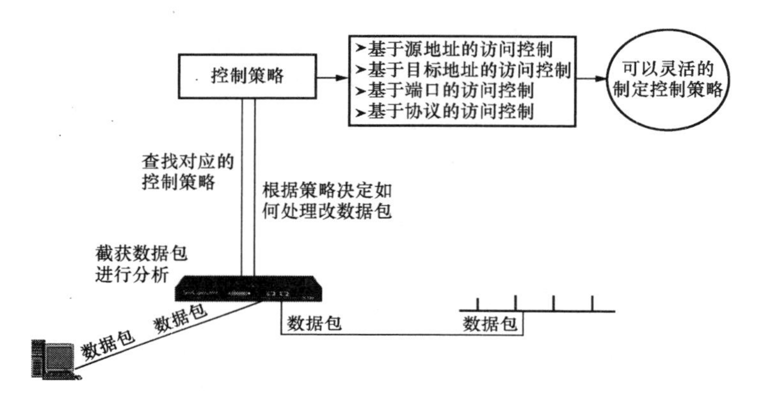

图 7-12　数据过滤

（三）典型应用环境配置

1. 交换模式

当加密网关部署到同一网段或进行测试时，可以采用此配置模式。加密网关具备硬件防火墙的基本功能，同时对数据进行加密保护。网络拓扑如图 7-13 所示。

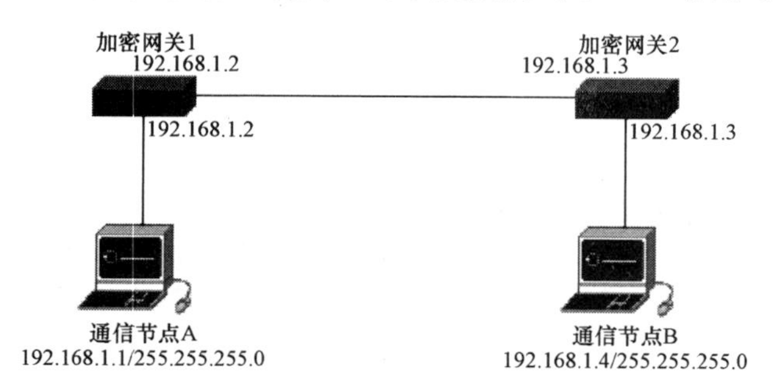

图 7-13　同一网段配置拓扑图

2. 路由模式

纵向加密认证网关部署在各级调度中心及下属的各厂站，根据电力调度通信关系建立加密隧道，典型模式拓扑图如图 7-14 所示。

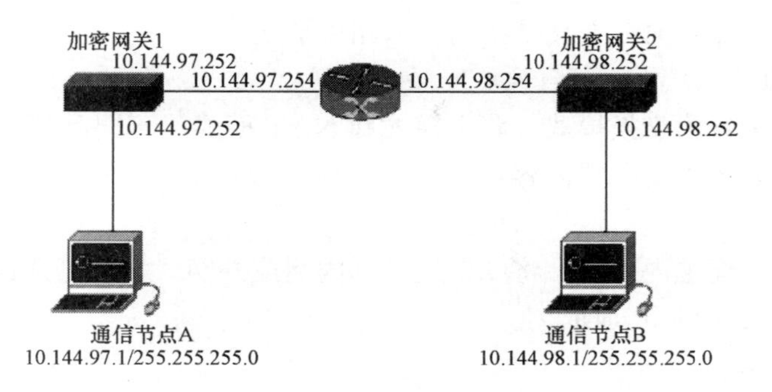

图 7-14　路由模式拓扑图

三、防火墙

（一）防火墙原理

防火墙是一种由软件、硬件组成的系统，用于在两个网络之间实施访问控制策略，常见的防火墙一般为专用的硬件装置，当然也可在路由器或其他网络设备中实现防火墙功能。一般将防火墙内部的网络定义为“可信赖的网络”，将防火墙外部的网络称为“不可信赖的网络”。防火墙部署在内外网之间，可根据配置好的策略，检查所有的数据包，以阻止或允许数据通过。除了实现数据过滤外，功能强大的防火墙还可实现以下功能：

（1）从数据链路层到应用层全方位的控制。

（2）可实现内容安全，自动进行病毒扫描。

（3）实现身份认证，在各种认证机制中选用。

（4）网络地址翻译，缓解 IP 地址紧张，隐蔽内网 IP 地址。

（5）增加防止基于协议攻击的手段。

（二）防火墙分类

1. 包过滤防火墙

包过滤防火墙是最常见的防火墙，成本低、速度快、效率高，根据已定义好的包过滤规则，审查每一个数据包，从而决定数据是否可以通过。

2. 应用网关防火墙

应用网关工作在应用层，可执行特定的应用程序对协议进行过滤和数据转发，能实现基于软件的对特定的网络协议过滤。

3. 代理服务防火墙

采用代理技术实现内网对外网的访问，不允许外网直接访问内网，可配置代理策略，只有符合策略的访问才被受理。

4. 状态检测防火墙

状态检测防火墙可根据历史通信记录，动态打开或关闭网络服务端口，减少网络攻击，提高网络安全性。

（三）应用环境

防火墙一般部署在内外网的边界，实现有效的网络逻辑隔离。根据总体防护方案，在调度数据网中可将防火墙部署在安全生产控制大区的实时与非实时区域之间，实现安全Ⅰ区和安全Ⅱ区的逻辑隔离。另外，防火墙还可部署在非实时分区的纵向边界，实现非实时区的纵向隔离，一般部署在非实时业务交换机与接入路由器之间。

（四）基本配置

防火墙一般可配置为交换模式、路由模式和NAT模式，不同品牌的防火墙配置存在一定差异，但均包括以下主要配置内容：

1. 网络配置

网络配置主要是配置内外网，将端口定义到内网或外网，端口可选择交换模式或路由模式，路由模式需定义端口IP地址。

2. 策略配置

防火墙最关键的配置就是策略配置，安全策略可实现双向基于IP地址及协议、端口访问控制。常用的服务可直接定义，如FTP、WWW、TELNET等无需定义端口。

3. 路由配置

路由模式还需定义路由配置，即目标地址段的下一跳出口，无论是内网还是外网。

4. NAT配置

NAT模式还需定义地址转换表，即内外网地址转换对应表，可实现一对一、一对多、多对多等多种对应关系。

四、数字证书

（一）基本概念

数字证书是标志通信双方身份信息的一组数据，采用公钥体制，利用一对互相匹配的密钥进行加密解密，证书格式遵循ITUT X.509标准。每个用户用自已的私钥进行解密和签名，另外设定一个为一组用户所共享的公钥，用于加密和验证签名。数据发送时，利用公钥加密，接收方利于私钥解密。

电力调度数字证书系统是基于公钥技术的分布式的数字证书系统，主要用于生产控制大区，为电力监控系统及电力调度数据网上的关键应用、关键用户和关键设备提供数字证书服务，实现高强度的身份认证、安全的数据传输及可靠的行为审计。

（二）应用环境

根据总体防护方案，电力调度数字证书主要的应用为人员证书、程序证书、设备证书三类。人员证书指用户在访问系统、进行操作时对其身份进行认证所需要持有的证书；程序证书指关键应用的模块、进程、服务器程序运行时需要持有的证书；设备证书指网络设备、服务器主机等，在接入本地网络系统与其他实体通信过程中需要持有的证书。

五、入侵检测

（一）基本定义

IDS是英文“Intrusion Detection Systems”的缩写，中文意思是“入侵检测系统”。专业上讲就是依照一定的安全策略，通过软、硬件，对网络、系统的运行状况进行监视，尽可能发现各种攻击企图、攻击行为或者攻击结果，以保证网络系统资源的机密性、完整性和可用性。做一个形象的比喻：假如防火墙是一幢大楼的门锁，那么IDS就是这幢大楼里的监视系统。一旦小偷爬窗进入大楼，或内部人员有越界行为，只有实时监视系统才能发现情况并发出警告。

（二）基本原理

入侵检测可分为实时入侵检测和事后入侵检测两种。

实时入侵检测在网络连接过程中进行，系统根据用户的历史行为模型、存储在计算机中的专家知识及神经网络模型对用户当前的操作进行判断，一旦发现入侵迹象立即断开入侵者与主机的连接，并搜集证据和实施数据恢复。这个检测过程是不断循环进行的；而事后入侵检测则是由具有网络安全专业知识的网络管理人员来进行的，是管理员定期或不定期进行的，不具有实时性，因此防御入侵的能力不如实时入侵检测系统。

（三）入侵检测的分类

按入侵检测的手段、IDS 的入侵检测模型可分为基于网络和基于主机两种。

1. 基于主机模型

基于主机模型也称基于系统的模型，它是通过分析系统的审计数据来发现可疑的活动，如内存和文件的变化等。其输入数据主要来源于系统的审计日志，一般只能检测该主机上发生的入侵。

这种模型有以下优点：

（1）性能价格比高：在主机数量较少的情况下，这种方法的性能价格比可能更高。

（2）更加细致：这种方法可以很容易地监测一些活动，如对敏感文件、目录、程序或端口的存取，而这些活动很难在基于协议的线索中发现。

（3）视野集中：一旦入侵者得到了一个主机用户名和口令，基于主机的代理是最有可能区分正常的活动和非法的活动的。

（4）易于用户剪裁：每一个主机有其自己的代理，当然用户剪裁更方便了。

（5）较少的主机：基于主机的方法有时不需要增加专门的硬件平台。

（6）对网络流量不敏感：用代理的方式一般不会因为网络流量的增加而丢掉对网络行为的监视。

2. 基于网络的模型

通过连接在网络上的站点捕获网上的包，并分析其是否具有已知的攻击模式，以此来判别是否为入侵者。当该模型发现某些可疑的现象时也一样会产生告警，并会向一个中心管理站点发出“告警”信号。

基于网络的检测有以下优点：

（1）侦测速度快：基于网络的监测器通常能在微秒级或秒级发现问题；而大多数基于主机的产品则要依靠对最近几分钟内审计记录的分析。

（2）隐蔽性好：一个网络上的监测器不像一个主机那样显眼和易被存取，因而也不那么容易遭受攻击。因为不是主机，所以一个基于网络的监视器不用去响应 ping，不允许别人存取其本地存储器，不能让别人运行程序，而且不让多个用户使用它。

（3）视野更宽：基于网络的方法甚至可以作用在网络的边缘上，即攻击者还没能接入网络时就被制止。

（4）较少的监测器：因为使用一个监测器就可以保护一个共享的网段，所以不需要很多的监测器。相反地，如果基于主机，则在每个主机上都需要一个代理，这样的话，花费昂贵，而且难于管理。但是，在一个交换环境下，每个主机就得配一个监测器，因为每个主机都在自己的网段上。

（5）占资源少：在被保护的设备上不用占用任何资源。

这两种模型具有互补性，基于网络的模型能够客观地反映网络活动，特别是能够监视到主机系统审计的盲区；而基于主机的模型能够更加精确地监视主机中的各种活动。基于网络的模型受交换网的限制，只能监控同一监控点的主机，而基于主机模型装有 IDS 的监控主机可以对同一监控点内的所有主机进行监控。

六、线路加密

为了保障二次系统中远方终端装置（RTU）、继电保护装置、安全自动装置、负荷管理装置等基于专线通道的数据通信安全，根据总体防护方案要求，可在专用线路两侧部署线路加密装置，如链路密码机。数据在发送前，经过专用加密装置采用特殊算法加密，然后再正常发送。接收端收到数据后，必须经过解密装置进行相应的解密，才可以正常识别数据。在数据加密传输的过程中，收发双方使用相同的密码算法，注入了相同的密钥。部署了线路加密的专线传输，可有效防止线路窃听，防止泄密。主要的应用包括电话/传真密码机、帧中继密码机、ATM 密码机、ISDN 密码机等。

第三节　二次系统安全评估及加固

一、二次系统安全评估

二次系统安全评估是通过威胁分析、脆弱性发现等手段对二次系统的安全风险状况进行了解和掌握的过程。其主要目的是发现二次系统现有的安全风险，并在对风险数据进行合理分析和判断的基础上为提高二次系统的安全水平提供数据依据和实施依据。根据电监会 5 号令要求，系统内各单位应建立电力二次系统安全评估制度，采取自评估为主、联合评估为辅的方式，并纳入电力系统安全评价体系。电力二次系统安全评估工作应常态化、周期性进行。电力二次系统的规划、设计、建设改造、运维和废弃都应进行安全评估，确保系统全生命周期安全性。为了规范二次系统安全评估工作，国网公司发布了《电力二次系统信息安全评估规范》，明确了二次系统安全评估内容、实施流程、评估方法及评估过程中的风险控制。

（一）评估内容

1. 资产评估

资产评估是指依据《电力二次系统安全防护总体方案》（国家电监会〔2006〕34 号）和等级保护相关要求对二次系统的评估对象进行资产识别和赋值，确定其在电力生产过程中的重要性。评估重点放在与信息安全直接相关的、对电网调度运行有重大影响的信息资产上面，主要包括系统、信息与数据、服务、软件、设备、人员组织等。资产评估主要包括资产识别及资产赋值两个部分，资产赋值主要是对资产的机密性、完整性、可用性进行赋值，并进行综合计算，以确定资产的重要程度。另外，也可结合等级保护情况进行资产赋值，确定系统等级。

2. 威胁评估

威胁是信息资产可能受到的侵害。威胁由多种属性来刻画：威胁的主体（威胁源）、能力、资源、动机、途径、可能性和威胁本身发生后产生的影响程度。威胁评估是通过技术手段、统计数据和经验判断来确定电力二次系统面临威胁的过程。主要评估危险的来源及威胁发生的频率，包括威胁识别及威胁赋值两个步骤。

3. 脆弱性评估

脆弱性评估是对通过工具扫描、人工审计、访谈等手段识别出来的二次系统中具有的技

术漏洞、管理缺陷等脆弱性进行发现、统计和分析的过程。主要包括脆弱性识别和脆弱性赋值两部分内容。

4. 脆弱性总体评价

脆弱性总体评价根据脆弱性评估列表各分表得分进行总体评价，按一定权重进行统计分析。其中安全管理占40%，安全技术占60%。安全技术指标包括物理安全措施、电力专用安全防护措施、网络安全、主机安全、业务系统、通用安全防护措施。

（二）实施流程

二次系统安全评估流程图如图7-15所示，主要包括启动阶段、现场阶段、风险分析、安全建议四个阶段。各阶段主要工作如下：

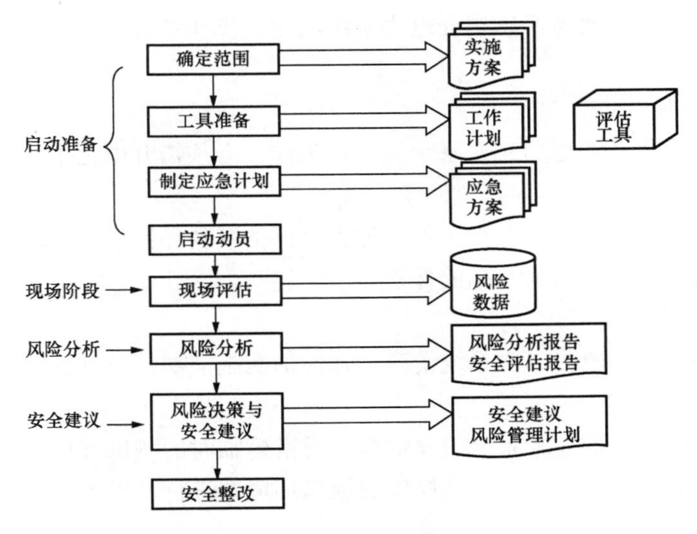

图7-15　二次系统安全评估流程图

1. 准备阶段

评估工作的前期准备和交流，包括成立评估工作组、确定评估范围、制定评估方案和工作计划、评估工具、应急措施的准备等工作内容。

2. 现场评估阶段

现场评估阶段由评估人员完成对评估范围内电力二次系统的安全评估数据采集工作。现场评估阶段包括了电力二次系统资产评估、威胁评估、脆弱性评估和现有安全措施确认。脆弱性评估具体包括安全分区合理性评估、边界完整性评估、节点通信关系评估、边界安全性评估、主机安全评估、网络系统评估、安全管理评估和业务系统安全评估等内容。

3. 风险分析

评估人员根据风险理论，对收集到的风险数据进行整理、风险计算及分析判断，根据风险值 $R=A\cdot T\cdot V$（A 表示资产赋值、T 表示威胁赋值、V 表示脆弱性赋值），确定电力二次系统面临的风险状况，并做出对风险采取接受、消除或转移等处理方式的决策。

4. 安全建议

安全建议是根据风险决策中提出的解决办法形成防护需求，经过合理的统计和归纳，形成安全解决方案建议的过程。

（三）评估方法

二次系统安全评估主要采取人工和工具两种评估方案，根据评估规范中的主要项目和要点，在现场通过查看相关资料、登入系统等方式查收数据。另外，也可借助于漏洞扫描等工具，自动发现系统中的漏洞，作为评估的依据。

（四）风险控制

安全评估工作本身也会引入安全风险，必须加强安全评估实施过程中的风险控制。电力二次系统安全评估实施前，应根据确定的评估范围，对评估过程中可能引入的风险进行分析，并制定应对措施。安全评估实施过程的风险控制手段主要包括：

1. 操作的申请和监护

在实施过程中，评估操作必须遵守电力系统的相关操作章程，以防止敏感信息泄漏和确保及时处理意外情况。

2. 操作时间控制

对直接涉及电力生产的电力二次系统的评估工作，必须错开电力生产的敏感时期。

3. 人员与数据管理

必须高度重视评估中的信息保密工作，加强对评估资料和评估结果的管理，确保参与评估工作的人员可靠、稳定和风险数据的保密。

4. 制订应急预案

根据评估范围界定的电力二次系统情况，在评估实施前制订应急预案。

5. 运行系统模拟环境

对影响较大的电力关键业务系统的评估应考虑搭建临时的测试模拟环境，仿真真实系统的结构、配置、数据、业务流程。评估操作在模拟环境中进行，以保证评估的真实性和运行系统的安全、稳定。

6. 其他

评估实施中，为了防止发生影响系统运行的安全事件，根据评估对象的不同采取相应的风险控制手段。

二、二次系统安全加固

由于电力二次系统所包括软硬件系统众多，一方面软硬件本身存在一定的安全漏洞，另一方面系统在安装时配置不尽合理，存在一定的安全风险。因此，需要在保证电力二次系统正常稳定运行的条件下，在识别系统面临威胁和存在脆弱性的基础上，对电力二次系统进行安全配置或漏洞修补，从而提高自身安全性。国网公司发布了《电力二次系统安全加固规范》，用于指导二次系统安全加固工作，规定了电力二次系统安全加固的实施流程、方法及其在不同阶段的安全加固实施重点。

（一）加固原则

由于安全加固是对现有系统的安装配置工作，加固过程中存在一定的安全风险，可能会影响到当前系统的安全运行。因此，二次系统安全加固工作必须遵循以下原则，确保安全有序。

（1）规范性原则：安全加固的方案设计与实施应依据国家或公司的相关标准进行。

（2）可控性原则：安全加固工作应该做到人员可控、工具可控、项目过程可控。

（3）最小化原则：安全加固遵循最小化原则，即专机专用原则，针对单一业务服务，关闭其他不使用服务。

(4) 最小影响原则：安全加固应在保证电力二次系统正常稳定运行的条件下进行，实时控制系统或设备的安全加固和补丁升级工作应尽量选择在设备检修期间进行，避免对业务造成直接影响。

(5) 保密原则：对加固的过程数据和结果数据严格保密，不得泄露给任何第三方单位或个人，不得利用此数据进行任何侵害国家电网公司电力二次系统的行为。

（二）工作流程

安全加固工作主要包括了五个工作流程，即启动准备阶段、方案制订阶段、数据备份阶段、现场实施阶段、验证总结阶段，各阶段主要工作如下：

1. 启动准备阶段

启动准备阶段主要是制定电力二次系统安全加固工作计划，明确系统安全加固工作的范围与职责。

2. 方案制订阶段

应结合国家电网公司电力二次系统安全需求和安全措施，制定具体的电力二次系统安全加固实施方案。设计加固方案时，必须针对加固对象具体的漏洞及脆弱性；方案设计完毕后，需组织相关单位审核方案的可行性，对于其中影响业务系统运行的方法应找出替代措施；此外，还应编制好加固后核对系统运行状态的方案。

3. 数据备份阶段

因为安全加固工作存在一定的风险，所以加固前应做好可靠的数据备份，确保系统异常后的恢复工作。其主要包括数据备份、程序备份、配置文件备份等。

4. 现场实施阶段

根据加固方案，在现场实施安全加固工作。现场实施需遵循加固规范的操作方法和具体要求，做好记录，严格执行现场安全要求。若遇异常，及时恢复加固措施，或启动应急预案恢复业务系统。

5. 验证总结阶段

加固完成后，应对系统和业务的运行情况进行核查，整理安全加固报告。加固完成后，应全面核对系统状态，并且应通过专用方法测试加固效果，记录数据，解释系统残余风险。

（三）加固内容及要求

二次系统安全加固，主要通过对二次系统中的核心软、硬件系统或装置配置安全策略、修补漏洞、强化系统访问控制能力等方法，修补系统存在的脆弱性，提高系统的安全性和抗攻击能力。加固规范中明确列出了加固范围、加固项目、加固要求、加固方法。

1. 网络设备

数据网络是二次系统基础性数据传输平台，主要包括调度数据网广域网的路由设备及业务系统局域网的交换设备。其主要加固项目有账号权限、审计策略、安全策略、恶意代码防范等。其中，做好账号权限控制，主要是防止对网络设备的非法访问；配置安全策略，特别是在边界网络设备上配置 ACL 能起到非常好的逻辑隔离作用，防止病毒的扩散；配置审记策略，可及时记录相应日志，用于日后的网络安全分析。

2. 操作系统

主机操作系统是业务系统运行的基础性平台，因此操作系统的安全直接威胁到系统安

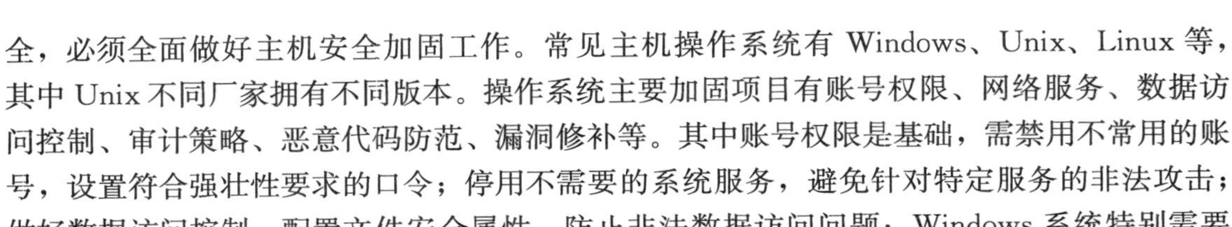

全，必须全面做好主机安全加固工作。常见主机操作系统有 Windows、Unix、Linux 等，其中 Unix 不同厂家拥有不同版本。操作系统主要加固项目有账号权限、网络服务、数据访问控制、审计策略、恶意代码防范、漏洞修补等。其中账号权限是基础，需禁用不常用的账号，设置符合强壮性要求的口令；停用不需要的系统服务，避免针对特定服务的非法攻击；做好数据访问控制，配置文件安全属性，防止非法数据访问问题；Windows 系统特别需要做好恶意代码防范，配置防病毒系统，防止病毒、木马等恶意代码攻击；无论是 Windows 系统还是其他 Unix/Linux 系统都应及时修补漏洞，防止针对新的漏洞的非法攻击。

3. 数据库

数据库系统是二次系统管理并存储电网模型及数据的关键系统，常见的商用数据库包括 SQLSERVER、ORACLE 等。数据库的加固项包括账号权限、网络服务、审计策略、漏洞修补、数据访问控制等。关键是要做好数据访问控制，一方面规范账号权限的配置；另一方面需做好数据表的访问控制，防止非法访问。

4. 通用服务

通用服务主要包括为应用系统提供基础服务的第三方中间件，如提供 WEB 服务的 IIS、Apache、weblogic 等。主要加固的项目包括账号权限、网络服务、数据访问控制、漏洞修补、审计策略等，关键要做好访问控制，防止非法访问，另外及时修补漏洞，可提高系统健壮性，防止恶意攻击。

5. 安全设备

安全设备主要包括防火墙、IDS、防病毒装置等，关键要做好防火墙的安全策略、IDS 的审计策略及防病毒系统的防病毒策略。

6. 电力专用安全装置

电力专用安全装置包括横向单向安全隔离装置、纵向加密认证装置或网关、拨号认证装置等。主要的加固项目包括账号权限、安全策略、审计策略，其中安全策略是重点，必须严格控制并定期备份。

7. 应用系统

应用系统主要包括与电网监控有关的电力二次系统软件，主要的加固项目有账号权限、会话控制、数据访问控制、审计策略等，其中关键要做好账号权限及数据访问控制。

第四节　信息安全等级保护

一、信息安全等级基本概念

（一）基本概念

信息系统是指基于计算机和计算机网络，按照一定的应用目标和规则对信息进行采集、加工、存储、传输、检索等处理的人机系统。信息安全等级保护是指根据信息系统在国家安全、社会稳定、经济秩序和公共利益等方面的重要程度，以及风险威胁、安全需求、安全成本等因素，将其划分不同的安全保护等级并采取相应等级的安全保护技术、管理措施，以保障信息系统安全和信息安全。等级保护是国家信息安全保障工作的基本制度、基本策略、基本方法，开展信息安全等级保护工作是维护国家信息安全的根本保障。

根据信息系统在国家安全，经济建设、社会生活中的重要程度，遭到破坏后对国家安全，社会秩序，公共利益，公民、法人和其他组织的合法权益的危害程度等，由低到高划分为五级：

第一级：信息系统受到破坏后，会对公民、法人和其他组织的合法权益造成损害，但不损害国家安全、社会秩序和公共利益。

第二级：信息系统受到破坏后，会对公民、法人和其他组织的合法权益造成严重损害，或者对社会秩序和公共利益造成损害，但不损害国家安全。

第三级：信息系统受到破坏后，对社会秩序和公共利益造成严重损害，或者对国家安全造成损害。

第四级：信息系统受到破坏后，对社会秩序和公共利益造成特别严重损害，或者对国家安全造成严重损害。

第五级：信息系统受到破坏后，会对国家安全造成特别严重损害。

其中一、二级适用于一般信息系统（不涉及国家安全），三、四级适用于重要信息系统，五级适用于特别重要的信息系统。

（二）五级保护和监管

信息系统运营、使用单位依据相关标准对信息系统进行保护，国家有关信息安全监管部门对信息安全等级保护工作进行监督管理。对信息系统的保护和监管如表 7-2 所示。

表 7-2

安全等级	等级名称	安全保护要求
第一级	自主保护级	参照公司标准自主进行保护
第二级	指导保护级	在国家主管部门的指导下，按照国家和公司标准自主进行保护
第三级	监督保护级	在国家主管部门的监督下，按国家和公司标准严格落实各项保护措施进行保护
第四级	强制保护级	在国家主管部门的强制监督和检查下，按国家标准严格落实各项措施进行保护
第五级	专控保护级	根据安全需求，由国家主管部门和运营单位对信息系统进行专门控制和保护

（三）等级保护的基本原则

等级保护的核心是对信息系统分等级、按标准进行建设、管理和监督。等级保护在实施过程中应遵循以下基本原则：

（1）自主保护原则：由各主管部门和运营使用单位按照国家相关法规和标准，自主确定信息系统的安全等级，自行组织实施安全保护。

（2）同步建设原则：信息系统在新建、改建、扩建时应当同步规划和设计安全方案，投入一定比例的资金建设信息安全设施，保障信息安全与信息化建设相适应。

（3）重点保护原则：根据信息系统的重要程度、业务特点，通过划分不同的安全等级，实现不同强度的安全保护，集中资源优先保护涉及核心业务或关键信息资产的信息系统。

（4）适当调整原则：要跟踪信息系统的变化情况，调整安全保护措施。

二、等级保护主要内容

（一）定级与审批

信息系统运营使用单位，根据《信息系统安全等级保护定级指南》及相应的行业定级参考，确定信息系统的安全保护等级。有上级主管部门的，需经上级主管部门审核批准。

（二）等级评审

在确定信息系统等级过程中，可组织专家进行业务和技术评审。

（三）备案

二级以上的信息系统，应在等级确定后的30天内，由运营使用单位到所在地区的市级以上公安机关办理备案手续。省级信息系统，跨市或全省联网运行的信息系统，由主管部门向省公安厅备案。跨市或全省联网运行的信息系统在各地运行的分支系统，应向当地市级公安机关备案。

（四）备案管理

公安机关和国家保密工作部门负责受理备案并进行备案管理。系统备案后，公安机关应审核信息系统的备案情况，对于符合等级要求的系统，应颁发信息系统安全等级保护备案证明。发现不符合标准的，应通知备案单位纠正。定级不准的，应通知运营单位或主管部门重新定级。各级保密工作部门负责对涉密信息系统定级工作的指导、监督和检查。

（五）系统建设

系统定级后，运营单位应参照等级保护相应技术要求，使用符合规范的产品建设系统，并同步建设符合等级要求的信息安全设施。另外，运营单位还应参照标准，制定管理规范，建立安全组织。

（六）等级测评

系统建成后，运营单位应选择有资质的安全等级保护测评机构，按照《信息系统安全等级保护测评要求》的标准开展信息系统的等级保护测评工作。

（七）自查自纠

运营单位应定期开展信息系统安全状况、安全制度的落实等自查工作。三级系统每年至少自查一次，四级系统每半年至少自查一次，五级系统依据特殊安全需求进行自查。经自查后，信息系统未达要求的，应制定整改方案并执行。

（八）监督检查

受理备案的公安机关应对信息系统运营使用单位的安全等级保护工作进行检查。三级系统每年至少检查一次，四级系统每半年至少检查一次，五级系统由国家指定部门进行检查。运营单位应做好检查的配合工作，如实提供资料。保密部门应做好职责范围内的监督管理工作。

三、信息安全等级保护基本要求

（一）基本要求框架

《信息安全技术　信息系统安全等级保护基本要求》（GB/T 22239—2008）针对每个等级的信息系统提出了相应的安全保护要求，各个级别的要求逐级增强。基本要求分为5大类技术要求和5大类管理要求，每大类下设若干控制点，每控制点下设若干项，明确了具体要求。

1. 技术要求

技术要求分为：

（1）物理安全：主要是从外界环境、基础设施、运行硬件、介质等方面为信息的安全运行提供基本的后台支持和保证。

（2）网络安全：为信息系统能够在安全的网络环境中运行提供支持，确保网络系统安全运行，提供有效的网络服务。

（3）主机安全：在物理、网络层面安全的情况下，提供安全的操作系统和安全的数据库管理系统，以及实现操作系统和数据库管理系统的安全运行。

（4）应用安全：在物理、网络、系统等层面安全的支持下，实现用户安全需求确定的安全目标。

（5）数据安全及恢复：全面关注信息系统中存储、传输、处理等过程的数据的安全性。

2. 管理要求

管理要求分为：安全管理制度、安全管理机构、人员安全管理、系统建设管理和系统运维管理5大类。

（二）安全保护能力

信息系统的安全保护能力包括对抗能力和恢复能力。不同等级信息系统所具有的保护能力如下：

第一级安全保护能力：应能够防护系统免受来自个人的、拥有很少资源的威胁源发起的恶意攻击、一般的自然灾难，以及其他相当危害程度的威胁所造成的关键资源损害，在系统遭到损害后，能够恢复部分功能。

第二级安全保护能力：应能够防护系统免受来自外部小型组织的、拥有少量资源的威胁源发起的恶意攻击、一般的自然灾难，以及其他相当危害程度的威胁所造成的重要资源损害，能够发现重要的安全漏洞和安全事件，在系统遭到损害后，能够在一段事件内恢复部分功能。

第三级安全保护能力：应能够在统一安全策略下防护系统免受来自外部有组织的团体、拥有较为丰富资源的威胁源发起的恶意攻击、较为严重的自然灾难，以及其他相当危害程度的威胁所造成的主要资源损害，能够发现安全漏洞和安全事件，在系统遭到损害后，能够较快恢复绝大部分功能。

第四级安全保护能力：能够在统一安全策略的防护下防护系统免受来自国家级别的、敌对组织的、拥有丰富资源的威胁源发起的恶意攻击、严重的自然灾难，以及其他相当危害程度的威胁所造成的资源损害，能够发现安全漏洞的安全事件，在系统遭到损害后，能够迅速恢复所有功能。

四、相关文件解释

由于信息安全等级保护工作的专业性，国家主管部门制定相关的技术标准，各行业主管部门也根据行业特点，制定了相关的行业标准。

（一）相关文件

1. 1994年，《中华人民共和国计算机信息系统安全保护条例》首次提出了计算机信息系统必须实行安全等级保护。

2. 2003年9月，《国家信息化领导小组关于加强信息安全保障工作的意见》（中办发〔2003〕27号）明确了等级保护为国家信息安全保障的一项基本制度。

3. 2004年11月，四部委会签《关于信息安全等级保护工作的实施意见》（公通字

〔2004〕66号），定义了五个保护级别、监管方式、职责分工和实施要求。

4.2007年6月，四部委会签《信息安全等级保护管理办法》（公通字〔2007〕43号），明确了等级保护的具体操作办法、各部委职责，以及推进等级保护的具体事宜。

（二）相关标准

1.《计算机信息系统安全保护等级划分准则》是开展等级保护工作的基础性标准。

2.《信息系统安全等级保护实施指南》是等级保护具体实施的依据。

3.《信息系统安全等级保护定级指南》是信息系统定级的标准。

4.《信息系统安全等级保护测评要求》是开展信息系统测评所依据的标准。

5.《国家电网公司信息系统安全保护等级定级指南》是国家电网公司系统内信息系统定级标准。

第五节　电力二次系统安全等级保护

电力二次系统是和电网安全运行密切相关的信息系统，具备一般信息系统的特点，又具备电力行业的特殊性。为了做好电力二次系统的信息安全工作，电监会已发布了相关的电力二次系统防护要求，但是电力系统作为关系到国计民生的基础性行业，又必须开展公安部等有关国家部门要求的信息系统安全等级保护工作，因为信息安全等级保护工作是国家强制行为。为了做好国家电网公司系统内电力二次系统等级保护工作，规范电力二次系统信息安全定级及具体保护要求，在电力二次系统安全防护的基础上制定了《电力二次系统安全保护等级测评规范》和《电力二次系统安全等级保护要求》，作为电力二次系统等级保护工作的相关依据。电力二次系统等级保护工作应与电力二次系统安全防护工作紧密结合、相互促进，落实公安部《信息安全等级保护基本要求》、国家电监会5号令和《电力二次系统安全防护规定》。

一、电力二次系统等级保护测评

电力二次系统等级保护测评应与电力二次系统安全评估工作相结合，避免多头管理，重复工作；依据电力二次系统特点制定的两个规范，指导各级调度机构和变电站开展等级保护工作。电力二次系统安全等级保护测评工作应常态化、定期进行。电力二次系统的规划、设计阶段要进行安全评审，建设改造、运维和废弃阶段均要进行安全测评，确保系统全生命周期安全性。电力二次系统安全等级保护测评有四种工作形式：自测评、检查测评、上线前测评和产品型式安全测评。安全等级为四级和三级的电力二次系统，应配合等级保护工作进行定期检查测评，检查测评指标应参照《电力二次系统安全等级保护要求》进行，周期最长不超过三年。四级系统和部分三级系统应由具有电力行业等级保护测评资质的单位实施。

二、地调EMS系统等级防护要求

根据电力二次系统等级保护定级表，地调EMS系统安全保护等级为三级，具体技术要求和管理要求参照《电力二次系统安全等级保护要求》相应等级的条款，在二级基础上提出了很多增强技术要求。

（1）物理安全方面，应对机房划分区域进行管理，在重要区域前设置交付或安装等过渡区域，机房设备区域与人员操作区域物理分开；重要区域应配置电子门禁系统，控制、鉴别

和记录进入的人员；机房各出入口应安排专人值守或配置电子门禁系统，控制、鉴别和记录进入的人员；机房应采用防静电地板；电源线和通信线缆应隔离铺设，避免互相干扰。

（2）网络安全方面，应在网络边界部署访问控制设备，启用访问控制功能；应在生产控制大区部署专用审计系统，或启用设备或系统审计功能，应对网络系统中的网络设备运行状况、网络流量、用户行为等进行日志记录；应能够对非授权设备私自联到内部网络的行为进行检查，准确定出位置，并对其进行有效阻断；当检测到攻击行为时，记录攻击源 IP、攻击类型、攻击目的、攻击时间，在发生严重入侵事件时应提供报警，必要时可配置为自动采取相应动作；应在网络边界处对恶意代码进行检测和清除；主要网络设备应对同一用户选择两种或两种以上组合的鉴别技术来进行身份鉴别；应实现设备特权用户的权限分离，系统不支持的应部署日志服务器保证管理员的操作能够被审计，并且网络特权用户管理员无权对审计记录进行操作。

（3）主机安全方面，应采用两种或两种以上组合的鉴别技术对管理用户进行身份鉴别；应启用访问控制功能，依据安全策略控制用户对资源的访问；应根据管理用户的角色分配权限，实现管理用户的权限分离，仅授予管理用户所需的最低权限；应对重要信息资源设置敏感标记，系统不支持设置敏感标记的，应采用专用安全设备生成敏感标记，用以支持强制访问控制机制；应依据安全策略严格控制用户对有敏感标记重要信息资源的操作；应确保系统内的文件、目录和数据库记录等资源所在的存储空间，被释放或重新分配给其他用户前得到完全清除；应能够检测到对重要服务器进行入侵的行为，能够记录入侵的源 IP、攻击的类型、攻击的目的、攻击的时间，并在发生严重入侵事件时提供报警；应对重要服务器进行监视，包括监视服务器的 CPU、硬盘、内存、网络等资源的使用情况。

（4）应用安全方面，应对同一用户采用两种或两种以上组合的鉴别技术实现用户身份鉴别；应提供自动保护功能，当故障发生时自动保护当前所有状态；应能够对一个访问账户或一个请求进程占用的资源分配最大限额和最小限额。

（5）数据安全方面，应能够检测到系统管理数据、鉴别信息和重要业务数据在存储过程中完整性受到破坏，并在检测到完整性错误时采取必要的恢复措施；应采用加密或其他有效措施实现系统管理数据、鉴别信息和重要业务数据传输保密性；应提供数据本地备份与恢复功能，完全数据备份至少每天一次，备份介质场外存放；应提供主要网络设备、通信线路和数据处理系统的硬件冗余，保证系统的高可用性。

（6）在管理方面，应参照三级系统等级保护要求和电力二次系统管理要求，制定相应的安全管理制度，健全安全管理机构，落实人员安全管理，在系统建设和系统运行阶段必须符合相应的管理要求。在系统运行过程中，应至少每年对系统进行一次等级测评，发现不符合相应等级保护标准要求的及时整改。在系统发生变更时及时对系统进行等级测评，发现级别发生变化的及时调整级别并进行安全改造，发现不符合相应等级保护标准要求的及时整改。

三、省调 EMS 系统等级防护要求

根据电力二次系统等级保护定级表，省调 EMS 系统安全保护等级为四级，具体技术要求和管理要求参照《电力二次系统安全等级保护要求》相应等级的条款。其具体要求都是在三级基础上提出的增强技术要求。

（1）物理安全方面，重要区域应配置第二道电子门禁系统，控制、鉴别和记录进入的人

员；应采用静电消除器等装置，减少静电的产生；应对关键设备和磁介质实施电磁屏蔽；应对关键区域实施电磁屏蔽。

（2）网络安全方面，应不允许数据带通用协议通过；应根据数据的敏感标记允许或拒绝数据通过；应不开放远程拨号访问功能；应根据电力二次系统的统一安全策略，实现集中审计，时钟保持与时钟服务器同步；网络设备用户的身份鉴别信息至少应有一种是不可伪造的。

（3）主机安全方面，应具有登录失败处理功能，可采取结束会话、限制非法登录次数和当网络登录连接超时自动退出等措施，限制同一用户连续失败登录次数；应设置鉴别警示信息，描述未授权访问可能导致的后果；身份鉴别信息至少有一种是不可伪造的；应对所有主体和客体设置敏感标记；应依据安全策略和所有主体和客体设置的敏感标记控制主体对客体的访问；访问控制的力度应达到主体为用户级或进程级，客体为文件、数据库表、记录和字段级；在用户对系统进行访问时，系统与用户之间应能够建立一条安全的信息传输路径；应能够根据电力二次系统的统一安全策略，实现集中审计。

（4）应用安全主面，应对同一用户采用两种或两种以上组合的鉴别技术实现用户身份鉴别，其中一种是不可伪造的；应提供为主体和客体设置安全标记的功能并在安装后启用；应通过比较安全标记来确定是授予还是拒绝主体对客体的访问；在应用系统对用户进行身份鉴别时，应能够建立一条安全的信息传输路径；在用户通过应用系统对资源进行访问时，应用系统应保证在被访问的资源与用户之间应能够建立一条安全的信息传输路径；应根据系统统一安全策略，提供集中审计接口；应基于硬件化的设备对重要通信过程进行加解密运算和密钥管理；应提供自动恢复功能，当故障发生时立即自动启动新的进程，恢复原来的工作状态。

（5）数据安全方面，应对重要通信提供专用通信协议或安全通信协议服务，避免来自基于通用通信协议的攻击破坏数据完整性；应建立异地灾难备份中心，配备灾难恢复所需的通信线路、网络设备和数据处理设备，提供业务应用的实时无缝切换；应提供异地实时备份功能，利用通信网络将数据实时备份至灾难备份中心。

（6）在管理方面，在三级系统的基础上提出了更高的要求，除了根据规定健全并完善相应制度外，在保密方面提出了更严格的要求。主要体现在制度、人员、产品开发、运维等各方面，如应建立保密制度，并定期或不定期的对保密制度执行情况进行检查或考核；对关键区域不允许外部人员访问；应确保开发人员为专职人员，开发人员的开发活动受到控制、监视和审查；应对机房和办公环境实行统一策略的安全管理，对出入人员进行相应级别的授权，对进入重要安全区域的活动行为实时监视和记录；发生可能涉及国家秘密的重大失、泄密事件，应按照有关规定向公安、安全、保密等部门汇报。另外，在系统运行过程中，应至少每半年对系统进行一次等级测评，发现不符合相应等级保护标准要求的及时整改。

第八章

能量管理系统应用程序接口

【内容概述】 本章主要介绍了能量管理系统的应用程序接口，介绍了CIM的主要模型和图形，并给出了示例。

第一节　IEC 61970 概　述

一、标准的目的和范围

随着计算机和网络技术的飞速发展，新的信息系统的基础条件，如INTERNET技术、面向对象技术、数据库技术、JAVA技术、中间件技术、多代理技术、厂站自动化技术、安全防护技术、电力市场运营技术等已经具备。在这些新技术的支持下，新电网信息系统的各应用系统不再是孤立系统，而是构成复杂的互联系统，其软件结构如图8-1所示。

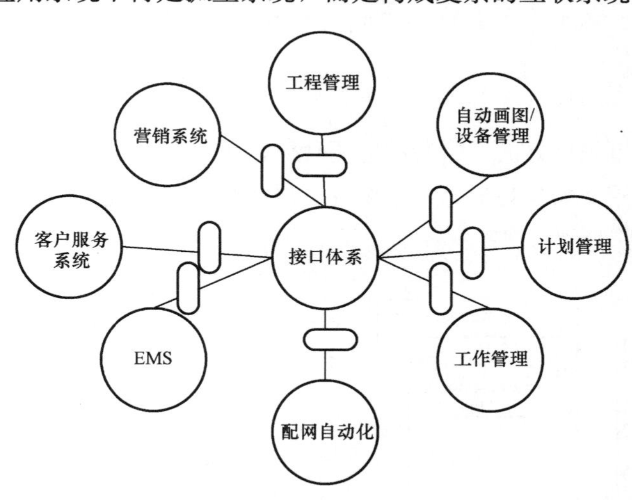

图8-1　新电网信息系统的软件结构

在图8-1中，可以将接口体系看做是基于IT技术的中间件技术，在这个方面的技术，如CORBA、XML、SVG等，解决了多个系统之间互联的底层问题，也就是说解决了软件间互相通信的问题，但是它们并不能将系统连接起来。例如，网络TCP/IP协议解决了计算机之间的互通问题，但是如果没有FTP协议，就不可能在两台计算机之间方便地上载、下载文件；没有EMAIL协议，就不能互相之间发邮件。因此，如果纯粹只是基于IT技术，那么只能说有了互联的基础，但是还不能将系统互联起来。国际电工技术委员会（International Electrotechnical Commission，IEC）TC57的第13工作小组从20世纪90年代初就开始研究这个问题，其成果为IEC 61970系列标准。

IEC 61970系列标准接受美国电力研究所控制中心应用程序接口小组（EPRI CCAPI Task Force）的工作成果。EPRI CCAPI Task Force的主要任务是建立标准的需求和草案，最初的方法是将服务集成化，但现在该方法已经转变为标准化组件接口。标准的内容主要是应用程序接口API，这些接口使得各个应用程序无需知道别的应用程序的内部结构就可以访问公共数据和交换信息。

IEC 61970系列标准包括公共信息模型（Common Information Model，CIM）和组件接口规范（Component Interface Specification，CIS），CIM描述了这些应用程序接口的语义，CIS描述了应用程序接口的语法。其目的和意义在于：

（1）便于来自不同厂家的EMS系统内部各应用的集成。

（2）便于EMS系统与调度中心内部其他系统的互联。

（3）便于不同调度中心EMS系统之间的模型交换。

二、标准中的基本概念

1. 公共信息模型（Common Information Model，CIM）

CIM是一个抽象的模型，描述了一个电力企业中的所有主要对象，这些对象一般包含在能量管理系统（EMS）信息模型中。通过提供一个将电力系统资源描述为对象类与属性以及它们的关系的标准方式，CIM方便了不同厂商独立开发的EMS应用的集成、独立开发的整个EMS的集成，以及EMS与其他系统的集成，这些系统关心电力系统运行的不同方面，如发电管理或配电管理。

2. 组件接口规范（Component Interface Specification，CIS）

CIS是组件（或应用）与其他组件（或应用）用来实施交换信息或存取共享数据的接口标准。组件接口描述标准的事件、方法和属性。组件交换的内容或消息参照CIM标准。

3. 类（class）

类是对现实世界中一个对象的描述，该对象需要被表示成整个电力系统模型的一部分，或者是适用一组给定特性的一个资源集。

4. 组件（component）

组件是可重用的软件构件——一块事先做好的、封装的应用代码，可与其他组件和手写的代码组合以快速开发出一个定制的应用。如果想成为一个组件，应用代码必须提供一个标

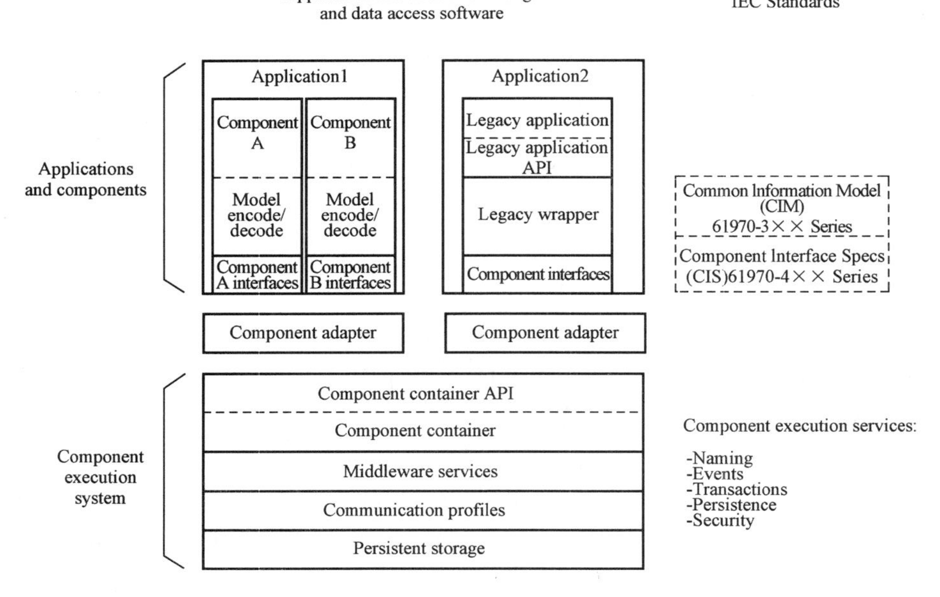

图8-2　标准的一些基本概念

准的接口，以使应用的其他部分可以调用它的功能并访问和操纵此组件中的数据。对于可编译语言，一个组件通常是一个可执行代码的文件（*.exe 或 *.dll），或是包含了本应用或其他应用可使用的数据的资源文件。组件模型定义了接口的结构。标准中的基本概念之间的关系如图 8-2 所示。

三、标准的组成

公共信息模型（CIM）和组件接口规范（CIS）是模型中标准化的主要部分。IEC 61970 的文档结构如下：

第 1 部分：导则和一般要求

第 2 部分：术语表

第 3xx 部分：公共信息模型（CIM）

第 4xx 部分：组件接口规范（CIS）

第 5xx 部分：CIS 技术映射

（一）CIM 模型

国际电工技术委员会 IEC 定义的两个系列标准 IEC 61968 和 IEC 61970 分别描述了配电管理系统和能量管理系统的应用程序接口。两个系列标准共同定义了 CIM。CIM 是电力企业应用集成的重要工具，它包括公用类、属性、关系等，其类（Class）及对象（Object）是抽象的，可以用于许多电力系统应用，它是逻辑数据结构的灵魂，可定义信息交换模型。CIM 提供了一个关于 EMS 信息的全面逻辑视图，包括了对象的公有类和属性，以及它们之间的关系。

但需要指出的是：

（1）CIM 不是数据库，而仅仅是数据模型（元数据）。

（2）遵从 CIM 意味着公用接口的数据表示符合 CIM 三方面的要求：语义—命名和数据的意义；词法—数据类型；关系—根据与 CIM 其他部分的关系，可以找到与此相关的数据。

（3）遵从 CIM 并不意味着数据库的结构与 CIM 的类图完全一致，也不意味着支持 CIM 的所有方面。所以对于应用来说，只要在接口上遵循 CIM 原则，就可以说其遵循了 CIM。

因为 CIM 覆盖了电力系统的大部分领域，所以对于应用来说，只要实现其所关注领域的模型，而没有必要将所有的模型都导入自己的模型。

对于 CIM 来说，虽然覆盖了电力系统的大部分领域，但是对象是发展的，电力系统会不停地出现新的设备、新的装置，在这些新设备的 CIM 标准没有出来之前，CIM 可以自己扩展。

（二）CIS 访问方法

1. 基本服务（Base Services）

最基本的服务几乎所有组件都会用到，这些基本服务一体化了现有的各种工业事实标准。

2. 请求与应答（Request and Reply）

请求和应答包含了 API 服务用来存取公共数据基于 CIM 的信息层次组织。一个客户端能够存取被另外一个组件或系统维护的数据而不需要知道数据的内在存储知识，有 CIM 的知识就足够了。

请求和应答服务是为同步、非实时存储复杂的数据结构服务的。如请求和应答将被用来大批从持久存储中获取数据来初始化状态估计应用，计算后存储结果。

3. 高速的数据存取（High Speed Data Access）

提供高速存取简单数据结构的API服务，往往使用多进程将一组数据存取然后高效地映射到客户端内存空间的变量上。如一组数据被预定义然后在一定周期后或有变化后发布，同时也可以通过请求和应答的API来得到相同的结果，这是机制和效率的问题。

4. 事件和订阅（Events and Subscription）

提供基本的API服务来发布和订阅事件和告警。它包含发布和订阅标题，还能够支持事件的“发送和忘记”模式，即事件只简单发布一次，不需要订阅者确认。这种例子的典型应用是告警：服务器有能力来发布告警事件和客户端能够订阅自己所需要的告警。

5. 历史数据存取（Historical Data Access）

在HDAIS规范中，时序数据主要是指量测或计算值，这些值用来表示过程中出现的状态变量，量测数据可能是从远程采集的。时序数据也包括了参数值、控制命令和调度员指令。

HDAIS中定义了许多时序数据管理用的接口，HDAIS的目的是使各种现存的或新出的历史数据系统能够集成起来。

CIS各种访问方法之间的关系如图8-3所示。

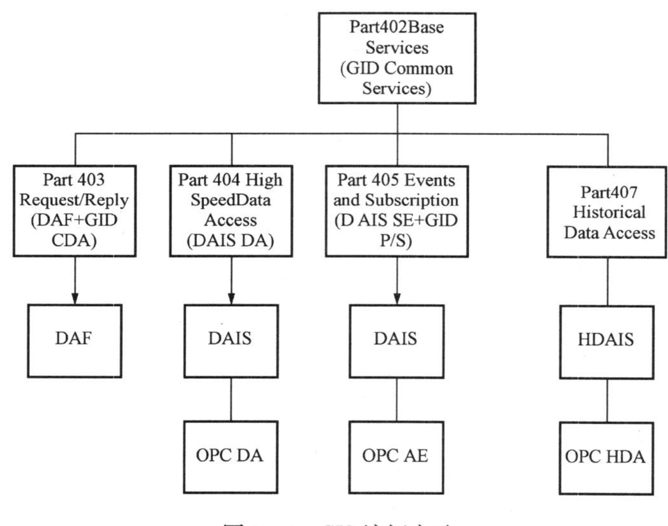

图8-3　CIS访问方法

第二节　公共信息模型（CIM）

一、CIM主要对象理解

（一）CIM建模方法

公共信息模型（Common Information Model，CIM）用面向对象的建模技术表示包含在企业运行中的电力企业所有主要对象，通过一种公用对象类和属性及他们之间的关系来表示电力系统资源。CIM规范使用统一建模语言（UML）表达方法，它将CIM定义成一组包，见图 8-4。CIM 中的每一个包包含一个或多个类图，用图形方式展示该包中的所有类及它们之间的关系，然后根据类的属性及与其他类的关系，用文字形式定义各个类。本节介绍 Core 包、Topo 包、Wires 包和 Meas 包的结构。

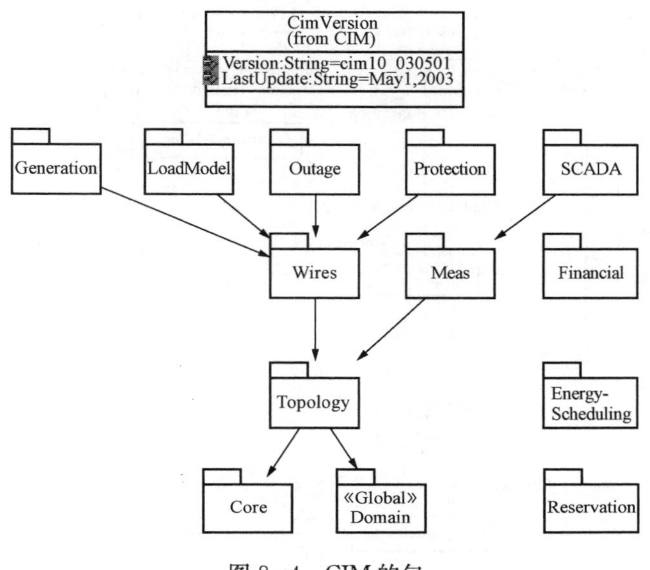

图 8-4　CIM 的包

（二）Core 包

Core 包包含所有应用共享的核心命名（Naming）、电力系统资源（Power System Resource）、设备容器（Equipment Container）和导电设备（Conducting Equipment）实体，以及这些实体的常见的组合。并不是所有的应用都需要所有的 Core 实体。Core 包不依赖于任何其他的包，而其他包中的大部分都具有依赖于本包的关联和普遍化。

图 8-5 描述了 CIM 中建立设备容器模型的概念。设备容器描述了一种组织和命名设备的方法，典型的如变电站。容器为 CIM 的特定应用提供了一些灵活性，以便适应不同的国际惯例和差异，典型的如输电变电站和配电变电站之间的差异。每个容器代表其他容器和（或）设备对象的聚集。

（三）Topo 包

Topo 包是 Core 包的扩展，它与 Terminal 类一起建立连接性（Connectivity）的模型，而连接性是设备怎样连接在一起的物理定义。另外，它还建立了拓扑（Topology）模型，拓扑是设备怎样通过闭合开关连接在一起的逻辑定义。拓扑定义与其他的电气特性无关。

图 8-6 显示了 Topology 的类图，它建立了不同类型的 ConductingEquipment 之间的连接模型。图 8-6 中还包括了与量测有关的 Meas 包类图的一部分，用来说明量测怎样与导电设备相关联。

为了建立连接关系模型，定义了 Terminal 和 Connectivity 类。一个 Terminal 属于一个 Conducting Equipment，但 Conducting Equipment 可能有任意数目的 Terminals。每个 Terminal 可以连接于一个 Connectivity Node，Connectivity Node 是导电设备的端点通过零阻抗连接在一起的点。一个 Connectivity Node 可以有任何数目的连接端点，而且可以是一个

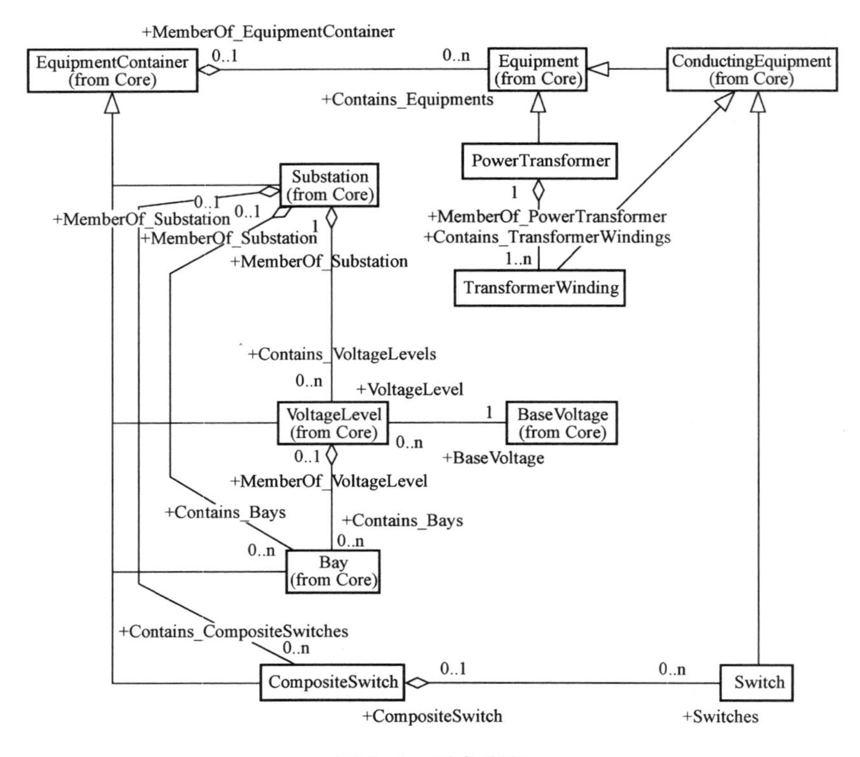

图 8-5　设备容器

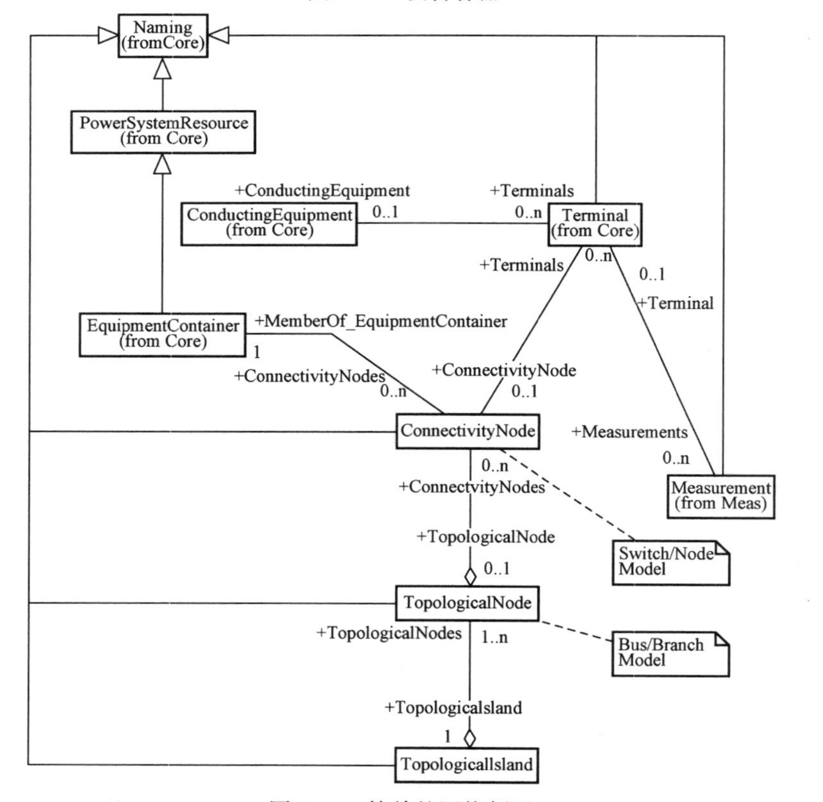

图 8-6　简单的网络例子

Topological Node（即母线）的一个成员，而一个 Topological Node 又是一个 Topological Island 的成员。Topological Node 和 Topological Island 是由拓扑处理结果建立的，拓扑处理是根据“已建立”的拓扑关系和实际的开关位置进行的。

关联 ConductingEquipment - Terminal 和 Terminal - ConnectivityNode 表达了实际电力系统网络已建立的拓扑关系。对于连接 ConnectivityNode 的每一个 Terminal，它与其他连接同一个 ConnectivityNode 的 Terminals 之间的关联确定了 ConductingEquipment 对象的电气连接关系。

为了阐述连接模型和包容模型是怎样表示成对象的，图 8 - 7 给出了一个小例子。这个例子表示了一条跨越两个变电站的 T 型连接的输电线路，其中一个变电站含有通过变压器连接的两个电压等级。输电线路包括两条不同的电缆。其中一个电压等级有一个母线段，该母线段包含一条单一母线和连接到该母线的两个非常简单的开关间隔设备。

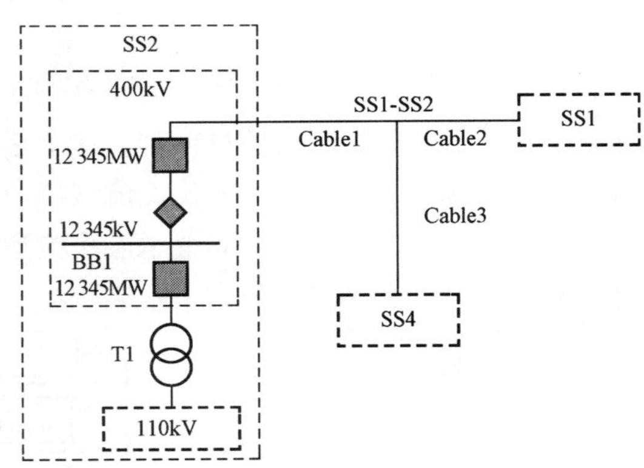

图 8 - 7　连接模型

图 8 - 8 显示了在 CIM 中怎样建立连接关系模型，以及在拓扑图中建立包容关系模型的一种方法。阴影框代表 Equipment Containers，白框代表 Conducting Equipment。黑色阴影表示 Equipment Container 在包容层次结构中处于较高层（Substation 在最上层，接下来是 Voltage Level）。白圈表示 Connectivity Nodes，黑色的小圈表示 Terminals。一个 Terminal 属于一个 Conducting Equipment，一个 Connectivity Node 属于一个 Equipment Container。这就意味着 Conducting Equipment 之间的边界（接触点）是它们通过 Connectivity Nodes 相互连接的 Terminals。

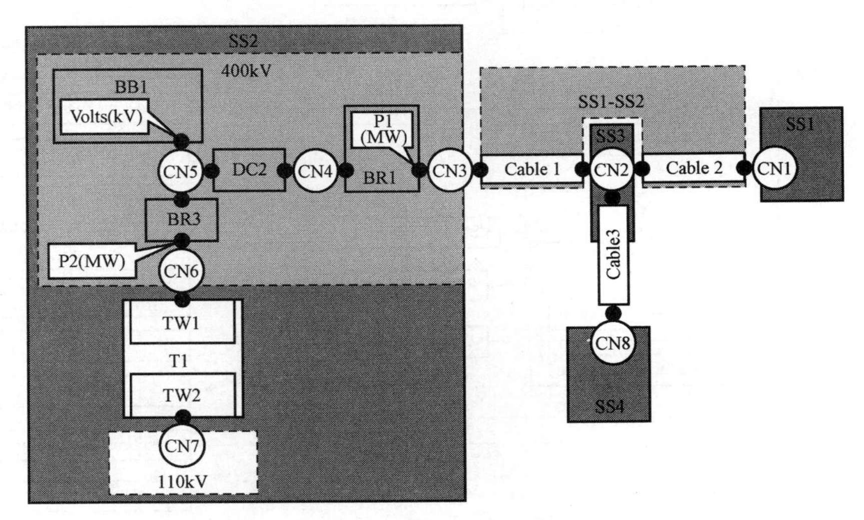

图 8 - 8　基于 CIM 拓扑的简单网络的连接模型

Line SS1-SS2 有两个 AC Line Segments——Cable1 和 Cable2。分离出的 Substation SS3

有 Connectivity Node CN2，它建立了 AC Line Segments 之间的连接点模型及到 Cable3 的 T 节点模型，Cables3 提供了 SS3 与 Substation SS4 的连接。每个 AC Line Segment 有两个 Terminals。Cable1 通过它的 Terminals 连接到 CN3 和 CN2 上。CN3 包含于 Voltage Level 400kV。Breaker BR1 有两个 Terminals，其中一个连接到 CN3。

Measurements 由矩形标注表示，其箭头指向 Terminal。P1 连接到属于 Breaker BR1 的右端 Terminal 上。注意 P1 画在了表示 BR1 的方块内，这是因为一个 Measurement 属于一个 Power System Resource（PSR），如本例子中的 BR1。P2 画在了 Voltage Level 400kV 内，说明它属于 400kV Voltage Level 而不属于 BR3。

（四）Wires 包

Wires 包是 Core 和 Topology 包的扩展，它建立了输电（Transmission）和配电（Distribution）网络电气特性的信息模型。这个包用于网络应用，例如状态估计（State Estimation）、潮流（Load Flow）及最优潮流（Optimal Power Flow）。

图 8-9 描述了 CIM 中建立继承层次模型的概况。此概况图被包含在 Wires 包的一张视图中，但它实际上跨越了 CIM 的大多数包。

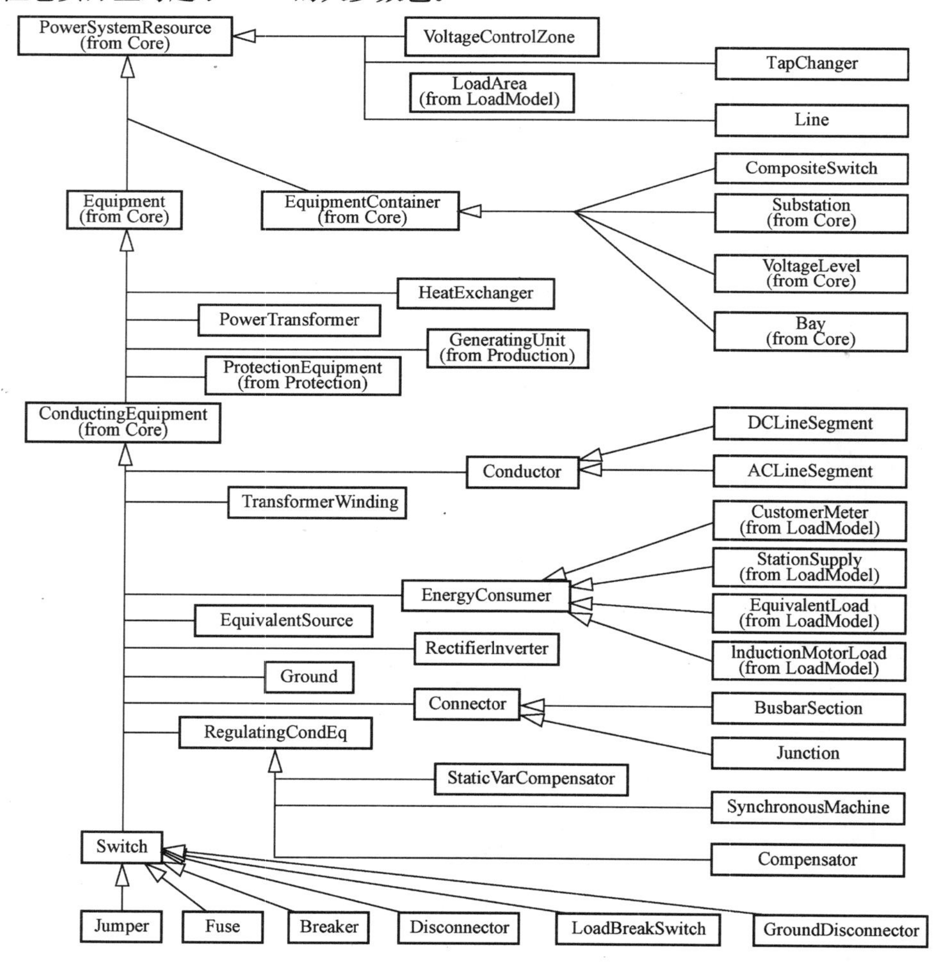

图 8-9 设备的继承层次模型

（五）Meas 包

Meas 包包含描述各应用之间交换的动态测量数据的实体。一个 Power System Resource（PSR）可以有 0 个到多个量测与之相关联，可以直接包含一个量测或通过一个端点与量测相关联。一个量测可以有一个或多个量测值。遵循下面的指导原则可以使应用软件通过统一的方法寻找到需要的量测值。

（1）一个 Power System Resource 的 Measurements 通过 Measurement Type 来分类。

（2）一个 Measurement 的 Measurement Values 通过 Measurement Value Source 来分类。

Measurements 可以通过两种方式附着到设备上。

（1）包含于一个 PowerSystemResource；

（2）通过 ConductingEquipment 的一个 Terminal。

第一种方式用于与连接性无关的 Measurements，如温度、质量、大小等。

第二种方式用于与连接性相关的 Measurements，如功率潮流、电压、电流。电压没有方向，因此可以附加在相关传感器的任何合适的位置上。功率潮流有方向，因此必须附着到潮流方向明显的位置上。图 8-11 给出了 Measurements 附着位置的两个例子。

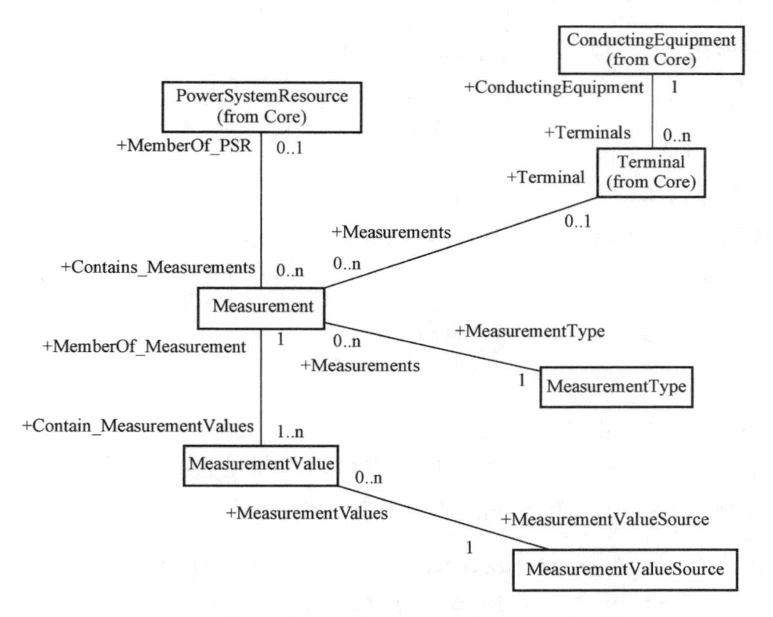

图 8-10　从 PSR 到 MeasurementValue 的导航

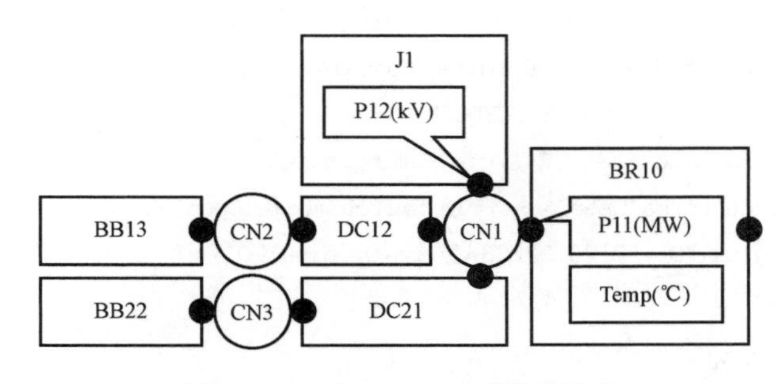

图 8-11　Measurements 附着位置

P12 是电压 Measurement，测量 Junction J1 的电压。P12 在拓扑上通过 Junction J1 中的 Terminal 与 Connectivity Node CN1 相关联。P11 Measurement 测量流过 Breaker BR10 与 Connectivity Node CN1 连接侧的功率。P11 在拓扑上通过 Breaker BR10 的左侧 Terminal 与 Connectivity Node CN1 相关联。Temp 是测量 Breaker 温度的 Measurement。因为温度与连接无关，所以它与 Terminal 没有关联，只属于 Breaker BR10。

二、CIM XML 语法介绍

XML（Extensible Markup Language）为可扩展的标记语言，是一套定义语义标记的规则，这些标记将文档分成许多部件并对这些部件加以标识。与 HTML 相比，XML 具有良好的可扩展性，允许各个不同的行业根据自己独特的需要制定自己的一套标记。CIM XML 可用于对电力系统 CIM 模型进行规范描述，便于不同系统之间信息的传输。

（一）XML 基本语法

XML 是区分大小写的；所有元素的起始和结束标注必须成对出现，且要正确嵌套。

如果是 XML 说明，则它必须是 XML 文档的第一行：

```
<? xml version = "1.0"? >
```

元素属性必须用引号引起来，单、双引号都可以。如：

```
<basic attr = "1.0">
</basic>
```

（二）CIM 字符版本

CIM 字符版本主要有两种：一种是 UTF-8；一种是 GB2312。一般来说在国内最好使用 GB2312。

```
<? xml version = "1.0" encoding = "GB2312"? >
<? xml version = "1.0" encoding = "UTF - 8"? >
```

（三）CIM 命名空间和扩展

CIM 的命名空间必须从 CIM 开始，但是也可以在其中进行扩展，扩展的部分必须用自己的名空间来说明，可以有几个不同的名空间在一个 XML 文件中存在，以下是一个例子：

```
xmlns:bpa = "http://www.bpa.gov/schema/cim_extension/2001may"
<cim:Breaker rdf:ID = "_85A9DE42EDBF4431">
    <cim:ConductingEquipment.Terminals rdf:resource = "#_483407031CED565D" />
    <cim:ConductingEquipment.Terminals rdf:resource = "#_9CF2C03A3FB3573D" />
    <cim:Equipment.MemberOf_EquipmentContainer
  rdf:resource = "#_4C139D7B27FC3D60" />
    <cim:Naming.name>135137</cim:Naming.name>
    <cim:Switch.normalOpen>0</cim:Switch.normalOpen>
    <bpa:OriginalPO>PO123123123</bpa:OriginalPO>
</cim:Breaker>
```

三、CIM E 语法介绍

IEC 61970-555-CIM/E 是一种简单高效的电网通用模型描述规范，以文本方式对大型电

网模型进行描述和交换。CIM/E标准克服了原有CIM/XML标准描述效率低，只能应用于离线交换的缺陷，可实现控制中心之间电网模型和图形在线实时交换。该标准为我国自主制定的智能电网调度标准，并被IEC TC57采纳。

（一）基本格式

```
<! 系统名称 类个数 对象个数 版本号 ! >
<类名::实体名 标记属性1=属性值1…>
//注释行:对该实体的说明信息
@@属性名  属性值
#属性1  值1
#属性2  值2
#…………
</类名::实体名>
```

（二）注释引导符

用双斜杠“//”表示，表明此行为注释行或说明行。注释可以独立一行也允许在行的后部。

（三）声明行引导符

左尖括号和叹号并列“<!”引导一个系统说明行，行结束符为“! >”。说明文件类型（采用的规范类型或表的类型）、文件中类的个数（表数）、对象的个数（记录总数）以及采用规范的版本。格式如下：

```
<! E=mySystem  class# =3  object# =35  version=1.000000 ! >
```

（四）基本分割符

各种类型的行中各项内容以一个或连续多个空格或制表符（Tab）分隔。如果字符串数据中含有空格或制表字符，则需在字符串数据前后加单引号（'）或双引号（"）。

（五）类或实体起始符

用尖括号“<……>”表示，表明此行为类和实体的起始。左括号后紧跟类和实体名。

如果是实体起始符，类名与实体名之间用双冒号“::”连接。如“<测点曲线数据::上网发电量>”，其中“测点曲线数据”指明了数据块内的数据对象类型，“上网发电量”表示本数据块内数据的具体含义。实体名称之后可跟若干个标记属性及其值，标记属性与名称之间用等号“=”相连。如：采集时间=200506162300，表示数据的时标为2005年6月16日23时0分。

如果是类的起始，格式如下：

```
<class_name cid= =class_id object# =objects_number from: =from_class to* =to_class type%
=default_type>
```

（六）类或实体结束符

用尖括号内加单斜杠“</……>”表示，表明该行是类或实体数据块的结束。

类中如果只包含一个对象可以用一行来描述，采用如下格式：

```
<class_name @ col1_name%type=col_val col2_name%type=col2_val ....../>
```

（七）类型引导符

用百分号“%”表示，引导一个类型或类型列表，类型可以独立一行也可以在属性列表的每一个属性之后。

（八）属性引导符

属性引导符有三种：

(1) 双地址符“@@”出现在实体中，表示描述方式为每个属性占一行，属性名和值各占一列。

(2) 单地址符“@”出现在类中，表示每个对象占一行，每个属性占一列。

(3) 单地址符和井号并列“@#”也出现在类中，标识每个属性占一行，每个对象占一列。

（九）数据引导符

属性列表的每一行都以数据引导符开始，用井号“#”表示，表明此行为数据。数据的表达方式取决于属性引导符。

四、公共图形交换标准（CGE）

公用图形交换标准（Common Graphics Exchange，CQE）采用现场的标准图形格式（如SVG）完成图形信息的交互，包含从图元到CIM对象的引用。

图8-12指出了顶层的图形对象数据模型，图形对象数据模型由图形（SvgDiagram）、图对象（CGOGraphicalObject）、成组（SvgGroup）、元数据（SvgMetaData）、图层（CGO-Layer）、图元（SvgSymbol）、基本图形（SvgBasicShape）组成。

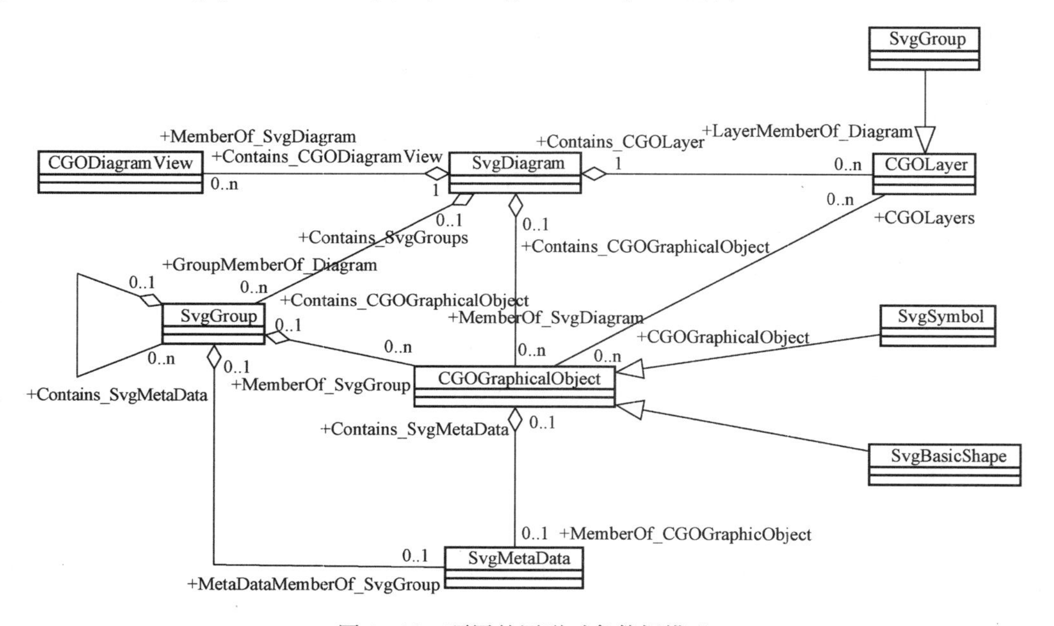

图8-12 顶层的图形对象数据模型

图8-13展示了Metadata的数据模型，以及对IEC 61970-301的PowerSystemResource和Measurement类的引用。图8-14显示了cge：MetaData的属性。表8-1描述了在不同的用例中如何使用这些属性。

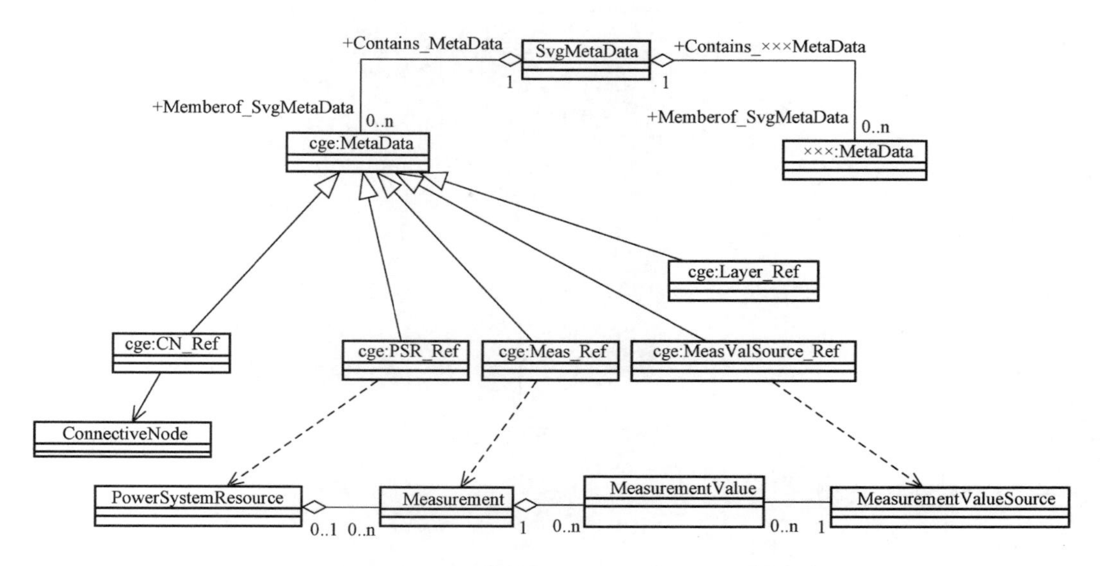

图 8-13　Metadata 模型和到 IEC 61970-301 类的引用

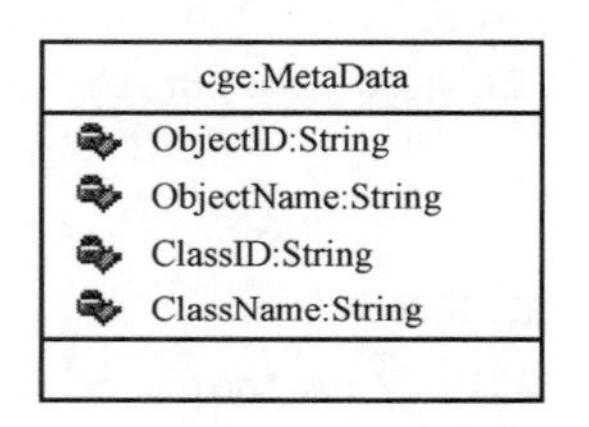

图 8-14　cge：Metadata 的属性

表 8-1　　**MetaData 的属性描述**

交换类型或引用用例	Metadata 元素	Metadata 属性			
		ObjectID	ObjectName	ClassID	ClassName
一圈或重复交换	PSR _ Ref Meas _ Ref	必须的（当地 ID 或符合 402 标准）	必须的（参照“电网运行数据交换规范”）	可选的	可选的
只显示量测数据	Meas _ Ref	必须的（当地 ID 或符合 402 标准）	可选的	n/a	n/a
测量值来源	MeasValSource _ Ref	n/a	测量值来源	n/a	n/a
层	Layer _ Ref	可选的层号	可选的层名	n/a	n/a
连接线带连接点	CN _ Ref	可选的（当地 ID 或符合 402 标准）	n/a	n/a	n/a
设备带连接点	CN _ Ref	可选的（当地 ID 或符合 402 标准）	n/a	n/a	n/a

第三节　CIM　实　例

本节以姆凤 4P80 线路开关间隔为例，说明 CIM XML 文档和 SVG 文档实例，如图 8-

15所示。

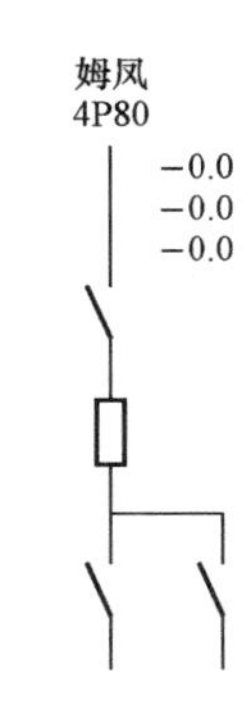

图8-15　SVG实例

一、CIM XML实例

变电站：

```
<cim:Substation rdf:ID="2000.210000067">
        <cim:Naming.description>河姆变</cim:Naming.description>
        <cim:Substation.MemberOf_SubControlArea rdf:resource="#2000.209000011"/>
</cim:Substation>
```

电压等级：

```
<cim:VoltageLevel rdf:ID="2000.211000087">
        <cim:Naming.description>220kV</cim:Naming.description>
        <cim:VoltageLevel.highVoltageLimit>242</cim:VoltageLevel.highVoltageLimit>
        <cim:VoltageLevel.lowVoltageLimit>210</cim:VoltageLevel.lowVoltageLimit>
        <cim:VoltageLevel.MemberOf_Substation rdf:resource="#2000.210000067"/>
        <cim:VoltageLevel.BaseVoltage rdf:resource="#2000.200000004"/>
</cim:VoltageLevel>
```

基准电压：

```
<cim:BaseVoltage rdf:ID="2000.200000004">
        <cim:BaseVoltage.nominalVoltage>230</cim:BaseVoltage.nominalVoltage>
        <cim:BaseVoltage.BasePower rdf:resource="#2000.353000001"/>
</cim:BaseVoltage>
```

断路器：

```
<cim:Breaker rdf:ID="2000.220001227">
        <cim:Naming.description>姆凤4P80线线路开关</cim:Naming.description>
        <cim:Equipment.MemberOf_EquipmentContainer rdf:resource="#2000.211000087"/>
        <cim:ConductingEquipment.BaseVoltage rdf:resource="#2000.200000004"/>
        <cim:Switch.normalOpen>false</cim:Switch.normalOpen>
        <cim:Switch.switchOnCount>27</cim:Switch.switchOnCount>
        <cim:Breaker.ampRating>50</cim:Breaker.ampRating>
</cim:Breaker>
```

端点：

```
<cim:Terminal rdf:ID="2000.205002313">
```

```
        <cim:Naming.description>姆凤4P80线线路开关_T1</cim:Naming.description>
        <cim:Terminal.ConductingEquipment rdf:resource="#2000.220001227"/>
        <cim:Terminal.ConnectivityNode rdf:resource="#2000.67004036000"/>
</cim:Terminal>
<cim:Terminal rdf:ID="2000.205002314">
        <cim:Naming.description>姆凤4P80线线路开关_T2</cim:Naming.description>
        <cim:Terminal.ConductingEquipment rdf:resource="#2000.220001227"/>
        <cim:Terminal.ConnectivityNode rdf:resource="#2000.67004035000"/>
</cim:Terminal>
```

连接点：

```
<cim:ConnectivityNode rdf:ID="2000.67004035000">
        <cim:Naming.description>ND 67004035</cim:Naming.description>
        <cim:ConnectivityNode.MemberOf_EquipmentContainer rdf:resource="#2000.210000067"/>
</cim:ConnectivityNode>
```

量测：

```
<cim:Measurement rdf:ID="2000.2200012270020">
        <cim:Measurement.positiveFlowIn>true</cim:Measurement.positiveFlowIn>
        <cim:Measurement.maxValue>0</cim:Measurement.maxValue>
        <cim:Measurement.minValue>0</cim:Measurement.minValue>
        <cim:Measurement.normalValue>0</cim:Measurement.normalValue>
        <cim:Measurement.MeasurementType rdf:resource="#2000.372000022"/>
        <cim:Measurement.Terminal rdf:resource="#2000.205002313"/>
        <cim:Measurement.MemberOf_PSR rdf:resource="#2000.220001227"/>
</cim:Measurement>
```

测量值

```
<cim:MeasurementValue rdf:ID="2000.373024686">
        <cim:MeasurementValue.value>1</cim:MeasurementValue.value>
        <cim:MeasurementValue.MemberOf_Measurement rdf:resource="#2000.2210032680020"/>
</cim:MeasurementValue>
```

二、SVG 实例

断路器位置描述：

```
  <g id="100000551">
  <use x="1013" y="295" width="32" height="38" transform="rotate(0,1013,295)scale(1,1)
translate(-10,-16)" xlink:href="#Breaker:zj_断路器_0" class="kvBV-220"/>
  <metadata>
  <cge:PSR_Ref ObjectID="220001227" Plane="0"/>
  <cge:Meas_Ref ObjectID="2200012270020"/>
  </metadata>
</g>
```

断路器图元描述：

```
<symbol id="Breaker:zj_断路器_0" viewBox="0,0,32,38" >
<use x="10" y="27" xlink:href="#terminal" Plane="0"/>
```

```
<use x = "10" y = "5" xlink:href = "#terminal" Plane = "0"/>
<rect x = "4" y = "5" width = "11" height = "22" transform = "rotate(0,9,16)" stroke - width = "1" />
</symbol>
```

电压等级描述：

```
.kvBV - 220{stroke:rgb(186,186,186);fill:none}
```

第四节　IEC 61970 与 IEC 61968、IEC 61850 关系

一、信息整合标准概述

随着电力体制改革的不断推广和区域联网的不断加强，不同电网间的数据之间的可互访、可操作性的要求日益增强，如果整个互联电力系统之间的通信没有一个统一的通信规约，就不可能在一个 IT 构架基础之上，有效地选择不同的自动化设备、远动系统及数据采集装置等供货商。因此，IEC TC57 制定了统一的通信系统体系，来构成电力系统的无缝通信系统体系，使得电力系统运营商和供货厂商都可以从这些标准中获益。图 8 - 16 描述了 TC57 整体的无缝通信系统体系，从现场设备到远动通信介质服务再到前置和后台应用，TC57 工作组实现了信息的从现场到后台再到其他系统的一个全过程信息集成。

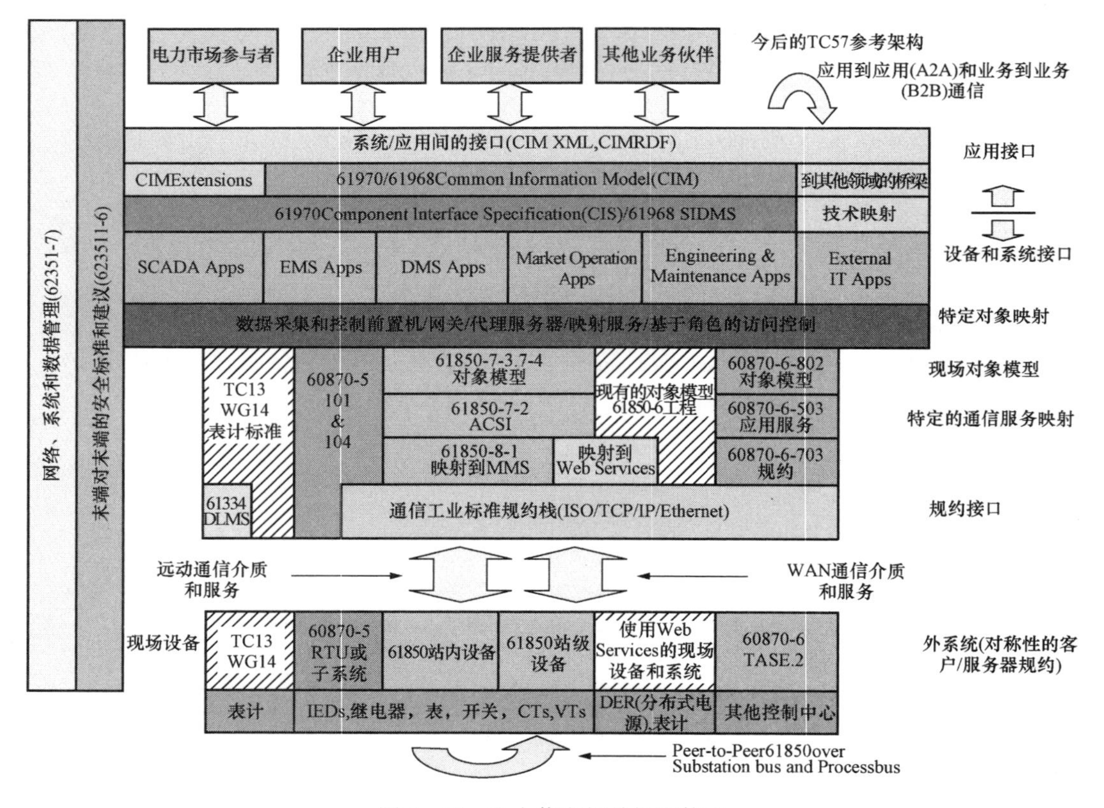

图 8 - 16　电力信息相关标准体系

二、IEC 61850 与 IEC 61970 关系

IEC TC 57 工作组于 20 世纪 90 年代末接手了美国 EPRI 所提出的 UCA 构架，制定了

系列的通信规约，几乎涉及了电力系统数据通信的所有领域，具体包括 IED 与电力元件、子站与控制主站、控制主站与控制主站之间通信等，且可以通过该规约形成电力系统无缝通信系统，而不需要增添通信网关设备，使得整个数据通信系统获得更好的实时性、可操作性和扩展性。该规约就是 IEC 61850。

IEC 61850 和 IEC 61970 的融合主要表现在两个方面，一个是模型的融合，还有一个就是实时数据的融合。模型的融合是一个历史的原因，因为 IEC 61850 的提出是基于数据模型的，而 IEC 61970 的提出是基于对象模型的，所以两个标准之间存在着一定的差异。因此，TC57 的 WG19 小组做了大量的工作，通过一些类的建立拉近了这两个标准之间的距离，图 8-17 中的灰色部分即是针对 IEC 61850 所扩展的模型。

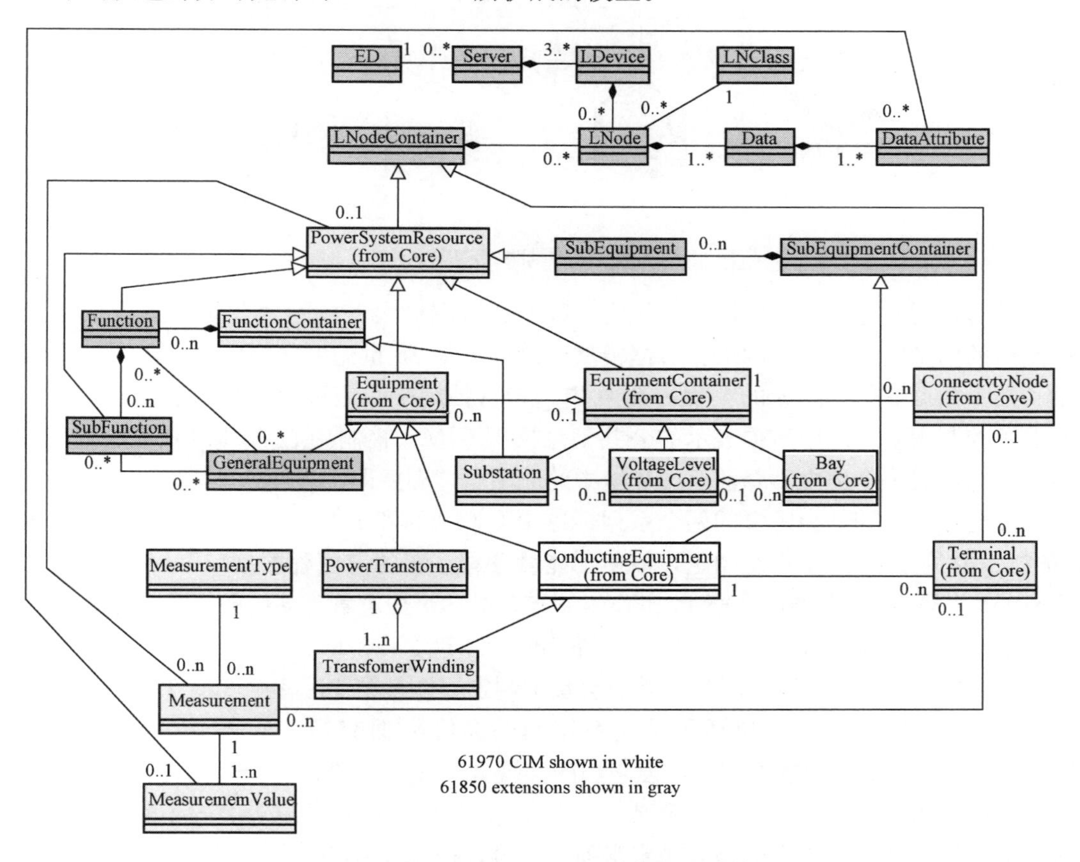

图 8-17　CIM 与 IEC 61850 模型的映射

图 8-18 所示为 IEC 61850 与 IEC 61970 融合方案的网络结构图，变电站 IEC 61850 网络为已有网络，综合信息平台 IEC 61970 网络为需要建设的网络，其中与变电站 IEC 61850 网络有两个通信通道，一个是模型映射通道，通过建立 OWL 的映射文件来实现 IEC 61850 的 SCL 和 CIM 文件的映射；还有一个通信通道为实时数据的通信通道，模型服务器将 SCL 中配置的数据配置下发给前置接收站，前置接收站根据该配置来连接 IEC 61850 服务，侦听 IEC 61850 服务，来采集实时数据。历史数据的存储通过数据库来完成。

三、IEC 61970 与 IEC 61968 关系

为了能使电力企业应用系统之间的交互正确无误，各个应用系统需要对所交换的信息有

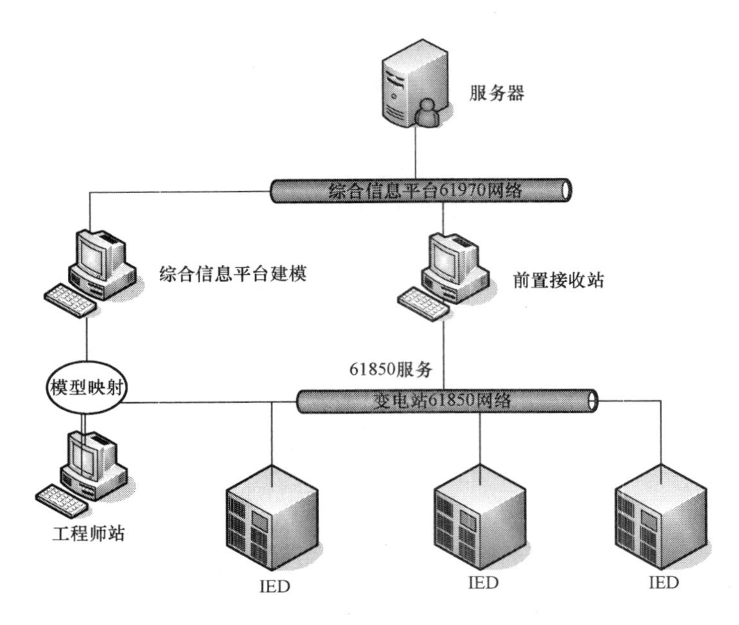

图 8-18 网络结构图

一致的理解，同时为了防止阶段性的集成工程变成范围稍大一些的“自动化孤岛”，电力企业范围内的信息应采用统一的语义数据模型。因此，从 20 世纪 90 年代初开始，美国 EPRI 启动了几个数据通信与集成的工程，其中 CCAPI（控制中心应用程序接口）工作小组研究并开发了控制中心应用中数据表示的公共信息模型 CIM、控制中心 API 以及应用之间的信息传递，以建立一个使电力企业运行环境中的应用可“即插即用”的框架。

国际电工技术委员会定义的两个系列标准 IEC 61968 和 IEC 61970，其中 IEC 61970 由第 57 技术委员会第 13 工作组制定，描述了能量管理系统的应用程序接口（EMS-API）；而 IEC 61968 由第 57 技术委员会第 14 工作组制定，描述了配电管理系统的接口参考模型（Interface Reference Model，IRM）。两个系列标准共同定义了 CIM。

CIM 系列标准由 IEC 第 57 技术委员会负责制定，涉及第 13、14、16、19 等工作组。

IEC 61970 的集成场景包括了独立系统间的在线数据交换。虽然 IEC 61968 和 IEC 61970 都能解决系统间的数据交换，但它们的实现方式是有差别的。IEC 61970 定义了 CIM 解决了标准信息交换的语义问题，定义了 CIS 解决了标准信息交换的语法问题。IEC 61968 通过定义应用间交换的消息类型来规定交换的内容，但 IEC 61968 假设其定义的标准信息能在定义于 IEC 61970 标准的 API 上传输。IEC 61968 定义了与配网有关的业务系统之间信息交换的标准，类似于 IEC 61970，但是没有试图定义应用程序接口（即组件实现的服务）。

第九章

能量管理系统平台

【内容概述】 本章介绍能量管理系统（Energy Management System，EMS）的架构，重点阐述EMS支持软件平台、EMS系统的硬件构成、数据采集和监控系统（Supervisory Control And Data Acquisition，SCADA）的各个基本功能模块。

EMS是计算机技术、远动技术、控制技术、网络技术、信息通信技术在电力系统中的综合应用，它是电网调度自动化系统的神经中枢，而支持软件平台又是EMS的基础，它向系统的各种应用提供全方位的服务，比如系统的管理环境、运行环境和开发环境（包括一系列的开发工具），支持软件平台可细分为集成总线、数据总线和公共服务三大层。应用软件是在支持软件平台的基础上实现应用功能的程序，EMS的主要应用软件有SCADA、PAS、AGC、AVC和DTS等。

第一节 EMS 系统构架

从系统运行的体系结构上看，EMS由硬件层、操作系统层、支撑软件平台层、应用层四个层次组成。其中，硬件层包括各种硬件设备，操作系统层主要包括目前主流的Unix、Linux和Windows操作系统。系统的支撑软件平台层在整个体系结构中处于核心地位，其设计的合理性将直接关系到整个系统的结构、开放性和集成能力。支撑平台层又可归纳为集成总线层、数据总线层、公共服务层三层。集成总线层提供各公共服务元素、各应用系统以及与第三方软件之间规范化的交互机制；数据总线层为它们提供适当的数据访问服务；公共服务层为各应用系统实现其应用功能提供各种服务，比如图形界面、报表工具、权限管理、告警服务等。EMS软件体系结构示意图如图9-1所示。

应用系统层包括EMS、DMS、WAMS等，它们在集成总线、数据总线、公共服务的共同支撑下完成各自的应用功能，并有机地集成为一个一体化的大型系统。

SCADA系统是EMS系统一个最基本的子系统，实现对电力系统实时数据的采集和监控，并为其他应用提供全方位、高可靠性的数据服务，是EMS其他应用的数据基础。SCADA系统主要实现数据采集与处理、操作与控制、事件顺序记录、事故追忆及事故反演、告警处理、程序化操作、拓扑五防及报表打印等功能。

一、EMS支持软件平台

EMS支持软件平台与应用之间有着清晰的层次关系，应用位于上层，平台位于下层，平台为应用的功能实现提供从底层通信到上层界面的通用服务。支持平台不仅起着整个调度

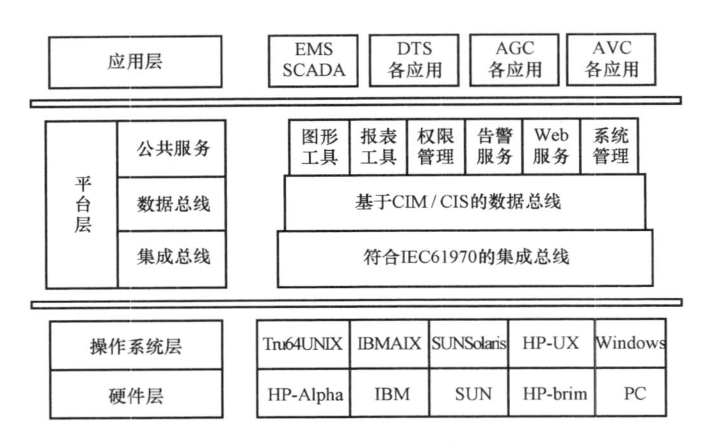

图 9 - 1　EMS 软件体系结构示意图

不同系统间“桥梁”和“纽带”的作用，还是整个调度自动化系统的信息发布平台和数据仓库，能为各应用系统提供其所需的各种电网模型、参数和数据服务。EMS、DMS、电力市场等系统相互之间不再直接连接和交换数据，而是通过公共信息平台提供的标准接口进行数据访问。

（一）集成总线层

集成总线层遵循 IEC 61970、IEC 61968 等开放性的国际标准，提供各个公共服务元素、各应用系统及第三方软件之间规范化的交互机制，是系统内部及与第三方软件之间的集成基础。

集成总线层遵循 IEC 61970 的组件化原则，采用分布式的面向对象技术设计。以 CORBA 为代表的分布对象计算技术，允许对象分布于异构计算的网络环境之中，对象之间相互协作而形成一个有机的整体。考虑到 CORBA 技术具有支持异构系统、支持各种编程语言和集成遗留系统等特点，因而将其作为集成总线层的核心，从而实现集成总线与编程语言、软硬件平台无关，其位置透明，便于修改、维护、移植等。集成总线层可支持不同粒度大小的组件，可以是很大的组件，比如整个系统；可以是中等大小的组件，比如一个应用功能；也可以是很小的一个组件，比如一个服务元素。因此，集成总线既可以实现与第三方独立系统的集成，也可将第三方应用集成到本系统内，同时作用于系统中各内部组件的集成，最终将各种组件有机的、无缝的集成到一起构成整个系统。

集成总线层起到了关键的黏合剂作用，既提供了系统内部各公共服务元素与各应用系统之间规范化的交互机制，又提供第三方软件紧密集成到本系统内的有效标准，同时也提供了系统本身与第三方独立系统之间规范化集成的合理途径。

（二）数据总线层

数据总线层由实时数据库管理系统、商用数据库管理系统和相应的数据访问中间件等构成，为应用软件的数据存储和数据访问提供支撑。

数据库管理系统是管理数据库的软件，它负责数据的存储、恢复和访问，负责数据的完整性、安全性和并发性。实时数据库不仅要能处理永久、稳定的数据，维护数据的完整性和一致性，而且要充分考虑动态数据及其处理上的时间限制，保证数据访问的并发性和高效性，为各个应用功能提供每秒超过百万次级的快速数据访问，以满足系统实时数据处理与计算的需求，达到实时响应。实时数据库是 EMS 各模块间进行数据共享和交换的核心场所，一般采用共享内存或文件镜像机制方式实现数据共享。在关系数据库中存放非实时数据，提供历史数据服务，历史数据服务不仅向 SCADA 提供遥信、遥测采样数据的存、取服务，也向其他各个应用模块提供历史数据的读、写功能，也就是说可以存入历史数据库的数据范围不仅包括 SCADA 应用的信息，还包括 PAS、AVC 等应用需要存入历史数据库的信息，比如各种考核指标等。历史数据库采用商用数据库，其存储具有可靠性高、容量大、安全性好、接口标准等特点，在计算机数据库技术高度发展的今天，随着应用的不断深入，历史数据库的管理已经成为当今调度自动化系统中一个越来越重要的组成部分。数据总线的结构示意图如图 9-2 所示。

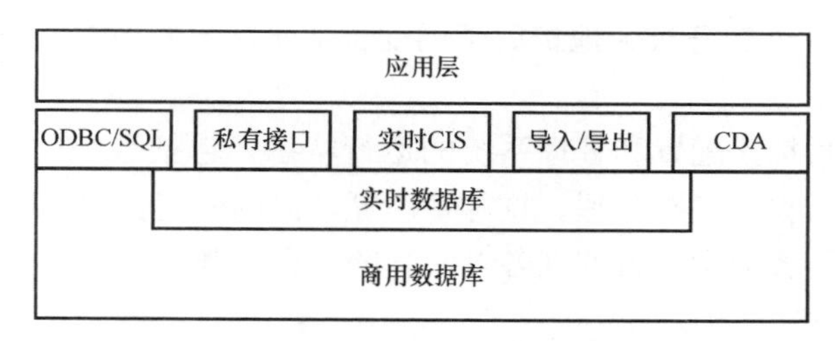

图 9-2　数据总线结构示意图

图 9-2 中，CDA（Common Data Access）是一种非实时的 CIS（Component Interface Specification）接口，用于对 CIM（Common Information Model）的非实时访问和偶然数据的访问；导入/导出的接口直接面向 CIM 结构，实现整个系统网络模型的导入/导出，比如以 CIM/XML 的格式进行系统互操作；实时 CIS 按照 IEC 61970 中组件接口规范框架来实现。

（三）公共服务层

公共服务层是为应用软件提供显示、管理等服务的工具，公共服务偏向于通用的工具，而应用软件则是偏向于解决业务领域的问题。公共服务包括图模库一体化的图形工具、报表工具、权限管理、告警服务、Web 服务和系统管理等，下面列举几个方面阐述。

1. 图形工具

图形工具从最初的显示和人机交互阶段，发展成为现在的智能化、开放化的图模一体化模式，利用图形生成设备模型和拓扑结构，作图的同时可在图形上录入数据库，使得图形上的设备和数据库模型能够一一对应，实现数据的可视化维护，快速生成系统。利用图模库一体化技术可以根据接线图上的连接关系自动形成整个电网的网络拓扑关系，大大简化 EMS 的维护工作，保证维护的正确性，减少人为错误，保证图形、模型、数据库的一致，缩短建模和建库时间。

2. 报表工具

报表工具是为各应用提供制作各种形式统计报表的工具，有丰富的编辑手段，可生成各种图文并茂的图形报表，报表工具可统计、归类各种数据和信息，数据性质既可以是实时数据，也可以是历史数据、统计数据和计算数据，数据来源可以是来自 SCADA 的数据，也可以是来自 PAS、DTS 等各应用的数据。报表工具可生成变电站运行日报、负荷率月报、电量考核日报、EMS 软件考核指标统计报表等报表，并能打印和自动在网上发布。

3. 告警服务

最常见的报警或事件通常是由于电网的异常状态、电网运行考核需要监视的数据异常、软硬件系统的异常情况等引起的，比如电网事故引起的状态量变化、量测越限、软硬件系统设备故障等。不仅 SCADA 应用会产生报警或事件，PAS、AGC、AVC 等应用也会产生报警或事件，比如潮流计算不收敛、AVC 遥控不成功等，所以需要由平台提供的告警服务统一处理各种报警和事件。

4. Web 服务

Web 服务采用基于 .NET、J2EE 等动态网页先进技术的浏览器功能，实现对 SCADA 和 PAS 等功能各种画面、实时数据和历史信息的 Web 网上发布，并可以通过报表和厂站主接线图等形式查询。Web 服务极大地扩展了调度自动化系统的功能和应用范围。

5. 系统管理

系统管理的主要目标是配置和管理系统的运行状态，包括系统的进程管理、资源管理、冗余配置管理、运行监视、参数管理、日志管理等，提供一整套的管理服务协助各应用系统的功能实现，而不需要各应用自行实现各自一套的管理机制。

二、EMS 硬件构成

EMS 硬件结构和配置随着计算机技术的快速发展而迅速变革，从早期的集中式系统演变为现在的分布式系统，本节主要介绍目前应用较为广泛的分布式系统。分布式结构通过网络将 EMS 各服务器和工作站等设备连接在一起，实现数据的采集、监控和共享。系统主网采用高速负载平衡的双以太网，整个硬件系统由 SCADA 服务器、商用数据库服务器、前置数据采集子系统、工作站子系统、局域网子系统、PAS 服务器、AVC 服务器、DTS 服务器和 Web 服务器等组成，如图 9－3 所示。

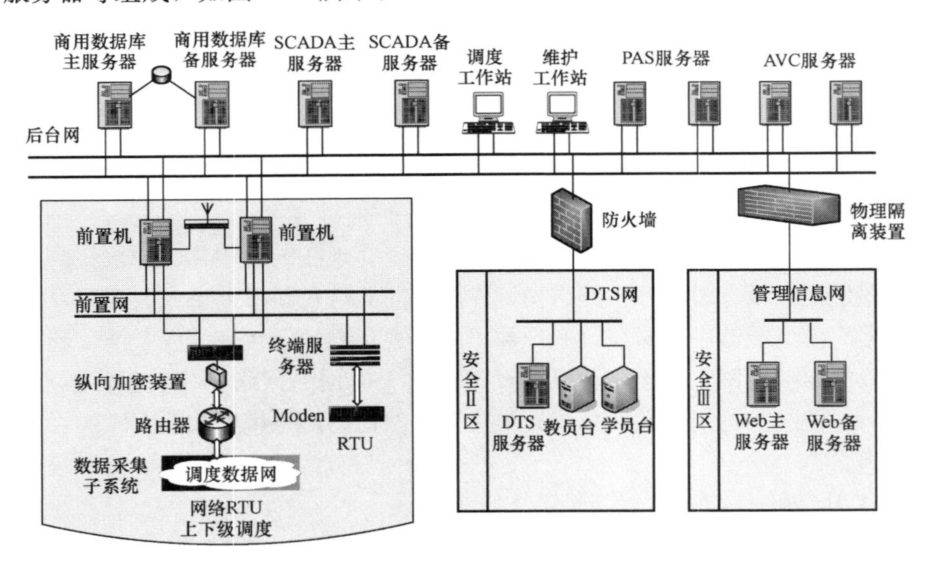

图 9－3　典型配置硬件结构示意图

（一）局域网子系统

局域网子系统作为 EMS 集成的基础，连接服务器和工作站。局域网子系统包括前置采

集网（双网）和后台网（双网）。系统采用冗余的双交换式局域网，构成功能分布的开放式系统，该网络结构的设计使得系统无论是后台主干网或前置采集网出现单网故障，还是网上节点内的单点网络故障，都不影响系统功能。

在图9-3所示的典型配置硬件结构示意图中，EMS安全Ⅰ区的局域网分为后台主干网和前置网，安全Ⅱ区是DTS网，安全Ⅲ区是管理信息网。后台主干网一般采用100Mbit/s或1000Mbit/s的双以太网网络结构，前置服务器、SCADA服务器、商用数据库服务器、PAS服务器、AVC服务器、维护工作站、监控工作站、调度工作站、大屏幕都直接接入后台双网；前置服务器分别接入后台网和前置网，实时数据采集终端服务器接入前置双网；DTS服务器、DTS教员台和学员台接入DTS网；WEB服务器接入管理信息网。

（二）数据库服务器

数据库服务器一般安装关系型大型商用数据库，如Oracle、Sybase、DB2、Informix、SQL Server，用于存储历史数据、电网模型数据和管理数据。因存储数据量非常庞大，且实时性要求高，要求数据库服务器数据吞吐能力极强，硬盘容量大，可以存储海量数据。

数据库服务器一般配置两台高档服务器，对于大型系统采用计算机集群和磁盘阵列存储技术，实现热插拨功能和多机的热备用。

（三）SCADA服务器

SCADA服务器是SCADA系统的处理核心，实时接收前置服务器上传的电力系统运行数据，通过对内存缓冲区中实时数据的处理，实现SCADA各模块的后台处理功能。SCADA服务器对计算机的计算能力要求较高，要求系统7×24h不间断运行，对于大型系统采用计算机集群，以提高系统的响应速度和处理能力。

系统原始的数据模型存于商用数据库服务器，SCADA服务器实时库中的数据从商用库中下装，下装后即可为其他客户端提供数据访问服务。实时数据库实体仅在SCADA服务端分布，客户端没有实时库；实时数据库采用磁盘文件映射的内存管理机制实现，并支持多应用。数据库提供各种访问接口，包括本地接口与网络接口。

SCADA服务器一般配置主、备两台或多台中高档Unix服务器，系统可实现服务器之间的高效切换。SCADA服务器和商用数据库服务器可单独设置，也可以合二为一。它们共同的特点是要求大容量、高吞吐速率、可靠性高、不间断运行。

（四）数据采集子系统

数据采集子系统是SCADA系统中实时数据的采集中心，也是信息智能分配网络传输的核心。远方数据信号通过专线通道或网络通道输送到终端服务器或路由器，此时的数据信号没有经过处理，称为生数据，经过前置服务器处理后成为熟数据，将熟数据送入SCADA服务器，形成系统数据。

数据采集子系统也是整个SCADA系统与外部进行实时信息交换的桥梁和中心。实时数据既可以从RTU通道获得，也可通过与SCADA系统相连的其他系统获得。数据采集子系统支持专线通信、网络通信等多种接口方式，兼收并蓄。系统采集和处理采用不同通信协议的各类远动终端设备的数据、通过远方计算机通信的数据和外部系统转发的数据，并自动记录数据传输中出现的错误并统计误码率。同时，向各厂站RTU发送控制命令，向外部互联系统转发各种数据信息。

数据采集子系统由前置服务器、终端服务器、通道板（MODEM）等组成。

系统可以配置一台或多台前置服务器，目前较普遍的是配置两台或四台，一般采用中、高档 Unix 服务器。串行通道的收发与网络通道的收发由前置服务器统一处理，不需另外配置服务器，系统一般允许每个厂站接收 2～4 个通道，全部通过软件切换选出一个值班通道。系统考虑负载均衡，多个通道可以运行在一台前置机也可以在多台前置机器上。

终端服务器又叫串口通信服务器，是一种将多串口信号转换为网络信号的接口转换装置。一台终端服务器一般配置 16 个串口，每个串口参数可通过装置面板或装置 IP 地址进行管理，串口通信速率、校验方式等参数设置必须与变电站 RTU 通信参数相一致才能建立正常通信。某些系统可通过前置管理软件直接配置终端服务器串口参数。前置服务器通过对终端服务器 IP 地址的不同端口访问建立与相应串口通信。为了提高系统可靠性，终端服务器可配置双网口，分别接入前置双网。

调制解调器（MODEM）负责将串口数字信号转换成模拟调制信号，实现与通信系统 PCM 专线通道接口。MODEM 插件除需配置串口通信参数外，还需配置中心频率、频偏、极性等模拟参数，与厂站端参数相匹配。为提高通信通道利用率，某些系统采用数据透传装置来取代 MODEM。数据透传装置是负责多路串口信号转换成 2M 信号的装置，将每一路串口与 2M 通道 E1 端口的某一时隙相对应，由通信系统实现时隙复用和交叉，建立与变电站 RTU 数字通信。

前置采集双网与系统后台双网网段分开。系统设计了两个独立的前置数据采集网段，同时前置服务器也连接至 SCADA 系统后台双网，使得系统中生数据和熟数据各行其道，互不干扰，大大增加系统的安全性，系统配置清晰，功能明确，容易维护。

近年来，SCADA 系统的前置运行方式有较大的变化：传统的前置子系统从最初的单设备运行（单前置服务器、单终端服务器、单通道板等）发展成为主备模式，进而演变为目前采用的“按口值班”运行方式，取消了传统意义上主备机的概念，其精髓是不再将各种设备简单地划分为主用和备用，摒弃设备的集中或成组冗余方案，将采集设备细化到设备内部的各个独立端口，根据各自的运行状态进行动态调整，让每一个设备都发挥作用并且被监视。通道也不是所有的主通道都值班、所有的备通道都备用，而是让通道运行情况较好的通道值班，另一个运行情况较差的通道作为备用，所有运行设备的值班和备用状态都可以是动态调整的，但也支持人工调整，具有负载均衡、系统资源充分利用、设备无扰动切换等优点。

（五）工作站子系统

工作站子系统主要实现人机交互，按功能和使用人员的不同可以分为：调度工作站、监控工作站、维护工作站等。SCADA 系统一般采用 C/S 结构，其主要任务都在服务器上处理，所以工作站的配置可以相对低一些。工作站一般配置 Unix 或 Linux 工作站，也可配置高档 PC 工作站，但从系统的可靠性、安全性和稳定性等因素考虑，建议选用 Unix 或 Linux 工作站。

（六）PAS 服务器

PAS 服务器是运行 EMS 系统高级应用软件的应用服务器，可与 SCADA 服务器共用，也可单独设置服务器，该服务器上主要运行网络拓扑、状态估计、调度员潮流、静态安全分析、短路电流计算、灵敏度分析等功能模块，硬件配置要求与 SCADA 服务器基本一致。

（七）AVC 服务器

AVC 服务器用于在线分析电网的电压无功运行状况，在此基础上给出相应的电压无功调整策略，使电网尽可能地保持在最优无功运行状态或附近，从而达到提高电压合格率、降低电网能量损耗的目的。服务器采用主流的小型机或 PC 架构的服务器，可采用 Unix、Linux、Windows 等多种操作系统。

（八）WEB 服务器

WEB 服务器是 SCADA 系统对外发布实时数据的画面、报表，以及提供外部用户查询历史数据的平台。按照《电力二次系统安全防护管理规定》要求，WEB 服务器位于安全区Ⅲ区，安全区Ⅰ区与安全区Ⅲ区之间配置正向与反向专用物理隔离装置，因而与Ⅰ区的 SCADA 主系统相对独立。WEB 服务器可配置 1～2 台，从系统安全的角度考虑，建议使用 Unix 或 Linux 服务器。

（九）DTS 系统

DTS 系统由一个或若干个教员台及若干学员台组成，用于反事故演习、电网调度员的培训和考核。在国调中心下发的《全国电力二次系统安全防护总体方案》中规定 DTS 系统位于二次系统的安全Ⅱ区，与安全Ⅰ区的 SCADA/EMS 通过防火墙隔离，独立组网。

三、系统数据流

系统数据流是指主站 SCADA 系统内数据库服务器、SCADA 服务器、前置服务器、终端服务器、采集 Moden 板等设备与厂站 RTU 之间的数据流向，数据流如图 9-4 所示。

系统数据流主要包含从厂站向主站传输的实时数据流和从主站下发的控制命令流。

从远方 RTU 采集的实时数据经过网络通道或传统的串行通道，输送到路由器或终端服务器，经过前置采集网发送到前置服务器，前置服务器处理后通过后台主干网网段的消息总线，被 SCADA 服务器接收并处理成系统实时数据，数据库服务器通过数据采样服务，保存成为历史数据，以上形成实时数据流。

控制命令流是从 SCADA 服务器下发控制命令，在后台网发出消息，前置服务器接收并处理后出口，经过前置采集网通过网络通道或串行通道传输至远方 RTU。

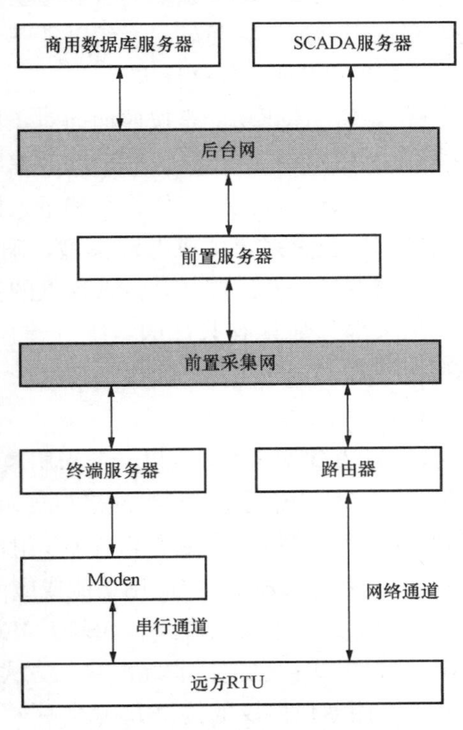

图 9-4　系统数据流

四、系统的主要特性

SCADA 系统紧跟电力系统最新技术的研究发展，将系统的前瞻性和实用性相结合，成为信息及时准确、控制安全可靠、运行稳定高效的实时监视与控制系统，并为其他应用或系统提供全方位、高可靠性的数据服务。SCADA 系统实现完善的遥信、遥测处理，遥控、遥调功能，支持多源数据处理技术、区域统计、稳定断面监视等具有较高实用性的功能。系统的数据通信采用 IEC 61970 统一的标准体系，数据监控功能面向网络模型，有利于系统实现更多的全自动计算与分析功能，如动态拓扑着色、自动旁路代、自动平衡率计算、操作防误等，大量减少了维护工作量。系统支持多服务器热备用并支持冷备用自动启动功能、支持多份商用数据库的数据同步与复制。

SCADA 系统具有以下几个特点：

（一）高可靠的冗余机制

高可靠、高性能的冗余技术是 SCADA 系统的一个重要特征，为了达到 7×24h 不间断连续运行的要求，就需要高可靠的冗余机制支持，以保证在设备或软件故障时主要功能仍能持续运行，近年来冗余机制也有较大的发展，从传统的双机热备用技术发展为多机热备用技术和冷备用自动启动技术。多机热备用技术的核心机制是当在线设备故障时，多个处于热备用态的设备按照优先级顺序，由最优先者升级为在线设备。由于有多个处于热备用态的设备，相对于双机热备用技术而言，可靠性又有了较大的提高。冷备用自动启动技术是当热备用配置的设备故障时，自动将另外的设备启动成为热备用态，从而保证在多台设备发生故障的情况下，系统功能仍不会有停顿。

SCADA 系统的冗余设计根据不同的应用特点采用不同的冗余技术，其中双局域网、前置服务器采用集群方式配置，SCADA 服务器、数据库服务器、WEB 服务器等则一般采用双机或多机热备用方式配置，同时还配合使用冷备自启动功能。与传统的双机热备方式相比，目前一些 SCADA 系统的可靠性至少要高出一个数量级，在配置适当的情况下，只要还有一台服务器能正常运转，系统就能正常运转下去。

（二）图模库一体化技术

图模库一体化功能是按照面向对象的方法设计的基于 CIM 的图库一体化技术，提供了一套先进的图形指导工具，图形和数据库录入一体化，作图的同时可在图形上将设备、拓扑信息、量测录入数据库，使作图和录入模型数据一次完成，自动建立图形上的设备和数据库中的数据对应关系，生成电网模型，确定拓扑关系，所见即所得，便于快速生成系统。另外，不同的应用使用同一套数据模型的不同派生子集，虽然不同应用关心的设备范围各有侧重，但大部分是具有共性的，统一建模技术避免了为每种应用分别建立一套独立的数据模型。

（三）数据接口的标准化

SCADA/EMS 系统接口一般采用最新的国际、国内标准，尤其是备受瞩目的 IEC 61970 CIM/CIS（公用信息模型/组件接口规范）标准，设计遵循 CIM 的系统内部数据模型定义，实现 CIS 标准接口，采用了 CORBA 组件技术，达到系统的标准化、构件化，使系统具有更好的开放性，实现第三方应用功能或应用系统的即插即用。系统应实现多种接入方式，既包括符合规范的标准接入方式，如基于 IEC 61970 的组件接口方式、基于 IEC 61970 的 CIM/XML 接口方式；也包括非标准接入方式，如基于数据库的接口方式、基于文件的接口方式和基于专用通信协议的接口方式。

（四）多数据源技术

多数据源是指对于实时数据库中的某一数据点拥有多个数据来源。它可以通过不同数据通信方式（主备通道、外部系统转发等）获取；也可以由状态估计、操作员置数等软件或人

工操作产生。同一测点的多源数据在满足合理性校验后按照人工定义的优先级存放，经判断后将最优数据放入实时数据库中，提供组 SCADA 系统的各个应用功能使用。多源数据的处理可应用到 CRT 画面显示、报表和相关系统的数据交换。同一测点不同方式获得的数据，在数据库和 CRT 显示、报表中有区分标志。CRT 显示、报表中的标志可人工禁止/显示。同一测点的多源数据满足系统维护上的可观测要求。

多源数据的处理关键在于如何对测点进行多源数据的定义及其应用。通常的多源数据处理方式设计中，对于多源数据的测点往往需要进行重复定义，会给维护带来重复的工作量。比如 A 厂站有一路 RTU 直收的信号，同时还有一路由其他系统转发过来的信号，为了直收的 RTU 信号建立了一套设备和测点，而为了转发而来的信号往往又要建立一套设备或测点。为了避免上述问题，SCADA 系统在多源数据的处理上，除了通常的按测点的多源数据处理方式外，还支持按厂站处理多源数据的方式——站多源和虚拟站多源，避免建立重复设备和测点。

点多源技术：以测点为对象，在数据库中预定义该测点的相关来源数据及优先级，在接收实时数据的同时根据测点的数据质量码选优，将最优数据放入实时数据库，即事前触发处理技术，而不是常规的事后周期判断的处理方式，有效地提高了数据处理的时效性。

站多源技术：对于某厂站有多路信号来源的情况，比如有两路主备直收的信号，一路网络来的信号，另一路其他系统转发来的信号，只需要建立一套设备和测点，在接收信号时根据各路信号的质量判断使用哪一路的结果。

虚拟站多源：由下级转发来的信号在很多情况下是多个厂站合并成一路信号，无法直接按上述办法简单处理，在 SCADA 中又创造了虚拟站多源技术，将这样的转发信号逻辑上拆分成多路转发信号，分别与相应的厂站直收信号进行站多源技术处理。

应用站多源与点多源相结合的多数据源设计，既可以面向厂站，按厂站切换，避免重复建立设备和测点，也可以面向测点，采用事前触发处理技术，有效地减少了维护量，保证数据处理的时效性。

（五）面向网络（模型）设计

SCADA 系统采用“面向网络”的实时数据监控方式。在面向网络的前提下，SCADA 能够实现更多的全自动的计算与分析功能，如动态拓扑着色、自动旁路代、自动对端代、自动平衡率计算、防误闭锁等，大量减少了维护工作量。应用较多的是以下几个功能：

(1) 动态拓扑着色。可处理各种特殊接线方式的厂站，根据电力系统中开关/刀闸的开、合状态来确定电气的连通关系，确定拓扑岛。能以不同颜色直观地显示出电力系统各个设备当前的带电状况，如带电/不带电、电气状态是否连通等。

(2) 自动旁路代。常规 SCADA 的处理方法有两个问题：一个是需要人工维护一些辅助信息，比如哪些开关是旁路开关等；另一个问题是处理不了特殊的接线方式。在网络 SCADA 中，由于有了网络模型处理，可以对付任何标准或特殊的接线方式，自动旁路代自动由软件完成，不需要进行任何定义。

(3) 自动平衡率计算。通过对网络模型的分析，自动找出所涉及的相关设备量测并进行计算，不需要手工编辑公式。

在面向网络的前提下，SCADA 能够实现更多的全自动的计算与分析功能，这就是

SCADA面向网络所带来的好处。

第二节　数据采集处理

一、数据采集

（一）数据采集通道

目前的RTU一般采用两个及以上的通道与主站系统互联，它可以是模拟通道、数字透传通道和网络通道的任意组合，SCADA前置系统需要选择其中一个通道的数据，这就涉及通道切换的问题。通道的自动调整一般是根据其误码率、通道优先级、投退状态等因素综合判断，当然也可以人工控制。传统的做法是在MODEM后面接一个通道控制器，由前置机通过判断当前使用的通道的数据误码率的高低来决定是否切换通道。这种模式，在前置计算机和MODEM之间增加了一个环节，降低了系统的可靠性。后来的模式是采用双路MODEM，一块MODEM通道板可以接两路通道的信号，由MODEM通道板自己判断两路信号的质量，决定采用哪路信号，前置机接收到的是质量较好的一路信号；近几年的方式是远动数据由双通道（或四通道）同时上传至前置服务器，由服务器进行通道质量判优，自动选择一路较好的通道作为值班通道，采用其信号源，同时监视非值班通道，一旦通道质量变化，立即进行主备通道的无缝切换，保证通道切换过程中不丢失数据。

（二）数据采集类型

SCADA采集的数据源类型包括：厂站RTU传送的数据；向各厂站端发送各种数据信息及控制命令；由上下级调度中心转发的数据；GPS时钟数据。

SCADA系统采集的实时信息类型包括：

（1）模拟量：线路（负荷）有功、无功、电流、电压；母线电压、频率；变压器各侧有功、无功、电流、分接头位置及变压器油温；发电机有功、无功、电流、机端电压；旁路/母联/分段开关有功、无功、电流；厂用变压器、高压备用变压器等有功、无功；其他测量值。采集方式分为扫描方式、阀值方式。扫描方式将系统所有模拟量每周期更新一次，存入数据库。阀值方式可设定每个模拟量的死区范围，仅把超过死区具备显著变化的值发送给控制系统，每个模拟量的死区范围可在工作站通过人机界面设定。扫描周期：阀值方式≤3s；扫描方式为3～8s。

（2）状态量：断路器（分/合）状态；隔离开关（分/合）状态；接地开关（分/合）状态；事故总信号；预告信号；重要的保护动作信号；远方控制投退信号；一次设备异常信号、二次设备异常信号、GPS告警信号；其他各种信号量在内的状态量。采集方式分为如下两种：状态变化，由系统实时状态变化事件驱动，一旦状态变化立即输出响应；扫描方式，将所有厂站的所有实时遥信状态量按周期读入系统，更新数据库。

（3）保护定值。

（4）GPS对时信号。

二、数据处理

（一）模拟量处理

系统收到模拟量信息后，先对数据进行合理性检查和数据过滤，滤除无效数据，并给出

告警提示；然后将近似为零的数值置为0，消除零漂，且零漂参数可以修改设置；因系统前置收到多路通道的信息量，因而根据数据源的优先等级，系统寻找可信的实时数据作为系统显示值、数据等；并根据设置的限值表，进行模拟量越限处理，给出越限告警，每个测量值可设有多组限值对，不同的限值对可以根据不同的时段进行定义，可以定义限值死区；接着进行模拟量跳变检查，当模拟量在指定时间段内的变化超过指定阀值时，给出跳变告警；若发现模拟量数据丢失或不正确，可以用人工输入值来替代，所有人工设置的模拟量能自动列表显示，并能根据该模拟量所属厂站调出相应接线图；根据数据的质量码设置数据质量标识；最后对采集的模拟量信息进行历史数据采样，按照预定的周期将需要的实时数据送入历史数据库作历史数据处理。

（二）状态量处理

系统收到前置送出的遥信变位信号后，首先进行误遥信处理，滤除抖动遥信，若收到的状态量为双位遥信，则处理如下：在厂站端，一个开关对应有常开、常闭两个节点，称之为主、辅节点，主、辅遥信的变位在一定时延范围（可定义）之内同时收到则按普通变位处理，超过时延范围如果只有一个变位，则判定状态量可疑，并告警，当另一个遥信上送之后，可判定状态量由错误状态恢复正常。因系统前置收到多路通道的状态，因而根据数据源的优先等级，系统寻找可信的实时数据作为系统显示状态等，接着根据事故总信号、保护信号及开关状态等判断开关是正常分闸还是事故跳闸，进行事故判断，并可启动事故追忆。系统不仅能进行事故判断，还能对信息进一步优化分析判断，进行告警过滤，如：当保护动作后在指定时间内收到保护复归信号，可不上告警窗，仅把信息保存至历史库；对保护信号的动作计时处理，当保护动作后一段时间内未复归，则报超时告警，可对保护信号的动作计次处理，当一段时间内保护动作次数超过限值，则报超次告警。可结合实际需要对状态量进行取反和人工设定，所有人工设置的状态量能自动列表显示，根据该状态量所属厂站调出相应接线图，最后形成状态量的告警信息保存至历史库，供历史查询。

（三）非实测数据处理

非实测数据可由人工输入也可由计算得到，以质量码标注，并与实测数据具备相同的数据处理功能。

（四）计划值处理

SCADA系统可从外部系统获取调度计划，实现实时监视、统计计算等处理，并具备如下功能：支持实时、日内、日前计划的导入，导入前先对调度计划进行合理性校验，校验异常时进行告警提示；调度计划的导入过程可执行多次，如每日指定时刻前未收到日前调度计划，则给出告警，确保日前调度计划的及时获取；能自动计算计划当前值和实时值的差值；计划值可在线修改；支持计划插值计算及计划积分统计，用于追踪计划的执行情况。

（五）点多源数据处理

同一个测点有多个数据来源，系统可根据各来源优先级和数据质量进行数据的优选，将最优结果放入实时数据库，提供给其他应用功能使用。系统能定义指定测点的相关来源及优先级；并能根据测点的数据质量码自动选优，同时也支持人工指定最优源，可通过画面查看各来源实时数据及人工选择某个源值班；状态估计数据也作为一个后备数据源，在其他数据源无效时可以选用状态估计数据；选优结果具有数据来源标志。

（六）数据质量码

系统对所有模拟量和状态量配置数据质量码，以反映数据的质量状况。图形界面应能根据数据质量码以相应的颜色显示数据。数据质量码一般包括以下类别：

（1）未初始化数据。

（2）不合理数据。

（3）计算数据。

（4）实测数据。

（5）采集中断数据。

（6）人工数据。

（7）坏数据。

（8）可疑数据。

（9）采集闭锁数据。

（10）控制闭锁数据。

（11）替代数据。

（12）不刷新数据。

（13）越限数据。

计算量的数据质量码由相关计算元素的质量码获得。

（七）旁路代替

当前SCADA系统的旁路代替功能可由软件自动完成，不需要人工进行任何定义，根据网络拓扑以旁路支路的测量值代替被代支路的测量值，作为该点的显示值（最终值），并在数据质量码标示旁路代替标志。在设备开关恢复运行时，可自动或人工将相关代替状态还原。

系统提供自动和手动两种方式，并提供旁路代替结果一览表，可按区域、厂站、量测类型等条件分类显示。

（八）对端代替

当线路一端测量值无效时，可用线路另一端的测量值（该测量值的质量码为有效数据）代替，作为该点的显示值（最终值），并在数据质量码标示对端代替标志。

（九）自动平衡率计算

以前的SCADA系统是需要通过人工定义公式进行平衡率的计算，而现在的SCADA系统中可由软件自动完成，通过对于网络模型的分析，自动找出所涉及的相关设备量测并进行计算，不需要手工编辑公式，实现基于动态拓扑分析的自动平衡率计算功能，包括：

（1）母线不平衡：母线流入/流出的有功不平衡、无功不平衡，并列母线的电压不平衡。

（2）变压器不平衡：有功不平衡、无功不平衡。

（3）线路不平衡：有功不平衡、无功不平衡。不平衡率超出预设的阀值时能进行报警，并在设备上进行标记，同时统计不平衡开始时间、不平衡持续时间、不平衡总时间等结果。

（十）计算和统计

系统可以通过人机界面在线定义统计或计算公式。计算可以对某一点数据进行，也可以是对一组或多组数据进行，提供成组运算的顺序定义描述界面。数据源可以是实时采集的数

据，也可以是运算推导的中间数据或结果数据。统计和计算过程数据或结果数据超出边界条件时给出报警。

系统可实现代数运算、三角函数运算、逻辑运算、电力系统专用函数运算；同时还支持人工定义的函数运算，有公式语法校验功能；实现管辖范围内的有功功率总加、无功功率总加、分时电量总加，计算折算到50Hz的负荷值等；可实现分类/分时、最大值/最小值及其发生时间、平均值/累计值/积分值等多种方式的统计；可统计电压合格率、各联络线功率因素及全网功率因素、线损值、负荷率等运行参考信息；可对RTU、前置机和各工作站作月、年运行合格率统计，并把结果和停运时间作报表存档。

第三节　操作与控制

调度员利用计算机进行人工置数、标识牌操作、闭锁和解锁操作、远方控制与远方调节等操作与控制。

一、人工置数

对状态量、模拟量及计算量进行人工置数，置数操作后，在未被新数据刷新之前以人工输入的数据为准，当有变化数据或全数据上送后，置数数据即被刷新。人工输入的数据与正常数据用颜色加以区分，可对人工输入数据进行有效性检查，如越限告警等。

二、标识牌操作

系统可以对设备或间隔进行设置标识牌操作，间隔设备设置标识牌是将该间隔中所有的设备全部挂牌。常用的标识牌包括检修、接地、故障、备用等，其中：

（1）检修：处于“检修”标志下的设备，可进行试验操作，试验信号与正常信号的告警有所区别，也可选择试验信号不报警。

（2）接地：对于不具备接地开关的点挂接地线时，可在该点设置“接地”标识牌。系统在进行操作时将检查该标识牌。

（3）故障：当设备发生故障时，设置“故障”标识牌，如：出现设备故障、故障解列、失压等故障。

（4）备用：设备处于热备用、冷备用等状态时，设置该标识牌。

每种标识牌在图形上有明确的图符和颜色，根据实际需要可自行增加，也可以对标识牌进行是否闭锁遥控、屏蔽告警、带电置牌、停电禁止、封锁量测等的设置。

三、闭锁和解锁操作

闭锁功能用于禁止对所选对象进行特定的处理，封锁数据、屏蔽告警和闭锁遥控等均为闭锁操作。

（1）数据封锁主要是针对状态量、模拟量及计算量进行，封锁操作后系统将以人工封锁的数据为准，不再接受实时的状态，直到解除封锁为止，人工封锁的数据与正常数据用颜色加以区分。

（2）告警屏蔽包括厂站告警屏蔽、间隔告警屏蔽、单个信号告警屏蔽。

1）厂站告警屏蔽是指对整厂的所有信息量（遥测量、遥信量）进行告警屏蔽，运行、调度等人员在告警窗看不到该厂站的告警信号，告警信息不上告警窗、没有语音等报警，但数据库仍然保存被屏蔽的告警信号，可以通过告警查询查看相关的告警内容。

2）间隔告警屏蔽是对本间隔内所有的信息量进行告警屏蔽。

3）遥控闭锁是对断路器、隔离开关等进行遥控封锁，该遥控量不能控分、也不能控合，且该遥信量在操作界面将被置上“遥控闭锁”标志，通过遥控解锁可以恢复遥控功能。

四、远方控制与调节

调度、运行等人员利用SCADA系统人机界面向所辖变电站、发电厂的电力一次设备直接进行远方控制和调节，如值班调度员可对断路器、隔离开关和接地刀闸进行分/合闸，对变压器的分接头进行调节，对无功补偿装置进行投/切等。

目前，SCADA系统的控制种类较多，常见的是以下几种：

（1）单设备控制，最常规的控制方式，针对单个设备进行控制。

（2）顺控（序列控制）是按预定义的顺序连续执行或由操作员逐步执行多个遥控，系统提供界面供操作员预先定义控制条件及控制对象，可将一些典型的序列控制存储在数据库中供操作员快速执行，例如拉限电控制。实际控制时可按预定义顺序执行或由操作员逐步执行，控制过程中每一步的校验、控制流程、操作记录等与单设备控制采用同样的处理方式。

（3）群控是与上述的序列控制类似，有所区别的是群控在控制过程中没有严格的顺序之分，可以同时操作。

（4）程序化操作是通过变电站端监控系统配合获取程序化控制信息，并下发相应的命令由站端监控系统完成具体控制。系统提供友好的程序化操作界面，显示操作内容、步骤及操作过程等信息，支持开始、终止、暂停、继续等进度控制，并提供操作的全过程记录。

（5）同期控制：对具备同期功能的遥控对象具有检无压、检同期、强合三种合闸方式，具备辅助合闸方式选择功能，同期合闸方式可由操作人员在工作站上选择。同期操作宜设置单独操作界面。

控制人员利用SCADA系统界面对现场设备进行远方的控制和调节，其操作是非常慎重的，禁止出现任何的误操作，控制的流程有严格、明确的规定。本节主要介绍普通遥控的控制流程，一方面，系统通过返讯校验法检查命令是否正确。当地RTU收到控制命令并不立即执行，而是在当地先校核一下该命令是否正确，如果正确，将RTU收到的信息返送回主站，主站将发出的信息和回收的信息进行比较，当两者一致时再发出执行命令，必要的时候需要执行调度员双席监督，RTU执行了遥控命令后再发回确认执行信息。另一方面，在画面上开窗口或者在另一屏上显示操作提示信息，按此提示信息一步一步地操作，每步操作结果都在画面上用闪光、变色、变形等给出反应，不符合操作顺序或操作有错则拒绝执行。

具体详细的控制流如下：SCADA主站系统按三步进行控制操作，选点－预置－执行，遥控命令下发时，应带站号标志；操作中每一步的起始都有相应的提示，每一步的结果也有相应的响应；控制正确执行后，画面上将反映控制操作后设备的状态。

厂站端的控制操作是按两步进行：返校—执行。控制的全过程分五个步骤完成，如图9-5所示。

（1）选点：控制端选择动作开关点。

（2）预置：控制端向被控端发出预置命令。主站首先根据数据库的遥控关系表及开关状态判断该设备是否允许操作、操作状态是否正常，若通过确认，则发出预置命令，预置命令

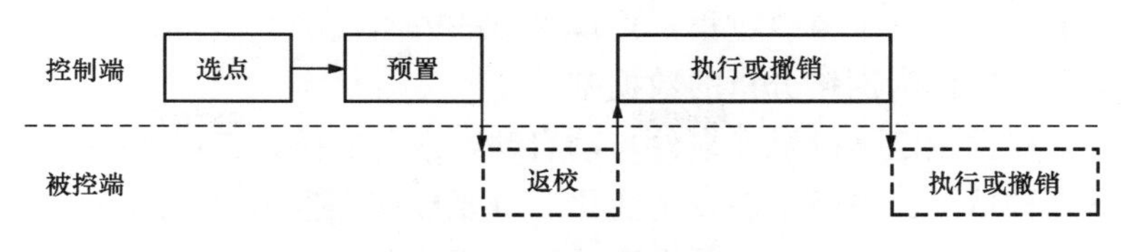

图 9-5　控制流程图

包含遥控对象、遥控性质等信息，其中遥控对象是通过遥控序号体现，同一厂站有效的遥控序号必须唯一、不可重复。

（3）返校：被控端向控制端返回遥控返校信息。返校信息是在被控端收到遥控预置命令后，对收到的预置命令进行执行条件的核查，必要时执行双席监督，遥控对象、遥控性质若满足执行条件则返回肯定确认信息，否则返回否定信息。

（4）执行或撤销（控制端）：控制端根据返校的信息，确认执行或撤销，向被控端发送遥控执行命令或遥控撤销命令。

（5）执行或撤销（被控端）：被控端根据收到的遥控执行或撤销命令进入具体的执行进程。并将执行结果返回控制端。

在控制过程中，当遇到如下情况之一时，系统会自动撤销控制：控制对象设置禁止操作标识牌；校验结果不正确；遥调设点值超过上下限；当另一个控制台正在对这个设备进行控制操作时；遥控反校时间超时，一般时间设为 30～60s；选点后 30～90s（可调）内未有相应操作；该变电站存在遥信变位信号上传。

第四节　数　据　记　录

数据记录提供事件顺序记录（SOE）、事故追忆（PDR）、遥信事件记录及遥测历史数据记录等功能，主要用于记录历史数据、系统发生异常情况和事故的顺序，以便数据查询和事故后分析事故用。

一、事件顺序记录（Sequence Of Events，SOE）

当电力系统发生事故时，测控装置（或 RTU）按事故发生的先后顺序，对电网断路器位置、继电保护、自动装置等信号以带时标信息的方式顺序记录其状态变化，为分析电网故障提供依据，这就是事件顺序记录（SOE）。厂站端将 SOE 信息带时标顺序传送到主站 SCADA 系统，调度、运行等相关人员通过对 SOE 信息的查询，可准确掌握相关设备的动作顺序和次数，判断断路器、继电保护及安全自动装置的动作是否正确，有利于故障分析，排查原因。

SOE 以毫秒级时间精度记录所有重要信息状态的变化，其信号时标均由采集装置提供，因而采集装置的时间基值或时钟必须一致并且十分精确。另外，不同厂站采集装置的时间同步可以通过主站下发的对时报文实现，也可以由各厂站接收广播时间码来实现同步，现在更多的是用 GPS 来实现时钟同步。主站记录顺序事件的分辨率应小于或等于 5ms。

二、事故追忆（Post Disturbance Review，PDR）

事故追忆是 SCADA 应用的一项重要功能，在电力系统发生事故时，调度自动化系统将事故发生前和发生后一段时间内事故的所有实时稳态信息全过程记录、保存下来，并且能够真实、完整地反演电网的整个事故过程，再现当时的电网模型、运行方式及事件，作为事故分析的依据，而且可以作为网络分析的数据基础。

事故追忆可以根据预定义的触发事件自动启动，也可支持人工启动。自动启动的触发事件一般包括以下几种情况：设备状态发生变化、重要数据产生越限、测量值出现突变、逻辑计算值为真、操作命令等。人工启动是在事故发生后24h内，由人工启动PDR记录，因此，正常情况下，SCADA系统在磁盘文件系统和数据库中循环记录PDR所需的数据和SCADA系统的断面，满足24h循环记录数据的容量存储需求。每个PDR记录包括触发事件发生前后预定义时间的全部数据和当时的场景，包括事故前后必要的电力系统实时数据、电网模型和接线图，数据、模型和图形保持一致，因此即使电网模型已经发生了很大的变化，PDR也能够真实地反映当时的情况。

SCADA系统是在研究态实现PDR重演。在研究态下，系统根据给定的PDR时刻自动匹配并调出相应的系统模型断面、电网接线图及数据断面以重构当时的场景，逼真再现当时的运行方式，而且具有实时运行时的全部特征，包括告警信息的显示、语音、推画面等，并且当重演到某个时刻时，可以直接启动该断面下的状态估计、调度员潮流计算等网络分析功能，具备将事故追忆和网络分析应用相结合的能力。

三、遥信变位记录

遥信变位记录是反映电网运行状态的重要信息，当电力设备运行状态发生变位时，变电站远动装置会发出两种信息，一种是SOE信息，另一种是遥信变位信息。遥信变位信息被变电站远动装置立即发送至调度主站SCADA系统，主站前置收到该遥信事件记录后传送至后台，形成告警信息并保存至历史库。遥信变位信息传输过程中不带时标，信息量小，可实现快速传输到主站系统，记录的时标是由主站后台提供，一般只显示到秒级。由于传输过程存在一定的时延，与SOE比较时间上可能滞后1～3s。

四、遥测历史数据记录

遥测历史数据记录是对采集的模拟量和计算量信息进行历史数据采样，按照预定的周期将需要的实时数据送入历史数据库作历史数据处理。遥测历史数据记录主要是用于历史数据查询和数值统计，并可参与计算，它可以作为调度计划、分析的基础数据，也可以用于各种运行报表（如日、周、月、季、年报表）的制作和电网历史运行状态断面的形成等。遥测历史数据记录的存储采样周期可选择，目前使用的典型的采样周期有1min、5min、10min、15min、30min、60min等，遥测历史数据记录一般要求保存3年以上。

第五节　告　警　处　理

告警是由于电力系统运行状态发生变化、设备监视与控制、电网运行考核需要监视的数据越限、系统的软硬件异常及运行人员的操作等引起的，比如电网事故引起的状态量变化、调度员的操作、量测越限、电网运行的考核数据越限以及系统的软硬件设备故障等，通过告警处理引起调度员和运行人员的注意。

告警类型是告警服务中基本的应用对象，根据不同的需要分为不同的告警类型，例如事故信息、异常信息、遥信变位、越限信息、告知信息、厂站工况、网络工况、系统资源、人

工操作、前置工况和AGC操作等。可根据不同的告警类型设定不同的告警方式，系统提供推画面、告警窗显示、设备或数据闪烁、语音告警、音响告警和随机打印等多种告警方式。所有应用的告警消息具有统一格式，一般包括告警类型、告警时间和告警内容字段等。系统收到各类告警信息后，存入历史数据库中，供告警信息查询或其他系统访问，并能够按告警时间段、厂站名称、告警类型和告警内容等进行分类检索告警信息。调度或运行人员收到告警信息后可对告警信息进行确认，包括人工确认和定时确认，系统可以在线定义或修改告警类型、告警方式和确认方式，并能对整个厂站内所有告警同时进行确认，也可对单个告警进行确认，可在告警列表上确认，也可在厂站单线图上确认，允许禁止和恢复某个报警。

第六节 程序化操作

程序化操作是SCADA系统当前技术较为前沿的功能模块，目前还处于探索和试验阶段，具有一定的前瞻性和实用性，它是主站与当地监控系统分工合作完成的一种智能遥控，主站向变电站监控系统发送一个操作目标（如运行改冷备用、冷备用改检修等），变电站收到操作目标后，将操作目标分解成单步遥控命令，先进行操作预演，成功后生成操作票，并将操作票发送到主站，充分利用主站基于网络的拓扑五防和模拟操作功能，对每步操作进行操作预演校验，校验合格后，主站发送确认命令，由站内远动单元将操作票的单步遥控命令，发至相应的I/O单元操作，同时变电站监控系统将整个过程的实时信息发送回调度主站，并具备急停功能。

程序化操作改变了以往的逐项操作模式，一次性地完成多个控制步骤的操作，遥控点可单侧维护，减少人为因素造成的主站遥控点号误定义，同时也减少了主站接入厂站时的遥控测试，缩短厂站接入调试周期，实现了系统高效、快捷智能化控制。但是程序化控制技术目前还存在一些需要完善的问题，比如：

（1）标准化未形成，目前程序化操作规范中，对操作票中的设备名称还没有统一编码，操作目的（分/合）没有统一规范，主站对操作票中的文本无法完整解析。

（2）操作预演未能展开，还不能充分利用主站基于网络的拓扑五防和模拟操作功能，利用操作预演功能对每步操作进行校验，操作预演是最有效的程序化操作的展示手段，在程序化操作中的操作预演应该包含三个方面：主站自有的操作预演；变电站的操作预演；主站和变电站联动的操作预演。只有将子站的操作预演与主站的操作预演有效地融合，才能充分发挥操作预演的功能，真正实现操作预演的意义，这些功能还需要进一步努力完善。

（3）信息传输的规约还需进一步的探讨和摸索。

目前，实际应用的程序化操作一般是采用以下两种方式：一种是针对没有程序化操作功能的变电站，通过调用主站操作票方式实现顺控功能；另一种是对于具备程序化操作功能的变电站，监控人员在人机界面选择需要操作的间隔，主站系统根据间隔当前状态列出可选的目标状态，在监控人员选择正确的目标状态后，由主站向变电站召唤获取对应的程序化控制信息（包括典型操作票、组合操作票和临时操作票），在主站端选定确认后，向变电站监控系统下发一个操作目标，由站端监控系统完成具体控制。其中，程序化操作信息的传输是基于主站系统现有的数据传输通道，采用IEC104（IEC101）扩展规约，其内容包含有文件信息和控制信息。

第七节 拓 扑 五 防

“五防”是指防止带负荷分、合隔离开关，防止带电接地线，防止带地线合闸，防止误合、误分断路器及防止误入带电间隔。目前微机五防装置在变电站中应用广泛，它是通过人工定义设备间的操作闭锁关系来实现的，但是这种方式对SCADA系统不适用，因为SCADA系统中设备数量庞大，而且设备变动性也相对频繁，因此不可能采用人工定义的方式，需要采取新的“五防”判断方式；另外，变电站微机五防只能实现本站设备之间的操作闭锁，无法实现和对端站设备间的操作闭锁，而这在线路检修时尤其重要。

近年来，随着计算机技术和通信技术的发展，电力系统调度自动化水平日益提高，提出了在遥控操作时进行网络拓扑“五防”校验，通过SCADA网络拓扑分析设备运行状态及设备间的连接关系，根据五防要求归纳出开关（断路器）、刀闸（隔离开关）和地刀（接地开关）的拓扑防误闭锁规则，不依赖于人工定义，提供基于网络拓扑与五防规则相结合的设备操作防误闭锁功能，通过拓扑搜索找出相互操作闭锁的设备，自动适应电气设备和电网拓扑结构的变化，具有良好的通用性和免维护性。

SCADA系统根据需要可选择整个电网的系统拓扑五防或是本站的拓扑五防，它们的不同点在于拓扑分析的搜索边界。本站拓扑五防的搜索边界是线路，即搜索到线路即停止，这样站和站的设备之间将没有连通关系也没有操作闭锁关系，仅对本站的电气岛状态和设备连接关系进行五防校验。而系统拓扑五防是基于全网拓扑进行的五防校验，这时设备的操作不仅和本站设备之间有操作闭锁关系，还和其他厂站的设备有操作闭锁关系，包括T接厂站，实现全网设备间的操作闭锁，但系统实时信息不完整时，拓扑五防可能会导致错误的校验结果，所以采用两种方式各有利弊。

电力系统中的电气操作主要是开关、刀闸（隔离开关）和地刀的操作，因此“五防”也是针对这几种设备操作而言，下面是根据“五防”要求归纳出的拓扑五防规则。

（1）开关的拓扑五防规则：具备合环提示、解环提示、负荷失电提示、负荷充电提示、带接地合开关提示、变压器各侧开关操作提示、变压器中性点地刀提示和3/2接线开关操作顺序提示等。

（2）刀闸的拓扑五防规则：具备带接地合刀闸提示、带电分合刀闸提示、非等电位分合刀闸提示、分合旁路刀闸提示和刀闸操作顺序提示等。

（3）地刀的拓扑五防：具备带电合地刀提示、带刀闸合地刀提示和带电压合地刀提示等。

第八节 系 统 互 联

系统互联主要用于和外部系统交换信息，例如与上下级调度系统及MIS、PI等其他系统的数据交互，这往往通过计算机通信来实现。互联系统之间一般采用两种方式通信，一种是采用实时数据接口方式；另一种是系统按照IEC 61970标准、E语言规范等格式规范向其

他应用系统提供电网CIM模型、SVG图形、实时数据和状态估计数据文件。

第九节　典　型　应　用

一、地县一体化SCADA系统典型架构

某一地调采用地县一体化设计的SCADA系统，地调主系统配置前置服务器、SCADA服务器、历史数据服务器、AVC服务器、DTS服务器以及WEB服务器等设备组成地调主站系统，县调子系统仅配置前置服务器以及数据采集设备，其中前置服务器远程接入地调主网络，其系统结构示意图如图9-6所示。实时数据采用广域分布式采集模式接入地调主系统，数据进行分布采集，在县调子系统建立独立的前置服务器、工作站和采集装置，独立的数据采集通道（专线或者网络通道），系统的数据采集功能由地调及县调的多个前置共同完成，县调子系统负责该县所辖变电站的数据采集，地调负责地调市区的变电站信息采集。各县调及地调分布采集的数据汇总至地调主系统的后台统一处理，地县两级电网的PAS、DTS、WEB发布等应用功能均在地调主站系统集中实现。

该模式的SCADA系统中，县调具备数据采集能力，一方面分担了采集任务，降低了地调主系统的采集负担，可扩展性较强，地调主系统的采集性能不会随县调规模的扩大或互联县调节点的增加而降低，在经济快速增长、变电站迅速增加的情况下特别适用；另一方面，在地调主系统异常或地县联网中断等故障情况下，县调系统的实时监控功能仍可正常运行，可将故障带来的影响降至最小，安全性能较高。该模式对地调及县调之间的远程互联网络的可靠性要求较高，但是在网络技术、网络结构越来越成熟的今天，已经不是一个瓶颈，目前这种模式应用较为广泛。

二、信息优化的典型应用

近年来，随着电网规模不断扩大，监控的信息量越来越多，特别在雷雨季节、恶劣天气或重大故障发生时，SCADA系统收到大量的告警信息，为使调度、监控人员能从大量的告警信息中迅速有效地判断事故、处理事故，需要对告警信息进行分类优化。从技术上来看，信息优化是为对SCADA数据采集处理功能、告警处理、操作与控制等功能的典型综合应用。

在数据采集源头上，按照既突出重点，又覆盖监控范围的基本要求，对信息进行归并和取舍处理。把采集的信息根据对电网直接影响的轻重缓急程度分为事故信息、异常信息、变位信息、越限信息和告知信息五类告警信息。对模拟量进行越限处理，产生越限信息；通过对母线瞬时接地信息、电压瞬时越限等信息延时过滤，滤除抖动信息；为消除正常信息干扰，对开关等设备正常运行或操作过程中发出的伴生信号进行延时处理；为防止信息重复告警，对保护信号的动作计次处理，当一段时间内保护动作次数超过限值，则报超次告警。操作与控制方面：若有间隔（装置）设备检修，则对间隔（装置）挂检修牌，屏蔽该间隔（装置）的所有告警信息，这样在运行的监控工作站上就不会显示该间隔的告警信息或告警信息加检修标志，而且不会影响调试人员调试。信号显示方面：包括图形、光字牌、事项显示窗以及历史信息查询等途径。SCADA各项功能不断深化应用将全面提升电网自动化信息的处理能力。

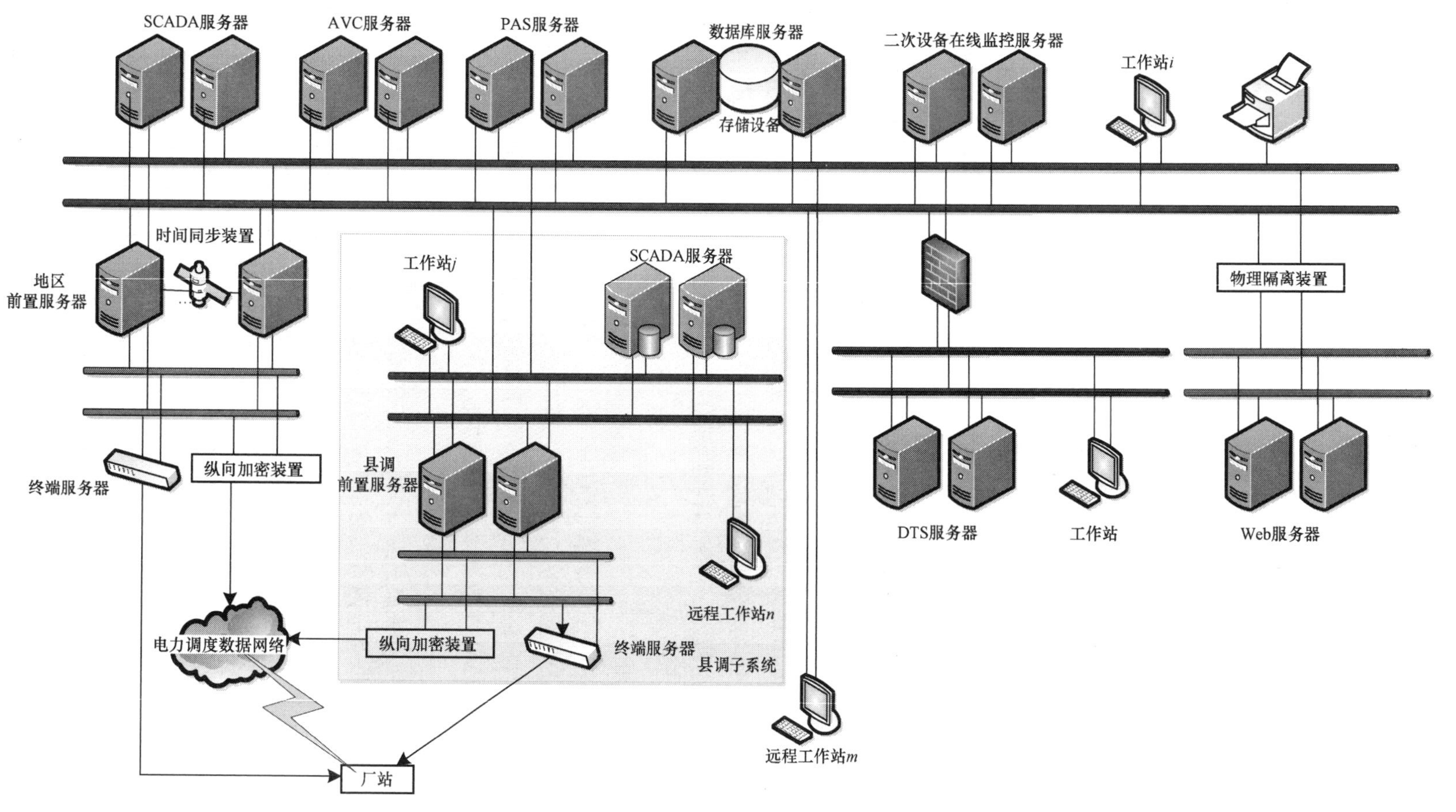

图 9-6 广域分布式地县一体化 SCADA 系统结构示意图

三、调控一体化系统的典型应用

某一地调采用地调 EMS 系统和监控 SCADA 系统合一的模式，建成兼具调度和监控功能的调控一体化技术支持系统，实现电网调度业务与运行监控业务的融合，系统不仅实现数据采集、数据处理、系统监视、操作与控制、事件顺序记录和事故追忆等 SCADA 功能，还实现 PAS、无功电压优化和 WEB 浏览等功能，同时，系统还具有完善的责任分区和信息分流等功能，以满足调度、监控的不同应用和需求。调度与监控合一的调控一体化系统的可靠性要求更高，安全风险增加，因而采用同城互备或异地互备模式建成调控一体化系统的备用系统，降低高度集成带来的安全风险，以提高自动化技术支撑的可靠性。若结合地县一体化设计，将形成地县调控一体化技术支持系统的模式，该模式可以极大地节省县局设备资源，极大地提高系统的可靠性，同时又满足各类调度和运行人员的应用。

第十章

电网高级应用软件

【内容概述】 本章主要介绍了能量管理系统中的高级应用软件，包括网络拓扑分析、状态估计、负荷预测、调度员潮流、静态安全分析、短路电流计算和灵敏度分析等方面应用软件。

第一节 网 络 拓 扑

一、概述

网络拓扑分析软件为实时网络状态分析、调度员潮流、预想故障分析和调度员培训模拟等应用软件提供网络拓扑计算功能。

网络拓扑分析软件的设计要求是：

（1）可靠性：对任何形式的实际电气接线（例如：带旁路的双母线、3/2 接线、环形母线等）均能正确地处理为计算模型，无一例外。因为，网络接线分析的错误必然会带来网络分析错误，而在实际操作中接线分析错误更可能带来电气事故和人身伤亡。

（2）方便性：对使用人员来说，软件展现形式尽量直观而简单。例如：对不带电的网络用暗色表示，带电部分用明亮颜色显示，而且能随负荷的大小改变其明亮程度；对一个设备（例如：机组、负荷、变压器和线路等）来说，只需切除或恢复此设备即表示有关开关的操作。

（3）快速性：网络拓扑是各种运行方式的出发点，必须做到尽可能快速。现在一般网络拓扑都放在 SCADA 功能之中，随开关状态变化立即改变接线模型。网络拓扑过程属于搜索排队法，其运算次数随搜索元件数平方增长，因此缩小搜索范围是技术关键。事实上，一个开关的动作不会影响别的厂站的接线，而且进一步分析可发现在一个厂站内不会影响其他电压等级的拓扑。

二、母线开关模型与节点支路模型的转换

网络拓扑是根据开关状态和网络元件状态，由电网的母线开关模型产生电网的节点支路模型的过程。

母线开关模型也称为物理模型，它是对网络的原始描述，输入数据用此模型；节点支路模型也称为计算模型，它与网络方程联系在一起，节点支路模型随开关状态而变化。

电力系统网络结线分析分为两个基本步骤：

（1）厂站母线分析：根据开关的分/合状态和元件的退出/恢复状态，由节点模型形成母线模型。功能是分析某一厂站的某一电压等级内的节点由闭合开关联接成多少个母线，其结

果是将厂站划分为若干个母线。

（2）系统网络分析：分析整个电网的母线由闭合支路联接成多少个电气岛（Island），每个电气岛是有电气联系的母线的集合，计算中以此为单位划分网络方程组。电力系统正常运行时一般属同一个电气岛（未解列状态）。

三、动态着色

动态着色即是使用网络拓扑的结果来进行图形的渲染，动态着色主要有三个方面的功能：

1. 基于电压等级着色

在电网中由于不同电压等级的存在，如果不对不同电压等级使用不同的颜色区分会形成视觉混淆。基于电压等级着色主要是根据每个设备的基准电压来进行颜色的配置。

2. 基于带电着色

基于带电着色是指基于网络接线分析后，将停电的设备用另外一种颜色标注，这样可以清晰地看出哪些设备带电，哪些设备停役。

3. 基于供电范围着色

基于供电范围着色是指，指定一个设备，可以查询被该设备供电的下属设备，以及该设备的电源点，可以通过该功能来搜索当前设备的电源点和被供电的设备，对于辐射型网络是一个实用的功能。

第二节　网　络　等　值

一、概述

电力系统网络等值是利用较小规模的网络代替较大规模的网络进行分析的方法，而且要求这种化简网络的计算精度能满足实际需要。

1. 网络等值的目的

（1）降低网络分析的计算量和对内存的需求量；

（2）回避量测不全或无量测的网络部分，降低量测信息需求量；

（3）删除不关心的网络部分，避免分析者分散注意力。

2. 基本描述

一般来说，等值前系统 PS（未化简网络）可以沿边界母线 B 划分为内部系统 I 和拟等值系统 E（见图 10-1）。等值后系统 PE（化简后网络）保留内部系统 I 和边界母线 B 不变，等值掉的网络 RE（化简部分）化为边界母线 B 相互间的等值支路、母线 B 对地支路和母线 B 注入功率（见图 10-2）。

（1）静态等值问题可以描述为：

1）给出等值前系统 PS 结构模型，并标出内部系统 I 和边界母线 B；

2）给出等值前系统 PS 的潮流解。

要找到一个新的等值模型（或称等值网络）PE，使得：当内部系统 I 运行条件发生变化（如预想故障）时，由等值系统计算的结果和由等值前系统计算的结果相接近。

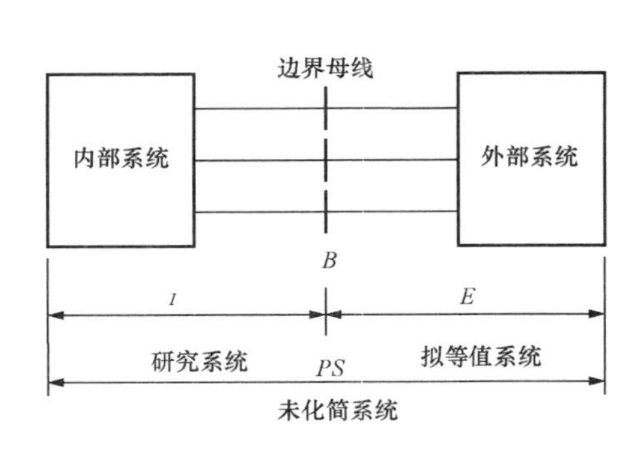

图 10-1　未化简系统

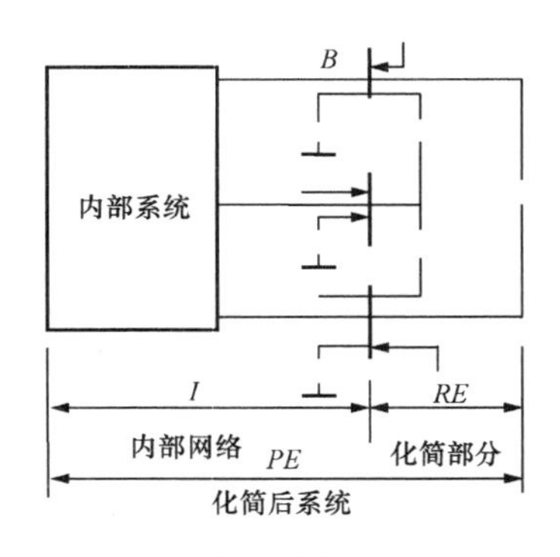

图 10-2　等值后系统（化简后网络）

（2）对等值（或化简）技术要求：

1）由边界母线 B 望出去的外部等值应相当准确而可靠地表示化简前外部系统的物理响应特性，即比较准确地给出对内部系统变化时的响应；

2）等值应能灵活处理系统现状的改变，并能适应不同的应用目的；

3）等值计算方法最好能与后继问题解算方法相协调；

4）尽可能减少化简计算量，并维持良好的稀疏性；

5）最好能保持等值网络的良好计算性能。

二、Ward 等值和 REI 等值

（一）Ward 等值

Ward 等值应用广泛，对于线性系统来说这是一种严格的等值方法，主要包含以下步骤：

（1）给出全网基本方式的潮流解，确定各母线的复数电压。

（2）确定拟消去的母线子集，形成只包含外部系统 E 和边界系统 B 的导纳矩阵，即

$$[\dot{Y}'] = \begin{bmatrix} \dot{Y}_{EE} & \dot{Y}_{EB} \\ \dot{Y}_{BE} & \dot{Y}_{BB} \end{bmatrix} \tag{10-1}$$

然后按外部母线各列对 $[Y]$ 进行三角矩阵分解（即高斯消去），最后得到仅含有边界母线的外部等值导纳矩阵 $\dot{Y}_{RE}^{EQ}$，即

$$[\dot{Y}''] = \tag{10-2}$$

0　　$\dot{Y}_{RE}^{EQ}$

其中：

$$[\dot{Y}_{RE}^{EQ}] = [\dot{Y}_{BB}] - [\dot{Y}_{BE}][\dot{Y}_{EE}]^{-1}[\dot{Y}_{EB}] \tag{10-3}$$

一般来说，$\dot{Y}_{RE}^{EQ}$ 是密集的，即边界母线之间均有等值支路联系起来。

（3）计算式（10-1）右端边界母线的注入功率增量，即

$$(\mathrm{diag}[\overset{*}{\dot{V}}_B])\dot{Y}_{BE}\dot{Y}_{EE}^{-1}\left[\left(\frac{\dot{S}_E}{\dot{V}_E}\right)\right] \tag{10-4}$$

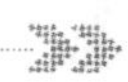

注入功率增量加到边界母线原注入功率上。

利用线性方法处理非线性网络的等值只是一种近似，其准确度应通过化简前后的潮流解比较来确定。

以上 Ward 等值在实用中存在以下缺陷：

（1）等值网 PE 可能有一个解答，但求解的方法不能使其收敛；

（2）等值网 PE 可能收敛到一个物理上不合理的解答上；

（3）等值网 PE 可能收敛到所需解答上，但迭代次数多于未化简网 PS 的迭代次数；

（4）等值网 PE 解答的精度可能是不可接受的，主要表现在无功潮流方面。

（二）REI 等值

REI 等值的基础是已知外部系统基本方式潮流解。其思想是把指定消去的母线集合的注入功率归并到一个虚构母线上，这种指定母线集合可以按负荷、发电机和母线性质或电气距离等划分。外部系统母线可以分为多个集合，每个集合组成一个虚构母线，也称为 REI 母线。

设有如图 10-3（a）所示的外部系统，包含有 G_N 个发电机母线和 L_N 个负荷母线，它们注入功率分别为 S_{G1}，S_{G2}，…，S_{GN} 和 S_{L1}，S_{L2}，…，S_{LN}。在外部网化简之前，按发电机和负荷构成两类 REI 网络，如图 10-3（b）所示。这样外部系统的发电机母线和负荷母线均变成无源母线，而每个 REI 网络各有一个复注入功率（S_G 和 S_L）的有源母线（f_G 和 f_L）。

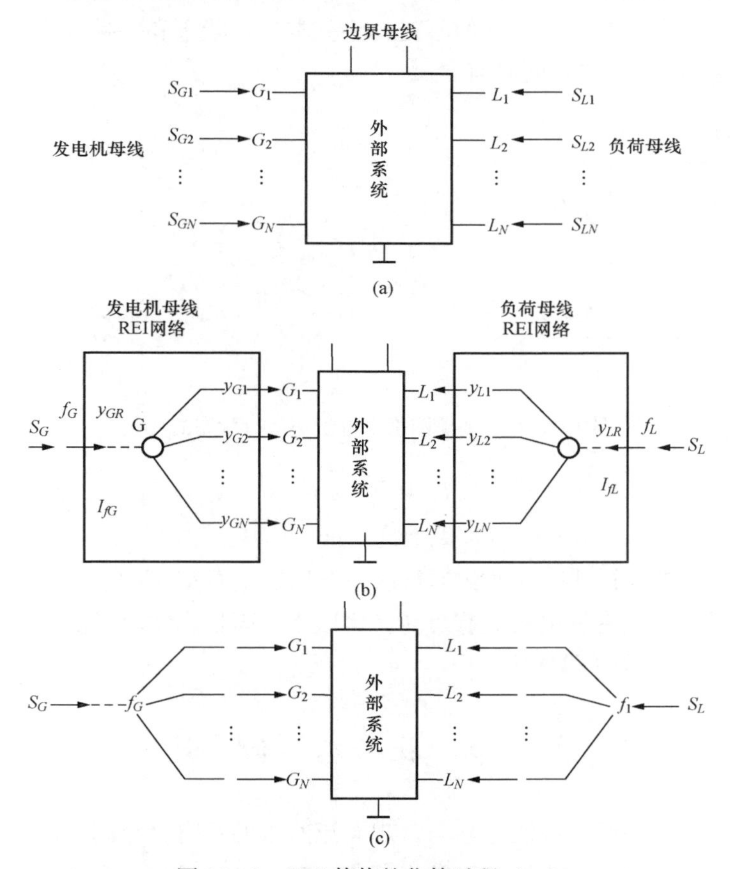

图 10-3　REI 等值的化简过程（一）

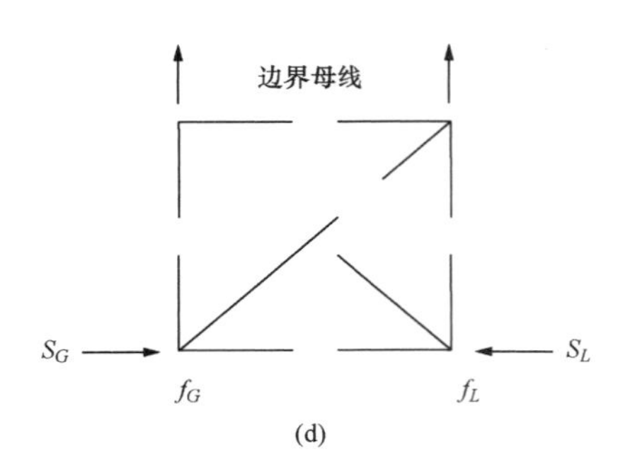

图 10-3　REI 等值的化简过程（二）

图 10-3 所示的 REI 网络只在基本方式下满足与原网络的等值条件，系统运行偏离基本方式就会出现误差。为了在变化的运行状态下利用 REI 等值具有较高的精度，在构造不同性质 REI 网络时，应遵守某些归并原则，现举其二：

（1）对于负荷母线，按照变化的一致性归并成一个或几个 $P-Q$ 型 f_L 母线。

一个 f_L 母线所属负荷 S_{L1}，S_{L2}，…，S_{LN} 随总负荷 S_L 保持常数比例变化，对应的零平衡网络将自动满足零功率耗损条件，这可以提高 REI 等值的准确性。

（2）对于发电机母线，可按相角差归并成一个或几个 $P-V$ 型 f_G 母线。

设有零平衡网络如图 10-4（a），其中 G_1，G_2 和 G_3 为发电机母线，假定运行状态变化时，仅注入电流的相角变化而模值近似不变，将基本运行状态和一种变化状态的电流相量图示于图 10-3（b）和（c）中，同时有

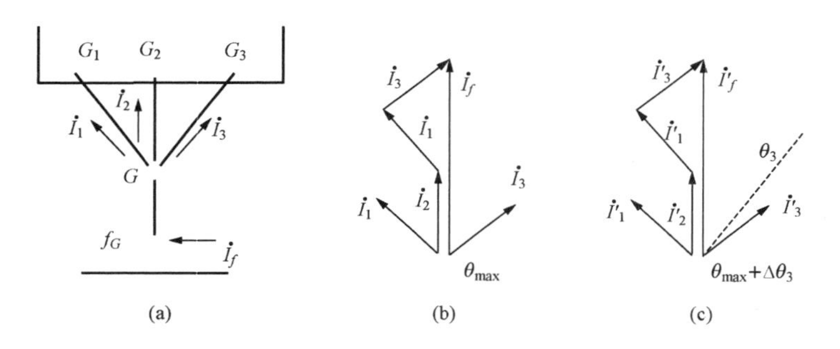

图 10-4　零平衡网络中电流随运行状态的变化

$$I_f = \sum I_i \cos\theta_i \tag{10-5}$$

$$I'_f = \sum I_i \cos\theta'_i \tag{10-6}$$

式中　θ_i 和 θ'_i——基本运行状态和变化运行状态下母线 i 注入电流的相位角。

如果在一个母线上既有发电机又有负荷，可以用零阻抗支路将其隔离成两个母线，分别归并到不同性质的两个 REI 母线中。

第三节　状　态　估　计

状态估计又可以称为广义潮流，它与常规潮流所求的状态量相同，但应用的量测量（对应量测方程）在种类和数量上远远多于常规潮流，正是因为量测方程数大于所求状态量数才

提供了状态估计辨识不良数据的能力。

一、状态估计的数学描述

状态估计的量测量主要来自于SCADA的实时数据，量测不足之处使用预报和计划型的伪量测，另外还有一部分根据基尔霍夫定律得到的伪量测是必须使用的。

量测量有

$$\boldsymbol{z}=\begin{bmatrix}P_{ij}\\Q_{ij}\\P_i\\Q_i\\V_i\end{bmatrix} \tag{10-7}$$

式中　$\boldsymbol{z}$——量测向量，假设维数为 m；

P_{ij}——支路 ij 有功潮流量测；

Q_{ij}——支路 ij 无功潮流量测；

P_i——母线 i 有功注入功率量测；

Q_i——母线 i 无功注入功率量测；

V_i——母线 i 的电压幅值量测。

这里 ij 表示所有有量测的支路，既表示线路又表示变压器，而且还表示起端和终端；i 则表示有量测的母线，指的是与此母线联接的机组和负荷均有量测。

待求的状态量是母线电压，即

$$\boldsymbol{x}=\begin{bmatrix}\theta_i\\V_i\end{bmatrix} \tag{10-8}$$

式中　$\boldsymbol{x}$——状态向量，用 n 表示母线数，状态量 $\boldsymbol{x}$ 为 $2n$ 维，一般假设参考母线电压已知，$\boldsymbol{x}$ 的待求量为（$2n-2$）维；

θ_i——表示母线 i 的电压相角（$i=1，2，\cdots，n$）；

V_i——表示母线 i 的电压幅值（$i=1，2，\cdots，n$）。

量测方程是用状态量表达的量测量，即

$$h(\boldsymbol{x})=\begin{bmatrix}P_{ij}(\theta_{ij},V_{ij})\\Q_{ij}(\theta_{ij},V_{ij})\\P_i(\theta_{ij},V_{ij})\\Q_i(\theta_{ij},V_{ij})\\V_i(V_i)\end{bmatrix} \tag{10-9}$$

式中　h——量测方程向量，m 维；

$P_{ij}(\theta_{ij},V_{ij})$、$Q_{ij}(\theta_{ij},V_{ij})$、…、$V_i(V_i)$——均是网络方程，分别表示为

$$P_{ij}=V_i^2g-V_iV_jg\cos\theta_{ij}-V_iV_jb\sin\theta_{ij} \tag{10-10}$$

$$Q_{ij}=-V_i^2(b+y_c)-V_iV_jg\sin\theta_{ij}-V_iV_jb\cos\theta_{ij} \tag{10-11}$$

$$\theta_{ij}=\theta_i-\theta_j \tag{10-12}$$

$$P_i=\sum_{j\in i}V_iV_j(G_{ij}\cos\theta_{ij}+B_{ij}\sin\theta_{ij}) \tag{10-13}$$

$$Q_i = \sum_{j \in i} V_i V_j (G_{ij} \sin\theta_{ij} + B_{ij} \cos\theta_{ij}) \tag{10-14}$$

式中　g——线路 ij 的电导；

　　b——线路 ij 的电纳；

　　y_c——线路对地电纳；

　　G_{ij}——导纳矩阵中元素 ij 的实部；

　　B_{ij}——导纳矩阵中元素 ij 的虚部。

实际上 P_i 和 Q_i 就是所联支路潮流 P_{ij} 和 Q_{ij} 的代数和（包括电容器和电抗器），上述量测方程属非线性方程。

状态估计的目标函数是

$$J(\boldsymbol{x}) = [\boldsymbol{z} - h(\boldsymbol{x})]^{\mathrm{T}} R^{-1} [\boldsymbol{z} - h(\boldsymbol{x})] \tag{10-15}$$

即在给定量测向量 $\boldsymbol{z}$ 之后，状态估计向量 $\boldsymbol{x}$ 是使目标函数 $J(\boldsymbol{x})$ 达到最小的 $\boldsymbol{x}$ 的值。式中 R^{-1} 表示量测权重（采用量测方差的倒数），式（10-15）的含义是量测量加权残差平方和为最小。

预报型和计划型伪量测数据取自母线负荷预报和发电计划，也属于注入型量测（P_i，Q_i），只不过伪量测数据精度低，权重小。

对于网络上的无源母线（既无电源又无负荷）其注入量为零，这就是第一类基尔霍夫型伪量测，采用注入型量测方程式（10-13）和式（10-14），但权重比一般量测大一个数量级以上。

对于零阻抗支路（ZBR）其两端电压差为零，这是第 2 类基尔霍夫型伪量测，即

$$\theta_i - \theta_j = 0 \qquad (i、j \in \mathrm{ZBR}) \tag{10-16}$$

$$V_i - V_j = 0 \qquad (i、j \in \mathrm{ZBR}) \tag{10-17}$$

但这时需补充状态量，即

$$x = \begin{bmatrix} P_{ij} \\ Q_{ij} \end{bmatrix} \quad (i、j \in \mathrm{ZBR}) \tag{10-18}$$

对这一类伪量测也应给以大权重。

二、量测辨识

所谓不良数据是指误差大于某一标准（例如 3～10 倍标准方差）的量测数据。

只有排除不良数据才能得到正确的状态估计结果，这一过程称为不良数据检测与辨识过程。对 SCADA 原始量测数据的状态估计结果进行检查，判断是否存在不良数据并指出具体可疑量测数据的过程称为不良数据检测。对检测出的可疑数据进行验证并找出真正不良数据的过程称为不良数据的辨识。

通常量测错误数据分为两类：一类是稳定的错数（属设备和维修问题）；另一类是在一次采样周期中随机出现的错误数据（即下一次采样不一定还是哪几个错误数据）。状态估计现场安装后一段时间主要是消除第一类错数，或者是设备损坏，或者是符号相反。随着状态估计使用时间加长和维护工作的完善，第一类错数逐步减少，正常运行中往往开关状态错误（量测错或无量测）是引起这一类错数的主要原因。第二类错数是由量测与传送系统质量及受到干扰而产生的。

一个量测系统利用状态估计排除错误数据的能力与量测设备的数量及其分布有关，一是

要求量测量总数 m 大于待求的状态量数 n（冗余度 K），即

$$K = m - n > 0 \tag{10-19}$$

二是量测量分布要均匀，即这些量测量的量测方程能覆盖住全网每一个状态量并存有余度。状态估计辨识不良数据的能力来自于量测系统的冗余度，能够估计出全部状态量的量测系统称为具有可观测性，而去掉不良数据仍保持可观测性的量测系统称为具有可辨识性。当然可辨识性可分为一重不良数据和多重不良数据的不同水平，而且全网各处不良数据的辨识能力也不相同。

当可观测性或可辨识性满足不了要求时，往往用预报型和计划型伪量测来补充，但维护得不好的预报和计划又会带来很大的误差。

（一）不良数据检测与辨识的基本原理

含有不良数据的状态估计结果，在不良数据附近的量测残差会增大，即

$$r_i = Z_i - h_i(x) \qquad (i = 1,2,\cdots,m) \tag{10-20}$$

而量测残差变化可以按残差方程计算，即

$$r = Wv \tag{10-21}$$

式中　W——残定灵敏度矩阵，$m \times m$ 维；

v——量测误差向量，m 维。

残差方程是不良数据检测与辨识的理论基础，某一量测的残差 r_i 为

$$r_i = \sum_{k=1}^{m} W_{ik} v_k \qquad (i = 1,2,\cdots,m) \tag{10-22}$$

其是全部量测误差的联合作用，因此某一个不良数据 v_i（即 v 中异常大者）也会影响全部残差。相互影响程度由灵敏度矩阵的 W_{ik} 大小来确定，一般来讲残差灵敏度矩阵 W 具有对角优势，这给不良数据检测与辨识带来了方便，因为对应于不良数据的残差项最大，即根据残差大小就可以检测可疑数据。

从残差灵敏度矩阵 W 的计算式可以看出，它决定于电网结构和量测配置的数量与分布，通常注入型量测和配置薄弱地方量测的对角线优势较弱（甚至无优势）。

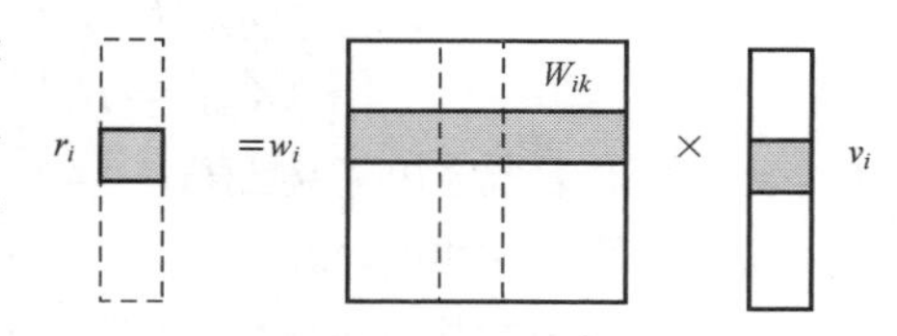

图 10-5　残差与误差的关系

对检测的要求是在不漏掉不良数据的条件下，尽可能缩小可疑数据的范围。

检测可利用的信息有三个方面：量测值的极限；量测残差；两次采样量测量的变化。由此形成了以下几种检测方法：

1. 粗检测

检查量测数据是否超过规定的极限或者变化速度超过可能的极限，这样不可能达到的数据可以直接安排出，多数系统在 SCADA 已经完成了粗检测。

2. 残差型检测

（1）加权残差 r_w 检测，即

$$|r_{wi}| \geqslant \varepsilon_{rw}\text{，则 } i \text{ 可疑} \qquad (i = 1,2,\cdots,m) \tag{10-23}$$

式中　ε_{rw}——加权残差检测的门槛值。

（2）标准化残差 r_N 检测，即

$$|r_{Ni}| \geqslant \varepsilon_{rN}，则 i 可疑 \qquad (i=1,2,\cdots,m) \tag{10-24}$$

式中 ε_{rN}——标准化残差检测门槛值；

r_{Ni}——量测 i 标准化残差。

$$r_N = D^{-\frac{1}{2}} r$$
$$D = \text{diag}[WR] \tag{10-25}$$

标准化残差检测在一般量测冗余度下检测单个不良数据时比加权残差检测性能要好一些。

残差检测的门槛值（ε_{rw} 和 ε_{rN}）在运行中需人工调整：状态估计投入初期门槛值调整得高一些，否则可疑数据过多会失掉可辨识性；对一个维护状态良好的量测系统，此门槛值调整得低一些，以免漏掉不良数据。

3. 量测突变检测

$$|C_i| \geqslant \varepsilon_c，则 i 可疑 \qquad (i=1,2,\cdots,m) \tag{10-26}$$

$$C_i = z_i^{(k)} - z_i^{(k-1)} \qquad (i=1,2,\cdots,m) \tag{10-27}$$

式中 C_i——量测量近 2 次采样的变化量；

(k)——采样序号；

ε_c——突变检测门槛。

如果两个关系比较密切的量测量，其残差灵敏度矩阵的互项值与自项值接近而符号相反时，即使这两个量测出现接近的不良数据，它们对应的残差也不一定大，残差检测就可能漏掉它们。这种情况下，量测值突变检测就不会放过它们。

4. 残差与突变联合检测

$$S_i \geqslant \varepsilon_k \quad 则 i 可疑 \qquad (i=1,2,\cdots,m) \tag{10-28}$$

$$S_i = |r_{wi}| K_{rw} + |C_{wi}| K_{cw} \qquad (i=1,2,\cdots,m) \tag{10-29}$$

$$C_{wi} = R_i^{-1/2} C_i \qquad (i=1,2,\cdots,m) \tag{10-30}$$

式中 ε_k——联合检测的门槛值；

S_i——联合检测指标值；

K_{rw}——联合检测中加权残差联合系数；

K_{cw}——联合检测中加权突变联合系数；

C_{wi}——加权突变量。

如果 $K_{rw}=1$，$K_{cw}=0$，式（10-28）就变为加权残差检测式（10-23）；而如果 $K_{rw}=0$，$K_{cw}=1$，式（10-28）则变成突变检测式（10-26）。

（二）不良数据的辨识

针对可疑量测辨识不良数据的方法有：

（1）残差搜索法；

（2）非二次准则法；

（3）零残差法；

（4）总体型估计辨识法；

（5）逐次型估计辨识法。

它们之间的区别在于以下几方面：

（1）对可疑数据是逐个辨识还是总体辨识；

（2）排除可疑数据的方式可以是变权重、变残差或直接删除；

（3）删除可疑数据后，对量测残差和状态量的计算是迭代或线性修正。

三、参数辨识

自20世纪70年代状态估计引入调度中心后，已成为调度自动化系统的核心和基石。网络分析和基于网络分析的优化决策与控制都依赖于状态估计的结果。因此状态估计结果必须尽可能地接近真值，且要具备高可靠性以满足电网在线决策与控制的需求，确保现今电力供应的安全性和可靠性。而电网元件参数的误差会导致能量管理系统（EMS）的状态估计结果不准确，影响其他应用结果的可靠性和精确性。

对于电网元件参数的估计，理论上通常估计支路阻抗参数最直接的方法是将支路阻抗参数作为状态变量增广到状态估计中进行计算。由于量测对参数的求导分量容易导致雅可比矩阵条件数跃升，故增广参数后的状态估计数值稳定性显著变差。

在可疑参数辨识方面，有基于灵敏度的错误参数辨识方法，但计算结果可信度不高；有基于拉格朗日乘子的可疑参数辨识方法，具有较高的可靠性，但速度较慢。对于电网元件参数的估计，有用可疑支路潮流补偿量代替可疑支路参数，使状态估计获得无偏的估计结果。而这种方法只可以在一定程度上改善数值稳定性问题。在现场应用中，采用该方法经常会出现支路参数不可估计或者估计结果不合理等问题，数值稳定性仍然较差。有利用Tabu方法寻求最优解，进行电网支路参数估计。该方法数值稳定性较好，但因为其搜索无方向性，计算速度较慢。

多断面联合参数估计的基本思想是利用相关的历史量测，基于加权最小二乘法将待估计参数增广为参数状态量，利用增广状态估计实现参数估计。

对于参数估计问题，参数矢量不再作为已知值，而是作为增广的状态矢量加入到状态估计问题中。显然，参数估计问题增加了状态矢量的维数，而量测的数量却没有变化，若状态估计问题不可观测，或者虽然可以观测，但没有任何的冗余度，则参数估计问题肯定不可观测。因此，只有在系统的量测配置满足可观测性要求，并有适当冗余度的条件下，才有可能进行参数估计。

为了保证参数估计问题的可观测性，并保留一定的冗余度，以提高参数估计的精度，必须对多个运行断面进行联合估计，这大大增加了参数估计问题的规模，Givens正交变换的非均匀分块稀疏矩阵处理技术是保证算法执行效率的关键。

对于参数估计问题，量测雅可比矩阵中对应于状态变量的部分仍具有1×2分块性质，但参数变量对应的列则与所估计的参数有关，不一定具有1×2分块性质。对于线路参数，量测雅可比矩阵与串联电阻及串联电抗对应的列具有相同的稀疏性结构，但量测雅可比矩阵与并联电纳对应的列则具有更好的稀疏性。因此，在列编号优化时，对串联电阻及串联电抗连续排列，不会增加Givens正交变换过程中非零注入元素的数量，但若人为地将并联电纳与串联电阻或串联电抗连续排列，则将降低列编号优化的自由度，导致列编号优化效果降低，增加中间非零注入元素的数量。相似地，量测雅可比矩阵与变压器激磁电导及激磁电纳对应的列具有相似的稀疏结构，可以连续排列，绕组的串联电阻、串联电抗及非理想变比具有相似的稀疏结构，可以连续排列，但并联参数对应的列稀疏结构与串联参数对应的列稀疏结构不同，不能强行要求连续排列。

四、状态估计的调试方法

发展能量管理系统（EMS）的主要目的是希望可以提高电力系统大规模发电和高压输电系统运行的安全性和经济性。状态估计是 EMS 的核心功能，是将可用的冗余信息（直接量测值及其他信息）转变为电力系统当前状态估计值的实时计算机程序和算法。准确的状态估计结果是进行后续工作（如静态安全分析、调度员潮流和最优潮流等）必不可少的基础。

状态估计的调试一般分为三个步骤：首先是将一个网络从不收敛调试到收敛，这经常会出现在长时期没维护或者投运了一个高电压等级的枢纽变电站所造成的；第二个步骤是提高状态估计合格率，使得状态估计后的数据变得十分可信；第三个步骤是根据系统不大出现的一些状态（例如环网）来进行参数的辨识和估计，使得电网参数与实际的逐步一致。

1. 纠错悬空设备

在网络建模的过程中，有时候会产生设备已经定义但是没有连接的问题，这些问题很难在图形上发现，只能通过网络拓扑来发现。在悬空设备中，有三类，一类是一个端点连接了，但是另外一个端点悬空的设备，这往往出现在线路上；第二类是两端都悬空的设备；最后一类是两端都连上了，但是连接点悬空。

2. 纠错不同电压等级设备混接

在网络建模时，有时候会将变压器的三侧连错了电压等级，这个在图上虽然也可以通过动态着色来发现，但是还会有一些不容易发现。不同电压等级混接会使得状态估计的结果混乱，需要列出这些情况进行告警。

3. 纠错参数

在网络建模中，经常会出现开始时没有拿到参数导致参数并没有录入的问题，因此需要找出这些参数并进行告警。

一般的逻辑为：

（1）所有的线路中 R、X 有一个为 0 的线路；

（2）所有的双绕组变压器中各线圈 X 均为 0 的变压器；

（3）所有的双绕组变压器中各线圈 X 有一个小于 0 的变压器；

（4）所有的三绕组变压器中各线圈 X 有一个为 0 的变压器；

（5）所有的三绕组变压器中高低压线圈 X 不为正，中压线圈 X 不为负的变压器；

（6）所有的线路中 R 大于 3 倍 X 的线路；

（7）所有的线路和主变压器中 X 不等于 0，但是小于 0.01 或大于 100 的设备（有名值），或者大于 1 的设备（标幺值）。

4. 纠错遥信

在旧站改造的过程中，有可能使用的量测量出错，如：把旧站的量测应用到新站，那么就会造成在界面上看到的是好的量测，但是实际上的拓扑却过不了的问题。因此需要将这种由于遥信错误，可能导致整个站失电的问题给找出来。

可以根据拓扑后的结果，列出死岛列表，并能够列出死岛中所有的设备，将所有死岛中含不为零的模拟量的死岛用不同颜色标出。列出节点数小于 10 的活岛，并能够列出活岛中所有的设备，并自动给出该活岛的平衡度，对于不平衡的活岛用不同颜色标出。

5. 查询极值

该功能主要在状态估计不收敛时使用。在状态估计不收敛的时候，有一种情况是参数不对所造成的，参数不对时就会堆积误差在这个设备附近，因此能够给出误差最大的设备，对于调试状态估计有重要意义。

6. 提供屏蔽操作，减少网络范围

该功能主要在状态估计不收敛时使用。当状态估计不收敛时，可以减少网络范围，如只状态估计 220kV 及以上网络，或者将某个变电站的开关拉开，来屏蔽掉该部分网络。

7. 检查平衡度和方向

该功能主要在状态估计不收敛时使用，需要在拓扑下进行。其主要包括：

（1）母线平衡度检查：以母线为节点，检查母线所连的所有元件的流入和流出。

（2）变电站平衡度检查：检查该变电站的线路流入和主变压器的流出（注意不能使用低压侧负荷母线，因为负荷母线上的量测并不一定准确，使用主变压器的低压侧是比较准确的量测）。

（3）线路平衡度检查：检查线路两端的流入和流出。

（4）主变压器平衡度检查：检查主变压器各测的流入和流出。

（5）反方向检查：如果平衡度的值接近于两个值的相加，则有一个量测为反方向。对于两个以上的量测，取其中一个量测，如果平衡度的值接近于该值的两倍，则该量测应该为反方向。

8. 关联检查遥信、遥测

该功能主要用来检查死数据和遥信、遥测不匹配的情况，可以和检查历史量测配合起来用。

其原理为：

（1）将所有量测挂到开关上；

（2）列出所有开关位置为分，但有遥测的和所有开关位置为合，但量测为零的开关。

9. 并列运行纠错

该功能主要用来检查是否存在并列运行但量测不一致的设备。

如果设备并列运行，但是返回的量测却不正确（例如母线存在电压差，档位不一致），则状态估计的结果会有很大的环流，通过对环流的辨别，来提示并行运行时的一些参数错误或者是量测错误。

10. 纠错环网

该功能主要用来检查参数是否正确。

环网包括同一电压等级的电环和跨电压等级通过变压器形成的电磁环。因为环网对模型参数的敏感度很高，所以环网可以评估模型参数。但是，环网需要和实际的电流相比，所以其实用面就比较窄。电环的估计结果与相应线路的电阻、电抗及电容值有关；而电磁环的估计结果还与变压器的电阻、电抗和分接头位置有关。如果环网中状态估计的结果与采样值有较大的差异，而采样值是可以信赖的，就可能是模型参数出现了问题，必须进行相关参数的校核与检查。

第四节 负 荷 预 测

能量管理系统（EMS）需要过去（历史）、现在（实时）和未来（计划）三类数据，而负荷预测是未来数据的主要来源。

负荷预测对电力系统控制、运行和计划都是非常重要的，提高其精度既能增强电力系统运行的安全性，又能改善电力系统运行的经济性。

提高负荷预测精度的主要途径却是软件，通过软件提高负荷预测精度的技术手段有两种：一是提供多种模型与算法，根据实际负荷规律选取之；二是建立超短期—短期—中期—长期负荷预测完整体系，滚动预测，自适应修正模型。

一、负荷预测概述

电力系统负荷预测分为系统负荷预测和母线负荷预测两类，而系统负荷预测按周期又有超短期、短期、中期和长期之分。

超短期负荷预测用于频率控制和实现实时发用电平衡，需 5～30min 的负荷值，使用对象是调度员；短期负荷预测主要用于火电分配、水火电协调、机组经济组合和交换功率计划，需要 1 日～1 周的负荷值，使用对象是编制调度计划的工程师；中期负荷预测主要用于水库调度、机组检修、交换计划和燃料计划，需要 1 月～1 年的负荷值，使用对象是编制中长期运行计划的工程师；长期负荷预测用于电源和网络发展，需要数年至数十年的负荷值，使用对象是规划工程师。

母线负荷预测由系统负荷预测取得某一时刻系统负荷值，并将其分配到每一母线之上。在系统负荷到每一母线负荷之间往往再设 1～2 层负荷区，对某一时刻来说具有一套多层的分配系数，对不同的时刻配有不同的分配系数，这样才能适应上下层之间负荷曲线的不一致性。母线负荷分配系数是由状态估计在线维护的，所以在本节不做展开讨论。

提高负荷预测的精度关键是针对具体电网研究负荷变化模型和选择算法。

负荷变化模型中主要影响负荷变化因素有负荷构成、负荷随时间变化规律、气象变化的影响及负荷随机波动。

按照系统负荷构成可以将其划分为城市民用负荷、商业负荷、工业负荷、农业负荷及其他负荷等类型。不同类型的负荷有着不同的变化规律。例如随家用电器的普及，城市居民负荷年增长率提高、季节波动增大，尤其是空调设备在南方迅速扩展，使系统峰荷受气温影响越来越大；商业负荷主要影响晚尖峰，而且随季节而变化；工业负荷受气象影响较小，但大企业成分下降，使夜间低谷增长缓慢；农业负荷季节变化强，而且与降水情况关系密切。一个地区负荷往往含有几种类型的负荷，比例不同。

各类用电负荷随时间的变化规律是不同的，由它们构成的系统负荷具有不同的变化规律。分析一段时间的负荷历史记录，一般可看出两种变化规律：一是逐渐增长的趋势；二是日、周、月、年的周期性变化。

气象对负荷有明显的影响，气温、阴晴、降水和大风都会引起负荷的变化，但每个电网负荷对各种气象因素的敏感程度是不相同的，这是研究负荷预测的重要内容。例如，东北地区初冬的一次寒流会使负荷由北至南逐次增加；南方夏季的台风一路解除各地的闷热天气，

使负荷依次下降。

负荷的随机波动是指某些未知的不确定因素引起的负荷变化，对每一电网随机波动负荷大小是不相同的。例如，对超短期负荷预测来说巨大的轧钢负荷就属于随机干扰。

负荷预测模型确定了之后，进一步应确定采取什么样的负荷预测算法。几十年来各种可能的算法均在负荷预测课题上试验过了，目前实用的算法主要有线性外推法、线性回归法、时间序列法、卡尔曼滤波法、人工神经网络法、灰色系统法和专家系统方法等。各种算法均有一定的适用场合，可以说没有一个算法适用于各种负荷预测模型而精度比其他算法都高。实际可以采取试验比较法，利用某一电网的历史数据确定该电网最有效的算法；而在精度一致的条件下，当然选择较简单的算法。

二、超短期负荷预报

负荷预报的基本模型在于反应负荷变化的规律和特性，并且有了这个基本模型后，就可以研究相应的数学方法来进行负荷预报。研究和建立一个最佳的数学模型，是负荷预报的核心问题。

负荷预报的数学模型，应明确表示目前负荷和过去负荷、影响负荷因素及干扰之间的关系。当预测负荷的周期不同时，负荷变化将呈现不同的规律和特性，描述负荷的模型当然也不同，同时应当有一整套办法进行模型辨识、参数估计及检验模型的适应性。

超短期负荷预报，是指未来一个小时以内的负荷预报，一般不考虑正常情况下气象条件的影响。事实上，气象变化对负荷的影响主要表现在温度改变引起负荷变化，但是，温度变化是缓慢的，所以它对负荷的影响一般不会突变；当以负荷历史记录作为负荷预报的资料时，温度的影响实际上就已包含在负荷的历史记录中了。但是，对于天气的突变和其他一些对负荷造成一定影响的突发性事件，在预测的前提下必须加以考虑。

超短期负荷预报模型，必须能够反映负荷在短时间内的变化规律。而在一天的时间里，前后极短的时间内，比如十分钟内的负荷变化，呈现上升趋势、下降趋势或水平趋势的都有，并且上升和下降变化得快慢又大都不同，这样看来，未来 10min 的负荷变化值，随不同时刻，变化多样，规律似乎很难掌握。但是应该认识到，在极短的时间内，预报时刻的负荷值，一定是在当前时刻负荷值的基础上的发展变化。如图 10-6 所示，t_2 时刻负荷值 $y(t_2)$ 一定是在 $y(t_1)$ 时刻负荷值 $y(t_1)$ 基础上叠加一个变化量，即

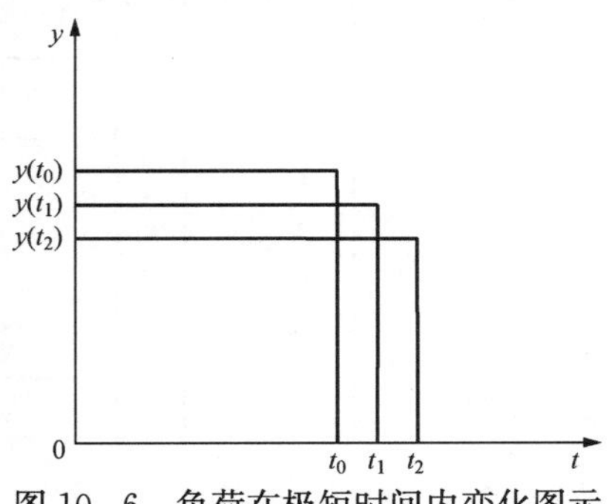

图 10-6　负荷在极短时间内变化图示

$$y(t_2) = y(t_1) + \Delta y \qquad (10-31)$$

在当前时刻负荷值已知的情况下，如果能知道预报时刻负荷的变化趋势及变化值 Δy，那么问题就解决了。

如何获取短时间内负荷变化的趋势及变化值是问题的关键。解决的途径只能求助于负荷的历史记录，除了看到负荷具有明显的随机变化特性外，另一个明显的特性是负荷的周期性。一般说来，相似日相同时段负荷曲线变化不大，而最近数个同类型日的相同时段内，负荷变化更呈现总体相近变化规律，如图 10-7 所示，图 10-7 中 1、2、3、4、5 各代表一天，

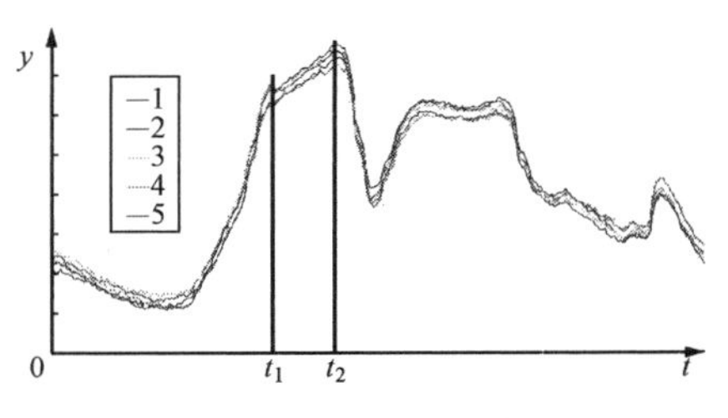

图 10-7 相似日相同时段负荷变化图示

在 t_1 和 t_2 这一极短的时间内负荷呈现上升趋势，且变化值相近。

如果负荷变化非常有规律，那么同类型日对应相同时段内负荷趋势及变化值都相近。当然，这是理想的情况，实际上，针对上例中的五天，可能有一天负荷在 $t_1 \sim t_2$ 时段内呈现相反变化趋势，比较坏的情况是有两天的变化趋势同另三天的变化趋势相反，在这种负荷变化随机性大的情况下，只能采取折中方法，取多数天一致的变化趋势为预测负荷的变化趋势。

这样，超短期负荷预报，因为预报时间短，那么在当前时刻 t_1 到预报时刻 t_2 里的负荷变化可以看做是线性模型

$$y(t) = a + bt \tag{10-32}$$

式中 a、b——参数，由历史负荷记录获得。

式（10-32）描述了一般情况下的超短期负荷预报模型，可是对于特别事件（天气）情况，一般要积累过去长期的经验，把曾经出现的大量特别事件（天气）记录进行分类、归纳得出对负荷的影响程度，在进行超短期负荷预报时，同时预测有无特别事件（天气）情况，若无，则不进行修正，若有，根据特别事件（天气）属性和经验得出对负荷的影响值，去修正原预测值，如图 10-8 所示。

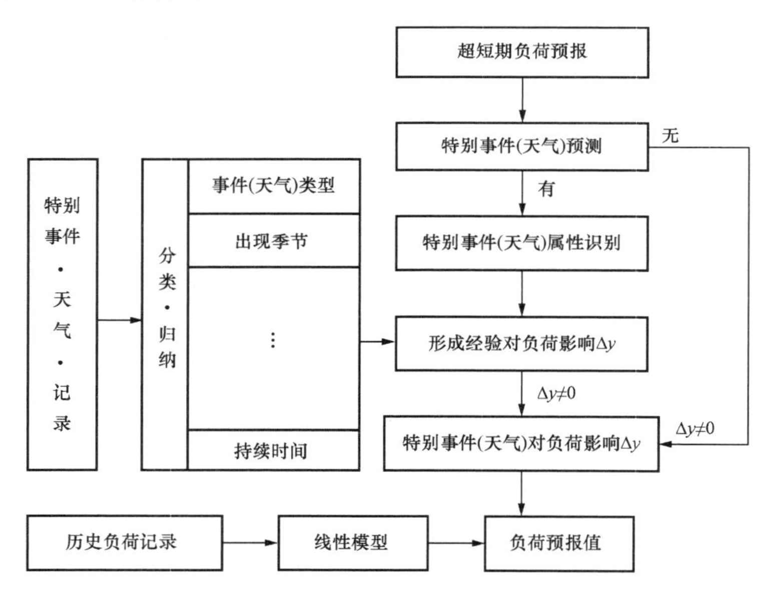

图 10-8 超短期负荷预测过程框图

负荷预报方法从基本原理上说主要有两类：一类是根据历史资料选配曲线的外推方法；另一类是建立在电力负荷与选定的影响因子的相关方法。所谓外推方法，就是根据已知的历史资料来拟合一条曲线，使得这条曲线能反应负荷本身的变化趋势，然后，根据变化趋势，从曲线上估计出未来某时刻的负荷值。这个过程很简单，但是在大多情况下，它也能给出较好的预报结果，而且，这种方法是一种确定外推，因为在处理负荷历史数据，拟合曲线过程

中，都可以不考虑随机变量。

三、短期负荷预报

短期负荷预测通常是指24h的日负荷预测和168h的周负荷预测。根据其预测周期，可知其基本变化规律可由线性变化模型和周期变化模型来描述。日负荷至周负荷的变化，受特别事件（天气）影响明显，对应特别事件（天气）负荷分量模型，同时还存在随机负荷分量。

线性变化模型用来描述日平均负荷变化规律，将历史上一段日平均负荷按时序画在一张图上，可以看出每日平均负荷略有波动，总体趋势呈一条直线，可用线性模型表示。

周期模型用来描述24h为周期的变化规律。在分析日负荷曲线形状时，除掉日平均负荷的变化因素，将连续几天的日负荷变化画在一张图上，可以看出明显的周期性，即以24h为周期循环变化。

特别事件（天气）负荷分量，考虑时可把特别天气或天气变化看做是特别事件，和其他如特别电视节目、重大纪念活动等合并作为特别事件考虑，也可以把有关天气对负荷的影响和其他事件出现对天气的影响分开考虑。负荷在一定程度上，受此分量影响颇大，进一步提高负荷预报精度，关键是科学合理地预测特别事件（天气）负荷分量，但往往不是一件容易的事情。

详细地考虑特别事件（天气）负荷分量，是一件复杂的工作，可以专门用专家系统来做，实际工作中一般做适当简化。目前，常把特别事件和天气对负荷的影响分开来考虑，特别事件用前已述及的乘子模型或叠加模型考虑；天气变化对负荷的影响，一般主要考虑温度影响，把负荷看做是温度的函数，由历史负荷数据和温度记录，通过线性回归的方法，来确定其关系。

随机负荷分量，一般由时间序列模型描述。

对于日负荷预报来说，工作日和休日负荷曲线差别明显，其次，天气因素，特别是温度对负荷有较大的影响，由此，采用基于温度准则的外推方法。首先根据过去数个同类型日得出预报日的负荷变化系数，认为同类型的负荷变化规律相近；其次，假定每天的最大负荷和最小负荷与对应天的最高温度和最低温度具有一定的相关性，由过去数个同类型日负荷数据和温度数据，求出其相关系数；最后，在预测到预报日最高温度和最低温度情况下，预测出预报日的最大负荷和最小负荷，再由预报日的负荷变化系数，最终求出预报日的各点负荷预报值，图10-9给出其原理框图。

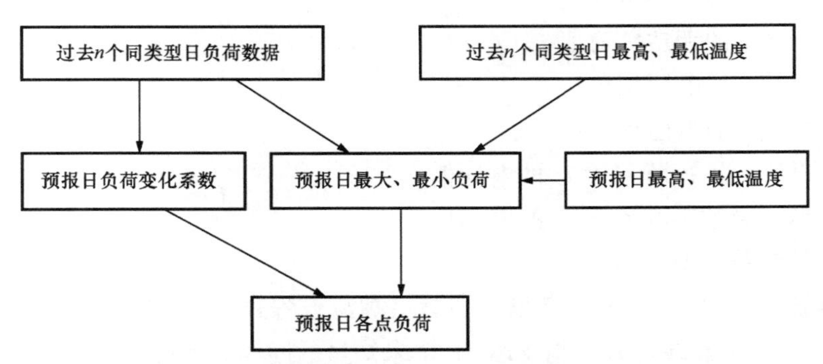

图10-9　基于温度准则的外推日负荷预报方法原理图

第五节 调 度 员 潮 流

一、潮流计算算法

调度员潮流（Dispatcher Power Flow），是能量管理系统（EMS）最基本的网络分析软件，调度员可以用它研究当前电力系统可能出现的运行状态，计划工程师可以用它校核调度计划的安全性，分析工程师以用它分析近期运行方式的变化。

软件维护工程师保持日常调度工程师潮流软件数据和调整模型的良好状态，可以随时为其他网络分析软件提供“研究方式”（或称“假想方式”）。此外，潮流还是其他网络分析软件的基本模块（给出一组母线注入功率，计算其电压相角与幅值）。

1. 潮流基本模型

潮流基本模型是根据各母线注入功率计算各母线电压和相角。母线划分为 3 种类型：$P-Q$、$P-V$、$V-\theta$，不同类型母线的已知量和未知量如表 10 - 1 所示。

表 10 - 1　　　潮流不同母线类型

母线类型	已知量	未知量
$P-Q$	P_i　Q_i	θ_i　V_i
$P-V$	P_i　V_i	θ_i　Q_i
$V-\theta$	θ_i　V_i	P_i　Q_i

潮流方程即母线注入方程，即

$$P_{Gi}-P_{Di}=\sum_{j\in n}V_iV_j(G_{ij}\cos\theta_{ij}+B_{ij}\sin\theta_{ij})\quad(i=1,2,\cdots,n)\tag{10-33}$$

$$Q_{Gi}-Q_{Di}=\sum_{j\in n}V_iV_j(G_{ij}\sin\theta_{ij}+B_{ij}\cos\theta_{ij})\quad(i=1,2,\cdots,n)\tag{10-34}$$

$$\theta_{ij}=\theta_i-\theta_j$$

式中　P_{Gi}——母线 i 的有功发电值；

Q_{Gi}——母线 i 的无功发电值；

P_{Di}——母线 i 的有功负荷值；

Q_{Di}——母线 i 的无功负荷值；

θ_i——母线 i 的电压相角；

V_i——母线 i 的电压幅值；

G_{ij}——母线导纳矩阵元素 ij 的电导值；

B_{ij}——母线导纳矩阵元素 ij 的电纳值；

n——母线数，即 $i=1,2,\cdots,n$。

基本潮流就是求出各母线的状态量，即满足潮流方程式（10 - 33）和式（10 - 34）的 θ_i 和 V_i，这是一个 $2n$ 个非线性方程组求解 $2n$ 个未知量的问题。实际上 $\theta—V$ 母线也称缓冲母线（Slack bus）的电压相角和幅值是已知的；$P—V$ 母线的电压幅值是已知的（假设为 p

个)，实际解的维数是（$2n-2-p$）。

潮流基本模型是一个高维数的非线性方程组问题。

2. 牛顿—拉夫逊（Newton-Raphson）法潮流

牛顿—拉夫逊法或称牛顿法是解非线性方程组最有效的方法。基本原理是在解的某一邻域内的某一初始点出发，沿着该点的一次偏导数—雅可比（Jacobian）矩阵朝减小方程残差的方向前进一步，在新的点上再计算残差和雅可比矩阵继续前进，重复这一过程直到残差达到收敛标准即得到了非线性方程组的解。因为越靠近解，偏导数的方向越准，收敛速度也就越快，所以牛顿法具有二次收敛特性。而所谓“某一邻域”是指雅可比方向均指向解的范围，否则可能走向非线性函数的其他极值点。

一般来说，潮流由平电压（Flat，即各母线电压相角为 0，幅值为 1）起动即在此邻域内。

潮流方程式（10-33）和式（10-34）可以改写为残差形式

$$\Delta P_i=(P_{Gi}-P_{Di})-\sum_{j\in i}V_iV_j(G_{ij}\sin\theta_{ij}+B_{ij}\cos\theta_{ij})\quad(i=1,2,\cdots,n)\tag{10-35}$$

$$\Delta Q_i=(Q_{Gi}-Q_{Di})-\sum_{j\in i}V_iV_j(G_{ij}\cos\theta_{ij}-B_{ij}\sin\theta_{ij})\quad(i=1,2,\cdots,n)\tag{10-36}$$

对式（10-35）和式（10-36）进行泰勒（Taylor）级数据展开，仅取一次项，即可得到潮流计算的线性修正方程组，以矩阵的形式表示为

$$\begin{bmatrix}\Delta P\\\Delta Q\end{bmatrix}=\begin{bmatrix}\dfrac{\partial\Delta P}{\partial\theta} & \dfrac{\partial\Delta P}{\partial V}\\\dfrac{\partial\Delta Q}{\partial\theta} & \dfrac{\partial\Delta Q}{\partial V}\end{bmatrix}\begin{bmatrix}\Delta\theta\\\Delta V\end{bmatrix}\tag{10-37}$$

式中　ΔP、ΔQ——潮流方程的残差向量（$2n-2$）；

$\begin{bmatrix}\dfrac{\partial\Delta P}{\partial\theta} & \dfrac{\partial\Delta P}{\partial V}\\\dfrac{\partial\Delta Q}{\partial\theta} & \dfrac{\partial\Delta Q}{\partial V}\end{bmatrix}$——雅可比矩阵；

$\Delta\theta$、ΔV——母线电压修正向量（$2n-2$）。

雅可比矩阵的元素为

$$\frac{\partial\Delta P_i}{\partial\theta_i}=-B_{ii}V_i^2-Q_i\tag{10-38}$$

$$\frac{\partial\Delta P_i}{\partial\theta_j}=V_iV_j(G_{ij}\sin\theta_{ij}-B_{ij}\cos\theta_{ij})\tag{10-39}$$

$$\frac{\partial\Delta P_i}{\partial V_i}=\frac{1}{V_i}(G_{ii}V_i^2+P_i)\tag{10-40}$$

$$\frac{\partial\Delta P_i}{\partial V_j}=V_i(G_{ij}\cos\theta_{ij}+B_{ij}\sin\theta_{ij})\tag{10-41}$$

$$\frac{\partial\Delta Q_i}{\partial\theta_i}=-G_{ii}V_i^2+P_i\tag{10-42}$$

$$\frac{\partial \Delta Q_i}{\partial \theta_j} = -V_i V_j (G_{ij} \cos\theta_{ij} + B_{ij} \sin\theta_{ij}) \tag{10-43}$$

$$\frac{\partial \Delta Q_i}{\partial V_i} = \frac{1}{V_i}(-B_{ii} V_i^2 + Q_i) \tag{10-44}$$

$$\frac{\partial \Delta Q_i}{\partial V_j} = V_i (G_{ij} \sin\theta_{ij} - B_{ij} \cos\theta_{ij}) \tag{10-45}$$

牛顿法潮流的计算步骤为（见图 10 - 10）：

[1] 母线电压初始化；

[2] 用式（10 - 35）和式（10 - 36）计算残差 ΔP 和 ΔQ；

[3] 测试 ΔP 和 ΔQ 是否达到收敛标准 ε，达到判为收敛，否则转［4］；

[4] 用式（10 - 38）～式（10 - 45）计算雅可比矩阵元素；

[5] 用式（10 - 37）计算修正向量 $\Delta\theta$、ΔV，进行一步迭代修正，即

$$\theta^{(k+1)} = \theta^{(k)} + \Delta\theta^{(k)} \tag{10-46}$$

$$V^{(k+1)} = V^{(k)} + \Delta V^{(k)} \tag{10-47}$$

式中　(k)——迭代次数。

转［2］继续迭代。

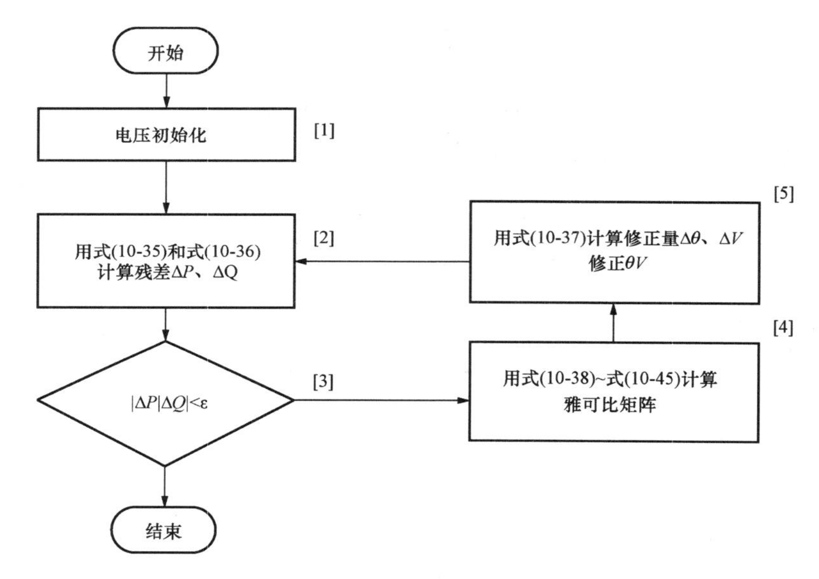

图 10 - 10　牛顿法潮流框图

3. 快速分解法潮流

雅可比矩阵的分解过程比其前推和回代过程多出几倍的时间，能不能只分解一次进行多次前推和回代过程呢？

另外，能不能忽略雅可比矩阵中 $\partial\Delta P/\partial V$ 和 $\partial\Delta Q/\partial\theta$ 而将 P 和 Q 分开计算呢？

实际上与离线潮流平行发展的有在线潮流，初期用的是直流潮流，即仅做有功 P—θ 的一次修正结果。20 世纪 70 年代中期由直流潮流和牛顿法潮流结合产生了快速分解法潮流，所谓“快速”即指雅可比矩阵常数化，仅做一次分解，所谓“分解”即指有功无功分别计算（或称解耦）。

可以按下列假设推导快速分解潮流：

(1) P 与 Q 解耦假设，即

$$\frac{\partial \Delta P}{\partial V}=0 \tag{10-48}$$

$$\frac{\partial \Delta Q}{\partial}=0 \tag{10-49}$$

(2) 电压在额定值附近的假设，即

$$\sin\theta_{ij}\approx 0 \tag{10-50}$$

$$\cos\theta_{ij}\approx 1.0 \tag{10-51}$$

(3) 支路电阻与电抗比的假设

$$R/X\ll 1.0 \tag{10-52}$$

由此可以将牛顿法修正方程式（10-37）化为

$$[\Delta P]=[B'][\Delta\theta] \tag{10-53}$$

$$[\Delta Q]=[B''][\Delta V] \tag{10-54}$$

式中　B'——取支路电抗倒数形成的母线电纳矩阵 $[(n-1)\times(n-1)]$；

B''——母线导纳矩阵的电纳部分 $[(n-1-p)\times(n-1-p)]$。

快速分解法潮流是一种试验算法，实际上仅仅“快速”化，即将雅可比矩阵常数化，收敛性很差；而仅仅“分解”即用 $\partial\Delta P/\partial\theta$ 和 $\partial\Delta Q/\partial V$ 对 P 和 Q 分别修正，收敛性也很差。只有在两者结合的条件下才出现了优势，一般比牛顿法收敛多几次，但总计算量下降数倍。

快速分解法潮流的计算步骤为（见图 10-11）：

[1] 形成矩阵 B' 并分解为第 1 因子表；形成矩阵 B'' 并分解为第 2 因子表。

[2] 电压初始化：$\theta=0$，$V=V_0$。

[3] 用电压 θ 和 V 按式（10-35）计算有功残差 ΔP。

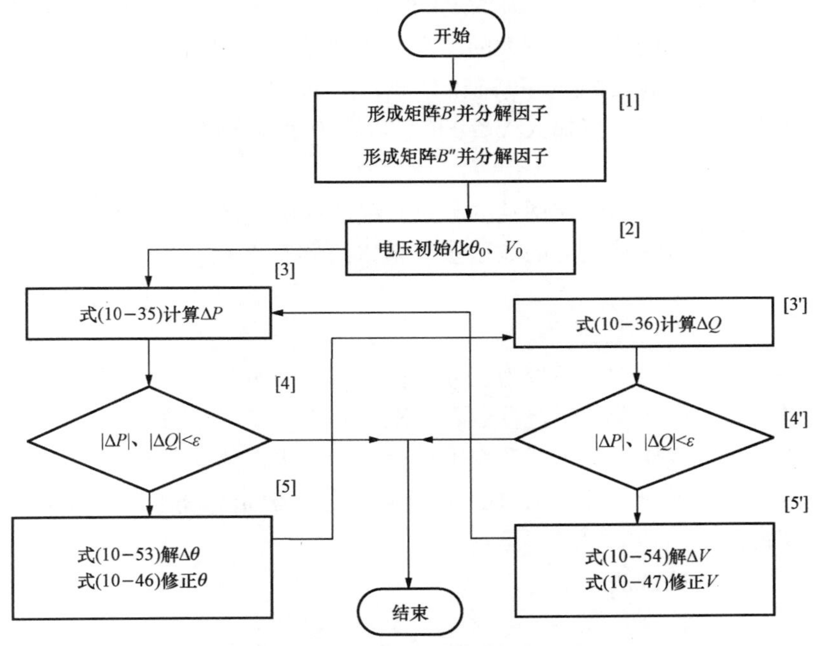

图 10-11　快速分解法潮流框图

[4] 测试 $|\Delta P|$ 和 $|\Delta Q|$ 是否足够小，满足转出口，否则转 [5]。

[5] 用第 1 因子表按式（10-53）解相角修正量 $\Delta\theta$，按式（10-46）进行一步相角修正，转 [3′]。

[3′] 用电压 θ 和 V 按式（10-36）计算无功残差 ΔQ。

[4′] 测试 $|\Delta Q|$ 和 $|\Delta P|$ 是否足够小，满足转出口，否则转 [5′]。

[5′] 按式（10-54）用第 2 因子表解电压修正量 ΔV，按式（10-47）进行一步电压修正，转 [3]。

虽然对某一具体潮流出发条件难以断定是否收敛，但经验表明主要的不收敛原因有二：

(1) 系统不平衡功率过大，当它远远超过缓冲机的调节能力，受相关的变压器和线路容量的限制，在这些元件上电压相角差和电压幅值差过大而失去计算的稳定性。

(2) 在电磁环网中开断高压侧的元件潮流时，对应低压侧元件潮流大大超过稳定极限，失去计算稳定性。

针对以上潮流发散的原因，可以在初始功率调整、缓冲母线和 P—V 母线选择、电磁环的开断辨识等方面改善收敛性。

通常在一条支路（线路或变压器）上电压差达到 0.3～0.4 时潮流计算发散。

二、潮流计算需要的参数

1. 网络接线分析后的节点支路模型

网络接线分析后的节点支路模型是潮流计算的基础模型。在节点支路模型中，所有的开关、闸刀被合并，如果哪条联络开关的潮流需要计算，则将其简化为小支路，即电阻为 0，电抗为一个极小值的支路。根据计算的等值需要，将各终端线路或主变压器的量测值等值为负荷。

2. 节点

节点是支路的连接点，其可以根据节点的类型分为 PQ 节点、PV 节点和平衡节点。其中 PQ 节点为负荷节点，其 P、Q 值为恒定的；PV 节点为发电机节点，其 P、V 值是恒定的；平衡节点一般为本系统中容量较大的一个发电机节点所担当，其 V、θ 值是恒定的。节点上对于 PQ 节点，可以输入 P、Q 负荷和 P、Q 出力。对于 PV 节点，输入 P、V、Q 的最大最小值。对于平衡节点，可以输入 V、θ 值，以及 P 的最大值和 Q 的最大、最小值。

3. 线路支路

线路支路中的参数主要为线路两端的节点，线路的阻抗参数 R、X 和 B/2（当没法得到实测的参数时，可以通过线路型号的典型参数乘以线路长度获得），以及线路的长期通流值和短期通流值。

4. 变压器支路

变压器支路可以分成两种：一种为三卷变；另一种为两卷变。对于两卷变，则其参数为主变压器两端的节点，变压器的阻抗参数 R、X、G、B，变压器的额定容量、额定电压、紧急过载倍数，以及各侧变比。对于三卷变则相对复杂一些，其参数为主变三侧的节点，中性点节点，各侧的阻抗参数 R、X、G、B，变压器的各侧额定容量、额定电压，紧急过载倍数，以及各侧变比。

三、潮流计算的调试方法

1. P—V 母线的选择

(1) 全网 P—V 母线不需要选择过多，但按地区在网络上要均匀分布，因为 P—V 母线吸收不平衡的无功功率，而无功功率不能向远方传送，否则会引起过大的电压降（见图 10-12）。

（2）在一个厂站内最好仅选一条高压母线做 P—V 母线，不应该在邻近的母线上设多个 P—V 母线，因为间相邻阻抗值极小，一旦 P—V 母线电压规定的不合格（包括量测误差）都会引起两母线的极大无功潮流（见图 10-13）。

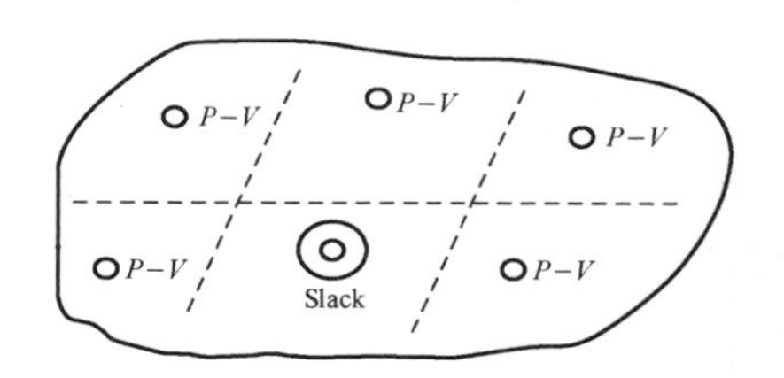

图 10-12　母线按地区分布

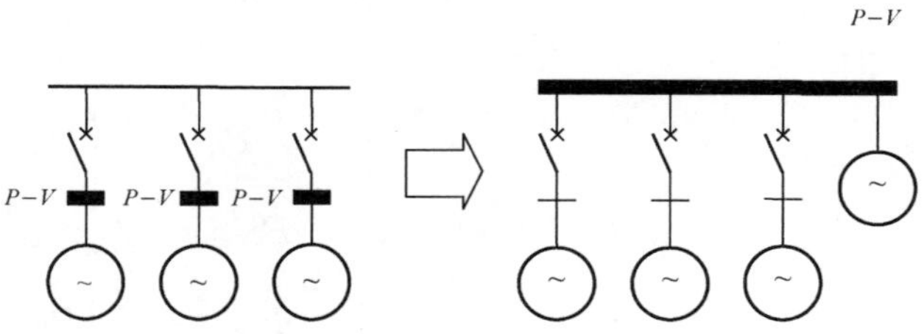

图 10-13　取消邻近的 P—V 母线

2. 极大不平衡功率的检查

检查潮流初始功率平衡条件：

（1）系统最高发电限值；

（2）系统最低发电限制；

（3）系统初始发电功率；

（4）系统初始负荷功率；

（5）系统的初始厂用电功率；

（6）发电向上调整能力；

（7）发电向下调整能力；

（8）初始不平衡功率；

（9）测试向上调整能力不足；

（10）测试向下调整能力不足；

（11）测试不平衡功率大于规定值。

3. 不平衡功率的预处理

一般的潮流逻辑是：先计算基本潮流后做功率调整，这样遇到初始不平衡功率过大时平衡机吸收功率过多，基本潮流无法收敛。显然，若进行大不平衡功率的预处理再计算基本潮流便可以改善潮流的收敛性。

另外，在不平衡功率预处理之前还应检查负荷是否在发电调整范围之中，若超出则应发出信息，停止计算。

4. 开断环网的处理

开断环网时，从发电和负荷平衡来看并未出现大的不平衡，但开断的潮流可能无法全部转移到相关支路上去（容量限制）而使计算发散。

从实际经验可以知道，如果事先将开断线路潮流降到某种程度，潮流是可以收敛的。因此，开断环的处理步骤为：辨识开断元件；计算开断元件灵敏度；调整发电；调整负荷。

（1）辨识开断支路。

可以在网络结线分析中辨识出开断支路和开断功率。

1）在结线分析记录表中找出全部开断元件（线路和变压器）；

2）判断同一元件的两端开关；

3）判断平行开断支路；

4）选择主要开断支路，计算开断功率。

（2）计算开断支路灵敏度。

计算机组和负荷对开断支路的灵敏度。按照灵敏度的符号分别计算机组和负荷的调节能力，即

$$P_G^+ = \sum_{i\in+} P_{Gi}^+ \tag{10-55}$$

$$P_{G\max}^+ = \sum_{i\in+} P_{Gi\max}^+ \tag{10-56}$$

$$P_{G\min}^+ = \sum_{i\in+} P_{Gi\min}^+ \tag{10-57}$$

$$P_G^- = \sum_{i\in+} P_{Gi}^- \tag{10-58}$$

$$P_{G\max}^- = \sum_{i\in+} P_{Gi\max}^- \tag{10-59}$$

$$P_{G\min}^- = \sum_{i\in-} P_{Gi\min}^- \tag{10-60}$$

式中 P_G^+——灵敏度为“＋”机组出力之和；

P_G^-——灵敏度为“－”机组出力之和；

i——机组序号，$i\in+$表示灵敏度为“＋”机组的集合，$i\in-$表示灵敏度为“－”机组的集合。

$$P_D^+ = \sum_{j\in+} P_{Dj}^+ \tag{10-61}$$

$$P_D^- = \sum_{j\in-} P_{Dj}^- \tag{10-62}$$

式中 P_D^+——灵敏度为“＋”负荷之和；

P_D^-——灵敏度为“－”负荷之和；

j——负荷序号，$j\in+$表示灵敏度为“＋”负荷集合，$j\in-$表示灵敏度为“－”负荷集合。

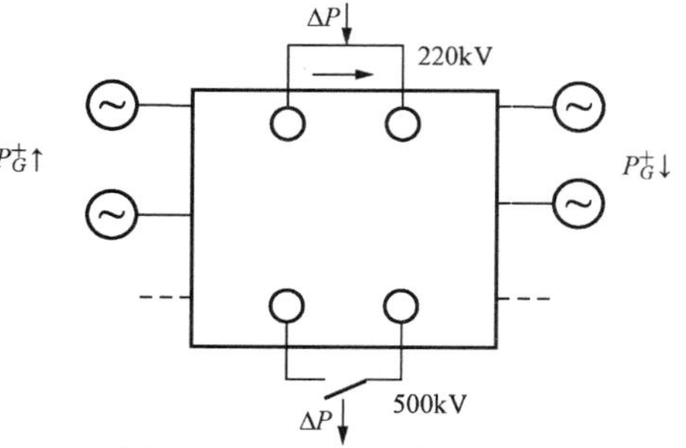

图 10-14　按灵敏度调整机组出力使潮流收敛

（3）按灵敏度调整机组出力。

如图 10-14 所示，若开断 500kV 线路则 220kV 线路过载而不收敛（0）点，如果提高对 500kV 线路灵敏度为“－”的机组出力，或降低对 500kV 线路灵敏度为“＋”的机组出力，则可降低 500kV 线路开断功率，也就会降低 220kV 的过载，使潮流计算收敛。

但并不希望过多的调整机组出力而使开断潮流能够收敛，这就可以用二分法试探最小调整量的收敛点（见图 10-15）。

（4）按灵敏度调整负荷功率。

如果开断环路后机组调整到限制值仍不能使潮流收敛则不能不调整负荷。按开断线路对负

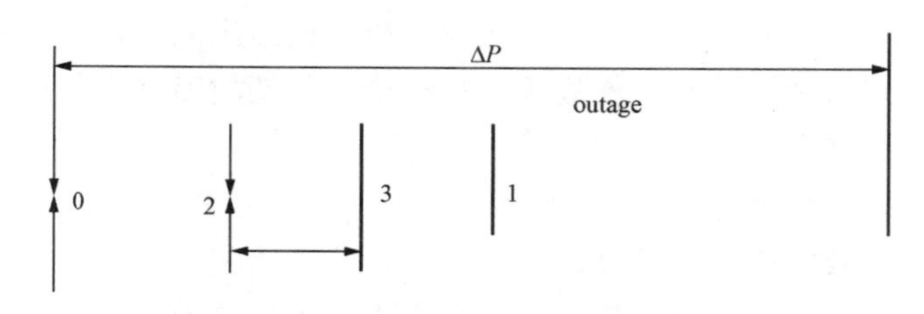

图 10-15　利用二分法试探收敛边界

荷的灵敏度切除最少量负荷得到收敛的潮流。具体方法与机组调整一样采用二分法进行试探。

第六节　静态安全分析

一、故障定义

所谓预想故障分析指的是针对预先设定的电力系统元件（如：线路、变压器、发电机、负荷和母线等）的故障及其组合，确定他们对电力系统安全运行产生的影响。

预想故障分析的主要功能是：

（1）按调度员的需要方便地设定预想故障；

（2）快速区分各种故障对电力系统安全运行的危害程度；

（3）准确分析严重故障后的系统状态，并能方便而直观展示结果。

二、故障分类

随着电网规模的扩大，可能出现的故障类型也在增多，根据不同的条件或准则能够对故障进行不同形式的分类。

故障分类的主要目的是：

（1）提高预想故障分析的准确程度；

（2）降低预想故障分析的计算量；

（3）改善预想故障分析的灵活性和方便性。

在预想故障分析软件中按不同的需要，对故障和故障组进行不同的分类。在定义预想故障集时，采用物理分类方式；在分析过程中，对故障按危害程度分类。

故障分类的科学性是提高预想故障分析软件设计质量的重要一步。

在早期的预想故障分析中，一般只进行 $n-1$ 扫描式的故障选择和分析，即分别开断系统的每个网络元件，计算其后的电网状态。

这种机械地 $n-1$ 扫描方式存在以下严重缺点：

（1）随着电网结构的增强，绝大多数单重元件的开断已不构成对系统有着危害的故障；

（2）极少数构成危害的单重元件开断的影响范围和安全对策已被调度人员所熟悉。

显然，$n-1$ 扫描方式在实用中由于效率过低而不受重视。随着电网规模的扩大和结构的变化，调度人员更重视的是多重故障分析，但若进行 $n-2$ 或 $n-3$ 扫描方式则计算量将按雪崩的方式扩展，在技术上是不现实的。

90 年代初出现了以预想故障集合方式代替 $n-1$ 扫描方式，其特点是能方便灵活地定义多重故障，因此是最实用的方式。

预想故障集合是由有经验的调度人员和运行分析人员给出的，它包括各种可能的故障及其组合，并且可以规定监视元件及条件故障以自动产生复杂故障。运行中使用者可以激活感兴趣的故障组进行分析计算。

预想故障集合方式的好处是：

（1）更方便、更有效定义多重故障；

（2）实际上只分析感兴趣激活的故障组，大大提高了计算效率；

（3）能灵活、方便、快速模拟和再现电网实际故障过程。

预想故障集合的定义和管理技术是提高该应用软件性能的关键。为此，应以物理分类的方式按层次定义预想故障集合（见图 10 - 16）。

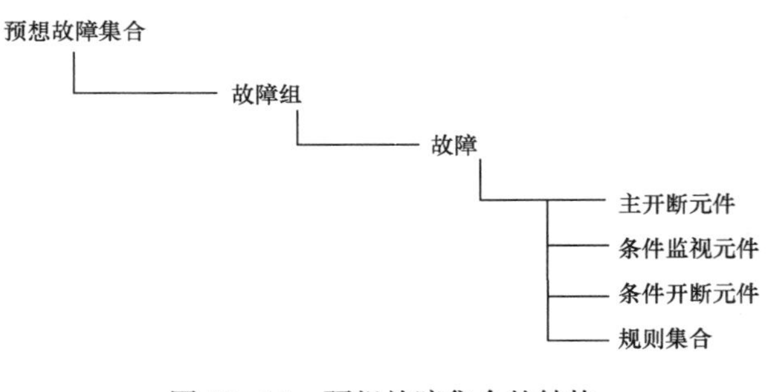

图 10 - 16　预想故障集合的结构

一个完整的故障由四部分组成：主开断元件、条件监视元件、条件开断元件和规则集。

主开断元件：它可以是电网中任何元件，如变压器、线路、发电机、负荷、电容器、电抗器、开关或母线等。故障可以是单重的，也可以是多重的，而多重故障可以是同一类元件，也可以是几类元件的组合。开关断（合）也包含在故障定义之中，这对模拟变电站事故等是非常方便的。

条件监视元件及条件开断元件：它们配合使用，可以模拟继发性故障。在实际电力系统中，某些元件故障可能引发其他元件的开断，这就需要引入条件故障的概念。当主开断元件的动作引起条件监视元件越限时，条件开断元件随之动作。这种带有条件监视元件和条件开断元件的故障称为条件故障。

规则集：规则集描述主开断元件动作后，调度人员亦按规定或经验必需执行的操作。在实际电网中，当一些关键元件开断或关键监视元件越限时，系统内已制订了一些相应措施指导调度人员操作，规则集中放置这些措施，以便有效模拟故障后系统的真实状态。

规则集的建立和应用，实际上是将专家系统的思想引入预想故障分析，使其结果更准确、可信和有效，当然这也为安全约束调度、最优潮流和培训模拟等应用软件提供了安全对策。

故障组是具有某种特征的若干故障的集合。这些物理特征可以是：

（1）按故障重数划分，如单重、二重、多重等；

（2）按开断元件类型划分，如线路、变压器等；

（3）按地区划分，如 A 地区故障、B 地区故障等；

（4）按故障电压等级划分，如 500kV、220kV、110kV 等。

使用故障组概念的优点在于，使用者可以按运行方式和调度的需要研究最关心的或对当前系统运行威胁最大的故障，从而提高预想故障分析的效率，省去大量无实际意义的计算。

一个定义好的故障可以定义到一个故障组或多个故障组中。

故障集合是全部定义故障组的总称。

在故障集合中的各故障组在缺省的条件下是全部激活的，但可以对每一故障组单设“停用”标志，在故障扫描时自然会跳过这些故障组，仅分析激活的故障组。

属一个激活的故障组的各个故障，缺省条件下是自然被激活的，但可以对每一故障单独设“停用”标志，在故障分析中自动会跳过这些故障，仅分析激活的故障。

实际应用中故障组、故障表需要认真的维护，随电网的变化和发展要不断补充新的故障和故障组定义，要不断删除或停用无意义的故障和故障组定义。这样才能使一线调度员最方便而有效的应用预想故障分析软件。

实际上 $n-1$ 扫描方式是这种故障集合方式的一个特例，可以定义一个“$n-1$”故障组。在需要的时候激活它，执行 $n-1$ 故障分析。

总之，采用故障集合方式，既提高了预想故障分析的有效性和节省计算时间，又能灵活而方便地规定分析目标。与以前的 $n-1$ 扫描方式相比，预想故障集合的方式具有无可比拟的优越性和实用价值。

三、故障扫描

故障扫描是对故障集合中的故障进行预处理，将其分为两大类：一类是无需计算即可确定为不会产生越限的“无害”故障；一类是需要通过潮流计算才判断其危险程度的“有害”故障。其目的是避免不必要的潮流计算，加快预想故障分析速度。

故障扫描的目标是怎样用较短的时间尽可能多淘汰“无害”故障，但又不能漏掉一个有害故障。

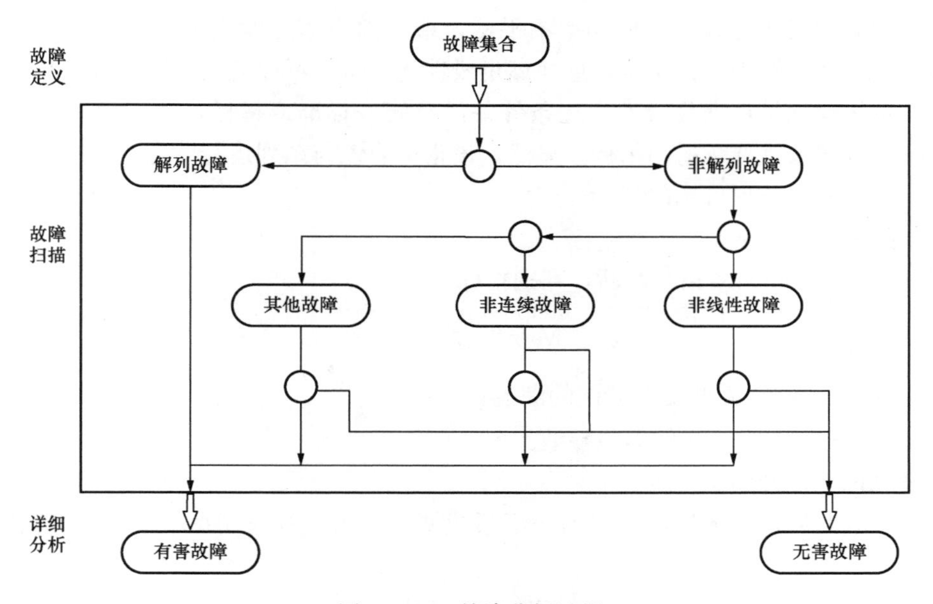

图 10-17　故障分析过程

非解列性故障再进一步将非线性故障和非连续性故障划分出来，对这两类故障进一步用直接法区分“有害”故障和“非有害”故障，对其余的故障可以用更简单的间接法区分“有害”与否。

下面进一步讨论故障扫描中几个问题：

（1）系统解列的判别；

(2) 非线性故障的判别；

(3) 非连续性故障的判别；

(4) 性能指标（间接法）；

(5) 直接法：

1）叠加原理的应用；

2）稀疏向量的应用；

3）部分因子表修正。

1. 系统解列的判断

在实际电力系统中，系统解列是比较严重的故障，需要进行分岛计算。

系统解列可以调用网络结线分析（拓扑）模块进行判断。

这里介绍基于因子分解表对角元素项的判别方法。这种方法是：按快速分解法分解（或修正）母线导纳矩阵 $[B']$ 之后，考察因子表的对角线是否有零项，有零判为分裂，无零判为无分裂。

原理在于，对于有 n 条母线的系统来说，满足功率平衡条件的方程只有 $n-1$ 个是线性独立的，即 $[B']$ 矩阵的秩为 $n-1$；当系统分裂为多岛之后，每个岛均要满足功率平衡方程，如果分为 2 个岛，即 $n=n_1+n_2$，独立功率平衡方程为：n_1-1+n_2-1，而 $n-1>n_1-1+n_2-1$，故 $[B']$ 矩阵的秩小于 $n-1$，因子表的对角线项必然会出现零元素。

2. 非线性故障的判别

故障一般会在某些母线上造成功率不平衡，系统潮流随之发生变化以吸收这些不平衡量，仅在这些变化足够小时，系统模型才满足线性化要求，可以应用性能指标法排序。

其实，系统变化是否满足线性变化条件并没有统一标准或指标，只能利用一些近似准则，通过统计规律来挑选合适的指标。显然，该指标应该与系列运行状态、网络结构及参数都有关系。下面介绍几项可用的指标。

(1) 线路型元件开断。

设母线 i 和 j 之间的线路 k 开断，判别指标定义为

$$S_k = \mathrm{Max}\left\{\left|\frac{T_{ij}}{Y_i^{eq}}\right|, \left|\frac{T_{ji}}{Y_j^{eq}}\right|\right\} \tag{10-63}$$

式中 T_{ij}，T_{ji}——线路 k 两端开断前的潮流；

Y_i^{eq}，Y_j^{eq}——母线 i、j 的等值导纳。

(2) 发电机元件开断。

发电机 k 开断后，其他发电机根据分配系数调整出力，补偿功率缺额 P_k，判别指标可定义为

$$S_k = \underset{i\in N_G}{\mathrm{Max}}\left\{\frac{\Delta P_{Gi}}{Y_i^{eq}}\right\} \tag{10-64}$$

其中

$$\Delta P_{Gi} = \begin{cases} |\Delta P_k| & \text{机组 } k \text{ 在母线 } i \text{ 时} \\ \left|\sum\limits_{m\in Gi}\alpha_m P_k\right| & \text{机组 } k \text{ 不在母线 } i \text{ 时} \end{cases} \tag{10-65}$$

N_G——所有发电机母线集合；

G_i——与母线 i 相联的机组集合；

α_m——机组 m 的分配系数。

等值导纳指的是母线功率直接作用于状态量的灵敏度，即

$$Y_i^{\mathrm{eq}} = 0.5\left(\left|\frac{\mathrm{d}P_i}{\mathrm{d}\theta_i}\right| + \left|\frac{\mathrm{d}Q_i}{\mathrm{d}V_i}\right|\right) \tag{10-66}$$

也可以按近似公式计算

$$Y_i^{\mathrm{eq}} = \sum_{j\in i} Y'_{ij} \tag{10-67}$$

式中 θ_i——母线 i 的电压相角；

V_i——母线 i 的电压幅值；

P_i——母线 i 的有功注入；

Q_i——母线 i 的无功注入；

Y'_{ij}——母线 i，j 之间导纳。

式（10-33）和式（10-34）给出的判别指标表示了故障在母线上直接产生的最大不平衡功率，并除以等值导纳进行了标称化处理，当指标大于某一门槛时，系统潮流的线性化模型将遭破坏。

实际上，上面指标相当于快速分解第 1 次修正的相角值，即

$$\Delta\theta = \Delta P_i / B_{ii} \tag{10-68}$$

S_k 的门槛值可根据电力系统实际情况设定和修正，一般取为 0.05。

对于多重故障的判别指标，可以取

$$S_k = \sum_{i\in G_c} W_i S_{ki} \tag{10-69}$$

或：

$$S_k = \max\{S_{ki}\} \tag{10-70}$$

式中 G_c——多重故障集合；

W_i——第 i 个故障权重。

3. 非连续故障的判别

电力系统模型发生不连续变化的原因一般有：

（1）发电机组出力达到无功限值；

（2）变压器分接头达到调整极限。

一旦达到限值，相应母线电压将要发生变化，这种变化给预测电压指标带来麻烦，产生较大误差，因此有必要判别这种情况。

这类故障的判别指标可取为

$$J_Q = \sum_{i\in N_G} W_i \left(\frac{Q_i - Q_{i,av}}{Q_{i,st}}\right)^{2n} \tag{10-71}$$

$$J_T = \sum_{i\in N_T} W_i \left(\frac{T_i - T_{i,av}}{T_{i,st}}\right)^{2n} \tag{10-72}$$

或简单写成为

$$J_Q = \sum_{i\in N_T} \mathrm{INI}\left|\frac{T_i - T_{i,av}}{T_{i,st}}\right| \tag{10-73}$$

$$J_T = \sum_{i \in N_T} \text{INI} \left| \frac{T_i - T_{i,av}}{T_{i,st}} \right| \tag{10-74}$$

式中　Q_i——发电机母线 i 上实际无功输出；

T_i——变压器 i 上分接头实际位置；

$(\cdot)i, av$——允许范围均值，即 (0.5)[$(\cdot)i$, max+$(\cdot)i$, min]；

$(\cdot)i, st$——允许范围的一半，即 (1/2)[$(\cdot)$ i, max−$(\cdot)i$, min]；

n——任意大整数；

N_G——发电机母线集合；

N_T——可调变压器集合；

INI——取整函数。

这种判别指标物理意义比较清楚，以 J_Q 为例，当 n 足够大时，$J_Q>1$ 表示在 1 条或几条母线上出现发电机无功越限，而 $J_Q<1$ 表示没有无功越限。

对于 J_Q 和 J_T 大于 1 的故障，判为非连续型故障。

4. 故障的性能指标

通过故障分类，在滤掉了解列性故障、非线性故障和非连续故障之后，其他故障可以用性能指标近似判断故障对电力系统安全运行的危害程度。

对性能指标的要求可归纳为：

(1) 尽量正确反映故障对系统影响程度；

(2) 便于计算；

(3) 快速性。

性能指标有以下 3 种：

(1) 基于支路有功潮流。

这种方法一般用直流潮流进行分析，又称直流排序法。指标为

$$PI = \sum_{\lambda=1}^{N_L} W_\lambda \left(\frac{P_\lambda}{P_{\lambda,\lim}} \right)^{2N} \tag{10-75}$$

式中　N_L——支路总数；

$P_{\lambda,\lim}$——支路 L 的功率极限；

P_λ——支路 L 的功率；

W_λ——支路 L 的权重；

N——正整数（一般为 1）。

它也可以用支路相角差的方式给出

$$PI_\theta = \sum_{\lambda=1}^{N_L} W_\lambda \left(\frac{\Delta\theta_\lambda}{\Delta\theta_{\lambda,\lim}} \right)^{2N} \tag{10-76}$$

式中　$\Delta\theta_\lambda$——支路 λ 上电压相角差。

(2) 基于母线电压。

指标为

$$PI_v = \sum_{\lambda=1}^{N_L} W_{vi} \left(\frac{V_i - V_{i,sp}}{\Delta V_{i,\lim}} \right)^{2N} \tag{10-77}$$

式中 $V_{i,sp}$——母线 i 电压指定值；

W_{vi}——母线 i 电压的权重；

$\Delta V_{i,\lim}$——母线 i 电压偏差权限。

(3) 基于母线电压和无功注入。

指标为

$$PI_{VQ}=\sum_{i=1}^{N_L}W_{vi}\left(\frac{V_i-V_{i,sp}}{\Delta V_{i,\lim}}\right)^{2N}+\sum_{i=1}^{N_L}W_{Qi}\left(\frac{Q_i}{Q_{i,\lim}}\right)^{2N} \tag{10-78}$$

式中 $Q_{i,\lim}$——母线 i 无功注入限值；

W_{Qi}——母线 i 无功注入权重。

以上 3 种性能指标属于变量的二次型性能指标，根据系统实际情况还可以提出其他合适的指标。

四、故障详细分析

故障详细分析的流程示于图 10-18。

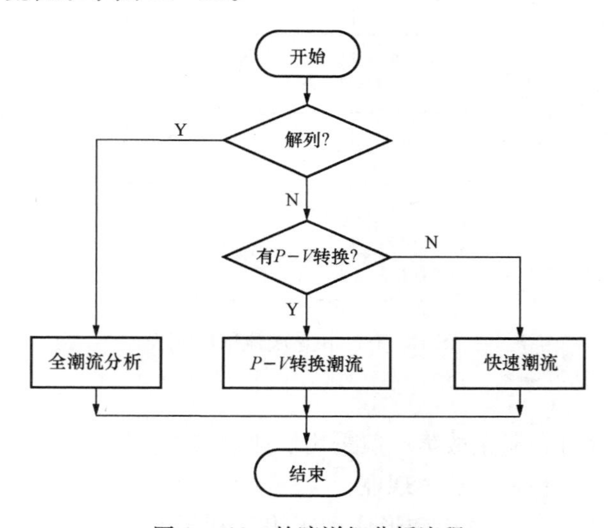

图 10-18 故障详细分析流程

1. 全潮流分析

造成系统解列的故障及事先指定的故障，在故障扫描中检测出来，一般将其放在故障排序表的前面（不再排序）因为它们均属于最严重的故障。

全潮流分析是由网络结线分析开始、形成导纳矩阵、分解因子表及迭代修正解出完整的交流潮流。这样分析的精确度最高。

2. P—V 母线转换的潮流分析

在实际系统中，某些故障（特别是发电机故障）可能会造成 P—V 母线维持不住规定电压的局面，这时需将 P—V 母线转换成 $P-Q$ 母线，然后用一般潮流算法进行分析。

一般处理这类故障的方法可分为以下几类：

(1) 发电机元件以大接地导纳形式加入到导纳矩阵的对角元素上。此时，[B'] 矩阵和 [B''] 矩阵维数相同，但 [B''] 矩阵中对应 P—V 母线的对角线元素附加一个极大接地导纳。正常状态时无功迭代中 P—V 母线上电压修正量 $\Delta V\approx 0$；而发电机故障时，去掉这一大的导纳，P—V 母线自动转换为 $P-Q$ 母线。

（2）形成 [B''] 矩阵时使其与 [B'] 矩阵维数相同，即将 P—V 母线也加入到 [B''] 矩阵中，正常状态下 P—V 母线对应的行列不参加迭代，故障时将故障 P—V 母线对应的行和列加入到迭代修正中，自动实现 P—V 母线到 $P-Q$ 母线的转换。

（3）采用渐近式电压逼近方式，即当 P—V 母线维持不了规定电压时，逐步修改规定电压使无功功率回到限界。

以上几种方式各有优缺点，可根据实际系统情况选择合适者。

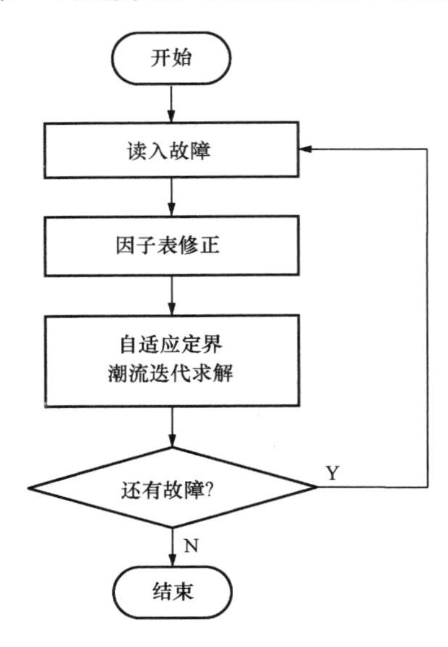

图 10-19　快速潮流程序流程

3. 快速潮流

除以上两类故障之外，其余故障一般采用快速潮流进行计算。

与全潮流算法相比，快速潮流体现在：

（1）不重新进行网络结线分析和形成因子表。利用前面介绍的稀疏向量技术和部分因子表修正技术，对 [B'] 和 [B''] 矩阵的因子表进行快速修正，得到新的因子表。

（2）采用稀疏技术和子网潮流法，缩小计算范围，加快计算过程。

4. 自适应定界

实际上，对大多数系统故障来说，故障的波及范围只是电网的一小部分，因此在进行潮流详细分析时，没有必要分析整个电网的潮流，仅分析某一子网的潮流就可以了。

自动确定潮流计算新边界的方法称为自适应定界法（Adaptive Localization Method），既可以用于故障详细分析，也可以用于故障筛选。在每一步迭代中，它都确定一个越限的母线集合，利用稀疏向量处理有关母线的功率不平衡量，从而解出预想故障分析中所需要的主要母线的电压相角和幅值的修正量。

这种自适应定界法可以看成是对快速分解法潮流算法的提高和改进，其精度与全潮流基本一致。只要能科学确定子网，即可大大提高潮流计算速率。

第七节　短路电流计算

一、概述

电力系统短路计算主要是短路电流周期分量的计算。由于工程中着重实用，为适应工程的需要，电力系统短路计算可采用实用计算的方法，即在计算中采用一定的简化、假设及统计方法。

在实际的短路计算中，为了简化计算工作，常作以下假设：

（1）短路过程中各发电机之间不发生摇摆，并认为所有发电机的电势都同相位。这对于短路点而言，计算所得的电流数值稍稍偏大。

（2）负荷只作近似估计，或当作恒定电抗，或当作某种临时附加电源，视具体情况而定。对于接近短路点的大容量同步和异步电动机，要作为提供起始次暂态电流的电源处理。对于接在短路点的综合负荷，可近似地看作一台等值异步电动机，用 E'' 和 x'' 支路表示，取 $x''=0.35$ 标么值（以负荷视在容量和平均额定电压为基准）。短路点以外的综合负荷，可近似地用阻抗支路等值，阻抗值用正常时的电压和功率计算。更简略些负荷可以用纯电抗支路等值，远离短路点的负荷甚至可以略去不计。

（3）不计磁路饱和，系统各元件的参数都是恒定的，可以应用叠加原理。发生短路瞬间，短路电流周期分量的起始值 I'' 称为起始次暂态电流。在一些工程问题中，常常只要求提供这一电流。为了简化计算，补充假设各同步电机的 $x''_d=x''_q$，这对于汽轮发电机是接近实际的，对于凸极同步电机误差也很小。

（4）认为三相系统对称。除不对称故障处出现局部的不对称外，实际的电力系统通常都可当作是对称的。

（5）忽略高压输电线的电阻和电容，忽略变压器的电阻和励磁电流，（三相三柱式变压器的零序等值电路除外）。这就是说，发电、输电、变电和用电的元件均用纯电抗表示，加上所有发电机电势都同相位的条件，这就避免了复数运算。

（6）金属性短路。短路处相与相（或地）的接触往往经过一定的电阻（如外接电阻、电弧电阻、接地电阻等），这种电阻通常称为“过渡电阻”。所谓金属性短路，就是不计过渡电阻的影响，即认为过渡电阻等于零的短路情况。

二、短路电流算法

计算流程如下：

1. 进行潮流计算，求出各节点的正常电压

在简化计算中，假定各节点正常电压相位相同，大小取各自的平均额定电压，可省去潮流计算。

2. 形成各序网络的节点导纳矩阵

正序网络的节点导纳矩阵和计算潮流计算的网络相同。在负序网络中，各发电机和负荷用负序阻抗的接地支路表示，其他部分和潮流计算的网络相同。因此，可利用潮流计算的节点导纳矩阵，对各发电机和负荷节点的自导纳加以修正，即得到负序网络的节点导纳矩阵。

零序网络的结构和参数与正序网络不同．它的节点导纳矩阵要单独形成。

3. 求各序网络短路点的自阻抗和有关的互阻抗

用短路点注入单位电流法，从正序网络节点导纳矩阵求出短路点 D 对应的一列节点阻抗矩阵元素：Z_{1D1}，Z_{2D1}，…，Z_{DD1}（即 Z_{D1}），…，Z_{nD1}。再用同样方法分别求出负序和零序网络节点阻抗矩阵的第 D 列元素。

4. 计算短路节点各序电流。并根据不对称故障的边界条件求 $\dot{I}_{D2}$ 和 $\dot{I}_{D0}$

5. 计算各节点正序电压和各支路正序电流

先求各节点正序电压故障分量，其方法和计算三相短路的电压故障分量相同，即在正序网络短路点注入 $-I_{D1}$，其他节点注入零电流，求出各节点的电压故障分量。计算式为：

$$\Delta\dot{U}_{i1} = -Z_{iD1}\dot{I}_{D1} \quad (i = 1,2,\cdots,D,\cdots,n) \tag{10-79}$$

再用下式求各节点正序电压：

$$\dot{U}_{i1} = \dot{U}_{i(0)} + \Delta\dot{U}_{i1} \quad (i = 1,2,\cdots,n) \tag{10-80}$$

任一支路 $i-j$ 的正序电流为：

$$\dot{I}_{ij1} = \frac{\dot{U}_{i1} - \dot{U}_{j1}}{Z_{ij1}}$$

式中 Z_{ij1} 为支路 $i-j$ 的正序阻抗。

6. 计算各节点负序电压和各支路负序电流

在负序网络短路点注入 $-I_{D2}$，其他节点注入零电流，可得

$$\Delta\dot{U}_{i2} = -Z_{iD2}\dot{I}_{D2} \quad (i = 1,2,\cdots,n) \tag{10-81}$$

任一支路的负序电流为

$$\dot{I}_{ij2} = \frac{\dot{U}_{i2} - \dot{U}_{j2}}{Z_{ij2}}$$

7. 计算各节点零序电压和各支路零序电流

$$\Delta\dot{U}_{i0} = -Z_{iD0}\dot{I}_{D0} \qquad (i = \text{零序网络各节点号})$$

$$\dot{I}_{ij0} = \frac{\dot{U}_{i0} - \dot{U}_{j0}}{Z_{ij0}} \tag{10-82}$$

8. 计算各节点三相电压和各支路三相电流。必须计及经过 Y/△-11 变压器时正、负序电流和电压的相位移动

在等值电路上具有了所有根据基本条件归算出的有名电抗或相对电抗（标幺值），将电路逐渐变换，便可计算短路电路的总电抗。短路电流计算采用叠加原理。由正常运行情况下的等值网络及正常电压（给定潮流方式下的电压），求出各支路的正常电流。由确定故障分量的等值网络，求出由于故障而引起的各节点电压和各支路电流。将这两者相加，就可得出短路故障后各节点的实际电压和各支路电流。

不对称短路时的短路电流计算采用正序等效定则。制定出不对称短路时的正、负、零序等值网络，将等效附加阻抗串联在正序网络的短路点，计算出不对称短路时短路点的正序电流；然后根据各序电流的关系，求出负序和零序电流，以及各序电压，由序电压和序电流计算出相电压和相电流。

三、对称分量法

电力系统发生不对称短路时，三相电路中的电流和电压相量都将变成不对称的相量。在

三相电路中，对于任意一组不对称的三相相量（如电流，电压，磁势等），依据叠加定理，总可以分解为三组、三相对称的相量，这就是“对称分量法”。以电流为例，即

$$\begin{cases}\dot{I}_a = \dot{I}_{a1} + \dot{I}_{a2} + \dot{I}_{a0} \\ \dot{I}_b = \dot{I}_{b1} + \dot{I}_{b2} + \dot{I}_{b0} \\ \dot{I}_c = \dot{I}_{c1} + \dot{I}_{c2} + \dot{I}_{c0}\end{cases} \tag{10-83}$$

式中（$\dot{I}_{a1}$，$\dot{I}_{b1}$，$\dot{I}_{c1}$），（$\dot{I}_{a2}$，$\dot{I}_{b2}$，$\dot{I}_{c2}$），（$\dot{I}_{a0}$，$\dot{I}_{b0}$，$\dot{I}_{c0}$）分别称为正序、负序和零序分量，如图 10-20 所示。

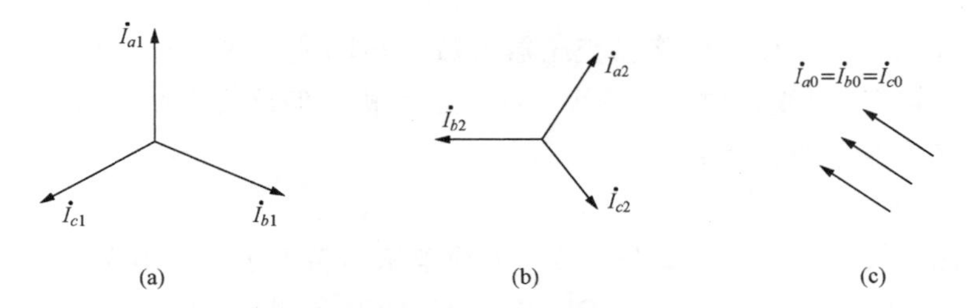

图 10-20　三相量的对称分量
（a）正序分量；（b）负序分量；（c）零序分量

由图 10-20 可以看出，正序分量的相序与正常对称运行的三相系统相序相同（顺时针方向），而负序分量的相序则与正序的相反（逆时针方向），零序分量则三相相位相同。以 a 相为基准相，各序分量存在如下的关系

$$\begin{bmatrix}\dot{I}_{a1} \\ \dot{I}_{b1} \\ \dot{I}_{c1}\end{bmatrix} = \begin{bmatrix}1 \\ a^2 \\ a\end{bmatrix}\dot{I}_{a1}, \quad \begin{bmatrix}\dot{I}_{a2} \\ \dot{I}_{b2} \\ \dot{I}_{c2}\end{bmatrix} = \begin{bmatrix}1 \\ a \\ a^2\end{bmatrix}\dot{I}_{a2}, \quad \dot{I}_{a0} = \dot{I}_{b0} = \dot{I}_{c0} \tag{10-84}$$

式中 $a=e^{j120^\circ}$。显然 $a^2=e^{j240^\circ}$，$1+a+a^2=0$，$a^3=1$。

将式（10-84）代入式（10-83）可得到

$$\begin{bmatrix}\dot{I}_a \\ \dot{I}_b \\ \dot{I}_c\end{bmatrix} = \begin{bmatrix}1 & 1 & 1 \\ a^2 & a & 1 \\ a & a^2 & 1\end{bmatrix}\begin{bmatrix}\dot{I}_{a1} \\ \dot{I}_{a2} \\ \dot{I}_{a0}\end{bmatrix} \tag{10-85}$$

或简写为矩阵形式

$$I_{abc} = TI_{120} \tag{10-86}$$

显然，若已知各序对称分量 I_{120}，可以应用式（10-86）求得三相不对称相量 I_{abc}。反之，若已知三相不对称相量 I_{abc}，可以应用式（10-86）求得各序对称分量 I_{120}，即

$$I_{120} = T^{-1}I_{abc} \tag{10-87}$$

式中

$$T^{-1} = \frac{1}{3}\begin{bmatrix}1 & a & a^2 \\ 1 & a^2 & a \\ 1 & 1 & 1\end{bmatrix} \tag{10-88}$$

由式（10-87）可知，只有当三相电流之和不等于零时才有零序分量。注意，零序分量

$\dot{I}_{a0}$ 不同于 Park 变换中的零轴分量 i_0，零序分量是相量，且 $\dot{I}_{a0}=(\dot{I}_a+\dot{I}_b+\dot{I}_c)/3$，而零轴分量是瞬时值，即 $i_0=(i_a+i_b+i_c)/3$。

对称分量法实质上是一种叠加法，所以，只有当系统为线性时才能应用。

四、短路电流需要的参数

短路电流计算分为两种：一种为平启动，即认为起始各节点电压标幺值都为 1；一种为基于潮流计算的电压结果来进行计算。对于第二种，则需要潮流计算的所有参数。下面所指的参数指的是除了潮流计算需要的参数以外短路电流所需要的特有参数。

1. 三相短路

三相短路在网架、母线、线路和变压器参数上与潮流计算相同，但是发电机上，需要 Xd″，同时对于等值的母线，如果该母线下挂有发电机，但该发电机不建模，则需要将该发电机参数等值到母线上的正序电抗。

2. 非对称短路

非对称短路需要零序参数，负序参数一般简单认为与正序参数相等。线路需要相对应的 R_0、X_0、$B_0/2$，变压器需要相对应的 R_0、X_0、G_0 以及各侧的接线组别，同时母线上如三相短路，有一个等值的小电源的零序电抗。

五、短路电流的调试方法

对短路电流影响最大的是参数和网架，参数的正确与否对于短路电流的最终大小有很大的影响。同时，网架中对于并联母线的开断往往可以抑制短路电流。因此需要密切关注母联开关的位置是否正确。

第八节　灵 敏 度 分 析

一、概述

潮流各种量如：母线注入功率、支路功率和母线电压之间的相互影响程度称为灵敏度。而灵敏度以一次偏导数矩阵的形式描述，调整潮流最常用的是线路潮流对机组有功出力的灵敏度（$\partial P_{ij}/\partial P_k$）、母线电压对机组无功出力的灵敏度（$\partial V_i/\partial Q_k$）和母线电压对变压器抽头灵敏度（$\partial V_m/\partial K$）。

在潮流功能中很容易采用摄动法计算各物理量之间的灵敏度，即

$$\frac{\partial P_{ij}}{\partial P_k}\approx\frac{\Delta P_{ij}}{\Delta P_k} \tag{10-89}$$

$$\frac{\partial V_i}{\partial Q_k}\approx\frac{\Delta V_i}{\Delta Q_k} \tag{10-90}$$

$$\frac{\partial V_m}{\partial K}\approx\frac{\Delta V_m}{\Delta K} \tag{10-91}$$

在某一平衡潮流状态下，分别改变 ΔP_k、ΔQ_k 或 ΔK，通过潮流计算便可分别获得 ΔP_{ij}、ΔV_i 或 ΔV_m，用式（10-89）～式（10-91）便可以分别计算出对应的灵敏度 $\partial P_{ij}/\partial P_k$ 或 $\partial V_i/\partial Q_k$。但应注意这时潮流计算不能经过控制环，而且还应将邻近的 $P—V$ 母线改为 $P-Q$母线，以尽量符合其他量不变的条件。

二、有功灵敏度分析

线路 ij 有功潮流一般表达式为

$$P_{ij}=V_i^2g-V_iV_jg\cos\theta_{ij}-V_iV_jb\sin\theta_{ij} \tag{10-92}$$

式中 P_{ij}——线路 ij 始端有功潮流；

V_i，V_j——线路 ij 两端母线电压幅值；

θ_{ij}——线路 ij 两端母线电压相角差；

g，b——线路 ij 的电导和电纳：

$$g+jb=\frac{1}{r+ix} \tag{10-93}$$

r，x——线路 ij 的电阻和电抗。

当机组出力变化时，线路 ij 的有功及母线电压会发生变化，对式（10-4）在初始点附近进行泰勒（Taylor）级数展开，忽略二阶段以上的高次项得到

$$\Delta P_{ij}=\begin{bmatrix}\frac{\partial P_{ij}}{\partial\theta} & \frac{\partial P_{ij}}{\partial V}\end{bmatrix}\begin{bmatrix}\Delta\theta\\ \Delta V\end{bmatrix} \tag{10-94}$$

式中

$$\frac{\partial P_{ij}}{\partial\theta}=\begin{bmatrix}0\cdots0 & \frac{\partial P_{ij}}{\partial\theta_i} & 0\cdots0 & \frac{\partial P_{ij}}{\partial\theta_j} & 0\cdots0\end{bmatrix} \tag{10-95}$$

$$\frac{\partial P_{ij}}{\partial V}=\begin{bmatrix}0\cdots0 & \frac{\partial P_{ij}}{\partial V_i} & 0\cdots0 & \frac{\partial P_{ij}}{\partial V_j} & 0\cdots0\end{bmatrix} \tag{10-96}$$

$$\Delta\theta=[\Delta\theta_1 \quad \Delta\theta_2 \quad \cdots \quad \Delta\theta_n]^T \tag{10-97}$$

$$\Delta V=[\Delta V_1 \quad \Delta V_2 \quad \cdots \quad \Delta V_n]^T \tag{10-98}$$

将下式

$$\begin{bmatrix}\Delta\theta\\ \Delta V\end{bmatrix}=\begin{bmatrix}\frac{\partial P}{\partial\theta} & \frac{\partial Q}{\partial\theta}\\ \frac{\partial P}{\partial V} & \frac{\partial Q}{\partial V}\end{bmatrix}^{-1}\begin{bmatrix}\Delta P\\ \Delta Q\end{bmatrix}$$

代入到式（10-94），得到

$$\Delta P_{ij}=\begin{bmatrix}\frac{\partial P_{ij}}{\partial\theta} & \frac{\partial P_{ij}}{\partial V}\end{bmatrix}\begin{bmatrix}\frac{\partial P}{\partial\theta} & \frac{\partial Q}{\partial\theta}\\ \frac{\partial P}{\partial V} & \frac{\partial Q}{\partial V}\end{bmatrix}^{-1}\begin{bmatrix}\Delta P\\ \Delta Q\end{bmatrix} \tag{10-99}$$

令

$$[S_{ij}]=\begin{bmatrix}\frac{\partial P_{ij}}{\partial\theta} & \frac{\partial P_{ij}}{\partial V}\end{bmatrix}\begin{bmatrix}\frac{\partial P}{\partial\theta} & \frac{\partial Q}{\partial\theta}\\ \frac{\partial P}{\partial V} & \frac{\partial Q}{\partial V}\end{bmatrix}^{-1} \tag{10-100}$$

则灵敏度行矩阵$[S_{ij}]$中对应发电机母线的部分元素即为有功潮流对机组有功出力的灵敏度。

假设母线注入无功不变，即 $\Delta Q=0$，则式（10-99）可简化为

$$\Delta P_{ij}=\sum_{k=1}^{n}\frac{\partial P_{ij}}{\partial P_k}\Delta P_k \tag{10-101}$$

再假设除第 k 台机组有功出力外，其他母线注入量不变，得

$$\Delta P_{ij} = \frac{\partial P_{ij}}{\partial P_k} \cdot \Delta P_k \tag{10-102}$$

因此

$$\frac{\partial P_{ij}}{\partial P_k} = \frac{\Delta P_{ij}}{\Delta P_k} \tag{10-103}$$

三、无功灵敏度分析

假设除第 k 台机组的无功出力外，其他母线注入量保持不变，可取雅可比逆矩阵与 ΔQ_k 的对应部分

$$\Delta V_i = \frac{\partial V_i}{\partial Q_k} \cdot \Delta Q_k \tag{10-104}$$

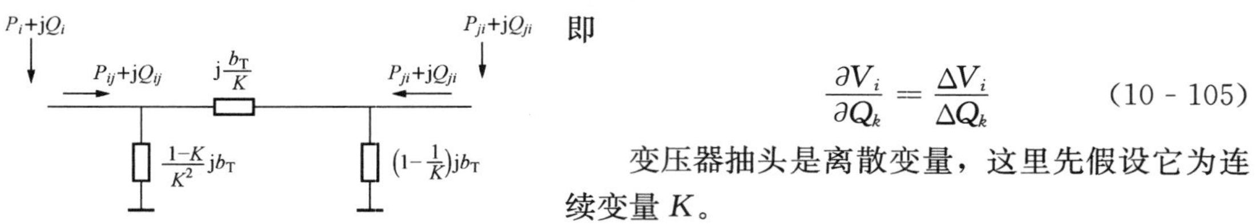

图 10-21　变压器等值电路

即

$$\frac{\partial V_i}{\partial Q_k} = \frac{\Delta V_i}{\Delta Q_k} \tag{10-105}$$

变压器抽头是离散变量，这里先假设它为连续变量 K。

变压器等值电路如图 10-21 所示，可知

$$P_{ij} = -\frac{1}{K} V_i V_j \sin\theta_{ij} \tag{10-106}$$

$$Q_{ij} = -\frac{1}{K^2} V_i^2 b_T + \frac{1}{K} V_i V_j b_T \cos\theta_{ij} \tag{10-107}$$

$$P_{ji} = \frac{1}{K} V_i V_j b_T \sin\theta_{ij} \tag{10-108}$$

$$Q_{ji} = -b_T V_j^2 + \frac{1}{K} V_i V_j b_T \cos\theta_{ij} \tag{10-109}$$

当变压器抽头（即变比）K 变化时，P_{ij}、Q_{ij}、P_{ji} 和 Q_{ji} 也随之发生变化，并影响注入量 P_i、Q_i、P_j 和 Q_j 发生变化，由上述公式可推导注入无功功率 Q_i 和 Q_j 对变压器抽头 K 的灵敏度

$$\frac{\partial Q_i}{\partial K} = \frac{V_i}{K^2} b_T \left(\frac{2V_i}{K} - V_j \cos\theta_{ij} \right) \tag{10-110}$$

$$\frac{\partial Q_j}{\partial K} = -\frac{1}{K^2} V_i V_j b_T \cos\theta_{ij} \tag{10-111}$$

因为母线电压是变压器抽头的隐函数（假设其他控制量不变），一台变压器抽头 K 的变化引起母线 m 电压 V_m 的变化可表示为

$$\Delta V_m = \frac{\partial V_m}{\partial K} \Delta K \tag{10-112}$$

或者

$$\Delta V_m = \frac{\partial V_m}{\partial Q_i} \cdot \frac{\partial Q_i}{\partial K} \cdot \Delta K + \frac{\partial V_m}{\partial Q_j} \cdot \frac{\partial Q_j}{\partial K} \cdot \Delta K \tag{10-113}$$

而

$$\frac{\partial V_m}{\partial K} \approx \frac{\Delta V_m}{\Delta K}$$

故：

$$\frac{\partial V_m}{\partial K} \approx \frac{\partial V_m}{\partial Q_i} \cdot \frac{\partial Q_i}{\partial K} + \frac{\partial V_m}{\partial Q_j} \cdot \frac{\partial Q_j}{\partial K} \tag{10-114}$$

这就是母线电压对变压器抽头的灵敏度的直接计算公式。

第十一章

AGC 和 AVC

【内容概述】 本章介绍了AGC、AVC的基本概念、基本控制原理及系统构成，并介绍了浙江电网AGC、AVC系统的应用实例。

第一节 AGC

自动发电控制（AGC）是现代电网运行控制的基本技术之一。20世纪50年代以来，随着经济的发展和电力系统容量的不断增长，各工业发达国家的电力系统相继实现了频率与有功功率的自动控制。20世纪60年代，AGC开始在东北、华北和华东电网应用，但真正得到普遍应用是在20世纪90年代。目前，AGC已成为调度运行不可缺少的工具，是保障电网安全、优质、经济运行必备的技术手段。

一、AGC基本概念和原理

（一）基本概念

电力系统调频与自动发电控制国内早先称之为“电力系统频率与有功功率的自动控制”，简称“电力系统自动调频”。目前广泛采用AGC进行控制。

众所周知，电力系统频率是电能质量的三大指标之一，电力系统的频率反映了发电有功功率和负荷之间的平衡关系，是电力系统运行的重要参数，与广大用户的电力设备及发供电设备本身的安全和效率有着密切的关系。因此，必须根据各电力系统的特点，提出频率指标和控制要求。

1. 电力系统频率一次调节

电力系统频率的一次调节是指利用系统固有的负荷频率特性，以及发电机组的调速器的作用，来阻止系统频率偏离标准的调节方式。

当电力系统中原动机功率或负荷功率发生变化时，必然引起电力系统频率的变化，存储在系统负荷（如电动机等）的电磁场和旋转质量中的能量会发生变化，以阻止系统频率的变化；当系统频率下降时系统负荷会减少，当系统频率上升时系统负荷会增加。此外，当电力系统频率发生变化时，系统中所有的发电机组的转速即发生变化，如转速的变化超出发电机组规定的不灵敏区，该发电机组的调速器就会动作，改变其原动机的阀门位置，调整原动机的功率，力求改善原动机功率与负荷功率的不平衡状况。即当系统频率下降时，汽轮机的进汽阀门或水轮机的进水阀门的开度就会增大，进而增加原动机的功率；当系统频率上升时，汽轮机的进汽阀门或水轮机的进水阀门的开度就会减小，进而减少原动机的功率。

（1）除了系统负荷固有的频率调节特性外，发电机组参与系统频率的一次调节具有以下特点：

1）系统频率一次调节由原动机的调速系统实施，对系统频率变化的响应快，电力系统综合的一次调节特性时间常数一般在10～30s之间。

2）由于火力发电机组的一次调节仅作用于原动机的进汽阀门位置，而未作用于发电机组的燃烧系统，仅利用锅炉中的蓄热暂时改变了原动机的功率，因此火力发电机组参与系统频率一次调节的作用时间是短暂的。不同类型的火力发电机组，由于蓄热量的不同，一次调节的作用时间为0.5～2min不等。

3）发电机组参与系统频率一次调节采用的调整方法是有差特性法，其特点是所有机组的调整只与一个参变量即系统频率有关，机组之间相互影响小，但是不能实现对系统频率的无差调整。

（2）从电力系统频率一次调节的特点分析可知，它在电力系统频率调节中的作用有：

1）自动平衡电力系统的第一种负荷分量，即那些快速的、幅值较小的负荷随机波动。

2）频率一次调节是控制系统频率的一种重要方式，但由于它的调节作用的衰减性和调整的有差性，因此不能单独依靠它来调节系统频率。要实现频率的无差调整，必须依靠频率的二次调节。

3）对异常情况下的负荷突变，系统频率的一次调节可以起某种缓冲作用。

2. 电力系统频率二次调节

因为发电机组一次调节实行的是频率的有差调节，所以早期的频率二次调节是通过控制发电机组调速系统的同步电机，改变发电机组的调差特性曲线的位置，实现频率的无差调整。但此时并未实现对火力发电机组的燃烧系统的控制，为使原动机的功率和负荷功率保持平衡，需要依靠人工调整原动机功率的基准值，达到改变原动机功率的目的。随着科学技术的进步，火力发电机组普遍采用了协调控制系统，由自动控制来代替人工进行此类操作。这就是电力系统频率的二次调节。

（1）根据系统频率的二次调节的实现方法，其具有以下特点：

1）频率的二次调节，不论采用分散的还是集中的调整方式，其作用均是对系统频率实现无差调整。

2）在具有协调控制的火力发电机组中，由于受能量转换过程的时间限制，频率二次调节对系统负荷变化的响应比一次调节要慢，它的响应时间一般要1～2min。

3）在频率的二次调节中，对机组功率往往采用简单的比例分配方式，常使发电机组偏离经济运行点。

（2）根据电力系统频率二次调节的这些特点可知，其调节作用在于以下几点：

1）因为系统频率二次调节的响应时间较慢，所以不能调整那些快速变化的负荷随机波动，但它能有效地调整分钟级和更长周期的负荷波动。

2）频率二次调节的作用可以实现电力系统频率的无差调整。

3）由于响应时间的不同，频率二次调节不能替代频率一次调节的作用；而频率二次调节作用开始发挥的时间，与频率一次调节作用开始逐步失去的时间基本相当，因此两者若在时间上配合好，对系统发生较大扰动时快速回复系统频率相当重要。

4）频率二次调节带来的使发电机组偏离经济运行点的问题，需要由频率的三次调节（功率经济分配）来解决；同时集中的计算机控制也为频率的三次调节提供了有效的闭环控制手段。

3. 电力系统频率三次调节

电力系统频率三次调节也称发电机组有功功率经济分配，其主要任务是经济、高效地实施功率和负荷的平衡。频率三次调节要解决的问题包括：

（1）以最低的开、停机成本安排机组组合，以适应日负荷的大幅度变化。

（2）在发电机组之间经济地分配有功功率，使得发电成本最低。在地域广阔的电力系统中，则需考虑发电成本和网损之和最低。

（3）为预防电力系统故障时对负荷的影响，在发电机组之间合理地分配备用容量。

（4）在互联电力系统中，通过调整控制区之间的交换功率，实现在控制区之间经济地分配负荷。

电力系统频率三次调节与一、二次调节的区别较大，不仅要对实际负荷的变化作出反应，更主要的是要根据预计的负荷变化对发电机组有功功率事先作出安排。同时电力系统频率三次调节不仅要解决功率和负荷的平衡问题，还要考虑成本和费用问题，需控制的参变量更多，需要的数据更多，算法也更复杂，因此其执行周期不可能很短。电力系统频率三次调节主要是针对一天中变化缓慢的持续变动负荷安排发电计划，在发电功率偏离经济运行点时，对功率重新进行经济分配。其在频率控制中的作用主要是提高控制的经济性。但发电计划安排的优劣对频率二次调节的品质有重大的影响，如果发电计划与实际负荷的偏差较大，则频率二次调节所需调节容量就越大，承担的压力越重。因此，应尽可能提高频率三次调节的精确度。

（二）基本原理

当电力系统发生扰动时，由于电力系统固有频率响应特性的作用，系统频率和系统负荷均会发生变化。电力系统的频率特性是由系统负荷本身的频率特性和发电机组频率特性两部分组成的。系统的频率响应特性越大，系统就能承受越大的负荷冲击。换句话说，在同样大的负荷冲击下，系统的频率响应特性越大，所引起的系统频率变化就越小。为了使系统的频率偏差限制在较小的范围内，总是希望系统有较大的频率响应特性。

电力系统的频率响应特性系数由两部分组成，一部分由负荷本身的频率特性决定，电力系统的运行人员无法改变的；另一部分由发电机组的频率响应系数决定，它是发电机组调差系数的倒数。运行人员可以调整发电机组的调差系数和运行方式来改变其大小。但是从机组的稳定运行角度考虑，机组的调差系数不能取得太小，以免影响机组的稳定运行。

频率响应特性系数是随着系统负荷的变动和运行方式的变化而变化的。也就是说，仅靠系统的一次频率调整，没有任何形式的二次调节（包括手动和自动两种方式）的作用，系统频率不可能恢复到原有的数值。

为了使系统的频率恢复到额定频率运行，必须进行频率的二次调节。频率的二次调节就是移动发电机组的频率特性曲线，改变机组有功功率与负荷变化相平衡，从而使系统的频率恢复到正常范围。

如图 11 - 1 所示，发电与负荷的交点为 a，系统的频率为 f_1。当系统的负荷发生变化，如负荷增大，负荷特性曲线从 P_{la} 变化至 P_{lb} 时，若系统发电机组特性曲线为 P_{ga} 时，发电与负荷的交点从 a 点移至 b 点。此时，系统的频率从 f_1 降至 f_2。当增加系统发电，即发电机组的频率特性曲线从 P_{ga} 改变到 P_{gb} 时，就能使发电与负荷特性的交点从 b 点移至 d 点，可使系统的频率保持在原来的 f_1 运行。反之亦然。

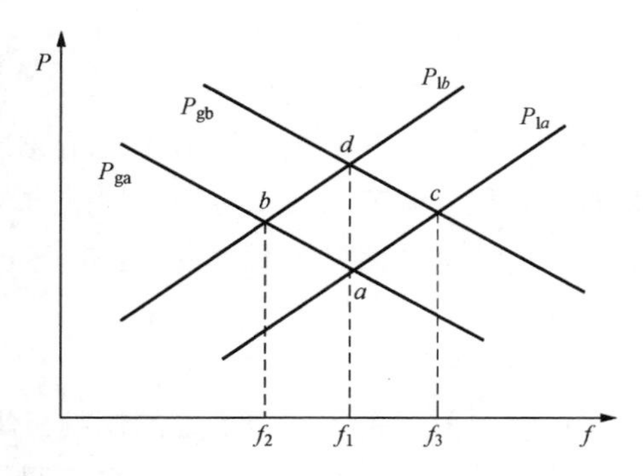

图 11-1　频率的二次调节

以上通过改变发电机组调速系统的运行点，增加或减少机组的有功功率使发电机组在原有额定频率条件下运行的方式，就是系统频率的二次调节。

在现代化的电力系统中，各控制区常采用集中的计算机控制，这就形成了电力系统的自动发电控制，即 AGC。AGC 是系统频率二次调节的实现方式。

在互联电力系统中，各区域承担各自的负荷，与外区域按合同买卖电力。各区域调度中心既要维持电力系统频率还要维持区域间净交换功率交换值，并希望区域运行最经济，即达到以下目标：①响应负荷和发电的随机变化，维持电力系统频率为规定值；②各区域间分配系统发电功率，维持区域间净交换功率为计划值；③对周期性的负荷变化按发电计划调整出力，对偏离预计的负荷，实现在线经济负荷分配。

以上目标的实现，必须依赖自动发电控制（AGC）技术。

1. 单一电力系统调节原理和方法

在单一电力系统中，系统频率的二次调节的方法可笼统分为有差调节和无差调节两大类。

（1）有差调节法。

电力系统频率的有差调节就是根据频率偏差的大小来增减参与调频的各发电机组的有功功率。

电力系统频率的有差调节具有如下特点：

1）各调频机组同时参加有功功率调节，无先后之分。当系统频率出现偏差时，各调频机组的平衡工作状态被打破，同时发出改变机组有功功率的命令。由于所有调频机组均向减少频率偏差的方向进行有功功率调节，共同承担减少频率偏差的任务，这有利于充分利用全部调频机组的调频容量。

2）系统增减的计划外负荷在调频机组之间按一定的比例进行分配。调频机组所承担的计划外的有功功率的份额，与机组的调差系数 K_{gi} 成反比。K_{gi} 越大，调频机组承担的计划外的有功功率增量越小。机组承担的计划外有功功率的份额的大小可以通过改变机组的调差系数来实现。

3）调节稳定后的系统频率偏差较大。正是由于频率出现偏差才导致调频机组的有功功率产生增量。没有频率偏差，也就不存在调频机组的有功功率增量。因此，有差调节不能使系统频率稳定在额定值上。

系统的负荷增量越大，导致系统的频率偏差越大。使用有差调节时，需要不断地人工校正调差系数，以减少频率的偏差。这是有差调节固有的缺点。实际上，这种频率调节方式只是一种半自动的调频方式。

(2) 无差调节法。

电力系统频率的无差调节主要是通过对系统中参与调频的发电机组分别设置不同的比例调节器、积分调节器及微分调节器的方法，在系统出现计划外的负荷时，通过调节各调频机组的有功功率来使系统频率恢复到额定值。一般可分为主导发电机法、假有差法和积差调节法三种。

1) 主导发电机法。

在电力系统中，一台主要的调频机组使用无差调频器作为主导发电机，其他的调频机组只安装有功功率分配器，这样的系统调频方法叫做主导发电机法。

假设系统有 n 台发电机组，主导发电机 1 的调节方程式为 $\Delta f=0$，其功率为 P_{g1}，其余调频机组的有功功率由式 (11-1) 决定，即

$$\begin{cases} P_{g2}=\alpha_2 P_{g1} \\ P_{g3}=\alpha_3 P_{g1} \\ \quad \cdots\cdots \\ P_{gi}=\alpha_i P_{g1} \\ \quad \cdots\cdots \\ P_{gn}=\alpha_n P_{g1} \end{cases} \tag{11-1}$$

式中　Δf——系统频率的偏差量；

P_{gi}——第 i 台调频机组的有功功率；

α_i——第 i 台调频机组的功率分配系数。

主导发电机法的主要缺点是各机组在频率调节过程中的作用有先有后，缺乏同时性。这种调节方法必然导致对调频容量不能充分和快速地利用，从而使整个调节过程变得较为缓慢，调频的动态特性不够理想。

2) 虚有差法。

虚有差法是在参与调频的发电机组上都安装反映频率和有功功率变化的调节器，并按式 (11-2) 进行调整，即

$$\begin{cases} \Delta f+K_{g1}\left(P_{g1}-\alpha_1\sum\limits_{i=1}^{n}P_{gi}\right)=0 \\ \Delta f+K_{g2}\left(P_{g2}-\alpha_2\sum\limits_{i=1}^{n}P_{gi}\right)=0 \\ \quad \cdots\cdots \\ \Delta f+K_{gi}\left(P_{gi}-\alpha_i\sum\limits_{i=1}^{n}P_{gi}\right)=0 \\ \quad \cdots\cdots \\ \Delta f+K_{gn}\left(P_{gn}-\alpha_n\sum\limits_{i=1}^{n}P_{gi}\right)=0 \\ \sum\alpha_i=1 \end{cases} \tag{11-2}$$

式中　P_{gi}——各调频机组的实际有功功率；

K_{gi}——各调频机组的有差调节系数；

α_i——各调频机组的有功功率分配系数。

调频机组之间的有功功率是按照比例进行分配的，而调差系数只在调整的过程中才体现出来。

3）积差调节法。

电力系统的频率积差调节是多台调频机组根据系统频率偏差的积分值进行调频。假设 n 台机组参与系统调频，则其计算式为

$$\begin{cases} \int \Delta f \mathrm{d}t + K_{g1} P_{g1} = 0 \\ \cdots\cdots \\ \int \Delta f \mathrm{d}t + K_{gi} P_{gi} = 0 \\ \cdots\cdots \\ \int \Delta f \mathrm{d}t + K_{gn} P_{gn} = 0 \end{cases} \tag{11 - 3}$$

式中　P_{gi}——各调频机组的实际有功功率；

K_{gi}——各调频机组的有差调节系数；

Δf——系统频率对额定频率的偏差。

积差调节法的优点是能确保系统频率维持恒定，额外的有功功率在所有参与调频的机组之间按一定比例自动进行分配。

积差调节法的缺点是频率的积差信号滞后于频率瞬时值的变化，调节过程较为缓慢。

2. 互联电力系统调节原理和方法

随着电力系统的不断发展，原先独立运行的单一电力系统逐步和相邻的电力系统实现互联运行。电力系统的互联运行给互联各方带来巨大的安全经济效益。对用户而言，也可使供电的可靠性有所提高。但在另一方面，电力系统的互联也带来了联络线交换功率的窜动。系统的容量越大，联络线功率窜动的容量越大。严重情况下，会引起联络线过负荷。如果对互联的电力系统管理不善，也会产生许多不利的因素，系统的安全、优质运行可能得不到保障。因此，互联的电力系统频率的二次调节也有其特点。

互联电力系统的负荷频率控制是通过调节各控制区内发电机组的有功功率来保持区域控制偏差（ACE）在规定的范围内，具体调节方法有如下三种：

（1）定频率控制（Flat Frequency Control，FFC）。

定频率控制模式控制频率为额定值，一般用于单独运行的电力系统或互联电力系统的主系统中。定频率控制的区域控制偏差 ACE 只包括频率分量，其计算式为

$$ACE = -10B[f - (f_0 + \Delta f_t)] \tag{11 - 4}$$

式中　B——系统控制区的频率响应系数，MW/0.1Hz；

f——系统频率的实际值；

f_0——系统频率的额定值；

Δf_t——校正时差而设置的频率偏移。

AGC的调节作用是当系统发生负荷扰动时，根据系统频率出现的偏差调节AGC机组的

有功功率，将因频率偏差引起的 ACE 控制到规定的范围内，从而使系统频率偏差也控制到零。

（2）定交换功率控制（Flat Tie-line Control，FTC）。

该模式通过控制机组有功功率来保持区域联络线净交换功率偏差到零。这种控制方式只适合与互联电力系统中小容量的电力系统，对于整个互联电力系统来说，必须有另一个控制区采用 FFC 模式来维持互联系统的频率恒定，否则互联电力系统不能进行稳定的并联运行。定交换功率控制的区域控制偏差 ACE 只包括联络线净交换功率分量，其计算式为

$$ACE = \sum P_{ti} - (\sum I_{0j} - \Delta I_{0j}) \qquad (11-5)$$

式中 $\sum P_{ti}$——控制区所有联络线的实际量测值之和；

$\sum I_{0j}$——控制区与外区的交易计划之和；

ΔI_{0j}——偿还无意交换电量而设置的交换功率偏移。

AGC 的调节作用是当系统发生负荷扰动时，将因联络线净交换功率分量偏差所引起的 ACE 控制到规定的范围之内。

（3）联络线功率频率偏差控制（Tie-line Bias Frequency Control，TBC）。

在联络线功率及频率偏差控制模式中，需要同时检测 ΔP_t 和 Δf，同时判别负荷的扰动变化是在哪个系统发生，这种控制模式首先要响应本系统的负荷变化。系统根据区域控制偏差 ACE 来调节调频机组的有功功率。区域控制偏差 ACE 的计算式为

$$ACE = [\sum P_{ti} - (\sum I_{0j} - \Delta I_{0j})] - 10B[f - (f_0 + \Delta f_t)] = \Delta P_t - 10B\Delta f \qquad (11-6)$$

式中 $\sum P_{ti}$——控制区所有联络线的实际量测值之和；

$\sum I_{0j}$——控制区与外区的交易计划之和；

ΔI_{0j}——控制区偿还无意交换电量而设置的交换功率偏移；

B——系统控制区的频率响应系数，MW/0.1Hz；

f——系统频率的实际值；

f_0——系统频率的额定值；

Δf_t——校正时差而设置的频率偏移。

当某一系统负荷与发电出力不能就地平衡时，系统频率和联络线功率均会产生一定的偏移。这说明在互联电力系统中，采用 TBC 控制模式，不管哪个控制区发生负荷功率不平衡，都会使系统的频率和联络线交换功率产生一定的偏移。

因为控制区的频率响应系数与系统的运行状态有关，而机组的调差系数也并非一条直线，因此对频率偏差系数的整定往往比较困难。如果频率偏差系数不能整定为系统频率响应系数，调频机组对本系统的负荷变化响应将会发生过调或欠调现象。

联络线功率及频率偏差控制模式一般用于互联电力系统中。当系统发生负荷扰动时，通过调节机组的有功功率，最终可以将因联络线功率、频率偏差造成的 ACE 控制到规定范围内。

3. 发电控制性能评价体系

AGC 系统要求每个控制区的发电机组有足够的调节容量，以确保控制区的发电功率、电力负荷及联络线交易的平衡。控制区的控制性能是以该区域 ACE 的大小来衡量的。对 AGC 的性能评价经历了从 A1、A2 的标准评价，到以 CPS1（Control Performance Standard Ⅰ）、CPS2 的评价标准的发展过程。

自20世纪60年代以来，北美一直采用NERC颁发的A1、A2控制性能标准。经过几十年的实践，电力部门的技术人员发现各控制区A1、A2控制指标的提高并不能保证互联电力系统好的频率质量。一旦某一控制区发生故障，无法短时恢复正常控制时，其他控制区为了保持其A1、A2指标，并不能很好地给予支援以维持整个互联电力系统的频率质量。1997年2月1日，NERC提出了以新的CPS1和CPS2标准来代替A1和A2标准，其目的是为了更加客观地评价各控制区的控制行为对互联电力系统的作用，确保控制区的交换功率满足交换计划要求，并使互联电力系统的频率保证在规定的范围以内。

（1）A1和A2评价标准。

1）A1：控制区域的ACE在任意的10min内必须至少过零一次。

2）A2：控制区域的ACE 10min平均值必须控制在规定的范围L_d内。

NERC要求各控制区域达到A1、A2标准的控制合格率在90%以上。这样通过执行A1、A2标准，使各控制区域的ACE始终接近零，从而保证用电负荷与发电、计划交换和实际交换之间的平衡。

（2）CPS1和CPS2评价标准。

1）CPS1：要求 $ACE_{AVE\text{-}min} \cdot \Delta F_{AVE\text{-}min} \geqslant -10B\varepsilon_1^2$

$$ACE_I = (P_I - PS_I) - 10B(F_I - F_0) \tag{11 - 7}$$

式中 P_I——各省市的联络线口子功率实际值（送出为正）；

PS_I——各省市的联络线口子功率计划值；

F_I——系统实际频率；

F_0——系统基准频率（50Hz）；

$ACE_{AVE\text{-}min}$——一分钟ACE的平均值；

$\Delta F_{AVE\text{-}min}$——一分钟频率偏差的平均值；

B——控制区域设定的频率偏差系数；

ε_1——互联网对全年一分钟频率平均偏差的均方根的控制目标值。

$ACE_{AVE\text{-}min} \cdot \Delta F_{AVE\text{-}min}$的物理意义：当该值为负时，表示该控制区域在这一分钟过程中低频超送（少受），或高频少送（超受），对系统频率起改善的作用。当该值为正时，表示该控制区域在这一分钟过程中低频少送（超受），或高频超送（少受），对系统频率起破坏的作用。

对于某一段时间（如10min、1h等）的CPS1指标的统计式为

$$CPS1 = (2 - CF) \cdot 100\% \tag{11 - 8}$$

$$CF = (\sum ACE_{AVE\text{-}min} \cdot \Delta F_{AVE\text{-}min})/(-10B \cdot N \cdot \varepsilon_1{}^2)$$

式中 N——分钟数。

①当$CPS1 \geqslant 200\%$时，$CF \leqslant 0$，说明在该段时间内，ACE对电网的频率控制有帮助。

②当$100\% \leqslant CPS1 < 200\%$时，$0 < CF \leqslant \varepsilon_1{}^2$，说明在该段时间内，符合$CPS1$标准的要求，$ACE$对电网的频率控制的影响未超过允许的程度。

③当$CPS1 < 100\%$时，$CF > 1$，ACE对电网的频率控制的影响已超过允许的程度。

2）$CPS2$：要求ACE每十分钟的平均值必须在规定的范围L_{10}内，得

$$L_{10} = 1.65\varepsilon_{10}[(-10B) \cdot (-10B_{网})]^{1/2}$$

式中　ε_{10}——全电网对全年十分钟频率平均偏差的均方根的控制目标值；

$B_{网}$——全电网的频率偏差系数。

二、AGC系统构成

（一）AGC基本结构

AGC是一个复杂的闭环控制系统，其功能机构如图11-2所示。

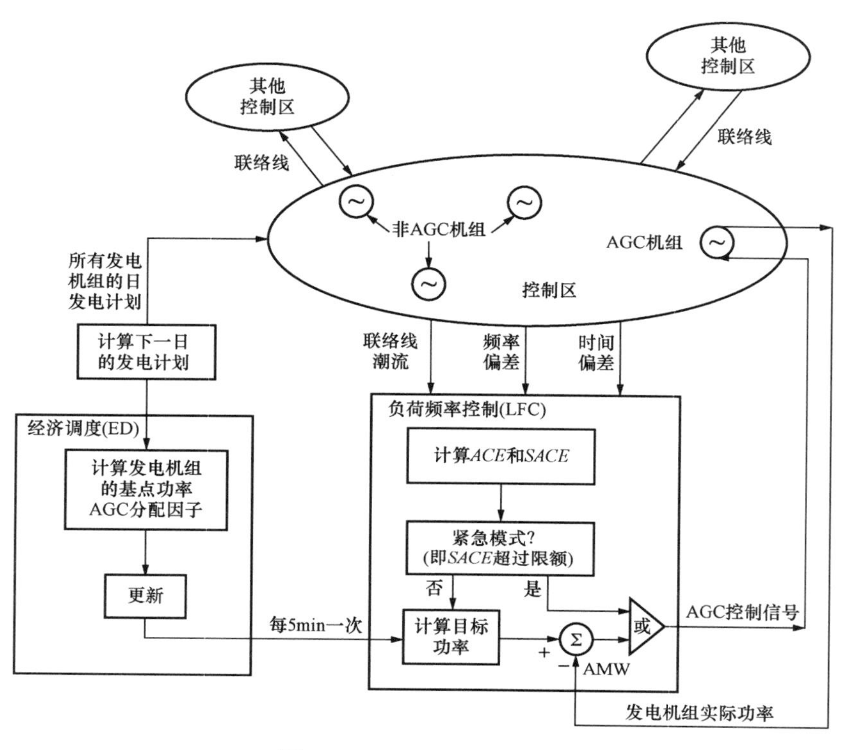

图11-2　AGC功能结构图

互联电力系统可以划分成若干个控制区，控制区之间通过联络线互联，各个控制区具有各自的自动发电控制系统。在控制区内发电机组分为AGC机组和非AGC机组两类。非AGC机组接受电网调度中心的发电计划，由当地的控制系统或人工调整机组的发电出力；AGC机组则接受电网调度中心实时更新的AGC信号，自动调整机组的发电出力。

控制区的电网调度中心根据系统的负荷预计、联络线交换计划和机组的可用出力安排次日所有发电机组的发电计划，并下达到各电厂。在实际运行中，电网调度中心的经济调度（ED）软件根据超短期的负荷预计，以及发电机组的运行工况，按照等微增成本或购电费用最低的原则，对可控机组进行经济负荷分配，计算出发电机组下一时段机组的基点功率和AGC分配因子，并传送给负荷频率控制软件。电网调度中心的负荷频率控制软件采集电网的频率、联络线潮流、系统电钟时差，计算控制区的区域控制偏差*ACE*，经过滤波后得到平滑的*ACE*（*SACE*）；然后根据发电机组的实际功率、机组的基点功率、AGC分配因子以及机组的分类，计算出各机组的AGC调节功率值，发送给AGC机组。当电力系统发生严重故障时，需要暂停AGC控制，以便进行故障处理。负荷频率控制程序监测系统频率和*SACE*，但系统频率或*SACE*发生大幅度变化时，程序进入紧急状态，暂停发送AGC控制

指令。

电力系统自动发电控制系统（AGC）物理上由主站控制系统、信息传输系统和电厂控制系统等组成。电力系统调度机构主站控制系统发出的指令由远动通信工作站或远动终端设备（RTU）送至电厂控制系统或机组控制器，对发电机组功率进行控制。与此同时，电厂和发电机组的有关信息由电厂的远动通信工作站或RTU，上传至主站控制系统，供后者分析和计算之用。与系统有功功率分配有关的联络线功率等信息也经变电站自动化系统或RTU上传至主站控制系统。

从电网经济运行和安全稳定的角度看，AGC的基本控制目的是：

（1）调整全网发电出力和全电网负荷平衡；

（2）调整电网频率偏差到零，保持电网频率为额定值；

（3）在各控制区域内分配全网发电出力，使区域间联络线潮流与计划值相等；

（4）在本区域发电厂之间分配发电出力，使区域运行成本最小；

（5）在EMS系统中，作为安全约束调度或实时最优潮流的执行环节。

电力系统的控制区是以区域的负荷与发电来进行平衡的。对一个孤立的控制区，当其发电能力小于其负荷需求时，系统的频率就会下降。反之，系统的频率就会上升。

当电力系统由多个控制区互联时，系统的频率是一致的。因此，当某一控制区内发电与负荷产生不平衡时，其他控制区通过联络线上功率的变化对其进行支援，从而使得整个系统的频率保持一致。

联络线的交换功率一般由系统控制区之间根据相互签订的电力电量合同协商而定，或由互联电力系统调度机构确定。在联络线的交换功率确定之后，各控制区内部发生的计划外负荷，原则上应由本系统自己解决。从系统运行的角度出发，各控制区均应保持与相邻的控制区间的交换功率和频率的稳定。换句话说，在稳态情况下，对各控制区而言，应确保其联络线交换功率值与交换功率计划值一致，系统频率与目标值一致，以满足电力系统安全、优质运行的需要。

（二）AGC主站系统

1. 调度中心AGC主站系统

自动发电控制主站系统一般由实时发电控制系统、联络线交易计划、机组计划与实时经济调度、备用监视和性能评价等功能模块组成。将来自SCADA的实时采集信息（如系统频率、联络线功率、受控机组的有功功率及控制信号等）进行优化处理，在满足系统发电的各项约束条件下，计算并调节参加AGC机组的发电功率，在使系统的发电运行费用优化的前提下，保持系统的频率和联络线的交换功率在控制的目标内。

调度端的自动发电控制软件系统一般包括实时发电控制、联络线交易计划、实时经济调度、负荷预计动态修正、备用监视、性能评价等功能模块。负荷预计动态修正与实时经济调度相配合，每5～15min计算机组的发电功率，通过联络线交易计划确定与各控制区之间的交易计划，自动发电控制模块根据区域发电与负荷的功率缺额，确定本区域的目标功率，再分配至各AGC机组上，从而实现自动控制目标。性能评价模块主要评价控制区AGC控制行为及调节效果，备用计算用来监视控制区各种备用容量，为调度人员提供控制决策依据。

2. AGC主站软件基本功能模块

自动发电控制主站在整个主站计算机系统、能量管理软件系统的支撑下，其主要功能通过发电调度诸应用软件来实现。发电调度的主要应用软件有负荷频率控制 LFC、经济调度 ED、联络线交易计划、系统负荷预计、备用监视、控制性能评价。

（1）负荷频率控制 LFC。

在实时发电控制应用中，AGC 是核心应用，而负荷频率控制 LFC 又是 AGC 应用的核心，包括区域 AGC 模块、区域控制模块、基准点跟踪模块和电厂控制器模块四部分。负荷频率控制中各模块的主要功能特点如下：

1）区域 AGC 模块。

区域 AGC 模块的主要功能包括：

①接收和处理 SCADA 数据。区域 AGC 进程在每个 AGC 执行周期内被调用，接收来自 SCADA 系统的电网实时数据，包括模拟量和状态量数据，如区域频率、联络线交换功率、机组有功功率及电厂控制器或机组等的状态值。这些数据可以带有质量标志，以提高其数据质量，但尚未经过处理。

②确定系统发电、负荷及交换量。区域 AGC 模块根据来自 SCADA 的数据，计算出当前系统的负荷、发电与外区的交换功率、频率偏差等，并将结果在相应画面显示出来。

③计算区域控制偏差 ACE。根据 AGC 的控制方式的不同，以及当前的系统频率与额定功率、区域净交换功率与交换功率计划值之间的偏差，计算本区域的控制偏差 ACE，再将 ACE 的值转换成区域的调节功率。

当区域 AGC 模块完成其任务时，还自动调用 AGC 的其他模块，以完成计算、发布控制命令到电厂机组的任务。

2）基准点跟踪模块。

基准点跟踪模块通过 AGC 的电厂控制器 PLC 来分配当前期望的区域发电功率，进而确定参加 AGC 的控制机组的基点功率。机组基点功率相当于机组的计划功率，计划功率的安排是否适当，对 AGC 的运行影响较大，适当设定基点功率可以减少机组的频繁调节并提高电网频率的控制质量。基点功率可用四种方式获得，即经济调度 CE、计划基值 BL、人工输入 BP、经济运行上下限的平均值 AV。

计划基值 BL 和人工输入 BP 的基点功率取决于计划安排，可以通过离线经济调度计算，也可以由有经验的调度人员估计。一般情况下，BL 和 BP 方式的基点功率，可人工输入到 AGC 的计划库中，也可自动输入数据库，时段上不受限制。这种方式多用于火电机组。

经济运行上下限的平均值 AV 方式下的机组基点功率，取决于机组经济运行上、下限的平均值，这一方式适用于调节容量较为宽裕的机组。

经济调度 CE 方式下的机组基点功率，由实时经济调度计算而来。一般情况下，经济调度每 5～15min 计算一次。

3）区域控制模块。

区域控制模块将当前计算的区域控制偏差 ACE 值，转换为区域的调节功率，并和区域的基点功率相加形成区域的设定功率。再将区域控制设定功率与区域当前的发电功率相比较，按照 AGC 模块设定的各机组有关分配控制参数，重新分配各电厂控制器的目标功率。

4）电厂控制区模块。

区域控制模块分配给电厂控制器的设定功率与其实际功率值比较形成功率的偏差信号，

根据各电厂控制器的各种参数限制，确定各控制器的期望发电输出，同时将各电厂控制器的偏差值返回给区域控制模块，经区域控制模块计算后，再发布控制命令，通过一系列调节作用达到AGC模块的控制目标。

（2）与负荷频率控制相关联的其他实时发电模块。

1）联络线交易计划。

联络线的交易计划是指按交易合同确定的本运行区域与相邻运行区域的功率交换计划。也可安排不在本运行区域但属于本区域的机组的发电计划。交易可以是多区域的交易。交易计划值可以实时设定，也能对设定的交易计划随时进行修改。调度人员可输入的各项交易计划包括交易启停时刻、交易功率、速率等。AGC模块从联络线交易计划计算出所需要的净交换功率，并据此维持本区域与外区域之间的功率平衡。

2）机组计划。

机组计划包括机组的减功率计划、基点功率计划、燃料混合计划三种。运行人员可随时输入计划值，以保证控制系统的正常运行。机组减功率计划是指当机组因检修或其他原因不能按原定的功率上限参加控制调节时的计划，减功率计划可以在预定的时间内，降低机组的功率上限，保证机组的安全运行。机组基点功率计划是AGC机组的预定功率计划。当区域控制偏差*ACE*处于死区范围时，机组按基点功率计划进行调节。燃料混合计划是指在某一时间、某一功率范围内，机组使用一种或几种燃料混合物的计划。

3）实时经济调度。

实时经济调度分为控制经济调度CED和人工经济调度SED两种方式。计算时采用等微增率（或价格曲线）法，并考虑机组的运行特性、燃料的种类和价格、网损等因素，机组的煤耗可采用分段线性化曲线。控制经济调度CED用于计算受AGC控制的机组的基点功率，并将其提供给实时发电控制程序，实时控制机组的有功功率。人工经济调度SED用于计算受AGC控制的机组及人为指定参加经济调度机组的基点功率。计算结果不用于控制，而是供调度员参考，调度员可以根据计算结果手动控制机组的有功功率。

4）超短期负荷预计修正发电计划。

根据超短期负荷预计系统发布的下一时刻（5min或15min）的负荷预报结果，计算出下一时刻系统用电负荷的变化量和联络线交换计划的变化量，自动计算出控制区需要调整的总发电功率的变化量。根据总发电功率的变化量，自动调整各类发电机组的发电功率。由于机组一般可分为参加AGC调节的机组和非AGC调节的机组两类。对参加AGC调节的机组，调整的发电计划即作为机组的基点功率。对于非AGC调节的机组，调整后的发电计划，通过网络下传到发电厂，这种模式解决了非自动控制机组原来由调度员临时通过电话通知调整的麻烦。当然，调整的发电机组功率变化量要受到各机组响应速率、调节限值等限制条件的约束。

5）备用容量监视。

根据电网安全运行的需要，电力系统的备用容量可分为旋转备用容量、调节备用容量、非旋转备用容量等，其中旋转备用容量是指参与运行的机组尚未带满功率的余量，并能在数分钟内投入使用的有功功率部分。调节备用容量是指可供AGC调节的备用容量，分为向上调节备用容量和向下调节备用容量两类。备用容量监视由AGC程序自动计算，周期一般为

5min，作用是计算和监视区域的旋转备用容量、调节备用容量等。

系统的旋转备用容量、调节备用容量的需求是根据当前负荷预测、最大联络线交换功率和最大运行机组的实际有功功率来进行计算的。当计算出的系统实际备用容量水平小于所需容量时，AGC 系统将发出报警信号。

6）AGC 控制性能评价与监视。

对控制区的 AGC 控制性能进行恰当的评价，是自动发电控制系统的一个重要功能。通过对 AGC 控制性能的监视，分析 AGC 调节对系统控制频率质量是否有作用，考核联络线交换功率的控制是否在规定的范围内。在 AGC 控制软件中，基本上是按照北美可靠性协会 NERC 提供的 A1/A2 标准或 CPS1/CPS2 标准对区域控制性能进行评价。

（三）发电机组的 AGC 控制

发电厂的 AGC 系统通过远程通信装置与电网调度实现数据交换，发电厂接受电网的功率要求，并把机组的相关数据发送给电网。

如图 11－3 所示，调度中心 EMS 系统根据电网用电负荷需求为发电机组分配相应的 AGC 功率指令，并通过数据通道将指令发送至发电厂，发电厂 RTU（或远动通信工作站）采集并处理后将 AGC 目标指令传送至发电厂监控系统，在发电厂监控系统中通过功率的闭环控制使得发电机组出力达到相应的负荷目标需求。而发电机组功率闭环控制的实现方式又根据机组类型和设备的不同有所区别。

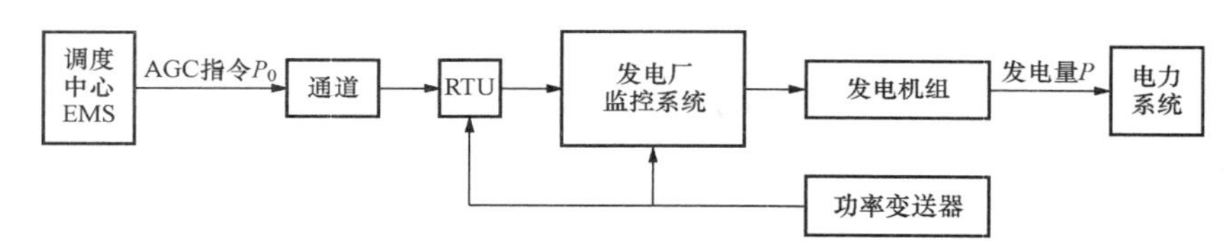

图 11－3　AGC 控制系统原理简图

（1）调速器。

调速器是控制发电机组输出功率最基本的执行部件，改变调速器的功率基准值或转速基准值是进行频率二次调节最基本的方法。对于那些具有功率基准值输入接口的功频电液调速器或微机调速器，可通过 RTU 或电厂自动化系统直接将功率设定值或升降命令发送到调速器，实现 AGC 控制。

（2）调功装置。

对于那些不具备功率基准值输入接口的调速器（如机械式调速器），必须由调功装置进行控制信号的转换，如转换成对调速电动机的控制信号。同时，调功装置还具有功率限制、转速控制、汽温汽压保护等功能。

（3）协调控制系统 CCS。

单元汽轮发电机组的发电机、汽轮机和锅炉是一个有机的整体，对单元机组的运行要求是：当电力系统负荷变化时，机组能迅速改变功率以适应负荷的变化，同时保持机组主要运行参数（特别是主蒸汽压力）在允许的范围之内。但是，只对汽轮发电机组的有功功率进行控制，虽能使汽轮机响应负荷的变化，却无法使锅炉作相应的调整。因此，采用协调控制系统，对汽轮发电机组的机、电、炉的多个变量进行协调控制，使机组既能满足电力系统的运

行要求，又能保证机组本身的安全性和经济性。

（4）全厂控制系统。

在有多台机组的发电厂中，应用全厂控制系统可以根据主站的AGC指令在机组之间进行功率分配，以降低每台机组调节的频繁程度，进一步提高功率分配的经济性，并避开机组不宜运行的区域（如水电机组的振动区和气蚀区等）；当某些机组因运行工况不能响应控制指令时（如火电机组在启、停辅机过程中），可将控制指令转移给其他机组。因此，全厂控制系统是提高电厂的安全性、经济性，改善控制性能的有效手段。

对于不同类型的电厂，由于其特性不同实现AGC的方式也各有差异。

1. 水电机组

水电厂通常采用频率功率成组调节装置，按流量（或按水位）调节装置等实现功率控制的功能。由于水电厂调节性能好、调节速率快，一般情况下由水电厂承担电力系统负荷曲线中的峰荷及腰荷。

水电厂自动发电控制系统主要由水电机组、电厂计算机监控系统、RTU（或远动通信工作站）、机组调功装置、数据采集装置等构成。水电机组频率和功率的调节是由调速器来实现的，通过调速器改变导叶的开度，对于双调节方式的机组还同时改变转轮叶片的角度，控制水量的变化使水轮发电机组的功率发生相应的变化。

水电机组的功率和频率是同一个控制回路，如图11-4所示为水电机组功率—频率控制原理图。当电网频率变化时，机组频率系统产生频差，通过PID调节水轮机导叶开度，改变机组功率，实现一次调频功能。当电网来的AGC功率指令变化时也通过PID调节导叶开度，实现机组功率的闭环控制。同时为了提高AGC和一次调频的动态性能，增加前馈回路，使得机组更快地响应功率和频率的变化。

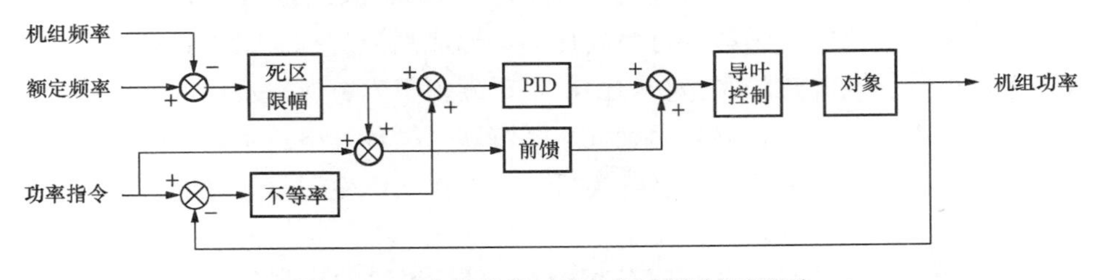

图11-4 水电机组功率—频率控制原理图

2. 燃煤机组

燃煤发电机组是把燃煤的化学能转换成电能的过程，燃煤首先通过制粉系统磨成煤粉，煤粉配以适量的风输入锅炉，进行燃烧，把机组的循环介质（水）变成高温高压蒸汽，完成燃煤的化学能到蒸汽热量的转换，通过汽轮机把蒸汽的热量转换成机械能，并由发电机把汽轮机的机械能转换成电能。因为锅炉、汽轮发电机组的功率响应特性在响应速率上差异很大，所以燃煤机组自动控制系统在调节控制机组功率时需要周密协调锅炉、汽轮机二者的负荷响应和运行参数。因此，燃煤发电机组自动控制系统常被称为协调控制系统。

燃煤机组自动发电控制AGC是机组协调控制系统的一个组成部分。AGC装置的型式通常是随机组协调控制系统而定。大型燃煤发电机组的功率频率控制一般由协调控制系统CCS和汽轮机电液调速系统DEH联合完成。调速系统通过控制调节汽门的开度来改变机组的功率输出，服务于电网负荷频率的控制。协调控制系统的任务是在保证机组安全的前提下，通过锅炉燃烧率和汽轮机调节汽门来调节机组功率和主蒸汽压力，尽快响应调度的功率变化要求，并使机组经济和稳定地运行。其调节控制的主要目标是使机组功率能快速响应电网的功率指令并保持蒸汽压力（和温度）在允许的范围内。

如图 11-5 所示是燃煤机组功率一频率控制原理图。AGC 功率指令经 CCS 的功率指令处理后作为机组的功率目标，功率控制系统通过汽轮机主控 TM 改变汽轮机调门开度，通过锅炉主控 BM 改变锅炉的燃料、风量、给水量，最终使得机组发电功率达到电网调度需求。当电网频率变化时，一方面直接改变汽轮机调门开度，同时改变机组的功率目标，使机组达到一次调频要求。蒸汽压力（和温度）是机、炉之间能量平衡和机组安全、稳定的重要参数，所以在调节机组功率尽快响应电网指令的同时，保持主蒸汽压力稳定是协调控制系统的重要控制指标。

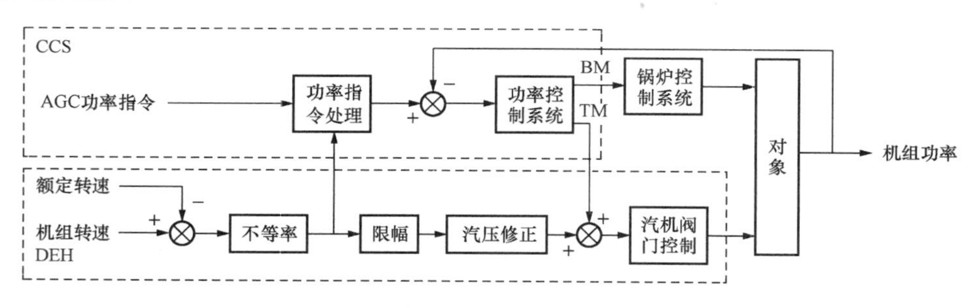

图 11-5 燃煤机组功率—频率控制原理图

3. 燃气轮机机组

燃气轮机机组一般由压气机、燃烧室和燃气透平组成。大气被压气机吸入进行压缩，达到一定的压力后进入燃烧室与燃料进行燃烧加热，形成高温燃气。最后具有一定压力的高温燃气进入透平通过静、动叶片膨胀做功，由此带动发电机发电。做功后的烟气排向大气。为了提高燃气轮机机组的效率，普遍采用燃气—蒸汽联合循环发电技术，在燃气轮机机组上增加了余热锅炉和蒸汽轮机，余热锅炉吸收燃机的高温排气产生蒸汽，并通过蒸汽轮机继续做功，使整个机组的热效率提高。

目前，国内燃机主要是 GE 和 SIEMENS 的产品，燃机的控制系统也由燃机制造厂配套提供。燃气轮机联合循环机组的 AGC 控制主要由 DCS 或燃气轮机专用控制系统来实现。DCS 等系统通过远动系统实现与电网调度中心的联系，向电网调度中心发送机组的有关实时参数，接受电网调度中心发出的 AGC 实时控制指令。在接收到 AGC 控制指令后，根据机组当时的运行方式和工况，实施对机组的功率调节，同时向电网调度中心反馈机组的实际功率，最终使整个机组功率达到 AGC 指令的要求。

对于燃机发电机组，频率功率控制主要由燃机控制系统的功率—转速控制回路实现。根据电网频率的变化，通过燃机控制系统的功率转速控制的频率控制回路改变进入燃机的燃料量，以快速响应电网频率的变化实现一次调频控制。二次调频通过向燃机发送 AGC 功率指令，并由燃机控制系统的功率转速控制的功率控制回路改变进入燃机的燃料量，使燃机的发电功率满足电网的要求。图 11-6 所示为西门子燃机功率—频率控制原理图，频率控制回路中频差通过死区、不等率和限幅后产生一次调频要求的功率变化，在功率定值上叠加一次调频的功率要求，通过功率控制回路使机组发电功率实现功率的闭环控制，以响应一次调频及AGC调节需求。

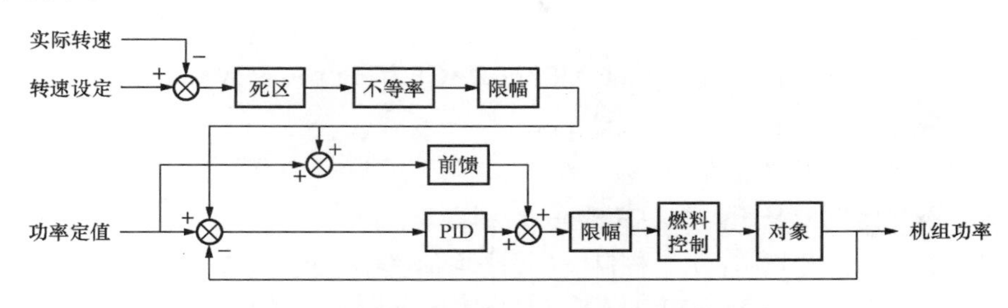

图11-6　西门子燃机功率—频率控制原理图

三、AGC应用实例

浙江省调的AGC系统集成在国电南瑞科技股份有限公司研发的OPEN 3000系统中，并根据华东网调的要求采用$CPS1$和$CPS2$标准来进行控制性能的评价，其功能实现阐述如下：

1. 数学模型

CPS标准要求同时考虑ACE和ΔF，因此，理想的AGC控制策略也必然需要考虑这两个因素。追求使$ACE_{\text{AVE-min}}$和$\Delta F_{\text{AVE-min}}$保持相反的符号，即$CPS1 \geqslant 200\%$，是$CPS$控制策略的关键所在。然而，$ACE$和$\Delta F$总是随着系统用电负荷和发电出力相互作用而波动，所有对当前1min内ACE和ΔF预测的努力都无法取得满意的效果。退一步说，即使能够准确预测，从AGC下发控制命令，到机组响应控制以改变ACE，1min时间差不多已经过去了。因此只有将ACE和ΔF的瞬时值作为判断依据。由于ΔF是互联系统各控制区共同决定的，而ACE是由本控制区唯一决定的，如果能够快速调节本控制区ACE，始终满足$ACE=-C\cdot\Delta F$，C为正常数，则必然有$ACE_{\text{AVE-min}}$和$\Delta F_{\text{AVE-min}}$保持相反的符号。由于AGC调节作用的滞后，也许对当前1min的$CPS1$指标改善不大，但可以提高后1min或后几个1min的$CPS1$指标。

基于上述考虑，将CPS标准下的理想控制效果用图11-7表示。

在浙江省调AGC系统中，将控制区总调节功率P_R（规定正方向为增加AGC机组出力）表述为

$$\begin{cases} P_R = P_P + P_I + P_{CPS} \\ P_P = -G_P \cdot E_{ACE} \\ P_I = -G_I \cdot I_{ACE} \\ P_{CPS} = -10 \cdot G_{CPS} \cdot \Delta F \end{cases} \tag{11-9}$$

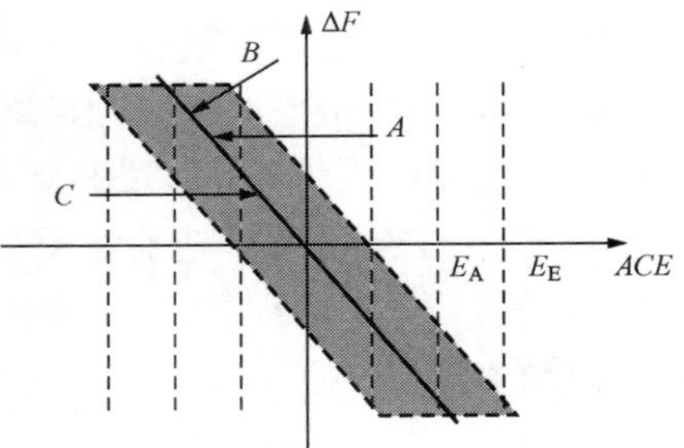

图11-7　CPS标准下的理想控制效果

式中　P_P——调节功率中的比例分量；

P_I——调节功率中的积分分量，P_P与P_I两个分量与A控制策略中相同；

P_{CPS}——调节功率中的CPS分量，简称CPS调节功率，是特地为CPS控制策略而引入的；

G_P——比例增益系数，在A控制策略下取值略大于1，以保证ACE过零，在CPS控

制策略下可直接取 1；

E_{ACE}——滤波后的 ACE 值；

G_I——积分增益系数；

I_{ACE}——当前考核时段（如 10min）累计的 ACE 积分值，MWh；

G_{CPS}——频率增益系数，MW/0.1Hz；

ΔF——滤波后的频率偏差，Hz。

调节功率中的比例分量 P_P 用于控制 ACE 到零。

调节功率中的积分分量 P_I 用于控制 ACE 平均值在给定的考核时段（如 10min）内不超过规定的范围 L_{10}（一般要远大于 Ld），以保证 $CPS2$ 指标。ACE 积分值 $|I_{ACE}|$ 在每个考核时段开始时重新累计，当 $|I_{ACE}|$ 大于给定的下限 I_{min} 时，按式（11 - 9）引入调节功率中的积分分量 P_I。为了防止引入过大的积分分量，使 ACE 发生严重偏离，将 $|I_{ACE}|$ 限制在给定的上限 I_{max} 上，即当 $|I_{ACE}|$ 大于 I_{max} 时，在式（11 - 9）中用 $\pm I_{max}$ 替换 I_{ACE}。参数 G_I、I_{min} 和 I_{max} 存在相互配合关系，视 $CPS2$ 的控制目标 L_{10} 而定。如取 $G_I=2$，$I_{min}=8$MWh，$I_{max}=15$MWh，则引入的积分分量在 16～30MW 之间。假设 10min 为考核时段，应能将 10min $|I_{ACE}|$ 控制在 8MWh 以内，这就意味着该 10min ACE 平均值小于 48MW。

调节功率中的 CPS 分量 P_{CPS} 用于对电网频率恢复提供功率支援。频率增益系数 G_{CPS} 的取值非常重要，它有着明确的物理意义，反应了当系统频率偏差达到 0.1Hz 时，控制区对系统频率恢复提供多大的功率支援。当系统频率偏差 $|\Delta F|$ 特别大时，为了防止支援的功率过大，产生特别大的 $|ACE|$，可对式（11 - 9）中的 ΔF 限幅，如当 $|\Delta F|$ 超过 0.2Hz 时，用 ±0.2Hz 替换式（11 - 9）中的 ΔF。

在当前的频率偏差 ΔF 下，如果 ACE 与 ΔF 同号（见图 11 - 7 中的 A 点），说明此时的 ACE 不利于频率恢复，CPS 分量 P_{CPS} 使 AGC 产生过调，导致 ACE 反号；如果 ACE 与 ΔF 已经反号，但对系统频率恢复的支援力度不够（如图 11 - 7 中的 B 点），AGC 仍下发控制命令，CPS 分量 P_{CPS} 使 ACE 符号不变，数值增加；如果 ACE 与 ΔF 已经反号，且对系统频率恢复的支援力度非常大（如图 11 - 7 中的 C 点），CPS 分量 P_{CPS} 使 AGC 产生欠调，保持 ACE 符号不变，数值减少，显然，这样的调节命令牺牲了 $CPS1$ 指标，是否有必要？如果必要的话，调整量又应该是多少？这个问题要视 ACE 与 ΔF 的大小而定。

应该说，频率偏差 ΔF 总是随着互联系统发电与负荷之间的相互作用而快速变化的，期望 ACE 随时跟踪系统频率波动是不可能的。当 ACE 与 ΔF 已经反号时，如果 $|ACE|$ 不大，一旦 ΔF 改变符号，AGC 应有足够的能力使 ACE 随之改变符号；如果 $|ACE|$ 很大，一旦 ΔF 改变符号，AGC 要花相当长的时间使 ACE 改变符号，这段时间将严重恶化 $CPS1$ 指标。为了衡量在一定的 ΔF 下，与之反号的 ACE 的绝对值是“大”还是“小”，可将 $|ACE|$ 与式（11 - 10）表示的 ACE 门槛值 E_{th} 进行比较

$$E_{th}=10\cdot K_{CPS}\cdot|\Delta F|+B_{CPS} \tag{11 - 10}$$

当 $|ACE|$ 小于 E_{th} 时，认为 $|ACE|$ 相对于 ΔF 来说并不大，无需改变现有的 ACE，令

$$P_{CPS}=-P_P \tag{11 - 11}$$

此时，如果不考虑积分分量，区域总调节功率为 0，AGC 不下发调节命令。

当 $|ACE|$ 大于 E_{th} 时，认为 $|ACE|$ 相对于 ΔF 来说已很大，应减少 $|ACE|$，减少的程

度只要使$|ACE|$不再“大”，达到E_{th}即可。也就是说，令

$$P_{CPS}=-E_{th}\cdot\Delta F/|\Delta F| \tag{11-12}$$

此时，如果不考虑积分分量，区域总调节功率与ΔF同号，意味着这样的调节不利于系统频率恢复。但这一调节的前提是：$|ACE|$相对于$|\Delta F|$来说“很大”，换句话说，$|\Delta F|$相对于$|ACE|$来说“很小”，意味着这样的调节是可以接受的。系数K_{CPS}和B_{CPS}同样具有明确的物理意义。B_{CPS}的单位是MW，意思是：只要$|ACE|$小于B_{CPS}，且ACE与ΔF反号，不管$|\Delta F|$有多小，这个ACE都是可以接受的；K_{CPS}的单位是MW/0.1Hz，意思是：当频率偏差达到0.1Hz时，可以接受的反方向的$|ACE|$不得超过$B_{CPS}+K_{CPS}$。

式（11-10）～式（11-12）实际上是对式（11-9）所描述的区域总调节功率的修正，这一修正是在ACE与ΔF反号时进行的，修正的方法取决于ACE与ΔF的大小。综上所述，CPS控制策略下的区域总调节功率的计算可用图11-8表示。

图11-8中的ab线称为最小支援力度线，表示在一定的频率偏差ΔF下，控制区对系统频率恢复提供的最小功率支援；cd线称为最大支援力度线，表示在一定的频率偏差ΔF下，控制区对系统频率恢复提供的最大功率支援，阴影部分为理想运行区域。

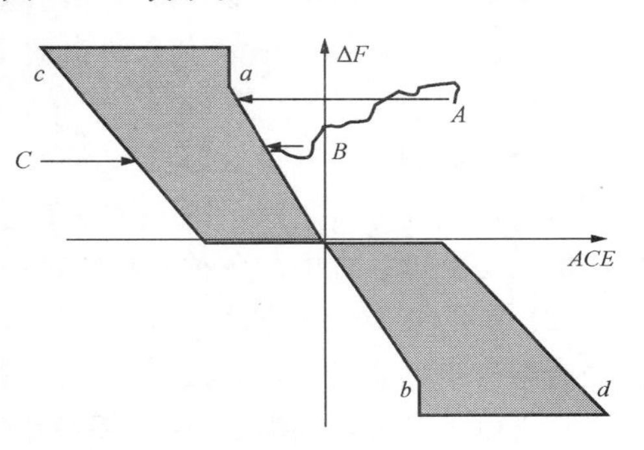

图11-8　CPS控制策略下的调节功率

图11-8中的水平箭头，只表示在某一运行点的调节功率的大小与方向，而不是真正的运行轨迹。实际上，在AGC机组调节过程中，系统频率和ACE都是在不断变化的，运行轨迹如曲线AB所示。另外，AGC也不一定是一次下发控制命令来完成调节的，如在A点下发控制命令后，运行到B点再次下发控制命令，逐渐逼近阴影部分所示的理想运行区域。

2. AGC控制区域划分

在A控制策略中，ACE是AGC控制的唯一目标，因而可直接按ACE绝对值的大小来划分AGC控制区域，如图11-6所示。CPS控制策略要考虑ACE和频率偏差ΔF两个因素，而这两个因素都体现在式（11-9）～式（11-12）描述的区域总调节功率P_R上，因而可按P_R绝对值的大小将AGC控制区域划分为死区、正常调节区、次紧急调节区和紧急调节区，其门槛值分别用P_D、P_A、P_E表示，如图11-9所示。除死区外，均下发控制命令，控制目标是P_R为零。

死区	正常调节区	次紧急调节区	紧急调节区
0	P_D	P_A	P_E　　P_R(MW)

图11-9　调节功率和AGC控制区域

门槛值P_D称为调节功率静态死区，用于控制的调节功率死区是动态变化的。调节功率围绕静态死区P_D的波动是经常发生的，造成AGC频繁下发一些不必要的控制命令，为此，引入调节功率动态死区的概念，只有当调节功率的绝对值大于动态死区时，才下发AGC控制命令。动态死区的变化规律是：当调节功率处于静态死区时，动态死区位于紧急区调节区下限门槛P_E；当调节功率越过静态死区，动态死区以给定的时间常数（一般8～16s）向静

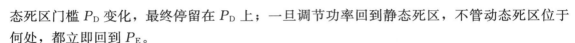

态死区门槛 P_D 变化，最终停留在 P_D 上；一旦调节功率回到静态死区，不管动态死区位于何处，都立即回到 P_E。

当 AGC 处于紧急调节区，即 $|P_R|>P_E$ 时，情况非常紧急，要充分利用现有的 AGC 资源，快速减少区域总调节功率。这一情况下的 AGC 控制策略称之为紧急控制策略。在紧急控制策略下，所有 AGC 机组，只要能够承担调节功率，都以当前实际出力为基本功率，并按实际响应速度承担区域总调节功率。

3. AGC 与 SCD 的闭环

AGC 的控制目标为保证电网的频率质量，但是在实际运行中，对机组的出力控制往往会改变电网的潮流分布，一些支路或者支路组发生越限和重载就不可避免，这会对电网运行的安全性造成重大影响。因此，这就要求 AGC 的控制目标不仅限于频率质量，其控制对象应是多维的，至少应考虑支路或支路组越限造成的安全性问题。

问题的最终解决要依靠安全约束调度（Security Constrained Dispatch，SCD）和 AGC 的闭环。

安全约束调度有两种处理技术：

（1）灵敏度分析方法，这一方法算法简单，参与调整的机组可减到最少，具有可操作性，但无法处理系统中的各种安全约束；

（2）有约束最优化方法，可以全面考虑各种约束条件，调整策略的安全性好，缺点是涉及的调整机组可能太多，以致调整结果不实用。

基于以上考虑，在浙江 AGC 系统中采用了一种实时安全约束调度算法。首先利用基于灵敏度的反向等量配对法确定参与调整的机组，再使用原一对偶内点算法来求解非线性规划问题。该算法综合了上述两种方法的优点，可以满足实时安全约束调度的要求。

4. AGC 与日发电计划闭环

根据浙江省调现有的 AGC 系统控制方式，充分考虑日前发电计划、超短期负荷预测、机组调节性能多样化等方面的因素，将机组日计划引入机组 AGC 控制，使得机组在调节 ACE 的同时满足机组日前计划考核的需要，满足当前电网实际运行要求。

为了将发电计划引入，使得投入 AGC 的机组在调整 *ACE* 和 *CPS* 指标的同时尽量靠近机组的发电计划。考虑到部分机组可能不存在发电计划，或发电计划与实际出力偏差较大，不适合投入按计划偏差方式调节，将这类机组分为两组：一组为逼近计划组，该组内所有机组均要求在进行调节时机组出力尽量靠近机组的发电计划；另一组为自由调节组，该组内所有机组都可以在调节范围内自由调节。机组具体属于哪个组可以根据需要自由设置。

逼近计划组和自由调节组均参与调节 *ACE* 和 *CPS* 指标，对于跟踪计划组，该组内的所有机组按照计划偏差大小进行排序，计划偏差大的机组优先获得调节量，对于自由调节组，该组内的所有机组按照调节裕度大小进行排序，调节裕度大的机组优先获得调节量。

为了调节 *ACE*，在得到系统总的口子调整量后，需要分配给逼近计划组和自由调解组内投入 AGC 的机组，为了充分利用所有调节 *ACE* 的机组，对逼近计划组和自由调节组，按照调节能力（调节裕度、调节速率、最大命令等因素）的大小进行比例分配，每个组的调节能力等于该组内所有投入 AGC 机组的最大命令之和，但受调节上下限限制。

按照上述组间分配原则，每个组的调节量确定后，按各自组内分配排序原则依次分配：

（1）计划逼近组按照计划偏差值大小进行排序，将调节量按顺序分配给各机组，使机组的实际出力逼近发电计划；

（2）自由调节组按调节裕度的大小进行排序，将调节量按顺序分配给各机组，使各机组保持一定的上下调节裕度。

5. 应用效果分析

自从基于*CPS*控制策略的AGC软件在浙江电网得到采用后，频率质量得到有效保证，频率合格率达到99.999%以上，*CPS*1、*CPS*2指标提高明显，避免了在A控制标准下的机组频繁调节，机组调节次数大大减少，延长了机组寿命和检修周期。AGC与SCD的闭环，解决了机组调节带来的电网运行安全性问题，在频率质量和电网安全性等多控制目标间得到了有效协调。

第二节　AVC

电压、频率和波形是表征电能质量的三个主要指标。电压是否合格直接影响到电网运行的安全性和经济性。大的电压偏差不仅会对用电设备造成威胁和损害，严重时可能引起电压崩溃，造成大面积停电。日益严峻的能源危机和环境污染使节能成为各个国家的重要议题，合理的电压无功控制策略不但可以明显降低电力传输中的能量损耗，还将提高电网的电压合格率及电压稳定水平。综合利用分布在各发电厂、变电站内的各种无功/电压调节手段，实施无功的全局集中优化控制，在保证电网安全、稳定运行的同时，有效提高电网的电压质量，降低电力传输中的能量损耗是电力系统面临的一项重要任务。

无功功率不能远距离输送，无功和电压控制的设备需分散在各电压等级的电网中，监控和操作比较复杂；同时，电压无功控制的非线性很强，优化和控制的难度较大。因此，电网无功和电压的自动控制较有功和频率控制发展慢，在20世纪90年代中后期才得到较大发展。AVC系统通过对全网电压无功分布状况进行集中监视和分析计算，从全局的角度对广域分散的电网无功装置进行协调优化控制，这对于降低网损、提高电压合格率、保证系统安全稳定运行、减轻运行人员工作强度等均具有积极作用。

一、AVC基本概念和原理

1. 基本概念

自动电压控制（AVC）系统是以SCADA/EMS系统为基础，集电网状态监视、状态估计、电压无功优化、在线电压稳定评估、电压稳定增强控制等功能于一体的电力系统运行调度和控制系统，其核心是实现电网的全局实时无功优化控制。

电压无功优化以电网运行的安全性作为约束条件，以提高电网运行的经济性（或无功设备调节量最小）作为优化目标，实现全网无功的综合优化，在数学上可以描述为如下的非线性规划问题，即

$$\min f(V,\theta,B,T) \tag{11-13}$$

s. t.

$$\begin{cases} P_{Gi}-P_{Li}-\sum\limits_{j\in S_N}P_{ij}(V,\theta,B,T)=0 & i\in S_N \\ Q_{Gi}-Q_{Li}-\sum\limits_{j\in S_N}Q_{ij}(V,\theta,B,T)=0 & i\in S_N \\ \underline{Q}_{Gi}<Q_{Gi}<\overline{Q}_{Gi} & i\in S_G \\ \underline{V}_i<V_i<\overline{V}_i & i\in S_N \\ \underline{B}_i<B_i<\overline{B}_i & i\in S_C \\ \underline{T}_i<T_i<\overline{T}_i & i\in S_T \end{cases} \tag{11-14}$$

式中　$f(V,\theta,B,T)$——目标函数；

V_i、θ_i、P_{Gi}、Q_{Gi}、P_{Li}和Q_{Li}——表示节点i的电压幅值、电压相位、电源有功注入、电源无功注入、有功负荷和无功负荷；

B_i——并联补偿设备i的并联电纳；

T_i——变压器有载调压抽头i的标幺变比；

S_C——并联补偿设备的集合；

S_T——变压器有载调压抽头的集合。

自动电压控制（AVC）系统的基本思想利用SCADA/EMS系统的实时信息，在线分析电网的电压无功运行状况，在此基础上给出相应的电压无功调整策略，从而使电网尽可能地保持在最优无功运行状态或附近，从而达到提高电压合格率，降低电网能量损耗的目的。

具体目标包括：

（1）提高电压合格率，保证电网及设备的运行安全性；

（2）避免离散设备频繁调节；

（3）保证控制的平稳性；

（4）降低有功网损，提高电网运行的经济性；

（5）保证电压稳定。

适应于我国电网结构的分层分区特点和无功管理模式，电网无功电压优化控制系统必然采用各级协调控制方式实现空间上的解耦，以网省地协调控制为例，其结构如图11-10所示。

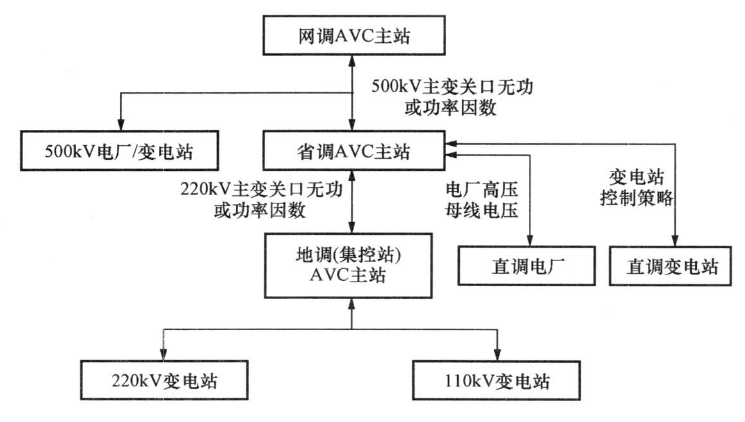

图11-10　网、省、地三级协调的AVC结构示意

2. 基本原理

目前，国内外AVC系统主要采用三种电压控制模式：三级电压控制模式、两级电压控制模式、“软”三级电压控制模式。

对于三级电压控制模式，电网被划分成彼此解耦的区域，每个区域选择一个或多个中枢节点。一级电压控制（Primary Voltage Control）利用发电机自动电压调节器（AVR）、变电站无功电压控制器（VQC）、变电站无功补偿设备和有载调压变压器分接头等调节装置，利用本地信息，将相应母线电压控制在设定值附近，控制周期为秒级，反应速度快，结构简单，性能可靠；二级电压控制（Secondary Voltage Control）利用区域电网的模型，根据灵敏度等信息确定电压控制策略，通过设定一级电压控制的发电机或变电站电压目标值，实现对本区域中枢节点电压的闭环控制，控制周期为分钟级，反应速度较快，性能较可靠；三级电压控制（Tertiary Voltage Control）以全网的经济运行为目标，以状态估计和无功电压优化算法为基础，给出二级电压控制的各区域中枢节点电压设定值，控制周期为数十分钟级。

对于两级电压控制模式，AVC主站基于全网状态进行集中电压控制决策，决策结果直接下发到各相关厂站，通过设定厂站侧一级电压控制的电压或无功目标值，实现对全网无功电压的集中控制，控制周期一般为分钟级。根据AVC主站电压控制决策方法的不同可将两级电压控制模式分为基于经验性（专家）规则的两级电压控制模式和基于OPF的两级电压控制模式。

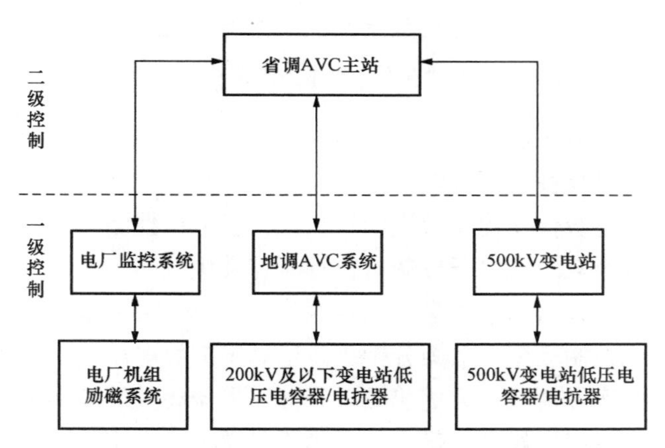

图11-11　省网主站AVC两级控制系统结构示意图

“软”三级电压控制模式无需研制地理上分布的“硬”二级电压控制器，本质上属于两级电压控制模式，但在控制策略的具体实现上，借鉴三级电压控制模式的思想对电网进行动态分区，并在AVC主站以软件的形式实施“软”二级电压控制，以削弱对状态估计可靠性及精度的依赖，降低对无功电压优化算法可靠性及速度的要求。

总的来说，三种电压控制模式各有自己的优缺点：

(1) 三级电压控制模式的结构较复杂，需要额外投资来设计和研制为数不少的地理上分布的区域控制器，可靠性虽略有提高，但三级优化控制的周期长，难以较好地跟踪电网运行状态的变化，且三级优化控制的结果经二级电压控制器执行时将发生偏移，优化结果的可用性不强，在国内至今仍未得到应用。

(2)“软”三级控制模式则是借鉴三级控制模式的思想，希望通过引入“软”二级控制

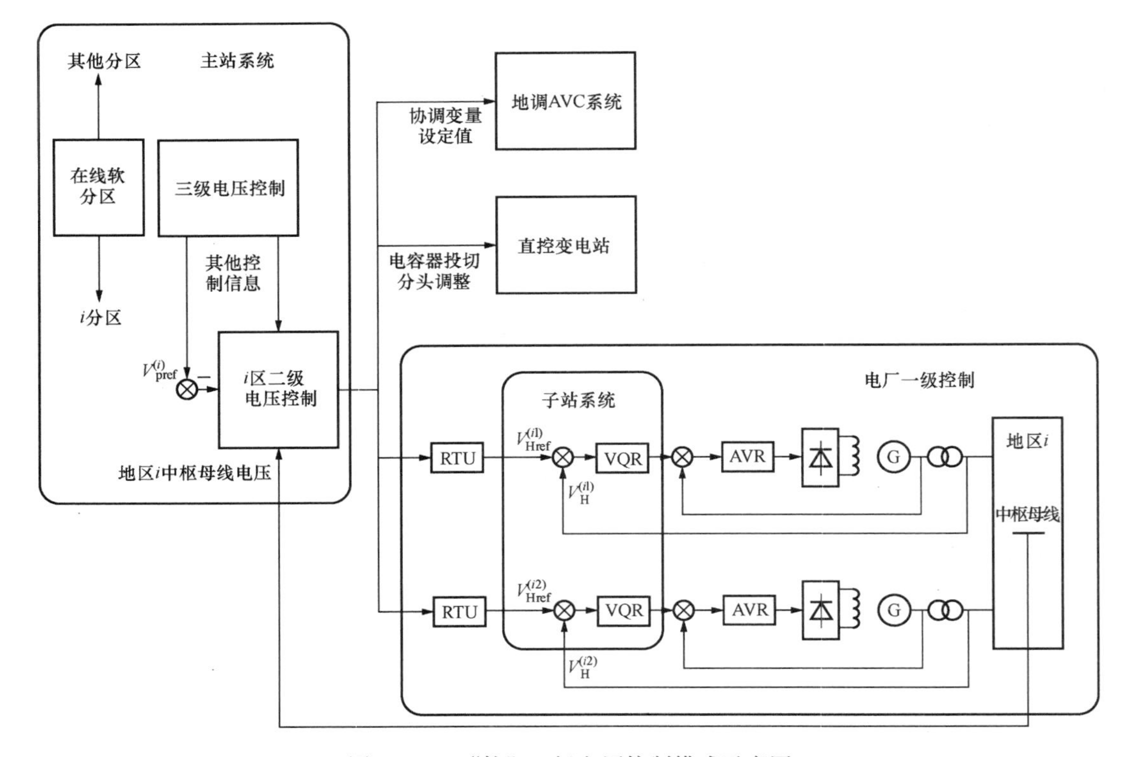

图 11-12 “软”三级电压控制模式示意图

以削弱对状态估计及无功电压优化算法的依赖性，提高电网安全性，但其本质上仍是两级控制模式，对通信通道的可靠性与两级电压控制模式一样具有较强的依赖性。此外，与三级电压控制模式相似，由于三级优化控制的周期较长，三级电压控制与软二级电压控制的目标并不一致，三级优化结果经软二级电压控制器执行时将发生偏移。

(3) 两级电压控制模式对通信通道的依赖性高于三级电压控制模式。基于 OPF 的两级电压控制模式，其优化控制周期一般为分钟级，远短于三级电压控制的优化周期，优化结果能够较好地反映电网的实际情况，且优化结果直接下发至相关厂站实施控制，在执行环节不会发生偏移，电压安全性好、经济性优，是电力系统无功电压控制发展的必然趋势。当然，基于 OPF 的两级电压控制模式对状态估计及电压无功优化算法的可靠性及性能均提出了更高的要求。

二、AVC 系统构成

(一) AVC 基本结构

为提高自动化系统的集成水平，防止重复建设，一般来说 AVC 主站系统采用与 EMS 系统“一体化”建设的方式，实现与 EMS 系统的高度集成。AVC 主站系统所需的人机界面、数据存储、指令下发、电网模型、告警查询、权限管理、进程管理、日志管理和系统安全防护等功能均可利用 EMS 平台完成。下图为某省调 AVC 系统，AVC 系统只是扩展了 2 台服务器，利用现有通道与地调、发电厂和变电站进行通信。

(二) AVC 主站系统

AVC 主站系统一般基于 SCADA/EMS 系统构建，其模型、实时数据都直接从 SCA-

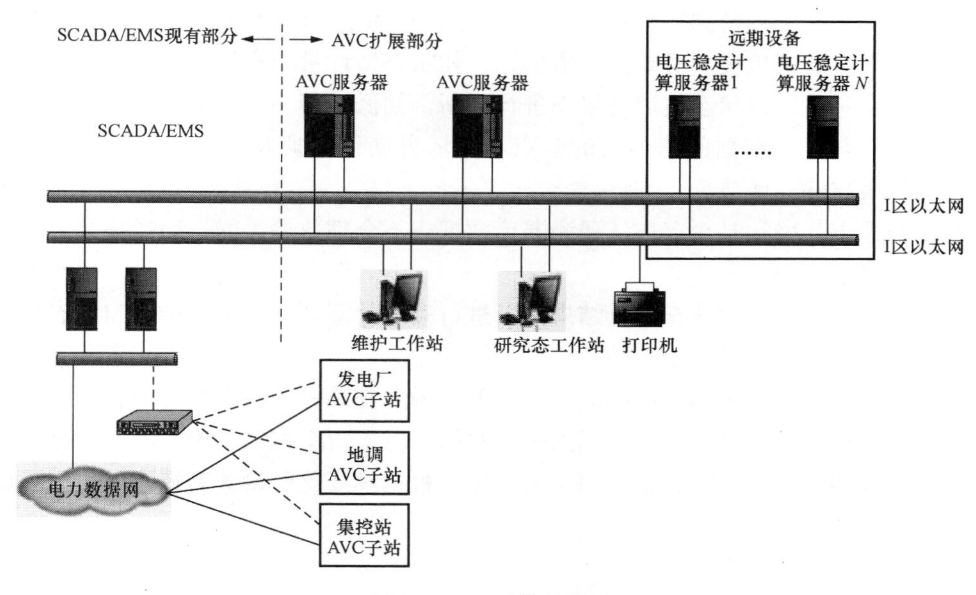

图 11-13　系统结构图

DA/EMS系统中获取，通过数据有效性校验后，进行控制策略计算，计算的结果可以通过遥调和遥控的方式发送给电厂和变电站，同时将一些上下级的协调策略传送给上级及下级，来完成无功电压的统一协调控制。电网AVC系统控制流程如图11-14所示。

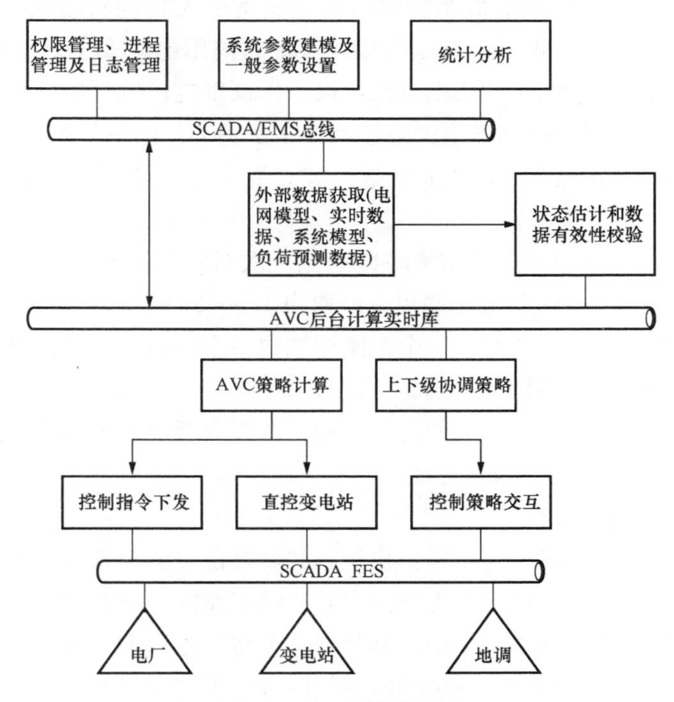

图 11-14　系统流程图

1. 实时数据有效性检测与处理

由EMS形成的电网实时量测数据，在读入AVC系统前需要进行数据检测，其任务是

确认当前形成的电网实时量测数据是否适合进入AVC系统进行计算。处理措施包括：

（1）电网基本数据检查。对电网基本信息，如状态估计量测合格率等数据根据事先设定的范围确认其合法性。对状态估计合格率进行判断，如低于某一设定值则退出计算。同时对于一些状态估计与实时数据值偏差大的节点，提示自动化维护人员查找原因，同时给出标记，优化计算时排除这些节点。

（2）拓扑检查，确认是否存在坏遥测遥信数据或不合理数据。能够通过拓扑分析识别电容器和变压器是否可用。

（3）潮流数据检查，用状态估计结果重新进行潮流计算，并将潮流结果与状态估计结果进行比较，确定模型及数据的正确性。

（4）此外还可以考虑采用纵向滤波检查，就是说关注某一个数据在时间轴多次采集结果的对比，在实时库中保存最近多个周期的采集数据。对于每个控制决策，不是根据最新的采集数据，而是要通盘考虑最近的多个周期的数据。根据其变化的趋势和持续的稳定程度，滤除数据突变和高频的数据波动。

2. AVC控制策略计算

控制策略计算的基本思想是：实时情况下，利用全网实时信息，给出控制对象的设定参考值；优化计算时可以人工选择控制变量的类型和数量，调整范围可以人工改变。无可行解时，可适当松弛约束，并给出提示信息；也可由用户手工设定控制对象的设定参考值，或者保持上个时段的设定参考值。

AVC在优化时应对每台发电机无功留出一定比例的无功旋转备用，比例可人工设定。还应考虑500kV厂站35kV侧母线电压约束，保证站内用电的安全。在对发电机进行控制时，根据厂用电要求确定发电机的机端电压约束，保证发电机机端电压在约束范围内。

AVC施加的控制应避免电网产生大幅波动。由于AVC主站按固定周期（一般为0.5～5min）下发一次调整策略，故自动电压控制没有必要非得一步到位，应遵循“小步走，不停走”的原则。

为保证控制的平稳性，AVC控制策略应避免一次对发电厂电压设定值进行大幅度的调整。实际应用中，220kV母线的电压调幅一般取为1.5～2kV。

对于拥有离散调节手段的情况，一个控制周期内一个厂站应只允许投切一组并联补偿设备，任一主变也应最多只允许调节一挡。

为避免量测瞬时性异常可能造成的定值抖动，取多个断面的量测数据并对量测数据进行纵向滤波，进一步保证控制过程的平稳性。

3. 省地AVC系统的协调

当前电网的无功电压手段主要包括：机组、并联补偿设备及有载调压变压器挡位等。不同调压手段的调节特性不同，机组的无功出力是连续可调的，没有调节次数的限制；主变抽头及并联补偿设备则均为离散调节手段，其频繁调节将严重影响设备的使用寿命，在实际运行中对同一离散调节设备相邻两次调整的时间间隔及一天之内的允许调节次数均有明确的限制，并希望在保证电压合格的基础上尽可能地减少其调节次数。在电网的无功电压控制中应遵循以离散调节手段粗调，以连续调节手段细调的原则。由于省网的无功电压调节手段主要为连续调节设备，而地区电网的无功电压调节手段主要为电容器、电抗器及有载调压变压器挡

位等离散调节设备，省、地AVC系统的在线协调应尽可能地避免地调离散设备的频繁调节。

为保证省调AVC系统下达的电压协调指令能够被地调AVC有效执行，地调AVC系统首先应统计各220kV供区内的无功补偿配置，通过预算确定安全的补偿容量范围，并上报省调AVC系统。

在实时协调变量的选择上，由于省调AVC系统及地区AVC系统的无功调节均可能对关口电压产生较大影响，因而关口电压事实上不是好的实时协调变量。对于关口功率因数，有功负荷较小时，有功或无功的较小变化都可能导致功率因数的较大变化。此外，较之定功率因数控制，定无功控制总体上将出现重负荷时高力率运行，轻负荷时低力率运行的情况，与电网逆调压的原则一致。鉴于上述理由，一般选择省地关口（220kV主变高压侧）无功作为省地AVC实时协调变量。由于地区电网的无功调节手段主要为离散量，因而无法实现关口无功的精确控制，省调AVC系统向地调AVC系统下发关口无功范围，而不是关口无功定值。为进一步明确省调的无功协调意图，避免地调离散设备的频繁调节，省调AVC系统同时向地调AVC系统下发补偿方向指令。可能的补偿方向指令包括：

增补偿：对指定220kV变电站及其供电区域，要求地调AVC系统根据下达的无功控制范围选择退出感性无功补偿设备、投入容性无功补偿设备或不进行任何操作，但禁止退出容性无功补偿设备，或投入感性无功补偿设备。

维持补偿：要求地调AVC系统尽量不投退无功补偿设备，但在地区电网存在电压安全问题时允许投退无功补偿设备。

减补偿：对指定220kV变电站及其供电区域，要求地调AVC系统根据下达的无功控制范围选择退出容性无功补偿设备、投入感性无功补偿设备或不进行任何操作，但禁止退出感性无功补偿设备，或投入容性无功补偿设备。

为保证省网AVC系统下达的电压、无功协调指令能够被地调AVC系统有效执行，省、地AVC协调策略应不影响地调的电压质量，且不造成地调离散设备的频繁调节。这就要求地调AVC系统首先应统计辖区内各220kV供区的无功补偿配置，并通过预算确定安全的补偿范围，从而对补偿容量进行分级。安全补偿范围是指地调不通过调节主变分接头即可保持电压合格的补偿容量范围，该部分补偿容量投退的代价是相对低廉的。正常情况下，省网AVC系统根据地调上报的安全补偿能力进行省地协调控制，但在电网出现异常情况时（如：局部大面积电压越限），仅依靠安全补偿能力无法保持省网电压合格时，可适量动用地区电网安全补偿能力之外的可用补偿容量，此时地调在进行补偿器投、退操作时可能需要同时调节主变分接头以维持地区电网的电压合格。具体的协调策略描述如下：

地调AVC系统：统计下辖各220kV变电站供电区域内可投/切电容器及电抗器的总容量，并通过预算确定当前的安全补偿范围，进而将补偿能力及安全补偿范围上传至省调AVC系统；接受省调AVC系统的协调指令，根据省调AVC系统下达的补偿方向及关口无功范围，控制主变所带电网的电容器和变压器分接头，满足关口无功范围的控制要求；并向省调AVC系统提出所希望的关口电压的范围。

省调AVC系统：根据地调AVC系统上报的补偿能力、安全补偿范围、希望的关口电压范围，结合各地区电网的负荷变化趋势，通过全局电压无功优化实时计算省地关口交换无功范围及期望的补偿器投切方向，并下发给地调AVC系统，实现省、地AVC系统的协调优化控制。省调 AVC 系统保证所给的期望补偿器投、切方向具有一定的稳定性，以避免地区电网离散设备的频繁调节。

（三）AVC 子站

1. 发电厂 AVC 子站

（1）发电厂 AVC 子站逻辑结构，如图 11-15 所示。

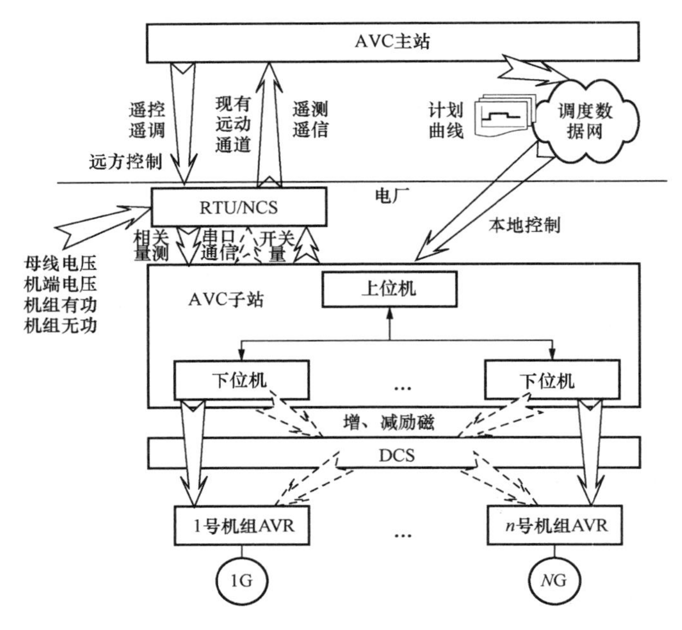

图 11 - 15　发电厂 AVC 子站逻辑结构图

注：图 11 - 15 中所示的是功能逻辑结构上的 AVC 子站、上位机和下位机。

AVC 系统由三层控制组成，一级：单元控制（机组励磁系统），时间常数一般在毫秒～秒级；二级：本地控制（发电侧 AVC 子站），时间常数一般在秒～分钟级；三级：全局控制（AVC 主站），时间常数一般在分钟～小时级。

AVC 主站接收全网的数据，根据分层、分区无功平衡的原则，通过全网的优化计算，得出发电厂母线电压/无功的目标值并通过远动通道将发电厂母线电压/无功目标值发送至 AVC 子站。

AVC 子站接收主站指令的同时，通过发电厂远动系统接收与调度同源的机组和母线电压实时数据，充分考虑各种安全约束条件后估算出发电厂内机组总的无功功率，按照一定的原则合理分配至每台机组，将控制命令下发至下位机，由下位机输出增、减励磁信号直接或由 DCS（或机组计算机监控系统）转发送至励磁系统，由励磁系统调节机端电压/无功功率，从而实现母线电压的调节，自动跟踪主站指令。

下位机一方面将相关信息上传至 AVC 主站，为主站提供计算依据；另一方面将 AVC 子站的有关运行状态接入发电厂 DCS（或机组计算机监控系统），供发电厂运行人员监视。当 AVC 子站系统异常或约束条件成立时，AVC 功能自动闭锁，并将告警信号输出至相关系统。

AVC 主站还可以将母线电压的计划曲线通过调度数据网下发至发电厂侧 AVC 子站，

子站上位机（中控单元）将计划曲线保存在本地，当子站与调度主站通信中断或有其他异常，子站将按照之前下发的计划曲线调节机组无功。

AVC子站励磁调节信号与发电机AVR接口应满足两种方式，即励磁调节信号可直接输出至发电机的AVR，也可输出至发电厂DCS（或机组计算机监控系统），再由DCS（或机组计算机监控系统）通过AVR对发电机励磁进行调节。

AVC子站应具有定频调宽和定宽调频调节方式，来控制增/减机组励磁，应适应各种AVR的接口特性和调节速率要求。当安全约束条件成立时，闭锁机组控制，并输出告警信号；当AVC子站的装置发生异常时，AVC功能自动退出，并输出告警信号。

（2）发电厂AVC子站的信息采集和控制。

发电厂AVC子站需要采集高压母线和机组的相关数据，就采集方法而言，有通信方式与直采方式两种，这两种方式各有利弊。通信方式避免重复采集，信息的一致性好，使用电缆少，施工工作量小，但是需要做握手程序，数据的获取有延时及数据转换精度损失；直采方式数据能即时获取，误差相对小，但是往往重复采样，一致性差，并且要增加变送器，电缆使用较多，施工工作量大。

发电厂AVC子站需要采集的模拟量有：所有参与AVC调节的各机组的有功功率、无功功率、定子电压、定子电流、转子电流、厂用母线电压、主变高压侧有功功率、无功功率、220kV正、副母母线电压（正常是采集Ⅰ母线电压，在Ⅰ母线电压不正常时，自动切换为Ⅱ母线电压）。

需要采集的开关量有：所有参与AVC调节的各机组的断路器、隔离开关位置信号、发变组及励磁系统的故障/异常信号、允许AVC投入信号。

发电厂AVC允许投入的条件有：无发变组及励磁系统异常或故障、无AVC异常或故障、无增减励操作。在允许条件中设计无增减励操作的目的是为了保留在紧急情况下，运行人员将机组无功的控制权拿回，以便对机组无功进行快捷的人为干预。由于现有的励磁调节系统不具备对调度下发的计划指令的接收功能，只能接收功率调节的加、减信号，因此AVC送出的增减励信号通过DCS剔除过窄或过宽脉冲后，以适当的脉冲宽度送励磁系统进行无功控制。对AVC增减励信号进行脉冲调制的目的是防止AVC送出的增减励接点抖动或粘连。

（3）发电厂AVC子站的机组无功分配策略。

一般来说，电厂无功调节的结果首先要保证机组的安全运行，在机组安全运行的范畴内，最好使得各机组具有相同的功率因数，或者具有相同的调节裕度，所以对应的在机组无功分配策略中采用等功率因数法和等比率法两种分配策略。等功率因数法：各台机组在无功功率的上下极限范围内按照功率因数相同的原则进行分配，分配量与有功出力相关性大。达到极限后不再参与调节。等偏移量法：各台机组在无功功率的上下极限范围内按照偏移量相同的原则进行分配，在各自的可调范围内总是具有相同额度（百分比）的调控容量，分配量与有功出力相关性小，基本上可同时达到上下极限。

两种策略是为了满足不同电厂的要求，其均能够保证机端电压在安全极限范围内，同时使各机组尽可能同步变化，保持相似的调控裕度。但是不管采取什么样的分配策略，都要对分配后的机组目标无功进行安全性检查。

这些安全性检查主要包括：目标值的有效识别，模拟量的自动校验，机组的运行工况，以及在调节过程无功分配的约束处理。

1）目标值约束条件。

目标值是指 AVC 子站系统获得的主站的指令，对于目标值的要求是目标值变化应小于预先设定的范围，对于变化剧烈的目标值应作为错误丢弃处理，仍然沿用原有值。当目标值高于母线电压上限时，应更新目标值为母线电压上限。当目标值低于母线电压下限时，应更新目标值为母线电压下限。

2）模拟量约束条件。

①数据波动过大。当连续采集的数据波动超过设定的值，则说明系统处于不稳定的状态，所以必须闭锁调节，等待数据稳定后才能解除闭锁。

②数据越限。当机组某一数据越限时，应暂时闭锁其相应控制出口，如越上限，则闭锁增励出口，越下限则闭锁减励出口。闭锁期间仍应继续获取数据，只有数据变化到容许范围内后，才能解除相应闭锁。

③数据无效。当数据超过无效限制值时，则认为此时数据无效，引起数据无效的方面很多，可能是因为数据传输，也有可能是系统故障。此时必须闭锁该机组的所有控制出口，当数据恢复正常后才能解除闭锁。

3）开关量约束条件。

开关量约束条件主要是指调控过程中 AVC 子站系统通过 RTU 或者 AVC 子站系统下位机获得反映机组运行工况的开关量信号，其中要包括 AVR 正常信号，AVR 限制动作信号，机组并网信号，AVC 投切信号，子站通信信号。

4）差异比较约束条件。

差异比较约束条件主要是针对主站下发的母线电压的目标值与实时值之间的比较。其中主要包括以下两方面的考虑：

①若差异过小，未达到预先设置的精度范围，则认为没有差异。此时是否需要调控，则根据机组无功分配的合理性判断。

②若差异过大，超过预先设置的容许范围，则认为目标值出现错误，丢弃处理。

5）机组无功分配合理性约束条件。

当目标值与实时值没有差异时，若各机组之间无功分配不合理，也要进行计算、调控。但此时全厂总无功出力不需要变化，只需要重新分配厂内各机组无功出力，使出力高的机组无功下降，出力低的机组无功上升。

2. 变电站 AVC 子站

变电站自动电压控制有集中控制和分散控制两种主要方式。

（1）集中控制方式。

变电站侧不建设专门的子站系统，由调度中心 AVC 主站直接给出对电容器、电抗器和变压器有载调压分接头的遥控遥调指令，利用现有的 SCADA 通道下发，并通过变电站监控系统闭环执行，监控系统应对被控设备设置远方/就地控制切换压板，并具有必要的安全控制闭锁逻辑判断功能。控制指令包括对电容器、电抗器的投退命令（遥控）或者对有载调压分接头挡位的调节命令（遥调或遥控）。

（2）分散控制方式。

借助变电站侧已经建设的VQC系统或监控系统中已有的电压控制模块，经改造升级为具有完善安全闭锁控制逻辑的AVC子站，主站侧不给出电容器、电抗器和有载调压分接头的具体调节指令，而是下发电压调节目标或无功调节目标，子站根据此目标计算对无功调节设备的控制指令并最终执行。

（3）两者比较。

集中控制其最终的控制决策由主站统一给出，控制性能较好。统一计算投切策略，便于实现与电厂控制的协调。控制策略由主站软件决定，未来修改、扩展更加方便。新上变电站可以不再考虑VQC功能，减少投资。但是其要求采集到主站侧的遥测遥信准确性较高。对通信的可靠性要求高，一旦通信中断，则无法实施控制。对于本地已经建设了VQC系统的变电站，需要退出本地VQC。

分散控制其最终的闭环控制执行环节是在本地完成的，信息采集更加可靠。一旦与主站的通信中断，本地控制仍可进行。但是主站侧给出的仅是协调目标，最终的控制决策是由变电站侧本地的VQC给出，最终的控制性能很大程度上取决于当地VQC的控制策略，难以保证一定符合主站侧预期，难以实现与电厂控制的协调。未来如果需要修改控制策略，必须改造多个变电站的VQC软件，升级改造困难。

从对比来看，在数据采集和通信通道正常的情况下，集中控制可以达到更好的控制效果并节省投资。为了弥补集中控制方案对基础自动化可靠性的高要求，增加站端VQC作为备用手段，确保控制的高可用性。在通道正常情况下，采用集中控制模式，此时站端VQC系统退出；如果通道中断，则退化到本地控制模式，由站端VQC系统进行控制。

（4）变电站无功分配策略。

如图11-16所示，在变电站数据采集的基础上，第1步是利用规则库初步确定控制手段。由于各地不同的运行习惯和负荷特点，在进行电压控制时可以有不同的规则。第2步是在灵敏度计算的基础上，基于一定的协调原则，将所需要的无功增减在离散变量与连续变量之间进行分配，来确定变压器的分接头动作情况，电容电抗器的投切情况以及调相机的出力设定，通过遥控和遥调通道来进行方案的执行。

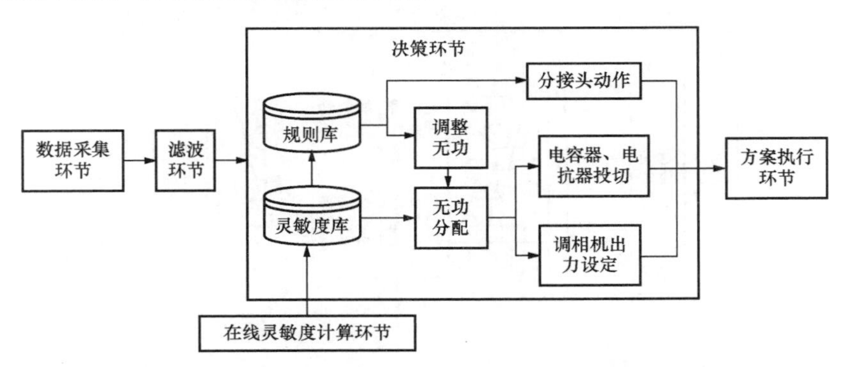

图11-16　分散控制方式变电站无功分配策略

第十二章

调度员培训仿真系统

【内容概述】 本章主要介绍调度员培训仿真系统（Dispatcher Training Simulator，DTS）的基本概念、基本功能模块、上下级调度 DTS 的互联技术以及 DTS 的应用。

第一节 调度员培训仿真系统概述

一、DTS 的基本概念

调度员培训仿真（DTS）系统是一套数字仿真系统，它运用计算机技术，通过建立实际电力系统的数学模型，再现各种调度操作和故障后的系统工况，并将这些信息送到电力系统控制中心的模型内，为调度员提供一个逼真的培训环境，以达到既不影响实际电力系统的运行而又使调度员得到身临其境的实战演练的目的。

图 12 - 1 给出了 DTS 的概念图。图形的右边表示实际的调度系统，它通过远动设备采集电力系统中各电力设备的运行状态（如潮流、电压、频率、开关状态等），通过通信通道送到调度室的实时计算机系统上，调度员坐在调度室中，面对调度自动化系统（包括：数据采集与监控系统 SCADA、能量管理系统 EMS 等），完成对实际电力系统的实时监视、分析和控制。

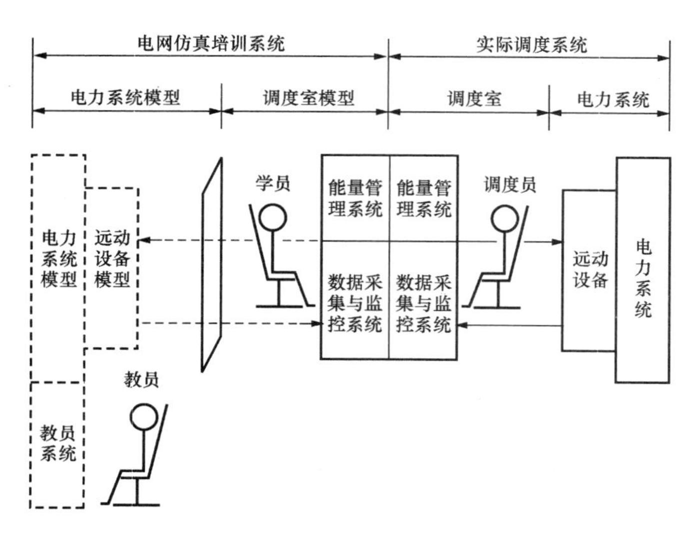

图 12 - 1 DTS 系统概念图

图 12-1 的左边表示 DTS，它好似实际调度系统的"镜像系统"。被培训的学员坐在与实际调度室环境相似的学员室中充当调度员，接受培训；而教员一般由经验丰富的老调度员充当，他坐在教员室中，利用教员系统，在培训前负责准备教案并启动培训仿真系统，在培训过程中控制培训过程、设置电网事故，并充当厂站操作员，执行由学员下达的"调度命令"，并在培训结束后评价学员的调度能力。

电力系统和远动设备模型分别是实际电力系统和远动设备的数字仿真，它可以逼真地模拟实际电力系统的稳态和动态行为，以及远动系统各环节对调度自动化数据采集系统的真实影响。

电网培训仿真系统的目标是让被培训的调度员有一种身临其境的感觉，可以培训调度员各种反事故能力，有效提高实际的调度能力。

二、DTS 的基本配置

1. DTS 的硬件系统

主要包括 DTS 服务器、DTS 工作站、交换机等。DTS 一般运行在安全Ⅱ区。安全Ⅰ区与安全Ⅱ区之间部署防火墙。DTS 需要获取电网的模型和实时数据，但不对实时系统返回任何数据，所以，数据流是从安全Ⅰ区到安全Ⅱ区的，是单向的。

2. DTS 的软件系统

DTS 系统既可作为 EMS 的一个子系统，同时 DTS 系统本身也可作为独立的系统而存在。一般情况下，DTS 系统作为 EMS 的一个子系统，与 EMS 运行在同一个平台上，共享信息资源。

三、DTS 仿真室典型配置

DTS 室一般分为教员区、学员区、观摩区和设备区。

教员区内设一个或多个教员台，多个教员台模式是 DTS 系统的新发展，多教员同时参演可以降低教员在培训或反事故演习的劳动强度，加快培训和演习进度；可用于上、下级调度的联合反事故演习等。

多个教员台使用的是同一套电网模型和计算服务器，采用客户/服务器和订阅/发布的通信模式。教员台的所有操作指令采用客户/服务器向计算服务器发送，而教员台的人机显示数据则通过订阅/发布实现，具有很高的网络效率。

学员区可以配置多个学员台，一般配 3～4 席，分别为主值、副值、三值和实习调度员，这样与实际调度班组的组成基本一致。学员区和教员区一般用玻璃做隔墙，方便教员掌握学员动态和观摩人员观摩。

观摩区通过音频、视频设备，可观看学员的演习过程、分路监听演习电话，并通过远程图文传送设备，与参演单位进行电视电话会议。在大型系统联合反事故演习中，还可在观摩区设置专门的讲解席，使观摩者更好的掌握演习进程。

设备区则放置 DTS 服务器，演习、观摩用的视频、音频设备等。

四、DTS 的应用范围

1. 调度员的培训工具

DTS 系统为调度员提供数据采集与监控系统（SCADA）及其他应用软件的操作训练手段，可在不影响运行系统的前提下，培训调度员基本的调度运行技能。利用 DTS 系统可对新调度员进行上岗培训，对老调度员进行运行能力测试，使调度员熟悉电网结构、运行方式、电网潮流，熟练掌握运行操作及调度规程、事故分析及处理。调度员能够根据人机界面的提示信息发现事故，依据仿真的电网环境判断和处理故障。通过DTS训练可以了解各种事故发生的现象、原因及变化过程，积累各种事故的处理经验，增强调度员事故处理能力和事故后系统的恢复操作技能，使调度员在最短的时间内处理故障并使系统恢复正常运行。

2. 演习平台

为考察调度员实际处理事故的能力，或针对性的对某个电网运行方式进行事故预想以加强调度员的反事故能力，调度机构往往举行反事故演习。DTS为反事故演习提供了很好的平台。某些大型反事故演习需上下级调度及厂站人员联合参加，互联的DTS也能提供很好的支持。

3. 运行方式的研究平台

DTS可利用状态估计的计算数据，研究和制定电网运行方式，分析当前电网运行方式的安全合理性。同时也可根据运行方式的变化、机组检修、未来电网的潮流分布以及节假日负荷的变化等，对电网特殊运行方式进行研究。还可再现电网重大事故发生及处理的全过程，通过反演和分析，确定出合理的对策并记录备案。

4. 继电保护定值的校验工具

结合短路电流计算和保护数据库及运行方式，继电保护工作人员可以对保护定值进行校验，为制定合理的保护配置方案提供依据。

5. SCADA和PAS新增功能的测试平台

如前文所述，DTS好似实际调度系统的“镜像”，而在实时运行系统中不适合进行上线测试的新增功能，DTS却提供了一个很好的平台，可进行SCADA和PAS新增功能的测试。

第二节 DTS 功能模块

DTS由以下三个部分构成：电力系统模型（Power System Model，PSM）、控制中心模型（Control Center Model，CCM）和教员系统（Instructor System）。

一、电力系统模型

电力系统模型模拟电网在正常和紧急状态下的静态或动态过程，尤其是逼真地模拟电网的静态和长期动态行为，准实时模拟电网的暂态和中期动态过程，并可详细模拟系统内的继电保护和安全自动装置，及其它们的拒动和误动行为。仿真规模可包括网内所有电压等级的发电机、线路、变压器、开关、刀闸、消弧线圈、负荷等。

PSM考虑了电网现有和未来规划中的所有电气设备及元件的模型要求，在模型、参数和相应算法方面分别考虑交流和交、直流混合系统的不同要求。如果未来有新的元件和设备需要在DTS中仿真，在掌握了其数学模型的基础上可以加入到仿真中来。

电力系统仿真分稳态仿真和动态仿真。

（一）稳态仿真与动态潮流技术

稳态仿真又称静态仿真。考虑系统操作或调整后发电机和负荷功率的变化、潮流的变化和系统频率的变化，采用潮流型算法来模拟，不考虑机电暂态过程，可用稳态电量来启动自

动装置，并用逻辑法来模拟继电保护，这种模型考虑了中长期动态过程，主要应用于调度员培训、运行方式安排、反事故演习等。

稳态仿真的主要设备模型有发电机、调速器、励磁机、线路、变压器、电抗器、电容器、母线、开关、刀闸、负荷、消弧线圈、继电保护、安全自动装置等。相对于普通潮流模型，该模型具有如下特点：

（1）发电机模型考虑 24h（96 点，可调）发电计划曲线和电压曲线；同时提供与之匹配的负荷曲线。每分钟（可调）根据这些曲线进行拟合，修正一次负荷和发电出力，模拟仿真过程中峰谷变化对培训的影响。

（2）调速系统模型考虑了出力调节的升降速率、幅值限制和发电机的功频特性。

（3）考虑了励磁系统模型的稳态响应特性，三种自动控制器模式可以切换，即自动功率因数调节（APFR）、自动无功功率调节（AQR）和自动电压调节（AVR）。

（4）负荷模型考虑了 24h（96 点，可调）负荷曲线，在仿真过程中负荷随着时间变化每分钟（可调）进行相关的曲线拟合，在负荷调节中模拟了负荷升降的速率，考虑了负荷的随机扰动、频率静特性和二次电压静特性。

（5）变压器分接头调节中，考虑了有载/无载调压特性、调节的升降速率和挡位的离散特性。

在稳态仿真中，具有如下功能：基本操作模拟、综合令的解析和模拟、操作票模拟、基于逻辑的保护仿真和自动装置仿真。

稳态仿真的核心技术是动态潮流。由于动态潮流技术在 DTS 中具有重要地位，这里做一简要介绍。

在常规的潮流计算中，隐含着全系统有功功率平衡的假定条件

$$\sum P_{Gi} - \sum P_{Li} - P_{Loss}(V,\theta) = 0 \tag{12-1}$$

其中，P_{Gi}是第 i 台发电机的有功出力，P_{Li}是第 i 个负荷的有功负载，P_{Loss}是系统网损。

而在实际系统的运行过程中，由于发电机的起、停和出力的改变，负荷的增、减以及其他干扰，系统中会出现不平衡功率（也称加速功率）

$$P_{acc}(V,\theta) = \sum P_{Gi} - \sum P_{Li} - P_{Loss}(V,\theta) \neq 0 \tag{12-2}$$

加速功率的存在引起系统频率的变化，各发电机将按各自的频率响应特性改变出力，而负荷也会根据负荷频率静特性改变负载，从而分担这一加速功率。

在这种频率变化的动态过程中，网络单元的有功功率是平衡的，只是发电单元的机械输入功率（P_{Gi}）与发电机输出到电网的电气功率（P_{ei}）不平衡。动态潮流就是研究发电单元输入、输出有功不平衡引起的系统频率变化过程中的潮流。

为了反映实际电力系统中由于加速功率引起系统频率的变化的动态过程，动态潮流一般采用分配因子法。分配因子法取消了一般潮流计算中平衡发电机的概念，只选择一个发电机节点作为参考节点，然后根据发电机单元数学模型将加速功率按发电机调频特性分配到相应发电机节点，求得各发电机注入电网的有功功率，再由网络单元的数学模型求解电网的潮流分布。在动态潮流计算中，做了动态过程中各子系统所有发电机具有相同频率的假设，并考虑了发电机有功功率静特性和负荷的频率静特性，由此建立了仿真系统中电力系统稳态运行的动态数学模型。

（二）动态仿真

动态仿真考虑故障或操作后发电机的机电暂态变化过程，可用暂态变化过程中电量值来启动自动装置和继电保护，这种模型考虑了暂态过程，主要应用于运行方式研究、事故分析和继电保护校核等。

动态全过程仿真中所采用的主要元件的动态模型应主要包括以下几类：

（1）网络模型；

（2）电源模型，包括发电机、励磁系统、PSS、原动机、调速系统和锅炉；

（3）负荷模型；

（4）直流输电系统模型；

（5）核电站模型；

（6）抽水蓄能电站模型等。

电力系统发生故障后，根据系统机、电、磁的暂态特性可以划分为暂态过程和中长期动态过程。

当系统发生故障后，首先进入暂态过程。由于这时系统处于剧烈变化之中，为了详细而正确地模拟系统的这种剧烈变化，准确反映各变量的变化情况，必须采用较小步长。这时，由于每台发电机的变化情况各不相同，必须计算每台发电机的功角和角速度。在元件模型方面，除应选用较为详细的发电机模型外，还需考虑诸如励磁系统和调速系统等时间常数并不很大的调节装置的动态特性，而忽略时间常数较大的调节装置的作用，如锅炉的调节特性。

当机组间的摇摆逐渐减小后，即可转入中期动态过程仿真计算。因此，中期动态过程是暂态过程的延续，相对于暂态过程仿真而言，由于这一过程是在事件发生若干秒之后进入的，除了考虑励磁系统、PSS、调速系统等调节装置外，还需计及具有较大时间常数的装置，诸如锅炉和核反应堆的动态特性。同时，那些时间常数较小的装置则可简化。另外，还必须考虑自动装置的动作特性。在长期动态过程中，由于机组间的摇摆已平息，可认为全网具有同一频率。发电机的功角和角速度由惯性中心决定，不必计算每一台发电机的转子运动，只需计算惯性中心的转子运动。

在动态仿真中，继电保护和安全自动装置仿真采用定值判别法，即根据计算出来的装置安装点的电气参数，驱动继电保护和安全自动装置动作。这种方式的仿真程序逻辑较简单可靠，但计算量大。故障时继电保护及自动装置将自动显示其动作情况，并伴有音响和闪光信号，同时通过跳开相应的元件开关去影响电力系统模型。仿真的继电保护应涵盖网内的主要保护类型。

在动态仿真中，还有一个难点，即外网等值。在无法获取外网全模型的条件下，系统频率计算、故障计算、动态计算都要求对外网进行等值。等值分静态等值和动态等值。静态等值用于稳态分析，简单地可以将外网作为一个大电源，但误差较大。动态等值用于故障后的动态过程分析，简单地可以将外部发电机等值为1台或几台发电机，消去外网的大量计算节点。对于不同的故障情况，外网的等值参数会发生变化，因此必须根据不同的运行工况确定相应的等值参数，计算量较大。

二、控制中心模型

控制中心模型是DTS的一个重要组成部分，可为调度员创造一个真实的环境，使调度员有一个身临其境的感觉。其实现的仿真功能除了历史数据处理功能外，还应包括所有的SCADA/EMS功能，内容主要包括：数据采集、数据处理和计算、事件和报警处理、远方调节和控制、数据统计、人机会话等。

为了达到逼真的效果，控制中心模型一般直接采用在线的SCADA/EMS系统，或者模拟在线SCADA/EMS系统的所有功能，并尽可能做到一致。功能包括监控系统和在线应用软件，能实现相同的报警、操作和分析功能，而且具有相同或类似的人机交互系统。控制中心模型在仿真时充当学员台，为学员或接受培训的调度员使用。

控制中心模型与其他模块的关系是，前者由前置机模块、SCADA模块以及EMS应用软件组成。它与实际的控制中心系统从软件结构和功能上基本相同。

三、教员系统

教员系统是制作教案、调节和控制电力系统模型及控制培训过程的模块。该系统应有灵活的培训支持功能，教员可灵活设置各种事件，编制各种教案，可很方便地建立培训的初始条件。培训时教员还可以方便地设置、修改、删除和插入各种事件，执行学员下达的各种调度命令，控制和监视培训进程。具有灵活的控制仿真过程的功能，如暂停、恢复、快照（人工和自动）、快放、重放和慢速演示等功能，使得教员台的操作灵活、方便。

仿真初始条件可以是人工设定的仿真时间、利用负荷预测形成的负荷曲线以及利用发电计划建立的发电曲线。其可以从一个离线生成的潮流断面开始，进行负荷分配和发电出力分配，计算初始潮流；也可以直接取用EMS的实时数据断面，通过状态估计计算，自动为DTS生成一个完整的在线教案；还可以取用过去保存的任何一个教案数据断面作为初始潮流，启动仿真；并可按需要对已保存的网络接线方式、运行方式、二次系统配置等进行修改。

事件表是教案的重要组成部分。凡是在主界面上进行的操作，包括故障设置和执行事件表，都会作为事件存入事件表，事件表记录了每一事件的时间、类型、发生的设备、改变的量值等数据。用户与电力系统模型及电力系统各模块间都是通过事件处理联系起来。

事件表功能可采用事件组的方式模拟历史上曾发生过或人为构造的顺序事件序列和各种正确的调度操作序列，它是以事件的时标为依托，将多个同时或时间不同的几个动作事件组成一组，同时发送给事件处理程序；事件处理程序将依据用户指定事件表中各事件的发生时间将这一组事件按正确的发生时间依次执行。通过事件表可以方便地手工模拟各种组合事件。在教案制作过程中，可以通过事件表的设置，来方便地进行模拟故障的预设。

教员操作台是教员所面对的人机交互环境，是一套生动的、灵活的全图形人机系统，也是教员制作教案、控制电力系统模型和仿真过程的手段。

教员在培训过程中可以扮演不同的角色，在联合反事故演习模式下可以充当导演，同时可以模拟受令单位人员进行操作，在考试模式下充当裁判，在值内培训模式下充当教练，在学员自学模式下则由系统取代教员进行陪练。

第三节 上下级调度DTS的互联技术

随着电网的不断发展，调度机构对上下级调度共同参与的联合反事故演习方式的需求不断增加。为保证电网联合仿真的逼真性和计算的准确性，需要各级培训仿真子系统在空间上和时序上进行不同频度的信息交互。为适应日益紧密互联、规模不断扩大的电网运行管理的需求、满足复杂化程度越来越高的电网方式研究的需要、应对大规模电网事故培训的要求，上下级调度互联DTS需求显现。

与传统的调度员培训仿真系统相比，互联系统扩大了参加反事故演习的演练范围，在上下级调度共同面对电网发生突发事件时，可使参加演练的调度员和厂站值班员重点演练自己所管辖设备的应急机制，检验和演练各单位反事故预案和措施的适应性，让一线运行值班人员进一步熟悉电网各种严峻的运行方式，并检验各单位之间事故处理预案的衔接性，从而达到锻炼队伍、提高运行人员在事故时的快速正确决策能力的目的，是调度人员提高技术水平、熟悉系统状态、保证系统安全稳定的重要工具。

在上下级互联的DTS操作环境中，教员不再需要模拟下级调度员或厂站操作员，而是真正的下级调度员或厂站操作员在工作现场登录本级调度DTS系统或通过客户端访问上级调度DTS系统，使培训环境更加逼真，使厂站操作员也能更主动地参与，共同提高运行水平。

下面以省地互联为例，介绍一种上下级调度DTS的互联技术。

一、分布式互联DTS建模

省网主要分析500kV、220kV电网，220kV变电站主变低压侧作为等值负荷；地网主要分析35kV、110kV和部分220kV电网，220kV变电站变压器高压侧作为其电源点。

建模原则应保证省地调各自独立建模、独立维护、独立使用的要求，还要计及省地联合反事故演习时两者之间的协调，保证联合计算各自结果正确。

省、地调DTS建模时分别按他们单独使用DTS时的建模范围和建模深度建模，这时，在两者界面交界处有重叠，只要重叠处两者命名规则相同，计算机可以自动拨冗处理；如果录入有错误，可以校核并报警，请求改正。

具体范围见图12-2的说明，层L1是省级220kV网，是环网，可以将220kV变电站按地区电网的覆盖范围进行划分，分成某地区的220kV网。每个地区级220kV网上一般有7～40个220kV变电站。

地区级110kV电网称之为层L2，110kV电网通常是辐射状的，不同220kV变电站供电的110kV电网之间正常运行时并不握手，但有握手的可能性。

以一个省网P和3个地区级电网A，B，C为例来说明，如图12-3所示。建模时，省网P与地网A，B，C有部分重叠。例如地网A中的220kV变电站在地网A中作为电源点应建模，在省网P中作为负荷点也应建模。程序可以识别这个交集部分并拨冗，并以220kV主变为边界点对省、地的模型进行融合。其中，主变高压侧以上的模型采用省调数据，而低压侧以下的模型采用地调的数据。

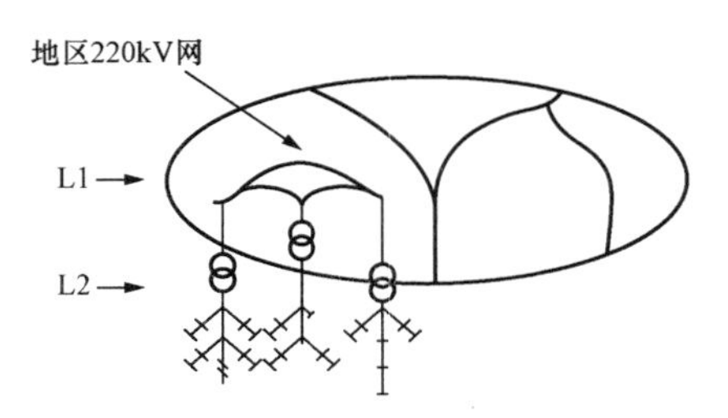

图12-2　按地区划分220kV电网

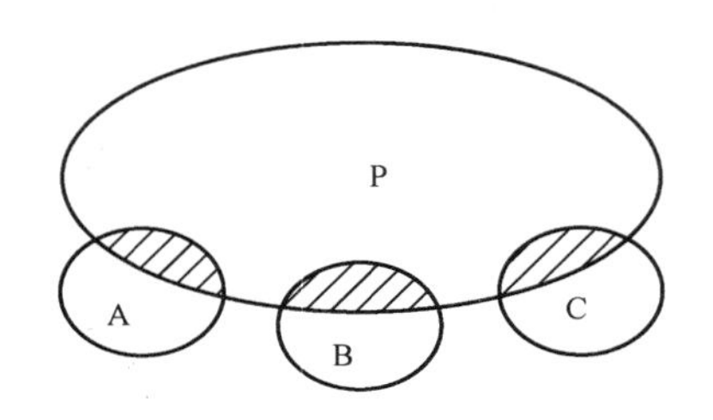

图12-3　省网和地网之间有公共部分

二、互联 DTS 数据交互模式

根据调度关系，220kV 变电站的主变作为省地调的关口。地调的负荷分布和变化决定了该主变中低压侧的负荷水平，省调 DTS 跟踪该关口的负荷变化。而省调控制大多数的发电设备，决定了关口节点的电压、相角和频率。因此，省地调 DTS 做到如下数据交换，就可以达到联合反事故演习的目的：

1. 省调 DTS 跟踪地调 DTS 系统的关口负荷变化

地调的负荷发生变化或者故障后发生的负荷转移，体现在省调侧主要是关口的负荷变化。在省地联合时，负荷主要应该由地调 DTS 系统来调节。省调 DTS 系统通过跟踪关口负荷变化保证省、地联合系统的负荷大小一致。

2. 地调 DTS 跟踪省调 DTS 关口的电压、相角，确保联络线潮流一致

省调决定了关口节点的电压、相角。地调系统应能够跟踪关口的电压、相角变化，以确保地调 DTS 系统的联络线潮流与省调一致。同时地调 DTS 应能够按照关口电压计算出本地区设备的电压水平，以此来驱动地区的低压减载装置动作。

3. 地调 DTS 跟踪省调 DTS 的频率变化，确保频率一致

大部分发电机是由省网调节，系统频率是全网的发电机组和负荷共同响应的结果，其中主要是发电机。因此应由省调 DTS 统一计算电网的频率。地调 DTS 系统需要根据省网的频率计算结果来驱动本地区与频率相关的自动装置动作，如：低频减载、高频切机等，响应省调 DTS 的频率计算结果。地调减载装置的动作会影响省、地关口的潮流，从而改变省网 DTS 的潮流分布。联合培训比省调单独培训更能逼真体现低频装置对系统的作用。

在联合培训仿真中，发电机出力主要由省调 DTS 系统来调节。地调系统通过响应省调发电机调节的事件来跟踪发电机调节，确保省、地调 DTS 系统的发电机出力一致。

通过事件和状态跟踪，实现省、地调 DTS 重叠的电网模型的设备状态同步。省、地调 DTS 的设备操作都转换成事件，并发布到上、下级的 DTS 中。因此，可以实现省、地调 DTS 重叠的电网模型的设备状态同步。

三、互联 DTS 数据交互方法和内容

通过省地 DTS 互联可以实现以下目标：在联合反事故演习中，省调 DTS 的运行方式可以决定地调 DTS 中的频率与关口母线电压；地调 DTS 中的负荷变化与方式调整也能影响省网潮流分布；同时，地调 DTS 的安自装置能够跟踪省网的频率与电压变化。

（一）联合演习前的电网模型准备

在联合演习前要进行必要的模型与数据准备。主要工作有：

（1）省调 DTS 将其电网模型生成 CIM 全模型文件下发给地调 DTS。

下发的 CIM 全模型文件用来形成地调的外网模型，结合关口元件信息可以产生缓冲网并进行模型合并，形成带缓冲网的地调 DTS 电网模型。

省调 DTS 的省地关口建模原则：在省调 DTS 中，其省地模型边界必须为一等值负荷。

（2）省调 DTS 中定义关口厂站与关口模型元件，并下发给地调 DTS。

通过人工指定，定义省调与各地调的关口厂站的关键字、关口模型元件的 ID 与模型元件类型。

（3）地调 DTS 中完成其本地 DTS 模型中模型设备与省调关口模型元件的匹配。

通过人工指定，将地调 DTS 中某一支路型元件（如线路、绕组等）与省调关口模型元件（等值负荷）建立关联。

（4）地调 DTS 中，建立关口厂站内的设备与省调 DTS 中非关口设备的映射关系。

为了保证关口厂站的设备状态（开关、刀闸、分接头位置、潮流等）的同步刷新，必须建立关口厂站中设备的省地调 DTS 的名字对照关系。

（5）地调 DTS 读取省调 CIM 全模型文件，与地调 DTS 原模型进行拼接，形成演习用电网模型。拼接原则如下：

1）根据省调定义的地调电网关口，由地调 DTS 系统根据省调下发的省网 CIM 全模型生成地区电网的缓冲网模型。在缓冲网模型的外网（即缓冲网模型靠近省网部分），地调 DTS 系统自动增加静态外网等值模型，即增加边界母线和等值机。

2）地调 DTS 系统将缓冲网模型自动拼接到地区电网的模型上，形成省地联合演习时所需的省地联合模型。

（二）联合演习前的教案初始同步

在联合演习前，要进行初始教案的同步。教案的同步以省调 DTS 为基准。其过程如下：

（1）省调 DTS 发布教案初始运行方式数据。即省调 DTS 演习初始时刻，省调完整的电网模型的运行方式数据，应包括线路的潮流、发电负荷、母线电压和系统的初始频率。

（2）地调 DTS 系统根据省调 DTS 教案初始运行方式以及某一个地调教案初始运行方式构造一个新的联合教案。

该联合教案的构造的关键技术是完成省调和地调电网模型的潮流匹配，潮流匹配完成后，对于省、地 DTS 模型重叠的缓冲网和关口厂站部分的潮流和电压，应与省调 DTS 下发的初始教案完全一致。

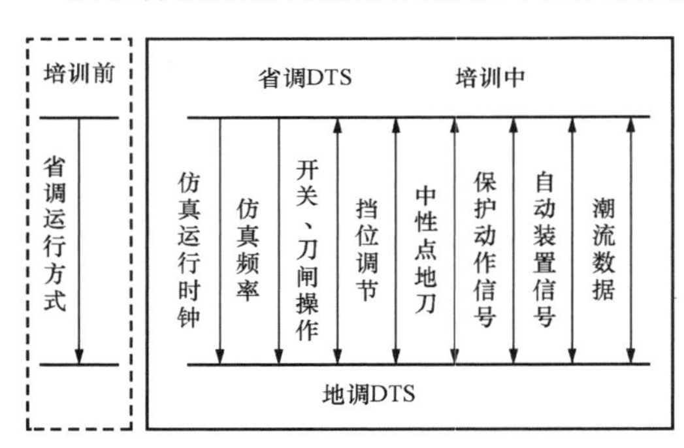

图 12-4　省地 DTS 互联的数据交互示意图

（三）联合演习中数据交互及事件机制

在省地 DTS 中建立通信连接，实现的数据周期订阅发布与即时通信的机制。通信的内容见图 12-4。

在联合仿真过程中，省调和地调 DTS 需要不断地交互彼此的边界数据来完成异步迭代计算。需要同步的数据包括电网仿真时钟、事件操作和电网潮流变化。

仿真时钟是整个联合培训仿真系统中事件的标尺，所有的事件都是以仿真时钟来记录，因此地调 DTS 应该自动跟踪省调 DTS 的仿真时钟。在出现偏差的时候，自动实现仿真时钟的修正。

电网潮流同步过程中，省调和地调 DTS 通过跟踪对方发送的关键的边界信息来进行相互的潮流跟踪和匹配，保证省地 DTS 潮流结果的一致性。省调 DTS 需要跟踪地区电网的关口负荷，地调 DTS 需要跟踪省调 DTS 频率关口母线电压、关口潮流和发电机出力。

第四节　DTS 的应用

以省地互联 DTS 为例，介绍 DTS 培训方案建立、培训过程、培训评价等应用。

一、培训方案的建立

教案制作首先是为 DTS 的电力系统模型制作一个满足预想运行方式的潮流初始条件，包括发电机的 24h 有功和无功出力，负荷的 24h 负载、开关/刀闸的初始状态，变压器分接头的档位等，以及在仿真过程中预想要发生的事件（如故障、切机、切负荷、开关操作等）。潮流初始条件的制作方式有两种：

一种是人工制作即人工调节电力系统模型的运行方式，直到满意为止。由于任何的运行方式都需要满足电流、电压约束，所以这种方式维护工作非常困难，目前已逐步被淘汰。

另一种方式是直接取用 EMS 的实时状态估计结果作为初始断面，或在此基础上做少量调整。在线的 EMS 在每一状态估计周期自动为 DTS 生成一个完整的潮流断面，也可通过人机界面由人工请求生成，断面全部保存在教案库里统一管理。各种断面的合法性和有效性由潮流计算来校核，若潮流分布不满足仿真要求，允许对其进行编辑修改，直至满意为止。

另外，初始断面还可以由某次成功的培训中的断面保存而得。

建立教案一般有以下步骤。

（1）初始化：地调确定内部电网范围和对本地区电网有较大影响的部分省级电网，并确定与省级电网交接处的联络变压器或线路。地区电网定义缓冲网厂站，作为仿真电网的外部电网。此项工作在系统建模初期完成，以后通常不变。

（2）初始断面建立：各地调 DTS 利用自己 EMS 的状态估计结果自动生成初始断面。

（3）省调 DTS 利用省调 EMS 的状态估计结果自动生成初始断面，并通过远程数据通信网将自己的初始断面下发给地调 DTS。

（4）地调 DTS 收集到初始断面后，结合自己在（2）生成的初始断面，进行断面的匹配修正形成与省调 DTS 匹配的地调 DTS 初始断面。

（5）制作事件表，加入仿真过程中预想要发生的事件。

（6）分别启动地调 DTS 和省调 DTS。

（7）地调 DTS 和省调 DTS 进入仿真计算，下面分别给出地调 DTS 和省调 DTS 的仿真流程和信息交互。

以上（1）～（7）形成一个省、地两级 DTS 的闭环仿真流程，可用于联合反事故演习和调度员培训。

二、利用 DTS 进行培训的过程

在 DTS 中，所有对电力系统模型的操作都以事件方式进行，称为 DTS 事件。DTS 事件由事件发生的仿真时间（一般精确到毫秒）、事件源、事件类型和事件内容组成。这种事件可以来自教案事件表、教员操作、学员操作、控制中心的遥控/遥调命令、自动装置或继电保护的动作、各种复杂事件引发的后续事件等。能处理的事件种类包括：调频、调压、切负荷、解合环、解并列、倒闸操作、开关误操作、刀闸误操作、一次设备故障、远动系统故障、二次设备故障、一次设备状态与参数设置、远动系统状态与参数设置、二次设备状态与

参数设置和仿真过程控制等。

DTS 事件存放在事件表中并按时间排序，等待事件处理器处理。由于对电力系统的操作都是通过事件进行的，而这些事件采用仿真时钟表示发生的时刻，所以通过控制仿真时钟就可以控制仿真过程。在培训过程中，DTS 提供仿真的终止、暂停、恢复、快照、重演、快放、慢放、结束和恢复事故前的状态等控制操作。

省地 DTS 互动计算流程主要包括下面 2 个步骤：

1）地调 DTS 每隔一个周期进行一次动态潮流计算，包括继电保护和自动装置的仿真；当系统发生扰动事件或较大负荷变化，地调 DTS 通过广域网向省调 DTS 发送地调与省调关口的功率（主要是省、地电网模型之间联络变压器的 P 和 Q）；判断是否接收到省调 DTS 转发的系统频率、关口电压、发电机电压等数据，若有则把这些数据转换成 DTS 事件修正 DTS 中电网模型的对应参数，立刻驱动一次仿真计算。

2）省调 DTS 每隔一个周期进行一次动态潮流计算，包括继电保护和自动装置的仿真；当系统发生扰动事件或较大负荷变化，省调 DTS 通过广域数据网向地调 DTS 发送省调 DTS 的系统仿真频率、发电机出力和关口电压；判断是否接收到地调 DTS 转发的关口功率等数据，若有则把这些数据转换成 DTS 事件修正省调 DTS 中电网模型的负荷，立刻驱动一次仿真计算。

以上形成一个省、地两级 DTS 的闭环互动计算流程。省地通信的时间间隔与动态潮流时间一致，通过边界信息的交叉迭代，实现省地潮流计算结果一致。如果省调或者地调系统计算发散，则保持原有的边界数据不变。对于互联的其他 DTS 而言，边界数据不发生变化，系统可以继续计算，提高了整个联网培训系统的鲁棒性。

三、培训评价系统

培训结束后，DTS 系统自动记录了培训时发生的各种统计信息，包括：全网及各厂站中各种电力设备的运行情况，继电保护、自动装置动作情况，运行中各子系统的频率、出力和负荷情况，各厂站出力和负荷总加，各类元件、各电压等级的有功、无功损耗排序，各条线路的有功、无功损耗排序，各台变压器的有功、无功损耗排序，仿真中各元件潮流、电压越界的历史记录，系统越限告警，自动生成学员操作的记录表，教员操作的记录表，误操作记录表，失电记录表，自动装置动作记录表，继电保护动作记录表。

系统自动统计出功率、电压和频率越限情况、失电情况、网损情况等，以供教员在评估学员水平时参考。以这些记录为依据，教员可根据培训教案的难易确定基准分，计算机根据培训过程中电网运行的误操作、供电可靠性、安全性、电能质量、经济性等几个方面的调度失误自动分门别类打分，并给出评估报告。

这里简单介绍一种系统自动评分的方法“加权扣分法”。

“加权扣分法”主要参考了体育项目（如跳水项目）的评分思路，即首先设定一个基准分（一般为 100 分），再根据培训过程中电网运行的误操作、供电可靠性、安全性、经济性等几个方面的调度失误自动分门别类，加权扣分，给出最终得分。

这种思路可简单地表达成下式

最终得分＝基础分－（误操作扣分×误操作扣分系数＋供电可靠性扣分×可靠性扣分系数＋安全性扣分×安全性扣分系数＋经济性扣分×经济性扣分系数）　　(12－3)

式（12－3）中，每项扣分各带一个系数，因此可以通过修改系数来增加权重或屏蔽某项，来达到不同的培训目的。例如：培训处理事故的能力时，就可以屏蔽经济性扣分项目，这时经济性扣分系数可以设置为零。同时，在上述评分方法中，随着时间的消逝，扣分会越来越多，这样便于鼓励学员快速而有效地对各种情况进行处理，利于培养学员的快速反应能力。

培训评价系统能够统计并给出培训过程中所有的教学员操作情况，并针对所有的扣分记录给出详细的说明。同时培训评价系统支持与地调 DTS 系统的互联，基于省地 DTS 互联通信，实现地调评估数据的传送。通过运行分析，可以在省调 DTS 系统浏览所有互联地调 DTS 系统的操作和评分情况。

可视化展示用于实现评分情况的实时显示。通过棒图、饼图和曲线等多种可视化显示方式，实时显示系统的评分情况。

第十三章

电能量采集系统

【内容概述】 本章主要介绍电能量采集系统结构组成，重点介绍主站系统的硬件结构、软件结构、系统功能，以及电能量数据流和业务流。

第一节　系　统　结　构

一、硬件结构

电能量采集系统由主网数据处理、前置采集、外网信息发布三部分组成，如图 13 - 1 所示。

（一）主网数据处理部分

主网数据处理部分由网络交换机、数据库服务器、前置采集服务器、应用服务器、网关服务器，以及维护工作站、报表工作站等组成。为提高系统运行可靠性，主网数据处理系统采用双网结构。该部分网络属于安全Ⅱ区。

（1）数据库服务器：采用双机冗余模式，双机热备或并行运行；数据存储采用本地存储、网络存储、SAN 存储或 IP 存储，可实现 RAID0、RAID1、RAID5 等冗余模式。数据库服务器主要负责所有档案描述信息、采集数据信息、统计计算数据信息、用户权限信息等的保存。

（2）前置采集服务器：采用双机均衡负载模式，正常情况下主机负责调度，双机同时采集；异常情况下单机完成所有任务；同时可实现自动或人工主机切换。前置采集服务器主要负责各采集终端数据的准确、完整、及时地采集电量数据；通信规约根据采集终端确定。

（3）应用服务器：采集数据的过滤、处理、保存、统计和计算等。

（4）网关服务器：与上下级电能量采集系统、其他应用系统互连，实现电量数据交互。

（5）维护工作站：对电量采集基本信息的管理、录入和维护。

（6）报表工作站：对系统所有平衡、关口、电量报表等进行定义、显示、生成、预览和打印。

（二）前置采集部分

前置采集部分由网络交换机、前置采集服务器、串口服务器、拨号 MODEM POOL、专线 MODEM、GPS 设备、其他通道设备等组成。该部分网络属于安全Ⅱ区，通常前置采集网与系统主网单独组网。

系统支持网络、拨号、专线等通信方式，并支持几种方式的热备用。

通过 GPS 设备完成主网设备和前置采集网设备对时，同时还支持通过下行通道实现对

厂站采集终端对时，实现全网时钟同步。

（三）外网信息发布部分

外网信息发布部分由网络交换机、正反向物理隔离装置、镜像数据库服务器、WEB服务器、网关服务器、报表工作站等组成。外网信息发布部分属于安全Ⅲ区，可与局管理信息网分别组建，也可集中组建，但与主网部分需采用隔离装置隔离。

（1）正反向物理隔离装置：实现主网、外网安全隔离和信息传输。

（2）数据库服务器：存储外网数据，包括电量历史数据、描述信息、管理信息等。

（3）WEB服务器：在MIS范围内提供WEB服务，同时完成电表台账管理、业务变更操作等电量应用。

（4）网关服务器：实现与其他位于安全Ⅲ区、安全Ⅳ区系统的接口和数据交换。

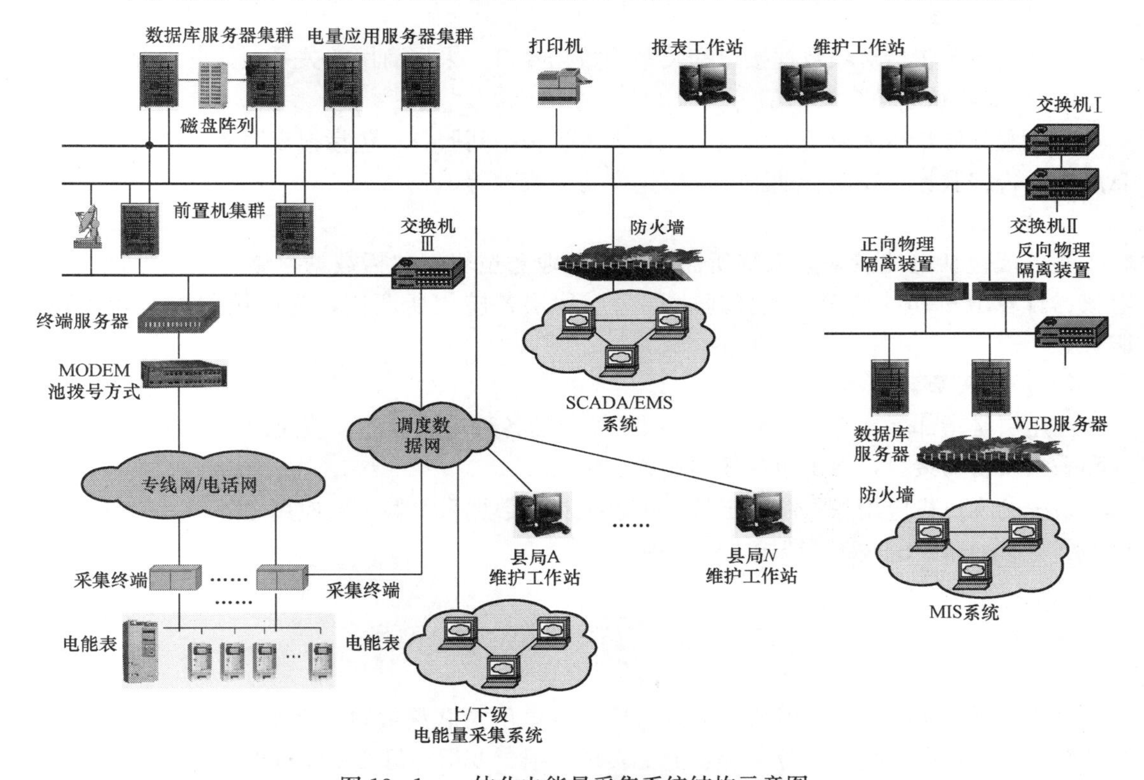

图13-1　一体化电能量采集系统结构示意图

（四）集中式和分散式的差异

分散式地县一体化系统主站系统在地调建设，县调仅配置采集服务器，通过调度数据网与主网络连接，实现所辖范围内电能量数据的采集，参数的设置、录入和数据维护，采集通道的维护。

集中式地县一体化系统县调仅配置维护工作站，所辖范围内电能量数据的采集、数据处理、信息发布均在地调主站系统集中处理，所辖范围内的电量信息维护工作通过本地维护工作站进行。

二、软件体系结构

电能量采集主站系统采用四层软件体系结构，分别是数据层、公共服务层、业务逻辑层和应用层，如图 13-2 所示。

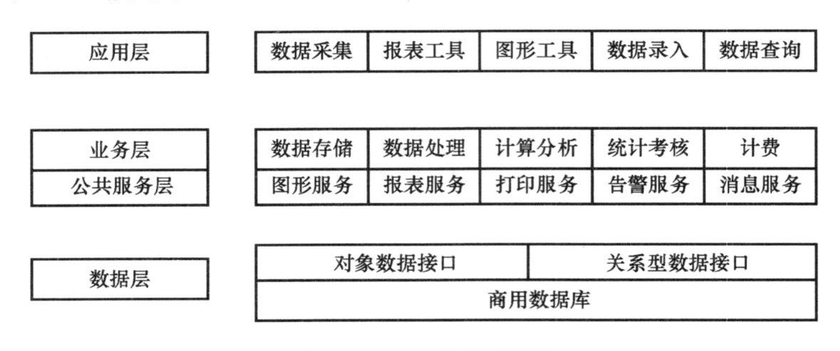

图 13-2 软件体系结构

（一）数据层

数据层主要包括对象数据接口和关系型数据接口。采用商用的关系型数据库存储数据。

（二）公共服务层

公共服务层是指为应用提供显示、管理等各种中间服务，包括报表服务、图形服务、消息服务、告警服务、安全管理服务和数据库备份管理等。

（三）业务层

业务层包括电能量采集系统所需要的所有业务逻辑，包括数据存储、数据处理、统计考核、计算分析和计费等。业务逻辑层为应用层各应用所调用，为应用层提供业务逻辑服务。

（四）应用层

应用层是指部署在客户机和 WEB 服务器上的各种应用程序，应用层只包括各种人机接口和采集设备的接口，而不包含任何业务逻辑。

系统的客户机应用除了图形工具、报表工具、数据采集等少数应用之外，其他应用全部用 B/S（Browser/Server）结构方式实现。

第二节　系　统　功　能

电能量采集系统能完成对所辖的发电厂、变电所及联络线电量数据的自动采集、传输、合理性检查、存储、统计、分析等功能，实现线损、变损、母线平衡等的统计分析工作。

一、数据采集

通过厂站采集终端、多功能电能表采集各关口点、网损计量点电能表的电量数据（包括正、反向有功无功表底值、负荷曲线、冻结值、表计状态信息，如 TV 缺相、TA 断线、相序错误、失电等事件、报警状态等），实现电量数据、电能质量数据的自动周期采集、自动和人工数据补采以及参数下装（终端对时、下装终端参数）等功能，采集的电能量数据直接存储到历史数据库。系统可定时、定时间间隔（采集周期 1 分钟～24 小时可调）或即时采集电能量数据信息；采集失败时，可自动重试，重试次数可根据需要设置，对重试后仍无法采集的厂站或电能表，则在事件日志中记录，以画面、声音和工况图等多种方式报警，以便人工补采；对未能正常采集的厂站，恢复正常后从断点处自动补采，从而保证数据的完整性和连续性。当通信通道故障时，可采用手持终端（HHU）到现场抄录采集终端所存储的电

量数据，返回主站后联网读入。

二、数据的传输

电能量数据的远距离传输方式有数据网通信方式（利用 TCP/IP 协议）、电话拨号通信方式、专有通道通信方式，系统可实现多种通信方式互为备用自动切换。

系统通过 IEC 60870-5-102、IEC 62056 规约或其他专用规约（Quad4、ABB、西门子、科立等）采集不同类型电能表和电能量采集终端的电能量数据。

三、数据处理、归档和管理

（一）数据维护

通过维护界面录入电网数据、厂站数据、通信数据、规约数据、采集终端数据、线路数据、母线数据、变压器数据、负荷（大用户）数据、电表数据、时段定义数据、限值数据、计算公式数据、考核参数数据；特殊结算信息（电网事故，系统事故紧急支援；电厂调峰；协议交换电量）等。

通过计划值录入界面和从其他系统中读取计划值的功能。

（二）数据存储、归档和处理

系统将采集到的数据带时标存储，定时或随机将数据转存到磁带或光盘等大容量存储介质上作为长期存档资料，对历史数据可进行查询、修改和打印。可以指定缺省备份方式（一周、一个月、半年或一年的数据）或特定条件的备份方式（原始电量数据、统计、计算、考核结果数据、系统日志数据、参数数据）。

对采集终端或其他系统传送来的电量数据进行合理性校核，包括限值校验、平滑性校验、主校表校验、EMS 功率积分值校验和线路对端电能表校验。当系统检测到非法数据时，可以给予一定形式的告警。

系统具有各种电量替代模式，包括主校表替换、遥测数据替换、线路对端电量替换等。可以自动或手动对数据进行修补，被修补的数据老值、新值都保存为历史数据断面，保证原始数据不被覆盖，提供电能数据的可追溯性。系统有多种修补策略，包括最后有效数插补、平均值插补、线性插补、主/校拷贝，还包括前后底码差插补（开始缺数前最后数与结束缺数后的底码差添补空缺数据）、多数据源插补（使用遥测数据、对端数据或其他系统转发数据添补空缺数据）。

（三）旁路替代功能

当发生旁路替代时，系统产生旁路替代信息，系统可以通过旁路信息进行自动（系统自动完成旁路代的判断，并自动加入被取代线路电能量）或半自动旁路（系统自动完成旁路代的判断，经人工确认后加入被取代线路电能量），手工旁路代（人工置入旁路替代操作设备对象、时间，以实现旁路替代功能）计算，并能正确处理线路切换期间的电量分流情况，保证数据的完整性和准确性，旁路电能量时标与被取代线路电能量时标做到无时标接缝。旁路替代信息也可从 SCADA/EMS 系统、人工输入替代信息中获得。当系统检测到旁路代时，可以给予一定形式的告警。

有条件的厂站通过厂站端电能量采集装置接入旁路开关信号及相关线路的旁母刀闸信号，其他厂站可通过主站端接收 SCADA/EMS 系统所采集的有关开关、刀闸状态信号，来实现旁路自动替代计量功能，同时也具备人工置入旁路替代操作设备对象、时间，以便实现旁路替代功能，保证旁路替代时的电量正确统计，并正确处理线路切换期间的电量分流情况，保证数据的完整性和准确性。

（四）设备管理

通过电能表新建、电能表更换、TA/TV 更换时相关信息和业务处理，完成电能表参数的管理。

1. 换表处理

当电能表维护、更换电能表、校核电能表时，系统能处理操作前后的电能表底度的变化，而不影响负荷曲线的生成、统计、计算和考核。对于带电换表的情况，运行人员在换表期间可以选择校表补偿、遥测补偿或按值补偿等方式进行电能量补偿，系统自动生成换表日志。

2. 换 TA/TV 处理

当更换 TA/TV 时，系统将更换后的电量按新的 TA/TV 处理，而不影响负荷曲线的生成、统计、计算和考核，系统生成换 TA/TV 日志。

3. 电能表参数管理

电能表参数设置参数起效时间，当修改时进行历史存档，存储事项记录，并可查询。

四、电量数据统计与分析

系统能够完成多种时段、不同费率电能量数据的统计、分析及自动结算。能按用户规定的不同时段、不同区域、不同类别分别统计各种计算方式的电量，且所有的统计、计算分析在后台定时自动完成（周期可调）。统计数据有：峰、谷、平时段的上网及网供电量，电网事故、系统频率异常时（高/低）上网及网供电量，分时段超、欠奖惩电量，计划内、外电量，系统事故紧急支援电量，电厂调峰电量，协议交换电量。

电量数据能按各种不同时段（年、季度、月、周、日、小时等）、不同条件、不同间隔（全网、子网、地区、厂站、线路、母线、变压器等）进行统计，统计结果以表格、图形、曲线方式显示、打印，支持不同时间段，不同分析对象、和计划值比较分析。人工、文件方式或从其他数据库取数方式向数据库输入各类数据（如电量计划值、限值等），这些数据可以与电能量数据一样参与各类统计计算及处理。

通过输入的电网参数自动生成线损、变损、网损以及平衡计算模型。可设置线损、变损、网损、平衡的门槛值，当超过门槛值时，系统提供告警。通过曲线、棒图、饼图等进行趋势分析、显示、打印。可输出线路、变压器、各电压等级损耗、电能平衡报表。按全网、子网、地区、县等统计线损电量、线损率、线损率完成情况等。

当电量修改、电量追补、更换 TA/TV 等因素造成电量改变时，系统进行重新统计、计算和考核。

五、数据查询和发布

电能量采集系统在满足二次系统安全防护要求的情况下，各部门用户通过浏览器授权实现电量数据查询和下载。通过 WEB 浏览器查询数据有：电能表表底数据，负荷曲线数据，遥测量数据，总、峰、平、谷、尖时段表底数据，总、峰、平、谷、尖时段需量，冻结值（日冻结值、月冻结值），电能表状态和事项，终端状态和事项，通信状态和事项，电量采集状况，不同时段（年、季度、月、周、日、小时等）统计数据，不同层次（全网、子网、地

区、厂站、线路、母线、变压器等）统计数据，不同电压等级统计数据，统计各关口供入电量、供出电量，电量计划值数据，计算量数据和计算量不同时段（年、季度、月、周、日、小时等）统计数据，线损、平衡、变损、网损数据，考核明细数据和考核汇总数据，电能表参数数据和其他数据，档案管理数据，电量修改数据，旁路代数据，电量替代数据，系统日志等。

六、系统自诊断和安全管理

检测系统内各个节点的状态，主要有网络状态、CPU负荷率、内存使用、硬盘使用等。监测系统关键进程、数据库状况。监视厂站设备状态，主要有监视采集通道状态、计量终端状态、电能表计状态，以及测量回路状态等。

系统基于超级用户、用户组、用户的多级权限管理，每个用户根据自己所拥有的权限进行系统维护和数据查询。超级用户不能直接进行业务操作，只进行授权；系统拥有多个用户组，每个用户组具有一定的操作权限；用户组下每个用户可以修改自己的密码，该密码不为管理员所知。权限可划分为应用权限和数据权限，应用权限限制用户是否可以进入某个应用，数据权限限制用户是否可以访问某些数据，数据权限可以设置到记录级。

七、和其他系统的互联

电能量采集系统基于IEC标准，通过CIM XML、CIS的方式和公共信息平台以及其他系统实现数据交换和共享，与上级电能量系统的数据交换通过调度数据网传输；与SCADA/EMS的数据交换通过防火墙互连，与MIS的数据交换通过电能量采集系统WEB服务器实现互连。

系统间主要交换以下数据：

（1）静态数据：系统间通过IEC 61970、IEC 61968定义的CIM规范交换电网模型，通过实际电网对象的统一命名进行识别（同时配以对象更名业务），完成电网模型的相互关联；

（2）电量数据：基于量测、量测数据类型、量测值等标准模式完成电量数据的交换，包括总、峰、平、谷、尖等采集数据和各类统计数据；

（3）业务数据：共享业务数据，包括换表、换TA/TV、电量追加、旁路代供、设备更名、线路投运和停役等常规操作；

（4）召唤数据：目的端通过数据召唤方式对源端数据进行采集获取。

第三节　数据流及业务流

一、数据流

电能量数据流情况如图13-3所示。

电能表采集电能量信息并上送到专用电能量采集终端，电能量采集终端短期保存所采集电能量信息，并按照电能量采集系统主站要求上送电能量信息，主站与终端间通过网络通道、拨号通道、专线通道等传送电能量信息；电能量采集系统的建设完全替代了人工抄表，实现了电能量自动采集，提高了抄表的准确性、完整性、及时性和同步性，实现了电能表计的准实时监测，实现了平衡统计、关口结算等常规应用，实现与其他系统的数据共享和高级应用开发，为线损统计与分析提供了可靠的数据来源。

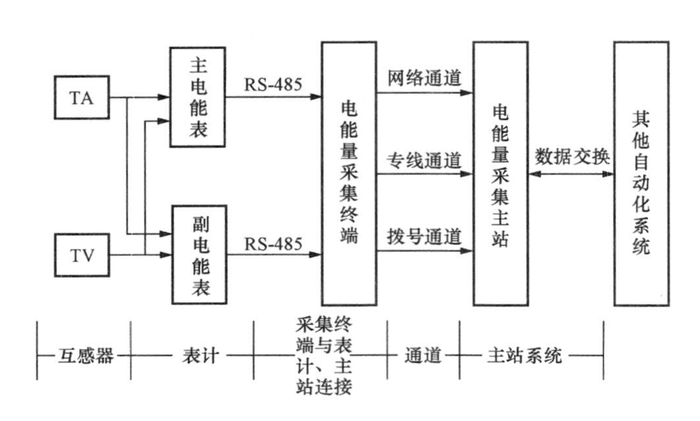

图 13-3　电能量数据在系统中流动示意图

二、业务流

（一）新建厂站业务流程（见图 13-4）

新建电能量采集厂站需要在主站系统中新增厂站，设置厂站所在区域、录入厂站下设备信息（变压器、线路等）及对应电能表、设置电能表信息（TA、TV、表地址、点号等），采集参数定义（IP 地址、通道参数等），公式定义（母线平衡、主变平衡、线路平衡、总加等）。

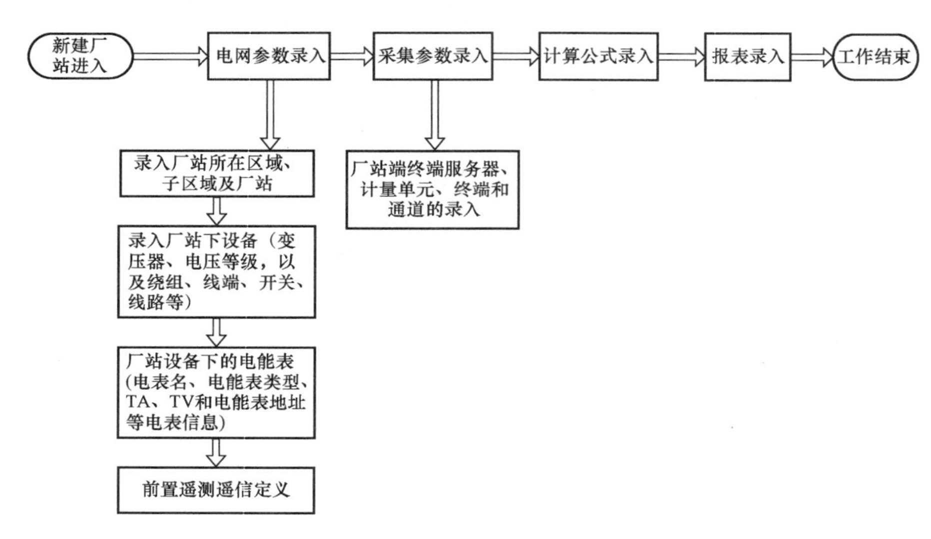

图 13-4　新建厂站业务流程示意图

（二）替代与恢复业务流程（见图 13-5）

替代与恢复的操作对象是系统中的最终设备（即电能表），替代是指在指定的替代时间段内，使被替代的设备的电量数据用替代设备的在该时间段的电量数据来替代。

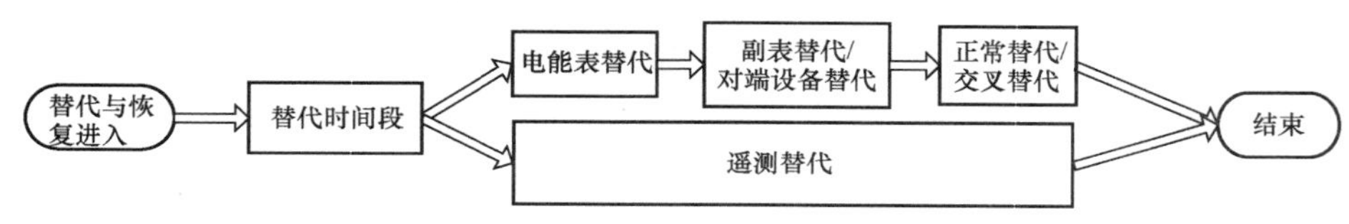

图 13-5　替代与恢复业务流程示意图

（三）旁路代业务流程（见图 13 - 6）

系统根据运行情况自动判断可能发生的旁路代，将旁路代信息列出，由操作员根据实际情况人工确认旁路代的发生和结束，对系统未能判断出的旁路代可人工新建。

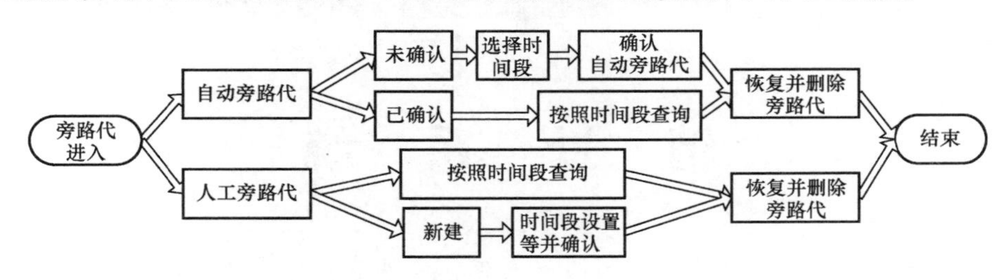

图 13 - 6　旁路代业务流程示意图

（四）更换 TA/TV 业务流程（见图 13 - 7）

在更换 TA/TV 当时或过后，从系统中选择需更换的电表，设置变更后信息和变更日期，系统根据设置信息进行重新计算相关信息。

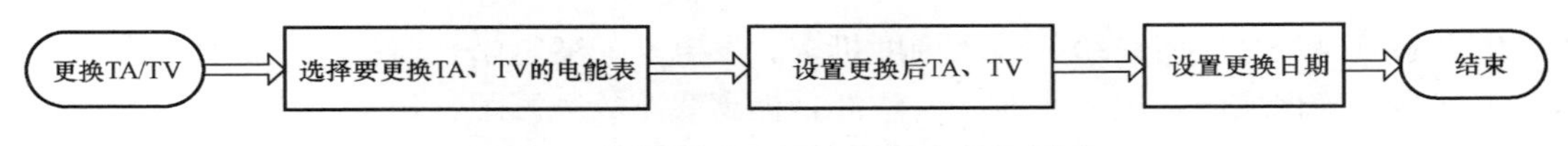

图 13 - 7　更换 TA/TV 业务流程示意图

（五）更换电能表业务流程（见图 13 - 8）

当电能表维护、更换电能表、校核电能表时，记录新、旧表的底码值，在换表期间电量补偿有按值补偿、遥测补偿、电能表补偿三种方式。

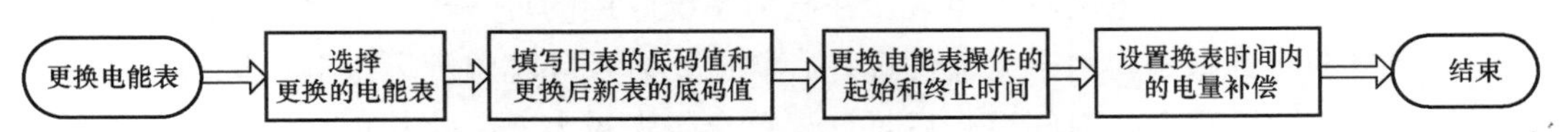

图 13 - 8　更换电能表业务流程示意图

第十四章

辅 助 系 统

【内容概述】 本章介绍了时间同步系统、大屏幕拼接显示系统、KVM系统、机房及环境监控系统等自动化外围辅助系统的基本概念、分类以及优缺点。重点描述了自动化系统与这些系统的应用结合、适用场合、以及对这些系统的技术要求。

第一节 时 间 同 步 系 统

电力系统是一个实时系统，各级调度机构、发电厂、变电站、监控中心等都需要有精确的时钟同步，确保实时数据采集时间一致性，提高线路故障测距、相量和功角动态监测、机组和电网参数校验的准确性，从而提高电网事故分析和稳定控制的水平，提高电网运行效率和可靠性，适应我国大电网互联，智能电网的发展需要。如不同厂站之间的相量测量装置（Phasor Measurement Unit，PMU）利用时钟同步技术来测量线路两端的电气量相位差，20ms代表360°，两台PMU装置时钟每相差1ms将产生18°测量误差，导致电网安全预警系统误报警，严重时会导致电网解列事故。在电力系统应用的每一套自动化系统、每一台智能设备均有自身的时钟系统，由于元器件选择、制造工艺及环境温度等影响，这些设备自带的内部时钟精度一般不高，长时间运行后累计误差会越来越大，影响其正常使用。因此，电力系统的运行与控制需要有一套精确的时间同步系统。

一、时间同步系统的基本概念

1. 时间（周期）与频率

时间（周期）与频率互为倒数关系，两者密不可分。时间标准的基础是频率标准，所以有人把晶体振荡器叫“时基振荡器”。钟是由频标加上分频电路和钟面显示装置构成的。四种实用的时间频率标准源（简称钟）分别为晶体钟、铷原子钟、氢原子钟、铯原子钟。

2. 常用的时间坐标系

时间的概念包含时刻（点）和时间间隔（段）。时间坐标系是由时间起点和时间尺度单位——秒定义所构成。常用的时间坐标系有世界时（Universal Time，UT）、地方时（Local Mean Time，LMT）、原子时（Atomic Time，AT）、协调世界时（Universal Time Coordinated，UTC）和全球定位系统（Global Positioning System，GPS）时等。

3. 定时、授时、时间同步与守时

定时是指根据参考时间标准对本地钟进行校准的过程。授时指采用适当的手段发播标准时间的过程。时间同步是指在母钟与子钟之间时间一致的过程，又称时间统一或简称时统。守时是指将本地钟已校准的标准时间保持下去的过程，国内外守时中心一般都采用由多台铯

原子钟和氢原子钟组成的守时钟组来进行守时，守时钟组中长期运行性能表现最好的一台被定主钟（MC）。

4. 时钟同步系统的参考时间源

时钟同步系统的参考时间源分为公共卫星时间系统和地面区域时间系统。

公共卫星时间系统以卫星系统作为参考时间源，其优点是构建时间同步网相对容易，同步网不受地域限制。但由于卫星系统属于微波无线传递，信号容易受外界因素干扰，如大气、电离层反射、城市楼群多径反射，甚至是人为干扰。目前可以应用的卫星系统主要有北斗（中国）、GPS（美国）、GLONASS（俄罗斯）、GALILEO（欧洲）4 个系统，授时精度均＜100ns。

地面区域时间系统以核心原子时钟（铷原子、铯原子）作为参考时间源，通过通信链路扩展传递时间信息。电力系统实际应用的核心时钟通常位于调度通信中心，利用通信网进行时间扩展，各下端站接收上端时间同步信号，并能精确守时工作。地面区域时间系统优点是时间基准源受控性较好，并且时间同步网受外界自然因素干扰少（除通信网中断等问题）。但同步网受制于通信网覆盖面，另由于核心时钟本质上也是一个高精度守时时钟，其也需要受外界同步，该同步可能是卫星系统，或共视系统，或更高精度时间源，因此也有一定的干扰因素。

二、GPS 时间同步装置结构及原理

1. GPS 时间同步装置结构

GPS 时间同步装置一般由 GPS 接收守时单元、时间处理单元、信号输出接口单元、辅助测量单元、工作电源五部分组成，其结构框图如图 14-1 所示。

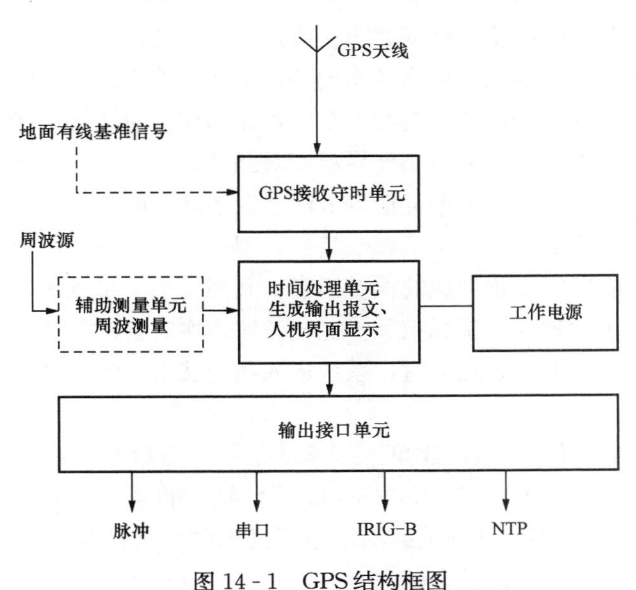

图 14-1　GPS 结构框图

2. GPS 接收单元时间同步原理

GPS 系统中每个 GPS 卫星上都装有铯子钟作星载钟，并与地面测控站构成一个闭环的自动修正系统，确保全部卫星的时间精确性。卫星通过高频无线电信号将时间信息发送到地面，为地面GPS接收装置提供时钟同步。GPS接收装置同时接收到多颗卫星的对时信号，基于精确测定GPS信号的传输时延（Δt），以得到GPS卫星到用户间的距离（R）。

$$R = C \times \Delta t \tag{14 - 1}$$

$$R_i = \{(X_{si} - X_u)^2 + (Y_{si} - Y_u)^2 + (Z_{si} - Z_u)^2\}^{1/2} \tag{14 - 2}$$

式中　　C——光速；

X_{si}、Y_{si}、Z_{si}——卫星的位置参数；

X_u、Y_u、Z_u——用户的位置参数。

同时捕获4颗GPS卫星，解算4个联立方程，可给出用户传输延时（Δt）和对应的位置参数（x、y、z）共4个参数。基于在用户端精确测定和扣除GPS时间信号的传输时延（Δt），以达到对本地钟的定时与校准，校时准确度可达到<100ns。

部分GPS接收装置支持外部有线基准时间信号的输入，与GPS天线接收的信号形成互备。正常情况下以GPS天线接收的时间信号为基准，当GPS系统天线故障或信号受干扰时，自动切换为以外部有线基准时间信号作为时间基准，确保连续提供精确对时。地面有线基准信号一般以核心原子时钟（铷原子、铯原子）作为参考时间源，或通过通信链路连接上级单位的高精度时钟源。

3. GPS接收守时单元

卫星接收模块在卫星锁定的情况下，其会每秒输出一个脉冲，该脉冲的前沿（即秒沿）是精确同步于UTC的，因此其秒间隔也是准确的1s。当卫星信号失锁时，其输出的秒沿就不再具备参考价值。守时电路的作用是在卫星秒失效后，持续送出每秒的秒脉冲。作为时钟系统产生各类对时信号的准时参考沿。

在守时电路中，晶体的频率精确度就直接决定了守时的性能，通常晶体会存在晶体切片固有误差、晶体温漂等因素导致的输出频率偏差，进而影响守时输出的秒精度。应对这一问题的办法通常是采用恒温槽振荡器，这类振荡器将晶体切片置于加温槽中，并通过测温闭环控制回路稳定加温槽的温度，尽量减小外界温度对晶体特性的影响。而晶体的其他固有误差通常是产品出厂调试时进行固有电调补偿等方法予以消除。除这些因素外，恒温晶体还会存在元器件老化等影响精度的因素，虽然影响甚微，但是在时钟系统高精度守时的场合还是不容忽视，为解决这类随时间变化形成的误差因素，利用了当卫星锁定时其秒沿是准确的这一原则，将秒计数器输出的秒与卫星标准秒作比较，实现实时自动晶体微调，以修正晶体的输出频率。当晶体被修正到准确频点上时，系统进入稳定状态，即高精度状态。

4. 时间处理单元

时间处理单元接收GPS卫星接收单元传来的信号，然后经规约转换，将当地时间转换成满足各种接口标准（RS-232/RS-422/RS-485等）要求的输出和时间编码输出（IRIG_B码、ASCII码等）。同时还接收处理辅助测量单元送出的周波信号，检测装置输入输出模块的配置，提供参数配置界面，以及坐标、日期、时间、卫星接收情况等信息显示。

5. 辅助测量单元

周波是电网运行的重要状态量，周波的精确测量需要有高精度的时钟信号。GPS装置具备高精度时钟的条件，故电力系统广泛使用的GPS装置均带有周波测量功能。周波测量技术指标要求如下：

（1）测量对象：　　　220V AC（与工作电源独立）。
（2）测量有效范围：　45.000～55.000Hz。
（3）测量分辨率：　　0.001Hz（用于EMS发电自动控制、频率按秒考核等）。
（4）测量周期：　　　1s。

三、GPS时间同步系统的结构模式

GPS时间同步系统因可靠性、授时对象数量、使用场合不同而有多种结构形式，在电力系统应用的典型结构模式有以下几种。

1. 最简式时间同步系统

最简式时间同步系统由一台主时钟、信号传输介质组成，为被授时设备/系统对时，如图14-2所示。这种对时系统结构简单，对时对象少，一般用于县调自动化主站系统、小型变电站监控系统。根据需要和技术要求，主时钟可留有接口，用来接收上一级时间同步系统下发的有线时间基准信号。

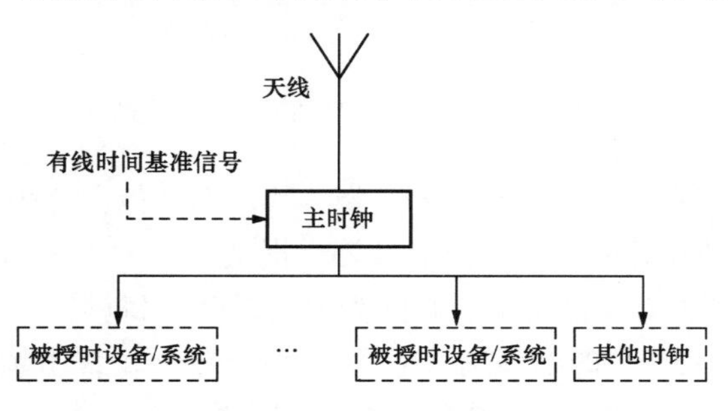

图14-2　最简式时间同步系统的组成

2. 主从式时间同步系统

主从式时间同步系统由一台主时钟、多台从时钟、信号传输介质组成，为被授时设备/系统对时，如图14-3所示。这种对时系统含有多台扩展时钟，对时对象多，并可方便实现不同楼层机房（小室）内设备的对时，一般用于出线间隔数量规模较大变电站监控系统。根据需要和技术要求，主时钟可留有接口，用来接收上一级时间同步系统下发的有线时间基准信号。

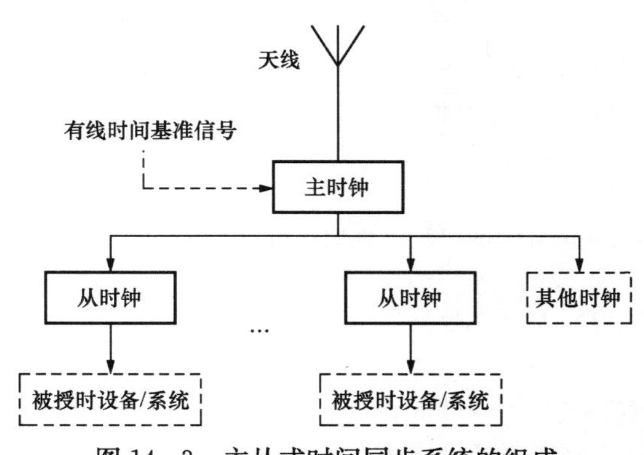

图14-3　主从式时间同步系统的组成

3. 主备式时间同步系统组成

主备式时间同步系统由两台主时钟、多台从时钟、信号传输介质组成，为被授时设备/系统对时，如图14-4所示。这种系统因采用双主钟构成冗余模式，具有较高的运行可靠性，一般应用于自动化主站重要系统，500kV及以上变电站监控系统等场合。根据需要和技术要求，主时钟可留有接口，用来接收上一级时间同步系统下发的有线时间基准信号，以级联组网形式运行。

四、GPS对时方式及接口

利用GPS系统提供的世界协调时（UTC）对自动化系统设备进行对时的方式主要有脉冲对时、串口对时、编码对时、网络对时四类。

1. 脉冲对时

脉冲对时又称硬对时，是时钟系统常用的对时输出信号，其实质是一个同步于UTC标准秒沿的脉冲跳变信号。脉冲对时信号又分为秒脉冲、分脉冲、小时脉冲、天脉冲信号等。以秒脉冲对时为例，通常的被对时设备中对时间分辨要求较高的，其内部会含有一个秒计数

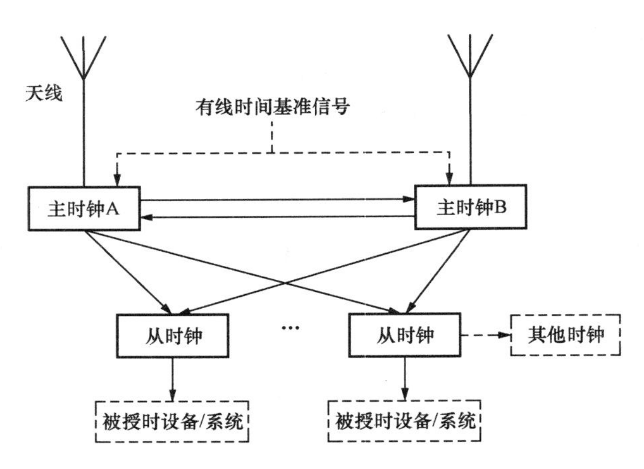

图 14-4 主备式时间同步系统的组成

器，该计数器可以为程序提供 1s 内任何时刻的具体时间值如毫秒值，微秒值等，为保证同步精确性该秒计数器通常是由硬件的秒脉冲同步信号来做清零同步。由于脉冲的同步过程通常都是由硬件逻辑完成，因此属于硬对时的范畴。

脉冲对时虽然有很高的对时精度，但由于脉冲对时只提供秒同步的信息，而具体的日期时间值无法传递，因此脉冲对时一般和其他对时配合使用。

2. 串口对时

串口对时的时间格式串口报文内容包括年、月、日、时、分、秒，也可包含有用户指定的其他内容，例如周波测量数据、接收 GPS 卫星数、告警信号等。报文信息的格式有 ASCII 码、BCD 码、或十六进制码等。时间格式串口报文中的时间为北京时间，每秒输出 1 帧，帧头为“#”或“%”字符，与秒脉冲（1PPS）的前沿对齐，偏差小于 5ms。其中帧头为“#”的帧为标准时间报文帧，帧头为“%”的帧为带频率描述的时间报文帧。表 14-1 为电力系统常用的带频率描述的串口时间报文格式。

表 14-1　　带频率描述的串口时间报文格式

字节序号	含义	内　容	取值范围
1	帧头	〈%〉	25H
2	状态标志 1	用下列 4 个 bit 合成的 16 进制数对应的 ASCII 码值： Bit 3：保留＝0； Bit 2：保留＝0； Bit 1：闰秒预告（LSP）：在闰秒来临前 59s 置 1，在闰秒到来后的 00s 置 0； Bit 0：闰秒标志（LS）：0：正闰秒，1：负闰秒	30H～39H 41H～46H
3	状态标志 2	用下列 4 个 bit 合成的 16 进制数对应的 ASCII 码值： Bit 3：夏令时预告（DSP）：在夏令时切换前 59s 置 1； Bit 2：夏令时标志（DST）：在夏令时期间置 1； Bit 1：半小时时区偏移：0：不增加，1：时间偏移值额外增加 0.5hr； Bit 0：时区偏移值符号位：0：＋，1：－	30H～39H 41H～46H
4	状态标志 3	用下列 4 个 bit 合成的 16 进制数对应的 ASCII 码值： Bits 3—0：时区偏移值（hr）：串口报文时间与 UTC 时间的差值，报文时间减时间偏移（带符号）等于 UTC 时间（时间偏移在夏时制期间会发生变化）	30H～39H 41H～46H

续表

字节序号	含义	内　　容	取值范围
5	状态标志 4	用下列 4 个 bit 合成的十六进制数对应的 ASCII 码值： Bits 03—00：时间质量： 0x0：正常工作状态，时钟同步正常 0x1：时钟同步异常，时间准确度 优于 1ns 0x2：时钟同步异常，时间准确度 优于 10ns 0x3：时钟同步异常，时间准确度 优于 100ns 0x4：时钟同步异常，时间准确度 优于 1us 0x5：时钟同步异常，时间准确度 优于 10us 0x6：时钟同步异常，时间准确度 优于 100us 0x7：时钟同步异常，时间准确度 优于 1ms 0x8：时钟同步异常，时间准确度 优于 10ms 0x9：时钟同步异常，时间准确度 优于 100ms 0xA：时钟同步异常，时间准确度 优于 1s 0xB：时钟同步异常，时间准确度 优于 10s 0xF：时钟严重故障，时间信息不可信	30H～39H 41H～46H
6	时十位	ASCII 码值	30H～39H
7	时个位	ASCII 码值	30H～39H
8	分十位	ASCII 码值	30H～39H
9	分个位	ASCII 码值	30H～39H
10	秒十位	ASCII 码值	30H～39H
11	秒个位	ASCII 码值	30H～39H
12	年千位	ASCII 码值	30H～39H
13	年百位	ASCII 码值	30H～39H
14	年十位	ASCII 码值	30H～39H
15	年个位	ASCII 码值	30H～39H
16	月十位	ASCII 码值	30H～39H
17	月个位	ASCII 码值	30H～39H
18	日十位	ASCII 码值	30H～39H
19	日个位	ASCII 码值	30H～39H
20	频率头	〈*〉	2AH
21	工频的十位	ASCII 码值	30H～39H
22	工频的个位	ASCII 码值	30H～39H
23	工频的小数第 1 位	ASCII 码值	30H～39H
24	工频的小数第 2 位	ASCII 码值	30H～39H
25	工频的小数第 3 位	ASCII 码值	30H～39H
26	工频的小数第 4 位	ASCII 码值	30H～39H
27	电钟时间时的十位	ASCII 码值	30H～39H

续表

字节序号	含义	内　　容	取值范围
28	电钟时间时的个位	ASCII 码值	30H～39H
29	电钟时间分的十位	ASCII 码值	30H～39H
30	电钟时间分的个位	ASCII 码值	30H～39H
31	电钟时间秒的十位	ASCII 码值	30H～39H
32	电钟时间秒的个位	ASCII 码值	30H～39H
33	校验字节高位	从“状态标志 1”直到“电钟周波时间秒个位”逐字节异或的结果（即：异或校验），将校验字节的十六进制数高位和低位分别使用 ASCII 码值表示	30H～39H
34	校验字节低位		41H～46H
35	结束标志	CR	0DH
36	结束标志	LF	0AH

串口对时方式具有接口适应性强的特点，一般计算机设备都具备 RS-232 接口。但该方式缺点是对时距离短，例如 RS-232 接口的传输距离 30m，RS-422 接口的传输距离为 150m。

3. 编码对时

编码对时采用的对时码又称为编码时间信号，有多种格式，常用的是靶场间测量仪器组（Inter-Range Instrumentation Group，IRIG）对时码。IRIG 时间编码序列是美国靶场仪器组提出的被普遍应用于时间信息传输的编码。IRIG 的串行时间对时码共有 6 种格式，分别称为 IRIG-A、IRIG-B、IRIG-D、IRIG-E、IRIG-G、IRIG-H 对时码。其中，IRIG-B 对时码的应用最为广泛，根据其输出接口电气参数又被分为非调制 IRIG-B 对时码和调制 IRIG-B 对时码。非调制 IRIG-B 对时码又称 IRIG-B DC 对时码，其输出标准的 TTL 电平，主要用在传输距离不大的场合。调制 IRIG-B 对时码又称 IRIG-B AC 对时码，其输出由 IRIG-BDC 对时码对 1kHz 正弦波进行 3∶1 ASK 调制后形成的，传输距离相对较远。

IRIG-B 对时码的输出信息每秒一桢，每桢有 100 个码元，每个码元占有的时间是 10ms，一帧共 1s。码元共有三种状态：逻辑值“0”（或称空码）、逻辑“1”，起始符（或称标识符）。通过改变直流电平的占空比或变化 1000Hz 调制信号的幅值来表示逻辑“1”与“0”及起始符。逻辑“1”的直流电平的占空比为 50%∶50%；逻辑“0”的占空比为 20%∶80%；起始符的占空比为 80%∶20%。IRIG-B 时间码包含了秒段、分段、小时段和日期段等信号，其输出信息格式见图 14－5。每帧信息均以起始符（M·K）开头，也以 M·K表示每帧信息的结束，帧头 M·K 的上升沿标志新的一秒的开始，一帧中每段码元的含义如下：

（1）PR：准时同步沿，该脉冲的前沿同步于每一秒的开始。

（2）P0-P9：字参考标记。

（3）NC：未定义的位。常 0。

（4）NP：索引标记。

（5）S00-S02：秒的个位（BCD 先低后高）。

（6）S10-S13：秒的十位（BCD 先低后高）。

（7）M00-M03：分的个位（BCD 先低后高）。

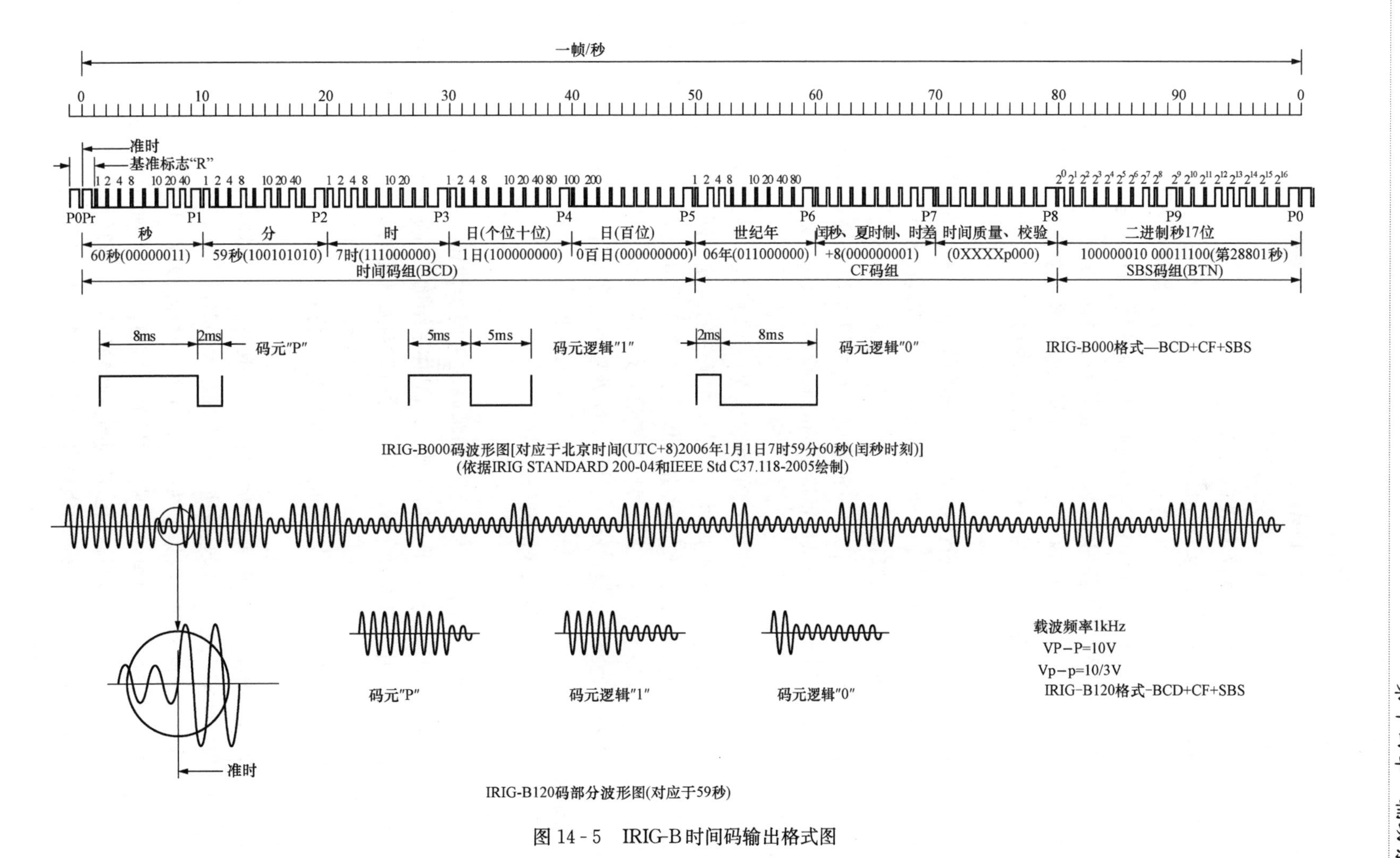

图 14-5 IRIG-B时间码输出格式图

(8) M10-M12：分的十位（BCD先低后高）。

(9) H00-H03：小时的个位（BCD先低后高）。

(10) H10-H11：小时的十位（BCD先低后高）。

(11) D00-D03：天数的个位（BCD先低后高）。

(12) D10-D13：天数的十位（BCD先低后高）。

(13) D20-D21：天数的百位（BCD先低后高）。

(14) T00-T16：当天00：00：00起到当前时刻的总秒数（HEX先低后高）。

作为应用广泛的时间码，B型码具有以下主要特点：携带信息量大，经译码后可获得1、10、100、1000c/s的脉冲信号和BCD编码的时间信息；高分辨率，对时精度达1μs；调制后的B码适用于远距离传输；具有接口标准化，国际通用等特点。

4. NTP网络对时

网络对时是利用网络传输通道进行的对时，通用的网络对时主要有网络时间协议（Network Time Protocol，NTP）、IEEE1588两种。网络对时具有接口通用性强、可利用已有的网络进行对时、支持网络远程对时等特点。

NTP是用来使计算机时间同步化的一种协议，它可以使计算机对其服务器或时钟源（如石英钟、GPS等）做同步化，提供高精准度的时间校正，且可由加密确认的方式来防止恶毒的协议攻击。

NTP对时报文时间信息的传输使用UDP协议。每一个时间包内包含最近一次事件的时间信息、包括上次事件的发送与接收时间、传递现在事件的当地时间，以及此包的接收时间。在收到上述包后即可计算出时间的偏差量与传递资料的时间延迟。时间服务器利用一个过滤演算法，及先前八个校时资料计算出时间参考值，判断后续校时包的精确性。

NTP网络对时精度受网络环境、IED装置CPU处理性能等因素影响较大。在局域网环境下，网络传输延时相对固定，对时精度相对较高，且组网实现简单，广泛应用于SCADA/EMS系统和变电站监控系统站级层设备的对时。

5. PTP（IEEE 1588）网络对时

IEEE 1588对时（网络化测量和控制系统的精确时钟同步协议）通常又称为Precision Time Protocol（PTP）对时。与NTP对时相比，PTP体系结构的特别之处在于硬件部分与协议的分离，以及软件部分与协议的分离，因此，运行时对处理器的要求很低，对时精度更高。PTP硬件单元由一个高度精确的实时时钟和一个用来产生时间印章的时间印章单元（Time Stamper Unit，TSU）组成。软件部分通过与实时时钟和硬件时间印章单元的联系来实现时钟同步。

IEEE 1588的同步原理决定了时钟同步的精度主要取决于时间戳的精度。通过在物理层放置硬件电路加盖时间戳，这样可以避免协议栈上部较大的时间抖动，消除报文传输中的网络延迟。由于主从时钟不同步的原因除了网络延迟外还有时钟偏差，可以采用频率可调时钟来校正从时钟相对主时钟的时钟偏差，根据从时钟处得出的自身与主时钟的偏差计算出相应的频率补偿值，从而控制时钟计数器的数值达到与主时钟的同步。硬件电路从物理层获得每个发送和接收报文的比特流，并记录时间戳信息，判断其是否为IEEE 1588相关协议报文，如果是相关报文，则把时间戳信息传送给上层软件，否则丢弃该报文的时间戳信息。对于

100M 以太网，由于采用 4B/SB 编码和 Scrambler 技术，只能在物理层与数据链路层之间的 MII 层加盖时间戳信息。

IEEE 1588v2 基于 Ethernet/IPv4/v6/UDP 等协议之上，共定义了 3 种基本时钟类型：普通时钟（OC）、边界时钟（BC）和透明时钟（TC）。

普通时钟是单端口器件，可以作为主时钟或从时钟。如 GPS 装置可作为主时钟，IED 装置作为从时钟。典型应用见图 14-6。

边界时钟是多端口器件，可连接多个普通时钟或透明时钟。如网络交换机作为边界时钟的多个端口中，有一个作为从端口，连接到主时钟或其他边界时钟的主端口，其余端口作为主端口连接从时钟或下一级边界时钟的从端口，或作为备份端口。典型应用见图 14-7。

透明时钟连接主时钟与从时钟，作为透明时钟的网络交换机对主从时钟之间交互的同步消息进行透明转发，并且计算同步消息（如 Sync、Delay _ Req）在本地的缓冲处理时间，并将该时间写入同步消息的 CorrectionField 字节块中。从时钟根据该字节中的值和同步消息的时戳值 Delay 和 Offset 实现同步。典型应用见图 14-8。

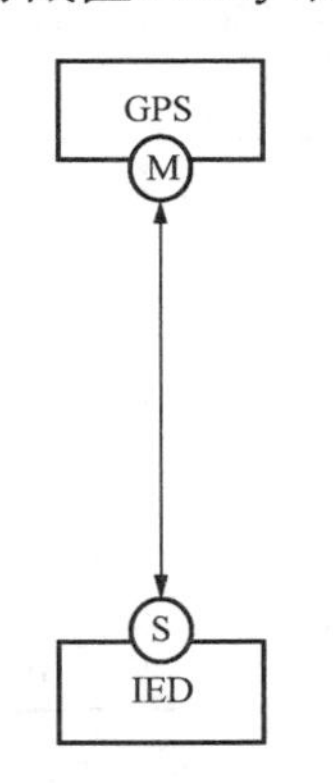

图 14-6　普通时钟模式

图 14-7　边界时钟模式

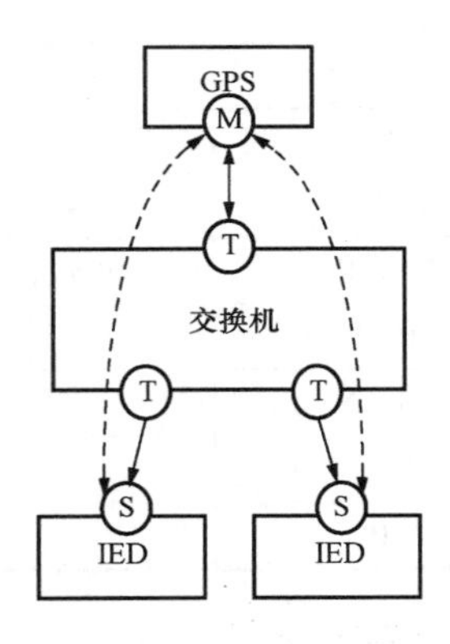

图 14-8　透明时钟模式

由于 PTP 体系结构使用了硬件部分与协议的分离、软件部分与协议分离的技术，并采用了最佳时钟算法（Best Master Clock Algorithm）具有较高的对时精度，广泛适用于智能化变电站 PMU、采样合并单元（MU）等智能设备的精确对时。

五、时间信号传输介质

时间信号传输介质应保证时间同步装置发出的时间信号传输到被授时设备时，能满足它们对时间信号质量的要求，常见的传输介质有以下几种。

1. 同轴电缆

用于室内高质量地传输 TTL 电平时间信号，如 1PPS、1PPM、1PPH、IRIG-B（DC）码 TTL 电平信号，传输距离不长于 15m。

2. 屏蔽控制电缆

屏蔽控制电缆可用于以下场合：

（1）传输 RS-232C 串行口时间报文，传输距离不长于 15m；

（2）传输静态空接点脉冲信号，传输距离不长于 150m；

（3）传输 RS-422、RS-485、IRIG-B（DC）码信号，传输距离不长于 150m。

3. 音频通信电缆

用于传输 IRIG-B（AC）码信号，传输距离不长于 1km。

4. 双绞线

用于传输网络时间报文，传输距离不长于 100m。

5. 光纤

用于远距离传输各种时间信号和需要高准确度对时的场合。

主、从时钟之间的传输宜使用光纤。

六、自动化系统对时方式的选择

1. GPS 不同对时接口精度比较

GPS 系统不同的接口类型、传输介质各有其优缺点，对时精度也各不相同。各种对时方式的时间同步精度对比见表 14-2。

表 14-2　　时间同步接口类型、传输介质与对时精度对照表

接口类型介质	光纤	RS-485（422）	静态空接点	TTL	信号调制	以太网
1PPS	1μs	1μs	3μs	1μs	—	
1PPM	1μs	1μs	3μs	1μs	—	
1PPH	1μs	1μs	3μs	1μs	—	
串口时间报文	10ms	10ms	10ms	—	—	
IRIG-B（DC）	1μs	1μs	—	1μs	—	
IRIG-B（AC）	—	—	—	—	20μs	
NTP						1ms
PTP						100ns

2. 自动化各系统对对时精度的要求

自动化系统的数据采样测量、事件记录、历史数据存储等均需要有一个精确的时钟信息，一方面系统内各计算机之间的相对时间要同步，同时系统的绝对时间也要精确。根据不同的系统对时间同步的精度要求不同，选择合适的对时方式进行对时，具体内容见表 14-3。

表 14-3　　自动化业务对时钟精度要求表

电力系统常用设备或系统	时间同步精度要求	推荐使用的时间和同步信号
线路行波故障测距装置	优于 1μs	IRIG-B 或 1PPS+串口对时报文或 PTP
同步相量测量装置	优于 1μs	IRIG-B 或 1PPS+串口对时报文或 PTP
交流采样合并单元	优于 1μs	IRIG-B 或 1PPS+串口对时报文或 PTP
雷电定位系统	优于 1μs	IRIG-B 或 1PPS+串口对时报文或 PTP
故障录波器	优于 1ms	IRIG-B 或 1PPS/1PPM+串口对时报文或 PTP
事件顺序记录装置	优于 1ms	IRIG-B 或 1PPS/1PPM+串口对时报文或 PTP
微机保护、测控装置	优于 10ms	IRIG-B 或 1PPS/1PPM+串口对时报文或 PTP
安全自动装置	优于 10ms	IRIG-B 或 1PPS/1PPM+串口对时报文或 PTP
SCADA、EMS、DMS 主站系统	优于 1s	网络对时 NTP 或串口对时报文

续表

电力系统常用设备或系统	时间同步精度要求	推荐使用的时间和同步信号
电能量采集主站系统及采集装置	优于1s	网络对时 NTP 或串口对时报文
负控主站系统及监控终端装置	优于1s	网络对时 NTP 或串口对时报文
电子挂钟	优于1s	网络对时 NTP 或串口对时报文
调度生产和企业管理系统	优于1s	网络对时 NTP 或串口对时报文

3. GPS 系统使用注意事项

GPS 对时精度与使用方式有较大的关系，为确保 GPS 达到设计精度要求，实际应用中需注意以下要求：

（1）GPS 正常定位至少需要接收到 4 颗星信号，故 GPS 天线应安装于开阔的房顶位置，避免受建筑物遮挡影响信号正常接收。

（2）由于 GPS 天线安装在房顶较高位置，容易受雷击影响，天线馈线外壳应可靠接地，并在 GPS 装置天线输入处安装信号防雷模块。

（3）GPS 电信号输出的对时信号精度与传输介质长度有关，随着传输介质长度增加，对时精度会有一定的下降，实际使用时应控制电缆长度，并注意最大允许传输距离，当超出允许范围、或对不同小室设备、一次设备就地强干扰环境下的设备进行对时时，应考虑采用光纤传输介质进行对时。

（4）带频率测量功能的 GPS，其测量点信号电源应直接取自市电，与接入 UPS 的工作电源分开，使得测量结果真实反映电网的频率。

（5）运行中应注意 GPS 装置的运行工况巡视，检查锁定卫星数量是否≥4 颗，有无告警。必要时，将装置故障、GPS 失步等信号接入监控告警。

七、北斗卫星定位系统简介

北斗卫星定位系统是由中国建立的区域导航定位系统。北斗一号卫星定位系统由四颗北斗定位卫星（两颗工作卫星、2 颗备用卫星）、地面控制中心为主的地面部分、北斗用户终端三部分组成。北斗定位系统可向用户提供全天候、24h 的即时定位服务，授时精度可达数十纳秒（ns）的同步精度，北斗导航系统三维定位精度约几十米，授时精度约 100ns。

1. 系统工作原理

“北斗一号”卫星定位系统测出用户到第一颗卫星的距离，以及用户到两颗卫星距离之和，从而知道用户处于一个以第一颗卫星为球心的一个球面，和以两颗卫星为焦点的椭球面之间的交线上。另外中心控制系统从存储在计算机内的数字化地形图查寻到用户高程值，又可知道用户出于某一与地球基准椭球面平行的椭球面上。从而中心控制系统可最终计算出用户所在点的三维坐标，这个坐标经加密由出站信号发送给用户。

2. 与 GPS 系统对比

（1）覆盖范围：“北斗一号”卫星定位系统是覆盖我国本土的区域导航定位系统，覆盖范围东经约 70°～140°，北纬 5°～55°。GPS 是覆盖全球的全天候导航系统，能够确保地球上任何地点、任何时间能同时观测到 6～9 颗卫星。

（2）卫星数量和轨道特性：“北斗一号”卫星定位系统是在地球赤道平面上设置 2 颗地

球同步卫星的赤道角距约60°。GPS是在6个轨道平面上设置24颗卫星，轨道赤道倾角55°，轨道面赤道角距60°。

(3) 定位原理："北斗一号"卫星定位系统是主动式双向测距二维导航，地面中心控制系统解算出用户的三维数据之后再发回用户。GPS是被动式伪码单向测距三维导航，由用户设备独立解算自己三维定位数据。

(4) 实时性："北斗一号"用户的定位申请要送回中心控制系统，中心控制系统解算出用户的三维位置数据之后再发回用户，其间要经过地球静止卫星走一个来回，再加上卫星转发，中心控制系统的处理，时间延迟长，因此对于高速运动体，就加大了定位的误差。GPS是被动式伪码单向测距三维导航，实时性较高。

(5) 通信功能："北斗一号"卫星定位系统具备的短信通信功能。GPS不具备短信通信功能。

3. 二代"北斗"

正在建设的二代"北斗"可以称为中国的GPS，是中国自主发展、独立运行的全球卫星定位系统，不是北斗一号的简单延伸，更类似于GPS全球定位系统和伽利略定位系统。北斗二号卫星导航系统空间段将由5颗静止轨道卫星和30颗非静止轨道卫星组成，提供开放服务和授权服务。开放服务是在服务区免费提供定位、测速和授时服务，定位精度为10m，授时精度为50ns，测速精度为0.2m/s。授权服务是向授权用户提供更安全的定位、测速、授时和通信服务以及系统完好性信息。2012年12月27日，北斗卫星导航系统成功完成16颗卫星组网，并已向亚太大部分地区正式提供区域服务，包括定位、导航、双向授时和短报文信息服务。

随着我国自行研制的北斗卫星系统的不断加强和信号不断完善，越来越多的系统时钟都已支持北斗系统，而GPS和北斗双星都支持的系统时钟已成为电力行业的主流时钟。

第二节　大屏幕拼接显示系统

随着电网的快速发展，电网管辖范围内的变电站数量不断增加，普通的计算机显示器只适合显示一个变电站或局部电网的接线图，无法完整显示整个电网的全貌。调度员在处理电网事故时，需要对电网的整体运行状况作快速直观了解，马赛克模拟屏、大屏幕拼接技术、边沿融合投影技术以及LED显示技术为电网的全景显示提供了解决方案。

一、马赛克模拟屏

马赛克模拟屏由一个个约15mm×15mm大小的高性能阻燃工程塑料片拼接二成，显示的电网接线等内容需要事先对马赛克单元格通过电脑雕刻制作而成，屏面上嵌入若干个遥信灯和遥测数显表，用于显示电网运行工况以及潮流监视。可以通过CDT等多种常规协议直接与自动化系统计算机通信，通过红、绿、黄三色遥信灯来直观显示现场设备的运行状态，遥测数显表显示设备的当前运行数据，并可以实现多级调光功能。

该类型的模拟屏成本低、实现简单，但对电网接线的变更工程量非常大，接线布局调整困难，逐步退出应用。

二、大屏幕拼接显示系统

大屏幕拼接显示系统由大屏幕显示墙、多屏处理器、切换矩阵、应用管理软件等部分组

成。根据大屏幕显示墙所采用的显示单元不同可分为数字光处理（Digital Lighting Progress，DLP）背投大屏幕拼接、等离子显示（Plasma Display Panel，PDP）大屏幕拼接与液晶显示（Liquid Crystal Display，LCD）大屏幕拼接。

显示单元为大屏幕拼接显示系统的主要组成部分，m・n块相同大小的显示单元组成一个大屏幕显示屏，能以不同的模式、按照划分区域显示电网接线图、文本、表格和视频图像信息。具有显示分辨率高，文字、图像显示清晰稳定等特点。

反映大屏幕拼接显示系统的主要技术指标有拼接单元数量（m・n）、显示单元规格、显示分辨率、显示亮度、对比度、均匀度、拼接缝隙等。常用的显示单元有DLP背投、等离子（PDP）与液晶（LCD）三种。

1. DLP背投显示单元

背投的实现原理很简单，在设备内部设置一部投影机，发出的图像经透镜放大后投射到屏幕背面，就是背投。其采用不同种类的投影机，主要可分为阴极射线管（CRT）、液晶（LCD）、数字光处理（DLP）等几种。CRT背投属于背投阵营中的低端产品，已经逐步淘汰，其中以DLP背投最为出色，其图像清晰度、亮度、色彩、可视角度以及体积来看，均比传统背投有了很大提高。

DLP意为数字光处理，先把影像讯号经过数字处理，然后再把光投影出来。DLP投影单元由光源、透镜、色轮（单片DLP机型）、DLP芯片、幕布等部分组成。

DLP芯片是一种复杂的光开关，其中内含一个由多达200万个安装在铰链上的微镜所组成的矩形阵列，每个微镜的尺寸为16μm×16μm。当DLP芯片与数字视频或图形信号、光源和投影镜头相互协调工作时，其镜面就会将纯数字图像反射到屏幕或其他表面上。

DLP芯片的每个微镜都安装在使它们在DLP投影系统（打开时）中或远离投影系统（关闭时）时都能对着光源倾斜的微型铰链上，从而使投影表面上的像素或明或暗。输入半导体的位流图像编码指令可对每个微镜进行开关操作，其速度可高达每秒几千次。当微镜开启时的频率大于关闭时的频率时，它就会反射浅灰色的像素；而当微镜关闭时的频率更高一些时，则会反射深灰色的像素。这样一来，DLP投影系统中的微镜就能反射高达1024级灰度梯度的像素，以便将输入DLP芯片的视频或图形信号转化为一个非常复杂的灰度级图像。每个微镜的开关状态会与这三种基本的构建色块进行相互协调。例如，负责投射紫色像素的微镜将只反射红色和蓝色的光到投影表面。随后，我们的眼睛会将这些快速地交替闪烁的颜色混合起来，于是在投射的图像中就可看到预期的色调（见图14-9）。

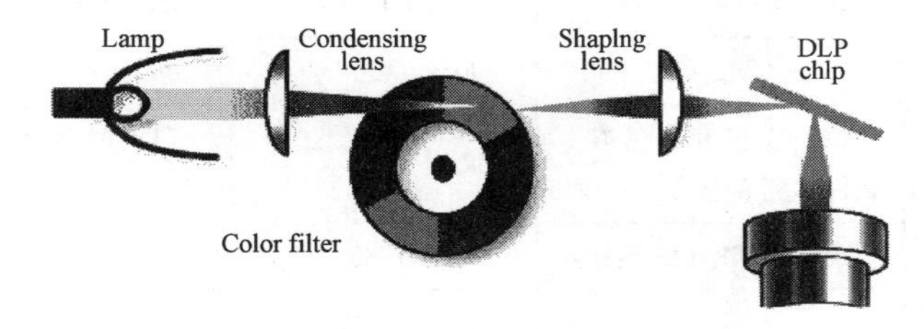

图14-9　DLP光学原理图

DLP投影系统中的灯泡（UHP冷光源或LED光源）所产生的白光会在其传输到DLP芯片的表面时通过一个红、绿和蓝三色彩色图像滤波器。在通过该滤波器之后，彩色光随后

将按顺序落到DLP芯片上以形成一个具有多达1670万色的图像。某些DLP投影系统包含了一个可投射出多达35万亿色的三芯片架构。

DLP背投技术具有单个屏幕大、拼缝小、数字化显示亮度衰减慢、像素点缝隙小、图像细腻、适合长时间显示计算机和静态图像等优点，但存在体积大、功耗大，后期灯泡更换维护成本高等缺点。

2. 等离子显示单元

PDP是一种利用气体放电的显示技术，其工作原理与日光灯很相似。它采用了等离子管作为发光元件，屏幕上每一个等离子管对应一个像素，屏幕以玻璃作为基板，基板间隔一定距离，形成一个个放电空间。放电空间内充入氖、氙等混合惰性气体作为工作媒质，在两块玻璃基板的内侧面上涂有金属氧化物导电薄膜作激励电极。当向电极上加入电压，放电空间内的混合气体便发生等离子体放电现象，也称电浆效应。等离子体放电产生紫外线，紫外线激发涂有红绿蓝荧光粉的荧光屏，荧光屏发射出可见光，显现出图像。

优点：颜色鲜艳、高亮度、高对比度。

缺点：耗电与发热量很大，会发生灼伤现象，画质随时间递减，并形成每块拼接屏之间的色差。

3. 液晶显示单元

液晶是利用液状晶体在电压的作用下发生偏转的原理。由于组成屏幕的液状晶体在同一点上可以显示红、绿、蓝三基色，或者说液晶的一个点是由三个点叠加起来的，它们按照一定的顺序排列，通过电压来刺激这些液状晶体，就可以呈现出不同的颜色，不同比例的搭配可以呈现出千变万化的色彩。液晶本身是不发光的，它靠背光管来发光，因此液晶屏的亮度取决于背光管。由于液晶采用点成像的原因，因此屏幕里面构成的点越多，成像效果越精细，纵横的点数就构成了液晶电视的分辨率，分辨率越高，效果越好。

优点：高分辨率、厚度薄、重量轻、低能耗、长寿命、无辐射。

缺点：拼接缝稍大。

4. 各种显示单元性能比较（见表14-4）

表14-4　　显示单元性能一览表

性能指标	液　晶	投影机	等离子
亮度	500～1500/m^2	1500cd～3500/m^2	640～1000cd/m^2
对比度	1000∶1～3000∶1	2000∶1	3000∶1
色彩饱和度	95%（DID屏）	90%	90%
亮度和色彩一致性	DID屏亮度和色彩一致性达到95%以上	90%	PDP屏亮度和色彩一致性达到90%以上
分辨率	1366×768（46英寸）	1024×768	852×480（42英寸）
功耗	200W（40英寸）	320～650W（1台投影机）	500W（42英寸）
寿命	50 000h（背光）	2000～3000h（灯泡）	5000～10 000h（屏幕）静止高亮度画面仅有5000h

续表

性能指标	液晶	投影机	等离子
灼伤	不会灼伤	不会灼伤	灼伤严重
体积	轻薄	轻薄	轻薄
拼缝	有	较小	较小

三、边沿融合投影技术

边缘融合技术就是将一组投影机投射出的画面进行边缘重叠，并通过融合技术显示出一个没有缝隙更加明亮、超大、高分辨率的整幅画面，画面的效果就好像是一台投影机投射的画质。当两台或多台投影机组合投射一幅两面时，会有一部分影像灯光重叠，边缘融合的最主要功能就是把两台投影机重叠部分的灯光亮度逐渐调低，使整幅画面的亮度一致。

边沿融合投影技术经历了三个发展阶段：硬边拼接、重叠拼接和边沿融合拼接。硬边拼接（又称简单拼接），即两台投影仪的边沿对齐，无重叠部分。显示效果上表现为整幅画面被一道缝分割开。如果投影仪边缘未做亮度增强处理，该接缝显示为黑色；如果投影仪边缘做了亮度增强处理，该接缝显示为白色。简单重叠：即两台投影仪的画面有部分重叠，但没有作淡进淡出处理，因此重叠部分的亮度为整幅其余部分的2倍，在显示效果上表现为重叠部分为一亮条。边沿融合：与简单重叠方法相比，左投影仪的右边重叠部分的亮度线性衰减，右投影仪的左边重叠部分的亮度线性增加。在显示效果上表现为整幅画面亮度完全一致。

边沿融合投影系统由边沿融合控制系统、投影机、投影幕三部分组成，如图14-10所示。

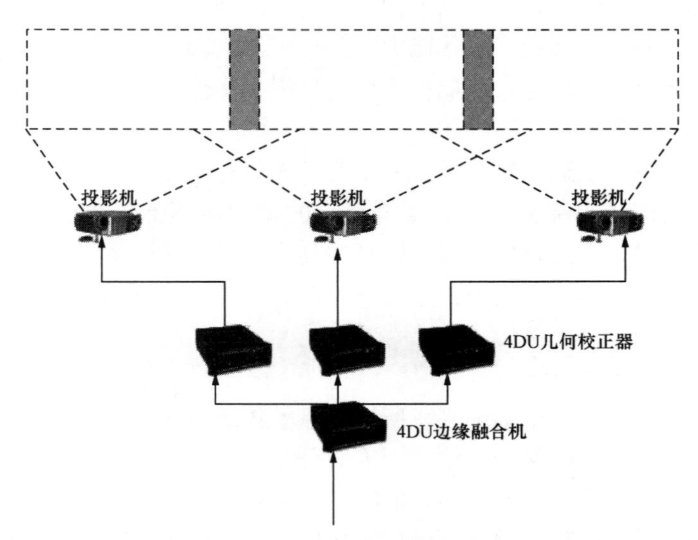

图14-10 边沿融合示意图

1. 边缘融合处理器

边缘融合拼接处理器直接影响了画面的质量，而且软边融合设备目前在国内市场种类比较繁多，有的设备操作复杂，有的设备不可以独立使用，需要配合传统拼接设备共同使用。一般具有以下处理功能。

具有图像边缘衍生功能：边融合设备必须衍生出重叠部分的多余图像，否则，画面不具有重叠功能，则无法进行融合调试。允许对所选择的信号输入转变为透明的叠加，融合率可由用户自己定义，一般为15%或者在200个像素以上。具有色度羽化功能，淡变融合部分的色彩和亮度。

具有伽玛校正功能：重合区域的色彩伽玛校正功能，确保图像色彩一致；具有色度键控功能：可以调试重合部分的色温、色度，确保全屏幕的色彩高度一致性；具有次序控制功能：可以对重合部分的边缘进行分次调整，具有次序控制功能。

具有视窗功能：可以像素精度定义视窗的位置和大小，由此来显示窗口的输入。水平和垂直尺寸均可单独调整；直观的软件操作界面：软边融合拼接处理器具有很方便的软件操作界面，便于用户操作和维护；输入输出和直观的效果控制功能：对于画面的窗口控制和信号源控制，必须做到直观的控制功能，提高操作效率。

2. 投影机及幕布选择

选择投影机时首先得根据系统组成的屏幕大小来选择。为了保证多台投影机透射出的画面具有统一亮度、统一色彩，最好选择同一个品牌、同样型号的投影机产品。因为即使是标称同样亮度的两个不同品牌的投影机，其在亮度和色彩方面的表现也有一定的差异，所以先要选定购买哪个品牌的产品。

投影幕也是最终决定图像品质的重要因素。投影屏幕作为大屏幕显示系统的组成部分，其重要性是不容忽视，不同的屏幕在明暗对比度方面不同，而画质倾向也是有所不同的。相对于软幕或者画框幕而言，金属幕更容易固定，不容易发生位移的现象，较适用边缘融合系统的融合带部分的清晰展现。金属幕是在树脂板-pc板外涂层紧致细密的金属分子组成蜂窝阵列，从四周入射的干扰光波在经过该阵列时振荡、衰减并被吸收，这一特性使摩科投影屏具备超高对比度和超强的抗环境光干扰能力，黑色更黑，彩色更亮，即使置于灯光明亮的室内，甚至是在非阳光直射的户外，均能杜绝传统投影幕影像模糊的雾状感，提供明亮、清透的完美图像效果。

投影幕的尺寸确定。在边缘融合系统中最为关键的技术之一就是要做边缘融合处理，相邻投影机的投影画面需要有部分重合，重合部分的宽度应不低于单台投影机投影的宽度的20%，因此，一般可以根据屏幕的宽度、屏幕的高度、投影机数量三者的关系来确定屏幕的尺寸：屏幕的最大宽度=(0.8×投影机数量+0.2)×屏幕的高度×1024÷768。不同的分辨率需作相应调整。

3. 边缘融合拼接系统的特点

在融合拼接中，由于采用整幅屏幕，所以消除了传统拼接存在的屏幕间的物理缝隙，从而使得投影屏幕显示图像整幅保持完整，无人为分割。在融合拼接系统中，所有图像都经过融合处理器进行了校正和统一，整个屏幕的亮度、色彩、鲜艳度、均匀度都比较一致。相对于DLP背投大屏幕显示系统，边缘融合拼接系统无需在屏幕后面预留检修空间，特别对大厅面积较小，纵深不足的场合应用。

四、LED大屏幕显示系统

发光二极管（Light Emitting Diode，LED）显示屏是一种通过控制组成显示屏矩阵的

每一个半导体发光二极管的显示方式，用来显示文字、图形、图像、动画、行情、视频、录像信号等各种信息的显示屏幕，如图 14-11。LED 之所以受到广泛重视而得到迅速发展，是与它本身所具有的优点分不开的。这些优点概括起来是：亮度高、工作电压低、功耗小、小型化、寿命长、耐冲击和性能稳定。LED 的发展前景极为广阔，目前正朝着更高亮度、更高耐气候性、更高的发光密度、更高的发光均匀性，可靠性、全色化方向发展。LED 显示屏广泛应用于电网生产指挥系统关键信息显示，随着 LED 显示屏分辨率的提高，LED 大屏开始应用于电网调度大屏幕，取代传统的背投拼接墙。

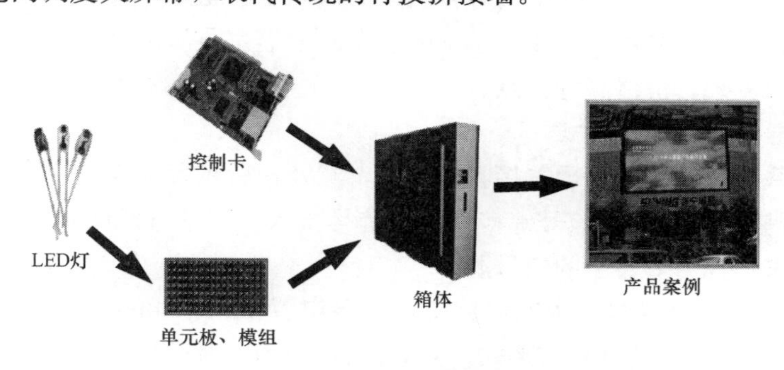

图 14-11　LED 大屏幕显示系统结构图

1. LED 显示技术

LED 的基本结构是一块电致发光的半导体晶片材料，置于一个有引线的架子上，然后四周用透镜灌封硅胶密封，起到保护内部芯线的作用，所以 LED 的抗震性能好。发光二极管的核心部分是由 P 型半导体和 N 型半导体组成的晶片，在 P 型半导体和 N 型半导体之间有一个过渡层，称为 PN 结。在某些半导体材料的 PN 结中，注入的少数载流子与多数载流子复合时会把多余的能量以光的形式释放出来，从而把电能直接转换为光能。这种利用注入式电致发光原理制作的二极管叫发光二极管，通称 LED。当它处于正向工作状态时（即两端加上正向电压），电流从 LED 阳极流向阴极时，半导体晶体就发出从紫外到红外不同颜色的光线，光的强弱与电流有关。由 LED 矩阵组成 LED 显示模组，再由多个模组拼接触 LED 大屏。

2. LED 显示屏的种类

（1）按颜色基色可以分为单基色显示屏（红色或绿色）、双基色显示屏（红和绿）、全彩色显示屏。全彩色显示屏含红、绿、蓝三基色，256 级灰度的全彩色显示屏可以显示一千六百多万种颜色。

（2）按使用场合分为室内显示屏和室外显示屏。室内显示屏发光点较小，一般 $\phi3 \sim \phi8$，显示面积一般几至十几平方米。室外显示屏面积一般几十平方米至几百平方米，亮度高，可在阳光下工作，具有防风、防雨、防水功能。

（3）按发光点直径分类，有 $\phi3$、$\phi3.75$、$\phi5$、$\phi10$、$\phi16$、$\phi20$、$\phi21$、$\phi26$ 等规格。室外屏发光的基本单元为发光筒，发光筒的原理是将一组红、绿、蓝发光二极管封在一个塑料筒内共同发光。

（4）显示方式有静态、横向滚动、垂直滚动和翻页显示等。可采用“级联”的方式组成任意点阵大显示屏。

3. LED显示屏显示控制系统

LED显示屏显示控制系统主要用来控制各种文字、图形、动画及视频信息的显示。画面显示信息由计算机编辑，经RS-232/485串行口或网络预先置入LED显示屏的帧存储器，然后逐屏显示播放，循环往复，显示方式丰富多彩，变化多样。按显示控制方式分为异步控制系统和同步显示系统。异步显示系统主要用于显示数字、文字、图形的显示，具有操作简单、价格低廉等特点。同步控制系统控制LED显示屏以至少60帧/秒更新速率点点对应地实时映射电脑监视器上的图像，通常具有多灰度的颜色显示能力，除支持文字、图形信息显示外，还支持视频信息的显示，主要用于室内或户外全彩大屏幕显示屏，具有实时性、表现力丰富、操作较为复杂、价格高等特点。

五、大屏幕显示系统接口方式

大屏幕显示系统通过多屏处理器接收信号源，经处理后在大屏幕上显示。多屏处理器支持RGB信号、视频信号、网络信号等多种类型信号接入。当信号源数量较多时，一般采用相应的切换矩阵来选择需要显示的信号源。

RGB信号一般用于计算机显示输出接口，主要有VGA（Video Graphics Array）、DVI（Digital Visual Interface）两种接口形式。VGA接口采用非对称分布的15pin连接方式，为调制的模拟高频信号，其视频传输延时过程是最短的，所以VGA接口拥有许多的优点，如无串扰无电路合成分离损耗等。VGA接口用于普通计算机的输出显示。DVI接口主要用于与具有数字显示输出功能的计算机显卡相连接，显示计算机的RGB信号。DVI数字端子比标准VGA端子信号要好，数字接口保证了全部内容采用数字格式传输，保证了主机到监视器的传输过程中数据的完整性（无干扰信号引入），可以得到更清晰的图像。

视频信号一般用于动态图像显示，如图像监控信号、视频电视会议信号等。视频信号输入形式有标准视频输入（Radio Corporation of American，RCA）接口，也称AV接口；S视频输入接口；视频色差输入接口。AV接口通常都是成对的白色的音频接口和黄色的视频接口，它通常采用RCA（俗称莲花头）进行连接。AV接口实现了音频和视频的分离传输，这就避免了因为音/视频混合干扰而导致的图像质量下降，但由于AV接口传输的仍然是一种亮度/色度（Y/C）混合的视频信号，仍然需要显示设备对其进行亮/色分离和色度解码才能成像，这种先混合再分离的过程必然会造成色彩信号的损失，色度信号和亮度信号也会有很大的机会相互干扰从而影响最终输出的图像质量。S视频输入：是在AV接口的基础上将色度信号C和亮度信号Y进行分离，再分别以不同的通道进行传输，常采用标准的4芯（不含音效）或者扩展的7芯（含音效）。视频色差输入接口通常采用YPbPr和YCbCr两种标识，前者表示逐行扫描色差输出，后者表示隔行扫描色差输出，这种接口最大限度地缩短了视频源到显示器成像之间的视频信号通道，避免了因频繁的传输过程所带来的图像失真，所以色差输出的接口方式是目前各种视频输出接口中最好的一种。

网络信号一般用于对连接于网络上的工作站画面信息显示。在各种类Unix环境中，装XServer软件，运行该软件可在大屏幕系统中的主控制器上产生一个X显示窗口，该窗口可仿真显示UNIX系统桌面或UNIX系统的应用程序，通过TCP/IP协议，利用UNIX系统XWindow显示重定向的机制，将用户的应用画面显示到X窗口中。Xmanager软件还有其他几种调用的方式，如直接仿真工作站Xbrowser、开passive等方式都能实现调用。这种方

式显示切换灵活，接线简单，信号传输不失真，还能支持大幅面图形的显示，是显示电网地理接线图、电网潮流图的最佳接口方式。但由于该方式通过 TCP/IP 协议访问工作站，其网络连接须满足二次系统安全防护要求。

大屏幕显示系统典型的信号接口方式如图 14-12 所示。

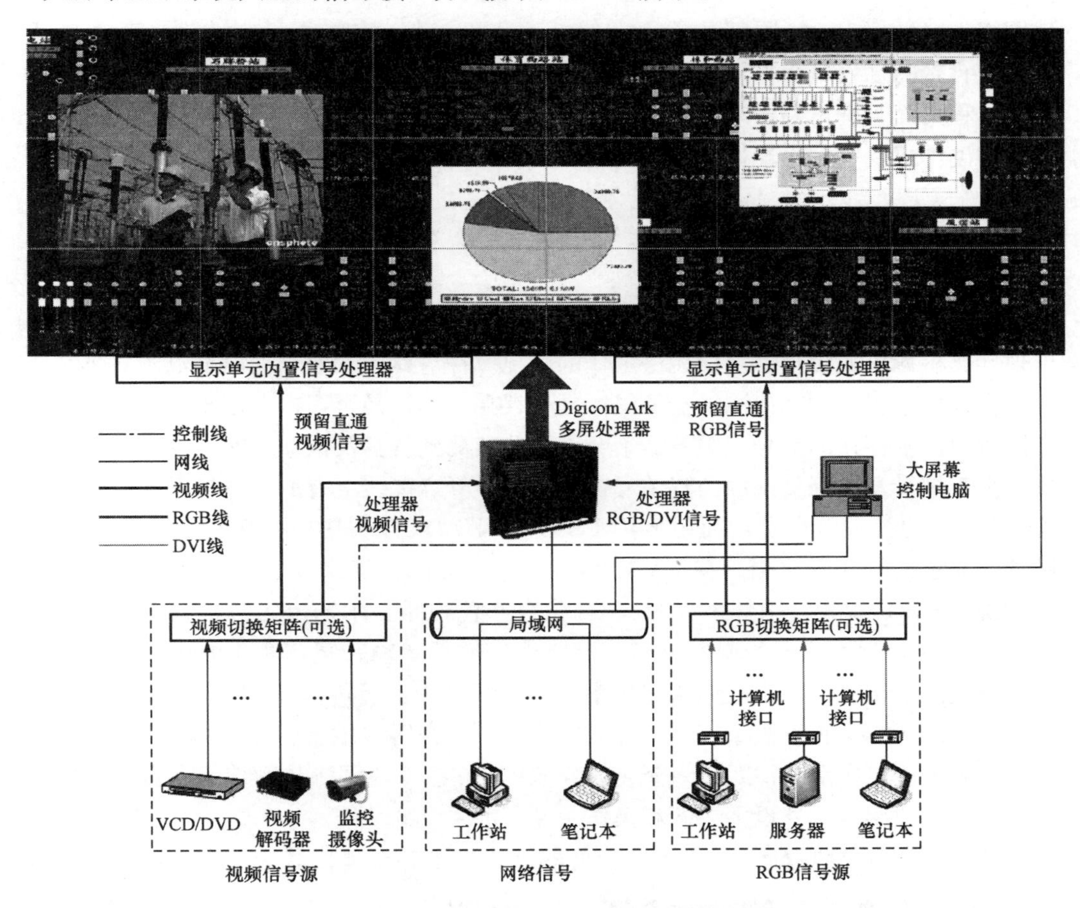

图 14-12　大屏幕显示系统典型的信号接口方式

第三节　KVM　系　统

随着各类应用系统的不断增多，一方面机房的服务器需要集中管理，另一方面一些异地无人值守机房需要远程管理。通过远程管理软件、多计算机切换器（Keyboard Video Mouse，KVM）硬件均能一定程度上实现远程计算机设备的桌面管理，可以实时地操作这台计算机、在上面安装软件、运行程序，所有的一切都好像是直接在该计算机上操作一样。选用何种方式管理这些计算机设备，将直接影响到管理效率与安全性。

一、软件实现远程桌面管理

软件实现远程桌面管理有两种方式，一种是利用操作系统本身自带的远程桌面管理功能，另一种是采用第三方桌面管理软件。

微软操作系统 Windows 2000 Server，Windows XP 等都拥有远程桌面功能，但各系统开启远程桌面方法各不相同，远程客户端可启用连接远程服务实现远程桌面管理。除系统自带的远程桌面外，许多优秀的第三方远程控制软件也能实现远程桌面连接，且往往在连接的简易性和操作的功能性等方面，较之自带的远程桌面有一定的优势。常见的第三方软件如国产软件网络人（Netman），国外的 PCanywhere、VNC 等。这些第三方软件，在连接速度上，比系统自带的远程桌面差上一些，但各自均有自身的特色。

软件远程桌面管理可利用现有的网络、现有的客户端工作站实现对服务器的远程管理，不需要增加硬件或变更网络连接，实现简单、方便。但由于需要额外安装软件，会占用被监管的服务器的 CPU、内存资源，也可能会与应用程序发生冲突，影响应用系统的稳定运行。同时远程客户端需要连通应用系统网络，安全性较差，容易受到网络攻击。

二、硬件 KVM 技术

早期的 KVM 多计算机切换器采用手动式切换，此类型机械式 KVM 在切换过程中，经常会出现计算机死机或键盘、鼠标无法工作的状况。针对此项缺陷，推出了电子式 KVM 产品，其可在开机过程中主动侦测键盘及鼠标是否存在，不论是否连接上键盘及鼠标，都会主动送出键盘及鼠标存在的信号，服务器不会因无法侦测到键盘及鼠标，而产生不可预期的错误，这是由于键盘及鼠标具备的仿真信号功能，同步开启在线所有的计算机系统。

KVM 技术的核心思想是：利用 KVM Switch 手动或自动切换，来实现多台主机对鼠标、键盘、显示器的共享控制。在 KVM 系统中，最大的挑战来自于视频信号的压缩与传输。以分辨率 1024×768，刷新率 75Hz，32 位真彩色视频显示输出为例，其信号传输带宽高达 1.75Gb/sec，远远高于局域网及广域网所能提供的传输带宽。实用的 KVM 系统需要局域网，提供高于 1500∶1 的视频压缩比率；在广域网中，提供高于 6000∶1 的压缩比率。同时，KVM 系统必须在实现高比率视频压缩的同时，在客户端提供足够清晰的视频还原。利用 KVM 多主机切换系统，即用一套或数套 KVM 在多个不同操作系统的多台主机之间切换，就可以实现使用一套外设去访问和操作一台以上主机的功能。

就 KVM 控制对象数量而言，KVM 切换器可分为点对点延长器、一对多切换器、多对多切换器。点对点延长器通过将显示信号、键盘、鼠标、音响、USB 等信号压缩处理后通过网络线延伸到远端进行还原，一般用于工作站集中组屏后在监控台上的显示和操作问题，有利于降低值班环境噪声、改善工作站主机防尘、温度等运行环境。一对多切换器同时只能有一个用户进行切换操作，有 1 控 4、1 控 8、1 控 16 等，一般用于服务器机柜内部显示切换或小型机房的服务器集中切换。多对多切换器可以有多个用户同时进行切换操作，有 2 控 16、4 控 16、4 控 32 等多种，并可支持级联扩展，一般用于机房服务器的集中切换。图 14 - 13 为 1 控 8

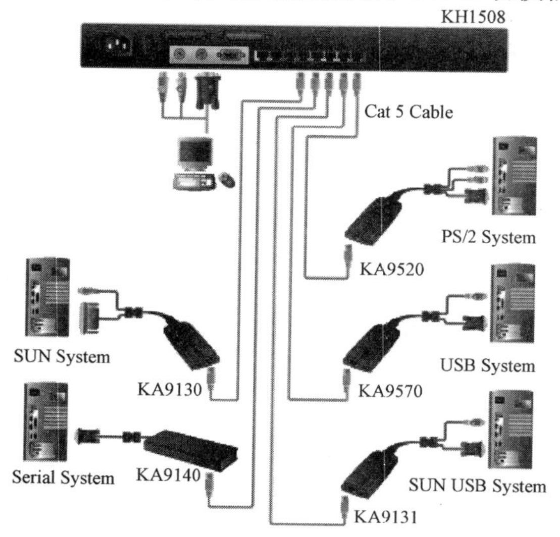

图 14 - 13　1 控 8 KVM 的典型模拟接线图

KVM 的典型模拟接线图。

就 KVM 信号传输所采用的技术而言，KVM 切换器可分为模拟 KVM 和数字 KVM 两大类。这两类 KVM 最主要的区别在于，模拟 KVM 的所有信号是以模拟信号的方式传送，而数字产品的信号是通过 TCP/IP 协议数字包来进行传送的。由此延伸出来的 KVM 解决方案就会有三种：纯模拟系统、纯数字系统、模拟数字混合系统。

纯模拟 KVM 系统从信号采集、各级传输、还原输出均采用模拟技术，拥有良好的视频操作效果、真彩、高分辨率（1920×1440）、操作无任何滞后感。同时由于不占用用户任何网络资源，具有高安全性，完全不存在 IP 网络所面临的风险，不会因为 IP 网络的中断而影响对服务器的操作。缺点是模拟信号的传输距离受限制，超过距离后无法操作（目前最远传输 300m 左右）。

纯数字 KVM 技术从信号采集、各级传输、还原输出均采用数字技术，所有用户通过 IP 网络操作，拥有远程访问能力，控制距离不受限制，系统的扩容比较容易。但由于采用网络传输，每一台设备必须占用一个 IP 资源，始终面临 IP 网络的安全风险。

模拟数字混合模式是把专用上网设备连接到模拟 KVM 系统的末端，为整个模拟 KVM 系统提供一个 IP 访问的接口满足用户远程访问的需要。这种方案既满足了本地清晰显示、无延时的要求，同时解决模拟方式无法远程长距离传输的缺点，仅通过数字方式实现远方桌面监控，占用 IP 地址资源少。如果网络中断，仅仅影响远程访问用户，本地模拟用户可以正常操作。

三、KVM 系统的安全问题及解决措施

KVM 系统的采用极大地方便了机房服务器设备的管理，但同时也为系统的安全管理埋下了隐患，主要存在以下两方面的安全问题。

一是访问权限控制。在考虑远程桌面 Web 连接安全的时候，第一个要考虑的问题就是“是否允许匿名访问”。如果允许用户“匿名访问”，则用户可以不使用用户名与密码登录，实现远程桌面管理。硬件 KVM 系统均可设置访问用户及密码，是否存在默认密码或空白密码。为防止未授权用户访问，应不允许匿名账户登录方式，“用户访问需要经过身份验证”才能实现远程桌面管理，根据安全级别选择合适的身份验证方式。

二是网络安全问题。KVM 终端设备所在机房是否安全，是否延伸到非安全区域，失去安全管控。对远程网络传输是否采用加密传输，是否采取防火墙技术对网络访问进行控制。为确保安全访问，应对不同安全等级的系统分类接入 KVM 系统，防止高安全级别服务器接入到低安全级别 KVM 系统。远程 KVM 的网络传输应采用专用 VPN 通道，并部署纵向加密认证装置，并在防火墙或边沿路由器设置访问控制策略，防止非法节点访问 KVM 系统。远程终端所处的物理环境安全应按照被控设备机房安全管控要求同等管理。

第四节　机　房　UPS

机房不间断供电电源系统（Uninterruptible Power System，UPS）负责机房内服务器、存储设备、网络设备等重要设备的可靠供电。为了提高机房内各系统运行安全性、可靠性，一方面要求供电系统不间断供电，同时对供电电压、频率、波形等供电质量指标提出了严格的要求。

目前，我国市电供电电源质量一般为：电压波动±10%，频率50Hz±0.5Hz。而市电电网中接有各式各样的设备，来自外部、内部的各种噪声，又会对电网形成污染或干扰，甚至使电网污染十分严重。这些污染或干扰对计算机设备会造成严重后果：如电源中断，可能造成硬件损坏；电压跌落，可能会使硬件提前老化、文件数据受损；过压或欠压、浪涌电压等，可能会损坏驱动器、存储器、逻辑电路，还可能产生不可预料的软件故障；噪声电压和瞬变电压以及电压叠加，可能损坏逻辑电路和文件数据等。UPS为以上问题提供了解决方案。

一、UPS工作原理

UPS已从60年代的旋转发电机发展至今天的具有智能化程度的静止式全电子化电路，并且还在继续发展。目前，UPS一般均指静止式UPS，按其工作方式分类可分为后备式、在线互动式及在线式三大类。UPS按其输出容量大小划分为小容量3kVA以下，中小容量3～10kVA，中大容量10kVA以上。UPS按输入/输出方式可分为三类：单相输入/单相输出、三相输入/单相输出、三相输入/三相输出。目前在计算机房广泛应用的主要为在线式中大容量UPS。

目前机房普遍使用的UPS均为在线式UPS。所谓在线式，是指不管电网电压是否正常，负载所用的交流电压都要经过逆变电路，即逆变电路始终处于在线工作状态。在线式UPS由整流滤波电路、逆变器、输出变压器及滤波器、静态开关、充电电路、蓄电池组和控制监测、显示告警及保护电路组成，如图14-14所示。

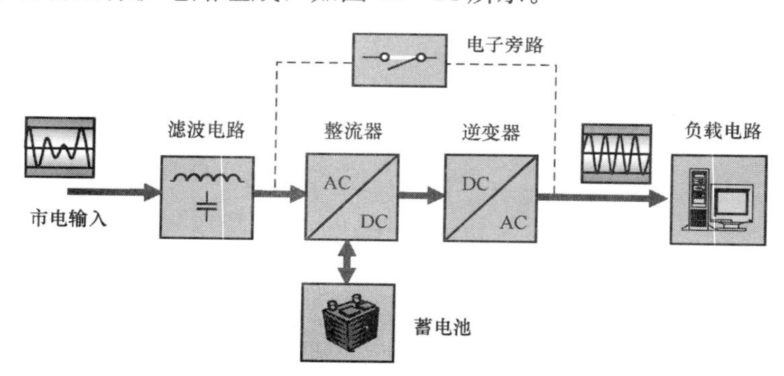

图14-14　在线式UPS原理框图

市电正常时，输入电压经整流滤波电路后，给逆变器供电，逆变器输出经过输出变压器及输出滤波电路将正弦脉冲宽度调制（Sinusoidal Pulse Width Modulation，SPWM）波形变换成纯正弦波。同时，整流电压经充电器给蓄电池补充能。在这种工作状态下，市电经整流滤波器、逆变器及静态开关给负载供电，并由逆变器完成稳压和频率跟踪功能。

市电消失时，整流器不再工作，逆变器由蓄电池供电继续逆变输出，经过输出变压器输出滤波电路将SPWM波形变换成纯正弦波，为负载连续供电。在电池放电工作过程中，控制电路发出告警信号，以便运行人员发现处理。若放电过程中市电恢复，UPS回到正常工作状态，整流电路恢复为逆变电路供电，同时对蓄电池充电，以便应对下一次市电中断。

市电正常但逆变器出现故障或输出过载时，UPS工作在旁路状态。静态开关切换到市电端，市电直接给负载供电，确保负载供电不中断。如果静态开关的转换因逆变器故障引

起，UPS将发出报警信号，如果因过载引起静态开关转换，过载消失后，静态开关将重新切换到逆变器端。控制监测、显示告警及保护电路提供逆变、充电、静态开关转换所需的控制信号，并显示各自的工作状态。UPS出现过压、过流、短路、过热时，及时报警并同时提供相应保护。

在线式UPS中，无论市电是否正常，都由逆变器供电，所以市电故障瞬间，UPS的输出不会间断。另外，由于在线式UPS加有输入EMC滤波器和输出滤波器，所以来自电网的干扰能得到很大衰减；同时因逆变器具有很强的稳压功能，所以在线式UPS能给负载提供干扰小、稳压精度高、可靠性高的电源。

二、UPS冗余系统

UPS不间断供电是建立在UPS设备正常工作的前提下，但UPS本身也是电子设备，存在故障的可能性。在UPS实际应用中，为了提高系统运行的可靠性，往往需要将多台UPS进行冗余连接，这种冗余连接技术包括串联冗余（热备份连接）、并联冗余两种方式。

1. 串联冗余供电

串联冗余（热备份）连接相对比较简单，稳定度和可靠性也较高，它只需将一台UPS（UPS1）的旁路输入端与市电断开，连接到另一台UPS（UPS2）的输出端，如图14-15所示。

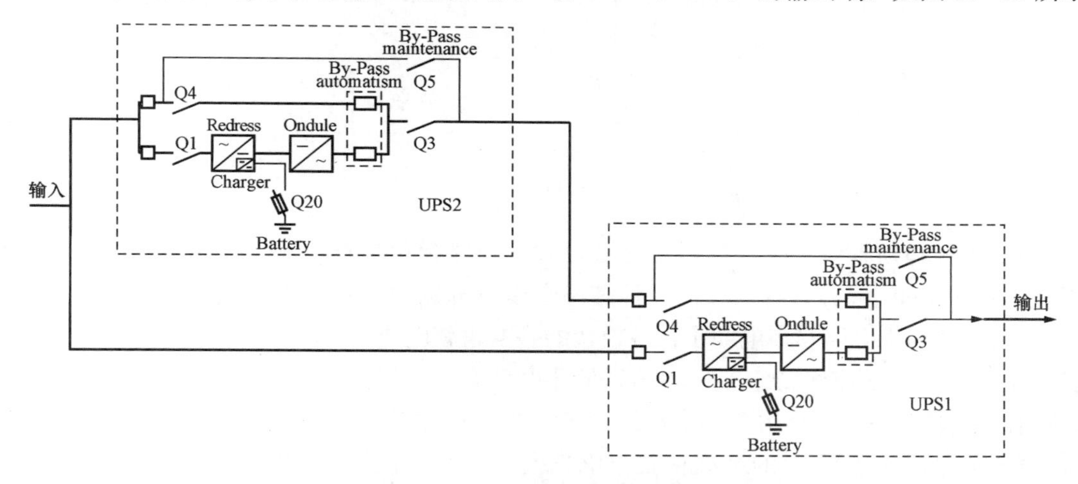

图14-15 串联冗余原理接线图

正常情况下UPS1向负载供电，UPS2处于热备份状态空载运行，当UPS1故障时，UPS2投入运行接替UPS1向负载供电。由于热备份连接不存在高风险的均流问题，因此系统稳定，可靠。其缺点是过载能力、动态和扩容能力较差。但大功率UPS一般过载能力非常强，125%额定负载可坚持5min，150%额定负载可以坚持10s，大于150%额定负载可坚持200ms，动态为60ms±5%。这个指标已和并联技术的指标相同，故在用户对系统可靠性要求非常严格的情况下，建议采用热备份方式连接UPS。

串联热备份连接技术简单可靠，其缺陷在于两台UPS的老化不均，如果主机在较长时间内没有出现故障，则从机一直空载运行，从而造成主、从机元器件的老化严重不均，当主机出现故障后将负载转到从机，可能会由于从机瞬间无法承受突加的重载而将负载甩给市电，造成系统崩溃。

2. 并联冗余供电

并联冗余连接是指多台UPS输出并列运行，并均分负载，当一台UPS发生故障时，自动退出运行，负荷全部转移到正常运行的另一台UPS，使得负载供电不受影响。两台UPS并联运行接线如图14-16所示。

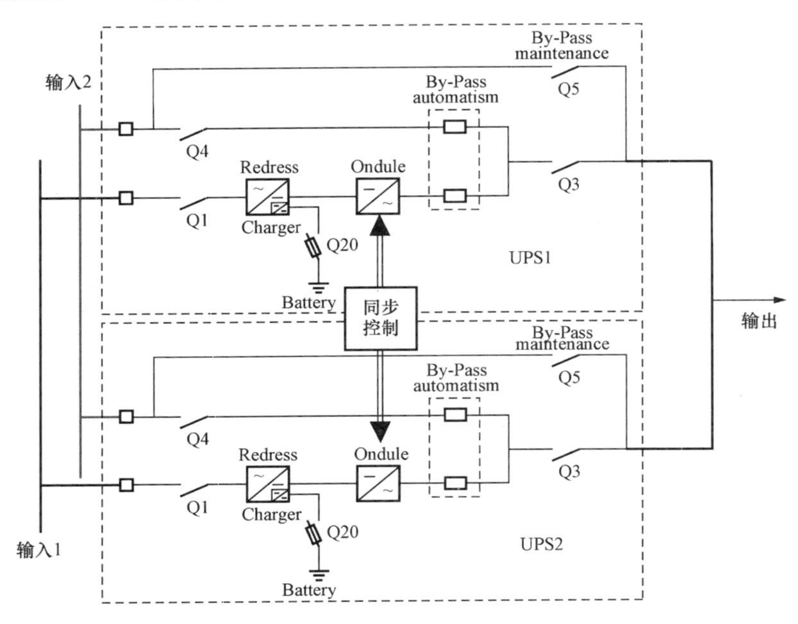

图14-16　并机冗余原理接线图

并联运行必须保证每台UPS的输出相位、瞬时幅值完全相同，避免产生并联环流。UPS模块并联的同步方式有两种：一种是各个模块分别独立地与市电同步；另一种是各个模块共用一个同步电路与市电同步，各模块的基准正弦电压须分别独立产生。前一种方法同步过程时间长，电路较复杂；后一种方法同步时间短，电路较简单，有利于冗余并联。在并联控制器中设置了一个共用同步电路使UPS中的本机振荡器与市电同步。经过同步的振荡器信号分别送到各台UPS的基准正弦波电压发生器中，使各台UPS的输出电压幅值、频率、相位和波形是完全相同的。UPS并列冗余除控制输出电压、相位同步外，还要实现并联各UPS的负载均分，必须进行均流控制。一般采用了基于平均电流法的均流控制，电流传感器测量到的UPS输出总电流以及各UPS输出电流的瞬时值，并将计算结果反馈给控制电路，使其输出电流尽量均分。

并联冗余连接UPS供电可靠性高，可扩展能力强，各台UPS负荷均衡，无主次之分，元器件老化均匀。但冗余连接对各台UPS容量、型号有特殊要求，并需增加并机控制部件，技术难度较高，一旦并机控制部件故障，可能也会造成供电中断。

三、蓄电池特性及维护

蓄电池是UPS的储能装置，其性能的优劣直接关系到UPS系统的可靠性。因此，正确认识、科学使用蓄电池、掌握测试和维护蓄电池的方法就显得尤其重要。

目前常用的大容量蓄电池主要为阀控式铅酸蓄电池，这种蓄电池在充电时正极板上产生的氧气，通过再化合反应在负极板上还原成水，使用时在规定浮充寿命期内不必加水维护，

所以又称为免维护电池。电池的额定电压和额定容量是两个最常用的技术指标。额定电压有2、6、12V等。额定容量是在标准温度下（25℃），10h放电率（I=0.1C）的容量，单位为AH。如某品牌A412/180A型号蓄电池额定电压为12V，额定容量为180AH。

影响蓄电池放电时间（即蓄电池实际可供使用的容量）的因素较多，其中放电电流大小、电池放电时的温度高低，以及充电电压电流对电池寿命影响十分明显。在实际运行维护过程中应注意以下要求。

（1）蓄电池使用一年后要定期（每季度或半年）检查电池（组）中各单个电池的端电压，蓄电池组中若单个电池间端电压相差0.5V以上时就需进行特别的维护（一般可用均衡恒压限流0.5CA充电或更换电池）。

（2）蓄电池尽量避免在过高或过低温度的环境中使用，一般应要求在0～30℃的环境中使用，温度过高蓄电池的寿命将大大缩短。一般情况下，环境温度达到40℃后，每上升10℃，蓄电池寿命比正常情况下的寿命缩短一半左右。温度过低，蓄电池实际可释放的容量将大大减少。

（3）储存蓄电池或UPS长期不使用时，每隔一段时间须充电一次，否则蓄电池有可能因自放电过深而损坏。充电间隔时间与蓄电池所处的环境温度有关。若将蓄电池置于50℃的环境下，在2.5个月不给电池做任何操作，极可能导致蓄电池永久性损坏。充电时，用UPS的充电电路或专用充电器对蓄电池组充电4h左右即可。

（4）UPS长期处于市电供电而很少断电时（即长时间没有让蓄电池供电），要定期给蓄电池充放电一次。用户可间隔半年左右，让UPS带额定负载量的60%以上放电，再给蓄电池充满电即可。

（5）蓄电池深度放电时对电池的寿命有很大的影响，在非不得已的情况下应尽量避免蓄电池深度放电，电池会因放电深度过深而提早损坏。

（6）UPS电源中的充电器，是专门为免维护蓄电池充电而设计的，充电过程中，它输出的电压高低、电流大小，输出的波形等参数都有严格的要求，它对蓄电池有着良好的保护作用，所以用户不要随意加装充电器或随意改用其他类型充电器。免维护的蓄电池不能用可控硅控制的快速充电器来充电，否则易损坏蓄电池。

总之，UPS在使用过程中，应尽量避免以下情况发生：深度放电、突然的大电流放电、大电流充电、过压充电、在过高或过低温度的环境中使用等。

第五节　机房环境及动力监控

调度自动化系统需要不间断运行，系统核心设备（如服务器、网络设备等）对供电质量、环境温度、湿度都有较高的要求。日常运行中需要对UPS、空调等设备的运行状况进行实时监控，确保设备运行正常。

一、信息安全等级保护对机房环境的要求

信息系统根据其在国家安全、经济建设、社会生活中的重要程度，遭到破坏后对国家安全、社会秩序、公共利益以及公民、法人和其他组织的合法权益的危害程度等，由低到高划分为五级（详见GB/T 22240—2008），每一级对机房的物理环境要求提出了特定的要求，

其中五级是在四级的基础上增加特定要求。省级、地区级调度自动化机房一般分别按四级、三级保护等级要求建设。

1. 第一级保护等级对机房的基本要求

(1) 物理访问控制：机房出入应安排专人负责，控制、鉴别和记录进入的人员。

(2) 防盗窃和防破坏：应将主要设备放置在机房内；应将设备或主要部件进行固定，并设置明显的不易除去的标记。

(3) 防雷击：机房建筑应设置避雷装置。

(4) 防火：机房应设置灭火设备。

(5) 防水和防潮：应对穿过机房墙壁和楼板的水管增加必要的保护措施；应采取措施防止雨水通过机房窗户、屋顶和墙壁渗透。

(6) 温湿度控制：机房应设置必要的温、湿度控制设施，使机房温、湿度的变化在设备运行所允许的范围之内。

(7) 电力供应：应在机房供电线路上配置稳压器和过电压防护设备。

2. 第二级保护等级对机房的基本要求

(1) 物理位置的选择：机房和办公场地应选择在具有防震、防风和防雨等能力的建筑内。

(2) 物理访问控制：机房出入口应安排专人值守，控制、鉴别和记录进入的人员；需进入机房的来访人员应经过申请和审批流程，并限制和监控其活动范围。

(3) 防盗窃和防破坏：应将主要设备放置在机房内；应将设备或主要部件进行固定，并设置明显的不易除去的标记；应将通信线缆铺设在隐蔽处，可铺设在地下或管道中；应对介质分类标识，存储在介质库或档案室中；主机房应安装必要的防盗报警设施。

(4) 防雷击：机房建筑应设置避雷装置；机房应设置交流电源地线。

(5) 防火：机房应设置灭火设备和火灾自动报警系统。

(6) 防水和防潮：水管安装，不得穿过机房屋顶和活动地板下；应采取措施防止雨水通过机房窗户、屋顶和墙壁渗透；应采取措施防止机房内水蒸气结露和地下积水的转移与渗透。

(7) 防静电：关键设备应采用必要的接地防静电措施。

(8) 温湿度控制：机房应设置温、湿度自动调节设施，使机房温、湿度的变化在设备运行所允许的范围之内。

(9) 电力供应：应在机房供电线路上配置稳压器和过电压防护设备；应提供短期的备用电力供应，至少满足关键设备在断电情况下的正常运行要求。

(10) 电磁防护：电源线和通信线缆应隔离铺设，避免互相干扰。

3. 第三级保护等级对机房的基本要求

(1) 物理位置的选择：机房和办公场地应选择在具有防震、防风和防雨等能力的建筑内。

(2) 物理访问控制：机房出入口应安排专人值守，控制、鉴别和记录进入的人员；需进入机房的来访人员应经过申请和审批流程，并限制和监控其活动范围。

(3) 防盗窃和防破坏：应将主要设备放置在机房内；应将设备或主要部件进行固定，并设置明显的不易除去的标记；应将通信线缆铺设在隐蔽处，可铺设在地下或管道中；应对介质分类标识，存储在介质库或档案室中；主机房应安装必要的防盗报警设施。

（4）防雷击：机房建筑应设置避雷装置；机房应设置交流电源地线。

（5）防火：机房应设置灭火设备和火灾自动报警系统。

（6）防水和防潮：水管安装，不得穿过机房屋顶和活动地板下；应采取措施防止雨水通过机房窗户、屋顶和墙壁渗透；应采取措施防止机房内水蒸气结露和地下积水的转移与渗透。

（7）防静电：关键设备应采用必要的接地防静电措施。

（8）温湿度控制：机房应设置温、湿度自动调节设施，使机房温、湿度的变化在设备运行所允许的范围之内。

（9）电力供应：应在机房供电线路上配置稳压器和过电压防护设备；应提供短期的备用电力供应，至少满足关键设备在断电情况下的正常运行要求。

（10）电磁防护：电源线和通信线缆应隔离铺设，避免互相干扰。

4. 第四级保护等级对机房的基本要求

（1）物理位置的选择：机房和办公场地应选择在具有防震、防风和防雨等能力的建筑内；机房场地应避免设在建筑物的高层或地下室，以及用水设备的下层或隔壁。

（2）物理访问控制：机房出入口应安排专人值守并配置电子门禁系统，控制、鉴别和记录进入的人员；需进入机房的来访人员应经过申请和审批流程，并限制和监控其活动范围；应对机房划分区域进行管理，区域和区域之间设置物理隔离装置，在重要区域前设置交付或安装等过渡区域；重要区域应配置第二道电子门禁系统，控制、鉴别和记录进入的人员。

（3）防盗窃和防破坏：应将主要设备放置在机房内；应将设备或主要部件进行固定，并设置明显的不易除去的标记；应将通信线缆铺设在隐蔽处，可铺设在地下或管道中；应对介质分类标识，存储在介质库或档案室中；应利用光、电等技术设置机房防盗报警系统；应对机房设置监控报警系统。

（4）防雷击：机房建筑应设置避雷装置；应设置防雷保安器，防止感应雷；机房应设置交流电源地线。

（5）防火：机房应设置火灾自动消防系统，能够自动检测火情、自动报警，并自动灭火；机房及相关的工作房间和辅助房应采用具有耐火等级的建筑材料；机房应采取区域隔离防火措施，将重要设备与其他设备隔离开。

（6）防水和防潮：水管安装，不得穿过机房屋顶和活动地板下；应采取措施防止雨水通过机房窗户、屋顶和墙壁渗透；应采取措施防止机房内水蒸气结露和地下积水的转移与渗透；应安装对水敏感的检测仪表或元件，对机房进行防水检测和报警。

（7）防静电：设备应采用必要的接地防静电措施；机房应采用防静电地板；应采用静电消除器等装置，减少静电的产生。

（8）温湿度控制：机房应设置温湿度自动调节设施，使机房温、湿度的变化在设备运行所允许的范围之内。

（9）电力供应：应在机房供电线路上配置稳压器和过电压防护设备；应提供短期的备用电力供应，至少满足设备在断电情况下的正常运行要求；应设置冗余或并行的电力电缆线路为计算机系统供电；应建立备用供电系统。

（10）电磁防护：应采用接地方式防止外界电磁干扰和设备寄生耦合干扰；电源线和通信线缆应隔离铺设，避免互相干扰；应对关键区域实施电磁屏蔽。

二、机房系统接地

随着计算机和网络通信技术的高速发展，计算机网络系统对雷击的防护要求越来越高。在雷雨季节，计算机网络系统的一些电子电气设备受到雷击的侵害而烧毁，造成巨大经济损失。因此，计算机网络系统的防雷防护要引起足够重视，做好整体防护措施，才能更好地维护机房的安全运行。

国家标准《电子计算机机房设计规范》规定电子计算机机房应采用四种接地方式：交流工作接地、安全保护接地、直流工作接地和防雷接地。这四种接地宜共用一组接地装置，其接地电阻按其中最小值确定；若防雷接地单独设置接地装置时，其余三种接地宜共用一组接地装置，其接地电阻不应大于其中最小值，并应按现行国标《建筑防雷设计规范》要求采取防止反击措施。对直流工作接地有特殊要求需单独设置接地装置的电子计算机系统，其接地电阻值及与其他接地装置的接地体之间的距离，应按计算机系统及有关规定的要求确定。电子计算机系统的接地应采取单点接地并宜采取等电位措施。

1. 交流工作接地

计算机、网络设备是使用交流电的电气设备，这些设备按规定在工作时要进行工作接地，即交流电三相四线制中的中性线直接接入大地，这就是交流工作接地。中性点接地后，当交流电某一相线碰地时，由于此时中性点接地电阻只有几个欧姆，故接地电流就成为数值很大的单相短路电流。此时相应的保护设备能迅速地切断电源，从而保护人身和设备的安全。

计算机系统交流工作接地的实施，可按计算机系统和机房配套设施两种情况来考虑。如服务器、工作站、存储设备等设备的中性点先在机柜侧并接，通过电缆接到配电柜的中线上，然后通过接地母线将其接地；机房配套设施如空调中的压缩机、新风机组等设备的中性点应各自独立按电气规范的规定接地。

2. 安全保护接地

安全保护接地就是将电气设备的金属外壳或机架通过接地装置与大地直接连接起来，其目的是防止因绝缘损坏或其他原因使设备金属外壳带电而造成触电的危险。

安装好安全保护接地后，由于安全保护接地线电阻远远小于人体电阻，设备金属外壳或机架的漏电被直接引入大地，人体接触带电金属外壳后不会有触电的危险。机房安全保护接地的接法是将机房内所有计算机系统设备的金属机壳用数根绝缘导线就近接入系统的安全保护接地线上。

3. 直流工作接地

直流工作接地是计算机系统中数字逻辑电路的公共参考零电位，即逻辑地。逻辑电路一般工作电平低，信号幅度小，容易受到地电位差和外界磁场的干扰，因此需要一个良好的直流工作接地，以消除地电位差和磁场的影响。机房直流工作接地线的接法通常有三种：串联法、汇集法、网格法。

串联法是在在地板下敷设一条截面积为（0.4～1.5mm）×（5～10mm）的青铜（或紫铜）带。各设备把各自的直流地就近接在地板下的这条铜皮带上。这种接法的优点是简单易

行，缺点是铜带上的电流流向单一，阻抗不小，致使铜带上各点电位有些差异。这种接法一般用于较小的系统中。

汇集法是在地板下设置一块5～20mm厚、500×500mm大小的铜板，各设备用多股屏蔽软线把各自的直流地都接在这块铜板上。这种接法也叫并联法，其优点是各设备的直流地无电位差，缺点是布线混乱。

网格法是用截面积为（2.5mm×50mm）左右的铜带，整个机房敷设网格地线（等电位接地母排），网格网眼尺寸与防静电地板尺寸一致，交叉点焊接在一起。各设备把自己的直流地就近连接在网格地线上。这种方法的优点在于既有汇集法的逻辑电位参考点一致的优点，又有串联法连接简单的优点，而且还大大降低了计算机系统的内部噪声和外部干扰；缺点是造价昂贵，施工复杂。这种方法适用于计算机系统较大、网络设备较多的大、中型计算机房。

4. 防雷接地

雷电对设备的破坏主要有两类。第一类是直击雷的破坏，即雷电直击在建筑物或设备上，使其发热燃烧和机械劈裂破坏；第二类是感应雷的破坏，即雷电的第二次作用。强大的雷电磁场产生的电磁效应和静电效应使金属构件和电气线路产生高至数十万伏的感应电压，危及建筑物、设备甚至人身安全。

防雷接地在雷击的情况下，会有很大的电流通过流入大地，雷电流的幅值一般在数kA至数百kA接地极及其附近的大地电位将产生瞬时高电位。如果在防雷接地极较近处有其他接地系统的接地极（接入端），就会产生干扰。所以，防雷接地与其他接地应严格分开，并保持一定的距离，一般需大于20m。在雷电频繁区域，应装设浪涌电压吸收装置。

计算机房如果设在有防雷设施的建筑中，可不再考虑防雷接地。但如果在这种已有防雷装置的建筑物上再架设计算机网络通信接入设备，如卫星接收天线、微波接收天线或红外接收天线等设备，则必须另外敷设通信设备防雷接地。

三、环境及动力的监控

环境及动力监控系统是对分布的各个独立的动力设备和机房环境监控对象进行遥测、遥信等采集，实时监视系统和设备的运行状态，记录和处理相关数据，及时侦测故障，并以一定的方式提供为运行人员提供报警，实现电源、空调、机房环境的集中监控维护管理，提高供电系统的可靠性和自动化设备的安全性。

环境及动力监控系统通过对自动化UPS设备、自动化机房空调、温湿度的集中监视，及时发现设备故障，缩短故障排除时间，提高设备利用率。主要采集内容包括UPS进线电压、电流；UPS输入、输出电压电流监视、蓄电池电压监视、UPS工况监视；机房空调工况监视、各机房环境温湿度监视、漏水监测；机房视屏监控等。

基于数据采集和设备控制之上的系统核心功能，完成日常的告警处理、控制操作和规定的数据记录等。故障管理提供对被监控对象运行情况异常进行检测、报告的一组功能，及时发现紧急事件，防止因环境条件不满足造成自动化系统通信中断、机房失火等重大事件的发生。提供告警等级管理，告警信号的人机界面，告警确认，告警门限设置和告警屏蔽等功能，对监控对象的状态以及网络的有效性进行评估和并自动生成报告，为机房安全管理提供技术支撑。

缩　略　词

英　　文	缩写	中文名称
Address Resolution Protocol	ARP	地址解析协议
All Dielectric Self-Supporting Optical Cable	ADSS	全介质自承式光缆
Application Procotol Control Information	APCI	应用规约控制信息
Application Procotol Data Unit	APDU	应用规约数据单元
Application Service Data Unit	ASDU	应用服务数据单元
Application-Specific Integrated Circuit	ASIC	应用型专用集成电路
Area Border Router	ABR	区域边界路由器
Area Control Error	ACE	区域控制偏差
Atomic Time	AT	原子时
Attachment Unit Interface	AUI	附加单元接口
Automatic Generation Control	AGC	自动发电控制
Automatic Voltage Control	AVC	自动电压控制
Automatic Voltage Regulator	AVR	自动电压调节器
Autonomous System	AS	自治系统
Autonomous System Boundary Router	ASBR	自治系统边界路由器
Backup Designated Router	BDR	备份指定路由器
Border Gateway Protocol	BGP	边界网关协议
Capacitor Voltage Transformer	CVT	电容式电压互感器
Classless Interdomain Routing	CIDR	无类别域间路由
Common Information Model	CIM	公共信息模型
Complex Instruction Set Computer	CISC	复杂指令集
Component Interface Specification	CIS	组件接口规范
Constraint-Based Routing using LDP	CR-LDP	基于约束路由的 LDP
Control Center Model	CCM	控制中心建模
Control Performance Standard	CPS	控制性能标准
Coordination Control System	CCS	协调控制系统
Cyclic Redundancy Check	CRC	循环冗余校验
Data Base Administrator	DBA	数据库管理员
Database Description	DD	数据库描述
Data Base System	DBS	数据库系统
Data Control Language	DCL	数据控制语言
Data Definition Language	DDL	数据定义语言
Data Manipulation Language	DML	数据操作语言
Date Base	DB	数据库
Date Base Manager System	DBMS	数据库管理系统
Dense Wavelength Division Multiplexing	DWDM	密集波分复用
Designated Router	DR	指定路由器
Digital Lighting Procession	DLP	数字光处理
Digital Data Network	DDN	数字数据网

英 文	缩写	中文名称
Direct Operation	DO	直接控制命令
Dispatcher Training Simulator	DTS	调度员培训仿真系统
Distributed Control System	DCS	分布式控制系统；分散控制系统
Downstream On Demand	DoD	下游按需方式
Downstream Unsolicited	DU	下游自主方式
Economic Dispatch	ED	经济调度
Energy Management System Application Program Interface	EMS-API	能量管理系统应用程序接口标准
Energy Management System	EMS	能量管理系统
Exterior Gateway Protocol	EGP	外部网关协议
File Transfer Protocol	ftp	文件传输协议
Flat Frequency Control	FFC	定频率控制
Flat Tie-line Control	FTC	定交换功率控制
Forwarding Equivalence Class	FEC	转发等价类
Forwarding Information Base	FIB	转发信息表
Gas Insulated System	GIS	气体绝缘全封闭组合电器
Generic Framing Procedure	GFP	通用成帧规程
Generic Object Oriented Substation Events	GOOSE	通用面向变电站事件对象
Global Positioning System	GPS	全球定位系统
Hot Standby Router Protocol	HSRP	热备路由器协议
Institute of Electrical and Electronic Engineers	IEEE	电气和电子工程师协会
Intelligent Electronic Device	IED	智能电子设备
Interface Reference Model	IRM	接口参考模型
Interior Gateway Protocol	IGP	内部网关协议
International Electrotechnical Commission	IEC	国际电工技术委员会
Internet Protocol	IP	网际协议
Inter-Range Instrumentation Group	IRIG	靶场间测量仪器组
Intrusion Detection Systems	IDS	入侵检测系统
Keyboard Video Mouse	KVM	多计算机切换器
Label Distribution Protocol	LDP	标签分发协议
Label Edge Router	LER	标签边缘路由器
Label Forwarding Information Base	LFIB	标签转发表
Label Switched Path	LSP	标签交换路径
Label Switching Route	LSR	标签交换路由器
Light Emitting Diode	LED	发光二极管
Link Aggregation Control Protocol	LACP	链路聚合控制协议
Link State Acknowledgment	LSAck	链路状态确认
Link State Advertisement	LSA	链路状态通告
Link State Database	LSDB	链路状态数据库
Link State Request	LSR	链路状态请求
Link State Update	LSU	链路状态更新
Liquid Crystal Display	LCD	液晶显示
Load Frequency Control	LFC	负荷频率控制
Local Mean Time	LMT	地方时

英　　文	缩写	中文名称
Manufacturing Message Specification	MMS	制造报文规范
Modulator-demodulator	Modem	调制解调器
Multi-Mode Fiber	MMF	多模光纤
Multiple Spanning Tree Protocol	MSTP	多生成树协议
Multiplex Section Overhead	MSOH	复用段开销
Multi-Protocol Label Switch	MPLS	多协议标签转发
Multi-Service Transport Platform	MSTP	多业务传输平台
Network Address Translation	NAT	网络地址转换
Network Control System	NCS	网络控制系统
Network Processor	NP	网络处理器
Network Time Protocol	NTP	网络时间协议
Non-Broadcast Multi-Access	NBMA	非广播多路访问网络
Non Zero-Dispersion-Shifted Fiber	NZ-DSF	非零色散位移光纤
North American Electric Reliability Corporation	NERC	北美电力可靠性委员会
Open Shortest Path First	OSPF	开放最短路径优先
Opitical Fiber Composition Phase Conductor	OPPC	相线复合光缆
Optical Distribution Frame	ODF	光纤配线架
Optical Fiber Composite Overhead Ground Wires	OPGW	光纤复合架空地线
Optical Signal to Noise Ratio	ONSR	光信噪比
Packet over SDH	POS	SDH 传送包
Phasor Measurement Unit	PMU	相量测量装置
Plasma Display Panel	PDP	等离子显示
Point-to-MultiPoint	P2MP	点到多点
Point-to-Point	P2P	点到点
Post Disturbance Review	PDR	事故追忆
Power System Model	PSM	电力系统建模
Precision Time Protocol	PTP	精确时钟同步协议
Pulse Code Modulation	PCM	脉冲编码调制器
Rapid Spanning Tree Protocol	RSTP	快速生成树协议
Reduced Instruction Set Computer	RISC	精简指令集
Redundant Array of Independent Disk	RAID	独立磁盘冗余阵列
Regenerator Section Overhead	RSOH	再生段开销
Relational Database Management System	RDBMS	关系型数据库管理系统
Resource Reservation Protocol	RSVP	资源预留协议
Route Distinguisher	RD	路由标识符
Sampled Value	SV	采样值
Security Constrained Dispatch	SCD	安全约束调度
Select Before Operation	SBO	选择控制命令
Sequence of Event	SOE	事件顺序记录
Single Mode Fiber	SMF	单模光纤
Sinusoidal Pulse Width Modulation	SPWM	正弦脉冲宽度调制
Small Computer System Interface	SCSI	小型计算机系统接口
Spanning Tree Protocol	STP	生成树协议

英 文	缩写	中文名称
Structured Query Language	SQL	结构化查询语言
Supervisory Control And Data Acquisition	SCADA	数据采集与监视控制系统
Supervisory Information System	SIS	厂级监控信息系统
Synchronous Digital Hierarchy	SDH	同步数字系列
Synchronous Transport Mode	STM	同步传送模块
System Integration for Distribution Management	SIDM	配电管理系统集成
Tie-line Bias Frequency Control	TBC	联络线功率频率偏差控制
Time Stamper Unit	TSU	时间印章单元
Transmission Control Protocol	TCP	传输控制协议
Uninterrupted Power Supply	UPS	不间断电源
Universal Time Coordinated	UTC	协调世界时
Universal Time	UT	世界时
User Datagram Protocol	UDP	用户数据报协议
Virtual Private Network	VPN	虚拟专用网
Virtual Router Redundancy Protocol	VRRP	虚拟路由器冗余协议
Voice Distribution Frame	VDF	音频配线架
Voltage Quality Control	VQC	电压无功控制
Wide Area Measurement System	WAMS	广域相量测量系统

参 考 文 献

[1] 韩帧祥. 电力系统分析. 第五版 [M]. 浙江：浙江大学出版社，2010.
[2] 于尔铿. 能量管理系统（EMS）[M]. 北京：科学出版社，1998.
[3] 杨新民. 电力系统综合自动化 [M]. 北京：中国电力出版社，2001.
[4] 国家电网公司人力资源部. 生产技能人员职业能力培训专用教材 电网调度自动化主站维护. 北京：中国电力出版社，2010.
[5] 国家电网公司人力资源部. 生产技能人员职业能力培训专用教材 电网调度自动化主站运行 [M]. 北京：中国电力出版社，2010.
[6] 国家电网公司人力资源部. 生产技能人员职业能力培训专用教材 电网调度自动化厂站端调试检修分册 [M]. 北京：中国电力出版社，2010.
[7] 国家电网公司人力资源部. 生产技能人员职业能力培训通用教材 电气设备及运行维护 [M]. 北京：中国电力出版社，2010.
[8] 蒋正威. 相量测量装置优化配置的研究 [D]. 浙江大学，2008.
[9] 姚春球. 发电厂电气部分：第一版 [M]. 北京：中国电力出版社，2004.
[10] 杜文学. 供用电工程. 第一版 [M]. 北京：中国电力出版社，2005.
[11] 张全元. 变电运行现场技术问答. 第二版 [M]. 北京：中国电力出版社，2009.
[12] 陈珩. 电力系统稳态分析. 第三版 [M]. 北京：中国电力出版社，2007.
[13] 何仰赞，等. 电力系统分析 [M]. 武汉：华中科技大学出版社，2002.
[14] 国家电力调度通信中心. 电网调度实用技术问答 [M]. 北京：中国电力出版社，2008.
[15] 国家电网公司人力资源部. 电网调度 [M]. 北京：中国电力出版社，2010.
[16] 国家电网公司人力资源部. 电力系统分析 [M]. 北京：中国电力出版社，2011.
[17] 朱松林. 变电站计算机监控系统及其应用 [M]. 北京：中国电力出版社，2008.
[18] 冯军. 智能变电站原理及测试技术 [M]. 北京：中国电力出版社，2011.
[19] 潘坚跃，祝春捷，夏翔. 电力系统 CIM 模型的研究及应用 [J]. 浙江电力，2004 年第 3 期.
[20] 刘崇茹，孙宏斌，张伯明等. 基于 CIM XML 电网模型的互操作研究 [J]. 电力系统自动化，2003，27（14）：45—48.
[21] 张洁，王康元，夏翔. 基于 SVG 的电力图形资源描述研究 [J]. 第 20 届高校电力系统年会论文集，2004 年 10 月，河南郑州大学.
[22] 黑龙江省电力调度中心. 变电所自动化实用技术及应用指南 [M]. 北京：中国电力出版社，2004.
[23] 蒋正威，曹一家. 数字透传时隙复用设备设计与应用 [J]. 电力自动化设备，2008，28（3）：119-121.
[24] 冯永青，刘映尚，吴文传，张伯明. 电力系统状态估计调试方法研究 [J]. 南方电网技术，2007 年 10 月.
[25]《电力系统调频与自动发电控制》编委会. 电力系统调频与自动发电控制 [M]. 北京：中国电力出版社，2006.
[26] 高翔等. 电网频率控制应用技术 [M]. 北京：中国电力出版社，2010.
[27] 吴兆文. 电厂侧 AVC 子站系统的研制 [D]. 合肥工业大学，2008.
[28] 郭庆来，孙宏斌，张伯明. 自动电压控制中连续变量与离散变量的协调方法：（一）变电站协调电压控制 [J]. 电力系统自动化，2008（08）.